# 자동차 전기·전자 실습

# AUTOMOTIVE ELECTRICS·ELECTRONICS EXERCISE

구민사

저자약력 | **김재욱**
두원공과대학교 자동차과 교수

# 자동차 전기 · 전자 실습

**초판 인쇄** | 2022년 2월 21일
**초판 발행** | 2022년 2월 28일

**저 자** | 김재욱
**발행인** | 조규백
**발행처** | 도서출판 구민사
(07293) 서울특별시 영등포구 문래북로 116, 604호(문래동3가 46, 트리플렉스)
**전화** | (02) 701-7421(~2)
**팩스** | (02) 3273-9642
**홈페이지** | www.kuhminsa.co.kr

**신고번호** | 제2012-000055호 (1980년 2월 4일)
**I S B N** | 979-11-6875-019-7 93550

값 24,000원

# PREFACE

# 머리말

NCS기반의 취업약정식 주문형 교육과정을 개발하고 운영하기 위하여 자동차 충전시동 및 편의등화 장치 교육에 적합한 교재의 개발이 필요하게 되었다. 본 교재는 기존의 자동차전기전자 교재와 달리 NCS교육에 적합하도록 구성하고 또한 전기전자 장치를 이해하기 위한 기초적인 내용도 같이 포함하며 이론 학습과 실습이 같이 이루어지도록 하였다.

취업약정식 주문형 교육과정 취지에 적합하도록 해당 산업체의 의견 등을 반영하여 내용 및 학습순서 등도 다시 고려하였으며 현장에서 요구하는 기본사항에 충실하도록 하였다. 또한 학생이 쉽게 수입준비를 할 수 있으며 과정을 이수하기 편리하도록 실습 진행 부분을 상세히 작성하였다.

교재의 구성은 자동차 충전시동 및 편의등화 장치를 이해하기 위해서 필요한 기본적인 직류와 교류 및 반도체 이론과 실습을 앞쪽에 두었고 회로의 오류를 찾는 일반적인 진단요령 순으로 하여 모든 과정마다 이론과 실습이 이루어지도록 하였다. 이어서 충전시동 및 편의 등화 장치의 이론과 실습으로 마무리하였고 자동차 회로점검 일반에 관한 사항을 추가하였다. 준비된 실습용 시뮬레이터를 최대한 활용하도록 교재에 반영하였다.

본 교재를 준비하며 미비한 점이나 오류가 다수 있으리라 생각되므로 여러분의 지도 편달을 바라며, 추후 보충과 보완을 계획하고 있다.

끝으로 이 책을 만들기까지 물심양면으로 도와주신 도서출판 구민사의 조규백사장님과 임직원 여러분들의 노력에 진심으로 감사의 인사를 드립니다.

저자 씀

# 차 례

## CHAPTER 01 직 류[Direct Current]

## CHAPTER 02 교 류[Alternating Current]

## CHAPTER 03 반도체[Semiconductor]



## CHAPTER 04 오류 찾기[Fault Finding]

## CHAPTER 05 충전장치 정비[Charging System Maintenance]



## CHAPTER 06 시동장치 정비[Starting System Maintenance]

## CHAPTER 07 등화장치 정비[Lighting System Maintenance]



## CHAPTER 08 편의장치 정비

## CHAPTER 09 전기 · 전자 회로분석

CHAPTER Automotive Electric• Electron Exercise

# 01. 직 류[Direct Current]

## 1. 기본적인 DC회로와 전압, 전류, 저항측정

**학습목표**

① DC회로에서 사용되는 용어와 단위
② 단위와 함께 사용되는 표준 접두어(prefix)
③ 전압, 전류, 저항의 측정을 위한 멀티미터(Multimeter)의 사용법

**필요한 장비**

① D3000 1.1 DC Circuit-1 모듈의 Circuit #1
② 연결고리(shorting link)와 2~4mm 연결잭(adaptor)
③ DC 0~20V, 0~20mA, 0~200mA & 0~2kΩ의 범위를 가진 멀티미터

### 1.1. 기본 DC회로

그림 1은 기본적인 DC회로를 보여준다. 이 회로는 3개의 주요 부분으로 구성되어 있다.

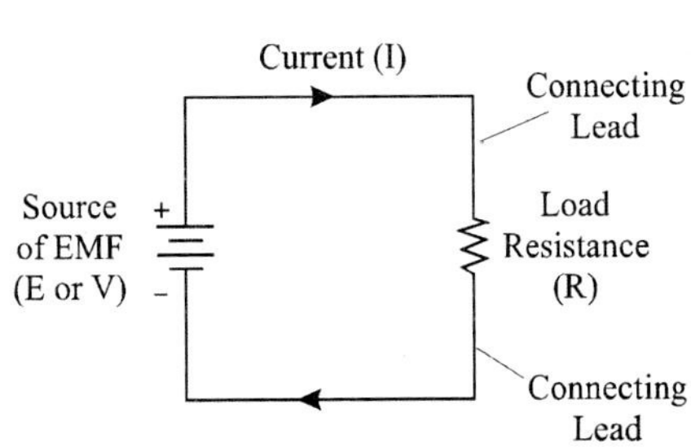


그림 1. 기본 DC회로

① 기전력(electromotive force-EMF)의 발생원 - 전원

② 부하저항

③ 부하저항과 전원을 이어주는 전선

그림 1의 다이어그램은 그림 2의 간단한 회로로 구성할 수 있다. 구성된 회로에서, 전류는 그림 2에 그려진 것과 같이 회로 주위를 흐른다.

① 전류는 전원의 양극(+)에서 나온다.

② 그리고 저항을 통해 흐른다.

③ 그런 뒤 전원의 음극(-)으로 돌아온다.

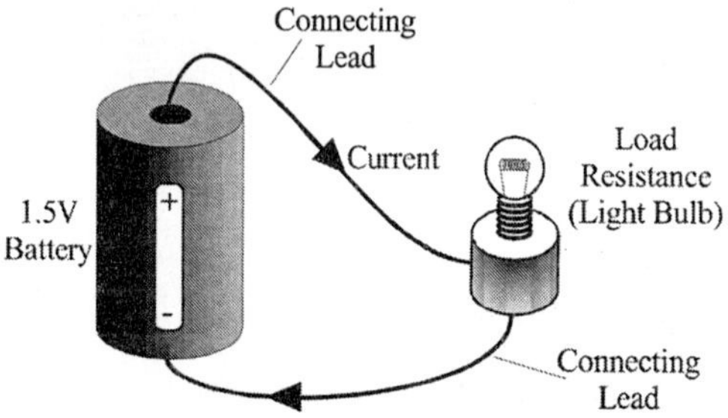


그림 2. 기본 회로

그림 1은 회로에서 통상적으로 전류가 흐르는 방향을 보여준다.

- 전원(EMF source)은 연결된 부하저항이 전류를 흐르게 한다.
- 전류는 부하저항을 통해 흐르고 저항의 전후에는 전위차(potential difference)가 생긴다.
- 발생되는 전위차의 크기는 기전력의 크기와 동일하다.
- 기전력(EMF)은 E 또는 V로 표시하고 단위는 V(volts)이다.
- 전류는 I로 나타내고 단위는 A(amperes)이다.
- 저항은 R로 나타내고 단위는 Ω(ohms)이다.
- 경우에 따라 단위를 소문자로 또는 대문자로 나타낸다.

효율을 위해서 접두어(prefix)들이 사용되는데, 아래 표 1과 같다.

➡표 1.

| 접두어 | 기 호 | 의 미 |
|---|---|---|
| giga | G | $\times 1,000,000,000= \times 10^{9}$ |
| mega | M | $\times 1,000,000= \times 10^{6}$ |
| kilo | k | $\times 1,000= \times 10^{3}$ |
| milli | m | $\div 1,000= \div 10^{3}$ or $\times 10^{-3}$ |
| micro | μ | $\div 1,000,000= \div 10^{6}$ or $\times 10^{-6}$ |
| nano | n | $\div 1,000,000,000 = \div 10^{9}$ or $\times 10^{-9}$ |
| pico | p | $\div 1,000,000,000,000= \div 10^{1}$ or $\times 10^{-12}$ |

예를 들어,

1,500,000Ω= 1.5MΩ　　　22,000Ω= 22kΩ

0.025A= 25mA　　　0.000050A= 50μA

※ 주의 : 관습상 R, k 또는 M 등이 저항값을 표기할 때 아래와 같이 종종 사용된다.

470R= 470Ω　　　2R7 = 2.7Ω

2k7 = 2.7kΩ　　　3M3 = 3.3MΩ

## 1.2. 전압의 측정

전압은 전압계로 측정하는데, 전압계는 그림 3에서 보는 것과 같이 회로 구성요소와 병렬로 연결하여 측정한다. 만약에 아날로그 전압계라면, 극성에 따라 전압계를 정확하게 연결해야 한다. 극성을 정확하게 연결하지 않으면, 지시바늘이 잘못된 방향으로 움직인다. 그리고 전압계에 문제가 생길 수도 있다. 디지털 전압계라면, 전압의 극성이 화면에 (+) 또는 (-)의 기호로 표시될 것이다.

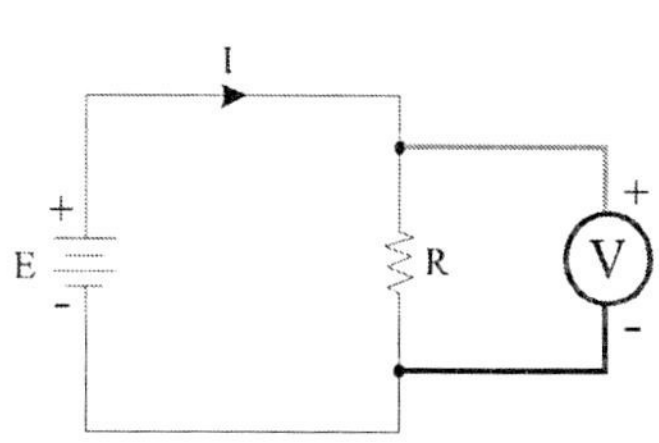


그림 3. 전압의 측정

## 1.3. 전류의 측정

전류는 전류계로 측정하는데, 전류계는 그림 4에 보여지는 바와 같이 회로와 직렬로 연결한다. 따라서 회로의 전류는 전류계를 통과하여 흘러간다.

## 1.4. 저항의 측정

저항은 저항계로 측정하는데, 그림 5와 같이 저항계를 저항의 양쪽에 연결하여 측정한다. 저항 측정에서는 극성이 문제가 되지 않는다. 그러나 되도록 저항을 회로와 분리해서 측정해야 한다. 회로에서 다른 구성요소와 연결된 상태에서 측정을 하면 저항의 값에 영향을 미칠 수 있기 때문이다. 측정의 잘못과 저항계의 손실을 막기 위해 반드시 연결된 전원을 off해야 한다.

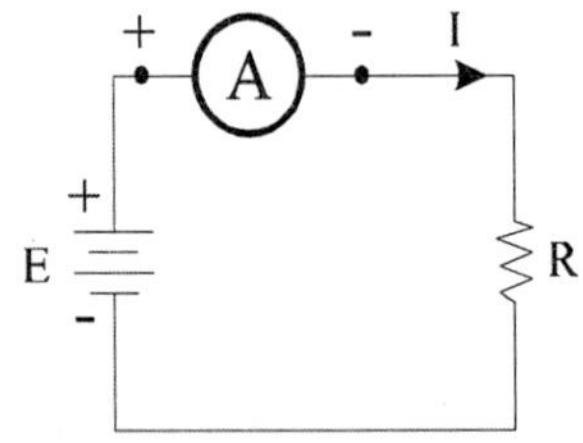


그림 4. 전류의 측정

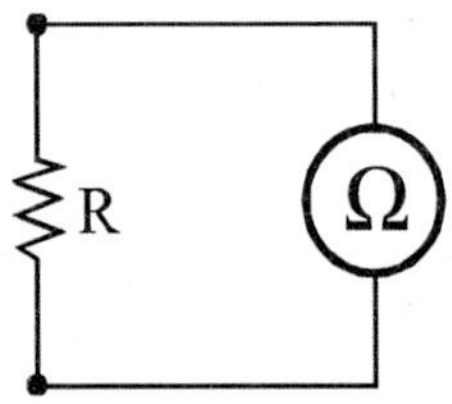


그림 5. 저항의 측정

## 1.5. 전압, 전류, 저항의 측정

① 모듈의 전원공급 장치를 끄고, 그림 6과 같이 소켓 1.2와 1.3사이에 그리고 소켓 1.4와 1.9사이를 연결고리(shorting link)로 연결하라. 이는 저항 $R_1$을 가변전원에 연결하기 위한 것이다.

② 전압계를 20V DC 범위에 놓고, 전압계를 2~4mm 연결잭(adaptor)으로 소켓 1.5와 1.8에 연결하라. 전압계의 극성을 그림 6과 같이 연결해야 함을 주의하라.

③ 가변 DC 전압의 출력을 최소로 놓고, 모듈의 전원공급 장치를 ON으로 한다.

④ 출력 전압을 점차 증가시키면서 전압계의 값을 관찰한다. 그리고 전압계의 값이 10V가 되도록 출력전압을 맞춘다. 전원공급 장치(power supply)로부터 10V의 출력 전압이 저항 $R_1$에 가해진다.

⑤ 소켓 1.5와 1.8에서 전압계의 선을 분리한다.

⑥ 소켓 1.2와 1.3사이에 연결된 연결고리(shorting link)를 분리한다.

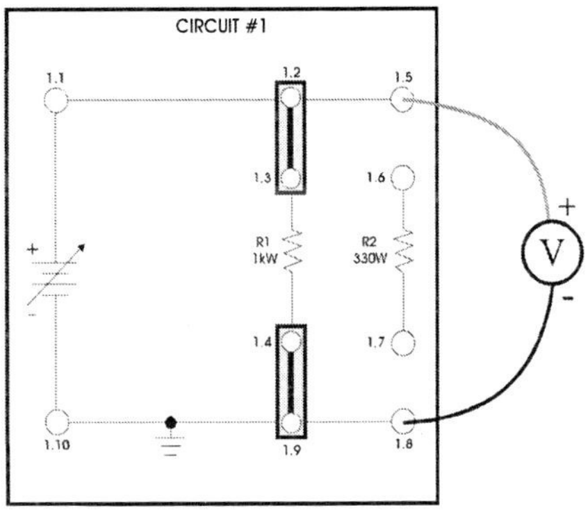


그림 6.

⑦ 멀티미터의 범위를 20mA DC 놓는다.

⑧ 그림 7과 같이 멀티미터를 소켓 1.2와 1.3사이에 연결한다.

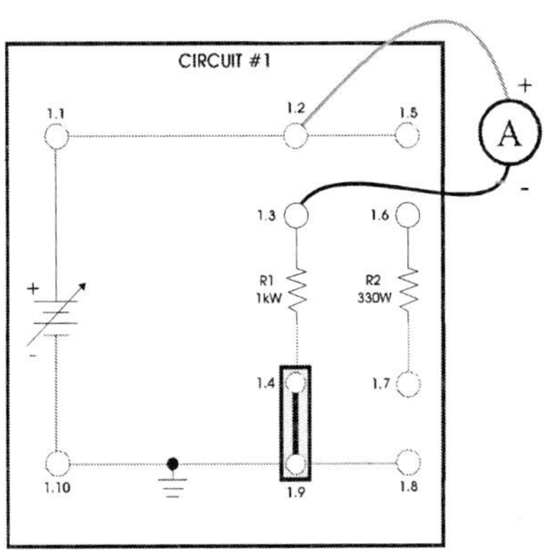


그림 7.

⑨ 멀티미터는 10V의 전압이 주어진 1kΩ의 저항에 흐르는 전류의 값을 나타낸다. 현재의 값을 표 2의 적절한 위치에 기록하라.

➡표 2.

| | Measured | | | Resistance Range for R1 | |
|---|---|---|---|---|---|
| Resistor R1 | Voltage | Current | Resistance | | |
| Connections | 1.5 & 1.8 | 1.2 & 1.3 | 1.3 & 1.4 | Upper Limit | Lower Limit |
| Values | 10V | | | 1050W | 950W |

⑩ 소켓 1.4와 1.9사이에 연결된 연결고리(shorting link)를 제거하고 소켓 1.7과 1.8 사이에 연결한다.

⑪ 소켓 1.2와 1.3사이에 연결된 멀티미터를 떼어내고, 범위를 200mA DC에 맞춘 후 소켓 1.5와 1.6사이에 연결한다. 그런 뒤 저항 $R_2$에 통하는 전류를 측정한 뒤 그 값을 표 3에 기록한다.

➡표 3.

| | Measured | | | Resistance Range for R2 | |
|---|---|---|---|---|---|
| Resistor R2 | Voltage | Current | Resistance | | |
| Connections | 1.5 & 1.8 | 1.5 & 1.6 | 1.6 & 1.7 | Upper limit | Lower Limit |
| Values | 10V | | | 347W | 313W |

⑫ 연결고리(shorting link)와 멀티미터 선을 제거한다. 저항 $R_1$과 $R_2$를 가변 DC전원에서 분리한다.

⑬ 멀티미터의 범위를 2kΩ 저항범위에 놓고, 저항 $R_1$ 측정을 위해 소켓 1.3과 1.4, 저항 $R_2$측정을 위해 소켓 1.6과 1.7에 연결하여 각각 측정한다. 그런 뒤 표 2와 표 3에 각각 기록한다. 측정해 보면 저항 $R_1$이 정확하게 1kΩ이 아니며 저항 $R_2$가 정확하게 330Ω은 아닐 것이다. 그 이유는 정확한 값을 가진 저항을 만들 수 없기 때문이다. 그 대신 저항은 허용 오차범위를 넘지 않는 값을 가지도록 되어 있다.

⑭ 저항 $R_1$이 표 2에 있는 허용범위를 넘지 않는지 점검하라. 그리고 저항 $R_2$도 표 2에 있는 허용범위를 넘지 않는 지 점검하라.

예 제

1. 저항 $R_1$에 흐르는 전류를 소수 첫 번째 자리까지 기록하라.
2. 저항 $R_2$에 흐르는 전류를 소수 첫 번째 자리까지 기록하라.
   어느 저항에서 더 높은 전류값을 가지는가 ?
3. $R_1$이면 1을, $R_2$면 2를 기록하라.

이 실험은 여러분에게 DIGIAC 3000System의 사용법을 어느 정도 소개했다.

회로의 연결을 위해 연결고리(shorting link)의 사용과 전압, 전류, 저항의 측정을 위해 멀티미터를 사용하는 법을 배웠다. 또한 이상적인 저항값과 실제 저항사이에는 어느 정도의 허용 오차범위가 있다는 것을 알았다.

# 2. 옴의 법칙(Ohm's Law)

**학습목표**

① 옴의 법칙
② 전류(I)와 저항(R)을 이용한 전압(V)의 표현
③ 전압(V)과 저항(R)을 이용한 전류(I)의 표현
④ 전압(V)과 전류(I)를 이용한 저항(R)의 표현
⑤ 옴의 법칙을 이용한 간단한 계산
⑥ 옴의 법칙을 증명하기 위한 실험방법

**필요한 장비**

① D3000 1.1 DC Circuit-1 모듈의 Circuit #1
② 연결고리(shorting link)와 2~4mm 연결잭(adaptor)
③ DC 0~20V, 0~20mA, 0~200mA 그리고 0~2kΩ의 범위를 가진 멀티미터

## 2.1. 옴의 법칙(Ohm's Law)

한 도체에서 전압은 그것을 통해 흐르는 전류와 비례한다. 이것은 다음과 같이 표현할 수 있나.

$$V \propto I \qquad\qquad V = (\text{상수}) \times I$$

여기에서 상수는 그 도체의 저항(R)이다.
그러므로

$$V = IR$$

V : 전압(Volt), I : 전류(Ampere), R : 저항(Ohm)

이 식은 다음과 같이 고쳐 쓸 수 있다.

$$I = \frac{V}{R}$$

그리고

$$R = \frac{V}{I}$$

예 제

**3.** 5mA의 전류가 2kΩ의 저항을 통해 흐른다. 전압은 얼마인가 ?

I = 5mA = 0.005A　　　　R = 2kΩ= 2000Ω

V = 0.005 × 2000　　　　V = 10V

※ mA단위의 전류 x kΩ단위의 저항의 결과는 volt단위의 전압이 된다.
5mA x 2kΩ = 10V

**4.** 12V의 전압이 2kΩ의 저항에 걸려있다. 전류는 얼마인가 ?

V = 12V　　　　R = 2kΩ= 2000Ω

$I = \frac{V}{R}$　　　　$I= \frac{12}{2000}$

I = 0.006A　　　　V = 6mA

※ volt단위의 전압 ÷ kΩ단위의 저항의 결과는 mA단위의 전류가 된다.

$\frac{12V}{2k\Omega} = 6mA$

**5.** 10V의 전압이 공급되는 회로에 5mA의 전류가 흐른다. 회로의 저항은 얼마인가 ?

V = 10V　　　　I = 5mA = 0.005A

$R = \frac{V}{I}$　　　　$R = \frac{10}{0.0050}$

R = 2000Ω　　　　R = 2kΩ

※ volt단위의 전압 ÷ mA단위의 전류의 결과는 kΩ단위의 저항이 된다.

$\frac{10V}{5mA} = 2k\Omega$

## 2.2. 옴의 법칙(Ohm's Law)의 확인

이 실험에서 저항이 있는 회로의 전압과 전류를 측정할 것이다.

① 먼저 전원공급 스위치를 OFF로 하고, 멀티미터의 범위를 20V DC에 놓고 연결고리(shorting link)로 회로를 그림 8과 같이 연결한다.

② 전원공급 스위치를 ON으로 하고, 출력전압을 2V에 맞춘다.

③ 멀티미터의 선을 떼어낸 후, 범위를 20mA DC로 놓고 그림 9와 같이 회로를 다시 연결한다.

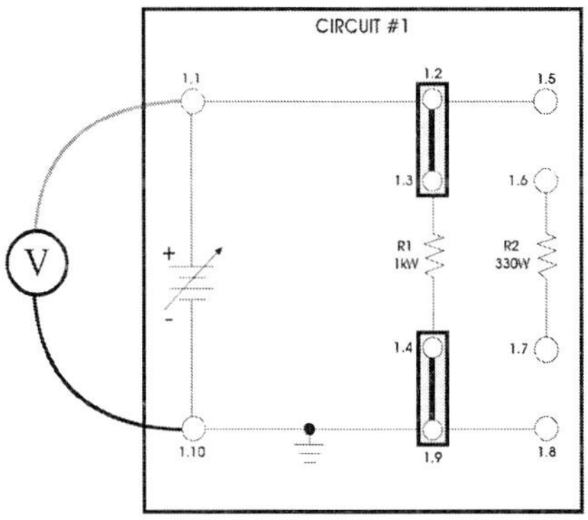


그림 8.

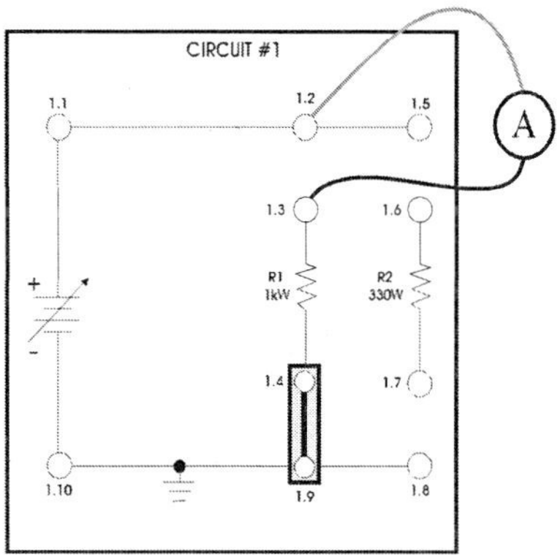


그림 9.

④ 전류의 값을 읽고 다음 페이지에 있는 표 3에 기록한다.

⑤ 공급전압을 각각 4V, 6V, 8V, 10V, 12V로 놓고 위의 전 과정을 반복한다. 각 단계의 전류를 관찰하고 그 값들을 다음 페이지의 표 4에 기록한다.

➡표 4.

| Supply Voltage(Volts)<br>Connections<br>1.1 & 1.10 | Current through R1(mA)<br>Connections<br>1.2 & 1.3 | Current through R2(mA)<br>Connections<br>1.5 & 1.6 |
|---|---|---|
| 0 | | |
| 2 | | |
| 4 | | |
| 6 | | |
| 8 | | |
| 10 | | |
| 12 | | |

⑥ 저항 $R_1$ 대신에 회로에 연결되어 있는 저항 $R_2$를 사용해서 위의 과정을 반복한다. 필요에 따라 멀티미터의 범위를 바꾼다.

⑦ 저항 $R_1$에서 얻은 전압에 대한 전류의 그래프를 그려보아라.

점들을 연결하면 직선이 되는지 관찰하라. 이 그래프는 전류가 전압에 대해 정비례한다는 것을 보여준다.

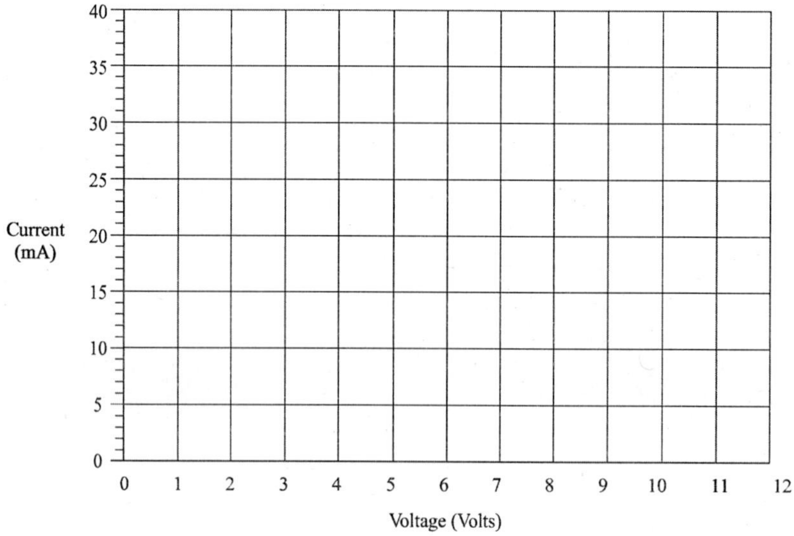


**[전류 · 전압 그래프]**

⑧ 같은 그래프 위에, 저항 $R_2$에서 얻은 전압에 대한 전류의 값을 점으로 찍어라.

다시 여러분은 여러분이 찍은 점을 따라 직선을 그릴 수 있어야 한다. $R_1$에서 얻은 직선의 기울기와 $R_2$에서 얻은 직선의 기울기를 비교하라. 낮은 저항에서 얻은 직선의 기울기가 더 가파르다는 것을 발견할 수 있을 것이다. 이는 낮은 저항이 보다 많은 전류를 통과시킨다는 것을 알 수 있다.

여러분의 그래프에서, 저항 $R_2$에 7V의 전압을 공급할 때에 흐르게 될 전류를 계산해 보라. 힌트를 준다면, 전압축 위에 있는 7V에서 수직으로 따라 올라가 $R_2$의 그래프와 만나는 점에서 수평선상에 있는 전류 축의 값을 읽으면 된다. 이 값이 전압 7V에 대한 전류의 값이 된다.

예 제

**6.** 전류의 값을 소수 첫 번째 자리까지 기록하라.

우리는 이 실험에서 저항에 있어서 전압에 대한 전류의 그래프를 그림으로서 옴의 법칙(Ohm's Law)을 검증해 보았다. 그 그래프는 저항을 통해서 흐르는 전류는 공급된 전압에 정비례한다는 것을 보여주었다.

# 3. 저항에서의 전력(Power)

**학습목표**

① 저항에서 소모되는 전력의 표현
② 저항에서 소모되는 전력에 일어나는 일

**필요한 장비**

① D3000 1.1 DC Circuit-1 모듈의 Circuit #1
② 연결고리(shorting link)와 2~4mm 연결잭(adaptor)
③ DC 0~20V, 0~20mA, 0~200mA 그리고 0~2kΩ의 범위를 가진 멀티미터 (Multimeter)

## 3.1. 저항이 있는 회로에서 전력의 표현

DC회로에서의 전력(power)은 전압×전류로 나타내고, 그 단위는 w(Watt)이다.

전력

$$P = V \times I = (I\ R) \times I$$

$$P = I^2R$$

또는

$$P = V \times I = V \times \frac{V}{R}$$

$$P = V^2/R$$

위의 표현에서 전압의 단위는 볼트(volt), 전류의 단위는 암페어(Ampere), 저항의 단위는 옴(ohm)이며, 그 결과인 전력의 단위는 와트(watt)이다.

저항에서 소모되는 전력은 열로 바뀐다. 저항을 통해서 흐르는 전류는 저항의 온도를 높인다. 이런 온도 상승은 제한되어야 하며 그렇지 않으면 저항이 손상된다. 모든 저항들은 넘어서는 안 되는 지정된 최대 정격전력을 가지고 있다.

예 제

7. 50mA의 전류가 1kΩ의 저항을 통해 흐른다. 전압을 계산하고, 저항에서 소모되는 전력을 계산하라.

풀이 (1) 전압

$V = I \times R$

$V = 0.005 \times 1000 = 50V$

(2) 전력

$P = I^2 \times R$

$P = 0.052 \times 1000 = 2.5watts$

또는

$P = V \times I$

$P = 50 \times 0.05 = 2.5watts$

8. 12V의 전압이 330Ω의 저항에 걸려있다. 소모되는 전력을 계산하라.

풀이 전력

$P = V^2/R = 122/330$

$P = 0.436watts$

저항에서 소모되는 전력이 최대 정격전력을 넘지 않기 위해서는 공급되는 전압과 회로의 전류가 안정된 수준을 넘지 않도록 제한하는 것이 중요하다.

저항의 정격전력은 제조시의 재료와 크기에 좌우된다.

CIRCUIT #2에 있는 저항 제품들은 1/4watt이며, 330Ω의 저항만이 1/2watt이다. 이 저항은 다음 페이지 그림 10에 나타나 있다.

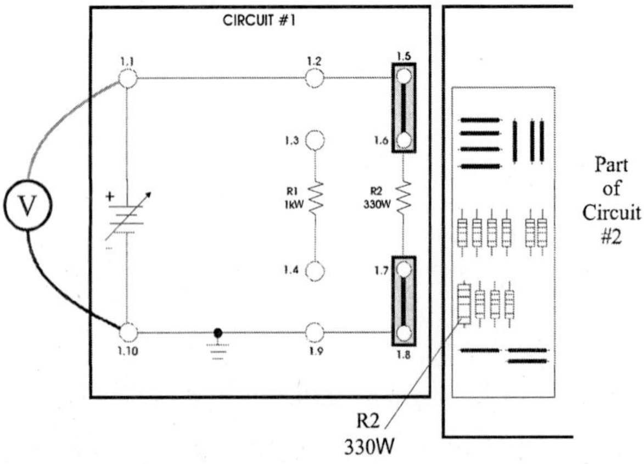


그림 10.

## 3.2. 저항에서 소모되는 전력

① 모듈에 공급되는 전원공급 스위치를 OFF로 놓고, 멀티미터의 범위를 20V DC로 맞춘 후 회로를 연결고리(shorting link)로 그림 10과 같이 연결한다.

② 모듈 전원공급 스위치를 ON으로 하고, 공급전압을 4V로 조절한다.

③ 회로에서 멀티미터를 분리한다.

④ 소켓 1.5와 1.6사이에 연결된 연결고리(shorting link)를 분리하라. 그런 후 멀티미터의 범위를 200mA DC에 놓고 소켓 1.5와 1.6사이에 연결한다(이때 양극의 선을 소켓 1.5에 연결한다). 전류의 흐름을 관찰한 후 그 값을 다음 페이지에 있는 표 5에 기록한다.

⑤ 그림 10과 같이 다시 놓은 후 회로를 연결한 채 몇 분 동안 놓아둔다. 그런 후 저항 $R_2$를 만져보고 온도가 올라갔는지 알아본다. 저항의 온도에 영향을 미칠 수 있기 때문에, 계속 손가락을 저항에 대고 있지 않도록 한다.

⑥ 전압을 8V와 12V로 각각 놓고 위의 과정을 반복한다. 이 때 저항의 온도변화를 감지해 본다. 절대 12V를 넘지 않도록 하라. 각 경우에 전류의 흐름을 관찰한 뒤 그 값을 표 5에 기록한다.

➡**표** 5.

| Voltage across R2(330W) (Volts) Connections 1.1 & 1.10 | Current through R2(mA) Connections 1.5 & 1.6 | Power in R2(mW) Calculated |
|---|---|---|
| 4 | | |
| 8 | | |
| 12 | | |

※ 멀티미터의 용도를 전류측정에서 전압측정으로 바꾸려고 할 때, 또는 그 반대일 때 다음에 항상 주의하라.
① 멀티미터를 회로에서 분리한다.
② 멀티미터의 범위를 새로 세팅 한다.
③ 새로운 측정을 위해 멀티미터를 다시 연결한다.

⑦ 각 전압에서의 소모된 전력을 계산하고 표 4에 기록한다.

표의 결과를 관찰하라. 저항을 통해 흐르는 전류가 클수록 소모되는 전력도 더 크다는 것을 알 수 있을 것이다. 실제로, 소모되는 전력의 양은 전류의 제곱($I^2$)에 비례해서 증가한다. 이는 식 $P= I^2R$에서 $P \propto I^2$이기 때문이다.

저항 $R_2$의 정격전력은 1/2W(500mW)이다. 여러분은 12V의 전압이 이 저항에 공급되면 저항이 뜨거워지는 것을 볼 수 있는데, 이는 이 저항의 최대 정격전력에 가까워지고 있기 때문이다.

예 제

**9.** 여러분의 결과표에서, 8V의 전압이 공급될 때 저항 $R_2$에서 소모되는 전력을 기록하라.

⑧ 여러분은 이제 저항 R1에 흐르는 전류를 측정해서, 소모되는 전력을 측정할 것이다. 소켓 1.7과 1.8사이에 있는 연결고리(shorting link)를 제거하고, 소켓 1.4와 1.9사이에 연결한다.

⑨ 공급전압은 계속 12V에 놓아두고, 멀티미터를 회로에서 분리해서 범위를 20mA DC에 놓고 소켓 1.2와 1.3사이에 다시 연결한다. 저항 $R_1$에 흐르는 전류를 측정하고 그 값을 표 6에 기록한다.

⑩ 12V가 공급될 때 저항 $R_1$에 소모되는 전력을 계산하고, 그 값을 표 6에 기록한다.

➡**표** 6.

| Voltage across R1(1kW) (Volts) Connections 1.1 & 1.10 | Current through R1(mA) Connections 1.2 & 1.3 | Power in R1(mW) Calculated |
|---|---|---|
| 12 | | |

전압 12V가 공급될 때 저항 $R_1$과 $R_2$에서 소모되는 전력의 양을 비교하라. 여러분은 더 낮은 저항 값을 가진 저항에서 더 많은 전력이 소모되는 것을 볼 수 있을 것인데 이는 그 저항이 더 많은 양의 전류를 통과시키기 때문이다.

이 장에서 우리는 저항에서 소모되는 전력을 계산하는 실험을 해 보았다. 전력이 열로 소모되는 것도 관찰해 보았다. 그리고 전압이 일정할 때, 더 낮은 값을 가진 저항이 더 많은 전력을 소모한다는 것을 알아보았다.

## 4. 저 전력(Low Power) 저항들을 위한 저항 색 코드

**학습목표**

① 저항 허용오차(resistor tolerance)의 의미
② 저전력 저항들을 나타내는 4-밴드(4-Band)시스템
③ 색으로 코드화된 저항의 값의 정확한 구별
④ CIRCUIT #2에 있는 저항의 값들을 색 코드로 구별하고, 그 값들을 측정을 통해 확인

**필요한 장비**

① D3000 1.1 DC Circuit-1 모듈의 Circuit #1
② 200Ω, 2kΩ, 20kΩ, 200kΩ, 2MΩ의 저항범위를 가진 멀티미터(Multimeter)

### 4.1. 저항 허용오차(Resistor Tolerance)

앞의 실습에서 정확한 저항 값을 가진 저항을 생산한다는 것은 불가능하다는 것을 알았다. 그 대신 저항은 허용오차를 가지게 된다. 즉, 저항은 허용된 저항값의 범위 안의 값을 가지면 되는 것이다.

저항 제조업체들은 보통 표시 저항값(예를 들어, 1kΩ)에 허용오차(예를 들어, ±5%)를 더한 값을 지정한다. 표시 저항값 R과 허용오차 ±5%를 가진 저항이 있을 때, 저항범위의 상한(upper limit)과 하한(lower limit)의 계산은 다음과 같다.

$$\text{상한(Upper Limit)} = R+(R\times\frac{5}{100})$$

$$\text{하한(Lower Limit)} = R-(R\times\frac{5}{100})$$

예를 들어, 어느 저항의 표시 값이 1kΩ이고 허용오차가 ±5%일 때, 이 저항범위의 상한과 하한은 다음과 같다.

$$\text{상한} = 1000 + (1000\times\frac{5}{100}) = 1000 + 50 = 1050\Omega$$

$$\text{하한} = 1000 - (1000\times\frac{5}{100}) = 1000 - 50 = 950\Omega$$

## 4.2. 저 전력저항을 위한 4-밴드(4-Band) 색 코드시스템

표시 저항값과 그 허용오차는, 저항의 몸체 둘레에 그려진 4색의 띠(band)로 알아볼 수 있다. 그 띠(band)들은 저항 몸체의 한쪽 끝에 치우쳐 정렬되어 있어서, 어느 방향으로 읽어야 하는지를 알 수 있게 되어있다.

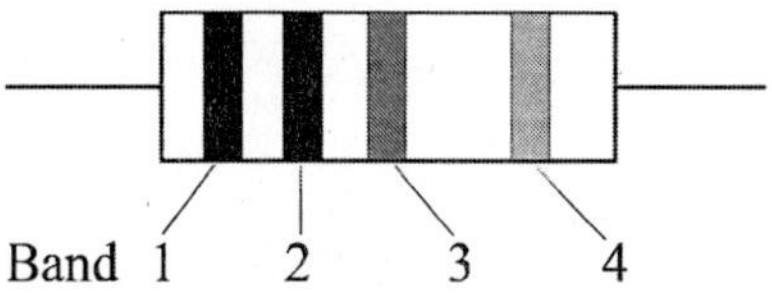


그림 11.

첫 번째 띠(저항 끝에서 가장 가까운 띠)는 저항 값의 첫 번째 자릿수를 나타낸다.
두 번째 띠는 저항 값의 두 번째 자릿수를 나타낸다.
세 번째 띠는 두 숫자 뒤에 붙는 0의 개수를 나타낸다. 즉, 승수를 의미한다.
네 번째 띠는 표시 값에 대한 허용오차를 나타낸다.
저항 색 코드 값은 아래의 표 7과 같다.

➡표 7.

| Color | Value | Multiplier | Tolerance |
|---|---|---|---|
| Black | 0 | $10^0$= 1 (no 0) | – |
| Brown | 1 | $10^1$= 10 (no 0) | °1% |
| Red | 2 | $10^2$= 100 (two 0) | °2% |
| Orange | 3 | $10^3$= 1000 (three 0) | – |
| Yellow | 4 | $10^4$= 10000 (four 0) | – |
| Green | 5 | $10^5$= 100000 (five 0) | – |
| Blue | 6 | $10^6$= 1000000 (six 0) | – |
| Violet | 7 | $10^7$= 10000000 (seven 0) | – |
| Gray | 8 | $10^8$= 100000000 (eight 0) | – |
| White | 9 | $10^9$= 1000000000 (nine 0) | – |
| Silver | | $10^{-2}$= 0.01 | °10% |
| Gold | | $10^{-1}$= 0.1 | °5% |

예제

10.

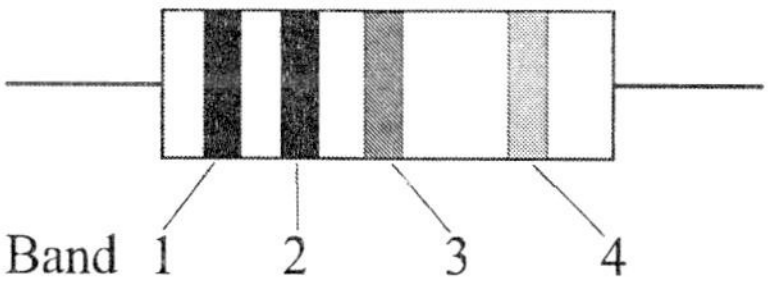


[1] 밴드 1 = 황색(값 = 4) 첫 번째 자릿수
밴드 2 = 자색(값 = 7) 두 번째 자릿수
밴드 3 = 등색(값 = 3) 두 숫자 뒤에 3개의 0을 더함
밴드 4 = 은색 허용오차 ±10%

**풀이** 저항 값은 47000Ω = 47kΩ±10%

[2] 밴드 1 = 청색(값 = 6) 첫 번째 자릿수
밴드 2 = 회색(값 = 8) 두 번째 자릿수
밴드 3 = 금색(승수 = 0.1)
밴드 4 = 금색 허용오차 ±5%

**풀이** 저항 값은 6.8Ω±5%

[3] 밴드 1 = 적색(값 = 2) 첫 번째 자릿수
밴드 2 = 자색(값 = 7) 두 번째 자릿수
밴드 3 = 녹색(값 = 5) 두 숫자 뒤에 5개의 0을 더함
밴드 4 = 금색 허용오차 ±5%

**풀이** 저항 값은 2700000Ω = 2.7MΩ±5%

[4] 밴드 1 = 갈색(값 = 1) 첫 번째 자릿수
밴드 2 = 적색(값 = 2) 두 번째 자릿수
밴드 3 = 갈색(값 = 1) 두 숫자 뒤에 1개의 0을 더함
밴드 4 = 은색 허용오차 ±10%

**풀이** 저항 값은 120Ω±10%]

저항의 값을 나타낼 때

기호 M은 100만($10^6$ = 1,000,000)을 의미한다.

기호 k는 1000($10^3$)을 의미한다.

기호 R(또는 Ω)은 옴(ohm)을 의미한다.

이 기호들의 위치가 소수점의 위치를 나타낼 때 사용되기도 한다.

2,700,000Ω= 2.7MΩ= 2M7

6,800Ω= 6.8kΩ= 6k8

470Ω= 470Ω

5.6Ω= 5R6
0.82Ω= R82

## 4.3. 색 코드를 보고 저항값을 읽고 측정을 통해 확인

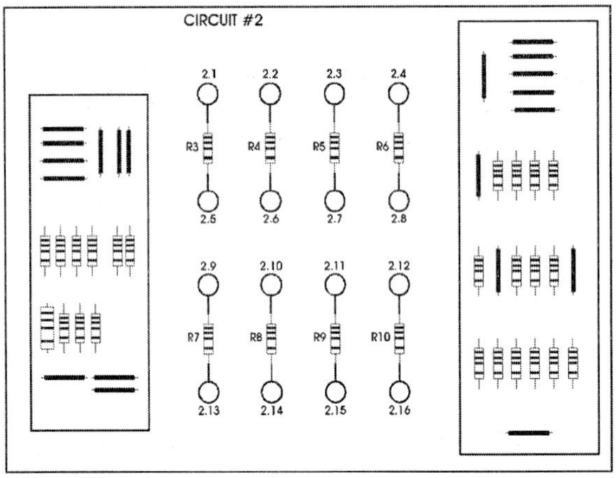


그림 12.

① 저항 $R_3$에서 $R_{10}$까지의 4밴드의 색을 관찰하고, 그것들을 표 8에 기록하라. 그리고 그들의 표시 값과 허용오차를 판별하라.
② 각 저항별로 저항 범위의 상한과 하한을 계산하고 이것을 표 8에 기록하라.
③ 멀티미터를 적절한 저항범위에 놓고 각 저항의 값을 측정하라. 그리고 그 값들을 표 8에 기록하라.

➡표 8.

| Resistor & Connections | Band 1 | Band 2 | Band 3 | Band 4 | Resistance | | | |
|---|---|---|---|---|---|---|---|---|
| | | | | | Coded Value | Lower Limit | Upper Limit | Measured |
| R3 2.1&2.5 | | | | | | | | |
| R4 2.2&2.6 | | | | | | | | |
| R5 2.3&2.7 | | | | | | | | |
| R6 2.4&2.8 | | | | | | | | |
| R7 2.9&2.13 | | | | | | | | |
| R8 2.10&2.14 | | | | | | | | |
| R9 2.11&2.15 | | | | | | | | |
| R10 2.12&2.16 | | | | | | | | |

색 코드에서 판별한 값과 측정값을 비교하라. 각 저항이 그것의 지정된 허용오차 범위 안에 있는지 확인하라(즉, 실제 측정한 저항값이 허용오차의 상한과 하한 사이에 있는지 확인하라).

예 제

**11.** 허용오차 범위 안에 있는 저항의 개수를 기록하라.
**12.** 여러분의 결과 표 중에 저항 $R_4$의 색 코드 값을 기록하라.
**13.** 여러분의 결과 표 중에 저항 $R_{10}$의 색 코드 값을 기록하라.

이 장에서 여러분은 저항의 색 코드와 저항의 허용오차의 개념을 배웠다. 그리고 다양한 색 코드가 있는 저항들을 읽고 실제의 측정값과 비교를 하는 실험도 해보았다.

## 5. 저항

### 5.1. 직렬로 연결된 저항

학습목표

① 직렬로 연결된 저항들의 총 저항값
② 키르히호프의 전압 법칙(Kirchoff's Voltage Law)
③ 전압의 분할을 위해 저항을 사용할 때 저항의 연결방법

**필요한 장비**

① D3000 1.1 DC Circuit-1 모듈의 Circuit #3
② 연결고리(shorting link)와 2~4mm 연결잭(adaptor)
③ DC 0~20V, 0~20mA의 DC 범위와 2kΩ과 20kΩ의 저항 범위를 가진 멀티미터(Multimeter)

### 5.1.1. 직렬로 연결된 저항들의 등가저항

그림 13은 세 개의 저항 $R_1$, $R_2$, $R_3$가 직렬로 연결되어 있는 것을 보여준다. 그리고 이 세 저항과 같은 값을 가지는 등가저항을 저항 $R_T$로 나타내었다.

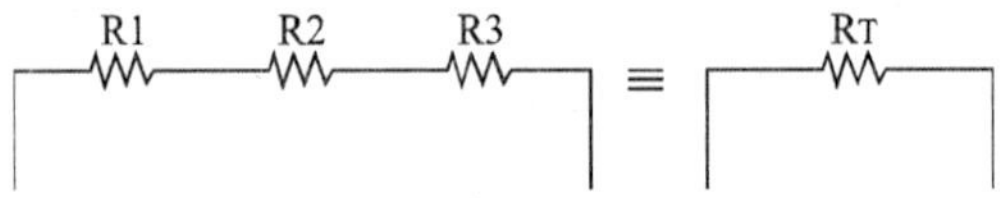


그림 13.

이 등가저항은 다음과 같다.

$$R_T = R_1 + R_2 + R_3$$

① 그림 14와 같이 연결고리(shorting link)를 연결한다.
② 저항 $R_{11}$~$R_{16}$의 저항값을 저항계를 적절한 소켓에 연결해 측정하라. 그리고 그 값을 표 9에 기록하라.
③ 직렬로 연결된 저항 $R_{11}$과 $R_{14}$의 값을 저항계를 소켓 3.3과 3.16에 연결해 측정해 아래의 표 10에 기록하라. 표 9에 기록된 두 저항값을 이용해 예상 등가저항을 식 $R_T = R_{11} + R_{14}$를 이용해 계산하라. 그 값을 표 10에 기록하라.
④ 위의 과정을 표 10에 있는 저항들의 각 조합별로 위의 과정을 반복한다. 이 때 저항계를 각 조합에 맞게 적절한 소켓에 연결해서 측정하라. 또한 각 저항들의 조합의 합을 표 9에 있는 측정값을 이용해 계산하라. 그리고 그 값을 표 10에 기록하라.

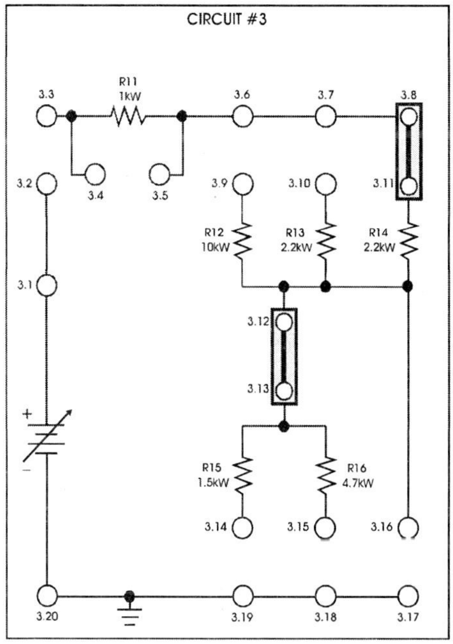


그림 14.

➡표 9.

| Resistor | R11 | R12 | R13 | R14 | R15 | R16 |
|---|---|---|---|---|---|---|
| Measured Resistance | | | | | | |

➡표 10.

| Resistor in Series | Measured Resistance | Calculated Resistance from Table 5.1 |
|---|---|---|
| R11, R14 | | |
| R13, R15 | | |
| R12, R16 | | |
| R11, R13, R15 | | |
| R11, R14, R16 | | |

계산된 값과 측정된 값이 일치하는가 ?

만약 그렇다면, 여러분은 직렬로 연결된 저항에서 등가저항은 각각의 저항 값들의 합이라는 것을 알게 되었다.

예 제

**14.** 표 10의 마지막 줄에 있는 저항($R_{11}$, $R_{14}$, $R_{16}$)의 측정된 값을 소수 첫 번째 자리까지 입력하라.

**15.** 표 10의 마지막 줄에 있는 저항($R_{11}$, $R_{14}$, $R_{16}$)의 계산된 값을 소수 첫 번째 자리까지 입력하라.

## 5.1.2. 직렬로 연결된 저항들을 이용한 전압의 분할

그림 15는 직렬로 연결된 3개의 저항을 보여준다. 전류 I는 각 저항을 통과할 때 동일한 값이며 전압은 $R_1$을 통과할 때 $V_1$만큼, $R_2$를 통과할 때 $V_2$만큼 $R_3$를 통과할 때 $V_3$만큼의 전압강하가 생긴다. 이 회로는 전위 분압기(potential divider)로서 작용한다. 이는 공급전압이 몇 개의 전위차 혹은 전압강하로 나누어지기 때문이다.

전위차(potential difference-pd)는 저항 양끝의 전위의 차이를 말한다.

$$V = V_1 + V_2 + V_3$$

전압강하의 총합은 공급전압 V와 같다.

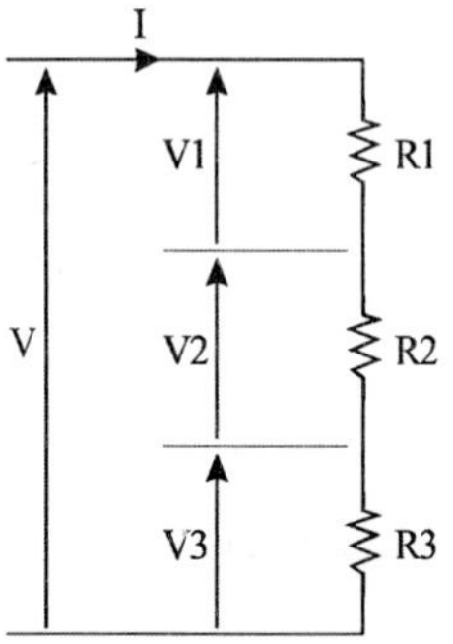


그림 15.

## 5.1.3. 키르히호프의 전압법칙(Kirchoff's Voltage Law)

'폐회로(closed circuit)에서 전압강하의 합은 인가된 전압과 같다.'

직렬로 연결된 회로에서 각 저항에서 일어나는 전압강하를 계산할 수 있다. 또, 총 회로의 저항의 합은 다음과 같다.

$$R_T = R_1 + R_2 + R_3$$

그리고 공급전류 I는 각 저항에서 같다. 그러므로 옴의 법칙(Ohm's law)을 적용하여 다음과 같이 표현할 수 있다.

$$V = I \times R_T$$

$$V_1 = I \times R_1$$

$$V_2 = I \times R_2$$

$$V_3 = I \times R_3$$

### 5.1.4. 직렬회로에서 전압과 전류

① 모듈의 전원 공급장치 스위치를 OFF로 하고, 그림 16과 같이 연결고리(shorting link)로 회로를 연결한다. 이는 저항 $R_{11}$, $R_{14}$, $R_{15}$를 전원 공급장치에 직렬로 연결하는 것이다.

② 멀티미터의 범위를 20V DC에 놓고 3.1과 3.20에 연결하라.

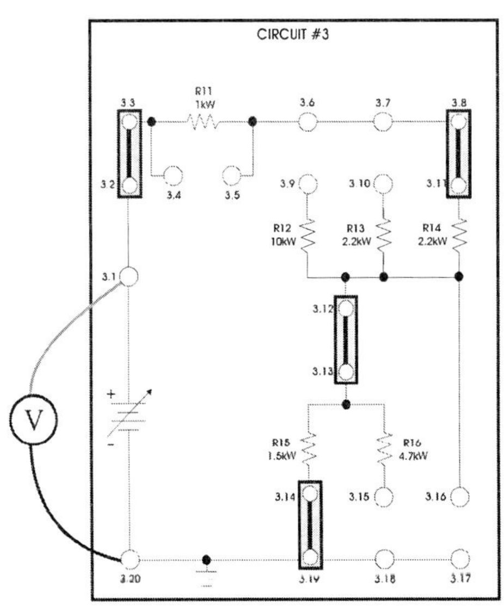


그림 16.

여러분이 구성한 회로는 아래의 그림 17로 간략화 할 수 있다.

③ 모듈의 전원 스위치를 ON으로 하고, 전압을 10V로 맞춘다.

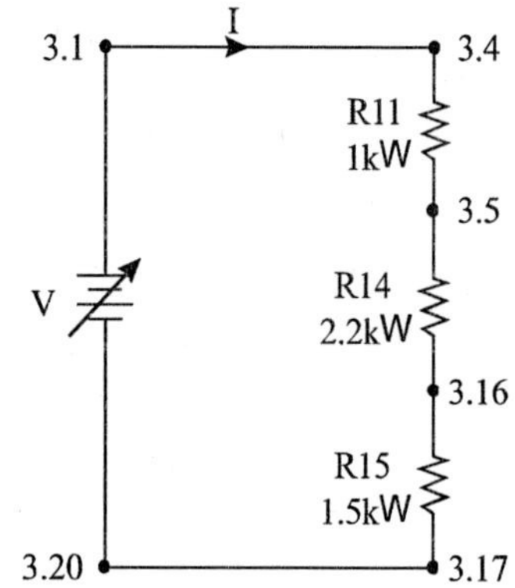


그림 17.

[1] 전압측정

① 저항 $R_{11}$, $R_{14}$, $R_{15}$에서 일어나는 전압강하를 측정하고 그 값을 표 11에 기록하라.

➡표 11.

| Supply Voltage connection 3.1 & 3.20 | Voltage drop across R15 connection 3.16 & 3.17 | Voltage drop across R14 connection 3.5 & 3.16 | Voltage drop across R11 connection 3.4 & 3.5 | Sum of voltage drops R15, R14, R11 |
|---|---|---|---|---|
| 10V | | | | |

※ 위에 주어진 소켓의 번호는 단지 도움을 위한 것이다. 이 소켓과 연결된 어느 소켓이든지 전압의 측정을 위해서 사용할 수 있다.

얻어진 결과를 주의해 살펴보아라. 공급전압의 분압은 회로의 각 저항값에 비례한다는 것을 알 수 있을 것이다. 저항값이 가장 큰 저항 $R_{14}$에서 전압의 강하가 가장 크고, 저항값이 가장 적은 저항 $R_{11}$에서 전압의 강하가 가장 적은 것을 볼 수 있다.

예 제

**16.** 결과표에서 저항 $R_{11}$에서의 전압강하를 소수 첫 번째 자리까지 기록하라.

이 회로에서 전압강하의 합에 키르히호프의 법칙이 적용되었는지 확인하라.

[2] 전류측정

① 소켓 3.2와 3.3사이의 연결고리를 제거하라.

② 멀티미터를 20mA DC의 범위에 놓고 소켓 3.2와 3.3에 연결하라. 이때 (+)극을 3.2에 연결한다. 멀티미터가 회로의 전류를 나타낼 것이다. 이 값을 표 12에 기록하라.

③ 멀티미터를 제거하고, 다시 연결고리를 소켓 3.2와 3.3사이에 연결하라.

④ 나머지 세 개의 연결고리(shorting link)를 번갈아 가며 위의 과정을 반복하여 전류를 측정하라. 그리고 그 값을 표 12에 기록하라.

➡표 12. Current between sockets

| 3.2 & 3.3 Supply | 3.8 & 3.11 | 3.12 & 3.13 | 3.14 & 3.19 |
|---|---|---|---|
| | | | |

옴의 법칙(Ohm's Law)을 이용하여, 다음에 따라 각 저항에서의 측정된 전압강하를 확인하라.

(1) 저항 $R_{15}$에서의 전압강하

$V_{15}$ = I × $R_{15}$ = ............... × ............. = V

(2) 저항 $R_{14}$에서의 전압강하

$V_{14}$ = I × $R_{15}$ = ............... × ............. = V

(3) 저항 $R_{11}$에서의 전압강하

$V_{11}$ = I × $R_{11}$ = ............... × ............. = V

여기에서 I는 공급전류이다.

이 계산된 값들이 표 12의 측정된 값과 일치하는가 ?

다음을 계산하라

$V_{11} + V_{14} + V_{15} =$ V

이 합계가 공급전압과 같아야 한다.
다음을 계산하라

$R_T = R_{11} + R_{14} + R_{15} =$ kΩ

위 값을 이용하여 다음을 계산하라.

$V = I R_T =$ V

여기서 I는 공급전류이다.
이 계산 값과 공급전압이 일치하는가 ?
이 계산 값과 공급전압이 같아야 한다.

이 장에서 여러분은 직렬로 연결된 총 저항은 개개의 저항들의 합과 같다는 것을 배웠다. 이것을 증명하기 위해 몇 개의 직렬로 연결된 저항들을 측정과 계산을 통해 실험을 해보았다. 또한 여러분은 이 장에서 직렬로 연결된 저항이 공급전압을 분할하게 된다는 것을 배웠다. 두 번째 실험은, 공급전압을 몇 개의 전압으로 분압시키는 직렬 연결된 저항의 응용을 보여준다.

## 5.2. 병렬로 연결된 저항

**학습목표**

① 병렬로 연결된 저항들의 총 저항값
② 키르히호프의 전류 법칙(Kirchoff's Current Law)
③ 병렬회로의 각 가지(branch)에 인가되는 상대전압
④ 병렬회로의 각 가지에 흐르는 전류들 사이의 관계

**필요한 장비**

① D3000 1.1 DC Circuit-1 모듈의 Circuit #3
② 연결고리(shorting link)와 2~4mm 연결잭(adaptor)
③ DC 0~20V, 0~20mA의 DC 범위와 2kΩ과 20kΩ의 저항범위를 가진 멀티미터(Multimeter)

### 5.2.1. 병렬로 연결된 회로저항들의 등가저항

그림 18은 세 개의 저항 $R_1$, $R_2$, $R_3$가 병렬로 연결되어 있는 것을 보여준다. 그리고 이 세 저항과 같은 값을 가지는 등가저항을 저항 $R_T$로 나타내었다. 공급전류 $I_T$는 $I_1$, $I_2$, $I_3$의 세 개의 전류로 나누어진다.

$$I_T = I_1 + I_2 + I_3$$

위 식은 키르히호프의 전류법칙(Kirchoff's Current Law)이라고 한다.

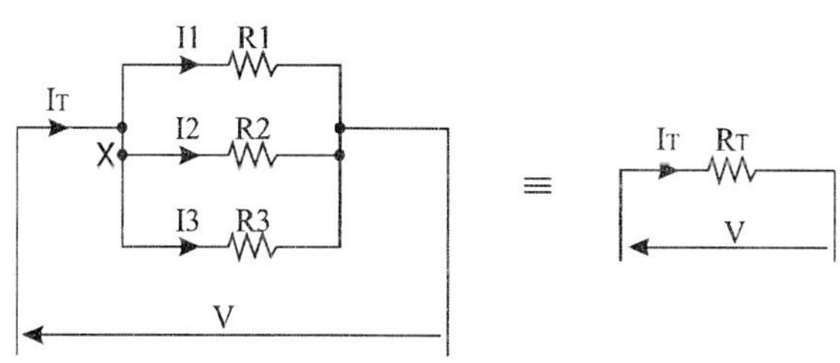


그림 18.

### 5.2.2. 키르히호프의 전류법칙(Kirchoff's Current Law)

'회로의 한 점으로 유입되는 전류의 합과 그 점에서 유출되는 전류의 합은 같다.' 이 법칙은 그림 18에 x로 표기된 점을 살펴봄으로 설명할 수 있다.

점 x로 유입되는 전류 = $I_T$

점 x에서 유출되는 전류 = $I_1 + I_2 + I_3$

따라서

$$I_T = I_1 + I_2 + I_3$$

이다.

그림 18에서 세 저항 모두에 전압 V가 인가되고 있는 것을 알 수 있다. 따라서 위 식에 옴의 법칙(Ohm's Law)을 적용해 보면 다음과 같다.

$$\frac{V}{R_t} = \frac{V}{R_1} + \frac{V}{R_2} + \frac{V}{R_3}$$

그러므로 병렬로 연결된 저항들의 총 저항은 다음과 같다.

$$\frac{1}{R_t} = \frac{1}{R_1} + \frac{1}{R_2} + \frac{1}{R_3}$$

병렬로 연결된 저항이 두 개인 경우에는

$$\frac{1}{R_t} = \frac{1}{R_1} + \frac{1}{R_2} = \frac{R_1 + R_2}{R_1 \times R_2}$$

$$R_t = \frac{R_1 \times R_2}{R_1 + R_2}$$

이 방정식은 다음과 같이 표현할 수 있다.

$$R_t = \frac{\text{두 저항의 곱}}{\text{두 저항의 합}}$$

### 5.2.3. 병렬회로 연결된 저항들의 등가저항

① 5에 있는 표 9에 기록되어 있는 저항 $R_{12}$에서 $R_{16}$까지의 값을 다시 살펴보고 그 값을 표 13에 기록하라. 필요한 경우 그 값들을 다시 측정하라.

② 네 개의 연결고리(shorting link)를 그림 19와 같이 CIRCUIT #3에 연결하라. 이것은 저항 $R_{13}$과 $R_{14}$, 저항 $R_{15}$와 $R_{16}$을 효과적으로 병렬로 연결하게 된다.

③ 저항계를 소켓 3.5와 3.16에 연결함으로서 병렬로 연결된 저항 $R_{13}$과 $R_{14}$의 저항을 측정하고, 소켓 3.13과 3.17에 연결해서 병렬로 연결된 저항 $R_{15}$와 $R_{16}$의 저항을 측정하라. 그 값들을 표 13에 기록하라.

④ 이제 소켓 3.6과 3.9사이에 연결고리를 연결하라. 이것은 저항 $R_{12}$와 $R_{13}$과 $R_{14}$를 효과적으로 병렬로 연결할 것이다. 다시 소켓 3.5와 3.16사이의 저항을 측정하고 이것을 표 13에 기록하라.

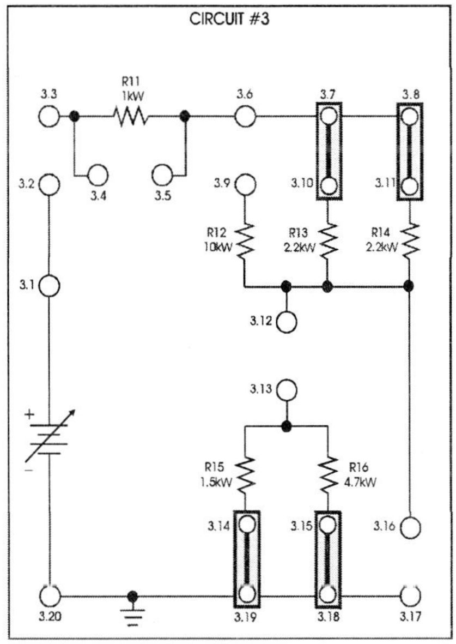


그림 19.

➡표 13.

| Resistor | R12 | R13 | R14 | R15 | R16 |
|---|---|---|---|---|---|
| Measured Resistance | | | | | |

| Resistors in Parallel | Measured Resistance | Calculated Resistance |
|---|---|---|
| R13, R14 | | |
| R15, R16 | | |
| R12, R13, R14 | | |

⑤ 개별적으로 측정된 저항의 값들을 이용하여 등가저항을 계산해서 표 13에 기록하라.

예 제

**17.** 결과 테이블에서 병렬로 연결된 저항 $R_{12}$, $R_{13}$, $R_{14}$의 측정 저항값을 기록하라.

**18.** 결과 테이블에서 병렬로 연결된 저항 $R_{12}$, $R_{13}$, $R_{14}$의 계산 저항값을 기록하라.

여러분의 결과를 살펴보라. 병렬로 연결된 저항들의 측정된 저항값과 계산된 저항값이 같아야 한다. 같은 값을 가지는 두 개의 저항이 병렬로 연결되어 있다면, 그것들의 등가저항 RT는 항상 저항 하나의 절반이다.

## 5.2.4. 병렬회로에서 전압과 전류의 관계

① 모듈의 전원공급 스위치를 OFF로 하고, 그림 20과 같이 회로를 연결하라. 이 회로는 병렬로 연결된 저항 $R_{12}$, $R_{13}$, $R_{14}$을 가변전원에 연결한 것이다.

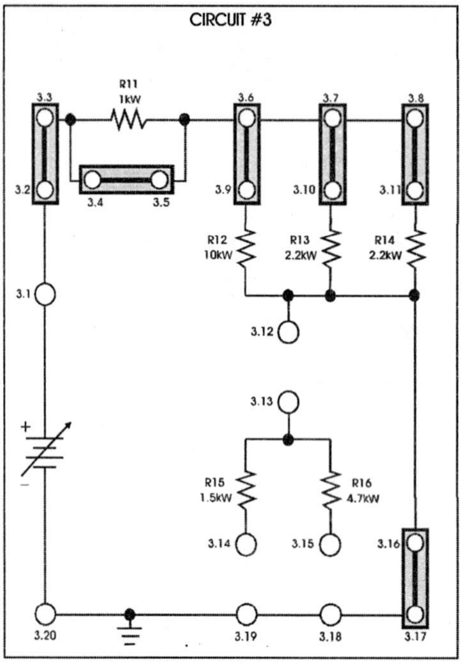


그림 20.

그림 21은 간략히 다음과 같이 연결되어 있다.

② 멀티미터의 범위를 20V DC에 놓고, 모듈의 전원공급 스위치를 ON으로 하고 공급전압을 10V에 맞춘다.

③ 저항 $R_{12}$, $R_{13}$, $R_{14}$ 각각에 인가된 전압을 측정하라. 각 경우의 전압이 공급전압과 같을 것이다.

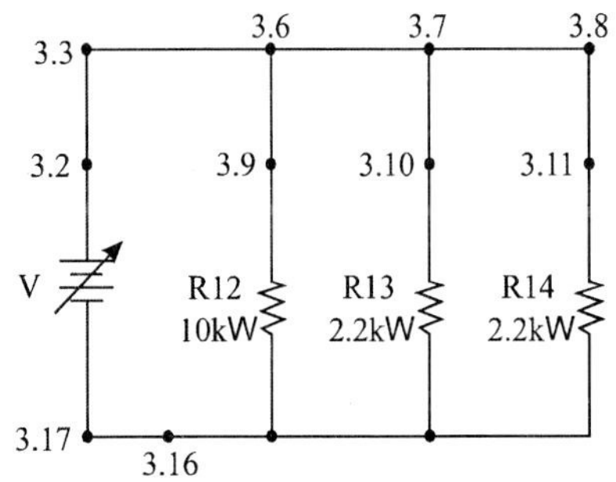


그림 21.

④ 멀티미터의 범위를 20mA에 놓고, 한 번에 하나씩의 연결고리(shorting link)를 분리한 후 멀티미터를 연결하고 각 부분에 흐르는 전류를 측정하라. 그 값들을 표 14에 기록하라.

➡표 14.

| Voltage | | | | Currents Between Sockets | | | | Sum of currents through RII, R13 & R14 |
|---|---|---|---|---|---|---|---|---|
| Supply(V) | Across | | | 3.2&3.3 Supply | 3.6&3.9 R12 | 3.7&3.10 R13 | 3.8&3.11 R14 | |
| | R12 | R13 | R14 | | | | | |
| 10V | 10V | 10V | 10V | | | | | |

예 제

19. 표 14에서, 저항 $R_{13}$에 흐르는 전류를 소수 첫 번째 자리까지 기록하라.

여러분의 결과를 관찰해 보라. 여러분은 모든 저항에 인가되는 전압이 공급전압과 같다는 것을 알 수 있을 것이다.

각 저항에 흐르는 전류들을 더하라.

각 가지에 흐르는 전류의 합이 공급전류와 같아야 한다. – 이것이 키르히호프의 전류법칙(Kirchoff's Current Law)이다.

옴의 법칙을 이용하여 각 저항에 흐르는 전류를 다음과 같이 계산해 보라.

저항 $R_{12}$에 흐르는 전류, $I_{12} = \dfrac{V}{R_{12}} = \dfrac{\qquad}{\qquad} = \quad mA$

저항 $R_{13}$에 흐르는 전류, $I_{13} = \dfrac{V}{R_{13}} = \dfrac{\qquad}{\qquad} = \quad mA$

저항 $R_{14}$에 흐르는 전류, $I_{14} = \frac{V}{R_{14}} = \underline{\qquad\qquad} = \quad mA$

이 값들을 측정된 값과 비교해 보아라.

이 장에서 여러분은 두 가지 실험을 해보았다.

첫 번째 실험에서는 병렬로 연결된 저항들의 등가저항을 계산하는 방법을 배웠다.

즉, $\frac{1}{R_t} = \frac{1}{R_1} + \frac{1}{R_2} + \frac{1}{R_3}$

두 번째 실험에서는 저항들이 병렬로 연결된 회로의 특성에 대해 배웠다:

① 병렬로 연결된 저항들에서의 전압은 모두 같다.

② 분기된 전류들의 합은 공급전류와 같다.

병렬로 연결된 두 개의 저항의 값이 같으면, 두 저항에는 똑같은 전류가 흐른다. 같은 값이 아닌 저항이 병렬로 연결된 회로에서는, 가장 적은 값을 가진 저항에 가장 큰 전류가 흐른다.

## 5.3. 직・병렬로 연결된 저항

**학습목표**

① 직・병렬 회로에서의 전압, 전류, 저항의 계산
② 직・병렬 회로에서 전압, 전류, 저항의 측정

**필요한 장비**

① D3000 1.1 DC Circuit-1 모듈의 Circuit #3
② 연결고리(shorting link)와 2~4mm 연결잭(adaptor)
③ 20V, 20mA의 DC 범위와 2kΩ, 20kΩ의 저항범위를 가진 멀티미터 (Multimeter)

### 5.3.1. 직・병렬회로에서 전압, 전류, 저항의 관계를 측정

① 모듈의 전원공급 스위치를 OFF로 하고, 연결고리(shorting link)를 그림 22와 같이 회로에 연결하라. 이는 저항 $R_{11}$을 병렬로 조합된 $R_{12}$, $R_{13}$, $R_{14}$과 직렬로 연결하고, 또 병렬로 조합된 $R_{15}$, $R_{16}$과도 직렬로 연결한 것이다.

② 멀티미터를 20kΩ의 저항범위에 놓고, 멀티미터를 소켓 3.3과 3.17에 연결해서 총 직병렬회로의 저항을 측정하라. 또한 저항 $R_{11}$, 병렬로 조합된 $R_{12}$, $R_{13}$, $R_{14}$, 또 다른 병렬로 조합된 $R_{15}$, $R_{16}$을 측정하여 그 값을 표 15에 기록하라(이 값들을 앞의 실험에서 얻은 값을 사용하거나, 또는 다시 측정하라). 회로의 총 저항은 직렬로 연결된 3개의 부분($R_{11}$), ($R_{12}$, $R_{13}$, $R_{14}$), ($R_{15}$, $R_{16}$)의 합과 같아야 한다.

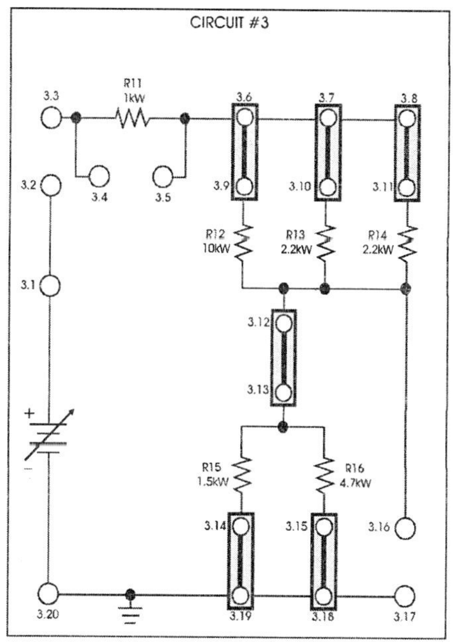


그림 22.

➡표 15. Resistances

| Complete circuit 3.3 & 3.17 | R11 3.4 & 3.5 | R12, R13, R14 in parallel | R15, R16 in parallel | Sum of series sections |
|---|---|---|---|---|
| | | | | |

③ 멀티미터를 회로에서 분리하라.

④ 이제 연결고리(shorting link)를 소켓 3.2와 3.3사이에 연결하라. 회로가 가변전원과 연결되었다. 다음 페이지의 그림 23은 이 회로의 다이어그램이다.

⑤ 모듈의 전원공급 스위치를 ON으로 하고, 가변전원의 전압을 10V로 맞춘다.

⑥ 멀티미터를 20mA DC의 범위에 놓고, 회로의 각 부분의 전류를 측정하고 그 값을 표 16에 기록하라. 저항 $R_{12}$, $R_{13}$, $R_{14}$를 통해 흐르는 전류들의 합을 계산하고, 그 값을 표 16에 기록하라.

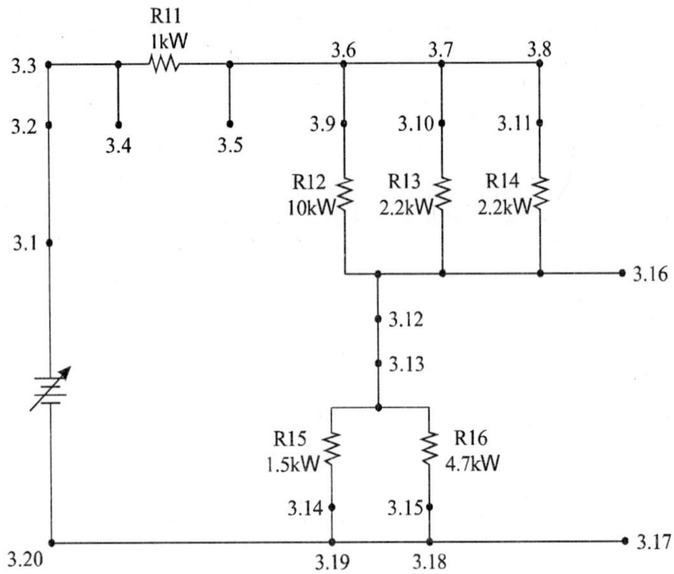


그림 23.

➡표 16. Currents

| Supply & R11<br>3.2 & 3.3 | R12<br>3.6 & 3.9 | R13<br>3.7 & 3.10 | R14<br>3.8 & 3.11 | R15<br>3.14 & 3.19 | R16<br>3.15 & 3.18 | Sum of currents through R12, R13, R14 |
|---|---|---|---|---|---|---|
| | | | | | | |

예 제

**20.** 결과 테이블에서 저항 $R_{12}$, $R_{13}$, $R_{14}$를 통해 흐르는 전류들의 합을 기록하라.

공급전류는 저항 $R_{12}$, $R_{13}$, $R_{14}$를 통해 흐르는 전류들의 합과 같다.

그림 24의 회로를 살펴보아라. 공급전류가 세 개의 가지로 나누어진다. 6에서 우리는 공급전류는 병렬회로를 통해 흐르는 각 전류들의 합과 같다고 배운 것을 기억하라. 그림 24 공급전류가 병렬연결된 가지들로 나누어진다. 공급전류는 저항 $R_{15}$, $R_{16}$를 통해 흐르는 전류들의 합과 같다.

결과가 그렇게 나왔는가 ?

공급전류가 병렬 연결된 가지들로 나누어진다는 면에서, 이 진술은 그 전의 진술과 비교될 수 있다.

⑦ 회로의 각 부분의 전압을 측정하고 그 값을 표 17에 기록하라.

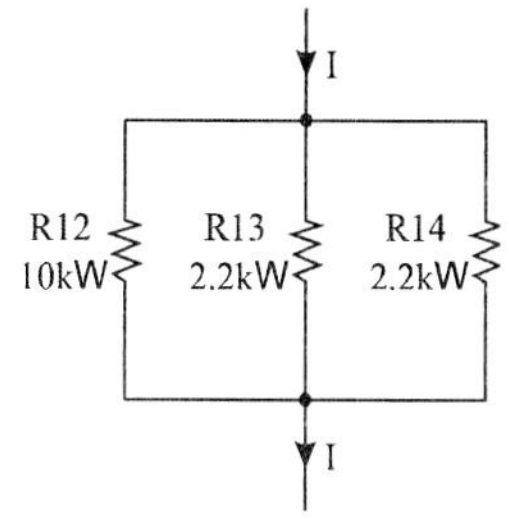


그림 24.

➡표 17. Voltages

| Supply<br>3.1 & 3.20 | R11<br>3.4 & 3.5 | R12, R13, R14<br>3.5 & 3.16 | R15, R16<br>3.16 & 3.17 | Sum of Volt Drope |
|---|---|---|---|---|
| | | | | |

공급전압은 다른 세 전압의 합과 같다. 이것을 명확히 하기 위해 회로를 그림 25와 같이 간략히 할 수 있다. 세 개의 저항이 전원에 직렬로 연결된 등가회로로 구성할 수 있다. 그림 25에서 볼 때, 공급전압은 표 25에 기록된 다른 세 전압의 합과 같다는 것을 명확히 알 수 있다. 표 16과 표 17의 값들을 이용해 다음의 계산을 해 보아라.

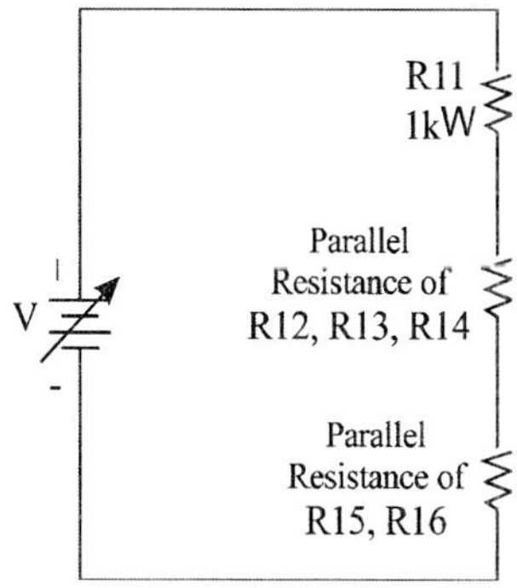


그림 25.

$$\text{회로의 총 저항} = \frac{\text{공급전압}}{\text{공급전류}} = \text{k}\Omega$$

계산으로 구한 회로의 총 저항과 표 17에 있는 측정한 회로의 총 저항을 비교해 보아라. 이 두 값이 같아야 한다.

이 장에서는 직병렬 회로를 조사하는 실험을 해보았다. 그리고 6의 실험에서 배운 원칙들이 이 장에서 얻어진 결과를 검증하는데 사용되는 것을 보았다.

## 6. 가변저항의 특성과 활용

### 학습목표

① 가변저항의 의미
② 선형성(linear)의 저항형과 대수성(logarithmic)의 저항형의 특성차이
③ 가변 전압출력을 만들기 위해 전위차계(potentiometer)와 가변저항기(rheostat)를 연결하는 방법
④ 최대 출력전압을 제한하기 위한 직렬저항의 사용법

### 필요한 장비

① D3000 1.1 DC Circuit-1 모듈의 Circuit #4
② 연결고리(shorting link)와 2~4mm 연결잭(adaptor)
③ 20V의 DC 범위와 2kΩ의 저항 범위를 가진 멀티미터(Multimeter)

### 6.1. 가변저항

가변저항은 저항성 물질인 트랙(track)과, 트랙과 연결되어 트랙의 전체 길이를 따라 움직일 수 있도록 되어있는 슬라이더(slider)로 구성되어 있다. 슬라이더가 움직일 때, 슬라이더와 트랙의 끝점 사이의 저항이 다양하게 변하게 되는 것이다.

그림 26에서 1과 2사이에는 일정한 저항이 형성되어 있다. 슬라이더의 위치에 따라 1과 3, 2와 3사이의 저항이 변하게 되는 것이다. 1과 3사이의 저항이 증가하면, 2와 3사이의 저항은 그만큼 줄어들게 된다. 여기에는 두 가지 형(type)의 구조가 있다.

① 부채꼴 모양의 트랙을 가지고 있고, 슬라이더를 회전시키는 형이 있다. 이것은 CIRCUIT #4에서 사용되는 형이다.
② 직선형의 트랙을 가지고 있고, 슬라이더도 직선으로 움직이는 형이 있다. 또, 두 가지 형의 트랙저항(track resistance)의 특성이 있다.

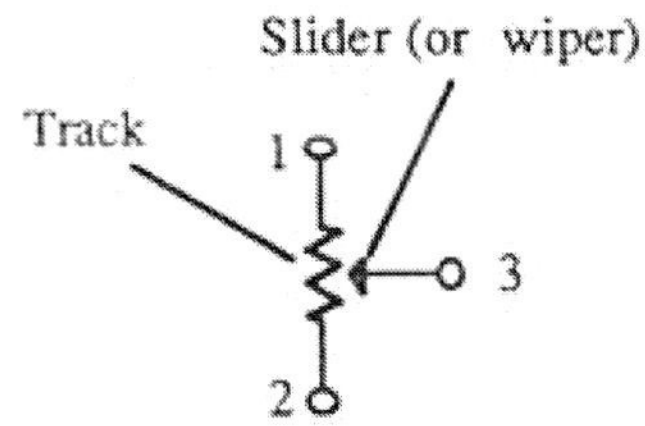


그림 26.

③ 저항의 변화가 슬라이더의 움직임에 비례하는 선형(linear)의 트랙이 있다.

④ 저항의 변화가 슬라이더의 움직임에 비례하지 않는 대수성(logarithmic)의 트랙이 있다.

대수적인 가변저항에서는, 슬라이더가 반도 움직이지 않을 때 트랙저항이 반이된다. 즉, 비선형적인 비율로 변한다.

### 6.1.1. 가변저항에서 제어판이 위치변화를 통한 저항의 변화

① 가변저항기의 조절손잡이를 완전히 반시계방향으로 돌려놓는다.

② 소켓 4.5와 4.7, 소켓 4.5와 4.6, 소켓 4.6과 4.7사이의 저항을 측정하고, 그 값들은 표 18에 기록하라.

③ 가변저항기의 조절손잡이를 1/4, 1/2, 3/4 그리고 완전히 시계방향으로 돌렸을 경우에 따라, 위의 과정을 반복하라. 그리고 그 값들을 표 18에 기록하라.

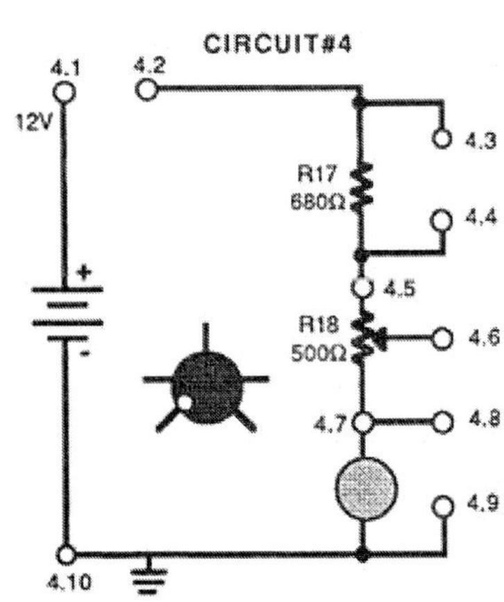


그림 27.

➡표 18.

| Control setting | Resistance between sockets | | |
|---|---|---|---|
| | 3.4 & 3.5 | 3.4 & 3.5 | 3.4 & 3.5 |
| Counter CW | | | |
| 1/4 | | | |
| 1/2 | | | |
| 3/4 | | | |
| Clockwise | | | |

모든 경우에 소켓 4.5와 4.7사이의 저항은 항상 같은 값을 가져야 한다. 이것이 총 트랙 저항으로서, 제조회사의 표기저항인 500Ω이어야 한다. 그러나 이 값과 측정한 값 사이에 적잖은 차이가 있다는 것을 발견할 것이다. 왜냐하면 가변저항의 허용오차가 ±20%이기 때문이다. 그리고 소켓 4.5와 4.6, 소켓 4.6과 4.7사이의 저항값은 가변저항기의 조절손잡이를 움직임에 따라 변한다는 것을 알 수 있다.

④ 소켓 4.6과 4.7사이를 측정한 값을, 가변저항기의 조절손잡이 위치에 대한 저항의 특성그래프로 다음에 주어진 축 위에 나타내어라.

⑤ 같은 그래프 위에, 이번에는 소켓 4.6과 4.7사이를 측정한 값의 특성그래프로 나타내어라.

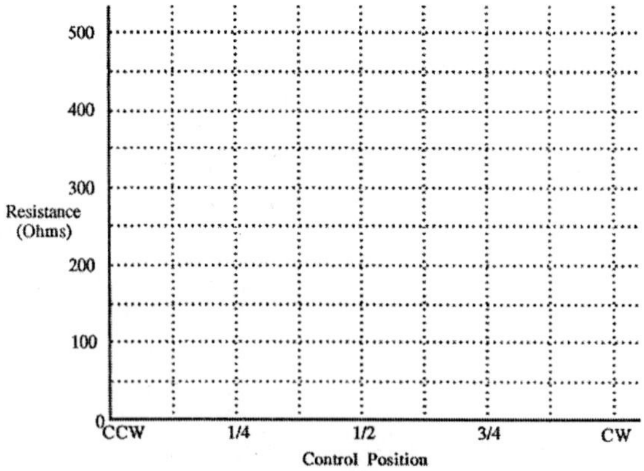


*Resistance of a variable resistor against control position*

두 번째 그래프는 첫 번째 그래프와 역으로 나타난다. 첫 번째 그래프가 제어판의 위치에 따라 저항이 증가하는 반면에, 두 번째 그래프는 같은 양만큼 줄어든다.

슬라이더(slider)는 트랙(track)저항을 나누는 역할을 한다.

그림 28에서

총 트랙저항 R = Ra + Rb

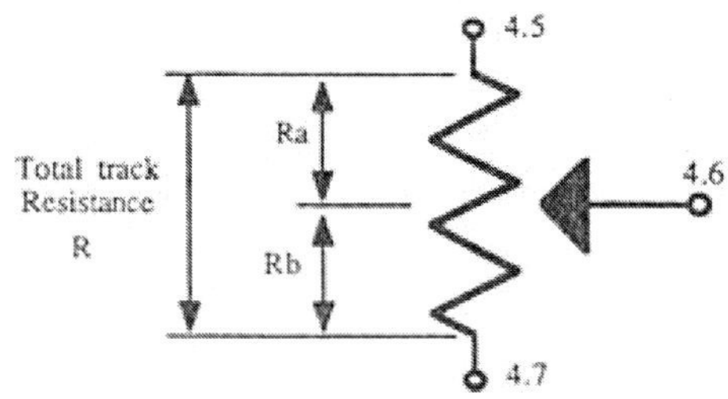


슬라이더가 트랙의 저항을 두 부분으로 나누다.

그림 28.

## 6.2. 가변 전압출력을 만들기 위한 가변저항의 사용

그림 29(a)는 전위차계(potentiometer)의 연결을 보여준다. 출력전압은 0부터 입력전압의 값까지 다양하게 변화될 수 있다. 그림 29(b)는 변항기(rheostat)의 연결을 보여준다. 출력전압은 특정한 최저값(이 값은 연결된 부하저항의 값과 가변저항의 값에 달려있다)부터 입력전압의 값까지 다양하게 변화될 수 있다. 그림 29(c)는 가변 출력전압의 최대값을 제한하기 위해, 직렬로 연결된 저항 R의 사용을 보여준다.

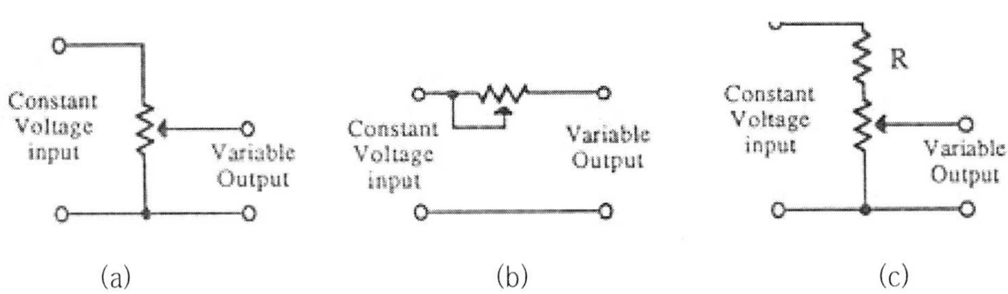


그림 29.

### 6.2.1. 전위차계(Potentiometer)를 이용한 가변 출력전압

① 모듈의 전원공급 스위치를 OFF로 하고, 연결고리(shorting link)와 멀티미터를 그림 30과 같이 연결하라. 이때, 저항의 제어판을 완전히 반시계방향으로 돌려놓고 멀티미터는 20V DC의 범위에 맞춰야 한다.

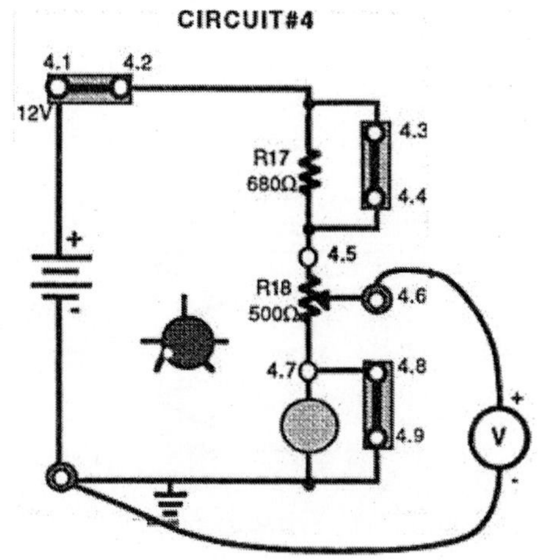


그림 30.

② 모듈의 전원공급 스위치를 ON으로 하고, 소켓 4.6과 4.10사이의 출력전압을 측정하여 표 19에 기록하라.

③ 저항의 제어판을 각각 1/4, 1/2, 3/4 그리고 완전히 시계방향으로 돌렸을 때의 출력전압을 측정하여 표 19에 기록하라.

④ 이제 소켓 4.3과 4.4사이의 연결고리를 제거하여 저항 $R_{17}$과 가변저항 $R_{18}$이 직렬로 연결되게 하라.

⑤ 다시 위의 과정들을 반복하여 그 값들을 표 19에 기록하라.

➡표 19.

| Control setting | Output Voltage(volts) | |
|---|---|---|
| | R17 shorted | R17 in circuit |
| Counter CW | | |
| 1/4 | | |
| 1/2 | | |
| 3/4 | | |
| Clockwise | | |

$R_{17}$이 단락(short)되어 있는 회로에서는, 출력전압은 입력전압의 범위 안에서 변화를 보인다. $R_{17}$이 연결되어 있는 회로에서는, 최대 출력전압이 제한되어진다.

예 제

**21.** 결과 테이블 중에, $R_{17}$이 연결되어 있는 회로에서 완전히 시계방향으로 돌렸을 때의 출력전압의 값을 소수 첫 번째 자리까지 기록하라.

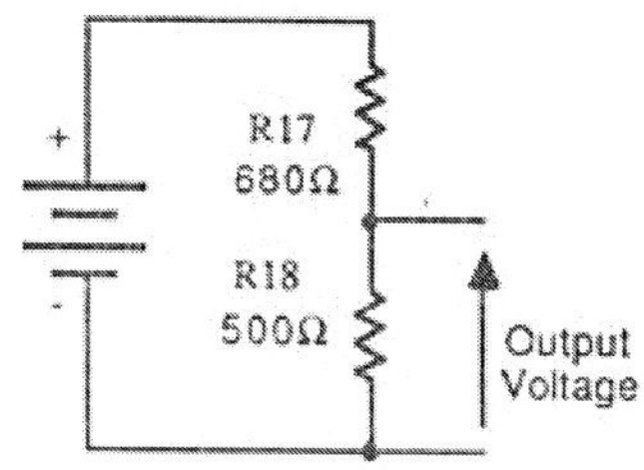


그림 31.

그림 31은 저항의 제어판을 완전히 시계방향으로 돌렸을 때의 회로도를 보여준다. 그림 31 저항 $R_{17}$이 연결되고 $R_{18}$이 완전히 시계방향으로 돌려진 전위 분할기(potential divider) 저항 $R_{17}$이 연결되어 있는 회로에서 예상되는 최대 출력전압을 계산하라. 저항 R18의 총 저항값은 실험에서 얻은 값을 사용하라.

예 제

**22.** 계산한 최대 출력전압을 소수 첫 번째 자리까지 기록하라.

계산으로 구한 최대 출력전압과 측정한 최대 출력전압($R_{17}$이 연결되어 있고, 완전히 시계방향으로 돌렸을 때)을 비교해 보아라.

이 장에서 여러분은 가변저항과 그것의 다양한 연결에 대해서 배웠다. 첫 번째 실험에서는 선형적인 가변저항의 특성을 알아보았다. 그리고 두 번째 실험에서는 직렬로 연결된 저항이 어떻게 최대 출력전압을 제한하는 가에 대해서 배웠다.

## 6.3. 가변저항을 활용한 램프(lamp)의 제어

학습목표

① 램프(lamp)의 특성
② 램프회로에서 소모되는 전력의 계산
③ 램프 밝기의 제어방법

### 필요한 장비

① D3000 1.1 DC Circuit-1 모듈의 Circuit #4
② 연결 고리(shorting link)와 2~4mm 연결잭(adaptor)
③ 20V DC 범위를 가진 멀티미터(Multimeter)

## 6.3.1. 램프에서의 전류.전압의 특성

이 회로의 다이어그램은 다음 페이지의 그림 32와 같다.

① 모듈의 전원공급 스위치를 OFF로 하고, 연결고리(shorting link)와 멀티미터를 그림 32와 같이 연결하라. 멀티미터를 20V DC의 범위에 놓고 가변저항 $R_{18}$의 손잡이를 완전히 반시계방향으로 돌려놓는다.

② 모듈의 전원공급 스위치를 ON으로 하고, 전압계를 읽고 그 값을 표 20에 기록하라. 이 값은 램프에 인가된 전압이다.

③ 이제 저항의 제어판을 1/4, 1/2, 3/4 그리고 완전히 시계방향으로 돌렸을 때의 각 전압의 값을 읽고 표 20에 기록하라.

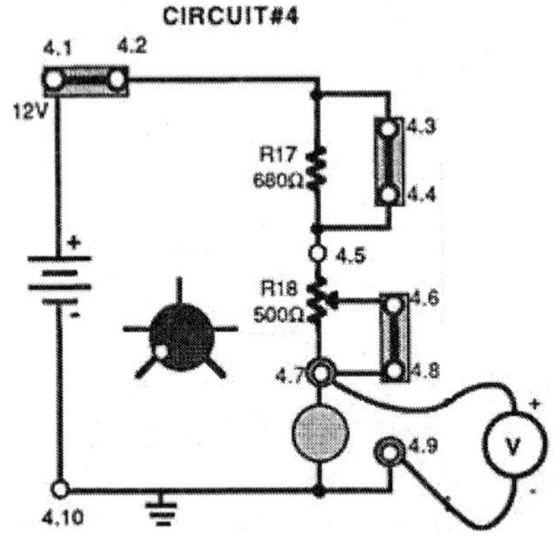


그림 32.

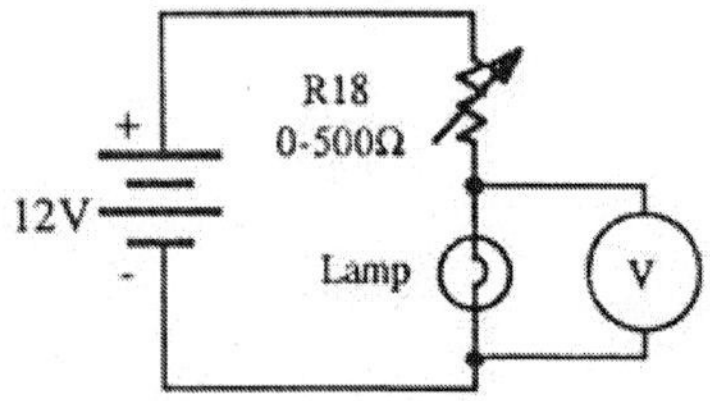


그림 33.

④ 각 경우에 램프를 통해 흐르는 전류를 측정하고 기록하라(소켓 4.1과 4.2에 전류계를 연결한다). 제어판이 시계방향으로 회전될 때, 램프의 밝기도 증가하는 것을 볼 수 있을 것이다.

➡표 20.

| Control setting | Lamp Voltage | Lamp Current | Lamp Power |
|---|---|---|---|
| Counter CW | | | |
| 1/4 | | | |
| 1/2 | | | |
| 3/4 | | | |
| Clockwise | | | |

⑤ 램프 전압에 대한 램프 전류의 그래프를 표를 이용해서 다음에 주어진 축 위에 그려라.

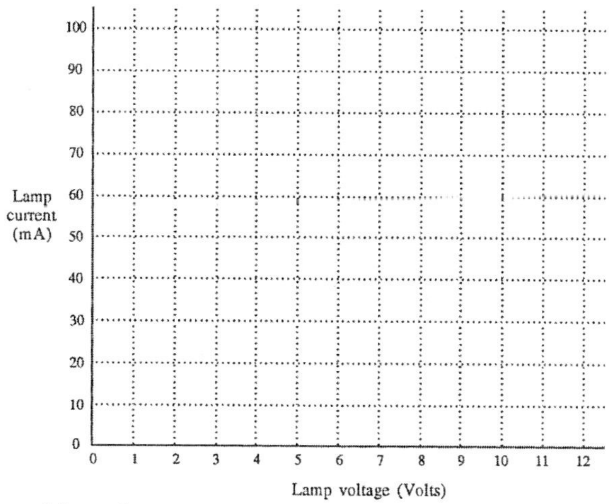

*Lamp current/voltage graph*

이 그래프는 비선형적(non linear)으로 그려진다. 즉, 연결한 점들이 직선이 되지 않는다. 여러분이 그린 그래프를 확인하라. 전류가 전압에 비례하지 않기 때문인데, 이 사실은 램프의 저항이 일정하지 않고 전류의 흐름에 따라 변한다는 것을 보여준다.

⑥ 소켓 4.1과 4.2사이의 연결고리를 제거하라. 그런 뒤 램프의 열이 식도록 하라. 이제 저항계를 소켓 4.7과 4.9에 연결하여 램프의 오프로드(off-load) 저항을 구하라.

램프의 오프로드(off-load) 저항 = Ω

표 28에 기록된 완전히 시계방향으로 돌렸을 때의 전압과 전류의 측정값들을 이용하여, 풀로드(full-load) 저항을 구하라.

램프의 풀로드(full-load) 저항 = $\frac{V}{I}$

램프의 풀로드(full-load) 저항 = Ω

예 제

**23.** 램프의 풀로드 저항을 기록하라.

오프로드 저항과 풀로드 저항을 비교하라.

두 값이 서로 다른데, 이것은 램프의 저항이 일정하지 않다는 사실을 확인시켜 준다. 결과에서 풀로드 저항이 오프로드 저항보다 더 높다는 것을 알 수 있다.

⑦ 멀티미터를 회로에서 분리하고, 소켓 4.1과 4.2사이에 연결고리를 다시 연결하라.

### 6.3.2. 램프회로에서 소모되는 전력

① 실험의 표 20에 있는 전압과 전류의 값을 이용하여, 램프에서 소모되는 전력을 가변저항 제어판의 각 위치마다 계산하라. 그 값들을 표 20에 기록하라.

램프 전력 = 램프 전압 × 램프 전류

예 제

**24.** 가변저항기 손잡이의 위치가 1/2일 때, 램프 전력을 기록하라.

램프 전력 = mW

가변저항의 제어판이 시계방향으로 회전하면, 램프의 전력은 증가하고 램프는 더 밝아진다. 즉, 램프에서 소모되는 전력이 빛으로 바뀌는 것이다. 소모되는 전력이 빛으로만 바뀌는 것은 아니다. 램프는 또한 전력을 열로도 소모한다.

② 램프의 밝기가 최대가 되도록 가변저항의 제어판을 조정한다. 약 1분후 램프를 만져보라. 램프가 따뜻하다는 것을 알 수 있다. 이것은 램프에서 소모되는 전력중의 일부가 열로서 소모되고 있는 것이다. 사실 소모되는 전력의 대부분이 열로서 소모된다.

따라서 이 램프는 빛을 내는 면에서는 별로 효율적이지는 못하다. 제어판의 위치를 1/2에 놓았을 때, 전원에서의 전력을 계산하라.

전원에서의 전력 = 전원 전압×램프 전류= 12V×램프 전류

제어판이 1/2일 때의 램프 전류는 표 1에 있다.

예 제

**25.** 제어판의 위치가 1/2일 때, 계산으로 구한 전원에서의 전압을 기록하라.

전원에서의 전력= mW

제어판의 위치가 1/2일 때, 램프 전력과 계산으로 구한 전원에서의 전력을 비교해 보라. 램프 전력이 전원에서의 전력보다 적다는 것을 알 수 있다. 이것은 가변저항에서도 전력을 소모하고 있기 때문이다.

총 전력 = 램프 전력 + 가변저항 전력

여기에서 가변저항 전력 = $I^2 \times R$

저항 R은 변항기(rheostat)로서 연결된 가변저항 $R_{18}$이 1/2의 위치로 맞추어져 있을 때의 저항 값이다.

③ 소켓 4.1과 4.2사이의 연결고리를 제거하고 제어판을 1/2에 맞춘 후, 저항계를 소켓 4.5와 4.7에 연결하여 $R_{18}$의 저항을 측정하라.

④ 저항계를 분리하고 다시 연결고리를 소켓 4.1과 4.2사이에 연결하라.

표 20에 기록된 제어판을 1/2에 맞추었을 때의 저항 값과 전류 값을 이용하여, 가변저항에서 소모되는 전력을 계산하라.

가변저항 전력= mW

다음을 계산하라.

총 전력 = 램프 전력 + 가변저항 전력

총 전력= mW

총 전력과 앞에서 구한 전원에서의 전력을 비교하라. 두 값은 대충 같아야 한다. 이것은 전원에서의 전력은 저항에서 소모되는 전력과 램프에서 소모되는 전력의 합과 같다는 것을 보여준다.

이 장에서 우리는 램프의 밝기를 가변저항으로 제어할 수 있다는 것을 배웠다. 그리고 램프의 저항은 흐르는 전류에 따라 변한다는 것을 알았다. 또 램프는 전력을 빛과 열의 형태로 발산한다는 것도 알았다.

## 7. 직 · 병렬회로의 연습

**학습목표**

① 직렬, 병렬회로에서 전압, 전류, 저항을 구하기 위한 옴의 법칙(Ohm's Law)의 적용
② 전원에서 전력과 그것의 소모를 계산

**필요한 장비**

① D3000 1.1 DC Circuit-1 모듈의 Circuit #5
② 연결고리(shorting link)와 2~4mm 연결잭(adaptor)
③ 20V DC, 20mA AC 범위를 가진 멀티미터(Multimeter)

### 7.1. 전압과 전류의 측정과 옴의 법칙(Ohm's Law)을 적용해서 회로의 저항 값을 결정하기

이 실험에서 우리는 저항 $R_{19}$, $R_{20}$, $R_{21}$의 값을 결정하기 위해, 전압과 전류를 측정하고 옴의 법칙(Ohm's Law)을 적용하는 방법을 배우게 된다.

① 모듈의 전원공급 스위치를 OFF로 하고, 연결고리(shorting link)와 멀티미터를 그림 34와 같이 연결하라. 이때 멀티미터의 범위를 20V DC에 놓아라.
② 모듈 전원공급 스위치를 ON으로 하고, 출력전압을 10V로 맞추어라.
③ 멀티미터를 이용하여, 각 저항에 인가되는 전압의 값을 측정하여 표 21에 기록하라.
④ 멀티미터를 회로에서 분리하라.

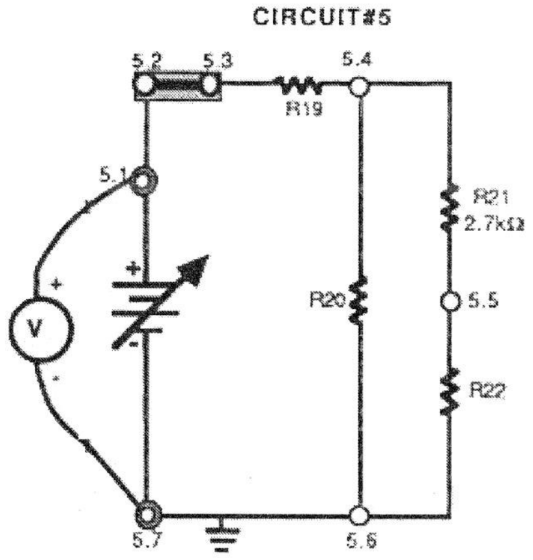


그림 34.

⑤ 이제 소켓 5.2와 5.3사이의 연결고리를 제거하고, 멀티미터의 범위를 20mA DC의 범위에 맞추어 소켓 5.2와 5.3에 연결하라(이때 멀티미터의 +를 소켓 5.2에 연결한다). 그런 뒤 전원에서 나오는 전류를 측정하고 그 값을 표 21에 기록하라.

➡표 21.

| Voltage | | | | | Supply Current 5.2&5.3 |
|---|---|---|---|---|---|
| Supply 5.1 & 5.7 | R19 5.1&5.4 | R20 5.4&5.6 | R21 5.4&5.5 | R22 5.5&5.6 | |
| 10V | | | | | |

## [1] 저항 $R_{19}$의 결정

저항 $R_{19}$를 다음의 식으로 계산하라

$$R_{19} = \frac{R_{19}\text{의 전압}}{\text{전원 전류}} = \frac{\quad V}{\quad mA}$$

$$R_{19} = \quad \Omega$$

예 제

**26.** 계산으로 구한 $R_{19}$의 값을 기록하라.

## [2] 저항 $R_{22}$의 결정

$$R_{22} = \frac{R_{22}\text{의 전압}}{R_{22}\text{의 전류}}$$

$R_{22}$의 저항을 결정하기 위해서는 $R_{22}$를 통해 흐르는 전류를 알아야 한다. $R_{22}$를 통해 흐르는 전류는 $R_{21}$를 통해 흐르는 전류와 같다. $R_{21}$의 저항과 전압을 알고 있으므로 전류도 알 수 있다.

$$R_{22}\text{의 전류} = R_{21}\text{의 전류} = \frac{R_{21}\text{의 전압}}{R_{21}\text{의 전류}} = \frac{\quad V}{2.7k\Omega}$$

$R_{22}$의 전류= mA

그러므로

$$R_{22} = \frac{R_{22}\text{의 전압}}{R_{22}\text{의 전류}} = \frac{\quad V}{\quad mA}$$

$R_{22}$= kΩ

예제

**27.** 계산으로 구한 $R_{22}$의 값을 소수 첫 번째 자리까지 기록하라.

## [3] 저항 $R_{20}$의 결정

$$R_{20} = \frac{R_{20}\text{의 전압}}{R_{20}\text{의 전류}}$$

$R_{20}$의 저항을 결정하기 위해서는 $R_{20}$의 전류를 알아야 한다.

$R_{20}$의 전류 = 전원 전류 − $R_{21}$, $R_{22}$의 전류

= ......................mA − ......................mA

$R_{20}$의 전류= mA

그러므로

$$R_{20} = \frac{R_{20}\text{의 전압}}{R_{20}\text{의 전류}} = \frac{\text{V}}{\text{mA}}$$

$R_{20}$= kΩ

예 제

**28.** 계산으로 구한 $R_{20}$의 값을 소수 첫 번째 자리까지 기록하라.

$R_{19}$의 저항은 연결고리를 제거하고, 멀티미터를 2kΩ의 범위에 놓고 측정함으로 알 수 있다. $R_{20}$, $R_{21}$, $R_{22}$의 저항은 회로로부터 분리할 수 없기 때문에, 회로에서 바로 측정할 수 없다. 다른 저항들이 이 값들에 영향을 미칠 수 있기 때문이다.

지금까지 얻은 결과들을 이용하여, 전원에서 공급되는 전력과 각 저항에서 소모되는 전력을 구하라. 그 값들을 표 22에 기록하라.

➡표 22. Power

| Delivered by Supply | R19 | R20 | R21 | R22 | Total in all resistors |
|---|---|---|---|---|---|
| | | | | | |

전원에서 공급되는 전력 = 전원 전압 × 전원 전류

저항에서의 전력 = VI = $I^2R$ = $V^2/R$

여기에서 : V, I, R은 각 저항에 결정된 값들이다.

각 저항에서 소모된 전력을 합하고, 그 값을 전원에서 공급되는 전력과 비교해 보라. 이 값은 서로 거의 같아야 한다. 이는 각 저항에서 소모되는 전력의 합은 전원에서 공급되는 전력과 같다는 것을 보여준다. 이 실험은 직병렬 회로에서 옴의 법칙(Ohm's Law)을 적용하는 것을 보여주었다.

# 8. 휘스톤 브리지(Wheatstone Bridge)와 저항측정을 위한 활용

**학습목표**

① 휘스톤 브리지(Wheatstone Bridge)회로의 원리
② 평형된(balanced) 브리지
③ 평형된 브리지의 다른 값들을 통해 알려지지 않은 저항의 값을 계산
④ 알려지지 않은 저항의 값을 결정하기 위한 브리지 회로의 사용

**필요한 장비**

① D3000 1.1 DC Circuit-1 모듈의 Circuit #6
② 연결고리(shorting link)와 2~4mm 연결잭(adaptor)
③ 20V DC, 2mA AC 범위를 가진 멀티미터(Multimeter)

## 8.1. 휘스톤 브리지(Wheatstone Bridge)

그림 35의 회로 구성도는 네개의 저항으로 이루어진 휘트스톤 브리지 회로의 구성을 보여준다. 브리지는 직렬로 연결된 두개의 저항을 한 쌍으로 구성해, 두 저항 쌍을 병렬로 연결한다. DC 전원과 민감한 전류계(M)을 그림과 같이 연결한다. 저항들 중에 하나(여기에는 $R_3$)는 가변저항이고 값을 알 수 있도록 측정하여야 한다.

다른 두 저항들 $R_2$, $R_4$는 알고 있는 고정된 값을 가지고 있고, 다른 한 저항 $R_1$은 알아내야 할 알려지지 않은 저항이다. 회로가 위와 같이 연결되어 있을 때, $R_3$의 값은 전류계를 통해 전류가 흐르지 않도록 조정되어져야 한다. 이 상태가 평형된(balanced) 상태라고 하고, 브리지가 평형되었다고 불리워진다.

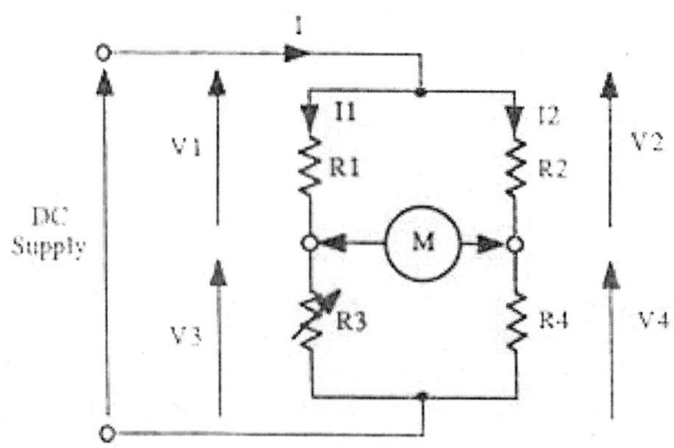


그림 35.

브리지회로가 평형되어지면, 전류계의 양끝에는 같은 전위(전압)가 걸려있는 것이다.
평형된 상태에서는

① $R_1$을 통해 흐르는 전류와 $R_3$를 통해 흐르는 전류가 같고, $R_2$를 통해 흐르는 전류와 $R_4$를 통해 흐르는 전류가 같다.
② $R_1$에 인가된 전압과 $R_2$에 인가된 전압이 같고, $R_3$에 인가된 전압과 $R_4$에 인가된 전압이 같다.

$$V_1 = V_2 \qquad I_1R_1 = I_2R_2$$

그리고

$$V_3 = V_4 \qquad I_1R_3 = I_2R_4$$

그러므로

$$\frac{I_1R_1}{I_1R_3} = \frac{I_2R_2}{I_2R_4}$$

따라서

$$\frac{R_1}{R_3} = \frac{R_2}{R_4}$$

그리고

$$R_1 = \frac{R_2}{R_4} \times R_3$$

CIRCUIT #6에서는 $R_{24}$가 $R_2$를, $R_{25}$가 $R_4$를, $R_{26}$이 $R_3$을, Ra, Rb, Rc가 알려지지 않은 저항 R1을 나타낸다. 1kΩ저항 $R_{23}$은 브리지가 평형되지 않았을 때 전류계에 과전류가 흐르는 것을 막기 위한 것이다. CIRCUIT #6에서 알려지지 않은 저항을 결정하는 식은 다음과 같다.

$$\text{알려지지 않은 저항} = \frac{R_{24}}{R_{25}} \times R_{26}$$

## 8.2. 휘스톤 브리지(Wheatstone Bridge)를 이용한 저항측정

① 모듈의 전원공급 스위치를 OFF로 하고, 연결고리(shorting link)를 그림 36과 같이 연결한다.

② 모듈의 전원공급 스위치를 ON으로 하고, 가변 전원을 10V로 맞춘다(멀티미터를 20V DC 범위에 놓고 측정한다). 멀티미터를 회로로부터 분리한다.

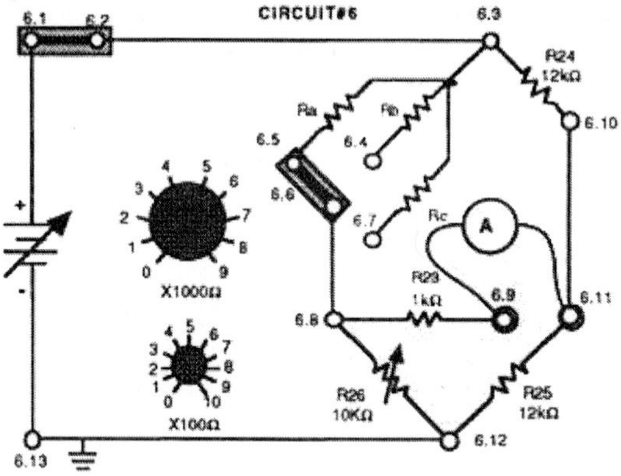


그림 36.

③ 멀티미터의 범위를 2mA DC의 범위에 맞추고 소켓 6.9와 6.11사이에 연결한다. 지금 이 브리지는 저항 Ra의 값을 정하기 위해 배열되어 있다.

④ 멀티미터의 값이 0이 되도록 저항 $R_{26}$의 값을 조정하라. 이때(평형상태)의 $R_{26}$의 값을 표 23에 기록하라.

> **REFERENCE**
> R26은 두 개의 가변저항으로 구성되어 있는데, 1000Ω의 단위로 조정할 수 있는 저항과 100Ω의 단위로 조정할 수 있는 정교한 저항으로 되어 있다.

⑤ 저항 $R_b$를 측정하기 위해, 소켓 6.5와 6.6사이의 연결고리를 제거하고 6.4와 6.6사이에 연결하라. 위 과정을 반복한 뒤 평형상태에서의 저항 $R_{26}$의 값을 표 23에 기록하라.

⑥ $R_c$를 측정하기 위해 연결고리를 소켓 6.6과 6.7사이에 연결하고, 위의 과정을 반복하라.

이 식은 앞에서 나온 식과 같다.

$$\text{알려지지 않은 저항} = \frac{R_{24}}{R_{25}} \times R_{26}$$

$R_{24}$와 $R_{25}$의 값은 일정하므로, 평형상태에서의 $R_{26}$의 값이 알려지지 않은 저항의 값을 결정하게 된다.

⑦ 표 23에 알려지지 않은 저항들 $R_a$, $R_b$, $R_c$의 값을 기록하라.

➡표 23.

| Unknown Resistor | R24 | R25 | R26 at balance | Resistance |
|---|---|---|---|---|
| Ra | 12kΩ | 12kΩ | | Ra= |
| Rb | 12kΩ | 12kΩ | | Rb= |
| Rc | 12kΩ | 12kΩ | | Rc= |

예 제

29. 결과중에 Ra의 값을 소수 첫째자리까지 기록하라.

⑧ 연결고리와 멀티미터를 제거하라. 그리고 멀티미터의 범위를 20kΩ에 맞추고 알려지지 않은 저항의 값들을 직접 측정하라.

$R_a$ = kΩ　　　$R_b$ = kΩ　　　$R_c$ = kΩ

이 값들이 휘트스톤 브리지를 이용해 얻은 값과 같아야 한다. 여러분이 얻은 값들과 비교해 보라. 이 장에서 우리는 휘스톤 브리지(Wheatstone Bridge)와 알려지지 않은 저항의 값을 결정하기 위한 그것의 활용에 대해서 배웠다. 그리고 알려지지 않은 저항의 값을 결정하기 위한 실험을 해보았다.

## 고장진단

1. 준비된 오류코드를 입력한다. 그러면 다음의 회로에 문제가 발생하게 된다.

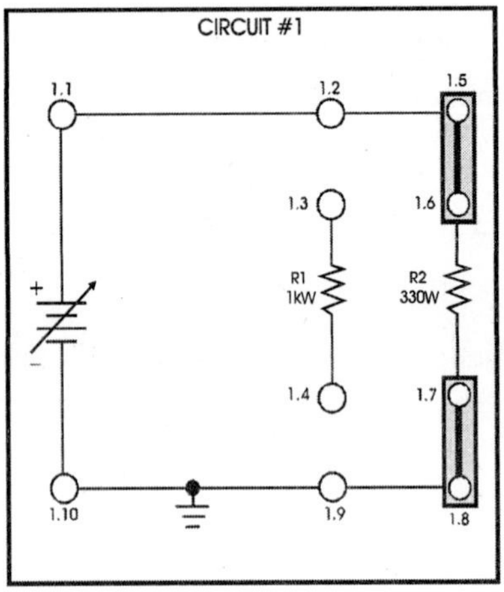


위와 같이 회로를 연결하라. 모듈 전원공급 장치(power supply)의 스위치를 ON으로 하고, 전원공급을 10V로 놓아라(0~20V DC 범위의 멀티미터를 이용한다).

### (1) 회로검사

저항 $R_2$에서 측정되는 전압을 기록하라.

#### 1) 측정

① 저항 $R_2$에서는 전압이 측정되지 않는다. 그러나 공급전원에서는 전압이 측정된다(1.1과 1.10).

② 측정의 결과에서, 발생 가능한 오류의 상황을 기록하라.

#### 2) 오류 추측에서, 발생 가능한 오류의 상황은 다음과 같다.

① 전원공급 장치와 $R_2$(1.1과 1.5)사이의 구간이 오픈회로(open circuit - o.c.)

② 전원공급 장치와 $R_2$(1.8과 1.10)사이의 구간이 오픈회로(open circuit - o.c.)

### (2) 오류의 확인

모듈의 전원공급 스위치를 OFF로 하고, 오류를 확인하기 위해 저항을 측정한다(멀티미터의 범위를 0~2kΩ으로 놓고 사용한다). 저항의 측정을 행하는 이유는 위에 주어진 발생 가능한 오류의 상황을 점검해 보기 위한 것이다.

저항계로 전원공급 장치와 $R_2$사이의 오픈(단선)된 회로 구간을 찾는다(즉, 소켓 1.1과 1.2사이의 구간). 따라서 이것이 현재의 오류상황이 된다.

### (3) 오류에 대한 결과

TP1.1 - 1.2 오픈회로(o.c.)

① 지금 여러분은 오류 실험을 마쳤다. 입력한 오류 코드를 제거한다.

### 2. 준비된 오류 코드를 입력한다. 그러면 다음의 회로에 문제가 발생하게 된다.

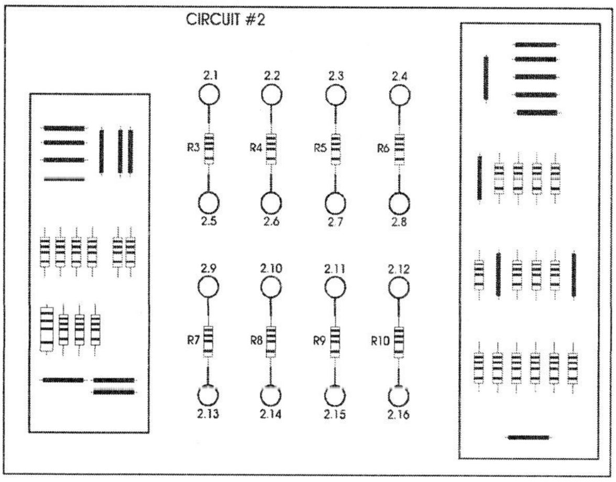


① 저항 $R_3$에서 $R_{10}$까지의 저항의 값을 측정하고 기록하라.
저항 색 코드에 표시된 값과 비교해 보아라.
어떤 저항에 오류가 있는지 추측해 보라.

### (1) 오류에 대한 결과

오류상황을 기록하라.

지금 여러분은 오류실험을 마쳤다. 그 오류들은 관리 컴퓨터(Management Computer)에 의해 제거될 것이다.

### 3. 준비된 오류 코드를 입력한다. 그러면 다음의 회로에 문제가 발생하게 된다.

① 회로를 그림과 같이 연결하라. 모듈의 전원공급 스위치를 ON으로 하고, 가변 전원의 전압을 10V로 놓아라.

② 회로의 각 부분에 인가되는 전압을 측정하고 기록하라.

③ 회로의 각 가지에 흐르는 전류를 측정하고 기록하라.

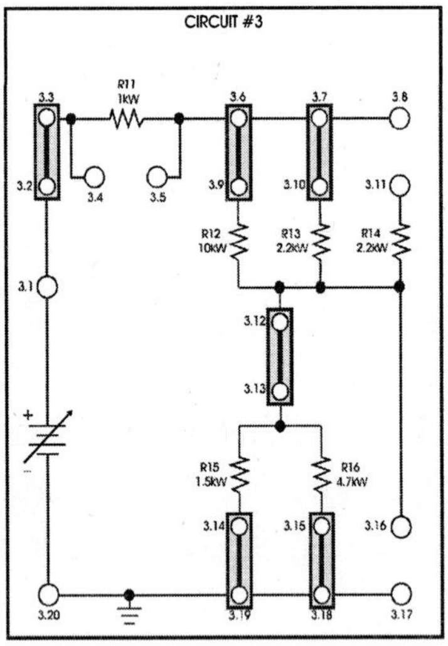


각 저항에서, 옴의 법칙을 이용하여 전류 I = $V_{측정전압}$/R를 계산하고, 이것을 측정한 전류값과 비교해 보아라.

여러분이 확인한 발생 가능한 오류의 원인을 나열해 보라.

④ 모듈의 전원공급 스위치를 OFF로 하고, 저항을 측정하여 오류의 원인을 확인하라.

(1) 오류에 대한 결과

오류의 원인을 기록하라.

① 지금 여러분은 오류 실험을 마쳤다. 입력한 오류 코드를 제거한다.

### 4. 준비된 오류 코드를 입력한다. 그러면 다음의 회로에 문제가 발생하게 된다.

① 회로를 그림과 같이 연결하라. 모듈의 전원공급 스위치를 ON으로 하고, 가변 전원의 전압을 10V로 놓아라.

② 회로의 각 부분에 인가되는 전압을 측정하고 기록하라.

③ 회로의 각 가지에 흐르는 전류를 측정하고 기록하라.

각 저항에서, 옴의 법칙을 이용하여 전류 I = $V_{측정전압}$/R를 계산하고, 이것을 측정한 전류값과 비교해 보아라.

여러분이 확인한 발생 가능한 오류의 원인을 나열해 보라.

④ 모듈의 전원공급 스위치를 OFF로 하고, 저항을 측정하여 오류의 원인을 확인하라.

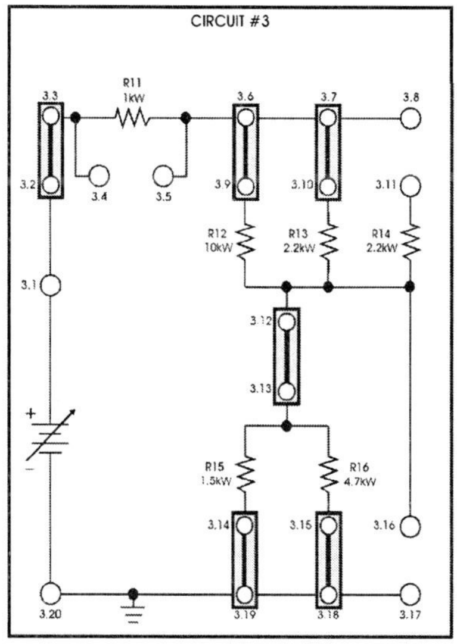


(1) 오류에 대한 결과

오류의 원인을 기록하라.

① 지금 여러분은 오류 실험을 마쳤다. 입력한 오류 코드를 제거한다.

5. 준비된 오류 코드를 입력한다. 그러면 다음의 회로에 문제가 발생하게 된다.

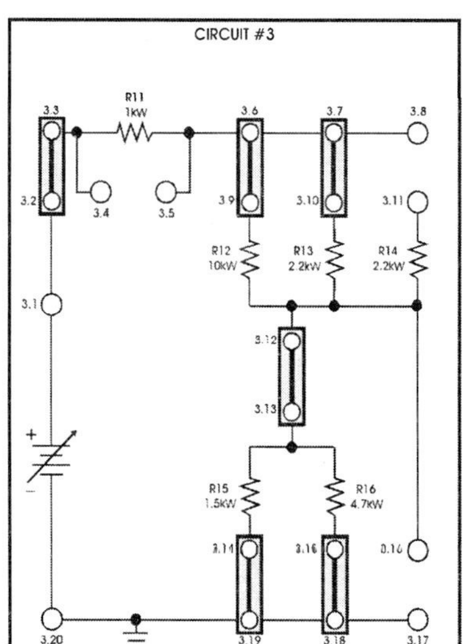


① 회로를 그림과 같이 연결하라. 모듈의 전원공급 스위치를 ON으로 하고, 가변 전원의 전압을 10V로 놓아라.

② 회로의 각 부분에 인가되는 전압을 측정하고 기록하라.

③ 회로의 각 가지에 흐르는 전류를 측정하고 기록하라.

각 저항에서, 옴의 법칙을 이용하여 전류 I = $V_{측정전압}$/R를 계산하고, 이것을 측정한 전류값과 비교해 보아라.

여러분이 확인한 발생 가능한 오류의 원인을 나열해 보라.

④ 모듈의 전원공급 스위치를 OFF로 하고 저항을 측정하여 오류의 원인을 확인하라.

(1) 오류에 대한 결과

오류의 원인을 기록하라.

① 지금 여러분은 오류 실험을 마쳤다. 입력한 오류 코드를 제거한다.

6. 준비된 오류코드를 입력한다. 그러면 다음의 회로에 문제가 발생하게 된다.

CIRCUIT#4

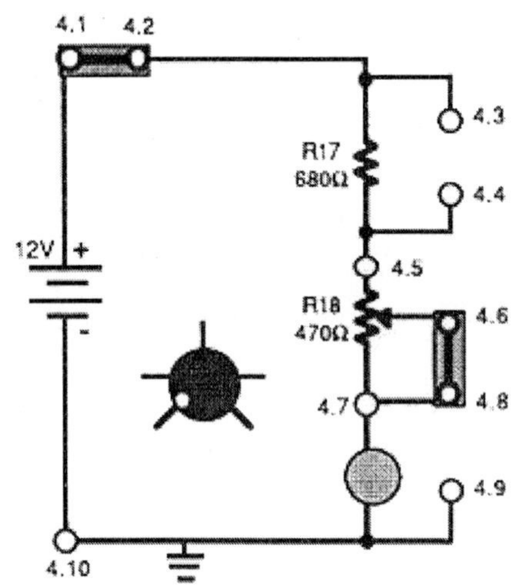


① 회로를 그림과 같이 연결하라. 또 모듈의 전원공급 스위치를 ON으로 하라.

② R18에 인가되는 전압을 측정하라(소켓 4.5와 4,7사이). 그리고 가변저항의 조절 손잡이를 시계방향으로 돌릴 때 전압이 0으로 줄어드는지 검사하라.

③ R18 = 500Ω을 완전히 반시계방향으로 돌려놓아라. 그런 뒤 회로의 각 부분에 인가되는 전압을 측정하고 기록하라.

④ 전원 전류를 측정하라.

각 저항에서, 옴의 법칙을 이용하여 전류 I = V 측정전압/R를 계산하고, 이것을 측정한 전류 값과 비교해 보아라.

여러분이 확인한 발생 가능한 오류의 원인을 나열해 보라.

⑤ 모듈의 전원공급 스위치를 OFF로 하고 저항을 측정하여 오류의 원인을 확인하라.

(1) 오류에 대한 결과

오류의 원인을 기록하라.

① 지금 여러분은 오류 실험을 마쳤다. 입력한 오류 코드를 제거한다.

7. 준비된 오류코드를 입력한다. 그러면 다음의 회로에 문제가 발생하게 된다.

CIRCUIT#4

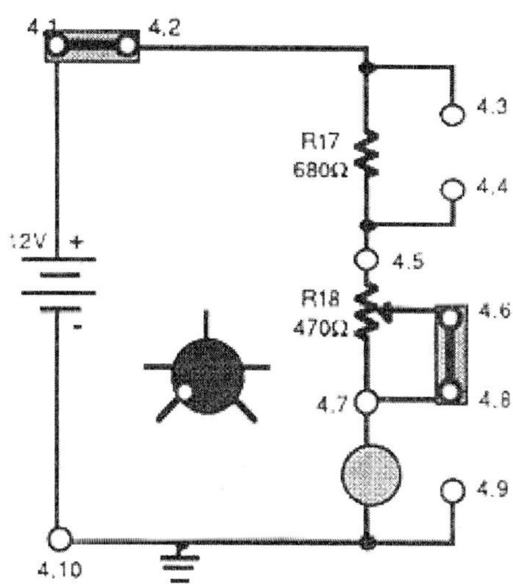


① 회로를 그림과 같이 연결하라. 또 모듈의 전원공급 스위치를 ON으로 하라.

② R18에 인가되는 전압을 측정하라(소켓 4.5와 4.7사이). 그리고 가변저항의 조절 손잡이를 시계방향으로 돌릴 때 전압이 0으로 줄어드는지 검사하라.

③ R18 = 500Ω을 완전히 반시계방향으로 돌려놓아라. 그런 뒤 회로의 각 부분에 인가되는 전압을 측정하고 기록하라.

④ 전원 전류를 측정하라.

각 저항에서, 옴의 법칙을 이용하여 전류 I = V측정전압/R를 계산하고, 이것을 측정한 전류 값과 비교해 보아라.

여러분이 확인한 발생 가능한 오류의 원인을 나열해 보라.

⑤ 모듈의 전원공급 스위치를 OFF로 하고, 저항을 측정하여 오류의 원인을 확인하라.

(1) 오류에 대한 결과

오류의 원인을 기록하라.

① 지금 여러분은 오류 실험을 마쳤다. 입력한 오류 코드를 제거한다.

8. 준비된 오류코드를 입력한다. 그러면 다음의 회로에 문제가 발생하게 된다.

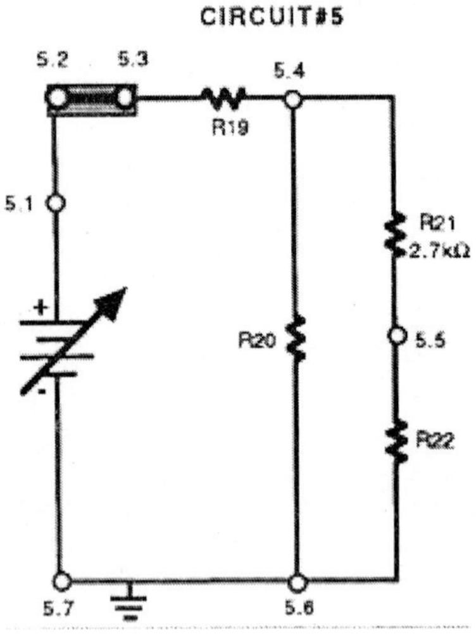


① 회로를 그림과 같이 연결하라. 또 모듈의 전원공급 스위치를 ON으로 하고, 가변 전원을 10V로 맞춘다.
② 회로의 각 부분의 전압을 측정하고 그 값들을 기록하라.
③ 전원 전류를 측정하고 기록하라.
④ 여기에서 측정한 값들과 이 장의 표 21에 기록된 값들을 비교해 보라.
이 장의 고장진단 10에서 저항의 값들이 다음과 같다는 것을 알았을 것이다:
R19= 680Ω
R20= 2.7kΩ
R22= 3.9kΩ
여러분이 확인한 발생 가능한 오류의 원인을 나열해 보라.
⑤ 모듈의 전원공급 스위치를 OFF로 하고, 저항을 측정하여 오류의 원인을 확인하라.

(1) 오류에 대한 결과

오류의 원인을 기록하라.

① 지금 여러분은 오류 실험을 마쳤다. 입력한 오류 코드를 제거한다.

9. 준비된 오류코드를 입력한다. 그러면 다음의 회로에 문제가 발생하게 된다.

① 회로를 그림과 같이 연결하라. 또 모듈의 전원공급 스위치를 ON으로 하고, 가변 전원을 10V로 맞춘다.
② 회로의 각 부분의 전압을 측정하고 그 값들을 기록하라.

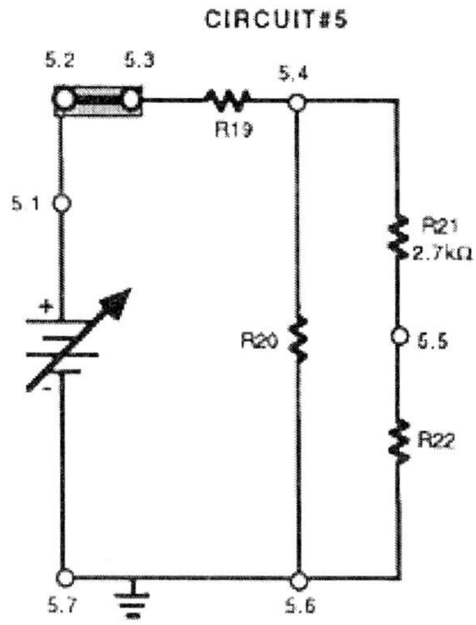


③ 전원 전류를 측정하고 기록하라.

④ 여기에서 측정한 값들과 이 장의 표 21에 기록된 값들을 비교해 보라.

이 장의 10.1에서 저항의 값들이 다음과 같다는 것을 알았을 것이다.

R19= 680Ω

R20= 2.7kΩ

R22= 3.9kΩ

여러분이 확인한 발생 가능한 오류의 원인을 나열해 보라.

⑤ 모듈의 전원공급 스위치를 OFF로 하고, 저항을 측정하여 오류의 원인을 확인하라.

(1) 오류에 대한 결과

오류의 원인을 기록하라.

① 지금 여러분은 오류 실험을 마쳤다. 입력한 오류코드를 제거한다.

10. 준비된 오류 코드를 입력한다. 그러면 다음의 회로에 문제가 발생하게 된다.

① 회로를 그림과 같이 연결하라. 또 모듈의 전원공급 스위치를 ON으로 하고, 가변 전원을 10V로 맞춘다.

② 멀티미터를 20mA DC 범위에 맞추고 소켓 6.9와 6.11사이에 연결하라.

③ 브리지가 평형상태가 되도록 R26을 조정하라.

- 브리지가 평형이 되면, Ra의 값을 계산하고 그 값을 이장의 고장진단 11.1에서 계산한 값과 비교해 보라. 회로에 오류가 있다면, Ra의 값에도 이상이 있을 것이다.

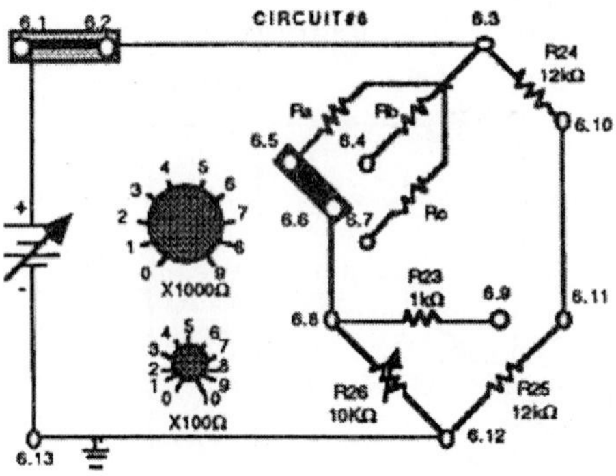


④ 평형상태에서의 전압들을 측정하고 기록하라.

회로의 전압들을 보고, 회로가 정상일 때의 값들과 비교해 어떤 오류가 회로의 잘못을 일으켰는지 추측해 보라.

⑤ 모듈의 전원공급 스위치를 OFF로 하고, 저항들의 값을 측정해 회로의 오류를 확인해 보라.

•브리지가 평형이 되지 않으면, 전류계를 회로에서 분리하라.

회로의 각 부분의 전압을 측정하고 기록하라(가변저항 R26에서의 전압을 반드시 기록하라). 측정한 전압 값들에서, 브리지가 평형이 되지 않도록 만드는 가능한 오류들을 열거해 보라.

⑥ 모듈의 전원공급 스위치를 OFF로 하고, 저항들의 값을 측정해 회로의 오류를 확인해 보라.

(1) 오류에 대한 결과

오류의 원인을 기록하라.

① 지금 여러분은 오류 실험을 마쳤다. 입력한 오류 코드를 제거한다.

### 11. 준비된 오류 코드를 입력한다. 그러면 다음의 회로에 문제가 발생하게 된다.

① 회로를 그림과 같이 연결하라. 또 모듈의 전원공급 스위치를 ON으로 하고, 가변 전원을 10V로 맞춘다.

② 멀티미터를 20mA DC 범위에 맞추고 소켓 6.9와 6.11사이에 연결하라.

③ 브리지가 평형상태가 되도록 R26을 조정하라.

•브리지가 평형이 되면, Ra의 값을 계산하고 그 값을 이장의 실험에서 계산한 값과 비교해 보라. 회로에 오류가 있다면, Ra의 값에도 이상이 있을 것이다.

④ 평형상태에서의 전압들을 측정하고 기록하라.

회로의 전압들을 보고, 회로가 정상일 때의 값들과 비교해 어떤 오류가 회로의 잘못을 일으켰는지 추측해 보라.

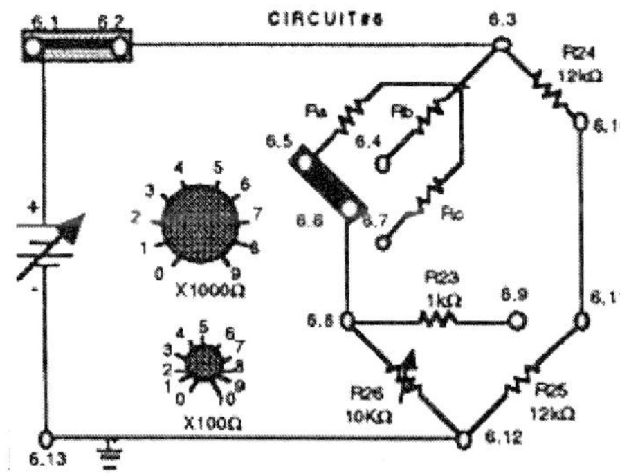


⑤ 모듈의 전원공급 스위치를 OFF로 하고, 저항들의 값을 측정해 회로의 오류를 확인해 보라.

•브리지가 평형이 되지 않으면, 전류계를 회로에서 분리하라.

회로의 각 부분의 전압을 측정하고 기록하라(가변저항 R26에서의 전압을 반드시 기록하라). 측정한 전압 값들에서, 브리지가 평형이 되지 않도록 만드는 가능한 오류들을 열거해 보라.

⑥ 모듈의 전원공급 스위치를 OFF로 하고, 저항들의 값을 측정해 회로의 오류를 확인해 보라.

(1) 오류에 대한 결과

오류의 원인을 기록하라.

① 지금 여러분은 오류 실험을 마쳤다. 입력한 오류 코드를 제거한다.

CHAPTER

Automotive Electric• Electron Exercise

# 02. 교 류[Alternating Current]

## 1. 교류 정현파

**학습목표**

① 정현파의 주파수와 주기를 측정
② 교류파형에 대한 RMS 피크값과의 관계
③ 파형에 대하 주기와 주파수 계산
④ RMS를 기반으로 한, 피크와 피크-피크값 계산 수행

**필요한 장비**

① DIGIAC 3000 교류회로-1 모듈의 회로 #1
② 신호발생기
③ 멀티미터
④ 오실로스코프
⑤ 연결 링크
⑥ 연결선

### 1.1. 교류 정현파와 관련 용어

그림 1은 교류 정현파를 나타내고, 사용되는 용어들을 보여준다. 이 파형은 양과 음의 최대값사이를 시간에 따라 같은 크기로 변한다.

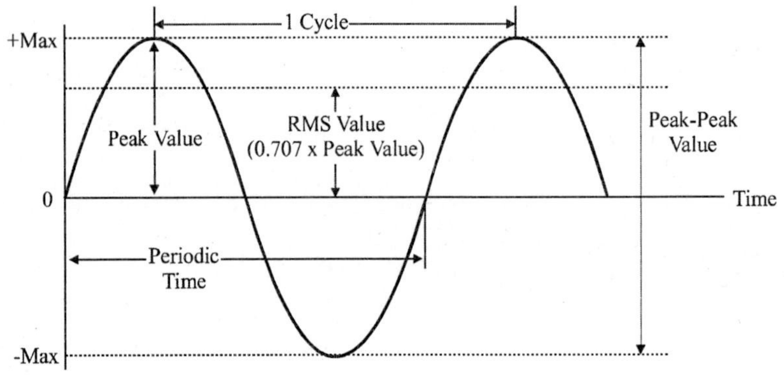


그림 1. 교류 정현파

### 1.1.1. 사용된 용어

① 피크 값 : 양 또는 음의 최고값

② 피크-피크 값 : 양과 음의 최고값 사이의 값(2 × 피크값)

③ RMS 값 : 0.707 × 피크값

④ 사이클 : 파형 한 번의 완전한 변량(또는 사이클)

⑤ 주기(T) : 파형의 한 사이클을 완료하는데 소요되는 시간

⑥ 주파수(f) : 1초에 완료된 사이클의 수

⑦ 단위 : 헤르쯔(Hz)

$$주파수 = \frac{1}{주기}$$

$$f = \frac{1}{T}$$

## 1.2. 정현파

① 그림 2에 나타난 대로 회로 #1에 연결 링크를 배치하라.

② 다음과 같이 측정 장비를 설치하라.

- 오실로스코프

채널 1과 채널 2는 1V/div

시간 축은 1ms/div으로 조정

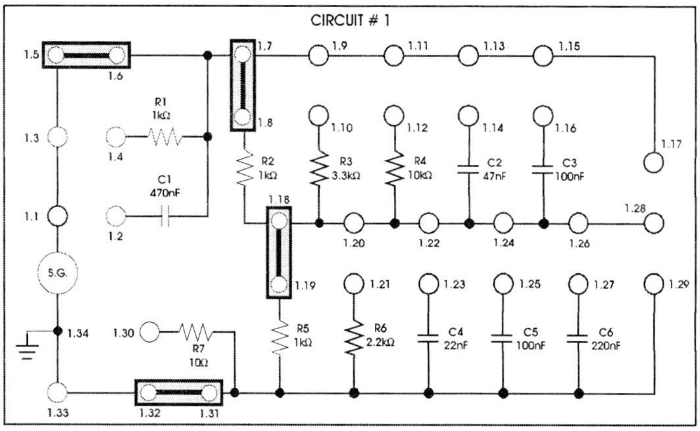


그림 2.

③ 다음과 같이 연결하라.

•신호발생기 출력 : 베이스 유닛 BNC 입력소켓

•오실로스코프 : 소켓 1.17에 채널 1

오실로스코프 연결은 다음에 나타난 바와 같이 오실로스코프 프로브 연결 블록을 사용하여 연결할 수 있다.

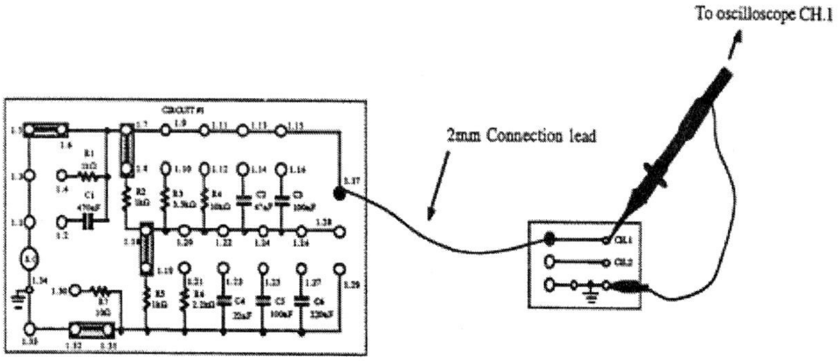


형성된 회로는 아래 그림 3에 나타나 있다.

④ 오실로스코프 시간 축과 채널 1, 채널 2를 교정위치에 맞추었는지 확인하라.

⑤ 신호 발생기 출력 주파수를 약 100Hz로 맞추고, 채널 1에서 얻어진 결과가 6Vpp (즉 피크-피크 6div) 정현파가 되도록 진폭을 조정하라.

⑥ 채널 1의 결과 한 사이클이 10div을 차지하도록 신호 발생기 출력 주파수를 조절하라. 파형의 주기는 그러면 10ms가 된다(10div×1ms/div = 10ms).

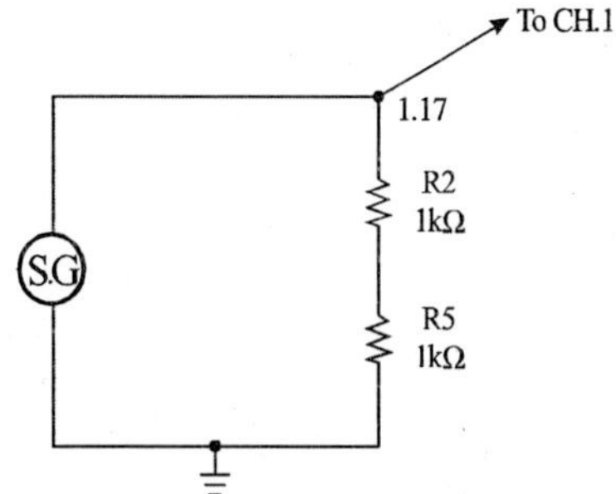


그림 3.

⑦ 1kHz로 신호발생기 출력 주파수를 조절하고, 이제 10ms로 완료된 사이클의 수에 주목하라. 완료된 수는 10이어야 한다.

⑧ 오실로스코프 시간축 조절을 0.1ms/div으로 설정하라. 한 사이클은 지금 10div을 차지해야 한다. 주기는 10div×0.1ms/div = 1ms이다.

⑨ 신호발생기 출력 주파수를 10kHz로 설정하고, 10div의 사이클 수에 주목하라. 완료된 수는 10이어야 한다.

⑩ 오실로스코프 시간축 조정을 10㎲/div으로 설정한다. 한 사이클이 지금 10div을 차지해야 한다. 주기는 10div×10㎲/div = 100㎲이다.

⑪ 신호 발생기 출력 주파수를 100kHz로 설정하고, 10div(100㎲)의 사이클 수에 주목하라. 완료된 수는 10이어야 한다.

⑫ 오실로스코프 시간축 조정을 1㎲/div으로 설정한다. 한 사이클은 10div을 차지해야 한다. 주기는 10div×1㎲/div = 10㎲이다.

⑬ 신호발생기 출력을 10kHz로 설정한다. 오실로스코프 시간 축 조정을 10㎲/div으로 설정한다. 파형 한 사이클이 8div을 차지하도록 신호 발생기 주파수를 조정하라.

⑭ 파형의 주기, t를 계산하라.

t =

⑮ 파형의 주파수, f를 측정하라.

f =

신호발생기 설정은 계산치와 거의 같은 주파수를 나타내야 한다.

⑯ 신호발생기 출력 주파수를 100Hz로 설정하고 오실로스코프 시간 축 조정을 2ms/div으로 설정하라. 정현파의 두 사이클이 나타나야 한다.

⑰ 신호발생기 출력을 삼각파와 그리고 나서 구형파로 설정하고 얻어진 궤적을 주목하라. 이들 파형의 두 사이클이 나타나야 한다.

⑱ 오실로스코프 시간 축 조정을 2ms/div으로 유지하면서 신호발생기를 정현파와 주파수 0.2Hz로 조정하라.

한 사이클에 소요된 시간 즉, 양의 최대값에서 다음 최대값까지 한 번의 변량을 완료하는 데 걸리는 시간이라는 것에 주목하라.

한 사이클에 소요된 시간(주기) =

그리고 나시 파형의 주파수를 계산하라.

⑲ 각 파형에 대한 궤적의 움직임의 비율과 주기에 주목하면서 삼각과 구형 출력파형의 과정을 반복하라. 주기는 정현파형에서의 값과 같다.

### 1.2.1. 정현파에 대한 피크와 RMS값 사이의 관계

① 그림 4에 나타난 대로 회로 #1에 연결 링크를 배치하라.

② 다음과 같은 측정 장비를 설치하라.

- 오실로스코프

  채널 1과 채널 2는 0.5V/div으로 조정

  시간 축은 0.1ms/div으로 조정

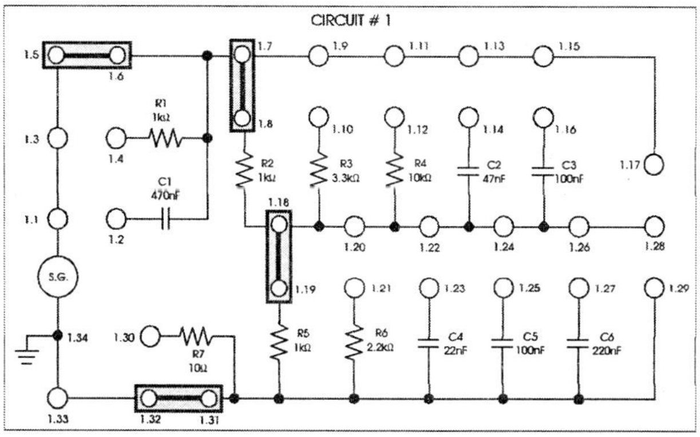


그림 4.

•멀티미터 : 20V 교류영역

③ 다음과 같이 연결하라.

•신호발생기 출력 : 베이스 유닛 BNC 입력 소켓

•오실로스코프 : 소켓 1.17에 채널 1

•멀티미터 : 소켓 1.29와 1.15

형성된 회로는 그림 5에 나타나 있다.

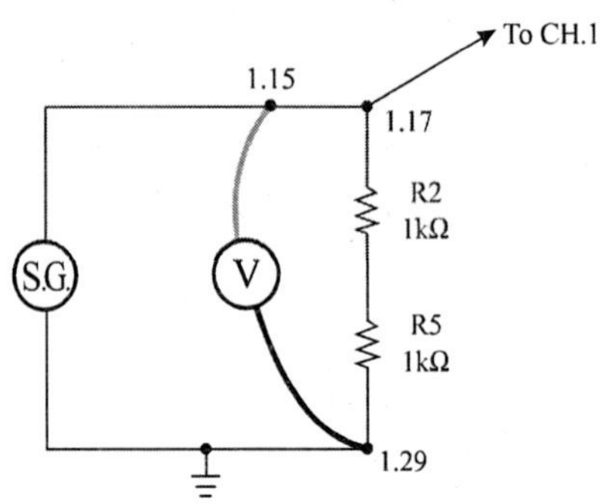


그림 5.

④ 주파수 1kHz의 정현 출력으로 신호발생기를 설정하고, 전압계가 1.0V를 나타내도록 하기 위해 진폭 조절을 맞춰라. 오실로스코프 궤적의 피크-피크 값에 주목하라.

궤적의 피크-피크 값 = div

피크-피크 전압 계산 = div × 0.5V/div =

피크 전압(0.5 × 피크-피크) =

전압계는 정현파의 RMS값을 나타내고, 그러므로 궤적으로부터 결정된 피크 값은 1V의 rms값을 가진 전압의 피크 값을 보여준다. 표 1에 값을 넣어라.

⑤ 오실로스코프 채널 1 조절을 2V/div으로 설정하고 2V, 그리고 나서 4V의 전압계 지시에 대하여 신호발생기 출력 진폭을 조정하고 각 설정에 대하여 얻어진 오실로스코프 궤적의 피크 전압 값에 주목하라. 값을 표 1에 적어라.

➡표 1.

| Multimeter(RMS voltage) | 1V | 2V | 4V |
|---|---|---|---|
| Oscilloscope(peak voltage) | V | V | V |

표 1에서 얻어진 값들을 연구해보면 관계식은 대략 다음과 같아야 한다.

피크 값 = 1.4×rms 값

RMS 값 = 0.7×피크 값

⑥ 오실로스코프 채널 1 조절을 2V/div으로 설정하고, 궤적 12V 피크-피크(p-p 6div)에 대한 신호발생기 출력 진폭을 설정하라. 전압계 지시값에 주목하라.

전압계 측정값 = 볼트

예 제

1. 전압계에서 읽은 값의 범위를 기록하라 ?

㉮ 2.9 - 3.7V ㉯ 3.8 - 4.7V

㉰ 4.8 - 5.6V ㉱ 5.7 - 6.5V

⑦ 채널 1 조정을 2V/div으로 설정하고, 전압계에 나타난 3V에 대한 신호 발생기 출력을 설정하라. 오실로스코프 궤적의 피크 값에 주목하라.

피크 값 = 볼트

예 제

2. 피크 값은 다음 범위 내에 있다.

㉮ 2.9 - 3.7V ㉯ 3.8 - 4.7V

㉰ 4.8 - 5.6V ㉱ 5.7 - 6.5V

⑧ 신호발생기 출력 진폭을 12V 피크-피크(p-p 6div)의 궤적에 대하여 설정하라. 각 파형에 대한 12V 피크-피크의 궤적을 유지하기 위해 필요한 출력 진폭을 조정하면서 (a)정현파, (b)삼각파, (c)구형파에 대한 파형 설정과 함께 전압계가 지시하는 값에 주목하라.

전압계 읽은 값

정현 파형 =
삼각 파형 =
구형 파형 =

전압계 읽은 값은 파형에 따라 변함을 알 수 있을 것이다.

전압계는 정현파형에 대한 rms값을 알려주기 위해서 측정되었고, 다른 파형에 대한 판독은 정확하지 않을 것이다.

예 제

**3.** 전압계로 정현파 입력신호의 진폭이 전압계 표시의 rms 전압의 확실한 판독을 얻기 위해 설정되어 졌다. 똑같은 피크-피크값의 삼각과 구형 입력파형에 대해 읽은 값은 다음과 같을 것이다.
㉮ 변화 없다
㉯ 삼각과 구형 양쪽 모두 더 높다
㉰ 삼각파형에서 더 높고 구형 파형에서 더 낮다
㉱ 삼각파형에서 더 낮고 구형 파형에서 더 높다.

## 2. 교류와 저항

학습목표

① 교류회로에서 옴의 법칙 관찰
② 저항회로에 대한 위상 각 확인
③ 직렬 교류저항 회로에서 전압 강하 결정
④ 병렬 교류저항 회로에서 전류 측정 및 계산

필요한 장비

① DIGIAC 3000 교류회로-1 모듈의 회로 #1
② 신호발생기
③ 멀티미터(20V 전압범위와 전류범위 20mA)
④ 오실로스코프
⑤ 연결 링크
⑥ 연결선

순수저항을 포함하는 교류회로에서, 옴의 법칙이 다음과 같이 적용된다.

$$V = IR$$

rms값인 V와 I 또는 피크 값인 V와 I 또는 피크-피크 값인 V와 I로 전류는 전압과 같은 위상에 있다. 전류는 주파수에 의존하지 않는다.

## 2.1. 직렬에서의 저항기

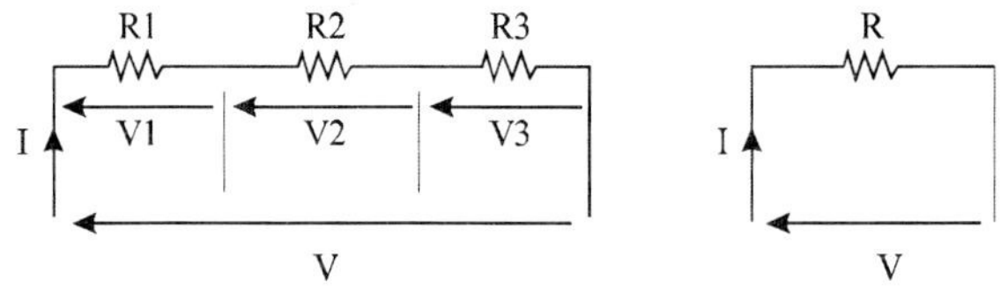


그림 6.

전체저항 = 각 저항기의 총계

$$R = R_1 + R_2 + R_3$$

공급전압 = 각 전압의 총계

$$V = V_1 + V_2 + V_3$$

## 2.2. 병렬에서의 저항기

$$\frac{1}{R} = \frac{1}{R_1} + \frac{1}{R_2} + \frac{1}{R_3}$$

전원 전류 = 각 전류의 총합

$$I = I_1 + I_2 + I_3$$

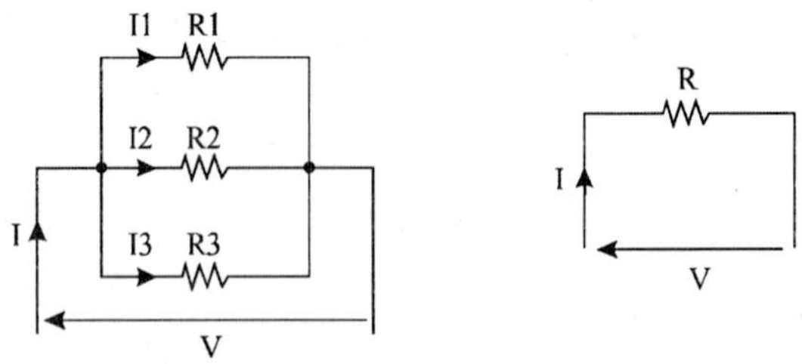


그림 7.

## 2.3. 정현파 교류전원에서의 저항

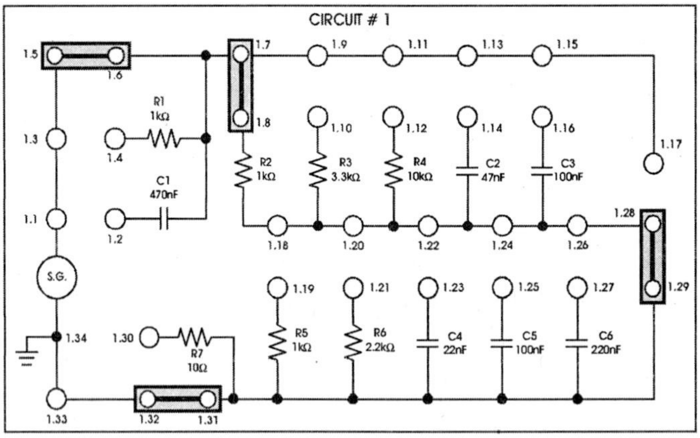


그림 8.

### 2.3.1. 전압계를 사용한 측정

① 그림 8에서 나타난 바와 같이 연결 링크를 배치하라.

② 멀티미터를 20V 교류범위로 설정하라.

③ 다음과 같이 연결하라.

•신호 발생기 출력 : 베이스 유닛 BNC 입력 소켓

•전압계 : 소켓 1.3과 1.33

형성된 회로는 아래에 나타나 있다.

④ 신호 발생기를 1kHz로 설정하고, 전압계가 4V를 나타내도록 그것의 출력 진폭을 조정하라.

⑤ 소켓 1.5와 1.6사이의 연결을 제거하라.

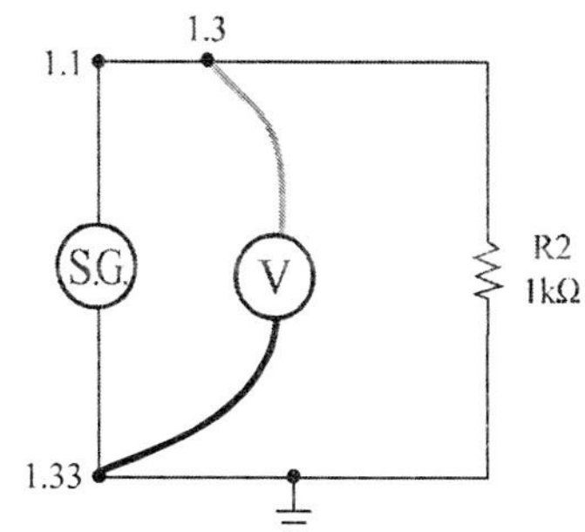


그림 9.

⑥ 전압계 연결을 제거하고, 회로 내에서 이어지는 전류를 측정하기 위해 소켓 1.5와 1.6사이에 그 범위를 20mA 교류로 설정하고, 전류계를 다시 연결한다. 표 2의 윗줄에 값을 적어 넣어라.

➡표 2.

| Resistance in Circuit | Voltage | Current | Calculated Resistance |
|---|---|---|---|
| 1kΩ | 4V | mA | kΩ |
| 3.3kΩ | 4V | mA | kΩ |
| 10kΩ | 4V | mA | kΩ |

⑦ 전류계를 제거하고, 20V 교류로 전압계를 다시 설정하고 소켓 1.1과 1.33사이에 연결하라. 소켓 1.5와 1.6사이의 링크를 교체하라.

⑧ 소켓 1.7과 1.8사이에 연결을 제거하고, 회로에 $R_3$을 연결시키기 위해 소켓 1.9와 1.10사이에 넣어라. 전압계에 4V 값이 되도록 신호발생기를 조절하라.

⑨ 소켓 1.5와 1.6사이에 연결을 제거하라. 회로에 흐르는 전류를 측정하기 위해 전압계 연결을 제거하고, 20mA 교류 범위로 전류계를 설정하여 다시 연결하고, 소켓 1.5와 1.6사이에 넣어라. 표 2의 둘째 줄에 그 값을 적어 넣이라.

⑩ 전류계를 제거하고, 전압계를 20V 교류로 다시 설정하고 소켓 1.1과 1.33사이에 연결하라. 소켓 1.5와 1.6사이의 링크를 교체하라.

⑪ 회로에서 $R_4$를 연결하기 위해 소켓 1.9와 1.10사이에 연결을 제거하고 소켓 1.11과 1.12사이에 넣어라. 전압계의 읽은 값이 4V가 되도록 신호발생기 출력을 조정하라.

⑫ 소켓 1.5와 1.6사이의 연결을 제거하고, 이전 과정에 따라서 회로 내의 전류를 측정하고, 표 2의 셋째 줄에 그 값을 적어 넣어라. 표 2에서 측정값을 연구해 보라. 그것들은 교류전원에서, 전압과 전류가 rms값으로 저항기에 옴의 법칙이 적용된다는 것을 입증한다.

예 제

**4.** 일정 입력전압을 갖는 회로가 10mA의 전류가 흐른다. 만약 회로 저항이 두 배로 되면 전류는 다음과 같이 될 것이다.

㉮ 5mA ㉯ 7.5mA

㉰ 10mA ㉱ 20mA

⑬ 신호발생기에 연결된 5.5kΩ의 저항으로 구성된, 회로 #1을 사용하여 회로를 형성하고 적용된 4V의 전압에 대한 회로에서의 전류를 측정하라.

전류= mA

예 제

**5.** 측정된 전류는 이러한 범위 내에 있다.

㉮ 0.48 - 0.63mA ㉯ 70.64 - 0.79mA

㉰ 0.80 - 0.95mA ㉱ 0.96 - 1.11mA

## 2.3.2. 오실로스코프를 사용한 측정

① 현재 회로 #1에 연결된 모든 링크를 제거하라.

② 소켓 1.5와 1.6, 1.7과 1.8, 1.28과 1.29, 1.30과 1.32사이에 링크를 삽입함으로써 회로에 1kΩ 저항기인 $R_2$와 10Ω저항기인 $R_7$을 연결시켜라.

③ 오실로스코프를 다음과 같이 연결시켜라.

•채널 1은 2V/div으로 조정

•채널 2는 50mV/div으로 조정

•시간 축은 0.1ms/div으로 조정

④ 다음과 같이 오실로스코프를 연결하라:

•채널 1은 소켓 1.7

•채널 2는 소켓 1.31

형성된 회로는 그림 10에 나타나 있다. 오실로스코프 채널 2는 10Ω저항기 $R_7$에서의 전압강하를 모니터 한다. 이것은 회로 전류에 비례한다.

⑤ 1kHz의 신호 발생기 주파수로 12V 피크-피크(p-p 6div) 진폭의 채널 1 궤적에 대한 출력 진폭을 설정하고, 피크-피크 div에서 채널 2궤적 진폭을 주목하라.

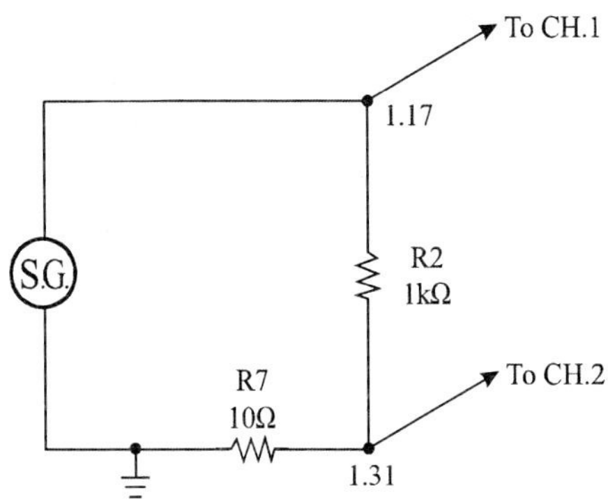


그림 10.

⑥ 표 3의 'p-pdiv' 제목 아래의 첫째 줄에 그 값을 적어라. 채널 2 p-p 값을(스코프 div에서) mVp-p와 mAp-p로 전환하라.

$$\text{mVp-p} = \text{p-pdiv} \times 50\text{mV/div}$$

$$\text{mAp-p} = \frac{mVp-p}{10} \quad (R_7 = 10\Omega\text{이므로})$$

이들 값을 표 3의 첫째 줄 'mVp-p'와 'mAp-p'에 각각 적어 넣어라.

⑦ 회로에 연결된 저항기 $R_3$에 대한 과정을 표 3의 다른 줄에 값을 적어 넣으면서 반복하라.

➡표 3.

| Circuit | CH.1 Voltage | CH. 2 Trace | | |
|---|---|---|---|---|
| | | Div p-p | mV p-p | mA p-p |
| 1k | 12V p-p | | | |
| 3.3k | 12V p-p | | | |

⑧ 표 3에 나타난 것을 연구하라. p-p값은 옴의 법칙을 또한 입증해야 한다.

⑨ 2.2kΩ 저항회로를 형성하고, 전류가 채널 2 궤적이 가리키는 대로 5mA p-p가 되도록 하게 하기 위해서 신호발생기 출력을 조정한다. 채널 1 궤적에 의해 지시한 대로 적용된 전압에 주목하라.

적용된 전압 p-p =

예 제

**6.** 적용된 전압 p-p값은 다음 범위에 있다.

가 7.7 - 9.8V　　나 9.9 - 12.1V

다 12.2 - 14.3V　　라 14.4 - 16.5V

## 2.4. 정현 교류 전원공급에서 저항에 대한 전압과 전류의 위상 관계

① 그림 11에 나타난 대로 연결 링크를 넣어라

② 다음과 같이 측정 장비를 설정하라.

•오실로스코프

채널 1을 2V/Div에 조정

채널 2를 50mV/Div에 조정

시간축을 0.1ms/Div에 조정

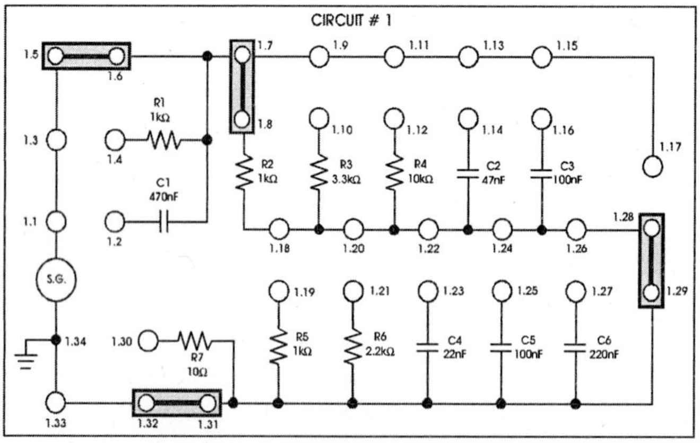


그림 11.

③ 다음과 같이 연결하라.

•신호 발생기 출력 : 베이스 유닛 BNC 입력 소켓

•오실로스코프 : 채널 1을 소켓 1.17

채널 2를 소켓 1.31 형성된 회로는 그림 12에 나타나 있다.

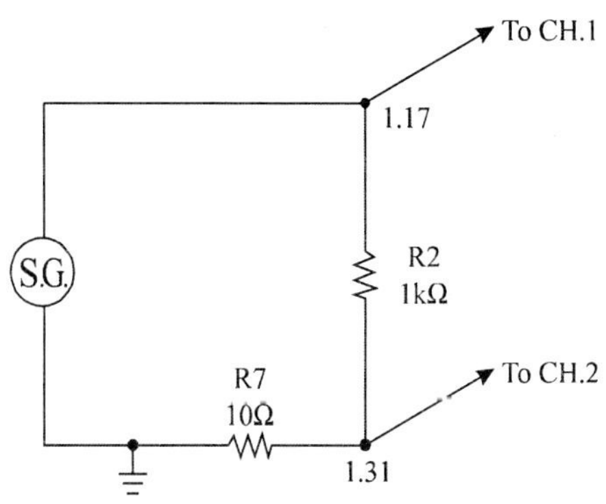


그림 12.

CHAPTER Automotive Electric• Electron Exercise

# 03. 반도체[Semiconductor]

## 1. P-N접합 다이오드

**학습목표**

① PN 접합 다이오드의 순방향 특성그래프
② 순 바이어스(forward biased)된 다이오드의 비선형 응답
③ 역 바이어스된 다이오드에서의 누설전류
④ 저항측정을 통한 다이오드의 측정
⑤ 저항측정을 통한 두 다이오드의 오류 찾기

**필요한 장비**

① D3000 2.1 Semiconductors-1 모듈의 Circuit #1
② 단락용 연결고리(shorting link)와 2~4mm 연결잭(adaptor)
③ 멀티미터(Multimeter) 2개

### 1.1. 다이오드의 순방향 특성

반도체 접합에 의한 물리적인 성질은 순(방향)바이어스와 역(방향)바이어스 경우 모두에서 전류흐름을 방해한다(단, 다른 특성을 갖는다).

순 바이어스 상태에서, 전류가 흐르기 위해서는 먼저 전위장벽(barrier potential)를 극복해야 한다(실리콘, Si 0.6-0.7V/게르마늄 Ge 0.3V).

역 바이어스 상태에서는 일반적으로 거의 전류가 흐르지 않는다(미약한 역방향 전류 제외).

순방향에 대한 특성그래프를 그릴 때 필요한 측정을 할 회로연결은 그림 1과 같다.

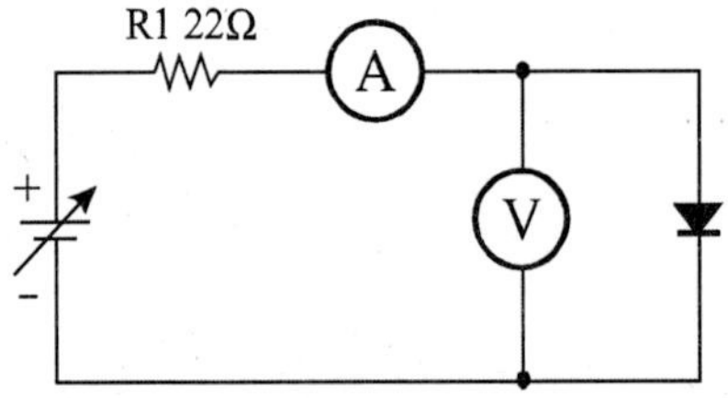


그림 1.

REFERENCE

다이오드에 흐르는 전류뿐만이 아니라 전압계에 흐르는 전류도 전류계에 나타나게 된다. 따라서 전압계로 흘러들 전류를 최소로 유지하기 위해서 높은 임피던스의 전압계가 필요하다(측정오차를 줄이기 위해).

다이오드의 순 바이어스 상태의 특성그래프를 그리기 위해 특별히 사용될 전원 공급장치(power supply)는 Circuit #6의 오른쪽 위의 오실로스코프 연결 패널의 바로 밑의 패널에 탑재되어 있다. 0-2V DC SUPPLY라고 표시된 것이 그것이다.

* 다음 페이지에 •가 앞에 붙은 문장들은 "지시사항"으로 그대로 따라하면 된다.

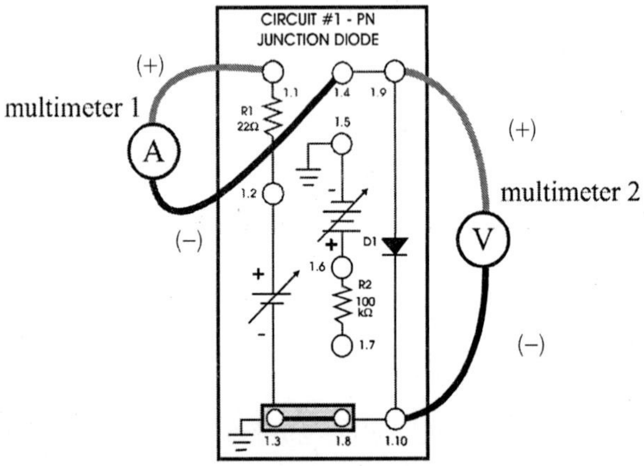


그림 2.

- 0-2V DC 전원 공급장치의 조절기를 반시계 방향으로 돌려 최소로 맞추어라.
- 링크(shorting links)를 그림 2와 같이 소켓 1.3과 1.8사이에 연결하라.
- 전류측정 준비 : 멀티미터를 DC 전류 측정범위에 맞추고 소켓 1.1 (+)과 1.4 (-)사이에 연결하라(측정범위 ~50$\mu$A DC).

- 전압측정 준비 : 멀티미터를 DC 전압 측정범위에 맞추고 소켓 1.9 (+)와 1.10 (-) 사이에 연결하라(측정범위 ~2V DC).
- 모듈의 0-12V 가변 DC 전원 공급장치 스위치를 ON으로 하라("0"으로 세팅).
- 0-2V DC 전원 공급장치를 조정하여 다이오드에 100mV가 인가되도록 하라.
- 멀티미터에 나타나는 값을 표 1에 기록하라.
- 전압이 200mV가 인가되도록 하고 전류를 다시 측정하라.
- 표 1에 나와 있는 전압들이 인가되도록 하고 전류의 값들을 차례로 측정 기록하라. 전류가 급하게 증가하기 시작할 때부터는 전압을 50mV씩 증가시킨다는데 주의하라. 이때 전류계의 범위를 필요에 따라 조정하라. 바뀌게 될 값들을 미리 예측하여 멀티미터가 손상되지 않도록 하라.

REFERENCE

전류계의 범위를 바꿀 때, 전압을 다시 조정하는 것이 필요하다(전류계의 범위를 높게 바꾸면 전류계의 저항이 감소되어 다이오드에 인가되는 전압을 증가시킬 것이다).

➡표 1.

| Voltage(mV) | Current |
|---|---|
| 100 | μA |
| 200 | μA |
| 300 | μA |
| 400 | μA |
| 500 | μA |
| 550 | μA |
| 600 | μA |
| 650 | mA |
| 700 | mA |
| 750 | mA |
| 800 | mA |
| 850 | mA |

- 다이오드의 순방향 특성그래프를 주어진 축 위에 그려라(표 1의 값을 이용).

전압에 대한 전류의 그래프가 선형적(linear)이지 않다는 것을 볼 수 있을 것이다. 즉, 다이오드는 옴의 법칙(Ohm's Law)을 따르지 않는다.

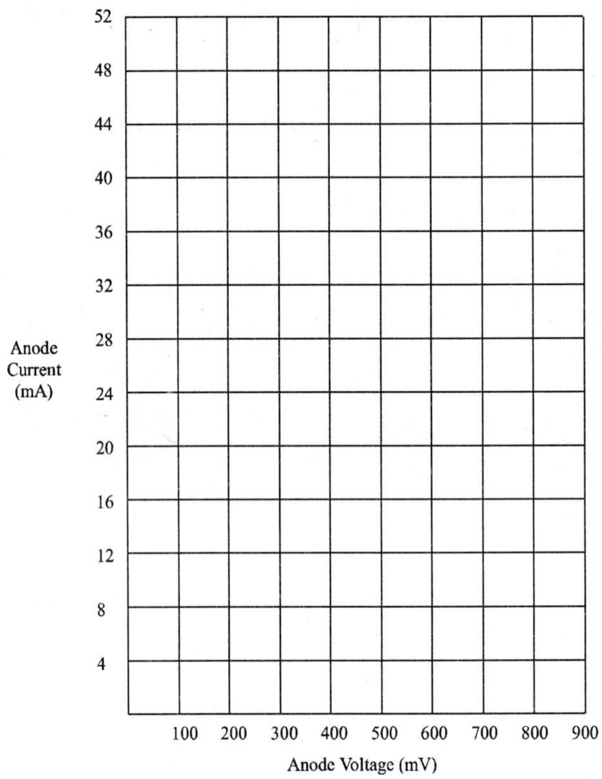


[그래프 1.1]

예 제

1. 그래프에서, 애노드(andode) 전류가 12mA일 때의 다이오드에서의 전압강하 값을 기록하라(mV).

## 1.2. 다이오드의 역방향 특성

다이오드의 역 바이어스 전류(누설전류)가 어느 정도의 값을 갖는지 알아둘 필요가 있다. 실제 사용에서는 이 누설전류를 무시할 수 있다. 이것은 실험의 첫 번째 부분에서 확인되어 진다. 그러나 p-n 접합의 누설전류(leakage current)는 다른 용도의 다이오드에서는 중요할 수 도 있다.

그래서 이 전류를 보다 신중하게 살펴보는 것도 가치가 있다.

- 링크를 소켓 1.7과 1.8사이에 연결하라.
- 전류측정 준비 : 멀티미터 1을 DC 전류 측정범위에 맞추고 1.5 (-)와 1.4 (+)로 연결한다.

- 모듈의 0-12V 가변 DC 전원 공급장치를 MIN(0V)에 맞추고 모듈의 전원공급 스위치를 ON으로 하라.

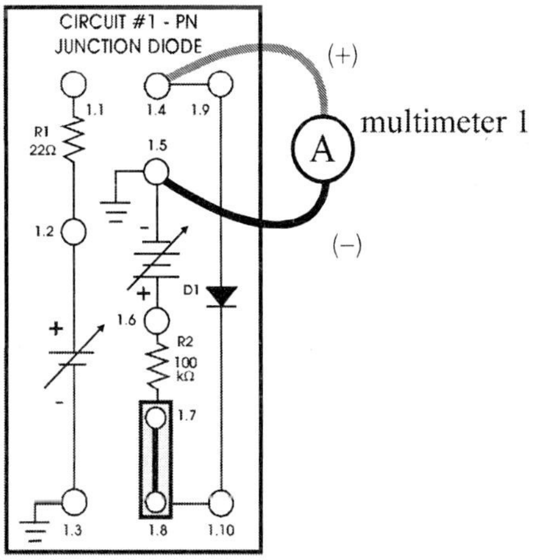


그림 3.

REFERENCE

모듈의 0-12V 가변 DC 전원공급장치의 음극이 접지에 연결되어 있는 것에 주목하라. 이렇게 함으로써 다이오드는 링크를 이용하여 편리하게 역 바이어스가 될 수 있다.

- 모듈의 0-12V 가변 DC 전원 공급장치을 최대까지 증가시키면서 멀티미터 1에 나타나는 전류값을 관찰하라.

  전류가 무시할 만큼 적은 양이기 때문에 전류계에는 별다른 응답이 없다는 것을 알 수 있다. 그러나 우리는 Circuit #8에 있는 R16(1MΩ)의 저항을 Circuit #1 회로에 이용하여 $R_{16}$의 전압 강하값을 관찰하는 것으로 작은 양의 소수 캐리어 전류가 있다는 것을 알 수 있고 그 양(누설 전류값)을 계산할 수 있다.
- 멀티미터 1을 회로에서 제거하고, 링크를 소켓 1.5(양극)과 1.4(공통)사이에 연결하라.
- 1.7과 1.8 소켓사이에 링크를 제거하고 1.7과 8.14를 리드선으로 연결하고, 8.15와 1.8 역시 리드선을 연결하라.
- DC 전압을 측정하기 위해 멀티미터 2를 1.9(양극)과 1.10(공통)에 연결하라.

모듈의 0-12V 가변 DC 전원 공급장치의 전압을 멀티미터 2에서 측정되는 다이오드 $D_1$의 애노드 전압이 -1.0V가 될 때까지 맞추어라

- 그림 4처럼 멀티미터 2(DC 전압 레인지)의 양극(적색) 리드선을 소켓 1.7로 이동시켜라.

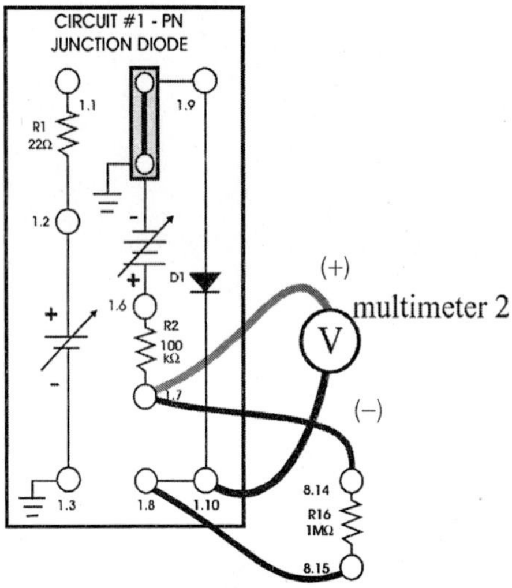


그림 4.

REFERENCE

한번에 두 개의 멀티미터를 사용할 수 없다는 점을 주의하라. 다이오드에 분로(다른 경로)를 만들게 되고 틀린 값을 읽게 한다.

- $R_{16}$에서의 전위차를 mV 단위로 표 2에 기록하라.
- 다이오드 $D_1$의 애노드 전압이 각각 -2V, -3V..... -11V일 때에 대해, 앞의 단계를 반복하라.

  $R_{16}$에서의 전위차가 매우 적기 때문에 멀티미터 2에서 안정된 전압을 읽는 것이 매우 어려울 것이다. 이럴 경우에는 최고값과 최저값의 평균을 취해서 그 값을 기록하라. 이제 $R_{16}$에서의 전위차를 $R_{16}$의 저항값(1MΩ)으로 나누면 누설전류의 값을 알 수 있다.
- 각 경우의 누설전류를 계산하고 표 2에 기록하라.

➡표 2.

| Anode Voltage | Voltage across R16 | Leakage Current |
|---|---|---|
| −1V | mA | nA |
| −2V | mA | nA |
| −3V | mA | nA |
| −4V | mA | nA |
| −5V | mA | nA |
| −6V | mA | nA |
| −7V | mA | nA |
| −8V | mA | nA |
| −9V | mA | nA |
| −10V | mA | nA |
| −11V | mA | nA |

예 제

2. 전압이 -10V일 때 누설 전류값을 입력하라.(nA)

적은 변화량 때문에 누설전류를 그래프의 형태로 나타내기가 어렵다는 것을 알 수 있을 것이다. 이 다이오드(1N4148)의 피크 역전압(Peak Inverse Voltage − PIV)을 그려보기에는 다이오드의 역 항복전압(reverse breakdown voltage)이 너무 높다. 피크 역전압은 항복이 일어나기 전에 다이오드에 인가될 수 있는 최고 역전압을 의미한다.

그래서 정상 동작에서는 피크 역전압을 넘어서지 않도록 다이오드를 선택해야 한다.

## 1.3. 다이오드 테스트

다이오드에서 발생할 수 있는 문제들은 다음과 같다:

① 양방향 단락회로(short circuit)

② 양방향 오픈회로(open circuit)

③ 역 바이어스에서 누설전류의 증가 : 누설하기 쉬운 상태(Leaky)

이 밖의 다른 경우는 누군가 다이오드를 회로에 잘못된 방향으로 연결했을 경우이다(물론 여러분은 아니겠지만).

이런 상황이 자주 발생하는데, 이는 작은 다이오드에서는 애노드(양극)와 캐소드(음극)의 구별이 쉽지 않고 확실한 표시가 되어있지 않기 때문이다. 대부분의 경우에는 다이오드 몸체와 캐소드(cathod)의 끝 부분이 만나는 곳에 밴드(band)나 링모양 표시가 있다. 투명 캡슐의 경우에는 검은색으로, 몸체가 검은색으로 되어있을 경우에는 은색으로 표시되어있다. 모듈의 회로에 있는 다이오드를 관찰해 보라.

위에 언급된 모든 오류 조건들에 대해 다이오드를 테스트할 때 디지털 멀티미터를 사용하는 것이 가장 편리하다. 테스트시 세번의 측정을 하게 될 것이다. - 두 번은 다이오드 테스트 레인지를 사용하고 한번은 높은 저항 레인지를 사용한다. 다음 세 가지 측정법에서, 무엇보다 중요한 것은 다이오드를 테스트하기 전에 전원이 회로상에 off 상태여야 한다는 것이다.

### 1.3.1. 순방향 및 역방향 바이어스 상태 측정

순방향과 역방향 바이어스 상태를 측정하기 위해서 디지털 미터에서의 다이오드 테스터의 사용법을 알아야 할 것이다. 멀티미터 레인지 스위치를 다이오드 테스터쪽으로 향하게 하라. 다이오드 테스터 레인지는 심볼(⊣▶⊢)에 의해 표시된다.

### 1.3.2. 다이오드의 순방향 바이어스 조건

접합의 p-영역(다이오드의 애노드)이 n-영역(다이오드의 캐소드)에 대해 양일 때, 반도체 접합은 순 바이어스 상태가 된다.

다이오드가 순방향 바이어스가 되기 위해서는 멀티미터의 양극(+)은 적색 즉, 애노드로 연결하고, 공통(-)은 흑색, 캐소드로 연결되어야 한다(그림 5(a)참조). 다이오드 테스터 레인지를 선택했다면, 미터기는 순방향 바이어스 된 다이오드의 값을 보여 줄 것이다. 사용하는 멀티미터의 모델에 따라서 약간씩 해석하는 차이가 생길 수 있다. 전형적인 순(방향)바이어스된 다이오드의 전형적인 측정값은 600-700mV가 된다.

그러나, 다이오드 테스터 레인지가 저항 레인지 측정과 같이 쓰는 장비라면 저항 값으로 읽어야 한다. 전형적인 순방향 다이오드 저항치는 kΩ단위가 된다. 어느 테스터기를 사용하더라도, 당신이 원하는 측정값을 찾을 수 있어야 한다.

역방향 바이어스 조건 역시 다이오드 테스터 레인지에서 측정이 가능하다. 역방향 바이어스 다이오드 측정은, 캐소드에 양극(red, +)을 연결하고, 애노드에 공통(black, -)을 연결하면 된다(그림 5(b) 참조).

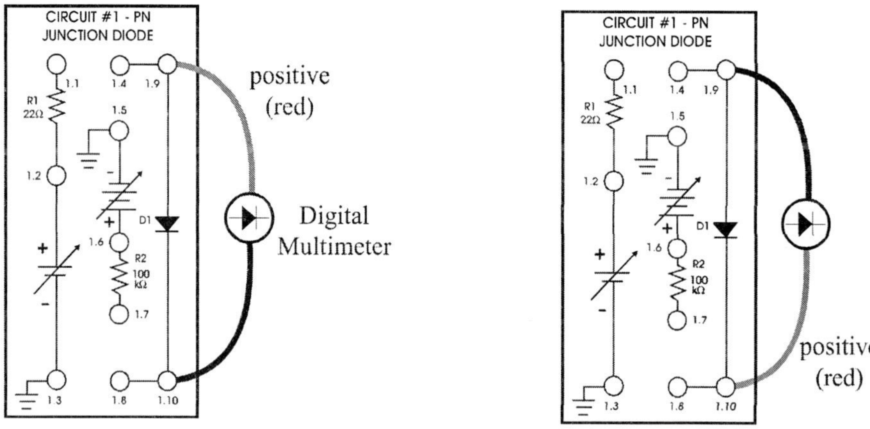


(a) (b)

그림 5.

역 바이어스의 경우 다이오드 테스터 레인지를 선택했다면 측정범위 초과(out-of-range)가 될 수 있다. 다이오드 테스터 화면이 mV이거나 혹은, kΩ이거나 간에 이런 경우는 있을 수 있다. 이러한 측정값들은 다이오드 주위에 회로가 어떻게 구성되어 있는지에 따라 정해진다. 순방향 바이어스 다이오드는 때에 따라서 600mV로도, kΩ으로도 나타내주지만, 역방향 바이어스는 측정 레인지 범위를 넘어버릴 수 있다.

### 1.3.3. 다이오드 누설 테스트

세 번째 측정은 다이오드가 누설이 되는지 아닌지 확인을 할 것이다. 누설 다이오드 테스트 측정을 위해 멀티미터를 20MΩ으로 맞추거나, 가장 높은 레인지로 놓고 양극(red, +)에 캐소드를, 공통(black, -)에 애노드를 접속한다.

실리콘 다이오드의 동작에서의 저항값은 역방향 바이어스 될 때, 적어도 5MΩ이 된다. 단, 누설 문제가 있는 다이오드는 낮은 역방향 바이어스 저항값을 갖는다.

> **REFERENCE**
> Semicondoctor-1 회로 보드에서의 모든 다이오드들은 매우 높은 역방향 저항값을 갖는 실리콘 다이오드들이다(고장을 방지하기 위해서...).

이제부터 다음과 같은 내용으로 다이오드 테스트에 관한 실험을 할 것이다.

- Circuit #1의 모든 연결고리를 제거하고, 모듈의 전원공급 스위치를 OFF로 하라. 저항측정을 할 때는 항상 회로의 전원을 꺼야 한다.

- Circuit #1의 다이오드의 저항을 다이오드 테스터 레인지로 세팅한 디지털 멀티미터를 사용하여 소켓 1.9 & 1.10사이에서 순 바이어스나 역 바이어스 경우를 모두 측정해서 표 3에 기록하라.

REFERENCE

멀티미터의 측정 위치에 따라서 저항이나 전압값의 변화하는 크기를 주의 깊게 살펴 기록하라.

➡표 3.

| | | |
|---|---|---|
| 다이오드 테스터 레인지 | 순방향 바이어스(전압) | (V) |
| | 역방향 바이어스(전압) | (V) |
| 저항 측정 | 역방향 저항측정(저항) | (Ω) |

- 역방향 바이어스 저항값을 측정한다. 멀티미터를 20MΩ으로 레인지값을 리셋하고 Circuit #1에 공통(com) 리드선을 소켓 1.9에 연결하고, 양극(red) 리드선은 소켓 1.10에 연결하라.

실제의 저항은 선택하는 레인지 범위에 따라서 변한다는 것을 알 것이다. 이것은 큰 값은 아니지만, 여러분은 여러분 자신의 측정기에서 측정될 값에 익숙해야 한다. 이론상으로 정확한 값이 무엇인지를 아는 것보다, 자신의 측정기로 실제 어떤 값을 얻게 될 것인가를 아는 것이 더 중요하다. 이런 방법으로 반도체 접합을 측정하는 것은 오류 진단이나 고장점검에서 매우 중요하다.

예 제

3. 디지털멀티미터의 레인지를 다이오드 테스트에 두고 다이오드에 연결한다. 멀티미터에 측정값이 out-of-range(측정범위 초과)가 나타난다면 이것은 다음 중 무엇을 뜻하나 ?

㉮ 다이오드의 누설 ㉯ 다이오드 역 바이어스
㉰ 다이오드 단락 ㉱ 다이오드 순 바이어스

## 2. 반파 정류기(Half-Wave Rectifier)

**학습목표**

① 교류(AC)에서 Vp-p값 계산 및 측정
② 반파정류 출력에서 Vp와 Vave값 측정
③ 반파정류에서 축전기(캐패시터, 콘덴서) 전압 측정
④ 정류출력 방향에 따른 Vave 계산 및 측정
⑤ 반파정류 회로에서 Vp 및 Vave값 계산
⑥ 축전기 기능 인식
⑦ 반파 정류회로 오류 분석

**필요한 장비**

① D3000 2.1 Semiconductors-1 모듈의 Circuit #2
② 단락용 연결고리(shorting link)와 2~4mm 연결잭(adaptor)
③ 10/20V의 교류, 직류 범위를 가진 멀티미터(Multimeter)
④ 신호발생기(Signal Generator)
⑤ 오실로스코프(Oscilloscope)

### 2.1. 반파 정류기(Half-Wave Rectifier)

다이오드는 전류를 한 방향으로만 흐르게 한다. 만약 교류전압이 다이오드를 가지고 있는 회로에 인가된다면, 전류는 다이오드 기호의 화살표 모양의 머리 방향으로만 흐를 것이다. 따라서 전류는 한 방향을 갖는 직류(DC)가 된다.

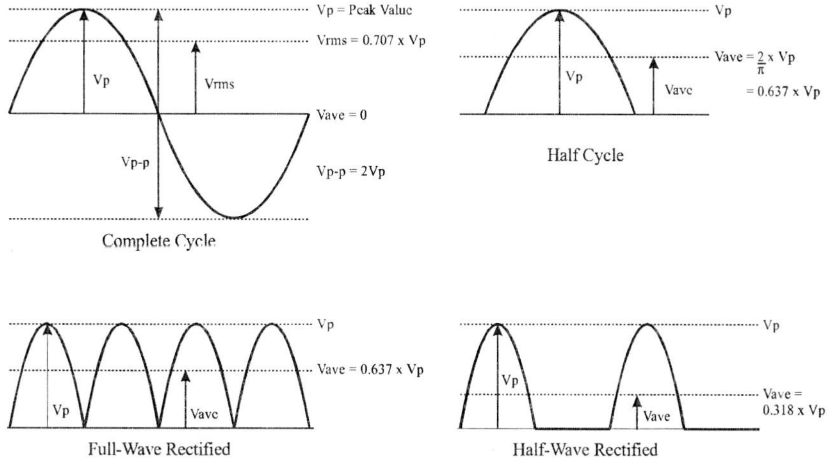


그림 6.

직류(DC) 흐름의 값은 인가되는 교류전압의 피크(peak)값에 비례하고, 인가 교류전압 피크(peak)값은 RMS값에 비례한다.

교류(AC) 전압값들 사이의 관계와 용어를 요약하면 다음과 같다.

Peak Voltage = Vp

Root mean square Voltage = Vrms

Average Voltage = Vave

Peak-to-Peak Voltage = Vp-p

Vp-p = 2 × Vp

$$\text{Vrms} = \frac{V_p}{\sqrt{2}} = 0.707 * \text{Vp}$$

Vave(전파정류) = 0.637 * Vp

Vave(반파정류) = 0.318 * Vp

교류에 있어서 완전한 한 사이클의 평균값은 “0”임에 주의하라. 멀티미터의 직류(DC) 측정범위로 한 사이클의 교류량을 측정하려면 “0”이 나올 것이다.

- 멀티미터를 교류(AC) 측정범위에 맞추고 멀티미터의 (+)리드선과 (-)리드선을 각각 소켓 2.1과 2.2에 연결하라(Vrms값 측정).

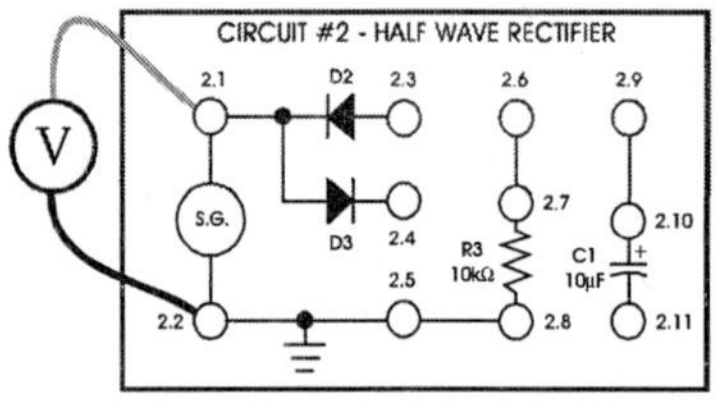


그림 7.

- 신호발생기(Signal Generator)의 주파수를 주 전원 주파수(60Hz)에 맞추어라. 그리고 회로에 5Vrms가 인가되도록 신호발생기의 출력 진폭을 조정하라.

예 제

**4.** 앞 페이지에 주어진 관계식을 이용해서 5Vrms에 상응하는 Vp-p값은 얼마인지 계산하여 입력하라!(계산과정을 간단하게 아래에 쓸 것!)

- 오실로스코프를 다음과 같이 설정하라.
  시간축을 5ms/div로
  트리거를 AC로
  이중선(Dual trace) 설정
  ALT/CHOP 설정을 CHOP으로
  Trace를 스크린의 중앙에 오도록
  CH.1 Y 증폭기의 게인(Gain)을 2V/div, DC 입력으로
  CH.2 Y 증폭기의 게인(Gain)을 2V/div, DC 입력으로
- 소켓 2.1에서 멀티미터의 (+)리드선을 제거하고, 오실로스코프의 CH.1을 2mm 연결선을 통해 소켓 2.1과 오실로스코프 연결 패널 위의 CH.1 연결부분에 연결하라(멀티미터의 (-)리드선을 접지(소켓 2.2)에 계속 연결해 두어라). 오실로스코프의 접지는 PCB 내부에 자동으로 연결되어 있다.
- 오실로스코프를 사용하여 Vp-p를 측정하고 아래에 쓰시오.
  Peak-to-peak voltage input(Vp-p) =  Vat 소켓 2.1 2.1a에서 계산한 이론적인 값과 비교해 보라.

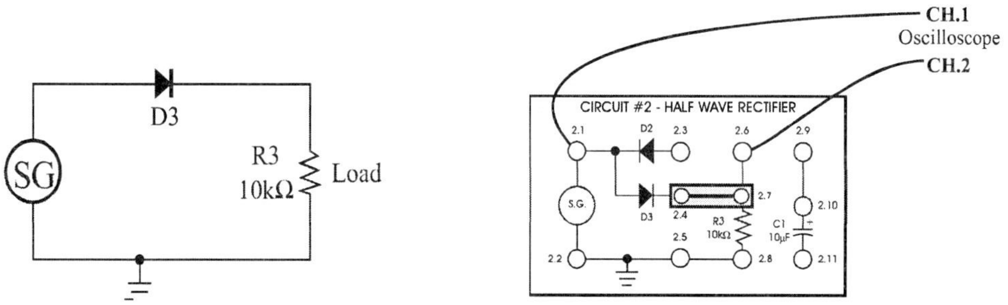


(a) Schematic Diagram (b) Connection Diagram

그림 8.

- 연결링크를 소켓 2.4와 2.7사이에 연결하라. 그리고 오실로스코프의 CH.2를 소켓 2.6에 연결하라. 오실로스코프의 스크린에 CH.1과 CH.2의 차이는 다이오드로 인한 0.6~0.7V 전압강하(전위장벽)에 기인한다(CH.2가 낮게 나온다).
- 오실로스코프에 나타난 화면을 다음의 격자선 위에 그려라. 전압(Y축)과 시간(X축)을 축으로 할 것.

예 제

**5.** 아래 그림의 오실로스코프 화면의 CH.2로부터, 반파정류 전압의 Vp값을 읽어서 아래에 쓰고, 컴퓨터에도 입력하라!

Peak voltage output(Vp) = V at 소켓 2.6

이것은 입력 교류전압의 Vp보다 약 0.7V 더 적다. 이것은 전류가 흐를 때 다이오드에서 전압강하가 생기기 때문이다.

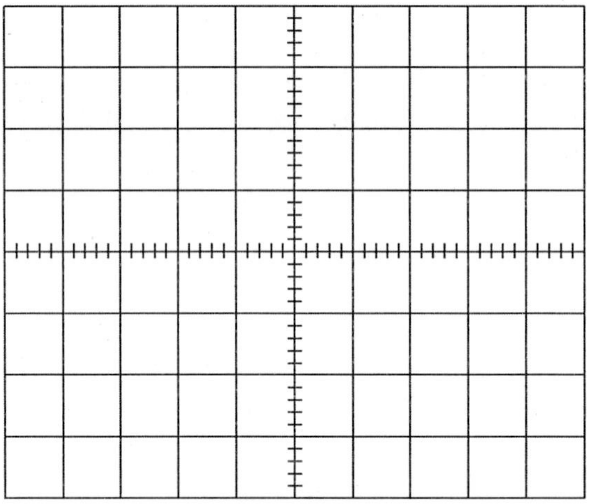

- 소켓 2.6에서 오실로스코프의 CH.2 연결부분을 제거하고, 직류(DC) 측정범위에 맞춰진 멀티미터의 (+)리드선과 (-)리드선을 각각 소켓 2.6과 2.5에 연결하라.
- 멀티미터를 관찰하여 평균 전압값(Vave)을 아래에 써라.

Average voltage = V at 소켓 2.6 & 2.5

## 2.2. Reservoir Capacitor

교류전압을 인가하면, 반 사이클마다 출발할 때와 끝날 때 순간 값이 0으로 떨어진다. 이것은 직류전류 공급장치로는 만족스럽지 못한 상태이다. 전하를 저장하고 내보내는 커패시터의 기능이 이것을 극복할 수 있다. 다이오드에 전류가 흐르지 않을 때(역 바이어스 되었을 때) 커패시터는 방전을 하는데, 이때는 부하에 공급되는 전압의 변화가 적다.

그리고 인가전압이 최고인 동안에 다이오드에 전류가 흘러, 커패시터에 전하가 저장된다. 이때에는 전압이 다시 빨리 증가한다. 이것을 리플전압(ripple voltage)이라고 하는데, 이것의 진폭은 부하전류와 함께 증가하고, 부하전압의 평균값에 감소를 가져온다.

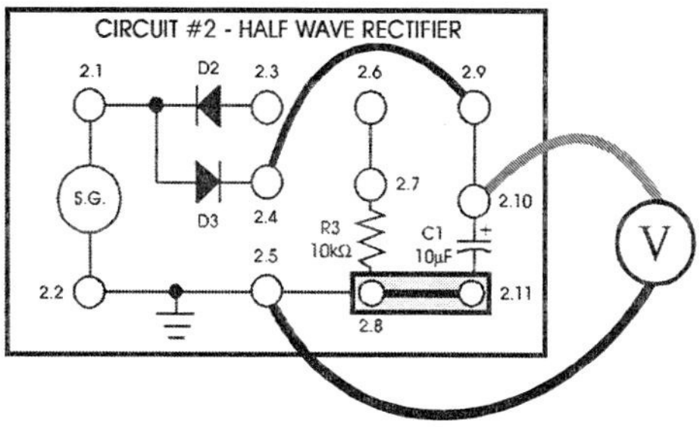


그림 9.

- 신호발생기가 주 전원 주파수(60Hz)와 5Vrms로 조정되어 있는지 확인하고, 저장 커패시터 $C_1$에 인가되는 직류전압을 측정해보라(확인용, 이미 앞에서 설정했음).
- 연결선을 소켓 2.4에서 2.9로 연결하고, 연결고리를 소켓 2.8과 2.11에 연결하라.
- 밀티미터를 직류(DC) 측정범위에 맞추고 (+)리드선과 (−)리드선을 각각 소켓 2.10과 2.5에 연결하라.

예 제

**6.** C1(캐패시터)에서의 전압 강하값을 입력하라.

예제 5에서 얻은 정류된 사인파의 Vp값과 이 값을 비교해 보라.

REFERENCE

저항 R3(10kΩ)가 부하 역할을 한다. 지금까지는 이 저항이 연결되어 있지 않아서 저장 커패시터로부터 전류를 끌지 않는다. 그러므로 커패시터에 인가되는 전압은 다이오드로 부터의 Full Peak 전압(Vp)이 된다.

- 소켓 2.4와 2.9에서 연결선을 제거하고, 소켓 2.4와 2.7, 2.6과 2.9, 2.8과 2.11사이를 그림 10과 같이 연결링크로 연결하라.
- 오실로스코프를 다음과 같이 설정하라.

  시간축을 5ms/div로

  트리거를 AC로

  이중선(Dual trace) 설정

  ALT/CHOP 설정을 CHOP으로

  Trace를 스크린의 중앙에 오도록

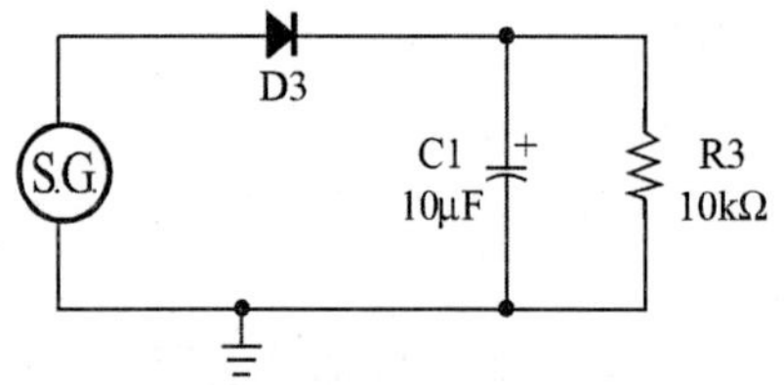


(a) Schematic Diagram

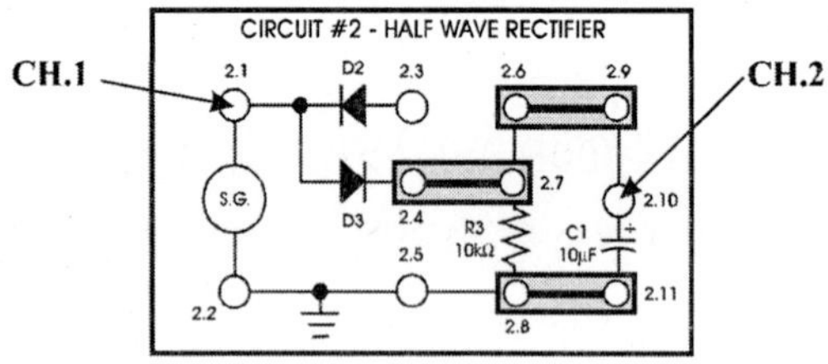


(b) Connection Diagram

그림 10.

CH.1 Y 증폭기의 게인(Gain)을 2V/div, DC 입력으로

CH.2 Y 증폭기의 게인(Gain)을 2V/div, DC 입력으로

- 멀티미터를 교류(AC) 측정범위에 맞추고 (+)리드선과 (-)리드선을 각각 소켓 2.1과 2.2에 연결하라. 그리고 오실로스코프의 CH.1을 소켓 2.1에 연결하고 신호발생기가 주 전원 주파수(60Hz)와 5Vrms 입력을 유지하고 있는지 점검한다(확인용).
- 오실로스코프의 CH2를 소켓 2.10에 연결한다.
- 오실로스코프의 스크린에 정확한 파형이 나오도록 맞추고, 아래에 전압과 시간의 축척에 맞게 그려라.

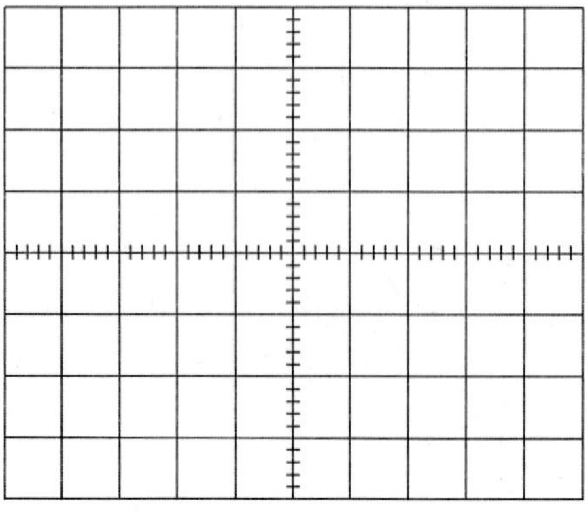

예 제

7. CH2 파형의 Vp값을 구하여 아래에 쓰고 입력한다.

Peak voltage of the waveform = V(Vp or VPEAK)

저장 커패시터가 부하에 전류를 공급하기 위해서 방전할 때 출력전압은 떨어진다. 그리고 다이오드가 부하에 전류를 흘리고 저장 커패시터를 다시 충전시킬 때 전압은 상승한다. 이 출력전압의 변화를 리플(repple)이라고 한다.

예 제

8. 위에 파형으로부터, 리플전압의 peak-to-peak($V_R$)값을 구하여 아래에 쓰고 입력하라.

Ripple voltage(peak to-peak) - V(VR)

9. 부하에 인가되는 평균값을 계산하여 아래에 쓰고 입력하라.

공식, $V_{ave} = V_P - \frac{V_R}{2}$(계산에 필요한 값은 예제 7와 8에서 구했다)

Average load voltage(계산값) = V (VAVE)

10. 멀티미터의 (+)리드선을 소켓 2.1에서 제거하고 범위를 직류(DC) 측정범위에 맞추어라. 멀티미터의 (+)리드선을 오실로스코프의 연결부분에 있는 소켓 2.10에 연결하라. 멀티미터에 나타나는 평균전압(Vave)을 읽고 입력하라.

이 값과 앞(6)에서 계산한 값과 비교해 보라.

## 2.3. Negative Power Supply

다이오드의 연결방향을 바꾸는 것은 회로에 흐르는 전류의 방향을 바꿀 것이다. 아래의 그림 11(a)의 다이오드 기호의 방향을 확인하라.

- 연결링크를 소켓 2.3과 2.6사이에 연결하라.
- 밀티미터를 교류(AC) 측정범위에 맞추고 (+)리드선과 (-)리드선을 각각 소켓 2.1과 2.2에 연결하라. 그리고 신호발생기의 주파수를 주 전원 주파수(60Hz)에 맞추고, 회로에 5Vrms 입력이 가해지도록 출력 진폭을 조절하라(확인용).
- 멀티미터의 (+)리드선을 소켓 2.1에서 제거하라.
- 오실로스코프를 다음과 같이 설정하라.

  시간축을 5ms/div로

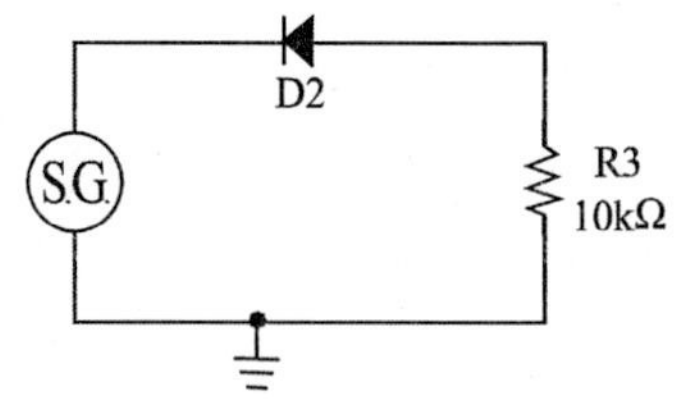


(a) Schematic Diagram

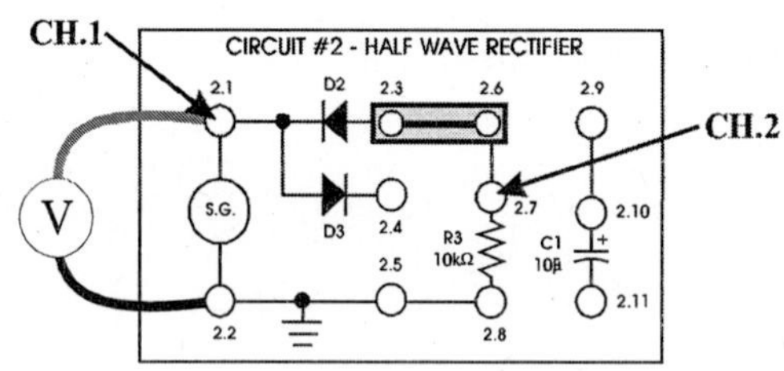


(b) Connection Diagram

그림 11.

트리거를 AC로

이중선(Dual trace) 설정

ALT/CHOP 설정을 CHOP으로

Trace를 스크린의 중앙에 오도록

CH.1 Y 증폭기의 게인(Gain)을 2V/div, DC 입력으로

CH.2 Y 증폭기의 게인(Gain)을 2V/div, DC 입력으로

- 오실로스코프의 CH.1을 소켓 2.1에 CH.2를 소켓 2.7에 연결하라.
- 오실로스코프의 파형을 아래의 격자선 위에 그려라.

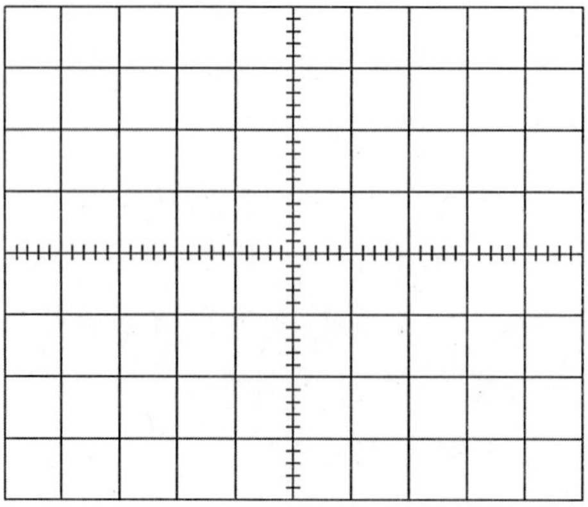

• 소켓 2.7로부터 CH.2의 연결선을 제거하고, 멀티미터를 직류(DC) 측정범위로 하여 (+)리드선과 (-)리드선을 각각 소켓 2.2와 2.7에 연결하라.

예 제

**11.** 멀티미터에 표시되는 평균 부하전압을 아래에 쓰고 입력하라.

Average load voltage = ( - ) V (VAVE)

이 값과 2.1의 평균 부하전압과 비교해 보라.

## 3. 브리지(전파) 정류기(Full-Wave Rectifier)

**학습목표**

① 전파 브리지 정류기의 파형
② 저장 커패시터(reservoir capacitor)를 반파 정류기에 더했을 때의 효과
③ 반파와 전파 정류기에서의 저장 커패시터의 효율성 비교
④ 전파 브리지 정류회로에서의 오류의 진단

**필요한 장비**

① D3000 2.1 Semiconductors-1 모듈의 Circuit #3
② 단락용 연결고리(shorting link)와 2~4mm 연결잭(adaptor)
③ 신호발생기(Signal Generator)
④ 오실로스코프(Oscilloscope)

### 3.1. 브리지 정류기

전파 정류는, 공급측(입력)의 양이나 음의 (반)사이클에 상관없이 부하에 전류가 흐르도록 하고 부하측에 항상 같은 방향으로 전류가 흐르게 한다.

REFERENCE

부하측(CIRCUIT #3의 R4)에서 볼 때는 일정방향으로 흐르는 직류 공급(아직 크기는 일정치 않다)이 이루어진다.

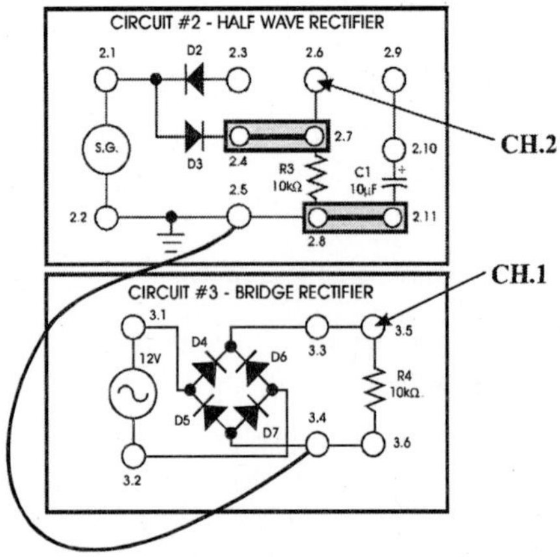


그림 12.

Circuit #2와 #3은 가까이에 위치하고 있어, 반파 정류기 회로와 전파 정류기 회로의 비교를 용이하게 해준다.

- Circuit #2에 있는 소켓 2.4와 2.7, 2.8과 2.11사이를 연결링크로 연결하라. 소켓 2.5와 3.4를 연결하여 Circuit #2와 #3사이의 접지선이 연결되도록 하라.

REFERENCE

공통 접지선이 Circuit #3의 정확한 소켓에 연결되었는지 다시 한 번 확인하라 (소켓 2.5와 3.4의 연결).

- 오실로스코프를 다음과 같이 설정하라.

  시간축을 5ms/div로

  트리거를 AC로

  이중선(Dual trace) 설정

  ALT/CHOP 설정을 CHOP으로

  CH.1 파형을 스크린의 중앙에 오도록 하고, CH.2 파형을 화면 바닥쪽에 위치시켜라.

  CH.1 Y 증폭기의 게인(Gain)을 5V/div, DC 입력으로

  CH.2 Y 증폭기의 게인(Gain)을 2V/div, DC 입력으로
- 2mm 연결선(파란선)을 이용하여, 오실로스코프의 CH.1을 소켓 3.5에 CH.2를 소켓 2.6에 연결하라.
- 모듈의 전원공급 스위치를 ON으로 하라(파워 서플라이).

- 신호발생기를 주 전원의 주파수(60Hz)에 맞추고, 신호발생기 출력전압을 6Vp로 맞추어라. 오실로스코프에서 파형이 잘 관측되도록 주파수나 출력전압을 정밀 조정하라.

REFERENCE

브리지 회로의 다이오드 중 하나를 단락시키는 접지선 때문에, 신호발생기나 주 전원을 두 회로에 모두 공급하는 것은 불가능하다.

- 오실로스코프에 나타난 각각의 파형들을 아래의 격자선 위에 그리고, 전압과 시간의 축척을 표시하라.

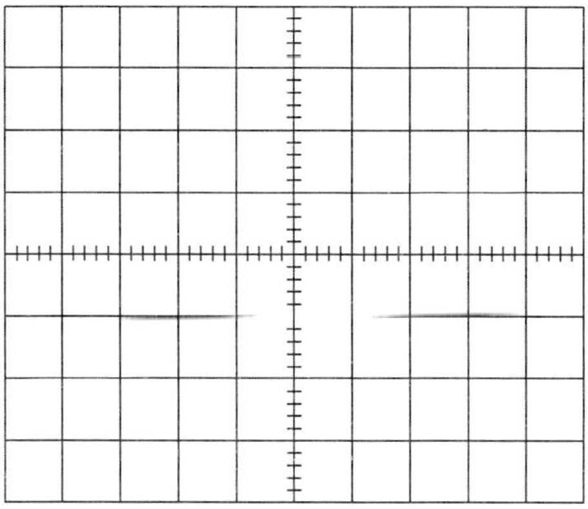

## 3.2. (저장)커패시터의 효과

캐패시터는 앞에 3.1에서 관찰한 정류파형에서 양(positive)의 반 사이클들 사이를 메우는 역할을 한다. 즉, 출력값을 평활하게 한다(양의 반 사이클들 사이에서 계속 충/방전을 반복한다).

- Circuit #2에 있는 소켓 2.4와 2.7, 2.8과 2.11 사이를 연결링크로 연결하라. 소켓 2.5와 3.4를 연결하여 Circuit #2와 #3사이의 접지선이 연결되도록 하라.
- 오실로스코프를 다음과 같이 설정하라.

  시간축을 5ms/div로

  트리거를 AC로

  이중선(Dual trace) 설정

  ALT/CHOP 설정을 CHOP으로

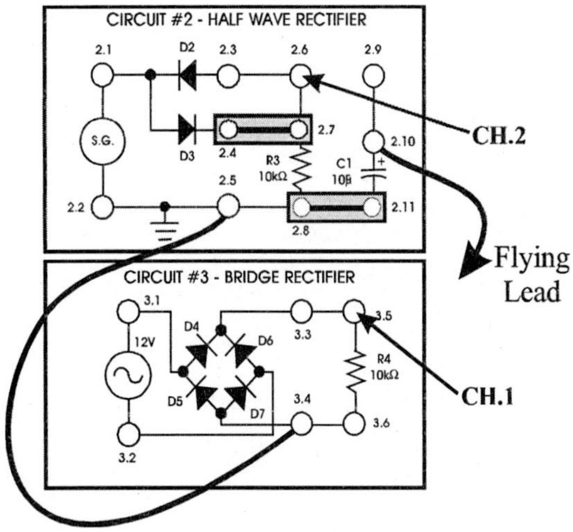


그림 13.

CH.1 파형을 스크린의 중앙에 오도록 하고 CH.2 파형을 화면 바닥쪽에 위치시켜라.

CH.1 Y 증폭기의 게인(Gain)을 5V/div, DC 입력으로

CH.2 Y 증폭기의 게인(Gain)을 2V/div, DC 입력으로

- 2mm 연결선을 이용하여, 오실로스코프의 CH.1을 소켓 3.5에 CH.2를 소켓 2.6에 연결하라.
- 모듈의 전원공급 스위치를 ON으로 하라.
- 신호발생기를 주 전원의 주파수(60Hz)에 맞추고, 신호발생기 출력전압을 6Vp로 맞추어라.
- 2mm 연결선의 한쪽을 소켓 2.10에 연결하라(연결선의 다른 쪽은 연결치 말고 대기).
- 위의 연결선의 다른 쪽을 소켓 3.3에 연결하라(이렇게 해서 Circuit #2의 캐패시터를 Circuit #3에서 빌려 쓸 수 있게 되었다).
- 오실로스코프의 상단에 나타나는 파형(CH.1)을 아래에 그리고, 전압과 시간의 축척을 표시하라.
- 오실로스코프의 CH.2의 2mm 연결선을 소켓 2.6에서 2.9로 옮기고, 소켓 3.3에 연결되어있는(움직일 수 있는) 선을 소켓 2.6에 연결하라.
- 오실로스코프의 하단에 나타나는 파형(CH.2)을 그려라.

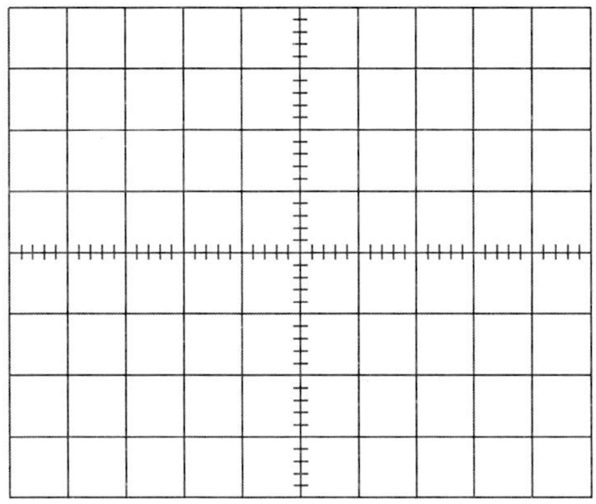

## 4. 트랜지스터의 특성(Transistor Characteristics)

**학습목표**

① Recognize bipolar junction transistor(BJT).
② Determine transistor current gain.
③ Recognize how a BJT can be tested.
④ Troubleshoot a BJT device.

**필요한 장비**

① D3000 2.1 Semiconductors-1 모듈의 Circuit #7
② 단락용 연결고리(shorting link)와 2~4mm 연결잭(adaptor)
③ 멀티미터(Multimeter) 2개

### 4.1. 전류 이득(Gain)

정적 순방향 전류 전달비(static forward current transfer ratio - β 또는 $h_{FE}$, 또는 전류이득)은 다음의 비로 계산된다.

$$전류이득 = \frac{컬렉터\ 전류(I_c)}{베이스\ 전류(I_b)}$$

동적 순방향 전류 전달비(β 또는 $h_{fe}$)는 베이스와 컬렉터 전류의 변화에서 얻어진다. 이것은 계속적인 변화 값을 고려하기 때문에, 교류나 신호 전류의 영향을 고려할 때 보다 유용하다. 기호 β가 두 가지 경우 모두에 쓰이는데 주의하라.

그러나 “h 파라미터”를 이용할 때는, 동적비(dynamic ratio)에서는 소문자 첨자(hfe)를 정적비(static ratio)에서는 대문자 첨자(hFE)를 사용한다. 예를 들어, 베이스 전류가 $Ib_1$일 때 컬렉터 전류가 Ic1이고, 베이스 전류가 $Ib_2$로 변할 때 컬렉터 전류가 $Ic_2$가 된다면, 동적 순방향 전류이득(전달비)의 값은 $\frac{Ic_2 - Ic_1}{Ib_2 - Ib_1}$이 된다.

- 0-2V DC 전원 공급장치(모듈의 오른쪽 위)를 MIN(최소)으로 맞추어라.
- Circuit #7의 소켓 7.7과 7.8사이를 연결링크로 연결하라.
- 0-12V 가변 DC 전원 공급장치를 5V로 맞추어라.
- 멀티미터 2를 DC 전류측정으로 준비하여 (+)리드선과 (-)리드선을 각각 소켓 7.3과 7.2에 연결하라.
- 멀티미터 1을 DC 전류측정으로 준비하여 (+)리드선과 (-)리드선을 각각 소켓 7.10과 7.6에 연결하라.
- 베이스 전류(멀티미터 2)에 10㎂의 전류가 흐르도록 0-2V DC 전원을 조절하라.
- 컬렉터의 전류의 값(멀티미터 1에서)을 측정하고 아래 표 4에 기록하라.
- 베이스 전류에 20㎂의 전류가 흐르도록 0-2V 전원을 조절하라. 그리고 컬렉터 전류의 값을 표 4에 기록하라.
- 10㎂씩 증가시키면서 80㎂까지 베이스전류가 변화할 때 각 컬렉터 전류 값들을 표 4에 기록하라(멀티미터 2의 측정범위를 조절해가며 측정한다).

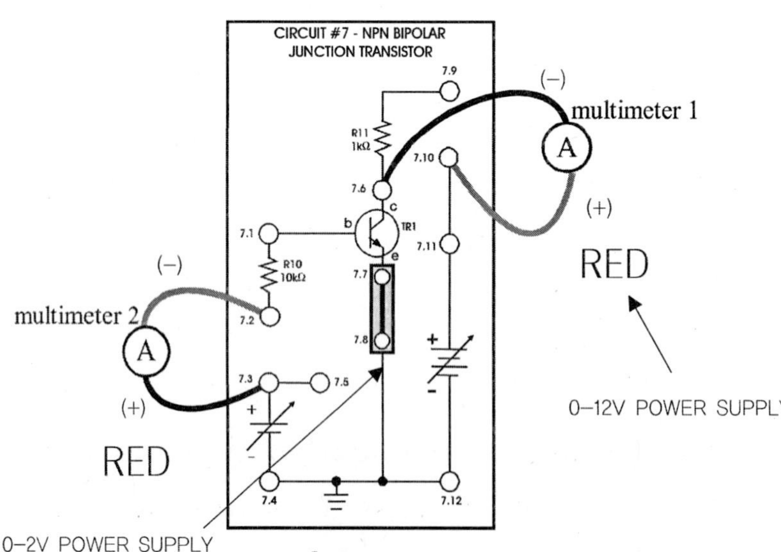


그림 14.

➡**표** 4.

| Base Current | Collector Current | Base Current | Collector Current |
|---|---|---|---|
| 10μA | mA | 50μA | mA |
| 20μA | mA | 60μA | mA |
| 30μA | mA | 70μA | mA |
| 40μA | mA | 80μA | mA |

- Ib = 50$\mu$A일 때 정적 순방향 전류이득(전달 비) $h_{FE}(\beta)$의 값은 아래 식을 이용하여 계산할 수 있다

$$\frac{\text{컬렉터 전류}}{\text{베이스 전류}}$$

예 제

**12.** 위에서 계산한(Ib = 50μA일 때)정적 순방향 전류이득의 값을 컴퓨터에 기록하라.

- 위의 표에서 구한 컬렉터 전류/베이스 전류의 관계 즉, 전달특성의 그래프를 아래에 완성시켜라.

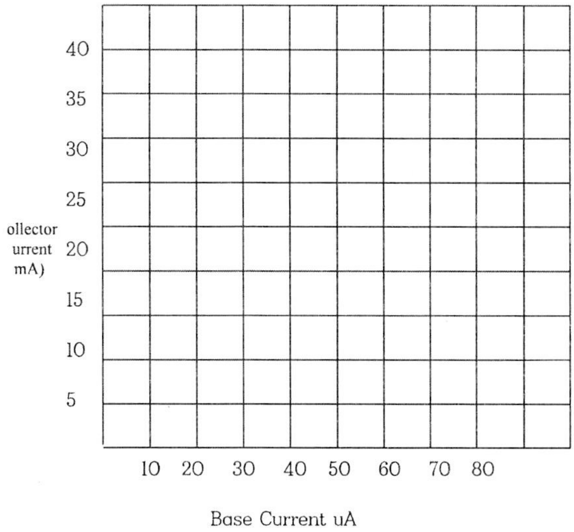

직선이 그려지는 것을 볼 수 있을 것이다. 이 전류범위에서는 두 전류가 선형적인(직선적) 관계를 보인다.

- Ib = 20㎂에서 70㎂까지를 예로 들어보자. 베이스 전류 변화는 (70㎂-20㎂) = 50㎂(△Ib)이다. 그리고 표와 그래프에서 해당 베이스 전류 때의 컬렉터 전류 Ic를 취해서 △Ic를 구할 수 있다.

  동적 순방향 전류이득 $h_{fe}$(β)는 다음과 같이 구한다.

$$\frac{\text{컬렉터 전류의 변화}}{\text{베이스 전류의 변화}}\left(\frac{\Delta Ic}{\Delta Ib}\right)$$

예 제

13. Ib가 20㎂에서 70㎂로 변화할 때의 동적 순방향 전류이득 β(hfe,)를 구하고 컴퓨터에 기록하라.

## 4.2. 트랜지스터 테스트

여러분들은 트랜지스터에서의 생길 수 있는 문제를 검사할 일이 종종 생기게 된다.

검사방법은 앞의 장들(1장)에 나왔던 다이오드에서와 비슷하다. 주의 할 점은 다이오드와 비교해서 접합층(레이어)이 하나 더 있다는 것 정도이다.

- 모든 연결고리를 제거하고, 모듈의 전원공급(0-12V 가변 DC 전원공급 장치) 스위치를 OFF로 하라.

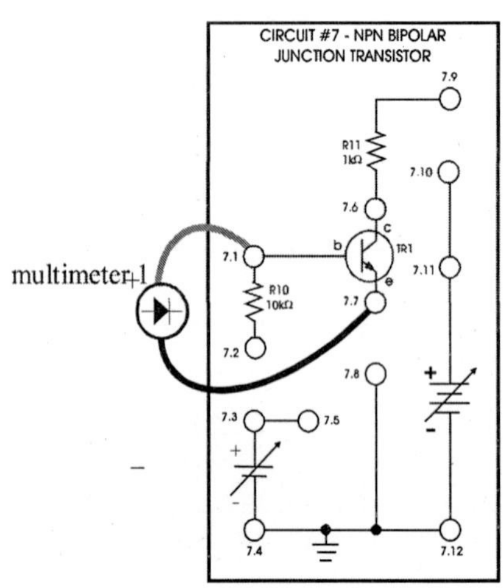


그림 15.

### 4.2.1. NPN 트랜지스터

- 멀티미터 1을 다이오드측정 범위( ➡|— )로 설정하고 (+)리드선과 (-)리드선을 각각 소켓 7.1과 소켓 7.7에 연결한다.
- 이제, 베이스-이미터 접합부를 검사하게 된다(저항값을 측정하는 방식도 사용 가능하다).
- 베이스와 이미터 접합부의 검사값을 표 5의 첫 번째 열에 기록하라.

열의 상단에는 순방향 바이어스 검사값을 아래는 역방향 바이어스 검사값을 기록한다(역방향 바이어스는 멀티미터 리드선의 위치만 서로 바꾸면 된다).

- 멀티미터 1의 (-)리드선을 소켓 7.6으로 옮기고 베이스-컬렉터 접합부를 검사하고 값을 표 5의 두 번째 열에 기록하라(각각 순방향, 역방향에 대해).

➡표 5.

(Forward: 순방향 바이어스, Reverse: 역방향 바이어스)

| 구 분 | Base-Emitter 베이스-이미터 | Base-Collector 베이스-컬렉터 | Collector-Emitter 컬렉터-이미터 |
|---|---|---|---|
| Forward(순방향) | | | |
| Reverse(역방향) | | | |

- 멀티미터 1의 (+)리드선과 (-)리드선을 각각 소켓 7.6과 7.7에 연결하여 컬렉터-에미터 접합부를 검사하여 값을 표 5의 세 번째 열에 기록하라(각각 순방향, 역방향에 대해).

컬렉터-이미터 검사의 경우는 멀티미터 선이 어느 방향으로 연결되어도 결과에는 차이가 없다. 이것은 연속적인 두 개의 접합을 가지고 있으므로, 둘 중에 하나는 항상 역 바이어스 되어 있기 때문이다.

예 제

14. 불량이 아닌 npn 트랜지스터를 다이오드 테스트 범위로 설정하고 검사했을 때 (낮은)값이 나왔다면 멀티미터의 리드선이 어디에 연결된 것 일 수 있나?(컴퓨터의 보기를 보고 답을 입력하시오.)

## 4.3. 트랜지스터 출력특성

컬렉터 전류가 컬렉터 전압에 완전히 독립적이라면, 전압이 변해도 전류는 변하지 않는다. 그 특성그래프는 수평선들로 이루어질 것이다.

실제로는 다음 두 가지 이유 때문에 위와 같지는 않다.

① 입력(베이스)전류의 값이 높으면, 출력전압에 대한 전류의 값이 증가한다.

② 컬렉터 전압(Vc)이 낮으면, 컬렉터는 더 이상 베이스 영역에 있는 자유전자 캐리어를 끌어당기지 않는다. 그래서 컬렉터 전류는 매우 빠르게 떨어진다.

그림 16.

### 4.3.1. 절차

이 실험에는 세 개의 변수가 나온다. 하나의 변수를 일정하게 유지하고 두 번째의 변수를 변화시키면서 세 번째 변수의 값을 측정하게 된다. 그런 뒤 첫 번째 변수를 변화시키고 위 과정을 다시 반복한다. 컬렉터 전압을 일정하게 유지하고 베이스 전류를 정해진 값으로 변화시키고 컬렉터 전류를 측정하는 것이 가장 쉬운 방법이라는 것을 알게 될 것이다. 그런 뒤 컬렉터 전압을 변화시키고 다시 반복한다.

- 연결링크를 Circuit #7의 소켓 7.7과 7.8사이에 연결하라.
- 멀티미터 2를 DC 전류측정으로 준비하여 (+)리드선과 (-)리드선을 각각 소켓 7.3과 7.2에 연결하라(베이스 전류측정).
- 멀티미터 1을 DC 전류측정으로 준비하여 (+)리드선과 (-)리드선을 각각 소켓 7.10과 7.6에 연결하라(컬렉터 전류측정).
- 0-12V 가변 DC 전원 공급장치를 1V에 맞추어라.
- 베이스 전류(멀티미터 2 측정값)가 10㎂가 되도록 0-2V DC 전원을 조정하라.
- 1V의 컬렉터 전압과 10㎂의 베이스 전류일 때, 컬렉터 전류의 값을 측정하고 다음 표 6에 기록하라.

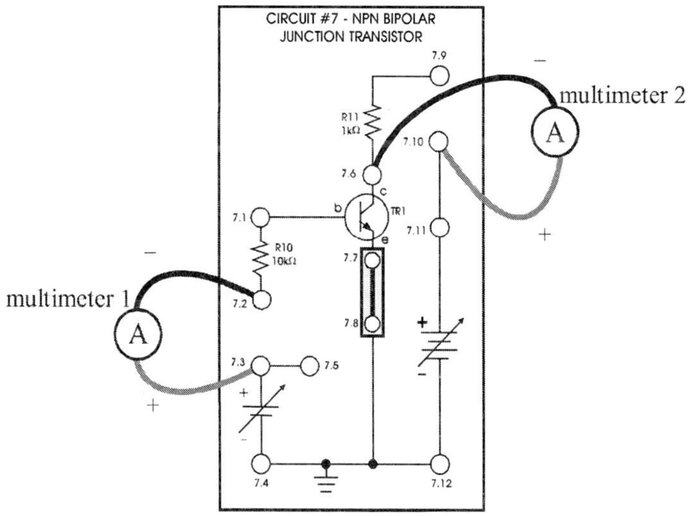


그림 17.

➡표 6.

| Base Current | Collector Voltage | | | |
|---|---|---|---|---|
| | 1V | 4V | 7V | 10V |
| 10μA | | | | |
| 20μA | | | | |
| 30μA | | | | |
| 40μA | | | | |

- 베이스 전류가 20㎂가 되도록 0-2V 전원을 조정하라. 그리고 컬렉터 전류를 측정하고 표에 기록하라. 아직 컬렉터 전압은 1V이다.
- 베이스 전류를 10㎂씩 증가시키면서 40㎂가 될 때까지 위의 과정을 반복하라. 각 값들을 표에 있는 컬렉터 전압이 1V일 때의 해당란에 기록하라.
- 베이스 전류를 10㎂로 다시 낮추고, 컬렉터 전압을 4V(0-12V 가변 DC전원)로 변화시켜라.
- 컬렉터 전압이 4V일 때, 베이스 전류가 10㎂씩 변할 때의 컬렉터 전류를 측정하고 표에 기록하라.
- 컬렉터 전압이 7V와 10V일 때, 베이스 전류가 10㎂씩 변할 때의 컬렉터 전류를 측정하고 표에 기록하라.

REFERENCE

① 가장 높은 설정에서는 컬렉터 전류의 값이 살짝 올라가는 것을 알 수 있을 것이다. 이것은 높은 온도에서의 공유결합의 파괴 때문이다. 온도가 높아지는 것은 트랜지스터에서 전력의 소모가 열의 형태로 나타나는 것이다.
② 측정은 빠르게 실시하고 마치면 0-12V 가변 DC 전원 공급장치와 0-2V DC 전원을 모두 최소로 하여라. 위와 같은 높은 전압과 전류로 놓아두면 트랜지스터가 과열될 수도 있기 때문이다.

베이스 전류가 30㎂일 때 낮은 전압에서의 특성그래프를 확인하는 것도 가치가 있을 것이다.

- 0-2V 가변 DC전원을 이용해 베이스 전류가 30㎂가 되도록 하라.
- 컬렉터 전압이 0.2V가 되게 하라(0-12V 가변 DC 전원 공급장치 이용)
- 컬렉터 전류의 값을 측정하고 아래의 표에 기록하라.
- 컬렉터 전압을 0.2V씩 증가시키면서 1.0V가 될 때까지 위의 과정을 반복하라. 그 결과를 표 7에 기록하라.

➡표 7.

| Collector Voltage | 0.2V | 0.4V | 0.6V | 0.8V | 1.0V |
|---|---|---|---|---|---|
| Collector Voltage | mA | mA | mA | mA | mA |

- 각 베이스 전류에 대해 하나씩, 컬렉터 전압에 대한 컬렉터 전류의 출력 특성그래프를 그려라(9페이지와 10페이지의 표를 이용, 그래프는 7페이지 그림과 유사하다).

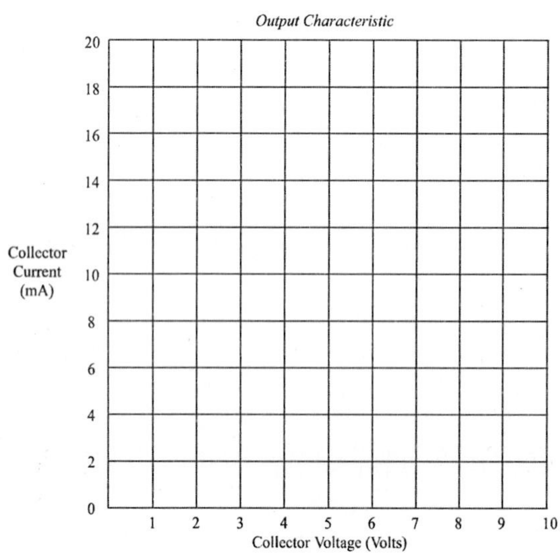

## 고장진단

### 1. 오류코드 #E

* 오류코드 #E를 입력한다. *

이렇게 하여 Circuit #1의 다이오드는 오류가 있는 것처럼 작동한다.

1.3에 설명된 방법을 이용하여 다이오드를 테스트해 보라.

- Circuit #1의 모든 연결고리와 선을 제거하고, 모듈의 전원공급 스위치를 OFF로 하라.
- Circuit #1의 다이오드의 순방향과 역방향 바이어스 상태를 소켓 1.9와 1.10사이에 멀티미터를 이용하여 측정하라.
- 다이오드의 역 바이어스 저항값도 측정하여보라.
- 오류를 추측하고 기록하라.

#### [1] 보고

| 회로 | 오류 부품 | 오류의 종류 | 진단의 근거 |
|---|---|---|---|
| #1 | D1 | | |

① 오류에 대한 결과 : 오류의 원인을 기록하라.

#### [2] 원인

나중을 위해서 여러분 자신이 진단한 원인을 기록해 두어라.

*지금 여러분은 오류 실험을 마쳤다. 오류코드를 제거한다. !*

### 2. 오류코드 #2

*오류코드 #2를 입력한다.*

이렇게 하여 Circuit #1의 다이오드에 오류가 있는 것처럼 작동한다.

1.3에 설명된 방법을 이용하여 다이오드를 테스트해 보라.

- Circuit #1의 모든 연결고리와 선을 제거하고, 모듈의 전원공급 스위치를 OFF로 하라.
- Circuit #1의 다이오드의 순방향과 역방향 바이어스 상태를 소켓 1.9와 1.10사이에 멀티미터를 이용하여 측정하라.
- 다이오드의 역 바이어스 저항값도 측정하여보라.
- 오류를 추측하고 기록하라.

[1] 보고

| 회로 | 오류 부품 | 오류의 종류 | 진단의 근거 |
|---|---|---|---|
| #1 | D1 | | |

① 오류에 대한 결과 : 오류의 원인을 기록하라.

[2] 원인

나중을 위해서 여러분 자신이 진단한 원인을 기록해 두어라.

*지금 여러분은 오류 실험을 마쳤다. 오류코드를 제거 한다!*

### 3. 오류코드 #4

*오류코드 #4를 입력한다.*

이제 Circuit #2는 오류가 있는 것처럼 작동한다.

- 회로를 그림 18과 같이 연결하라. 이 회로는 예제 5번 그림에서 사용된 것과 같다.
- 신호발생기로부터 5Vrms와 주 전원 주파수(60Hz)와 같은 주파수를 입력하라(확인용).
- 전압 측정을 위한 멀티미터와 파형 관찰을 위한 오실로스코프를 사용하여, 부하 $R_3$에서의 출력을 검사하라.
- 결과를 기록하고 분석하여, 오류를 추측하라.

점검하여 다른 모든 오류의 가능성들을 제외시켜 나갔다면, 남은 하나가 오류의 원인이 되는 것이다.

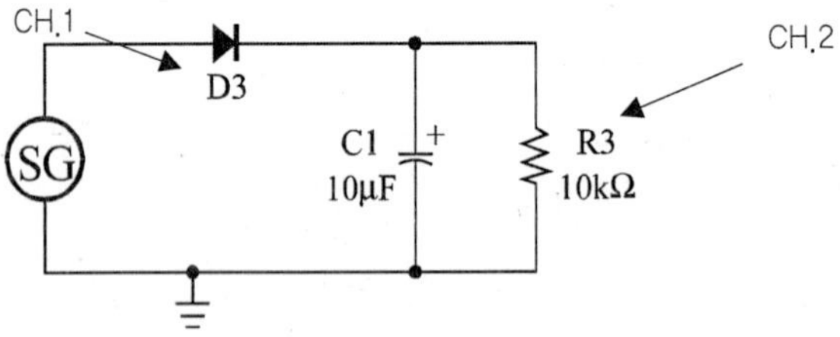


그림 18.

※ 힌트 - 전류는 부하 R3를 분리하여서만 측정할 수 있다. 이것은 저장 커패시터를 정류 다이오드에 연결하기 위해 2mm 연결선을 소켓 2.4와 2.10사이에 연결하고, 부하 R3를 전류계를 통해(전류계를 소켓 2.9와 2.6에 연결) 전원에 연결함으로서 가능해진다.

이 측정은 필수적인 것은 아니지만, 오류를 찾는데 어려움이 있다면 도움이 될 것이다.

| 회로 | 오류 요소, 소자 | 오류의 종류(상황, 상태) | 진단의 근거 |
|---|---|---|---|
| #2 | | | |

- 지금 여러분은 오류 실험을 마쳤다. 오류들을 제거하시오.
  컴퓨터로 돌아가서 물음에 답하시오.

### 4. 오류코드 #1

오류코드 #1을 입력한다.

- Circuit #2와 #3 양쪽에 있는 회로성분들을 이용하여 회로를 그림 19와 같이 연결하라(앞 페이지의 세팅을 참조할 것!).
  접지선을 연결하는 것을 잊지 말라. 소켓 2.5와 3.4를 2mm 연결선을 이용하여 연결하는 것을 권한다. 그러면 C1은 연결링크를 이용해 접지될 수 있고, 2mm연결선을 소켓 2.9와 3.3에 연결함으로서 Circuit#3에 연결할 수 있다.
- 보듈의 전원공급 스위치를 ON으로 하라.
- 부하저항 R4에 연결된 오실로스코프의 파형을 관찰하라.
- 오류를 추측하고, 필요하다면 개개의 회로성분에 보다 자세한 측정들을 해보아라.

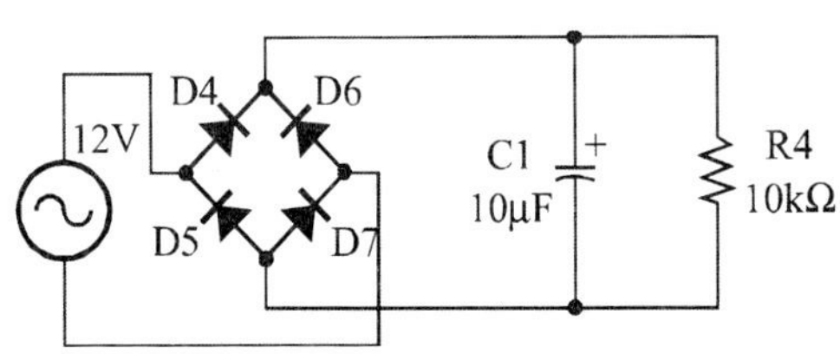


그림 19.

※ 저항계로 저항측정을 하려면, 저항계를 연결하기 전에 전원을 OFF해야 한다.

[1] 기록

| 실습회로 | 오류 소자 | 오류의 현상 | 진단의 근거 |
|---|---|---|---|
| #3 | | | |

① 오류에 대한 결과 : 오류의 원인을 기록하라.

[2] 원인

지금 여러분은 오류 실험을 마쳤다. 입력된 오류를 제거한다.

## 5. 오류코드 #8

오류코드 #8을 입력하시오.

- Circuit #7의 회로요소들을 이용하여 위의 회로를 구성하라(8페이지 그림 참조).
- 모듈의 전원공급 스위치(0~12V)를 ON으로 하라.
- 0-12V 가변 DC전원을 9V에 맞추어라.
- 트랜지스터를 포화시키기 위해, 0-2V DC전원을 최대전압으로 조정하라.
- 접지선에 대한 컬렉터의 전압을 측정하라.

  컬렉터 전압 =　　V

- 오류를 추측하라.
- 확인을 위해 저항측정을 해보고, 결과를 표에 있는 값들과 비교해 보라.

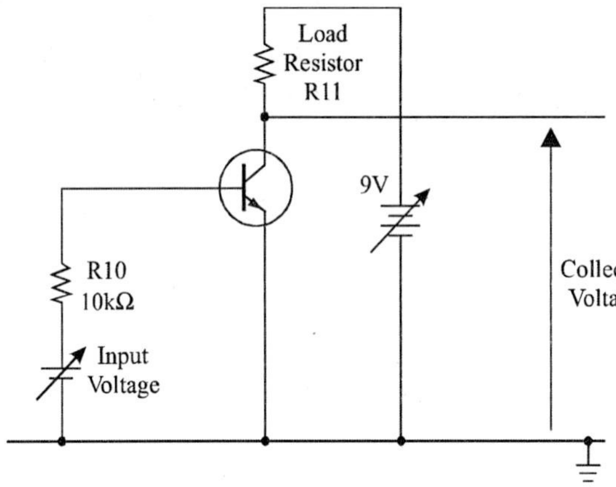


그림 20.

[1] 기록

| 회로 | 오류 요소(부품) | 오류의 현상 | 진단의 근거 |
|---|---|---|---|
| #7 | TR1 | | 이곳은 쓰지말 것! |

오류에 대한 결과 : 오류의 원인을 컴퓨터에 기록하라.

CHAPTER Automotive Electric• Electron Exercise

# 04. 오류 찾기[Fault Finding]

## 1. 오류의 종류

학습목표

① 기본적인 전기적 오류와 증상.
② 오류 찾기를 시작하기 전의 사전 검사
③ 오류 찾기의 기본 로직

전기적인 오류에는 크게 세가지의 오류가 있다:

① 단락 회로
② 개방(단선) 회로
③ 저항이상 회로

각 오류들은 선이나 연결 또는 회로의 구성부품에서 일어날 수 있다.

### 1.1. 단락회로

단락은 회로의 두 점 사이가 원하지 않게 직접 연결되는 것을 말한다.

단락회로는 대부분 다음이 원인이 된다.

-절연되지 않은 단자들끼리 서로 연결되거나 금속 차체에 접촉.

이것은 차량진동에 의해 단자들이 점차 움직여서 일어날 수 있다. 또는 차량 작업자가 부주의하여 뜻하지 않게 단자들끼리 서로 연결될 수 있다.

-케이블의 절연은 선이 차체에 닿음으로서 닳거나 끊어질 수 있다.

REFERENCE

① 접촉을 막기 위해 제조자들은 단자에 플라스틱이나 고무 부츠(boots)를 씌운다. 이 부츠들은 절대 빼면 안 되고, 손상되었을 때는 새것으로 교체해 주어야 한다.
② 만약에 단자의 선을 새로 교체하거나, 부품에 전력을 공급하기 위해 새로운 선을 연결할 때, 모든 단자에 절연 부츠를 씌워야 한다.

이것은 절연물이 다른 부분에 마찰됨으로서 발생할 수 있다. 따라서 이것들은 차체 패널의 구멍 속으로 통과시키거나, 함께 묶여 있어야 한다.

그림 1은 두 선이 서로 접촉되어서 단락이 되는 예를 보여준다.

모든 선들, 전기적인 접촉 그리고 단자들은 약간의 저항을 가지고 있다. 그래서 오류가 없더라도, 선을 통해 흐르는 전류는 약간의 열을 발생한다. 단락이 생기면, 배터리에서 나오는 전류는 엄청나게 증가한다. 높은 전류는 선이 과열되게 하고, 만약 전류가 빨리 차단되지 않으면, 절연물이 녹아버릴 수 있다. 그래서 노출된 선들이 추가적으로 연결되거나 차체에 불이 날 수 있다. 이런 일은 절대로 일어나서는 안 되기 때문에, 전류를 자동으로 차단시켜 주는 회로 보호장치가 장착되어야 한다. 자동차의 전기 회로들은 일반적으로 퓨즈로 보호된다. 퓨즈에 관한 자세한 정보는 다음 장에 나와 있다.

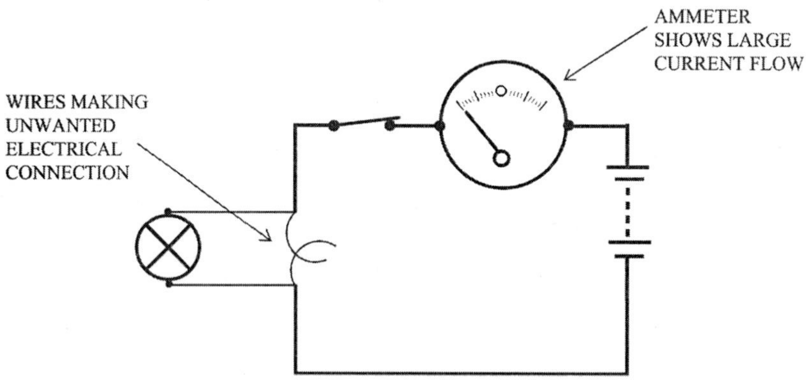


그림 1.

### 1.1.1. 단락 찾기

앞의 정의로부터, 단락이 된 곳을 찾는다는 의미는, 두 점 사이가 원하지 않게 직접연결된 곳을 찾는다는 것이다. 아래와 같은 후방 열선유리(Heated Rear Window- HRW) 회로의 어딘가에 단락이 생겼다고 가정하고 오류를 찾는 과정을 살펴보자.

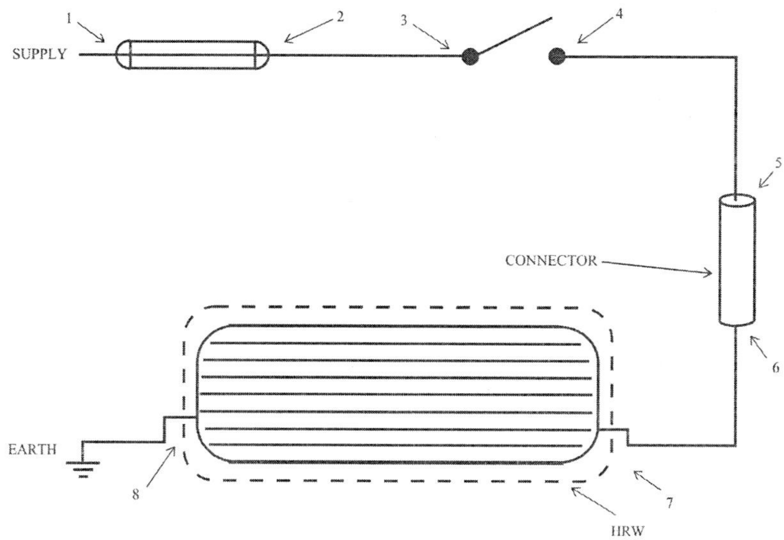


그림 2.

- 회로 스위치를 OFF하고, 퓨즈를 새로 교체하라. 퓨즈가 바로 끊어진다면, 2와 3사이에 단락이 있다.
- 커넥터(connector)와 7의 연결을 끊어라.
- 2, 3, 4, 5, 6을 분리하여서 회로를 그림 3과 같이 나누어라.

회로의 각 부분을 검사하라.

- 앞의 단계에서 퓨즈를 새로 교체할 때 2와 3사이는 확인했다.

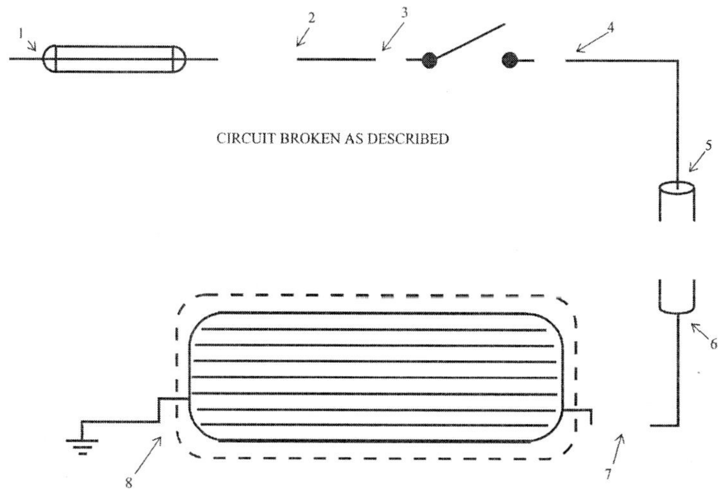


그림 3

- 각 부분을 검사하기 위해서는 그 부분과 접지사이의 연속성을 검사하라.
- 단락된 부분을 찾았으면, 원하지 않게 연결된 곳을 찾기 위해 그 부분을 살펴보아라. 절연체나 커넥터가 손상되어 있는 것을 발견할 수 있을 것이다.

[1] 요약

① 이상이 있는 회로를 찾아라.
② 부하를 분리하라.
③ 회로를 몇 개의 부분으로 나누어라.
④ 각 부분이 접지에 대한 연속성이 있는지 검사하라.

### 1.1.2. 접지측 스위치

몇 개의 스위치는 그림 4 회로와 같이 부하의 접지측에 연결되어 있다.

이 회로에서, 혼과 스위치 사이가 단락되어 있으면, 혼이 계속 울리게 된다. 이런 경우에는 퓨즈가 끊어지지 않는다. 단락된 구간을 찾기 위해서는 혼과 스위치 사이 부분을 검사해야 한다.

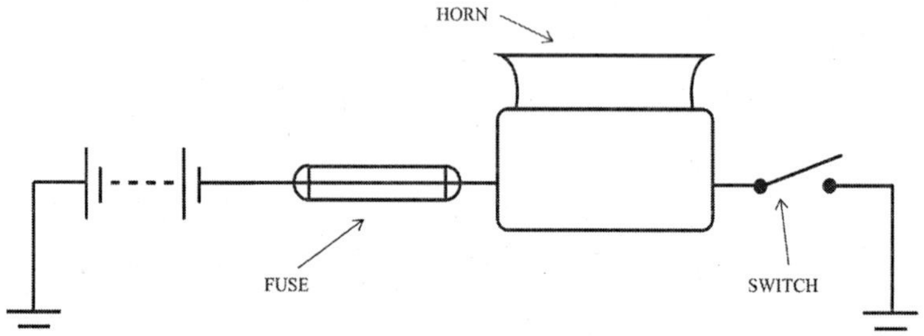


그림 4.

## 1.2. 개방(단선) 회로

개방은 회로의 어떤 구간이 끊어져 있거나 공간이 생겨서 전류의 흐름을 막는 것이다. 이것은 회로에서 전류를 공급받지 못해 부하(장치)가 작동을 하지 않는다는 것을 의미한다(그림 5).

개방은 다음에 의해 일어날 수 있다.

-끊어진, 분리된 선

-스위치, 릴레이가 접촉을 하는데 실패

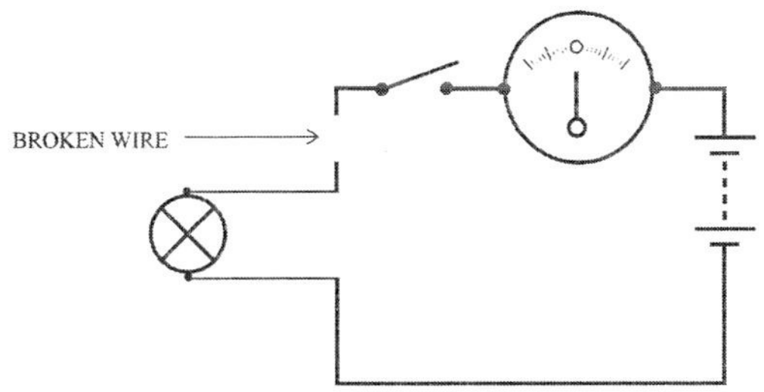


그림 5.

### 1.2.1. 개방(단선) 회로에서 오류 찾기

개방은 회로 내부에서 단선을 말한다. 다양한 지점을 체크하여 전류공급이 사라지게 한 곳을 찾는 것이다. 예를 들어, 그림 6의 회로에서 끊어진 개방 부분을 찾을 것이다.

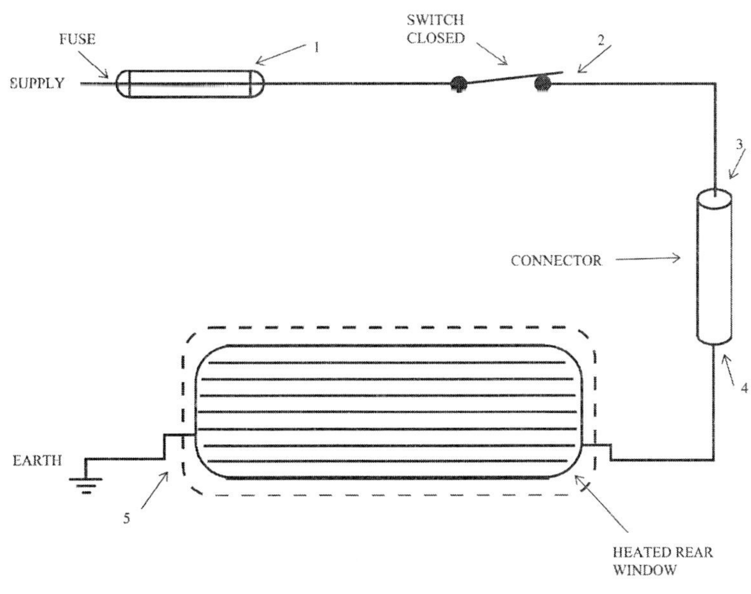


그림 6.

### 1.2.2. 연속성(continuity)

개방되지 않은 - 즉, 전류가 흐를 수 있고 정상적으로 부하에 전력이 공급되는 - 회로를 연속성을 가지고 있다고 한다. 멀티미터(전압계)를 이용해, 그리고 아래의 순서도에 나와 있는 측정을 하는 것으로 회로의 끊어진 부분은 쉽게 찾을 수 있다.

### 1.2.3. 회로에서 빠르게 작업하는 방법

만약에 자동차의 이쪽 끝에서 저쪽 끝까지 연결되어 있는 회로의 오류를 찾는다면, 그림 7의 순서도에 나와 있는 것 같이 전체 회로를 검사하는데 시간이 걸릴 것이다. 특히 끊어진 부분이 시작한 곳의 반대쪽 끝에 있다면 매우 긴 시간이 걸릴 것이다. 개방의 경우에는, 먼저 전원과 접지를 검사함으로서 오류를 찾는 속도를 높일 수 있다.

그런 뒤 회로의 중간 지점에서 전압을 측정한다. 그러면 측정한 결과에서 어느 방향으로 다음 측정을 해야 할지를 결정할 수 있다. 이런 방법으로 검사해야 할 회로의 부분과 길이를 줄일 수 있다.

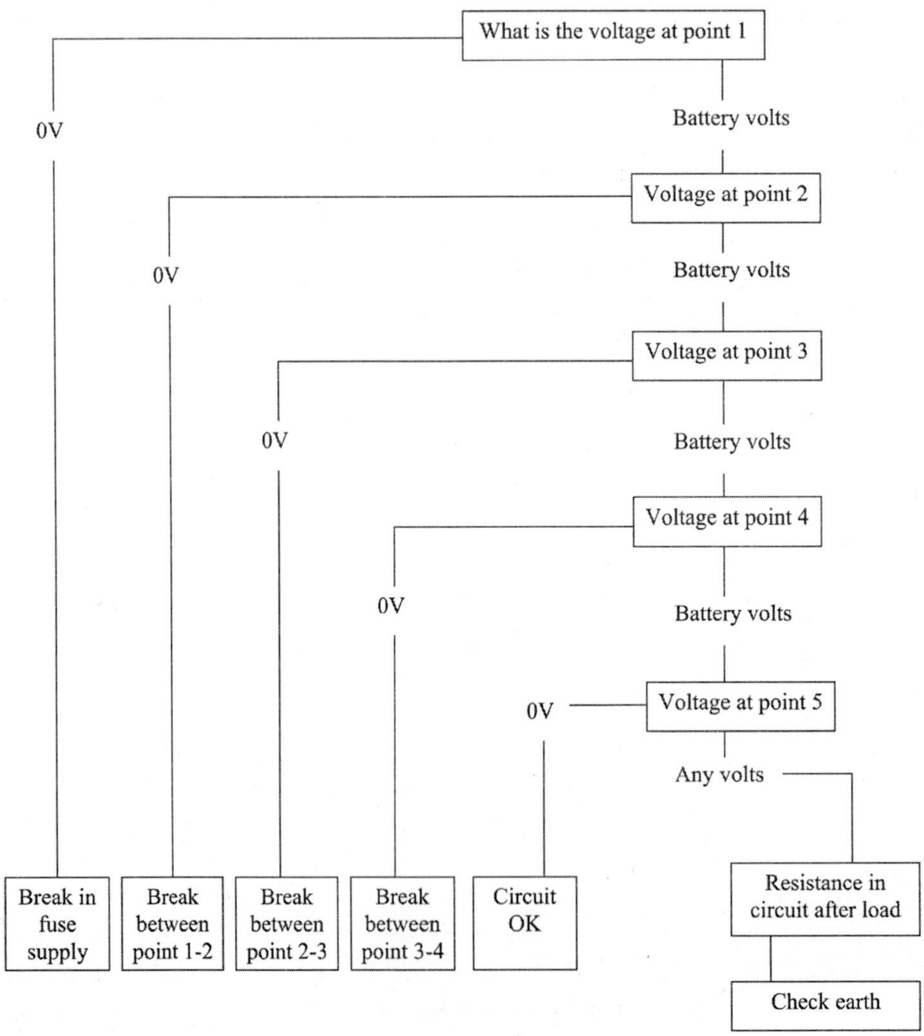


그림 7.

**REFERENCE 요약**

① 분명하고 빠르게 측정점 파악
② 회로를 부분(구역)으로 구별하라.
③ 회로의 단선을 찾고 있다면, 전류공급이 중단된 지점을 찾아라.
④ 중단된 지점은 직전에 전압이 측정된 지점(활선)과 0V가 측정된 지점(사선)사이이다.

## 1.3. 저항이상 회로

저항 이상은 부하의 앞 또는 뒤에 원하지 않는, 여분의 저항이 있을 때 발생한다(그림 8).

저항이상 회로는 다음에 의해 발생될 수 있다.

① 부식되거나 느슨해진 연결

② 스위치의 접점이 타버린 경우

③ 부분적으로 끊어져 가늘어진 선

회로에서 저항이 증가되면, 부하측 일의 양이 줄어든다.

저항 이상은 전압계를 이용해 측정되어진다. 측정의 목적은 어디에서 전압강하가 생기는 가이다. 측정을 하는 동안 모든 플러그는 연결되어 있고 부하는 on으로 되어 있어야 한다.

회로에서 어떤 부하의 전원측의 전압은 배터리의 전압이 될 것이다(그렇지 않으면 낮은 전압에서 작동하도록 회로가 설계되어 있는 경우이다). 부하의 접지측은 0V가 될 것이다. 따라서 회로의 원하지 않는 저항 이상(증가)을 진단하는 원리는 간단하다.

① 부하에 공급되는 전압이 예상보다 작다면 전원측에 원하지 않는 저항이 생긴 것이다.

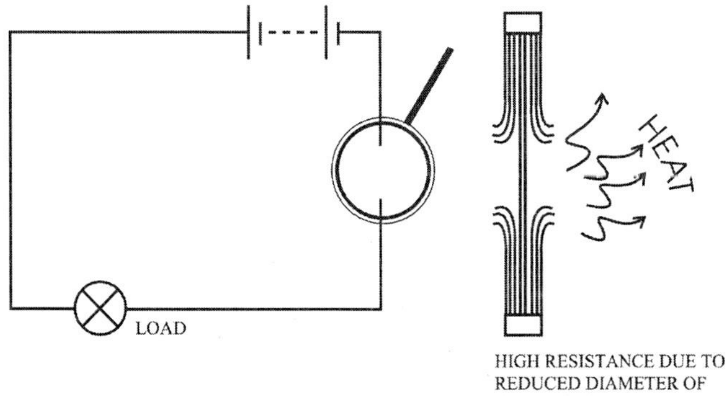


그림 8.

② 부하의 접지측의 전압이 0보다 크다면, 부하의 접지측에 원하지 않는 저항이 생긴 것이다.

### 1.3.1. 검사 예

전구와 3개의 커넥터를 가진 간단한 회로를 예로 사용할 것이다.

- 멀티미터(전압계)의 (–)프로브를 접지에 연결하라.
- 지점 1에서 커넥터 A를 측정하라. – 12V이면 OK
- 지점 4에서 커넥터 B를 측정하라. – 12V보다 작으면, 1과 4사이에 원하지 않는 저항이 생긴 것이다.
- 지점 2에서 스위치를 측정하라. – 12V이면 OK
- 지점 3에서 스위치를 측정하라. – 12V보다 작으면, 스위치에 원하지 않는 저항이 생긴 것이다. 예를 들면, 접점 부분의 오염.

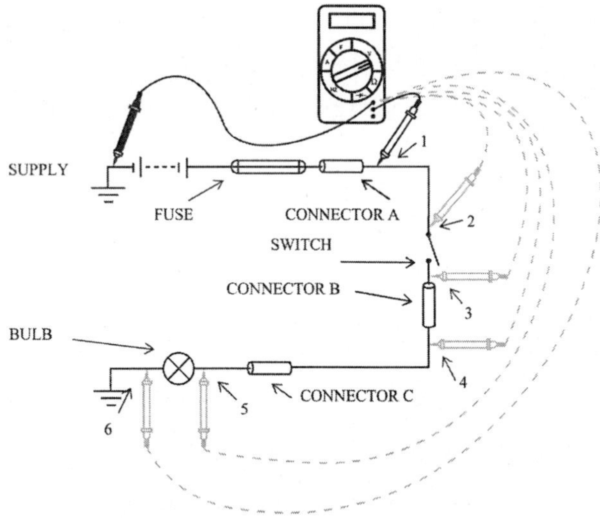


그림 9.

위 회로를 측정했다면 1에서 5까지의 각 점에서 모두 12V라는 것을 알았을 것이다. 그리고 마지막 측정점은 전구와 접지가 연결된 지점 6이었을 것이다. 여기서의 전압은 0V가 나와야 한다. 만약에 0V보다 큰 값이 나왔다면, 불충분한 또는 느슨한 또는 오염된 접지 연결 때문에 여분의 저항이 발생된 것이다. 특히 접지의 연결은 깨끗하고 꽉 조이게 배터리에서 차체까지, 아주 튼튼하게 연결해야 한다.

REFERENCE 저항 이상(증가)

① 회로가 작동하기는 하지만 예상보다 저조하게 작동한다.
② 원하지 않은 전압강하를 일으킨다.
③ 전압계로 점검할 수 있다.

## 2. 오류 찾기 절차

만약 간단하고 논리적인 절차를 한 단계씩 따라간다면, 가장 가능한 빠른 시간에 오류를 발견할 수 있을 것이다.

REFERENCE

현대의 자동차 전기·전자시스템의 복잡성 때문에, 대부분의 제조업자들은 그들만의 특별한 테스트 절차를 가지고 있어서, 안전하고 빠른 오류 찾기를 위해 주로 특별한 테스트 도구들의 사용을 권장하고 있다. 그러므로 다음에 나오는 설명들은 오류 찾기에서 기본적이며 논리적인 가장 일반적인 안내이다.

### 2.1. 진단검사

전기적인 오류 찾기 과정을 시작할 때마다, 항상 해야 하는 세가지 증상 검사가 있다.

### 2.2. 오류 찾기 단계

#### 2.2.1. 단계의 종류

[1] 검사 1단계

어떤 회로가 동작하지 않는지 찾는다.

① 운전자에게 어떤 증상을 느꼈는지 물어본다.
② 회로와 스위치를 조작해 보라. 운전자가 인지하지 못한 증상들도 있을 것이다.

[2] 검사 2 단계

배선도를 보라.

① 배선도로 검사 1단계의 증상을 확인한다.
② 조사하는 회로의 퓨즈를 파악한다.
③ 측정을 할 수 있는 커넥터의 위치를 파악하라.

## [3] 검사 3단계

배선도를 보는 것과 어떤 회로들이 퓨즈를 같이 공유하고 있는가를 확인하는 것은, 오류를 찾는 속도를 높일 수 있다. 예를 들어, 그림 10은 하나의 퓨즈가 HRW 회로와 시거잭 회로와 연결되어있다. 두 회로가 모두 오류가 있다면, 전원(supply)에서 퓨즈까지 또는 퓨즈 자체에 문제가 있을 수 있다.

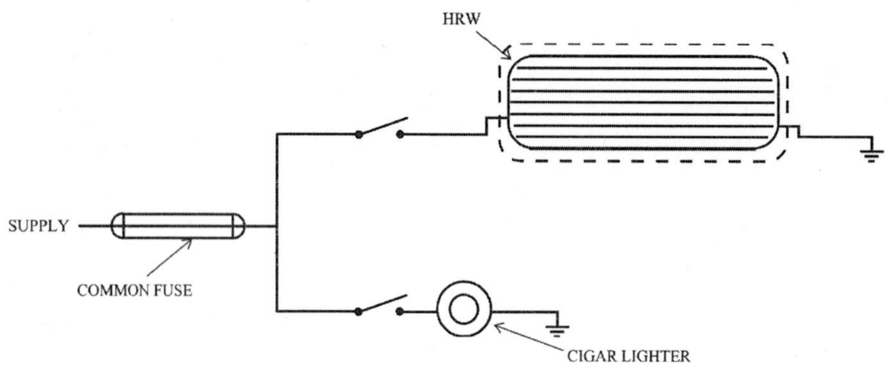


그림 10.

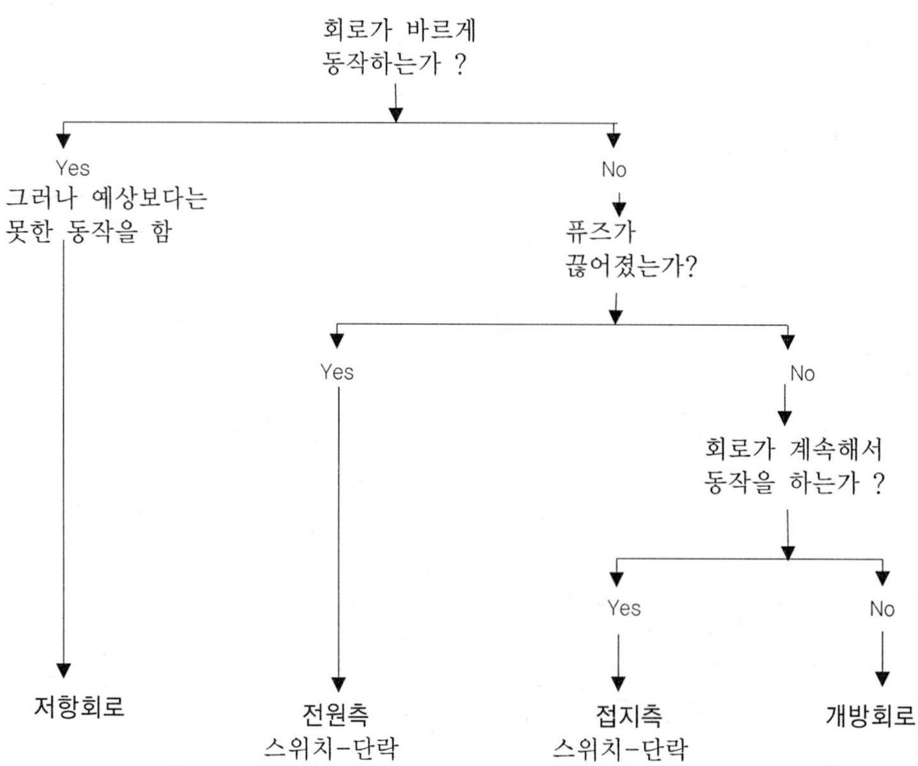

만약 하나의 회로에만 오류가 있다면, 전원에서 퓨즈까지와 퓨즈 자체에는 이상이 없고, 오류는 퓨즈 이후의 한 회로에 있을 것이다. 위에 나오는 검사 순서도와 오류 찾기 단계를 숙지해두면 많은 도움이 된다.

### 2.2.2. 오류 찾기 단계

[1] 진단 단계

① 1단계 : 어떤 회로가 동작하지 않는가를 찾는다.
② 2단계 : 이 회로를 배선도에서 찾는다.
③ 3단계 : 퓨즈가 끊어지지 않았는지 확인한다.

[2] 개방 회로

① 1단계 : 회로의 단선을 찾고 있다면, 전류공급이 중단된 지점을 찾아라.
② 2단계 : 단선은 활선과 사선 사이에 있다.
③ 3단계 : 회로점검 구역을 나눔으로서, 측정하는 횟수와 시간을 줄일 수 있다.

[3] 단락회로

① 1단계 : 오류가 있는 회로를 찾는다.
② 2단계 : 부하를 분리(isolation)한다.
③ 3단계 : 회로를 몇 부분으로 분리(isolation)한다.
④ 4단계 : 각 부분을 측정해 원하지 않는 직접적인 전기적 연결이 있는지 검사한다.

[4] 저항이상 회로

① 1단계 : 회로를 on이 되게 한다. 이것은 전원에서 부하로 전류를 공급하기 위한 것이다.
② 2단계 : 12V를 측정하도록 멀티미터 측정범위를 조정한다.
③ 3단계 : 배선도에서, 측정을 쉽게 진행하기 위해 회로의 중앙에 가까운 커넥터를 선택한다.
④ 4단계 : 멀티미터에서 깨끗한 접지로 음극(-)선을 연결한다.
⑤ 5단계 : 양극(+)선으로 커넥터에서의 전압을 측정한다.

만약에 12V보다 작은 값이 나오면 전원(supply) 쪽으로 측정을 해나가야 한다. 12V가 나오면 부하 쪽으로 측정을 해나가야 한다.

## 3. 도구와 기술

다음의 과정을 마쳤다면 다음과 같다.

① 오류 회로 파악

② 배선도에서 그 회로를 찾기

③ 오류의 종류(단락, 개방, 저항 이상)를 결정

이제 실제로 오류를 찾을 수 있다.

이 간단한 측정을 위해서 멀티미터가 필요하다.

그림 11은 일반적인 멀티미터를 보여준다. 자동차의 전기・전자시스템의 대부분의 오류는 멀티미터를 아용해서 진단할 수 있다.

### 3.1. 멀티웨이(Multiway) 플러그

멀티웨이 플러그는 몇 개의 분리된 회로를 편리하게 연결할 때 이용한다. 그림 12는 전형적인 플러그를 보여준다. 이것들은 여러 모양, 여러 크기를 가지고 있으며, 많은 조합을 만들 수 있고 핀의 수도 다양하다. 핀들은 플러그 앞쪽의 새겨진 핀 번호로 구분을 한다.

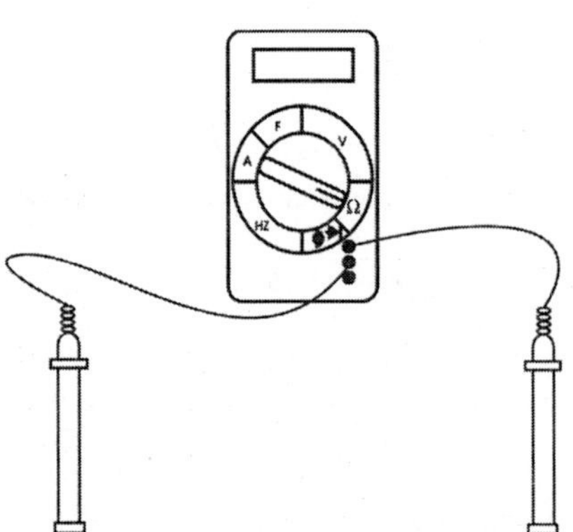


그림 11.

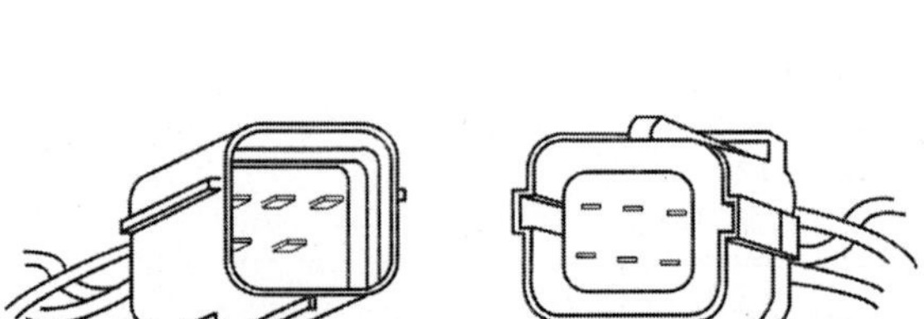

그림 12.

## 3.2. 멀티웨이 플러그 측정

접속 핀과 소켓의 손상을 막기 위해서, 멀티웨이 플러그는 항상 그림 13과 같이 선이 들어가는 뒤쪽을 측정해야 한다. 많은 측정들은 멀티웨이 플러그가 서로 연결되어 있을 때 해야 한다. 이는 접속 핀과 소켓에 프로브를 직접 접촉할 수 없다는 뜻이다. 그림 14는 한 예를 보여준다.

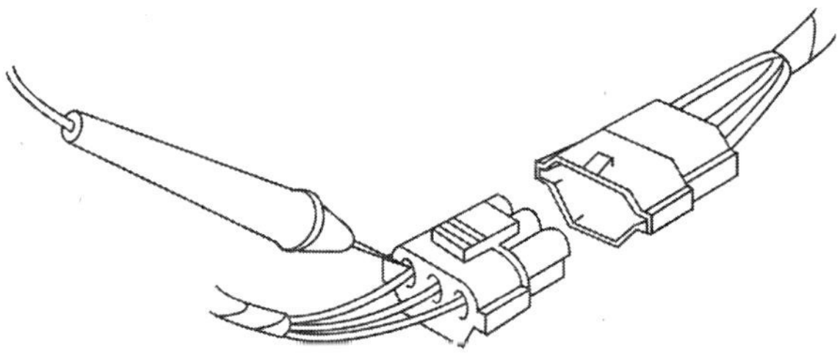

그림 13.

REFERENCE

플러그의 뒤쪽으로 측정할 때, 핀 소켓의 위치를 뒤집어서 생각하는 것이 필요하다. 핀과 소켓의 뒤쪽을 보고 있다는 상상을 하는 것이 유용할 것이다.

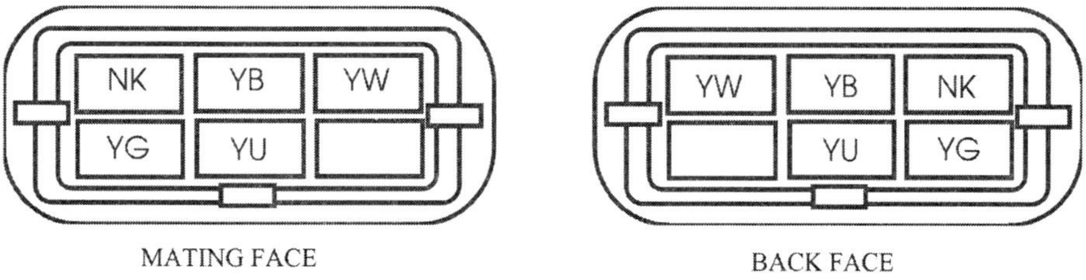


그림 14.

REFERENCE

멀티웨이 플러그는 많게는 30개의 핀과 소켓을 가지고 있으나, 회로에 연결되는 핀・소켓 중 한번에 하나만을 측정하게 될 것이다.

CHAPTER 05. Automotive Electric• Electron Exercise

# 충전장치 정비 [Charging System Maintenance]

## 1. 충전장치의 개요

**학습목표**

충전장치 정비는 차량에 안정된 전원을 공급하기 위하여 벨트의 장력 및 소손 상태와 배터리 및 발전기의 충전상태를 점검하여 이상 유・무를 정확하게 파악하고 문제의 부분을 수리, 교환하는 능력이다.

① 충전장치 및 배터리의 구조와 작동원리를 파악할 수 있다.
② 정비시침서에 따라 충전장치를 파악하고 관련 장치의 작동상태를 확인할 수 있다.
③ 정비지침서에 따라 충전장치의 고장원인을 분석할 수 있다.
④ 제조사별 충전장치 종류에 따라 규정값을 기준으로 점검・진단을 할 수 있다.
⑤ 정비지침서에 따라 충전장치의 세부점검목록을 확인하여 고장원인을 파악할 수 있다.
⑥ 정비지침서에 따라 고장 진단장비를 사용하여 충전장치의 고장원인을 분석할 수 있다.
⑦ 충전장치 관련 부품의 조정을 위해 관련 장비 및 공구를 선택 및 사용할 수 있다.
⑧ 정비지침서에 따른 교환・수리 가능여부를 확인하고 교환 및 수리 후 정상상태를 확인할 수 있다.
⑨ 정비지침서에 따른 관련부품을 분해・조립순서에 맞게 교환할 수 있다.
⑩ 정비지침서에 따라 벨트장력을 규정값으로 조정할 수 있다.
⑪ 정비지침서에 따라 충전장치의 전기흐름을 파악하여 수리할 수 있다.

충전장치는 배터리, 레귤레이터가 내장된 알터네이터와 충전 경고등 및 와이어를 포함하는 일체를 말한다. 알터네이터(AC발전기)는 6개의 다이오드(3개의 (+)다이오드와 3개의 (-)다이오드)가 내장되어 있어 교류(AC)를 직류(DC)로 전파 정류하므로 AC발전기 "B" 단자에는 직류(DC)가 발생된다.

알터네이터(AC발전기)에서 발생되는 충전 전압은 축전지 전압조절기에 의하여 조정되며, 알터네이터(AC발전기)는 로터, 스테이터(stator), 정류기, 브러시, 베어링, 벨트 풀리로 구성되어 있으며 브러시 홀더에는 IC형의 전압조정기가 부착되어 있다.

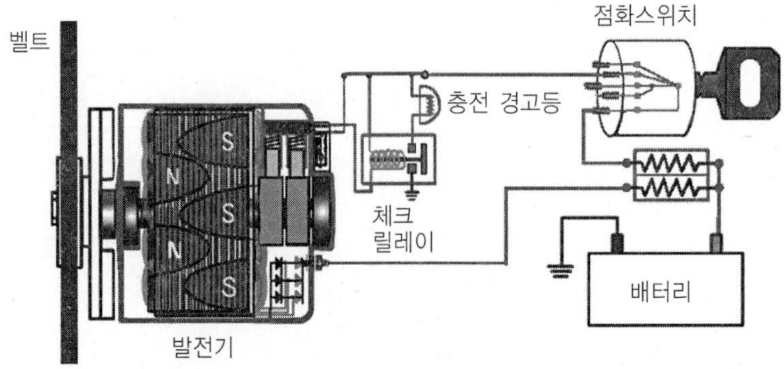


그림 1. 충전장치

## 1.1. 축전지(battery)

축전지는 2차 전지로 전류의 화학작용을 이용한 장치이며, 주로 납산축전지를 사용한다. 축전지는 화학적 에너지를 전기적 에너지로 꺼낼 수 있고(이를 방전이라 함), 또 전기적 에너지를 화학적 에너지로 저장(충전)할 수 있다.

### 1.1.1. 축전지의 기능

① 기동장치의 전기적 부하를 부담한다.
② 발전기가 고장일 경우 주행을 확보하기 위한 전원으로 작동한다.
③ 주행상태에 따른 발전기의 출력과 부하와의 불균형을 조정한다.

### 1.1.2. 납산축전지

[1] 극판

극판에는 양극판과 음극판이 있으며, 격자(grid)에 납 가루나 산화납을 묽은 황산으로 개어서 만든 반죽(paste)으로 충전하고 건조, 화성 등의 공정을 거쳐서 양극판은 과산화납($PbO_2$), 음극판은 해면상납(Pb)으로 한 것이다.

[2] 격리판

격리판은 양극판과 음극판사이에 끼워져 양쪽 극판의 단락을 방지하는 일을 하며, 양쪽 극판이 단락 되면 축전지 내에 저장되어 있던 전기적 에너지가 소멸된다.

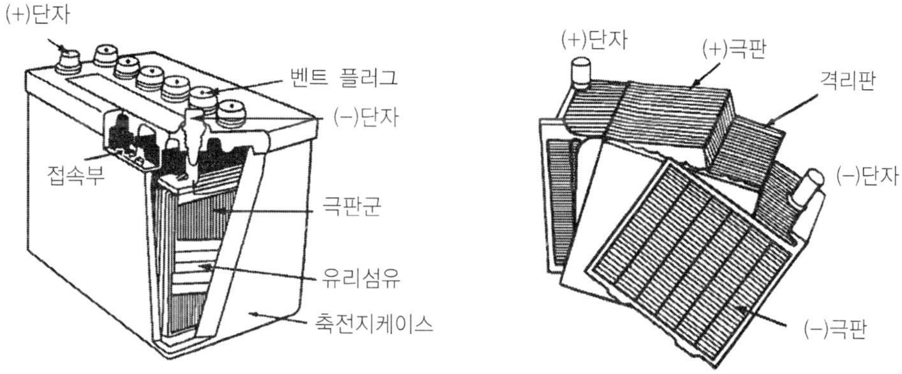


(a) 납산 축전지 (b) 극판군

그림 2. 납산축전지의 구조

격리판은 합성수지로 가공한 강화 섬유 격리판, 고무를 주재료로 한 매우 작은 구멍을 지닌 고무 격리판 및 합성수지 격리판 등이 사용된다.

(1) 격리판의 구비조건

① 비 전도성일 것
② 구멍이 많아서 전해액의 확산이 잘 될 것
③ 기계적 강도가 있고, 전해액에 부식되지 않을 것
④ 극판이 좋지 못한 물질을 내 뿜지 않을 것

### [3] 극판군

극판군은 몇 장의 극판을 조립하여 접속 편에 용접하여 1개의 단자기둥(terminal post)과 일체가 되도록 한 것이다. 이와 같이 하여 만든 극판군을 1셀(단전지)이라고 하며, 완전 충전되었을 때 약 2.1V의 기전력을 발생한다. 따라서 12V축전지의 경우에는 6개의 셀이 직렬로 연결되어 있다. 그리고 극판의 장수를 늘리면 극판의 대항 면적이 증가하므로, 축전지 용량이 증가하여 이용 전류가 많아진다.

### [4] 케이스(case)

케이스는 합성수지로 제작하며, 12V축전지의 것은 6칸으로 나누어져 있다.

각 셀의 밑 부분에는 극판의 작용물질의 탈락이나 침전물 축적에 의한 단락을 방지하기 위한 엘리먼트 레스트(element rest)가 마련되어 있다. 축전지의 커버와 케이스의 청소는 탄산소다(탄산나트륨)와 물 또는 암모니아수로 한다.

### [5] 커버와 벤트플러그(cover & vent plug)

커버는 합성수지로 제작하며, 커버와 케이스는 접착제로 접착되어 있으므로 기밀을 유지하고 있다. 또 커버의 가운데에는 전해액이나 증류수를 주입하거나, 비중계용 스포이드(spoid)나 온도계를 넣기 위한 구멍과 이것을 막아 두기 위한 벤트플러그가 있으며 이 플러그의 중앙이나 옆에는 작은 구멍이 있어 축전지 내부에서 발생한 산소와 수소가스를 방출한다.

### [6] 단자기둥(terminal post)

단자기둥은 납 합금이며, 외부회로와 확실하게 접속되도록 하기 위해 테이퍼(taper)되어 있다. 양극판이 과산화납이므로 쉽게 산화가 발생되어 양극 단자기둥은 부식되기 쉽다. 만약 부식(녹)되었을 경우에는 깨끗이 세척한 후 그리스(greese)를 얇게 발라 준다. 그리고 양극과 음극 단자기둥에는 문자, 색깔 및 크기 등으로 표시하여 잘못 접속되는 것을 방지하고 있으며, 단자기둥의 식별방법은 다음과 같다.

① 양극 단자기둥은 (+), 음극 단자기둥은(−)의 부호로 분별한다.
② 양극 단자기둥은 적색, 음극 단자기둥은 흑색의 색깔로 분별한다.
③ 양극 단자기둥은 지름이 굵고, 음극 단자기둥은 가늘다.
④ 양극 단자기둥은 POS, 음극 단자기둥은 NEG의 문자가 표시된다.
⑤ 부식물이 많은 쪽이 양극 단자기둥이다.

또, 축전지 단자기둥으로부터 케이블을 분리할 경우에는 반드시 접지단자의 케이블을 먼저 분리하고, 설치할 경우에는 나중에 설치하여야 한다.

(a) 음극기둥　　(b) 양극기둥

그림 3. 단자기둥

### [7] 전해액(electrolyte)

전해액은 순도가 높은 묽은 황산($H_2SO_4$)을 사용한다. 전해액은 극판과 접촉하여 충전을 할 때에는 전류를 저장하고, 방전될 때에는 전류를 발생시켜 주며, 셀 내부에서 전류를 전도하는 작용도 한다.

전해액의 비중은 20℃에서 완전 충전되었을 때 1.260~1.280이며, 이를 표준 비중이라고 한다. 전해액이 표준 비중일 때 황산의 도전성이 가장 높다. 또 완전 방전되었을 때에는 비중이 1.050 정도이다. 그리고 전해액은 온도가 상승하면 비중이 작아지고, 온도가 낮아지면 비중은 커진다. 전해액 비중은 온도 1℃ 변화에 대하여 0.0007이 변화한다.

$$S_{20} = St + 0.0007 \times (t-20)$$

$S_{20}$ : 표준온도 20℃로 환산한 비중
St : t℃에서 실제 측정한 비중　　　　t : 측정할 때 전해액 온도

## 1.1.3. 납산축전지의 화학작용

### [1] 방전 중의 화학작용

| 양극판 | | 전해액 | | 음극판 | | 양극판 | | 전해액 | | 음극판 |
|---|---|---|---|---|---|---|---|---|---|---|
| $PbO_2$ | + | $2H_2SO_4$ | + | Pb | → | $PbSO_4$ | + | $2H_2O$ | + | $PbSO_4$ |
| 과산화납 | | 묽은황산 | | 해면상납 | | 황산납 | | 물 | | 황산납 |

### [2] 충전 중의 화학작용

| 양극판 | | 전해액 | | 음극판 | | 양극판 | | 전해액 | | 음극판 |
|---|---|---|---|---|---|---|---|---|---|---|
| $PbSO_4$ | + | $2H_2O$ | + | $PbSO_4$ | → | $PbO_2$ | + | $2H_2SO_4$ | + | Pb |
| 황산납 | | 물 | | 황산납 | | 과산화납 | | 묽은황산 | | 해면상납 |

## 1.1.4. 납산축전지의 여러 가지 특성

### [1] 납산축전지의 기전력

축전지의 셀당 기전력은 2.1V이며, 이것은 전해액의 비중, 온도, 방전 정도에 따라서 조금씩 다르다. 기전력은 전해액 온도 저하에 따라 낮아지며, 이것은 전해액의 온도가 낮아지면 축전지 내부의 화학반응이 늦어지고, 전해액의 고유저항이 증가하기 때문이다. 또 전해액의 비중이 낮거나 방전량이 많은 경우에도 조금씩 기전력이 낮아진다.

### [2] 방전 종지전압

방전 종지전압이란 축전지를 어떤 전압 이하로 방전해서는 안 되는 것을 말하며, 1셀당 1.7~1.8V이다.

### [3] 납산축전지 용량

축전지 용량이란 완전 충전된 축전지를 일정한 전류로 연속 방전하여 방전중의 단자 전압이 규정의 방전 종지전압이 될 때까지 방전시킬 수 있는 용량이다. 축전지 용량의 단위는 암페어시 용량(AH : ampere hour)으로 표시하며 이것은 일정 방전전류(A)×방전 종지전압까지의 연속 방전시간(H)이다. 그리고 축전지 용량의 크기를 결정하는 요소에는 극판의 크기(또는 면적), 극판의 수, 전해액의 양 등이 있다. 축전지 용량을 표시하는 방법에는 20시간율, 25암페어율, 냉간율 등이 있다.

### [4] 축전지 연결에 따른 용량과 전압의 변화

#### (1) 직렬연결의 경우

같은 전압, 같은 용량의 축전지 2개 이상을 (+)단자 기둥과 다른 축전지의 (-)단자 기둥에 서로 연결하는 방식이며, 전압은 연결한 개수만큼 증가되지만 용량은 1개일 때와 같다.

#### (2) 병렬연결의 경우

같은 전압, 같은 용량의 축전지 2개 이상을 (+)단자 기둥을 다른 축전지의 (+)단자 기둥에, (-)단자 기둥은 (-)단자 기둥에 접속하는 방식이다. 용량은 연결한 개수만큼 증가되지만 전압은 1개일 때와 같다.

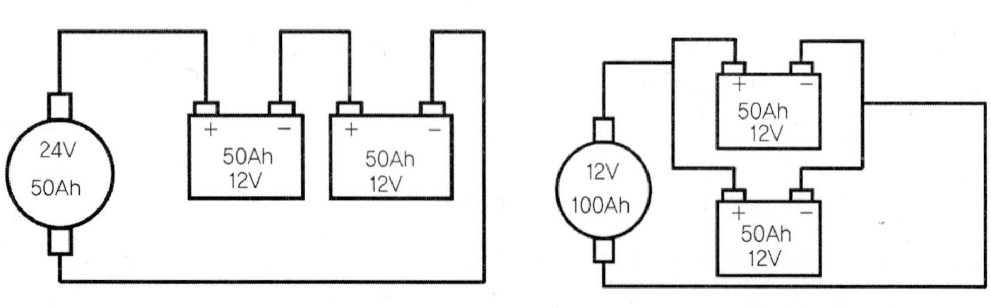


(a) 직렬연결방법 (b) 병렬연결방법

**그림 4. 축전지의 연결방법**

### 1.1.5. 납산축전지의 자기방전

충전된 축전지를 사용하지 않고 방치해 두면 조금씩 자연 방전하여 용량이 감소되는 현상을 자기방전이라 한다.

#### [1] 자기방전의 원인

① 음극판의 작용물질(해면상납)이 황산과의 화학작용으로 황산납이 되면서 자기 방전되며 이때 수소가스를 발생시킨다. 음극판 구조상 부득이한 경우이다.

② 불순물이 유입되어 국부 전지가 형성되어 방전된다.

③ 탈락한 극판의 작용물질이 축전지 내부의 밑이나 옆에 퇴적되거나 격리판이 퇴적되어 양쪽 극판이 단락되어 방전된다.

④ 축전지 커버 위에 부착된 전해액이나 먼지 등에 의한 누전으로 방전된다.

### 1.1.6. 납산축전지의 충전

#### [1] 보충전

보충전이란 자기방전에 의하거나 또는 사용 중에 소비된 용량을 보충하기 위하여 실시하는 충전이다.

##### (1) 정전류 충전

충전의 시작에서 끝까지 전류를 일정하게 하고, 충전을 실시하는 방법이며, 충전을 할 때 전류는 다음과 같이 결정한다.

① 표준 충전전류 : 축전지 용량의 10%

② 최대 충전전류 : 축전지 용량의 20%

③ 최소 충전전류 : 축전지 용량의 5%

##### (2) 정전압 충전

충전의 전체 기간을 일정한 전압으로 충전하는 방법이다.

##### (3) 단별 전류충전

일정 전류 충전방법의 일종이며, 충전 중의 전류를 단계적으로 감소시키는 방법이다.

(4) 급속충전

급속충전기를 사용하여 시간적 여유가 없을 때 하는 충전이며, 충전전류는 축전지 용량의 50% 정도한다.

### 1.1.7. 납산축전지를 충전할 때 주의사항

① 충전하는 장소는 반드시 환기장치를 하여야 한다.
② 축전지는 방전상태로 두지 말고 즉시 충전한다.
③ 충전 중 전해액의 온도를 45℃ 이상으로 상승시키지 않는다.
④ 충전 중인 축전지 근처에서 불꽃을 가까이해서는 안 된다(수소가스가 폭발성가스이다).
⑤ 축전지를 과다 충전시켜서는 안 된다(양극판 격자의 산화가 촉진된다).
⑥ 축전지를 2개 이상 동시에 충전을 할 때에는 반드시 직렬 접속하여야 한다.
⑦ 축전지와 충전기를 서로 역 접속해서는 안 된다.
⑧ 암모니아수 및 탄산소다 등의 중화제를 준비해 둔다.
⑨ 축전지를 자동차에서 떼어내지 않고 급속충전을 할 경우에는 반드시 축전지에 연결된 케이블을 분리하여야 한다(이것은 발전기 다이오드 및 ECU 등 전자부품을 보호하기 위함이다).
⑩ 각 셀의 벤트 플러그를 열어 놓는다.

### 1.1.8. MF축전지(maintenance free battery)

MF축전지는 자기방전이나 화학반응을 할 때 발생하는 가스로 인한 전해액 감소를 방지하고, 축전지 점검·정비를 줄이기 위해 개발된 것이며 다음과 같은 특징이 있다.

① 증류수를 점검하거나 보충하지 않아도 된다.
② 자기방전 비율이 매우 적다.
③ 장기간 보관이 가능하다.

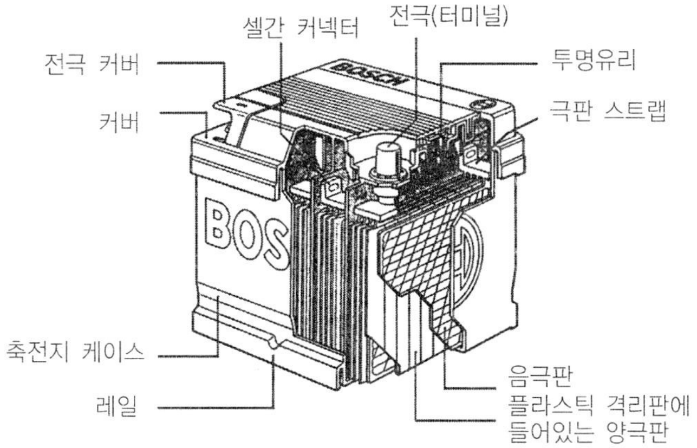


그림 5. MF축전지의 구조

## 1.2. 교류(AC)발전기(generator)

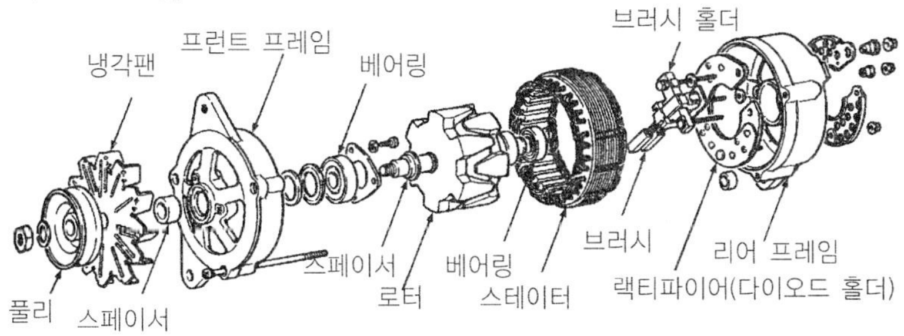


그림 6. 교류발전기의 분해도

### 1.2.1. 로터(rotor)

크랭크 풀리와 V벨트로 연결되어 회전하는 부분으로 로터는 자장(磁場)을 발생한다.

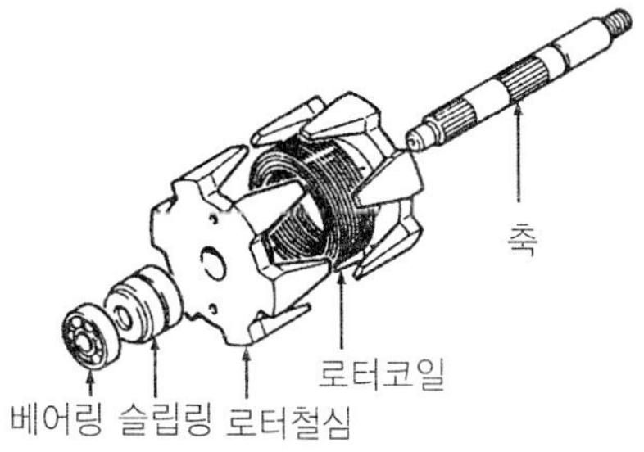


그림 7. 로터

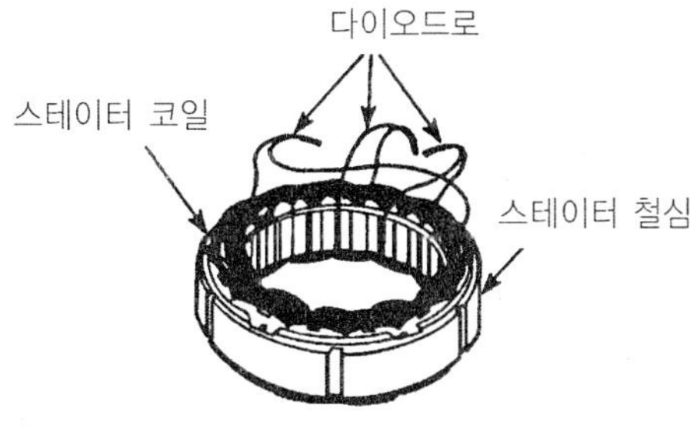


그림 8. 스테이터

### 1.2.2. 스테이터(stator)

스테이터는 스테이터 철심(core)과 스테이터 코일로 되어 있으며 고정되어 있기 때문에 층간 단락의 위험이 적고, 내구성이 좋으며, 고속에서 원심력을 받지 않는다. 일반적으로 스테이터 코일은 삼각(델타)결선과 Y(스타)결선방식이 있고, 자동차용 교류발전기는 Y결선이 주로 사용된다.

### 1.2.3. 브러시(brush)

브러시는 로터의 슬립링에 접속이 되어 로터가 자장이 되도록 하며, 브러시 홀더는 수지 성형한 것이다. 최근에는 브러시 홀더와 전압 조정기가 일체로 된 것이 많다.

### 1.2.4. 정류기(rectifier)

교류발전기에서는 실리콘 다이오드를 정류기로 사용한다. 교류발전기에서 다이오드의 기능은 스테이터 코일에서 발생한 교류를 직류로 정류하여 외부로 공급하고, 또 축전지에서 발전기로 전류가 역류하는 것을 방지한다.

### 1.2.5. 팬 및 풀리

냉각 팬은 정류기인 다이오드에 전류가 흘러 온도가 150℃ 이상 상승하면 정류 특성이 없어지므로 항상 로터와 함께 회전하여 냉각을 시켜준다.

### 1.2.6. 교류발전기 조정기

발전기의 출력은 스테이터 코일의 권수, 로터의 세기, 단위 시간당 자속을 자르는 횟수에 따라 결정된다. 따라서 기관의 회전속도가 증가하면 발전기의 발생전압과 전류가 모두 증가한다. 따라서 발전기 조정기가 필요하며, 교류발전기의 조정기는 전압조정기만 필요하다. 전압조정기는 발전기의 발생전압을 일정하게 유지하기 위한 장치이다.

## 1.3. 전압조정기 작용

### 1.3.1. 시동 전 점화스위치(key) ON일 때의 작용

[1] 충전경고등 점등 및 Tr 작동

① 축전지 → 충전경고등 릴레이 → L 단자 → Tr2 베이스 전류 → 접지로 흐르면

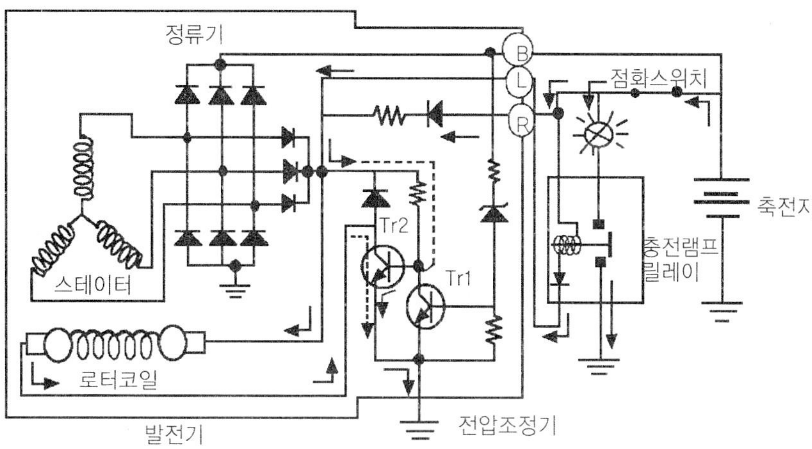


그림 9. 시동 전 점화스위치 ON일 때의 작용

② 축전지 → 충전경고등 릴레이 → L 단자 → 로터 코일 → Tr2 이미터 전류 → 접지로 흐르게 되어 충전 경고등이 점등되며, Tr2가 작동된다.

[2] 로터코일의 작동(Tr2가 작동하게 되면)

축전지 → IG 스위치 → R단자 → 로터코일 → Tr2 이미터 전류 → 접지로 충분한 전류가 흐르게 된다.

### 1.3.2. 기관 시동 후 발전기 출력이 정상상태일 때의 작용

기관이 시동되면 로터코일이 여자되어 있고, 발전기 전압은 축전지 전압보다 높아서 충전이 시작된다.

[1] 발전기 정상작동(경고등 소멸)

① 발전기 출력(트리오 다이오드)단자 → Tr2 베이스 단자 → 접지로 흐르면
② 출력(트리오 다이오드)단자 → 로터코일 → Tr2 이미터 단자로 흐른다.
③ 충전 경고등 릴레이에는 전류가 흐르지 않는다(IG 스위치와 L단자의 전위가 같음).

[2] 충전작용

발전기 출력 B단자 → 축전지

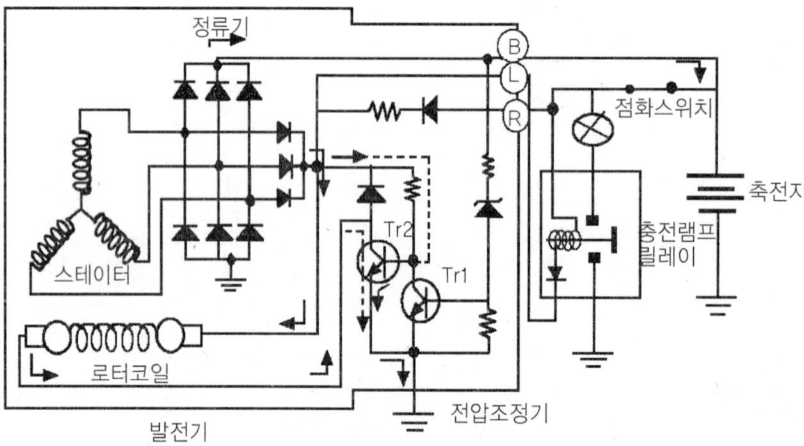


그림 10. 발전기 출력이 정상일 때의 작용

### 1.3.3. 발전기 출력이 과대할 때의 작용(고속으로 주행할 때)

자동차가 고속으로 주행하면 발전기의 출력 전압은 지나치게 높아지게 된다. 이것은 축전지의 과충전 상태를 유발시킬 수 있다.

#### [1] 제너 다이오드의 작용

발전기 출력 전압이 지나치게 높으면 제너 다이오드의 한계 값보다 높아지게 되어

① 발전기 B단자 → 제너 다이오드 → Tr1 베이스 단자 → 접지로 흐르면

② 발전기 트리오 다이오드 단자 → Tr1 이미터 단자 → 접지로 흐른다.

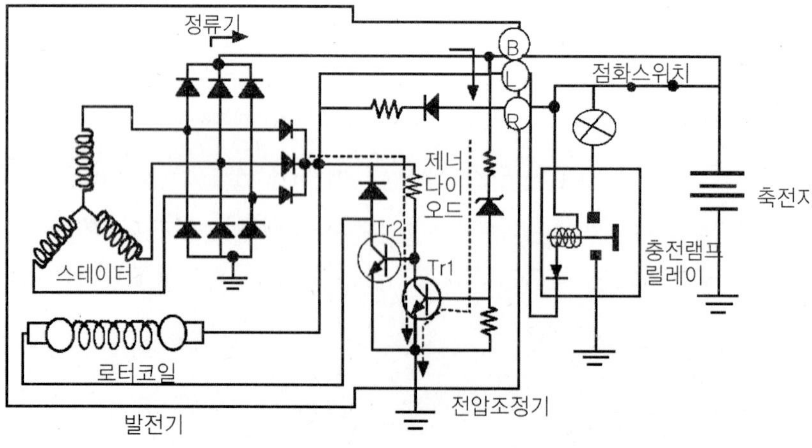


그림 11. 발전기 출력이 과대할 때의 작용

### [2] 로터코일 전류 차단(발전기 출력전압 감소)

① Tr1 이미터 전류가 흐르면 Tr2 베이스 전류는 흐르지 않는다(Tr2 베이스 입력단자의 전위가 0(zero)이 되기 때문).

② 로터코일의 전류가 차단되면 발전기 출력전압은 떨어지게 된다.

## 2. 충전장치 정비

**학습목표**

① 충전장치 정비 전 정비지침서를 숙지하여 실습순서를 정하고 공구 및 실습기기와 재료 등을 충분히 준비한다.
② 실습장 및 주위를 깨끗이 정리정돈하고 유류 등의 인화성물질은 안전하게 별도로 보관하며 소화기를 비치하여 화재사고에 대비한다.
③ 충전장치 정비시작 전 안전교육을 실시한다.
④ 복잡한 부분을 분해할 경우에는 조립작업을 쉽게 하기 위하여 기능상이나 외관상 악영향이 없는 부분에 각인(刻印) 또는 조립 표시등을 하여 둔다.
⑤ 부품을 분해하면서 조립되었던 상태・변형・오작동부분 및 손상 등을 점검한다.
⑥ 분해한 부품은 순서대로 잘 정리하여야 하며 또 교환하여야 하는 부품과 다시 사용할 부품을 구분하여 정리하고 다시 사용할 부품은 충분히 청소 및 세척을 한다.
⑦ 정비시 부품을 떨어지지 않도록 하며 작업장 바닥에 이물질이 있으면 즉시 닦아낸다.
⑧ 볼트 및 너트 체결시 적절한 공구를 사용하며, 정비지침서에 규정된 토크로 조인다.
⑨ 배터리 전해액 취급시 흘리거나 옷이나 몸에 묻지 않도록 하고 흘리거나 몸에 묻었을 때는 즉시 닦아낸다.
⑩ 배터리 단자연결 시 불꽃이 발생하지 않도록 하고 배터리 단자 극성이 바뀌지 않도록 한다.
⑪ 실습종료 후 실습장 주위의 정리정돈을 깨끗이 한다.

**필요한 장비**

| 공구 및 측정기기 | | 실습 재료 | 기타 |
|---|---|---|---|
| * 일반 공구 세트<br>* 특수공구<br>* 작업등<br>* 에어공구<br>* 전동공구<br>* 토크렌치<br>* 납땜인두<br>* 비중계<br>* 전류계<br>* 멀티테스터기<br>* 급속충전기<br>* 배터리 부하테스터기<br>* 오실로스코프 | * 종합 진단기<br>* 유리관<br>* 곧은자<br>* 안전보호구(방독면, 방진마스크, 보안경, 보호장갑, 방진 보호복, 작업복) | * 발전기<br>* 퓨즈<br>* 하네스(배선, 커넥터)<br>* 축전지<br>* 벨트<br>* 설레<br>* 황산<br>* 증류수<br>* 유리막대<br>* 와이어브러시<br>* 질그릇 또는 유리그릇<br>* 구리스<br>* 가솔린 또는 디젤차량 | 정비지침서 |

## 2.1. 축전지 점검 및 정비

### 2.1.1. 축전지 외부점검

① 커버 및 케이스의 균열 및 오염상태 점검
② 벤트 플러그 공기구멍의 막힘 상태 및 과충전에 의한 솟아오름 점검
③ 단자 및 케이블의 부식상태
④ 전해액 기준 높이

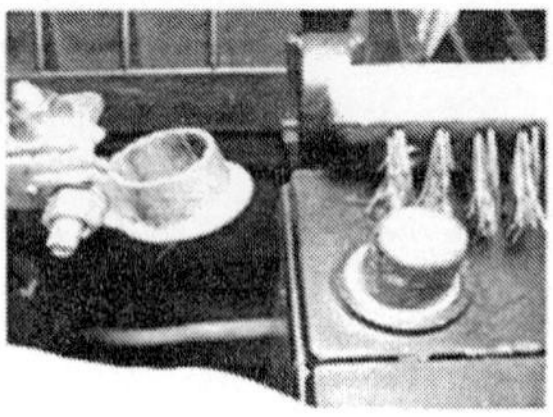

그림 12. 축전지 케이블 단자 부식상태 및 청소

### 2.1.2. 배터리 교환

① 차량을 평탄한 곳에 주차시키고 후드를 열어 놓는다.
② 모든 전기장치를 OFF하고 KEY를 제거한다. 전기장치 및 KEY 스위치가 OFF하지 않은 상태에서 배터리를 탈거하면 스파크가 발생하여 ECU를 포함한 전기·전자 장치에 손상될 수 있으므로 반드시 전원을 OFF시킨다.

그림 13. key 탈거

③ 공구를 사용하여 배터리 (-)케이블을 탈거한다.
④ 공구를 사용하여 배터리 (+)케이블을 탈거한다.

(a) (-)케이블

(b) (+)케이블

그림 14. 케이블 탈거

⑤ 공구를 사용하여 배터리 고정 브래킷 너트를 탈거한다.

⑥ 고정너트를 풀고 브래킷을 탈거한다.

그림 15. 고정 브래킷 너트 탈거

그림 16. 브래킷 탈거

⑦ 신품의 배터리로 교체하고 고정 브래킷을 끼우고 공구를 사용하여 고정한다.

⑧ 공구를 사용하여 배터리 (+)케이블을 접속한다. 터미널 접촉을 향상시키기 위해 고무망치를 이용하여 단자부를 2~3회 두드리고 체결한다.

⑨ 공구를 사용하여 배터리 (-)케이블을 접속한다. 산화를 방지하기 위해 단자와 터미널에 구리스를 도포하여 준다.

⑩ 시동을 걸어 정상작동 유무를 확인한다.

### 2.1.3. 액 양 점검

#### [1] 육안점검

축전지 케이스에 표시된 최고선(up)과 최저선(low) 중간부분에 있으면 정상이며 벤트 플러그에 확산 링이 있는 경우에는 확산 링이 청색 또는 녹색이 보이면 정상이다.

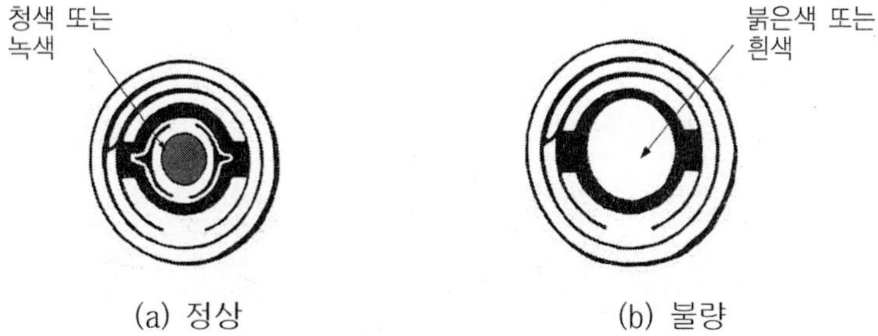


그림 17. 확산 링에 의한 검사

[2] 측정 기구에 의한 점검

전해액과 화학반응을 하지 않는 물질인 플라스틱 막대나 유리관을 이용하여 벤트플러그를 열고 전해액 주입구 내로 극판에 가볍게 닿을 때까지 넣었다가 꺼내어 액이 잠기었던 높이를 측정자로 측정한다. 유리관을 사용할 경우에는 전해액에 담근 후 위 부분의 구멍을 손가락으로 막고 조심스럽게 꺼낸 후 측정한다.

[3] 판정 및 조치

전해액 규정 높이는 약 10~13mm(대형 차량은 13~20mm) 정도이며, 부족하면 극판의 산화 및 용량 감소를 초래하고, 과다하면 전해액의 넘쳐흐름 및 자기 방전량이 증대된다.

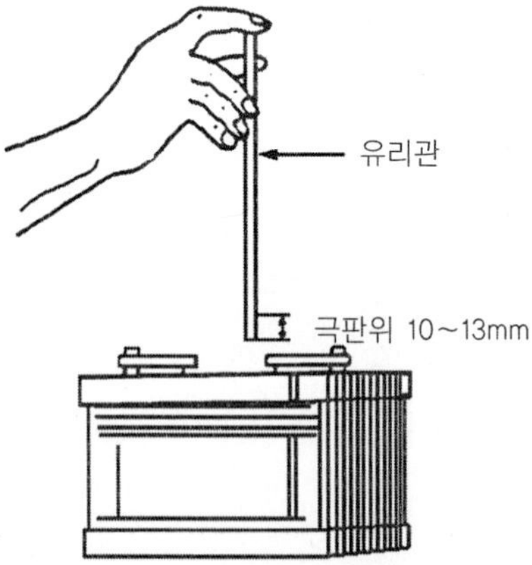


그림 18. 전해액 높이 측정

## 2.1.4. 전해액 만들기

① 전해액은 묽은 황산($H_2SO_4$)과 증류수($H_2O$)를 적당한 비율로 혼합하여 20℃에서 1.260~1.280되게 혼합하여 사용한다.

② 혼합할 때 용기는 전해액에 화학적 또는 물리적으로 변화가 없는 질그릇 또는 유리 그릇 등을 사용한다.

③ 반드시 증류수에 황산을 조금씩 부어 저으면서 혼합한다.

④ 혼합비율은 묽은 황산(비중 1.400, 원액은 1.835임) 35%, 증류수(비중 1) 65% 정도로 한다.

## 2.1.5. 전해액 비중측정

### [1] 광학식 비중계

① 광선 굴절 덮개(커버 플레이트)를 열고, 덮개와 측정 유리면을 잘 닦는다.

② 계심봉으로 전해액을 찍어 측정 유리면(프리즘)에 충분히 바른다.

③ 광선 굴절 덮개를 닫고 가볍게 누른다.

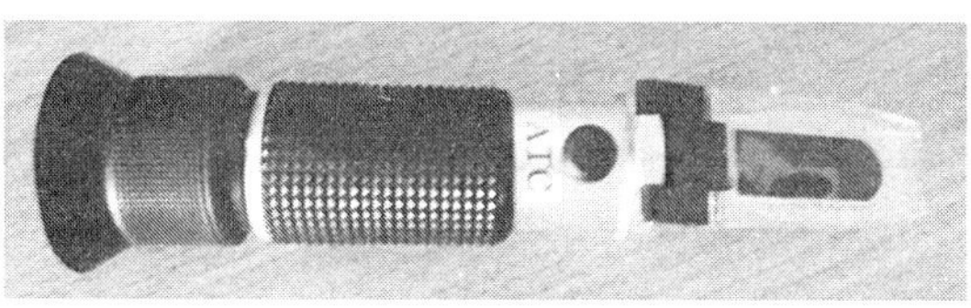

(a) 광학식비중계

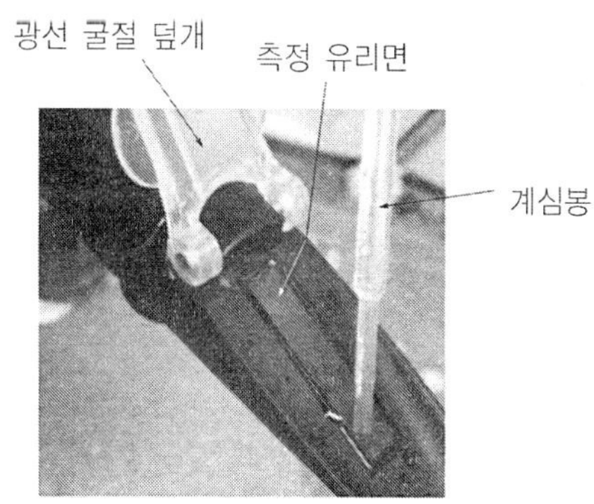


(b) 전해액 바르기

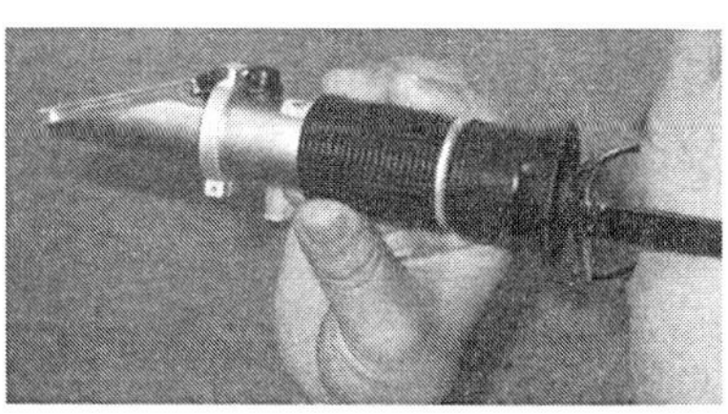

(c) 측정방법

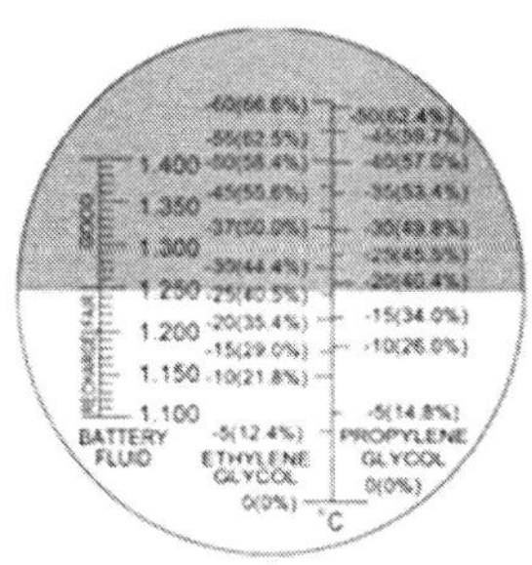


(d) 눈금 판독

그림 19. 광학식 비중계 측정 및 판독

④ 광선 굴절 덮개를 빛이 있는 곳을 향해서 측정을 한다.
⑤ 명암 경계선상에 보이는 일치된 왼쪽 눈금이 측정값이다.
⑥ 측정을 한 후 깨끗한 천으로 프리즘 표면을 닦아 건조시킨다.

[2] 흡입식 비중계
① 축전지의 벤트 플러그를 연다.
② 고무 벌브를 손으로 누르고 흡입구를 전해액 주입구에 넣는다.
③ 뜨개가 유리관의 중심부에 뜨도록 고무 벌브를 세운다.
④ 뜨개가 유리관에 닿지 않도록 똑바로 세운다.
⑤ 눈의 높이가 유리관 속의 전해액 높이가 평행이 되도록 하여 눈금을 읽는다.

(a) (b) 눈금 판독

그림 20. 흡입식 비중계

[3] 판정
① 판정 : 3/4충전(75%) 이하시에는 보충전을 실시한다.
② 비중값이 규정보다 높을 때에는 증류수를 보충하고, 낮을 때는 보충전을 실시하여 비중을 측정하며 충전 후에도 비중이 낮으면 황산을 넣어 규정의 비중으로 맞춘다.
③ 셀당 비중차이 : 셀당 비중차이는 0.0025 이내이어야 정상이며 이상일 때는 불량하므로 비중을 모두 같게 맞춘다.
④ 전해액의 비중이 1.200 이하이면 즉시 보충전을 실시한다.
⑤ 비중 환산식 $S20 = St + 0.0007(t℃ - 20℃)$

➡표 1.

| 단자전압(V) | 셀당 전압 | 온도(20℃) | | 충전상태 | | 결과 판정 |
|---|---|---|---|---|---|---|
| | | A | B | | | |
| 12.6 이상 | 2.1V 이상 | 1.260 | 1.280 | 완전 충전 | 100% | 정상(사용가) |
| 12.0V | 2.0V | 1.210 | 1.230 | 3/4 충전 | 75% | 양호(사용가) |
| 11.7V | 1.95V | 1.160 | 1.180 | 1/2 충전 | 50% | 불량(충전요) |
| 11.1V | 1.85V | 1.110 | 1.130 | 1/4 충전 | 25% | 불량(충전요) |
| 10.5V | 1.060V | 1.060 | 1.080 | 완전 방전 | 0 | 불량(교환요) |

## 2.1.6. 축전지 방전시 응급조치

① 점프 케이블을 연결할 수 있도록 전원 공급차를 이동시키고 시동을 건 상태로 놓아 둔다.

② 차대차 연결시 피 차량은 모든 전원스위치를 OFF상태에서 점프 케이블을 연결한다.

③ 배터리 (+)단자를 먼저 연결하고 나중에 (-)단자를 연결한다.

④ 점프 케이블 연결시 (+)와 (-)단자를 절대 접촉시키지 않도록 주의하고 극성이 바뀌지 않도록 확실하게 연결한다.

⑤ 시동이 걸린 후 점프 케이블을 연결한 역순으로 탈거 한다.

(a) (b)

그림 21. 점프케이블의 연결

## 2.1.7. 단자 전압측정

① 멀티 테스터기의 선택 레인지를 DC 20V에 선택한다.

② 멀티 테스터기의 적색 리드선은 축전지의 (+)단자 기둥에, 흑색 리드선은 (-)단자 기둥에 접속한다.

③ 멀티 테스터기의 눈금을 읽는다.

④ 최근에 사용되는 승용차용 12V 축전지의 경우 13.5~13.8V 정도이다.

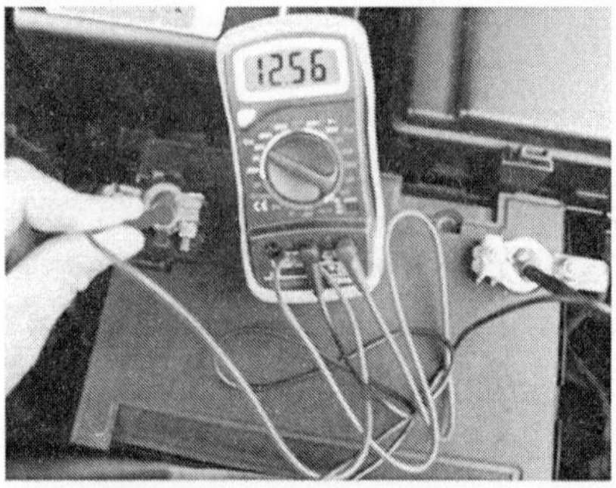

그림 22. 축전지 전압점검

## 2.1.8. 셀(cell) 전압측정

### [1] 측정

① 회로시험기의 셀렉터를 DC 2.5V로 선정한다.

② 축전지의 모든 벤트플러그를 연다.

③ 회로시험기 리드선의 적색 프로브는 축전지 (+)단자에, 흑색 프로브는 각 셀의 전해액에 넣는다.

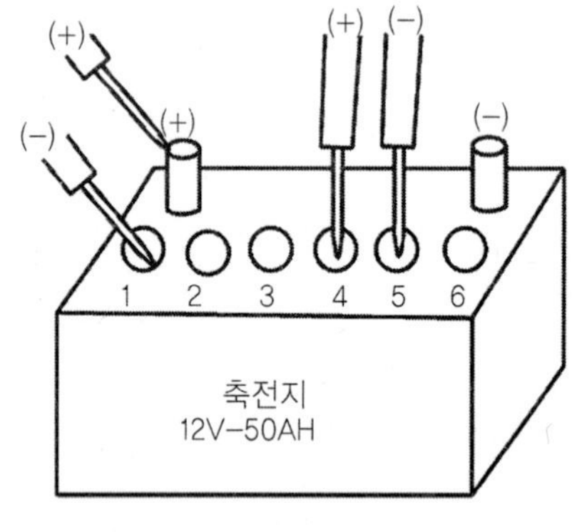

그림 23. 셀 전압 측정방법

### [2] 판정

① 정상 : 셀당 전압이 1.95V 이상, 각 셀당 전압차이가 0.05V 이하

② 불량 : 셀당 전압이 1.95V 이하, 각 셀당 전압차이가 0.05V 이상

③ 불량하면 비중을 조정한 후 다시 측정하였을 때 이상이 있으면 축전지를 교환한다.

## 2.1.9. 축전지 용량테스터

### [1] 축전지 용량테스터 사용방법

① 전해액의 높이가 규정인가를 점검한다. 부족하면 보충한다.

② 비중이 1.220 이상인가를 점검한다.

③ 테스터 리드선의 적색 클립을 배터리 (+)단자에, 흑색 클립을 (-)단자에 연결한다.

④ 용량선택 스위치로 시험 배터리의 용량을 확인하여 조정한다.

⑤ 시험기의 테스트 버튼을 5초간 누르고 시험기의 지침이 지시하는 값을 판독한다.

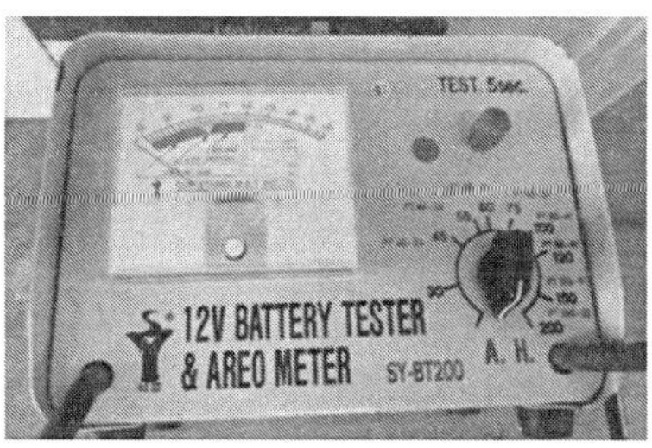


(a) 테스터기

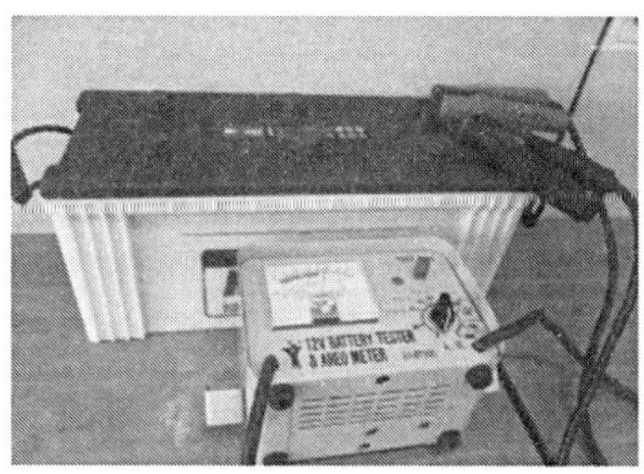

(b) 테스터 리드선 연결

(c) 용량선택 스위치조정

(d) 테스트 버튼 누름

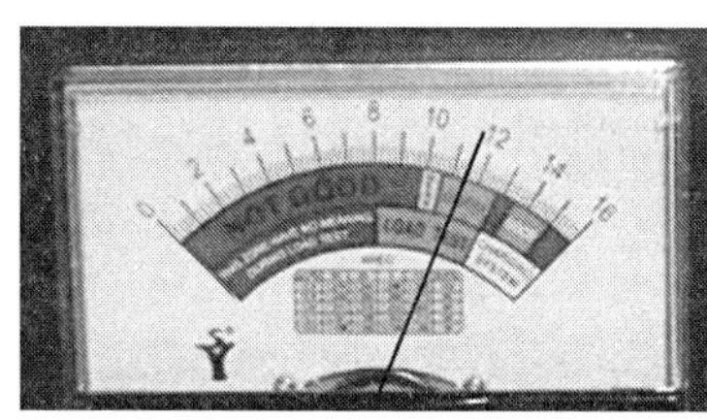

(e) 테스터기 눈금 확인

**그림 24. 용량시험 테스터기**

### [2] 판정

| 녹색 범위 | 비중 1.250~1.280 | 양호 |
|---|---|---|
| 황색 범위 | 비중 1.215 | 요 충전 |
| 적색 범위 | 비중 1.140~1.185 | 불량 |

## 2.1.10. 축전지의 충전방법

그림 25. 계기판

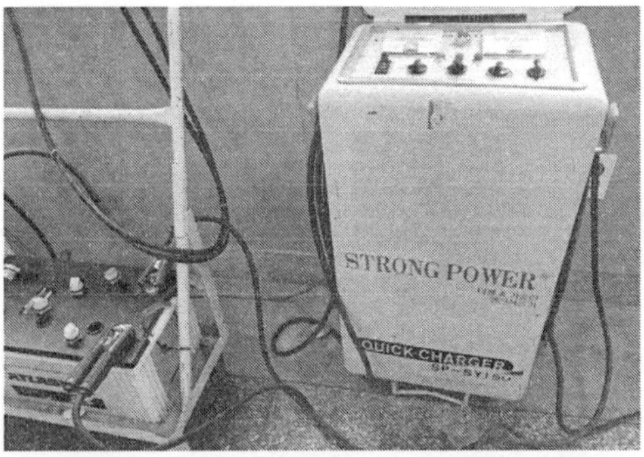


그림 26. 급속충전기 및 설치상태

### [1] 축전지를 충전할 때 연결방법

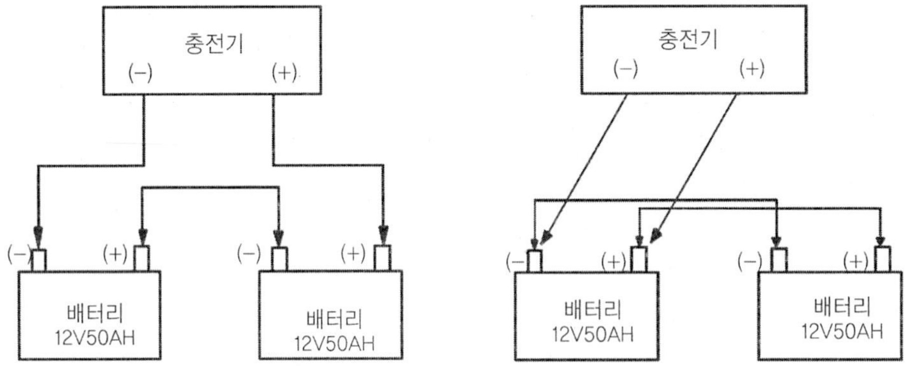


(a) 직렬충전(24V 50AH)　　　(b) 병렬충전(12V 100AH)

그림 27. 축전지를 충전할 때 연결방법

### [2] 충전기 계기판 설명

① 볼트미터 : DC출력 전압미터로 시동 및 충전시 DC 전압을 지시하고, 선택스위치 시험 위치시 급속충전시간 및 축전지 전압상태를 지시

② 암페어 미터 : DC출력 전류미터로 시동 및 충전시 DC 전류를 지시

③ 전원 스위치 : 전원 개폐 스위치로 과부하 시 자동 전원차단 스위치의 기능

④ 선택 스위치

㉮ OFF 위치는 모든 기기 작동 중지

㉯ 시동 위치는 차량 시동시 사용하는 스위치

㉰ 충전위치는 축전지를 충전하기 위한 스위치

⑤ 위치 스위치

㉮ OFF위치는 출력전압 OFF

㉯ 12V, 24V 위치는 시동 및 충전시 출력전압(DC 12V, DC 24V)

㉰ 시험위치는 축전지 시험위치(충전할 축전지를 측정할 때 사용)

⑥ 전압 정밀 조정자 : 시동 및 충전시 12V, 24V 전압 정밀 조정자로 정확한 DC 전압 조정

⑦ 충전시간 조정자

㉮ 자동위치 : 충전시간 자동조정자 0~60분까지 조정(충전완료시 충전완료 멜로디 및 자동으로 OFF)

㉯ 수동위치 : 수동 충전시 축전지의 정전류 충전시나 계속 사용하고자한 때 위치

⑧ 램프

㉮ 전원 램프 : 전원 표시 램프

㉯ 기타 : 12V 또는 24V 램프는 위치하는 곳에 램프가 점등된다.

### [3] 충전시 유의사항

① 충전시 배터리 온도상승에 유의한다.

② 용량이 다른 배터리의 동시 충전시 충전전류는 용량이 적은 배터리의 충전전류를 기준한다.

③ 직렬접속 충전법은 축전지 용량이 서로 다를 때도 동시 충전이 가능하나, 병렬접속 충전방법은 축전지 용량이 동일한 경우에만 가능하다(단, 가변저항 사용 시의 병렬 접속 충전방법은 용량이 다른 축전지나 방전량이 다른 다수의 축전지를 동시에 충전할 수 있다).

### [4] 보충전(정전류 충전)

자기방전 또는 소비된 축전지 용량의 보충전시 충전방법으로, 충전전압은 축전지 전압보다 1~2V 높게 선택하고 보통 4시간 정도 또는 밤샘 충전을 실시한다.

① 축전지 벤트 플러그를 전부 연다.

② 전해액량을 확인한다(부족시 보충).

③ 전원 스위치 OFF상태로 한다.

④ 충전기의 리드선을 접속한다(적색 → 배터리 (+)단자, 흑색 → 배터리 (-)단자).
⑤ 충전기의 전원 코드선을 연결한다.
⑥ 전원스위치를 ON시킨다.
⑦ 충전 정도를 확인하기 위해 위치스위치를 시험위치로 선택하고 배터리 충전상태를 확인하고 12V, 24V를 배터리에 맞게 선택한다.
⑧ 선택스위치를 충전에 위치한다.
⑨ 충전시간 조정스위치를 수동(연속)위치로 선택한다.
⑩ 전압 정밀 조정스위치를 축전지 용량의 1/10에 선택한다(예: 45AH 1/10= 4.5A).

### [5] 급속충전

충전시간의 여유가 없을 때 급속히 충전하는 응급처치 충전방법으로 충전전류는 배터리 용량의 1/2, 충전전압은 배터리 전압보다 1～2V 높다.

① 충전할 축전지의 벤트플러그를 모두 푼다(전해액을 점검하여 부족한 경우 보충한다).
② 충전기의 전원스위치, 선택스위치, 위치스위치, 전압 정밀 조정기, 충전시간 조절기를 모두 OFF시킨다.
③ 충전기의 AC 전원케이블을 AC 전원플러그에 연결한다.
④ 충전기의 축전지 연결케이블의 적색클립은 축전지 (+)터미널에, 흑색클립은 (-)터미널에 접속한다.
⑤ 전원스위치를 ON시킨다.
⑥ 선택스위치를 시험 위치에 셀렉터를 선정하여 전압계의 지침 중 6, 5, 4, 3, 2, 1 (노란색 바탕)의 지시 눈금에 ×10을 하여 충전시간 조정 셀렉터를 충전시간에 선정한 다음 위치 스위치(12V, 24V)를 배터리에 맞게 선정한다.
⑦ 선택스위치 셀렉터를 충전에 위치시킨다.
⑧ 전압 정밀조정 셀렉터를 사용하여 전류계를 보면서 충전기의 출력 전류를 축전지 용량의 50%가 되도록 조절한다(예 : 60Ah인 축전지의 충전전류는 30A).
⑨ 충전이 완료되면 멜로디가 울린다.
⑩ 멜로디가 울리면 모든 스위치를 OFF시킨다.
⑪ 전원케이블 및 축전지 연결케이블을 분리한다.
⑫ 축전지의 전해액 양을 확인한 후 벤트플러그를 닫는다.

## 2.2. 발전기 탈·부착 및 벨트 장력조정

① 차량의 후드를 열고 배터리 (-)케이블을 탈거한다.

② 에어컨벨트 텐션의 고정 볼트를 이완시키고, 에어컨벨트 장력 조정볼트를 돌려 벨트 장력을 느슨하게 한 후 에어컨벨트를 탈거한다.

그림 28. (-)케이블 탈거

그림 29. 에어컨벨트 탈거

③ 발전기 B단자 보호 커버를 열고 공구를 사용하여 B단자를 탈거한다.

④ 발전기 커넥터를 탈거한다.

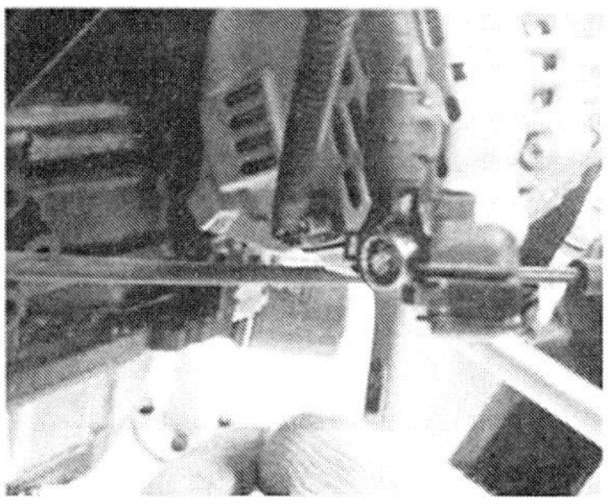

그림 30. B단자 탈거

그림 31. 발전기 커넥터 탈거

⑤ 발전기 고정 관통볼트의 너트를 공구를 사용하여 이완시킨다.

⑥ 벨트장력 고정 볼트를 이완시킨다.

그림 32. 관통볼트의 너트 이완

그림 33. 벨트장력 고정볼트 이완

⑦ 벨트장력 조정볼트를 풀어 벨트 장력이 느슨해지도록 풀어준다.
⑧ 발전기를 엔진 몸체방향으로 들어 올리고 벨트를 탈거한다.

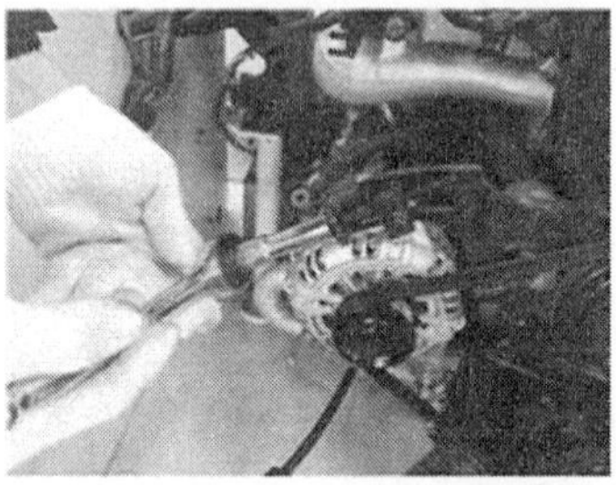

그림 34. 벨트장력 조정볼트로 장력이완

그림 35. 벨트 탈거

⑨ 발전기 벨트장력 고정볼트를 풀어 탈거한다.
⑩ 발전기 고정 관통볼트의 너트를 풀고 관통볼트를 탈거하고 발전기를 탈거한다.

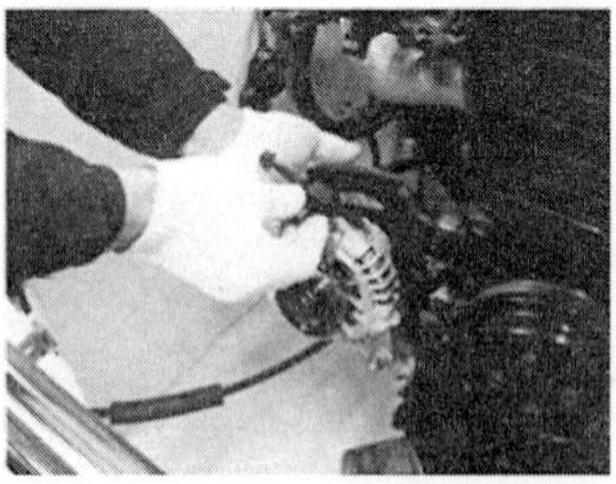

그림 36. 고정볼트 탈거

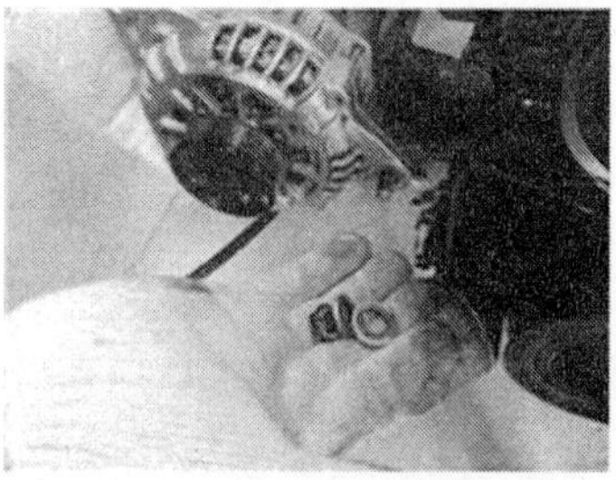

그림 37. 관통볼트를 탈거

⑪ 신품의 발전기에 관통볼트를 체결한다. 장착시 반드시 평 와셔와 스프링 와셔를 장착한다.

⑫ 발전기 벨트를 장착한다.

⑬ 벨트 장력조정 고정 볼트를 체결한다. 완전히 조이는 것이 아니고, 벨트 장력을 조정한 후에 규정의 토크로 조인다.

⑭ 벨트 장력 조정볼트를 돌려 벨트의 장력을 조정한다.

⑮ 물펌프와 발전기 중간에서 벨트를 눌렀을 때 10mm 정도의 헐거움이면 적당하다.

⑯ 장력조정이 끝나면 관통볼트의 너트 및 발전기 장력조정 고정너트를 공구를 사용하여 조인다.

그림 38. 장력점검

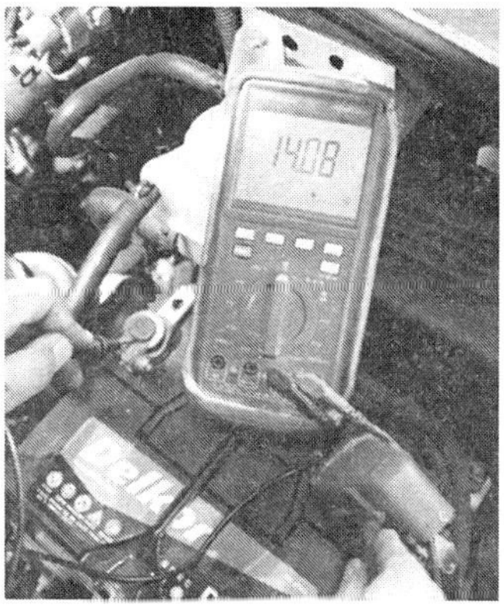

그림 40. 발전기 출력전압 점검

⑰ 발전기 커넥터 및 발전기 B단자를 공구를 사용하여 고정한다.

⑱ 배터리 (-)케이블을 연결한 후 시동을 걸고 발전기 출력전압(13.8~14.8V)을 확인한다.

## 2.3. 발전기의 분해·조립 및 점검

### 2.3.1. 분해

① 관통볼트를 푼 다음 그림 42와 같이 프런트 하우징과 스테이터사이에 드라이버를 넣고 분리한다. 이때 스테이터 코일을 손상시킬 염려가 있으므로 드라이버를 너무 깊게 넣지 않도록 한다.

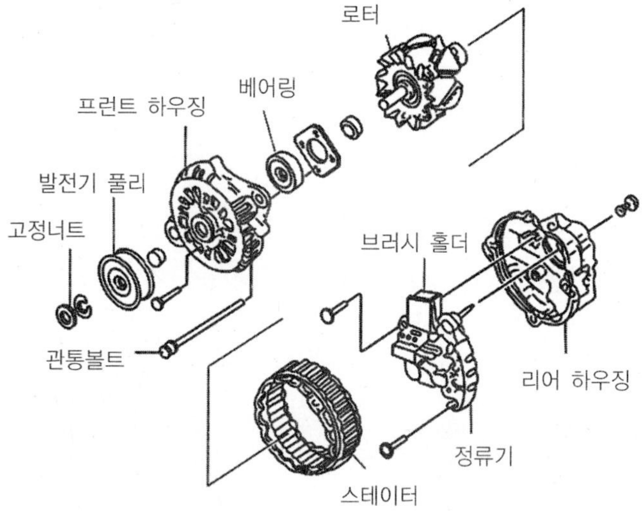

그림 41. 발전기 분해도

그림 42. 관통볼트 탈거

그림 43. 프런트 하우징과 스테이터 분리하기

② 로터를 바이스에 물린 후 고정 너트를 풀고 풀리를 분리한다. 이때 로터에는 헝겊이나 구리판 등을 대고 바이스에 물리도록 한다. 또한 불필요한 경우에는 풀리의 분해는 생략한다.

그림 44. 풀리 탈거

그림 45. 로터 탈거

③ 스테이터와 다이오드 접합 납땜부분을 분리한다.

④ 스테이터를 분리한다.

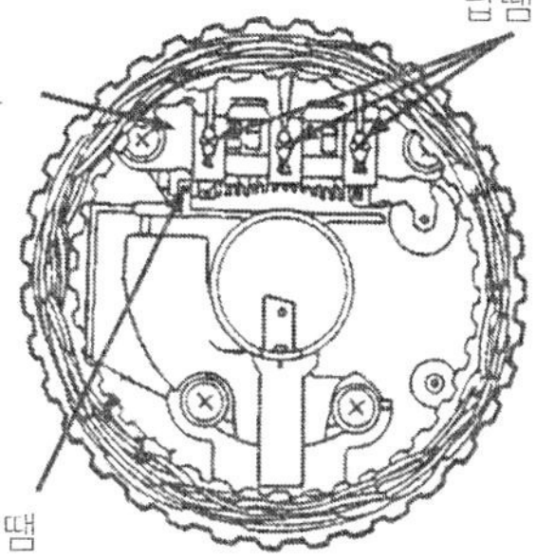


그림 46. 스테이터와 다이오드 접합 납땜부분을 분리

그림 47. 다이오드 납땜부분

⑤ 전압조정기 및 다이오드 고정용 볼트를 푼다.

⑥ 전압조정기를 분리한 후 단자 L, B 접합 납땜부분을 분리한다.

그림 48. 전압조정기 분리

그림 49. L, B 접합 납땜부분 분리

### 2.3.2. 조립

조립은 분해의 역순으로 시행하되 다음 사항을 주의한다.

① 로터를 리어 하우징에 설치하기에 앞서 철사를 리어 하우징의 작은 구멍에 넣어 브러시를 잡아준다.

② 로터를 조립한 후에는 철사를 빼낸다.

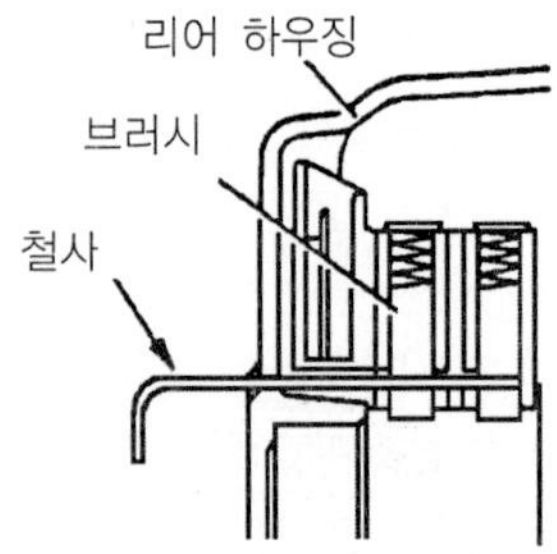


(a) 브러시를 누르고 철사삽입

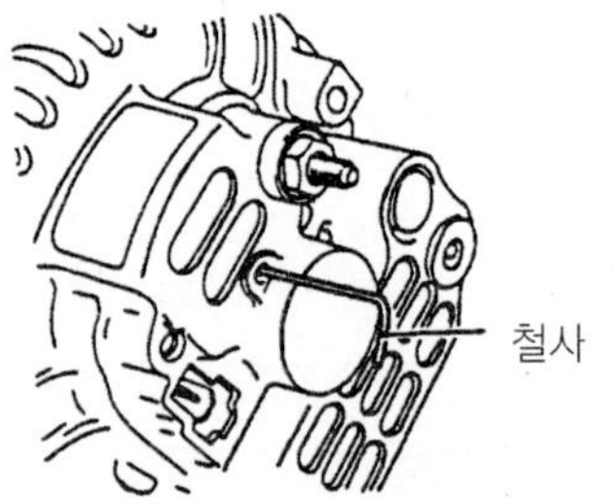


(b) 조립 후 철사를 뺀다.

그림 50. 철사를 끼운 상태

## 2.3.3. 스테이터 및 로터코일 점검

### [1] 스테이터 코일점검

① 스테이터 코일의 통전 여부를 점검한다. - 코일과 코일사이가 통전되는가를 점검하여 통전이 되지 않으면 스테이터 어셈블리를 교환한다.

② 스테이터 코일의 접지를 점검한다. - 코일과 스테이터 철심사이의 통전 여부를 점검하여 통전이 되면 스테이터 어셈블리를 교환한다.

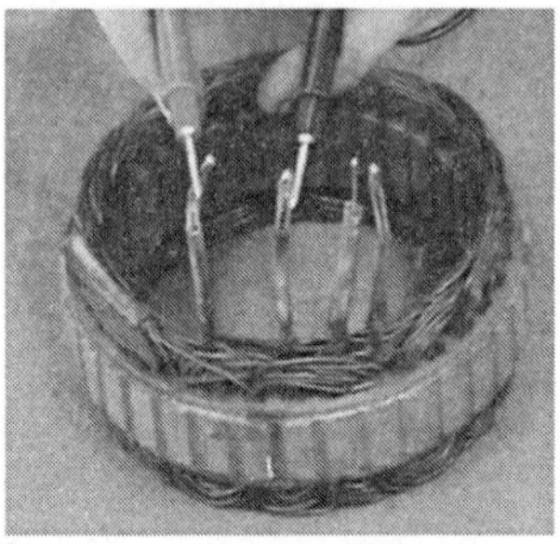

(a) 단선점검

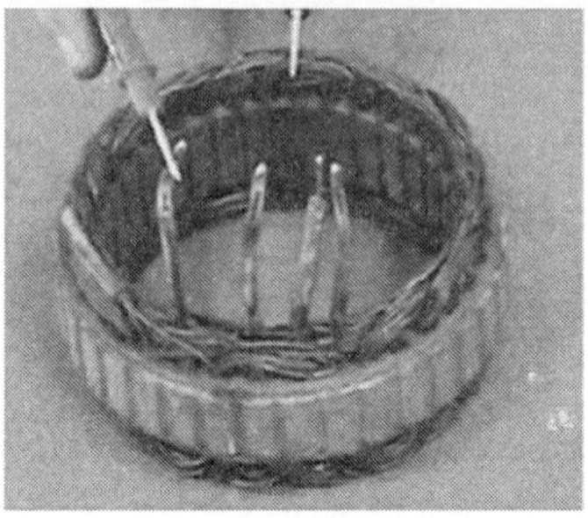

(b) 접지시험

그림 51. 스테이터 코일점검

### [2] 로터코일 점검

① 로터코일의 통전여부를 점검한다. - 로터코일과 슬립링 사이가 통전되는가를 점검하여 저항 값이 너무 낮으면 회로가 단락된 상태이며, 저항 값이 너무 높으면 회로가 개방된 상태이므로 로터 어셈블리를 교환한다.

② 로터코일의 접지를 점검한다. - 슬립링과 로터 철심사이의 통전 여부를 점검하여 통전이 되면 로터 어셈블리를 교환한다.

(a) 단선시험 (b) 접지시험

그림 52. 로터코일 점검

### 2.3.4. 다이오드 점검

#### [1] 교류(AC)발전기의 정류기 구성 및 점검

① (+)다이오드 : 발전기의 출력(B) 단자인 축전지의 (+)단자 쪽에 연결되어 있다.

② (−)나이오드 : 접지 쪽에 연결되어 있다.

③ 다이오드 트리오 : 보조 출력장치로서 충전 경고등 L단자에 연결되어 있다.

#### [2] (+)다이오드 점검

회로시험기로 (+)다이오드 히트싱크와 스테이터 코일 연결단자 사이의 통전을 점검하였을 때 회로시험기의 바늘이 한쪽방향에서만 통전되어야 한다. 만약 양쪽방향으로 모두 통전되거나 통전이 안 되면 다이오드가 단락 또는 단선된 상태이므로 다이오드를 교환한다.

#### [3] (-)다이오드 점검

회로시험기로 (−)다이오드 히트싱크와 스테이터 코일 연결단자 사이의 통전을 점검하였을 때 회로시험기의 바늘이 한쪽방향에서만 통전되어야 한다.

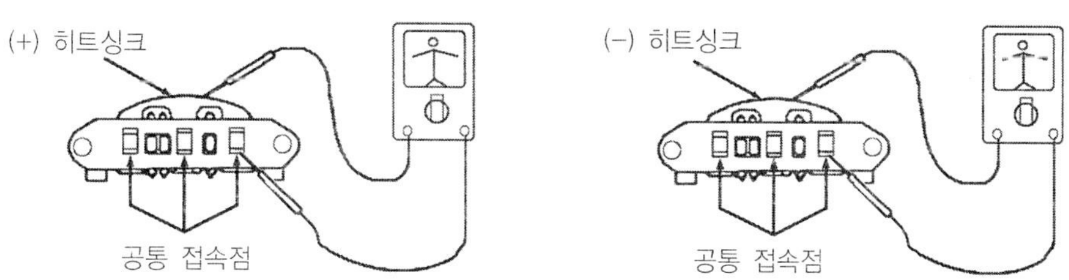


(a) (+)다이오드 (b) (−)다이오드

그림 53. 다이오드 점검

만약 양쪽방향으로 모두 통전되거나 통전이 안되면 다이오드가 단락 또는 단선된 상태이므로 다이오드를 교환하여야 한다.

### [4] 트리오 다이오드 시험

3개의 다이오드사이에 회로시험기를 연결하여 통전을 점검하였을 때 회로시험기의 바늘이 한쪽 방향에서만 통전되어야 한다. 만약 양쪽 방향으로 모두 통전되거나 통전이 안되면 다이오드가 손상된 상태이므로 다이오드 어셈블리를 교환하여야 한다.

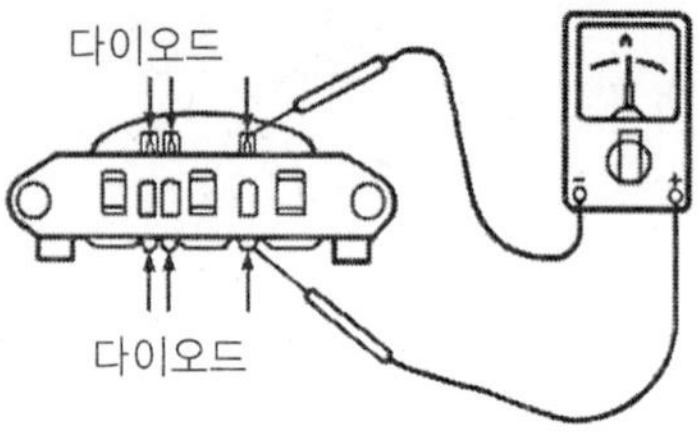


그림 54. 트리오 다이오드 점검

## 2.3.5. 브러시점검

브러시 길이를 점검하여 마모 한계선까지 마모되었으면 다음 순서로 브러시를 교환한다.

① 브러시 홀더에서 피그 테일(pig tail)의 납땜부분을 분리하고 구품 브러시와 스프링을 떼어낸다.

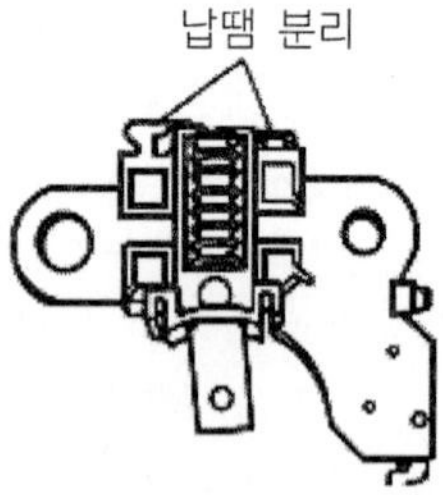


그림 55. 전압조정기(브러시 부착)

② 브러시 홀더에 신품 브러시와 스프링을 설치한다.
③ 마모 한계선과 브러시 홀더 끝과의 간격이 2~3mm가 되도록 브러시를 끼운다.
④ 브러시 홀더에 피그 테일을 납땜한다.

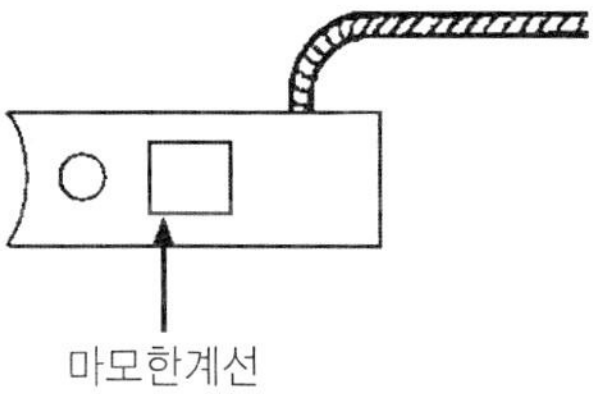


그림 56. 브러시 마모 한계선

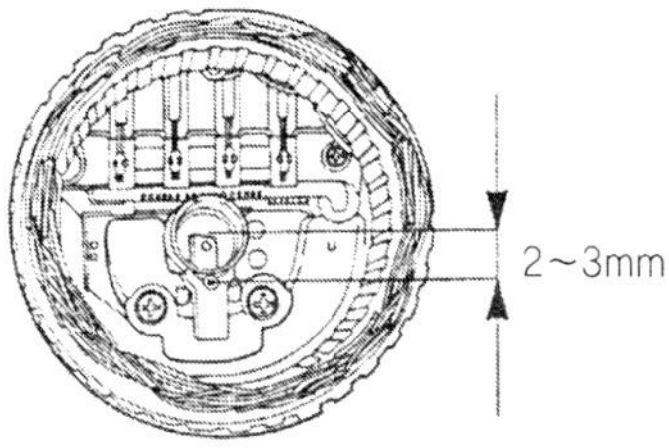


그림 57. 조립된 브러시상태

## 2.4. 발전기 충전전류와 전압측정

### 2.4.1. 발전기 출력 배선의 전압 강하시험

이 시험은 발전기 B단자와 축전지 (+)단자 사이의 배선이 정확히 연결되어있고 과열로 인한 하니스의 변색 등을 점검할 때 실시한다.

발전기 출력배선의 전압강하 점검은 먼저 점화스위치를 OFF시킨 후 축전지 (+)단자와 발전기 B단자의 체결상태를 확인하고 전압계를 이용하여 축전지 (+)단자와 발전기 B단자의 전압을 측정하여 전압 수치가 일반적으로 0.2V 이내의 차이를 보이면 정상이고 전압 수치가 0.2V 이상이면 배선 불량으로 판단한다.

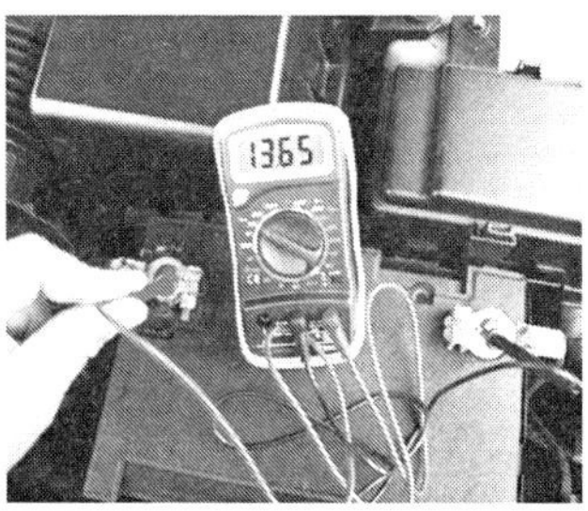


(a) 배터리 (+)단자 전압측정

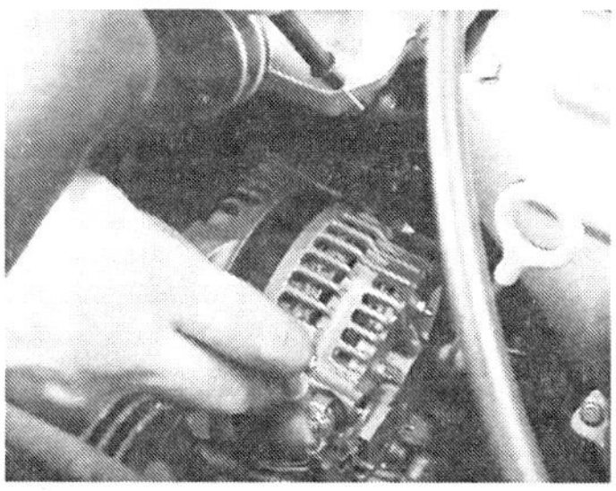

(b) 발전기 B단자 전압측정

그림 58. 발전기 출력배선의 전압 강하시험

### 2.4.2. 발전기 출력(충전) 전압시험

① 아날로그 전압 테스터기 또는 디지털 전압 테스터기를 DC V에 선정한다.

② 테스터기 전압계 (+)리드선을 발전기 B단자에 연결한다.

③ 테스터기 전압계 (-)리드선을 차체에 접지 또는 축전지 (-)단자에 연결한다.

④ 테스터기를 발전기 B단자에 접속하기 어려우면 축전지에 설치한다.

⑤ 엔진을 시동한 후 출력전압을 판독한다.

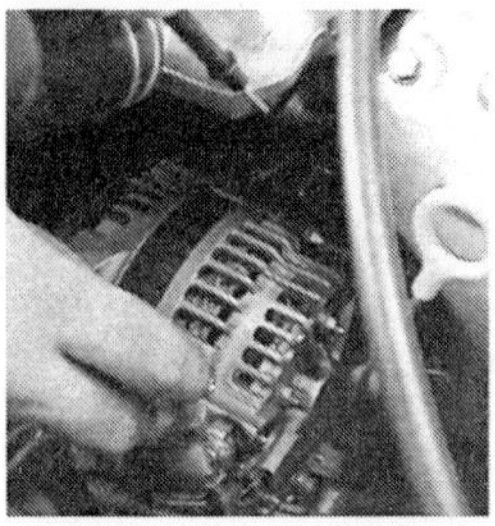
(a) 발전기 B단자에서 측정

(b) 축전지에서 측정

그림 59. 전압측정

## 2.4.3. 발전기 출력(충전) 전류시험

① 발전기의 출력용량을 확인한다.

② 배터리 전압을 측정한다. 충전전류를 측정할 때에는 약간 방전된 축전지를 사용하는 것이 좋다.

③ 전류계를 DC A레인지에 설정하고 0점 조정버튼 으로 0점을 조정한다.

그림 60. 전류측정

④ 발전기 B단자에 최대한 가까이 전류계를 설치한다. 발전기 B단자에 설치가 안 될 때는 축전지 (+)단자에서 발전기로 가는 배선에 설치한다.

⑤ 전조등 스위치를 ON으로 하여 3분 정도 방전시킨다.

⑥ 엔진을 시동한다. 이때 에어컨이나 히터 송풍기를 High로 켠다.

⑦ 엔진의 회전속도를 2000~2500rpm으로 높인다.

⑧ 전류계의 눈금을 판독한다.

⑨ 측정 후 모든 상태를 원위치 시킨다.

⑩ 충전 전류는 발전기 정격 전류의 70% 이상이면 정상이다.

➡표 2. 차종별 발전기 출력전압

| 차 종 | 정격 전류(A) | 정격 전압(V) | 회전수(rpm) |
|---|---|---|---|
| 엘란트라 | 85 | 13.5 | |
| 아반떼 XG | 80 | 13.5 | 1000~18000 |
| 엑센트 | 75 | 13.5 | 1000~18000 |
| EF 쏘나타 | 95 | 13.5 | 1000~18000 |
| 쏘나타 | 90 | 13.5 | 1000~18000 |
| 베르나 | 75 | 13.5 | 1000~18000 |
| 뉴 세피아 | 70 | 12 | 2500~3000 |
| 스포티지 | 70 | 12 | 2500~3000 |
| 에스페로 | 70 | 12 | 2000 |
| 투스카나 2.0 | 90 | 13.5 | 1000~18000 |
| 프라이드 | 50 | 12 | 2000~3000 |

## 2.5. 발전기 출력 파형분석

### 2.5.1. 충전전류 파형측정

① HI-DS 초기 화면에서 차종을 선택하여 차량제원을 설정한 후 확인 버튼을 누른다.

② 오실로스코프를 선택한다.

③ 1개의 채널을 선택한다.

④ Ch1번을 발전기의 B단자에 연결한다.

⑤ 모든 부하를 제거하고, 시동을 걸어 엔진이 안정화될 때까지 기다린다.

그림 61. Ch1번을 발전기의 B단자에 연결

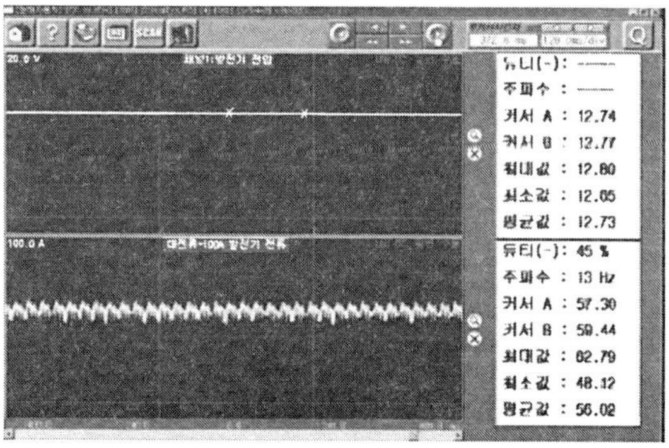


그림 62. 충전전류 파형

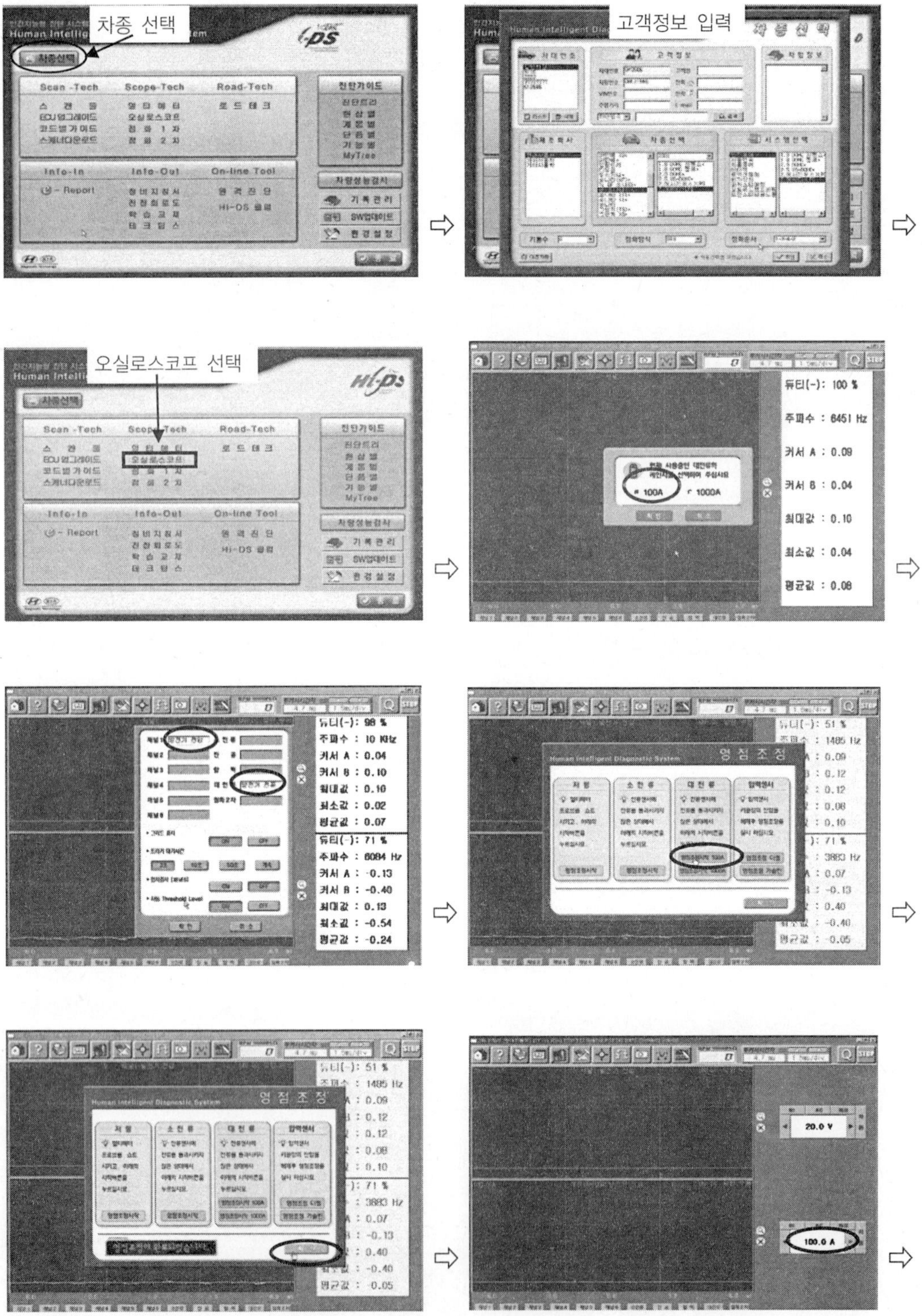


그림 63. 충전전류 측정순서

### 2.5.2. 정상 파형해석

① 충전 전압(①) : 13.8~14.8V의 충전전압을 나타내고 있으며 일직선으로 나타내야 한다. 노이즈가 상당히 심하면 슬립링의 오염을 예상할 수 있다.

② 피크전압(②) : 산과 골사이의 출력전압의 P-P 값이 500mV 이하이어야 정상이다. 만약 500mV 이상이면 전압조정기 제너다이오드 이상으로 판정한다. 파형의 이가 빠지거나 하면 정류다이오드의 파손을 예상할 수 있다.

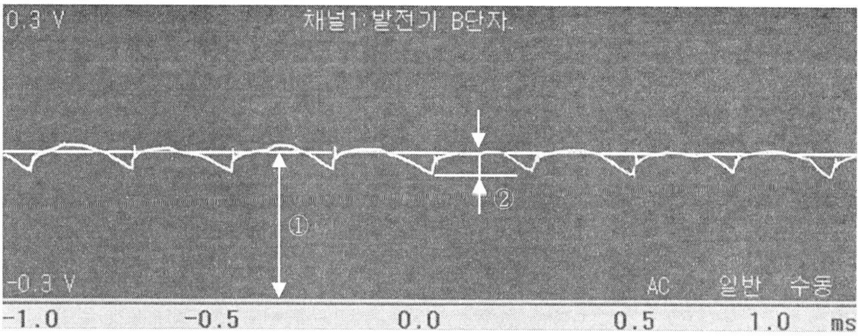


그림 64. 발전기 출력파형

### 2.5.3. 비정상 파형

[1] 출력파형 그래프 해석

① 다이오드 1개 단선 : 출력전압이 주기적으로 떨어지고, 출력전류의 최고값이 정상파형보다 20% 정도 떨어진다.

② 다이오드 2개 단선 : 출력전압의 불균형 변화가 주기적으로 발생하고, 출력전류의 최대 값이 더욱 떨어진다.

③ 다이오드 1개 단락 : 출력전압의 불균형 변화가 찌그러져 있고, 출력전류는 급격하게 떨어진다.

④ 스테이터 코일 1상 단선 : 출력전압의 변화 폭과 주기가 정상파형보다 매우 증가하고, 출력전류는 많이 감소한나.

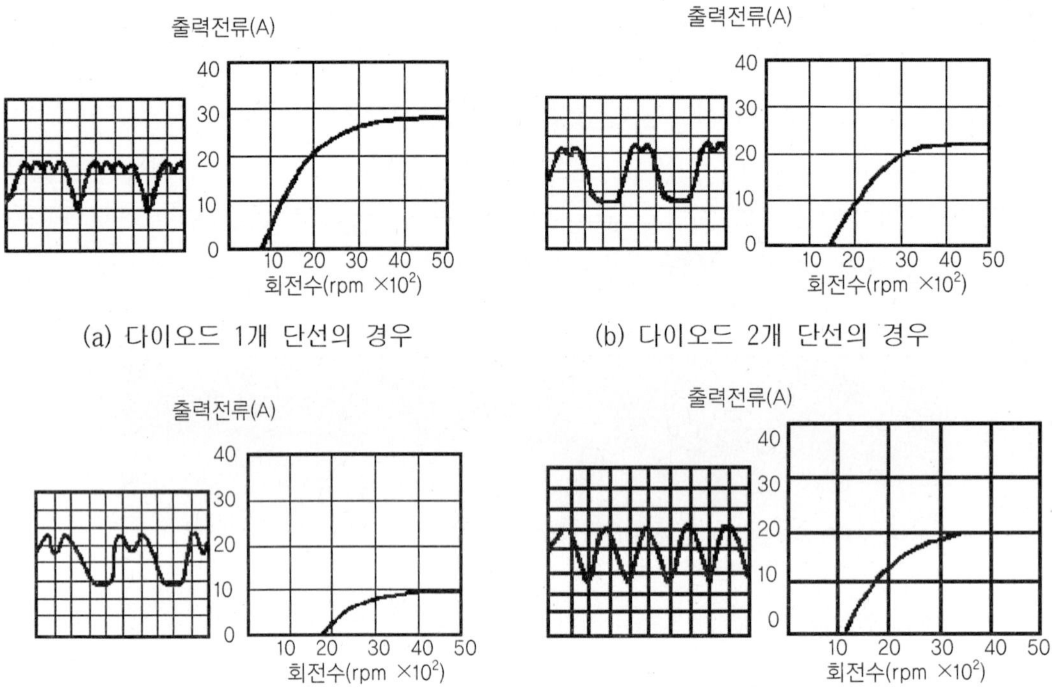


(a) 다이오드 1개 단선의 경우
(b) 다이오드 2개 단선의 경우
(c) 다이오드 1개 단락의 경우
(d) 스테이터 코일 1상 단선의 경우

그림 65. 발전기 비정상 출력파형

## 고장진단

### 1. 단품점검

[1] 주어진 발전기를 분해하고 부품 명칭 및 부품 상태를 기록하고 조립하시오.

| 부품 명칭 | 부품 상태 | 지도교수 확 인 |
|---|---|---|
| | | |
| | | |
| | | |
| | | |
| | | |
| | | |
| | | |
| | | |
| | | |
| | | |
| | | |
| | | |

[2] 축전지 비중 및 전압을 측정하고 판정 및 정비(또는 조치)사항을 기록하시오.

| 기관번호 : | | | 비번호 | | 지도 교수 확 인 | |
|---|---|---|---|---|---|---|
| 측정항목 | ① 측정(또는 점검) | | ② 판정 및 정비(또는 조치)사항 | | | 득 점 |
| | 측정값 | 규정(정비한계)값 | 판정(□에 "✔" 표) | 정비 및 조치 사항 | | |
| 전해액 비중 | | | □ 양호<br>□ 불량 | | | |
| 축전지 전압 | | | | | | |

[3] 발전기 출력배선 전압강하, 발전기 충전 전압, 충전전류를 측정하고 판정 및 정비(또는 조치)사항을 기록하시오.

| 기관번호 : | | | 비번호 | | 지도 교수 확 인 | |
|---|---|---|---|---|---|---|
| 측정항목 | ① 측정(또는 점검) | | ② 판정 및 정비(또는 조치)사항 | | | 득 점 |
| | 측정값 | 규정(정비한계)값 | 판정(□에 "✔" 표) | 정비 및 조치 사항 | | |
| 배선 전압강하 | | | □ 양호<br>□ 불량 | | | |
| 충전 전압 | | | | | | |
| 충전 전류 | | | | | | |

[4] 발전기 다이오드 및 로터코일과 브러시 마모 상태를 측정하고 판정 및 정비(또는 조치)사항을 기록하시오.

| 자동차 번호 : | | | 비번호 | | 지도교수 확 인 | |
|---|---|---|---|---|---|---|
| 측정 항목 | ① 측정(또는 점검) | | ② 판정 및 정비(또는 조치)사항 | | | 득점 |
| | 측정값 | 규정(정비한계)값 | 판정(□에 "✔" 표) | 정비 및 조치할 사항 | | |
| (+)다이오드 | (양: 개), (부: 개) | | □ 양호<br>□ 불량 | | | |
| (-)다이오드 | (양: 개), (부: 개) | | | | | |
| 트리오다이오드 | (양: 개), (부: 개) | | | | | |
| 브러시 | | | | | | |
| 로터코일저항 | | | | | | |

[5] 주어진 차량에서 발전기 충전전류 파형을 측정 및 파형상태를 기록하시오.

| 기관 번호 : | | 비번호 | | 지도교수 확 인 | |
|---|---|---|---|---|---|
| 측정 항목 | 파형 상태 | | | | 득점 |
| 파형측정 | 요구사항 조건에 맞는 파형을 프린트하여 아래사항을 분석 후 뒷면에 첨부<br>① 출력된 파형에 불량요소가 있는 경우에는 반드시 표기 및 설명 되어야 함.<br>② 파형의 주요 특징에 대하여 표기 및 설명 되어야 함. | | | | |

## 2. 고장증상 점검 및 수리방법

[1] 배터리가 방전되어 시동을 걸고 배터리에서 충전전압을 측정해보니 충전전압이 불량하여 발전기를 정품으로 교환한 후 4~6개월 후에 주행 중 전조등 불빛이 약해져서 배터리에서 충전전압을 측정해보니 충전 전압이 불량하였으나 발전기 B 단자 에서 점검해보니 발전기 충전전압은 정상이었다.

(1) 위 사항과 같은 고장증상이 발생되는 차량에서 시 운전을 하여 고장증상을 확인하고 고장증상에 대한 확인방법을 작성하시오(도로주행을 통해 어려운 경우 정차 상태에서 충전장치를 확인한다).

| 고장증상 | 고장증상 확인방법 | 확 인 |
|---|---|---|
| | | |

(2) 고장부위 고장원인 및 점검방법을 작성하시오.

| 고장 부위 | 고장 원인 | 점검방법 | 확 인 |
|---|---|---|---|
| | | | |
| | | | |
| | | | |
| | | | |
| | | | |

(3) 고장부분을 정비지침서 또는 관련 자료를 참고하여 수리하고 수리방법과 수리절차를 작성하시오.

| 수리방법 | 수리절차 | 확 인 |
|---|---|---|
| | | |

[2] 엔진 시동을 끄고 점화스위치를 ON 위치에 놓았는데도 충전경고등이 점등되지 않는다.

(1) 위 사항과 같은 고장증상이 발생되는 차량에서 시 운전을 하여 고장증상을 확인하고 고장증상에 대한 확인방법을 작성하시오(도로주행을 통해 어려운 경우 정차 상태에서 충전장치를 확인한다).

| 고장증상 | 고장증상 확인방법 | 확 인 |
|---|---|---|
| | | |

(2) 고장부위 고장원인 및 점검방법을 작성하시오.

| 고장 부위 | 고장 원인 | 점검방법 | 확 인 |
|---|---|---|---|
| | | | |
| | | | |
| | | | |
| | | | |
| | | | |

(3) 고장부분을 정비지침서 또는 관련 자료를 참고하여 수리하고 수리방법과 수리절차를 작성하시오.

| 수리방법 | 수리절차 | 확 인 |
|---|---|---|
| | | |

[3] 엔진 시동이 걸렸는데 충전 경고등이 소등되지 않는다.

(1) 위 사항과 같은 고장증상이 발생되는 차량에서 시 운전을 하여 고장증상을 확인하고 고장증상에 대한 확인방법을 작성하시오(도로주행을 통해 어려운 경우 정차상태에서 충전장치를 확인한다).

| 고장증상 | 고장증상 확인방법 | 확 인 |
|---|---|---|
| | | |

(2) 고장부위 고장원인 및 점검방법을 작성하시오.

| 고장 부위 | 고장 원인 | 점검방법 | 확 인 |
|---|---|---|---|
| | | | |
| | | | |
| | | | |
| | | | |
| | | | |

(3) 고장부분을 정비지침서 또는 관련 자료를 참고하여 수리하고 수리방법과 수리절차를 작성하시오.

| 수리방법 | 수리절차 | 확 인 |
|---|---|---|
| | | |

[4] 엔진 시동을 걸었을 때 발전기에서 소음이 발생한다.

(1) 위 사항과 같은 고장증상이 발생되는 차량에서 시 운전을 하여 고장증상을 확인하고 고장증상에 대한 확인방법을 작성하시오(도로주행을 통해 어려운 경우 정차 상태에서 충전장치를 확인한다).

| 고장증상 | 고장증상 확인방법 | 확 인 |
|---|---|---|
| | | |

(2) 고장부위 고장원인 및 점검방법을 작성하시오.

| 고장 부위 | 고장 원인 | 점검방법 | 확 인 |
|---|---|---|---|
| | | | |
| | | | |
| | | | |
| | | | |
| | | | |

(3) 고장부분을 정비지침서 또는 관련 자료를 참고하여 수리하고 수리방법과 수리절차를 작성하시오.

| 수리방법 | 수리절차 | 확 인 |
|---|---|---|
| | | |

[5] 야간주행 중 계기판 불빛이 약해지고 전조등 불빛이 약해진다.

(1) 위 사항과 같은 고장증상이 발생되는 차량에서 시 운전을 하여 고장증상을 확인하고 고장증상에 대한 확인방법을 작성하시오(도로주행을 통해 어려운 경우 정차 상태에서 충전장치를 확인한다).

| 고장증상 | 고장증상 확인방법 | 확 인 |
|---|---|---|
| | | |

(2) 고장부위 고장원인 및 점검방법을 작성하시오.

| 고장 부위 | 고장 원인 | 점검방법 | 확 인 |
|---|---|---|---|
| | | | |
| | | | |
| | | | |
| | | | |
| | | | |

(3) 고장부분을 정비지침서 또는 관련 자료를 참고하여 수리하고 수리방법과 수리절차를 작성하시오.

| 수리방법 | 수리절차 | 확 인 |
|---|---|---|
| | | |

CHAPTER 06.

Automotive Electric• Electron Exercise

# 시동장치 정비 [Starting System Maintenance]

## 1. 시동장치의 개요

**학습목표**

시동장치 정비는 차량의 정상적인 엔진시동을 위하여 시동장치의 관련회로와 시동전동기의 상태를 점검하여 이상 유・무를 정확하게 파악하고 문제의 부분을 수리, 교환하는 능력이다.

① 시동장치의 구조와 작동원리를 파악할 수 있다.
② 정비지침서에 따라 시동장치를 파악하고 관련 장치의 작동상태를 확인할 수 있다.
③ 정비지침서에 따라 시동장치의 고장원인을 분석할 수 있다.
④ 제조사별 시동장치 종류에 따라 규정값을 기준으로 점검・진단을 할 수 있다.
⑤ 정비지침서에 따라 시동장치의 세부점검목록을 확인하여 고장원인을 파악할 수 있다.
⑥ 정비지침서에 따라 고장 진단장비를 사용하여 시동장치의 고장원인을 분석할 수 있다.
⑦ 시동장치 관련 부품의 조정을 위해 관련 장비 및 공구를 선택 및 사용할 수 있다.
⑧ 정비지침서에 따른 교환・수리 가능여부를 확인하고 교환 및 수리 후 정상상태를 확인할 수 있다.
⑨ 정비지침서에 따른 관련부품을 차량에서 탈·부착 및 분해・조립순서에 맞게 교환할 수 있다.
⑩ 정비지침서에 따라 시동장치의 전기흐름 및 릴레이, 스위치 점검방법에 관한 지식 및 유무선 통신 시동장치를 파악하여 수리할 수 있다.

자력으로 내연기관은 회전할 수 없다. 그러므로 시동시에는 외부로부터 회전을 시켜야 하기 때문에 시동전동기를 사용한다. 시동전동기는 시동 시 점화스위치 ST위치에서 시동전동기의 피니언이 플라이휠의 링기어와 물려 모터의 힘에 의해 크랭크축을 회전 시켜 엔진을 시동시킨다.

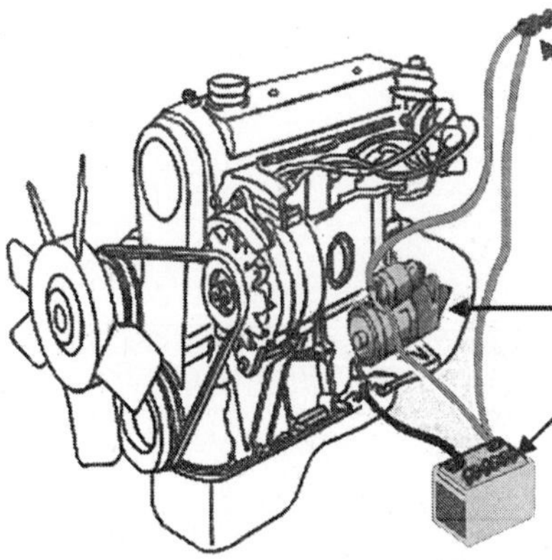


그림 1. 시동장치

## 1.1. 시동전동기의 원리

시동전동기의 원리는 계자철심 내에 설치된 전기자코일에 전류를 공급하면 전기자 코일은 플레밍의 왼손법칙에 따르는 방향의 힘을 받는다. 이 원리에 따라 전기자 코일에 전류를 흐르게 하면 전기자코일 양쪽의 전류방향이 역으로 되므로 회전력이 작용하여 회전운동을 발생시킨다.

그림 2. 시동전동기

## 1.2. 시동전동기의 구조와 기능

전동기 부분은 회전운동을 하는 부분(전기자와 정류자)과 고정되어 있는 부분(계자코일, 계자철심, 브러시)으로 구성되어 있다.

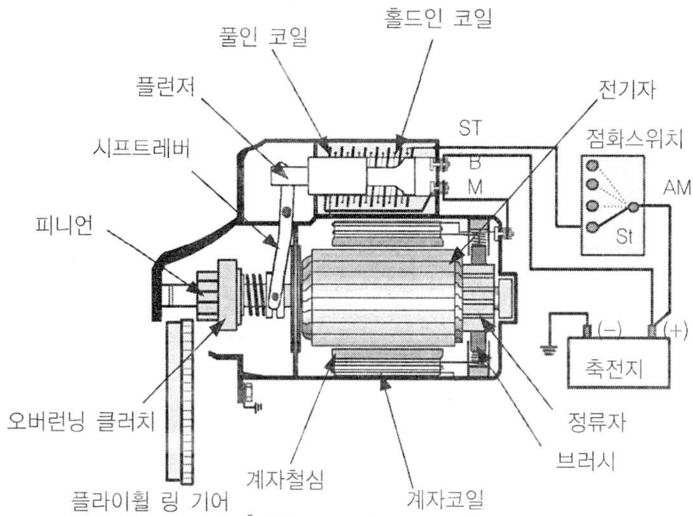


그림 3. 시동전동기의 구조

## 1.2.1. 전기자(armature)

전기자는 회전부분으로 전기자 축, 철심, 절연되어 감겨있는 전기자코일 등으로 구성되어 있으며, 전기자 축 앞쪽의 피니언 미끄럼 운동부에는 스플라인이 파져 있다.

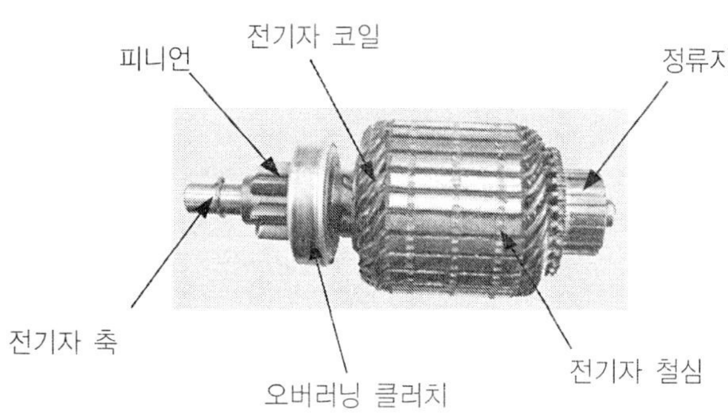


그림 4. 전기자의 구조

## 1.2.2. 정류자(Commutator)

경동(硬銅)으로 된 정류자편을 각각 절연하여 원형으로 결합한 것이며 원심력에 의해 튀어 나오지 않도록 V링 및 V형 운모로 고정되어 있다. 운모의 돌출로 인한 브러시와의 접촉불량을 방지하기 위하여 정류자 편의 표면보다 0.5~0.8mm 낮게 파져 있다.

### 1.2.3. 계철과 계자철심(yoke & pole core)

계철은 자력선의 통로와 시동전동기의 틀로 안쪽 면에는 계자코일을 지지하여 자극이 되는 계자철심이 나사로 고정되어 있다.

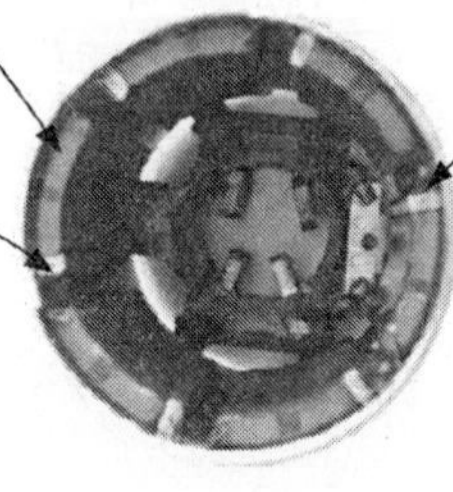


그림 5. 계철과 계자철심

### 1.2.4. 계자코일(field coil)

이 코일은 계자철심에 감겨져 자력을 발생시키는 것이며, 큰 전류가 흐르므로 평각 구리선을 사용한다. 코일의 바깥쪽은 테이프를 감거나 합성수지 등에 담궈 막을 만든다.

### 1.2.5. 브러시와 브러시 홀더(brush & brush holder)

브러시는 정류자를 통하여 전기자 코일에 전류를 출입시키는 일을 하며, 재질은 금속 흑연계열로 직육면체로서 브러시 홀더에 끼워져 홀더 스프링의 장력(0.5~1.0kgf/$cm^2$)에 의해 정류자 편에 접촉, 밀착된다. 브러시는 정류자를 거쳐 전기자 코일에 전류를 공급하며 2개의 절연브러시와 2개 또는 1개의 접지브러시로 구성되어 있다. 또 브러시가 표준 길이에서 1/3 정도 마멸되면 교환하여야 한다.

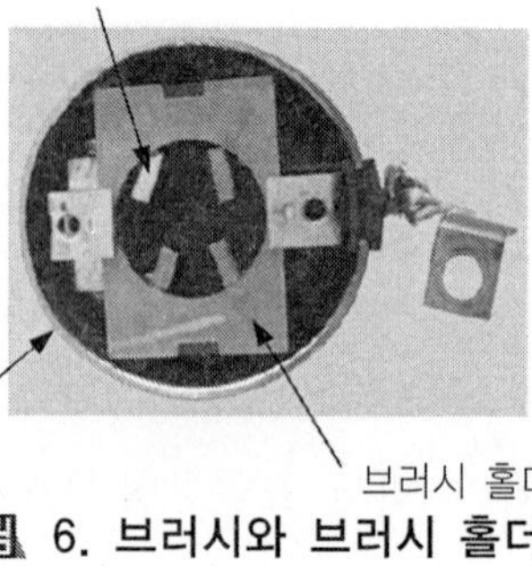


그림 6. 브러시와 브러시 홀더

### 1.2.6. 솔레노이드스위치

솔레노이드스위치는 마그넷 스위치라고도 부르며 전자력으로 작동하는 시동전동기용 스위치이다. 구조는 가운데가 비어 있는 철심, 철심 위에 감겨져 있는 풀인코일과 홀드인 코일, 플런저, 접촉판, 2개의 접점(B단자와 M단자)으로 되어 있다.

풀인 코일은 솔레노이드 스위치 ST단자(시동 단자)에서 감기 시작하여 M단자(전동기 단자)에 접속되어 있고, 홀드인 코일은 ST단자에서 감기 시작하여 솔레노이드스위치 몸체에 접지되어 있다. 풀인 코일은 축전지와 직렬로 접속되며, 홀드 인 코일은 병렬로 연결되어 있다.

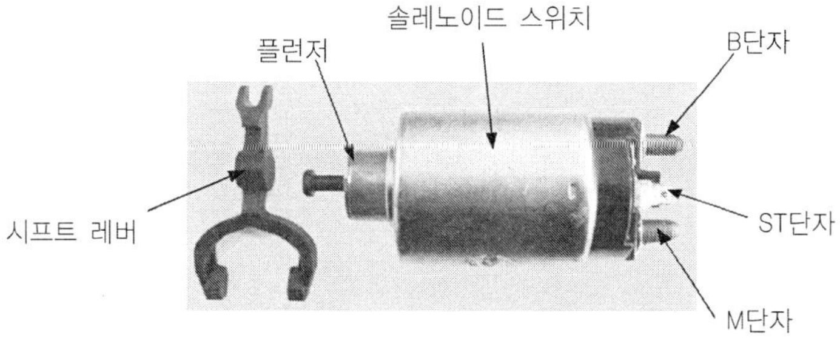


그림 7. 솔레노이드 스위치

### 1.2.7. 전자 피니언 섭동식의 작동

점화스위치(시동 키)를 시동(start)위치로 하면 솔레노이드 스위치의 풀인 코일이 축전지에서의 전류로 강력한 전자석이 되어 플런저를 잡아당긴다.

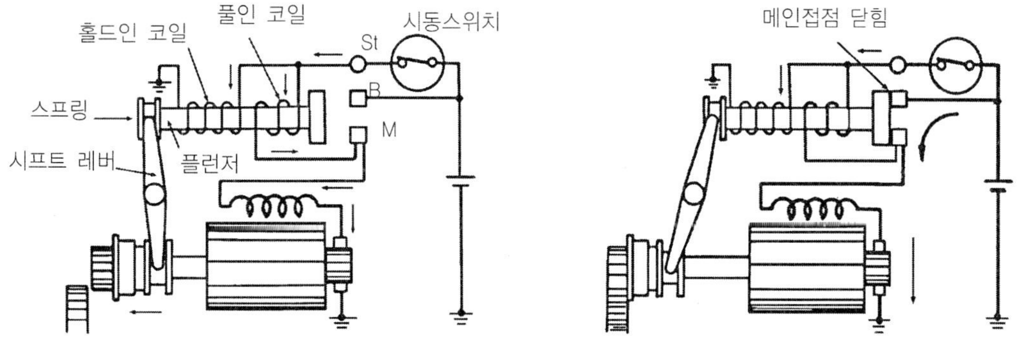


(a) 풀인 코일작동 (b) 홀드인 코일작동

그림 8. 작동회로

플런저는 시프트 레버를 잡아당겨 피니언을 플라이 휠 링 기어에 물린다. 이 물림이 완료되는 순간부터 시동전동기 스위치(솔레노이드 스위치의 B단자와 M단자)가 닫히면 풀인 코일에 흐르던 전류는 끊기고 동시에 홀드인 코일이 작동하여 플런저가 당긴 상태를 유지할 때 시동전동기에 축전지 전류가 흘러 강력한 회전을 시작하여 기관을 크랭킹시킨다.

### 1.2.8. 오버 런닝 클러치(over running clutch)

오버 런닝 클러치(over running clutch)란 기관이 시동된 후 피니언과 플라이휠 링 기어가 물린 상태이므로 이번엔 반대로 기관에 의해 시동전동기가 고속으로 구동되어 전동기가 손상된다. 이를 방지하기 위해 기관이 시동된 후 피니언이 공전하여 시동전동기가 구동되지 않도록 하는 장치를 말한다. 종류에는 롤러 형식, 스프래그 형식, 다판 클러치 형식 등이 있다.

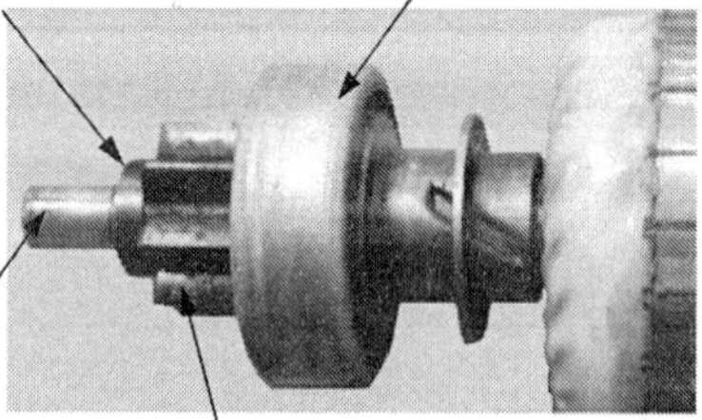


그림 9. 오버런닝 클러치

### 1.2.9. 시동회로 전류의 흐름

① 배터리(+) → 이그니션 퓨저블 링크(30A) → 이그니션 스위치 AM단자 → 실내정션 박스 → 인히비터 스위치 → 스타트 릴레이 B6단자 → 접지 G15

② 이스니션 퓨즈블 링크 30A → 스타트 릴레이 → 스타팅 모터 ST단자 → 접지

③ 배터리(+) → 시동전동기 B단자 → 접지

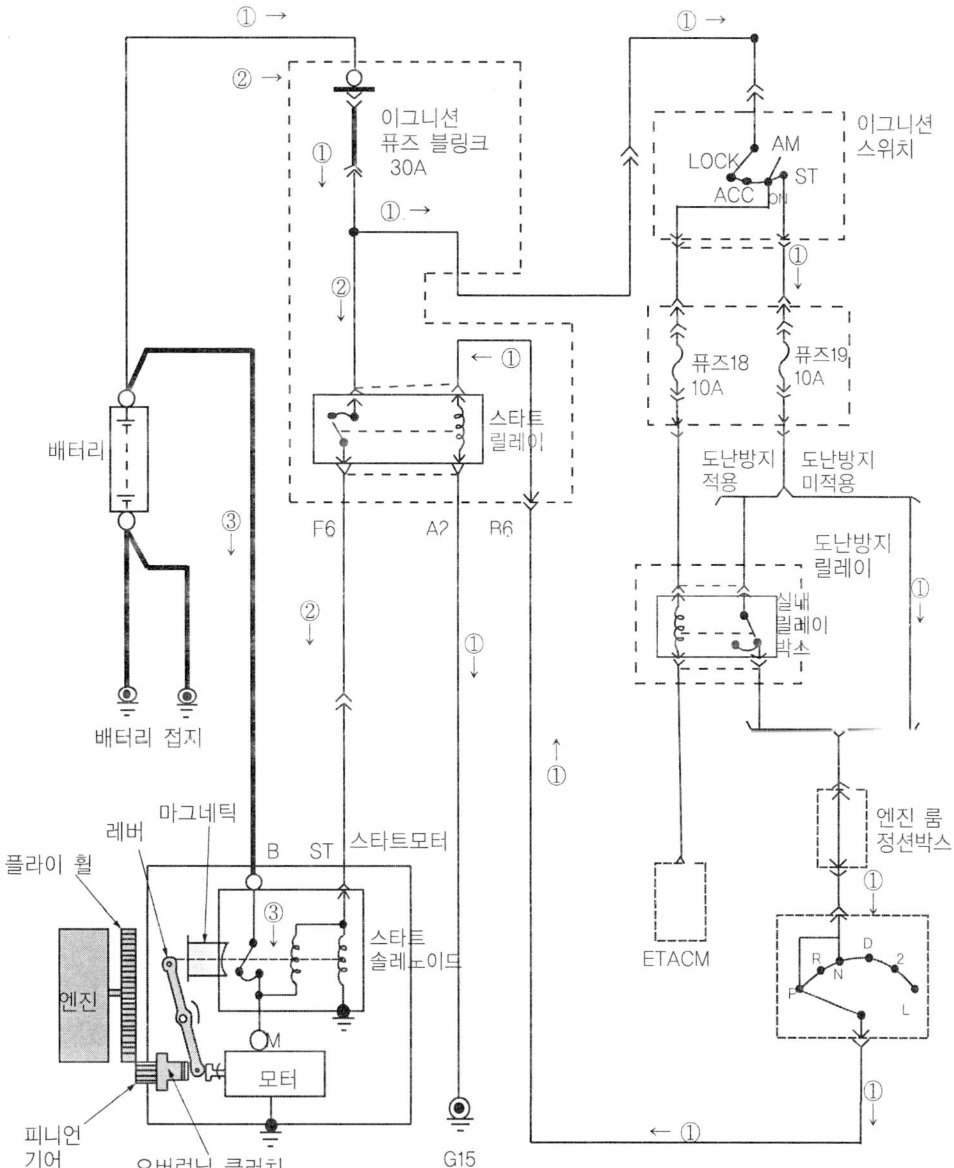


**그림 10. 시동회로도(A/T).**

## 1.2.10. 리모컨 스타터(remote starter)

리모컨 스타터는 리모컨으로 차량의 시동을 거는 것을 말한다. 이러한 원격 시동은 반드시 경계상태에서만 가능하다. 사용자가 리모컨의 시동 버튼을 누르면 5초 동안 시동허가 타이머가 작동한다. 이때 리모컨의 록 버튼을 누르면 즉시 원격 시동 데이터가 송신한다.

전장제어 ECU에서 시동 데이터가 수신 되면 원격 시동 조건 확인 후 이상이 없으면 IG1 릴레이를 구동시키고 4초 후 시동 릴레이를 구동한다. 만약 시동이 걸리지 않을 경우에는 3번에 걸쳐 재시동 출력을 낸다.

시동릴레이 구동 중 발전기 "L" 단자 출력이 나오면 출력을 멈춘다. 그리고 시동이 걸린 후 30초 후 IG2 릴레이를 구동시켜 공조장치 가동을 가능하게 한다. 비상등 램프는 시동 데이터 수신 이후부터 시동이 걸릴 때까지 0.6초 주기 50% 듀티로 구동시키고 시동 이후 3초 ON, 1초 OFF로 구동된다. 다음 다섯 가지 경우에는 엔진 시동이 금지된다.

첫째 원격 시동 중 또는 시동 후에 리모컨에 의한 엔진 정지 데이터가 출력된 경우 즉, 엔진 버튼 누르고 5초 이내에 언록 버튼을 누른 경우이다. 둘째는 원격 시동 후 10분이 경과하면 원격 시동은 해제된다. 셋째는 원격 시동 후에 도어를 연 경우이다. 즉 리모컨에 의하여 언록 된 이 후 운전자에 의하여 문이 열리면 IG2 릴레이를 OFF한다. 여기서 30초가 경과되면 리모트 스타트 기능을 해제 한다. 만약 30초 이전이라도 IG2 전원이 ETACS로 입력되면 리모트 스타트 기능을 해제 한다.

넷째는 원격 시동으로 시동이 걸린 후 4초 후 "엔진 체크 램프"가 점등되어 있으면 시동 기능을 해제 한다. 단 엔진 경고등 점등시 크랭킹은 가능하다.

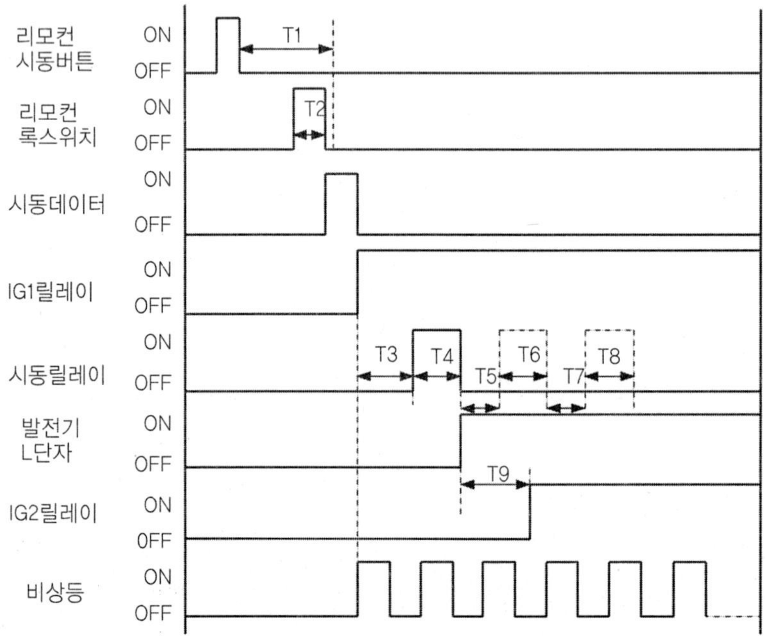


그림 11. 리모컨 스타터의 타임차트

➡표 1. 리모컨 스타터의 차종별 제어시간

| 차 종 | 제어시간 | 차 종 | 제어시간 |
|---|---|---|---|
| 아반떼 XD | T1 : 5±0.5초<br>T2 : 1초 이상<br>T3 : 4±0.2초<br>T4 : 1초<br>T5 : 2±0.2초<br>T6 : 1.5초<br>T7 : 2±0.2초<br>T8 : 2초<br>T9 : 30±3초 | 그랜저 XG | T1 : 5±0.5초<br>T2 : 1초 이상<br>T3 : 4±0.2초<br>T4 : 2±0.2초<br>T5 : 2±0.2초<br>T6 : 2.5±0.2초<br>T7 : 2±0.2 초<br>T8 : 3±0.3초<br>T9 : 30±3초 |

다섯째는 원격 시동 중 혹은 시동 후 경보 조건에 돌입하거나 변속레버 “P” 위치, 주차 브레이크 OFF 등의 경우에도 리모트 스타트 기능을 해제한다.

### 1.2.11. 점화스위치

#### [1] 키 위치 기능

① LOCK : 키를 삽입하거나 뽑는 위치이다.

② ACC : 엔진 시동을 걸지 않고도 전기장치(라디오, 시가라이터 등)의 일부를 사용할 수 있다.

③ ON : 엔진이 작동하기 전, 후에 모든 전기장치를 사용할 수 있는 위치이다.

④ START : 엔진 시동을 거는 위치이다. 시동이 걸려서 손을 떼면 ON위치로 되돌아간다.

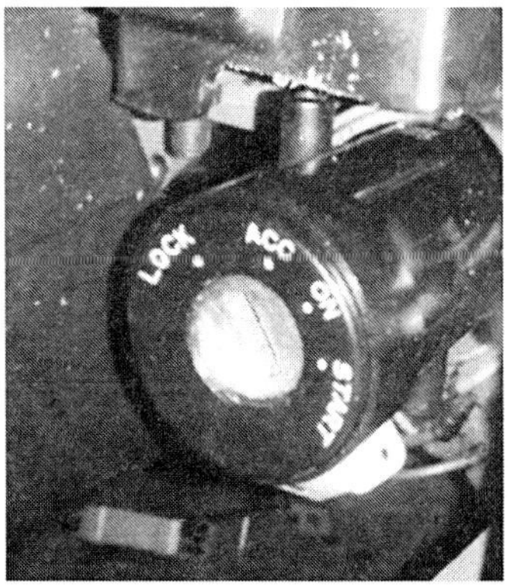


그림 12. 키 스위치

[2] 시동방법

① 주차브레이크를 당긴다.

② 변속기를 중립에 놓는다(자동변속기는 P 또는 N 위치로 한다).

③ 키 스위치를 START 위치로 하여 시동을 건다.

## 1.3. 시동전동기 고장원인 및 정비

[1] 시동전동기가 회전되지 않는다.

① 배터리 충전 전압이 낮다 - 배터리 충전 또는 배터리 교환

② 배터리 케이블단자 느슨해짐 또는 부식 - 케이블 단자 조임 또는 교환

③ 자동변속기 인히비터 스위치 불량 - 인히비터 스위치 조정 또는 교환

④ 수동변속기 클러치 페달 스위치 불량 - 클러치 페달 스위치 교환

⑤ 퓨즈블 링크 불량 - 퓨즈블 링크 교환

⑥ 엔진에서 차체로 연결된 접지선 접촉 불량 - 접지선 수리 또는 교환

⑦ 점화스위치 불량 - 점화스위치 교환

⑧ 시동전동기 불량 - 시동전동기 수리 또는 교환

⑨ 스타트 릴레이 불량 - 스타트 릴레이 교환

[2] 시동전동기 회전이 느리다.

① 배터리 전압이 낮다 - 배터리 충전 또는 교환

② 배터리 케이블의 조립 불량 - 케이블 조임 또는 교환

③ 시동전동기 불량 - 시동전동기 수리 또는 교환

[3] 시동전동기가 멈추지 않고 계속 회전한다.

① 시동전동기 불량 - 시동전동기 수리 또는 교환

② 점화스위치 불량 - 점화스위치 교환

[4] 시동전동기는 회전하나 엔진이 회전하지 않는다.

① 배선의 단락 - 배선 수리 또는 교환

② 피니언 기어 부러졌거나 전동기의 결함 - 시동 전동기 교환

③ 링기어의 기어가 부러짐 - 플라이휠 링기어 또는 토크컨버터 교환

[5] 시동시 시동모터에서 "딸깍" 하는 소리만 나고 크랭킹이 안 된다.

① 배터리 전압이 낮다 - 배터리 충전 또는 교환
② 시동모터에 연결된 B단자 헐거움 - B단자 조임
③ 엔진에서 차체로 연결된 접지선 접촉 불량 - 접지선 수리 또는 교환
④ 점화스위치 ST단자와 시동모터 ST단자 간 배선불량 - 배선 수리 또는 교환

## 2. 시동장치 정비

**학습목표**

① 시동장치 정비 전 정비 지침서를 숙지하여 실습순서를 정하고 공구 및 실습 기기와 재료 등을 충분히 준비한다.
② 실습장 및 주위를 깨끗이 정리정돈하고 유류 등의 인화성 물질은 안전하게 별도로 보관하며 소화기를 비치하여 화재사고에 대비한다.
③ 시동장치 정비 시작 전 안전교육을 실시한다.
④ 복잡한 부분을 분해할 경우에는 조립작업을 쉽게 하기 위하여 기능상이나 외관상 악영향이 없는 부분에 각인(刻印) 또는 조립 표시등을 하여 둔다.
⑤ 부품을 분해하면서 조립되었던 상태·변형·오작동부분 및 손상 등을 점검한다.
⑥ 분해한 부품은 순서대로 잘 정리하여야 하며 또 교환하여야 하는 부품과 다시 사용할 부품을 구분하여 정리하고 다시 사용할 부품은 충분히 청소 및 세척을 한다.
⑦ 정비시 부품을 떨어지지 않도록 하며 작업장 바닥에 이물질이 있으면 즉시 닦아낸다.
⑧ 볼트 및 너트 체결시 적절한 공구를 사용하며, 정비지침서에 규정된 토크로 조인다.
⑨ 배터리단자 연결시 불꽃이 발생하지 않도록 한다.
⑩ 전류측정 시 단자방향에 주의한다.
⑪ 시동전동기 점검시 시험기가 손상되지 않도록 주의하고 시험기 리드선 극성을 정확히 연결한다.
⑫ 시동전동기 회전 시 접촉이 되지 않도록 주의한다.
⑬ 무부하 및 부하시험을 할 경우 모든 점검은 짧은 시간(15초)에 완료한다.
⑭ 시동전동기를 차량에서 탈·부착시 이물질이 눈에 들어가지 않도록 주의한다.
⑮ 실습 종료 후 실습장 주위의 정리정돈을 깨끗이 한다.

**필요한 장비**

| 공구 및 측정기기 | | 실습 재료 | 기타 |
|---|---|---|---|
| * 일반 공구세트<br>* 특수공구<br>* 작업등<br>* 에어공구<br>* 전동공구<br>* 토크렌치<br>* 납땜인두<br>* 비중계<br>* 전류계<br>* 전압계<br>* 그로울러 테스터기<br>* 버니어캘리퍼스 | * 회전계<br>* 오실로스코프<br>* 종합진단기<br>* 스프링 저울<br>* 곧은자<br>* 안전보호구(방독면, 방진마스크, 보안경, 보호 장갑, 방진 보호복, 작업복) | * 시동전동기<br>* 퓨즈<br>* 하네스(배선, 커넥터)<br>* 축전지<br>* 시동릴레이<br>* 걸레<br>* 점화스위치<br>* 인히비터 스위치<br>* 브러시<br>* 브러시 스프링<br>* 샌드 페이퍼<br>* 가솔린 또는 디젤차량 | 정비지침서 |

## 2.1. 시동전동기 탈 · 부착

① 차량을 리프트에 진입시키고 후드를 열어 배터리 (−)케이블을 공구를 사용하여 탈거한다.

② 배터리 본선과 연결된 시동전동기 B단자를 공구를 사용하여 탈거한다.

그림 13. (−)케이블 탈거

그림 14. B단자 탈거

③ 시동전동기의 ST단자 커넥터를 탈거한다.

④ 시동전동기 고정 볼트를 공구를 사용하여 탈거한다.

⑤ 신품의 시동전동기를 조립한다. 차종에 따라 체결볼트에 접지단자가 체결되는 경우가 있으므로 주의하며, 볼트는 2~3회 나누어 체결한다.

그림 15. ST단자 탈거

그림 16. 고정 볼트 탈거

⑥ 시동전동기 B단자와 ST단자 커넥터를 연결한다. B단자 체결시 단자보호 및 전기적 손상을 방지하도록 단자보호 덮개는 반드시 씌운다.

⑦ 배터리 (-)케이블을 연결하고 시동을 2~3회 연속적으로 걸어 정상 작동상태를 확인한다.

## 2.2. 시동전동기 분해·조립

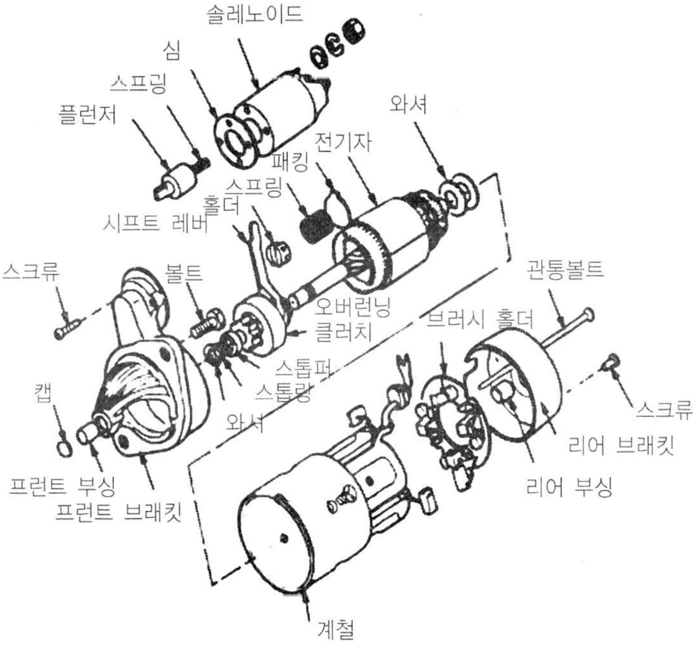


그림 17. 시동모터의 분해도

① 솔레노이드 스위치 M단자(또는 F단자라고도 함)의 커넥터를 분리한 후, 고정 스크루를 풀고 솔레노이드 스위치를 분리한다.

② 관통볼트(2개)를 풀고 계철을 분리한다.

③ 시프트 레버와 전기자 어셈블리를 분리한다.

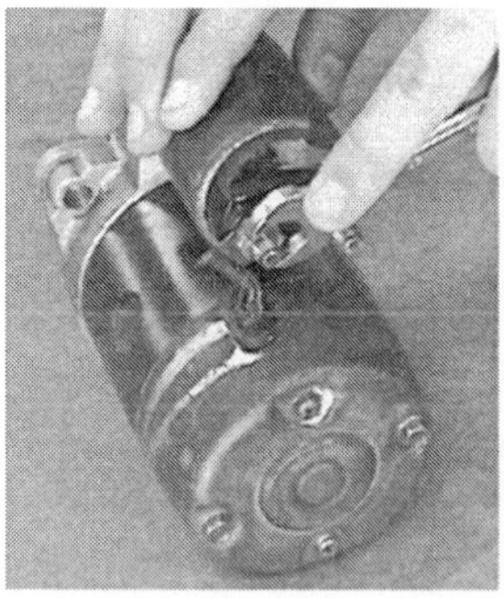

그림 18. M단자 분리

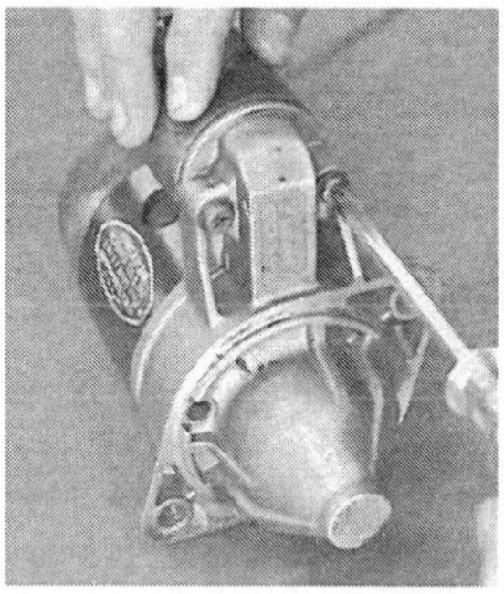

그림 19. 솔레노이드스위치 분리

그림 20. 관통볼트 탈거

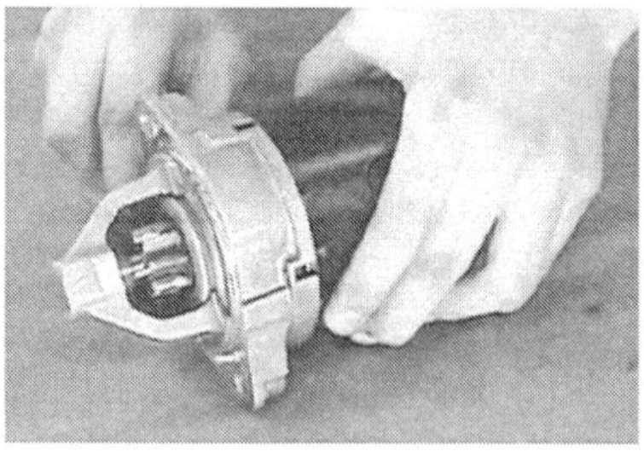

그림 21. 프런트 하우징 탈거

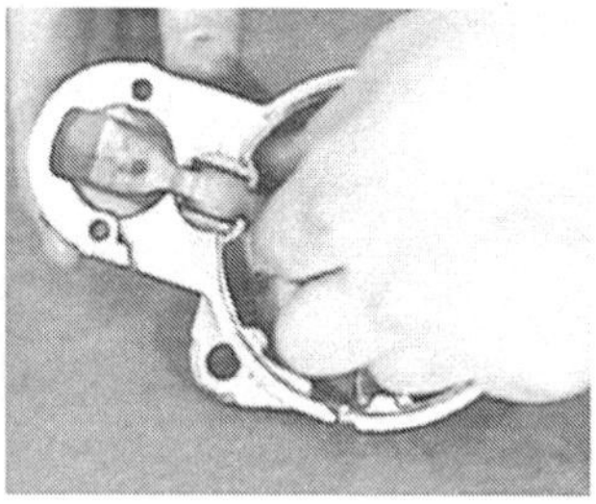

그림 22. 시프트 레버 탈거

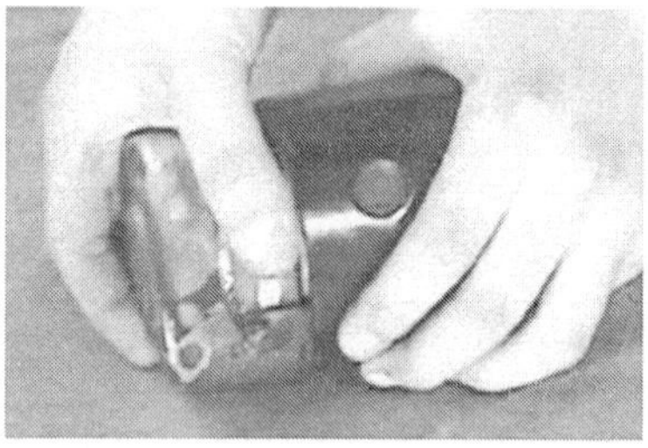

그림 23. 리어 브래킷 탈거

④ 계철 뒤쪽에서 접지 스크류를 풀고 리어 브래킷을 분리한다.

⑤ 브러시 홀더에서 브러시를 분리한다.

⑥ 조립은 분해의 역순으로 작업한다.

그림 24. 계철과 전기자 분리

그림 25. 브러시 탈거

## 2.3. 전기자 및 정류자 점검

### 2.3.1. 그로울러 시험기로 전기자 코일점검

전기자코일은 그로울러 시험기로 점검한다.

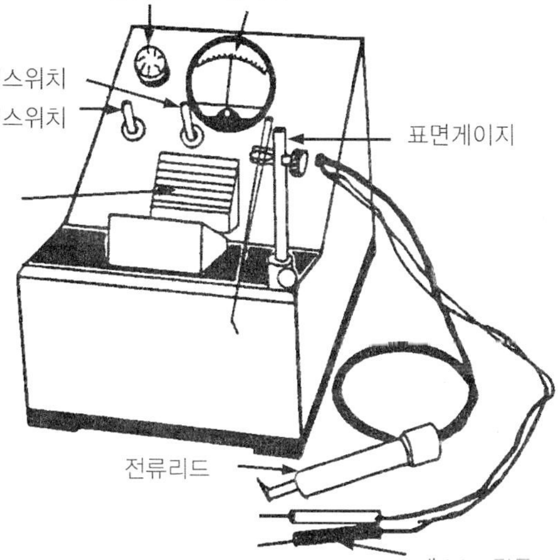


그림 26. 그로울러 시험기의 구조

[1] 전기자코일의 단선(개회로)시험

① 전원스위치를 OFF로 한 상태에서 그로울러 테스터의 V형 철심 위에 전기자를 올려놓는다.

② 전원스위치를 ON으로 한 다음 출력 및 입력 선택스위치를 모두 H쪽으로 한다.

③ 테스터의 리드선을 서로 접속시켜 그로울러 테스터의 램프에 점등이 되는지 점검한다.

④ 테스터 리드선의 프로브를 정류자 편에 각각 접속하여 테스터의 램프에서 점등 여부를 점검한다.

⑤ 이때 테스터 램프가 점등되면 정상이고, 점등되지 않으면 단선된 상태이다.

[2] 전기자의 단락시험

① 그로울러 테스터의 V형 철심 위에 전기자를 올려놓는다.

② 전원 스위치를 ON으로 한 다음 출력 및 입력 선택스위치를 모두 H쪽으로 한다.

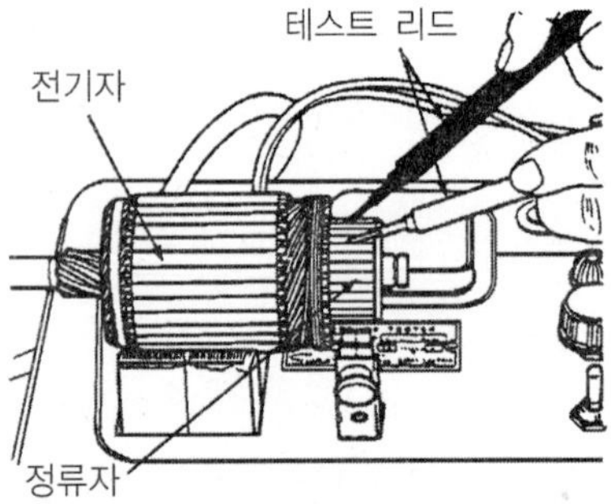


그림 27. 전기자코일 단선시험

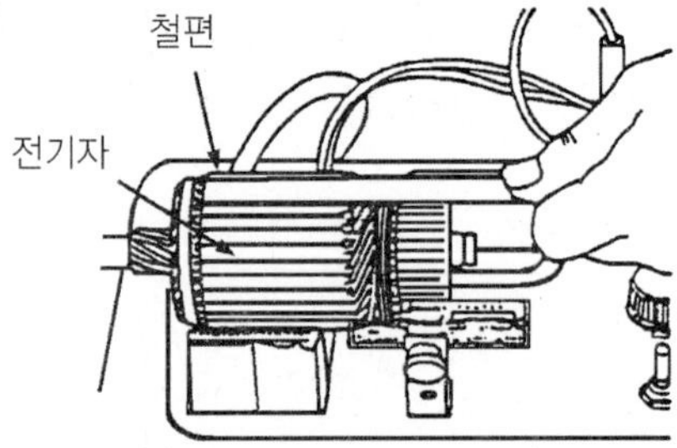


그림 28. 전기자 단락시험

③ 얇은 철판을 전기자 철심 위에 평행하게 댄 다음 전기자를 천천히 회전시키면서 철판이 흡입되거나 진동 여부를 점검한다.

④ 흡입 또는 진동이 없으면 정상이다.

### [3] 전기자의 접지시험

① 그로울러 테스터의 V형 철심 위에 전기자를 올려놓는다.

② 전원 스위치를 ON으로 한 다음 출력 및 입력 선택 스위치를 모두 H쪽으로 한다.

③ 테스터의 리드선을 서로 접속시켜 그로울러 테스터의 램프에 점등이 되는지 점검한다.

④ 테스터 리드선의 프로브를 전기자 철심과 정류자 편에 접속하였을 때 테스터 램프에 점등이 되지 않으면 정상이다.

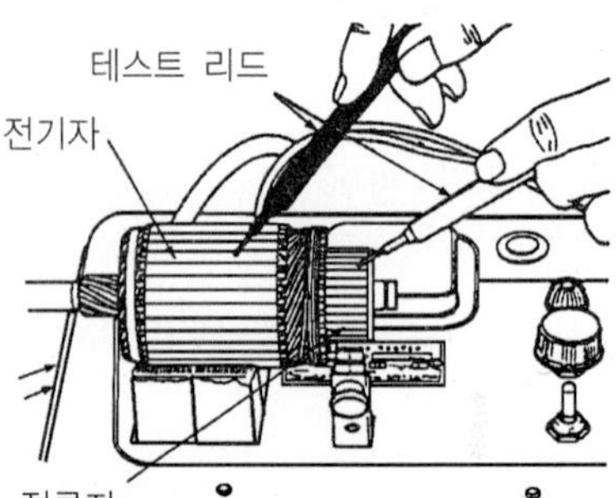


그림 29. 전기자 접지시험

### 2.3.2. 회로시험기로 전기자, 정류자, 계철 점검

#### [1] 전기자 코일 단선시험(통전시험)

① 회로시험기의 셀렉터를 저항 ×1Ω 레인지에 설정한다.

② 회로시험기의 (+)단자를 전기자의 정류자 편에 연결한다.

③ 회로시험기의 (-)단자를 전기자 정류자 다른 편에 연결한다.

④ 눈금판에 나타나는 저항값을 기록한다.

⑤ 전기자를 회전(360°회전)시키면서 각 정류자 편 사이의 저항을 측정한다.

⑥ 판정 : 0Ω이 나오면 정상이다.

#### [2] 전기자 코일 접지시험

① 회로시험기의 셀렉터를 저항 ×1Ω 레인지에 설정한다.

② 회로시험기의 (+)단자를 전기자의 정류자 편에 연결한다.

③ 회로시험기의 (-)단자를 전기자 몸체에 연결한다.

④ 눈금판에 나타나는 저항 값을 기록한다.

⑤ 전기자를 회전(360°회전)시키면서 각 정류자 편과 전기자 몸체사이의 저항을 측정한다.

⑥ 판정 : ∞Ω이 나오면 정상이다.

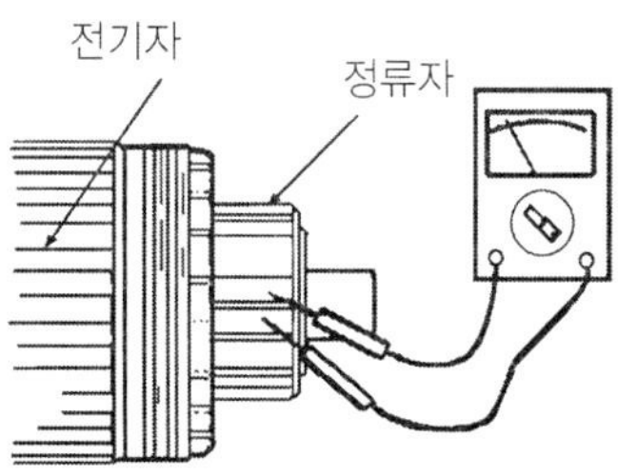


그림 30. 전기자 코일의 단선시험

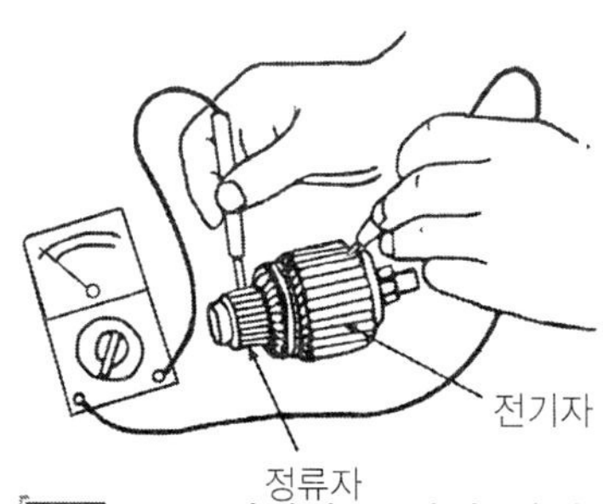


그림 31. 전기자 코일의 접지시험

#### [3] 정류자 세그먼트 홈 깊이(언더컷)

정류자 세그먼트 사이의 몰드 깊이가 한계 값 이하이면 교환한다.

① 표준 깊이 : 0.5~0.8mm

② 한계 값 : 0.2mm

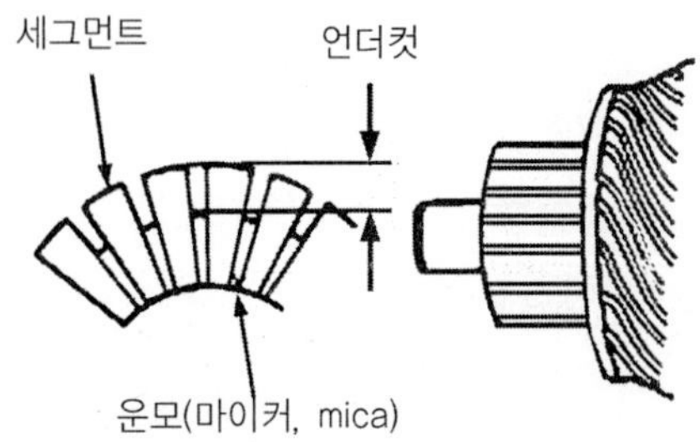


그림 32. 정류자 세그먼트 홈 깊이 점검

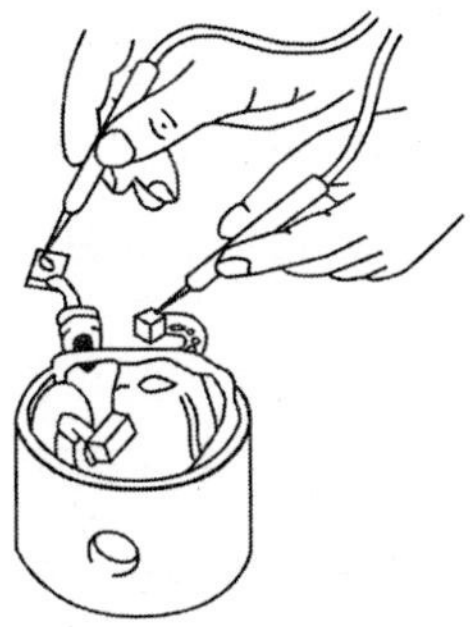

그림 33. 계자코일 단선시험

[4] 계자코일 단선시험(도통시험)

① 회로시험기의 셀렉터를 저항 ×1Ω 레인지에 설정한다.
② 회로시험기의 (+)단자를 계자코일의 한 선에 연결한다.
③ 회로시험기의 (−)단자를 계자코일의 다른 선에 연결한다.
④ 눈금판에 나타나는 저항 값을 기록한다.
⑤ 계자코일의 각 선 사이의 저항을 돌아가면서 측정한다.
⑥ 판정 : 0Ω이 나오면 정상이다.

[5] 계자코일 접지시험

① 회로시험기의 셀렉터를 저항 ×1Ω 레인지에 설정한다.
② 회로시험기의 (+)단자를 계자코일의 한 선에 연결한다.
③ 회로시험기의 (−)단자를 계자코일의 몸체에 연결한다.
④ 눈금판에 나타나는 저항값을 기록한다.

그림 34. 계자코일 접지시험

⑤ 계자코일의 각 선과 몸체 사이의 저항을 돌아가면서 측정한다.

⑥ 판정 : ∞Ω(무한대)이 나오면 정상이다.

## 2.4. 브러시점검 및 교환

### 2.4.1. 브러시 길이 점검

브러시 길이는 버니어캘리퍼스나 곧은 자를 이용하여 측정하며 표준 길이의 1/3 이상 마멸된 경우에는 교환한다.

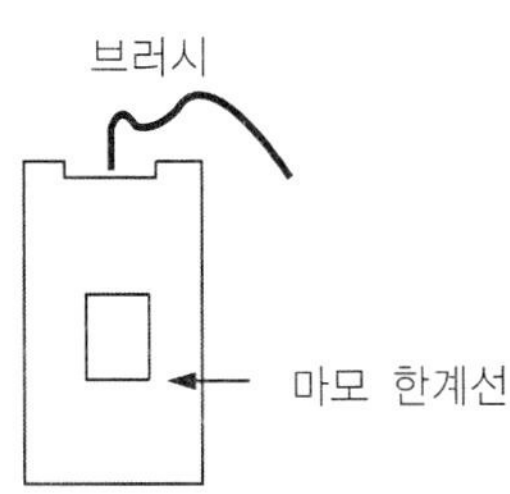


그림 35. 브러시 마모 한계선

### 2.4.2. 브러시와 브러시 홀더 점검

회로시험기로 (+)측 브러시와 브러시 홀더 사이의 통전을 점검하여 도통되면 홀더 어셈블리를 교환한다.

### 2.4.3. 브러시 스프링장력 점검

① 스프링 저울을 준비한다.

② 스프링 저울의 훅을 브러시 스프링에 건다.

③ 브러시 스프링의 중심부분을 고정시킨다.

④ 스프링 저울을 위로 잡아당긴다.

⑤ 브러시 스프링이 움직이는 시점에서의 값을 기록한다.

⑥ 판정 : 스프링 장력은 0.5~1.0kgf/$cm^2$ 정도이며, 규정 장력의 60~70% 정도이면 정상이다.

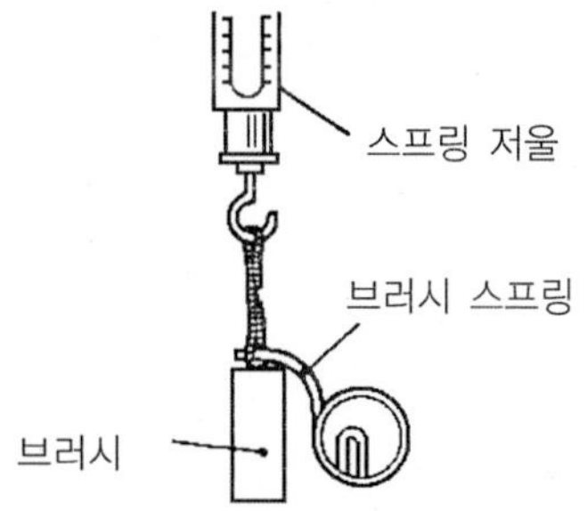


그림 36. 브러시 스프링장력 점검

### 2.4.4. 브러시 교환방법

① 계자코일 브러시를 교환할 경우에는 피그테일(pig tail)이 손상되지 않도록 마멸된 브러시를 빼낸다.

② 납땜이 잘되도록 피그테일 끝을 샌드페이퍼로 가공한다.

③ 피그 테일 끝을 납땜한다.

④ 접지 브러시를 교환할 경우에는 리테이너링 스프링 뒤를 지지하고 있는 브러시를 밀어서 빼낸다.

그림 37. 브러시 교환방법

## 2.5. 솔레노이드 스위치 점검

### 2.5.1. 회로 시험기로 점검

[1] 풀인 코일 점검

① 회로시험기의 셀렉터를 저항 ×1Ω 레인지에 설정한다.

② 회로시험기의 (+)단자를 솔레노이드 스위치 ST단자에 연결한다.

③ 회로시험기의 (-)단자를 솔레노이드 스위치의 M단자에 연결한다.

④ 눈금판에 나타나는 저항 값을 측정한다.

⑤ 판정 : 5Ω 이하가 나오면 정상이다.

그림 38. 풀인코일 저항시험

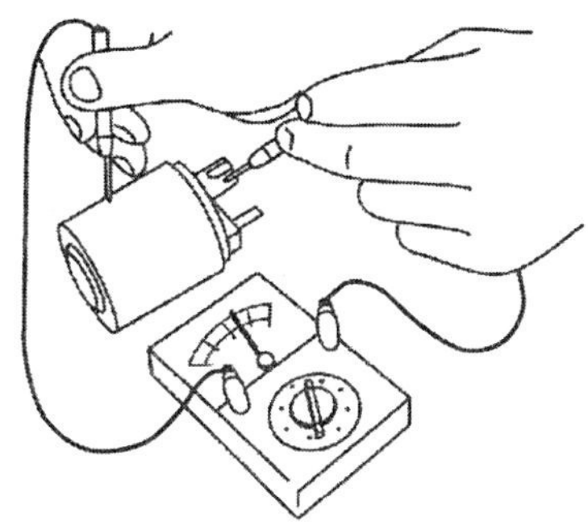

그림 39. 홀드인 코일시험

[2] 홀드인 코일 점검

① 회로 시험기의 셀렉터를 저항 ×1Ω 레인지에 설정한다.

② 회로 시험기의 (+)단자를 솔레노이드 스위치의 ST단자에 연결한다.

③ 회로 시험기의 (-)단자를 솔레노이드 스위치의 몸체에 연결한다.

④ 눈금판에 나타난 저항 값을 기록한다.

⑤ 판정 : 3Ω 이하가 나오면 정상이다.

[3] 솔레노이드 스위치 단락시험

① 회로시험기의 셀렉터를 저항 ×1Ω 레인지에 설정한다.

② 회로시험기의 (+)단자를 M단자에 연결한다.

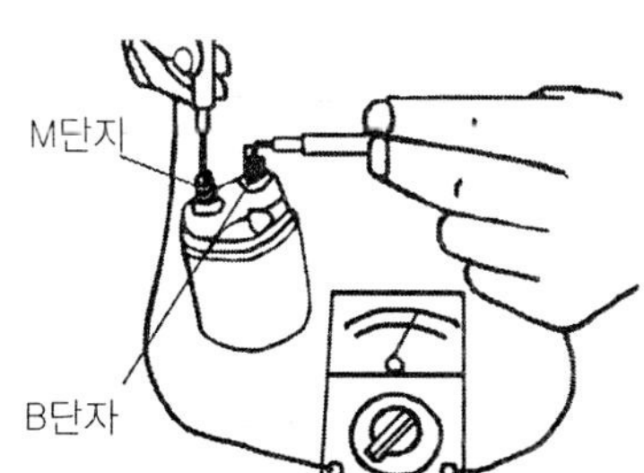


그림 40. B-M단자 단락시험

③ 회로시험기의 (-)단자를 B단자에 연결하여 도통시험을 한다.

④ 판정 : 도통되면 불량이다.

### 2.5.2. 솔레노이드스위치 작동점검

[1] 풀인시험(Pull-In Test)

① 솔레노이드스위치 M단자에서 배선을 분리한다.

② 솔레노이드스위치 ST단자와 M단자 사이에 12V 축전지를 연결한다. 이때 시험은 10초 이내로 하여야 한다.

③ 피니언이 밖으로 움직이면 풀인 코일은 양호한 것이며 움직이지 않으면 솔레노이드스위치를 교환한다.

[2] 홀드인시험(Hold-In Test)

① 솔레노이드 스위치 M단자에서 커넥터 배선을 분리한다.

② 솔레노이드 스위치 ST단자에 (+)를 M단자와 보디에 (-)를 접속한다. 그 후에 피니언이 전진한 상태에서 M단자를 떼어냈을 때 피니언이 바깥쪽에 유지되면 정상이다. 이때 시험은 10초 이내로 실시한다.

③ 피니언이 안쪽으로 이동을 하면 회로가 개방된 것이다. 이때는 솔레노이드 스위치를 교환한다.

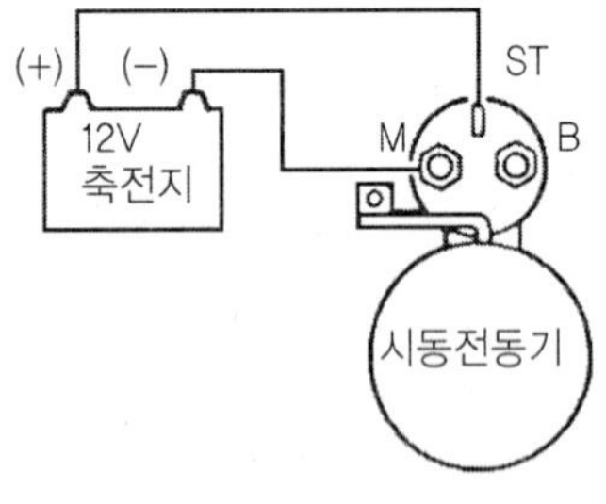

그림 41. 풀인시험

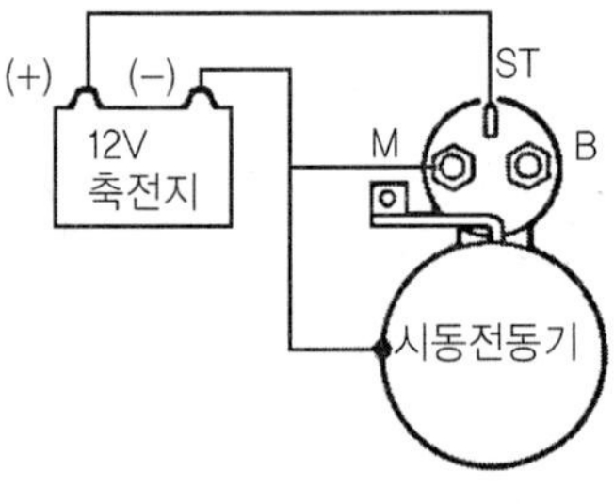

그림 42. 홀드인시험

[3] 솔레노이드 스위치 복원시험

① 솔레노이드 스위치 M단자에서 커넥터 배선을 분리한다.

② 솔레노이드 스위치 ST단자와 보디 사이에 12V 배터리 전압을 연결한다. 이때 시험은 10초 이내로 실시하여야 한다.

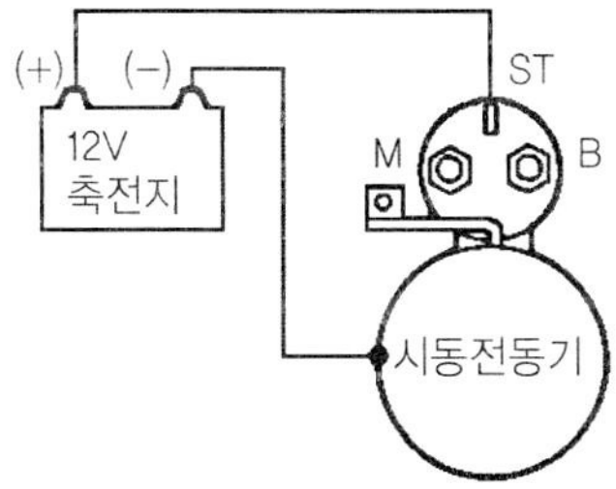


그림 43. 솔레노이드스위치 복원시험

③ 피니언을 밖으로 당겼다가 놓았을 때 피니언이 원위치로 빨리 복원하면 정상이며, 그렇지 못한 경우에는 솔레노이드 스위치를 교환하여야 한다.

## 2.6. 시동전동기의 작동시험

### 2.6.1. 시동전동기 무부하 시험

[1] 시동전동기의 전압시험

① 시동전동기의 B 단자를 축전지 (+)단자에 연결한다.
② 시동전동기 몸체를 축전지 (-)단자에 연결한다.
③ 회로시험기의 셀렉터를 DC 50V 레인지에 설정한다.
④ 시동전동기를 작동시키기 전에 축전지 전압을 측정한다.
⑤ 회로시험기의 (+), (-)측정 프로브를 축전지의 (+), (-)단자에 연결한다.
⑥ 시동전동기의 ST단자와 B단자 사이의 스위치를 연결한다(시동전동기 구동).
⑦ 시동전동기가 작동하는 동안 회로시험기에 나타나는 안정된 전압을 측정한다.

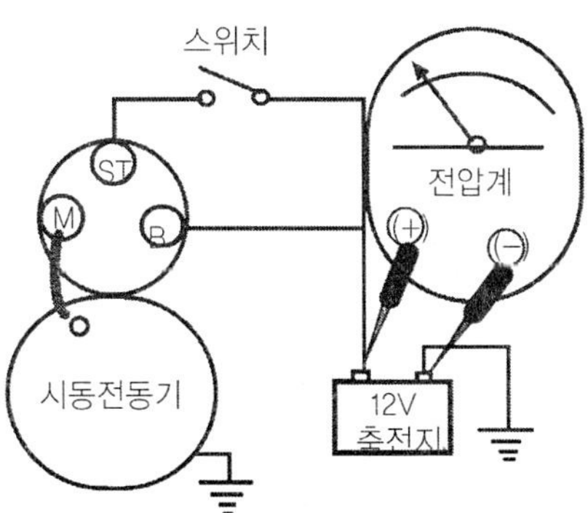


그림 44. 시동전동기 무부하 전압시험

⑧ 시동전동기 작동시간은 10초 이하로 할 것
⑨ 크랭킹 전압이 낮은 경우 배선 접촉 불량, 배터리 성능저하, 시동모터 불량 등을 점검한다.

[2] 시동전동기 무부하 전류시험
① 시동전동기 무부하 전류시험을 할 때 흐르는 전류는 50A 이상이다. 따라서 무부하 상태에서 전류를 측정하기 위해서는 클램프 형식의 전류계를 사용한다.
② 회로의 구성은 전압시험과 같다.
③ 전류계의 측정범위를 100A 영역에 두고, 영점 조정을 한 후 전류 흐름방향과 일치되도록 회로시험기의 클램프를 축전지 (+)출력 단자 선에 설치한다.
④ 시동스위치를 작동시키고, 그때의 전류 값을 기록한다.
⑤ 전류 값이 규정 값보다 너무 높으면, 시동전동기의 잦은 사용에 의한 코일의 노후로 인한 내부저항이 증가된 결과이다(불량).

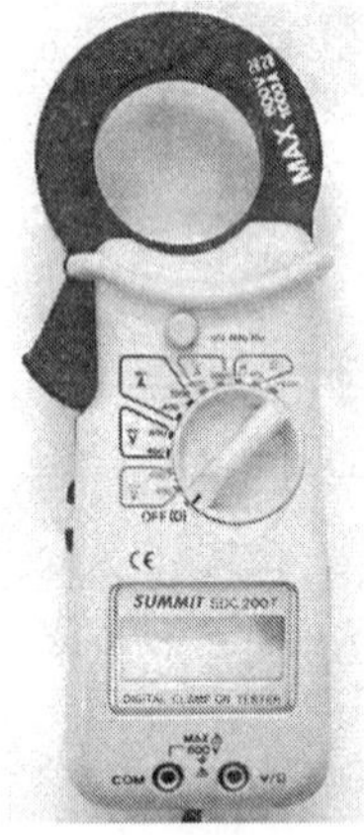


그림 45. 클램프형식 시험기

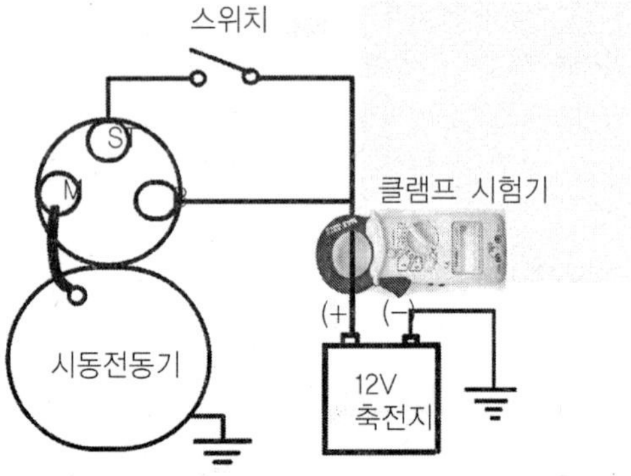


그림 46. 시동전동기의 무부하 전류시험

## 2.6.2. 시동전동기의 부하시험

[1] 시동 모터 크랭킹 전압 강하시험

(1) 시험(측정)방법
① 엔진이 시동되지 않도록 점화 1차회로(점화코일, 파워 TR, 배전기 CAS, #1 TDC센서) 커넥터를 탈거한다.

② 연료가 분사되지 않도록 인젝터 커넥터 또는 ECU 퓨즈를 탈거한다.
③ 축전지와 시동 전동기의 배선 접속이 확실한가를 점검한다.
④ 축전지가 완전 충전되었는지 점검한다.
⑤ 멀티 테스터의 셀렉터를 DC V에 선정한 후 적색 리드선은 시동전동기 B단자 또는 축전지 (+)단자에, 흑색 리드선은 엔진 본체 또는 축전지 (-)단자에 접지 시킨다.
⑥ 크랭킹하면서 전압계에 나타난 값을 점검한다. 크랭킹 시간은 10초 이상을 넘지 않도록 한다.

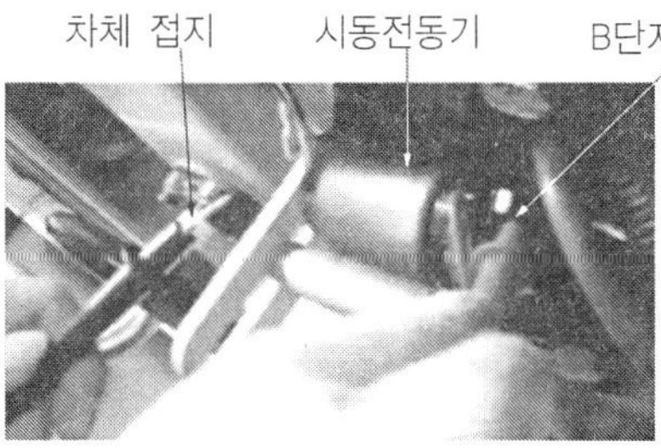


(a) 시동전동기에서 측정

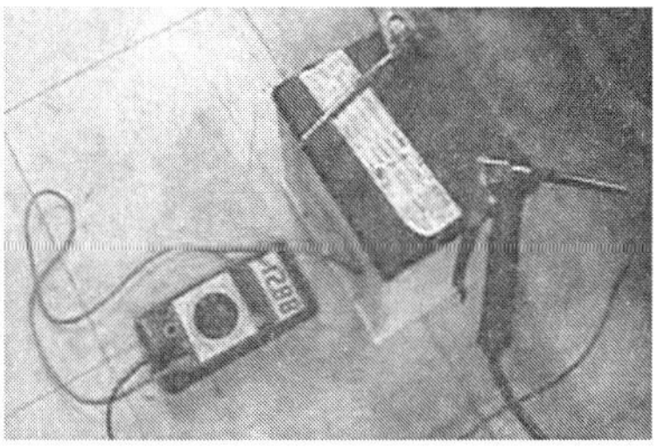

(b) 축전지에서 측정

그림 47. 테스터기 설치

그림 48. 전압강하 측정

(2) 결과 판정

| 결과 판정 | 불량시 예상되는 증상 |
|---|---|
| 크랭킹 전압이 낮은 경우 | ·배선접촉 불량<br>·배터리 성능 저하<br>·시동모터 불량 |

## [2] 시동모터 전류 소모시험

### (1) 측정방법

① 엔진이 시동되지 않도록 점화 1차회로(점화코일, 파워 TR, 배전기 CAS, #1 TDC센서) 커넥터를 탈거한다.

② 연료가 분사되지 않도록 인젝터 커넥터 또는 ECU 퓨즈를 탈거한다.

③ 축전지와 시동 전동기의 배선 접속이 확실한가를 점검한다.

④ 축전지가 완전 충전되었는지 점검한다.

⑤ 테스터기의 스위치를 교류 400A에 선정한다.

⑥ REL을 눌러 0점 조정(0점 조정기 있는 타입은 0점 조정기로 0점 조정)한다.

⑦ 클램프(훅) 미터를 시동 전동기 B단자로 들어가는 축전지선(굵은 붉은선으로 시동 전동기 B단자에 가깝게)에 걸은 다음(클램프의 화살표 방향이 전류의 흐르는 방향이 되도록) 크랭킹하면서 소모전류를 점검한다.

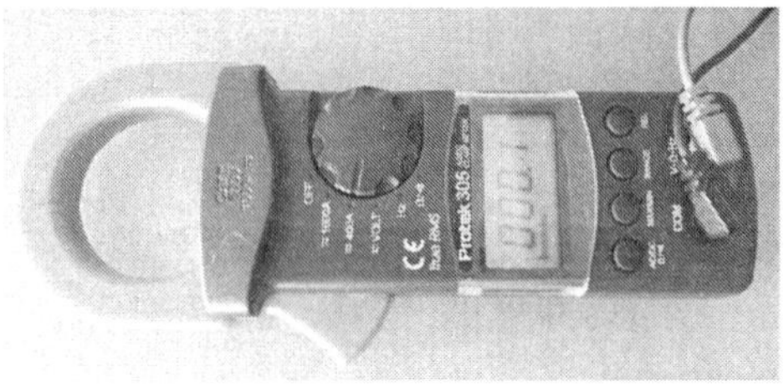

그림 49. 테스터기

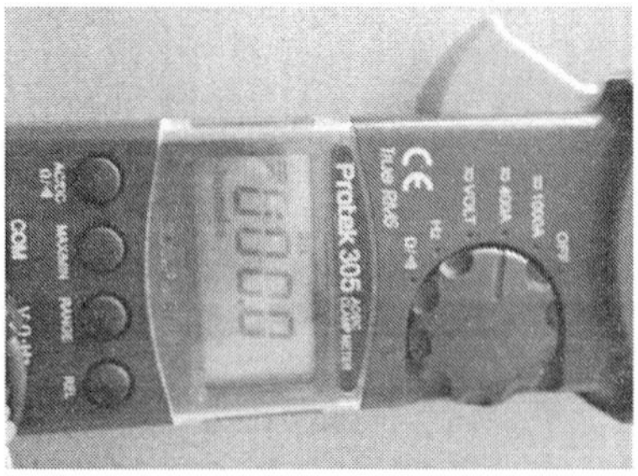

그림 50. 스위치 400A선정 및 0점 조정

(a) 클램프를 벌린다.

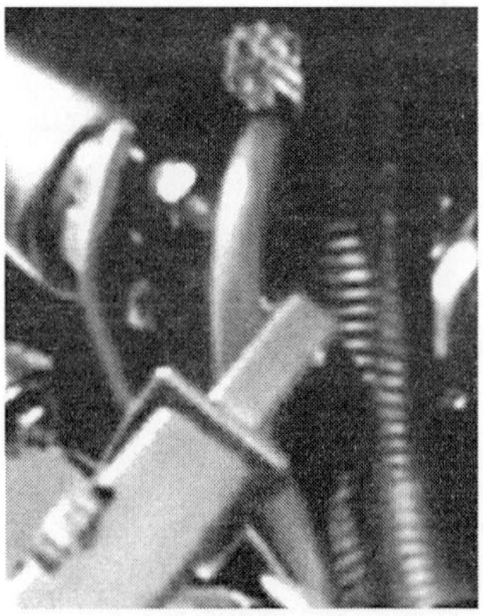

(b) 클램프 설치

그림 51. 클램프 설치

⑧ 크랭킹 시간은 10초 이상을 넘지 않도록 한다.

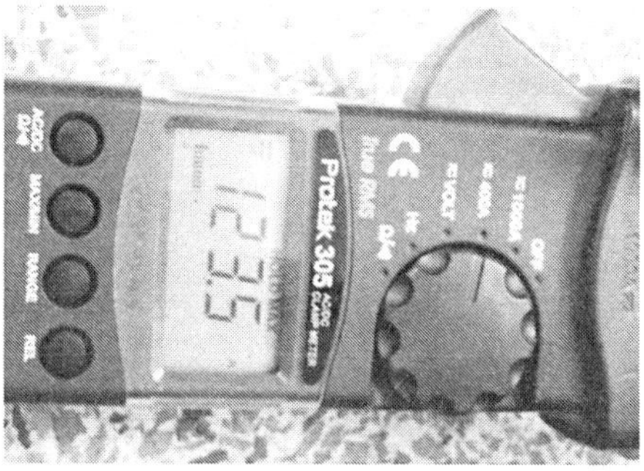

그림 52. 측정값 판독

(2) 결과 판정

| 결과 판정 | 예상되는 증상 |
|---|---|
| 높은 전류 지시 | ·브러시와 정류자 또는 납땜부분의 접촉 불량<br>·회로의 개방<br>·전기자 코일 단락, 접지불량, 계자코일 접지 불량, 브러시 마모 |

➡표 2. 시동 모터의 특성

| 시험 특성 | 시험 항목 | 규 정 값 | 비 고 |
|---|---|---|---|
| 무부하 특성 | 전압(V) | 배터리 전압의 10% 이상 | 12V-50AH 배터리 : 10.8V 이상 |
| | 전류(A) | 배터리 용량의 10% 이하 | 12V-50AH 배터리 : 45~55A 이하 |
| 부하특성 | 전압(V) | 배터리 전압의 20% 이상 | 12V-50AH 배터리 : 9.6V 이상 |
| | 전류(A) | 배터리 용량의 3배 이하 | 12V-50AH 배터리 : 150A 이하 |

## 2.7. 점화 로크스위치 점검

점화 로크스위치란 기관을 시동할 때 운전자의 부주의에 의해 발생하는 사고를 방지위해 클러치 페달을 밟아야만 시동이 걸리도록 한 장치이다. 점검방법은 다음과 같다.

① 스위치가 “ON” 되었을 때(클러치 페달을 밟았을 때) 단자사이가 도통되면 정상이다.

② 스위치가 “OFF” 되었을 때 단자사이가 도통되면 불량이다.

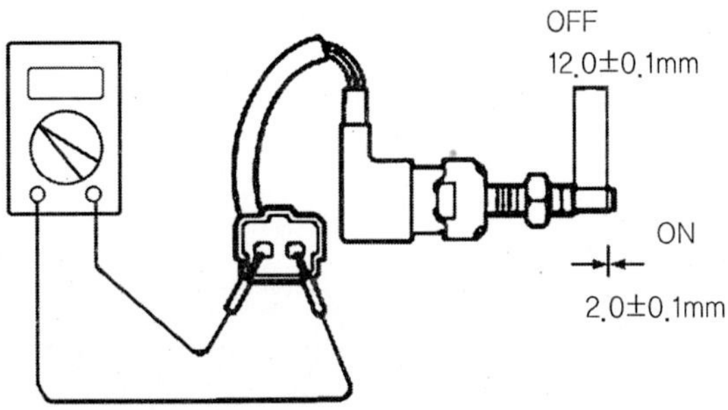


그림 53. 점화 로크 스위치

## 2.8. 이모빌라이저 키 입력방법

| 차종 선택 | 20/83 |
|---|---|
| 01. 아토스 | 11. 스쿠프 |
| 02. 뉴-클릭 | 12. 라비타 |
| 03 클릭 | 13. i30(GD) |
| 04. 베르나(MC) | 14. i30(FD) |
| 05. 뉴 베르나 | 15. i40(VF) 16~ |
| 06. 베르나 | 16. i40(VF) |
| 07. 벨로스터 | 17. 아반떼쿠페(JK) |
| 08. 엑센트(RB) | 18. 아반떼(MD) |
| 09. 엑센트 | 19. 아반떼(HD HEV) |
| 10. 엑셀 | 20. 아반떼(HD) |

그림 54. 차종 선택

제어장치 선택 11/11

차종 : 아반떼(HD)

04. 제동제어
05. 에어백
06. 오토에어콘
07. 파워스티어링
08. 바디컨트롤모듈(BCM)
09. 트랜스미터코드등록
10. 스마트키(버튼시동)
11. 이모빌라이져

그림 55. 이모빌라이져 선택

진단기능 선택 3/5

차 종 : 아반떼(HD)
제어장치 : 이모빌라이져
사 양 : 가솔린

01. 키등록정보
02. 패스워드 등록/변경
03. 키등록
04. EMS 초기화
05. 림폼 모드

그림 56. 키 등록 선택

사양 선택

차 종 : 아반떼(HD)
제어장치 : 이모빌라이져
상 태 : LEARNT

6자리 핀 코드를 입력하신 후, [ENTER]키를 누르십시오.

CODE | 1 | 2 | 3 | 4 | 5 | 6 |

그림 57. 핀코드 입력

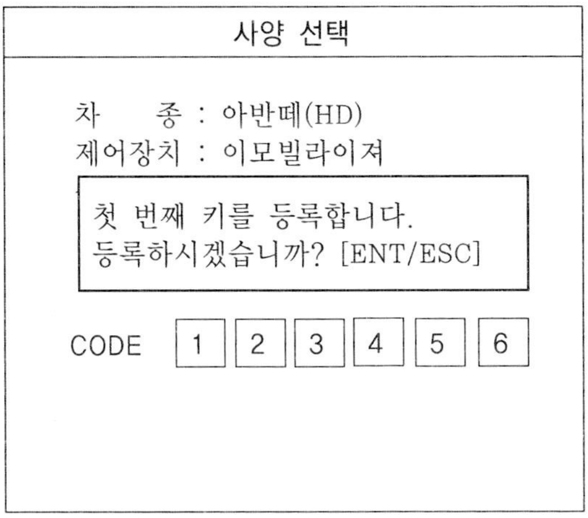


그림 58. 키 등록

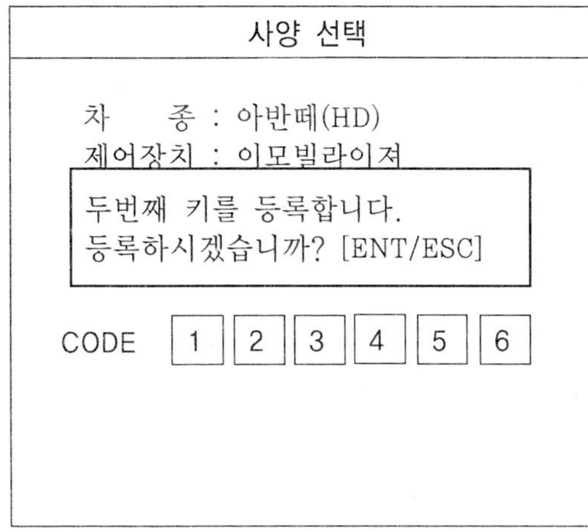


그림 59. 키를 한 개 이상 등록시

## 고장진단

### 1. 단품점검

[1] 주어진 시동전동기를 분해하고 부품 명칭 및 부품 상태를 기록하고 조립하시오.

| 부품 명칭 | 부품 상태 | 지도교수 확인 |
|---|---|---|
| | | |
| | | |
| | | |
| | | |
| | | |
| | | |
| | | |
| | | |
| | | |
| | | |
| | | |

[2] 전기자 및 솔레노이드를  측정하고 판정 및 정비(또는 조치)사항을 기록하시오.

| 자동차 번호 : | | | 비번호 | | 지도교수 확인 | |
|---|---|---|---|---|---|---|
| 측정 항목 | | ① 측정(또는 점검)상태 | ② 판정 및 정비(또는 조치)사항 | | | 득점 |
| | | | 판 정(□에 "✔" 표) | 정비 및 조치할 사항 | | |
| 전기자코일(단선, 단락, 접지) | | □ 양호<br>□ 불량 | □ 양호<br>□ 불량 | | | |
| 솔레노이드 | 풀인 | □ 양호<br>□ 불량 | | | | |
| | 홀드인 | □ 양호<br>□ 불량 | | | | |

[3] 계자코일 및 브러시를  측정하고 판정 및 정비(또는 조치)사항을 기록하시오.

| 자동차 번호 : | | | 비번호 | | 지도교수 확인 | |
|---|---|---|---|---|---|---|
| 측정 항목 | ① 측정(또는 점검)상태 | | ② 판정 및 정비(또는 조치)사항 | | 득 점 | |
| | 측정값 | 규정값 | 판정(□에 "✔" 표) | 정비 및 조치할 사항 | | |
| 계자코일 단선 | | | □ 양호<br>□ 불량 | | | |
| 계자코일 접지 | | | | | | |
| 브러시 길이 | | | | | | |
| 브러시 장력 | | | | | | |

[4] 브러시를 탈거한 후 신품으로 교환하시오.

[5] 시동모터 무부하 시험을 하여 전류소모 및 전압강하를 측정하고 판정 및 정비(또는 조치)사항을 기록하시오.

| 자동차 번호 : | | | 비번호 | | 지도교수 확 인 | |
|---|---|---|---|---|---|---|
| 측정 항목 | ① 측정(또는 점검) | | ② 판정 및 정비(또는 조치)사항 | | | 득 점 |
| | 측정값 | 규정(정비한계)값 | 판정(□에 "✔" 표) | 정비 및 조치할 사항 | | |
| 전압강하 | | | □ 양호<br>□ 불량 | | | |
| 소모전류 | | | | | | |

[6] 시동모터 크랭킹시 전류소모 및 전압 강하를 측정하고 판정 및 정비(또는 조치) 사항을 기록하시오.

| 자동차 번호 : | | | 비번호 | | 지도교수 확 인 | |
|---|---|---|---|---|---|---|
| 측정 항목 | ① 측정(또는 점검) | | ② 판정 및 정비(또는 조치)사항 | | | 득 점 |
| | 측정값 | 규정(정비한계)값 | 판정(□에 "✔" 표) | 정비 및 조치할 사항 | | |
| 전압강하 | | | □ 양호<br>□ 불량 | | | |
| 소모전류 | | | | | | |

[7] 점화 로크스위치를 측정하고 판정 및 정비(또는 조치)사항을 기록하시오.

| 자동차 번호 : | | | 비번호 | | 지도교수 확 인 | |
|---|---|---|---|---|---|---|
| 측정 항목 | ① 측정(또는 점검) | | ② 판정 및 정비(또는 조치)사항 | | | 득 점 |
| | 측정값 | | 판정(□에 "✔" 표) | 정비 및 조치할 사항 | | |
| 점화로크 스위치 | ON | □ 도통 □ 비도통 | □ 양호<br>□ 불량 | | | |
| | OFF | □ 도통 □ 비도통 | | | | |

[8] 이모빌라이저 키를 교환하고 입력하시오.

## 2. 고장증상 점검 및 수리방법

[1] 배터리 상태는 정상이나 크랭킹이 되지 않는다.

(1) 위 사항과 같은 고장증상이 발생되는 차량에서 시 운전을 하여 고장증상을 확인하고 고장증상에 대한 확인방법을 작성하시오(도로주행을 통해 어려운 경우 정차상태에서 시동장치를 확인한다).

| 고장증상 | 고장증상 확인방법 | 확 인 |
|---|---|---|
| | | |

(2) 고장 부위 고장원인 및 점검방법을 작성하시오.

| 고장 부위 | 고장 원인 | 점검방법 | 확 인 |
|---|---|---|---|
| | | | |
| | | | |
| | | | |
| | | | |
| | | | |

(3) 고장부분을 정비지침서 또는 관련 자료를 참고하여 수리하고 수리방법과 수리절차를 작성하시오.

| 수리방법 | 수리절차 | 확 인 |
|---|---|---|
| | | |

[2] 크랭킹시 크랭킹 속도가 느리다.

(1) 위 사항과 같은 고장증상이 발생되는 차량에서 시 운전을 하여 고장증상을 확인하고 고장증상에 대한 확인방법을 작성하시오(도로주행을 통해 어려운 경우 정차 상태에서 시동장치를 확인한다).

| 고장증상 | 고장증상 확인방법 | 확 인 |
|---|---|---|
| | | |

(2) 고장 부위 고장원인 및 점검방법을 작성하시오.

| 고장 부위 | 고장 원인 | 점검방법 | 확 인 |
|---|---|---|---|
| | | | |
| | | | |
| | | | |
| | | | |
| | | | |

(3) 고장부분을 정비지침서 또는 관련 자료를 참고하여 수리하고 수리방법과 수리절차를 작성하시오.

| 수리방법 | 수리절차 | 확 인 |
|---|---|---|
| | | |

[3] 시동전동기는 회전을 하는데 엔진은 크랭킹을 하지 않는다.

(1) 위 사항과 같은 고상증상이 발생되는 차량에서 시 운전을 하여 고장증상을 확인하고 고장증상에 대한 확인방법을 작성하시오(도로주행을 통해 어려운 경우 정차 상태에서 시동장치를 확인한다).

| 고장증상 | 고장증상 확인방법 | 확 인 |
|---|---|---|
| | | |

(2) 고장 부위 고장원인 및 점검방법을 작성하시오.

| 고장 부위 | 고장 원인 | 점검방법 | 확 인 |
|---|---|---|---|
| | | | |
| | | | |
| | | | |
| | | | |
| | | | |

(3) 고장부분을 정비지침서 또는 관련 자료를 참고하여 수리하고 수리방법과 수리절차를 작성하시오.

| 수리방법 | 수리절차 | 확 인 |
|---|---|---|
| | | |

[4] 점화스위치가 ON에 있어도 시동전동기가 계속 회전한다.

(1) 위 사항과 같은 고장증상이 발생되는 차량에서 시 운전을 하여 고장증상을 확인하고 고장증상에 대한 확인방법을 작성하시오(도로주행을 통해 어려운 경우 정차상태에서 시동장치를 확인한다).

| 고장증상 | 고장증상 확인방법 | 확 인 |
|---|---|---|
| | | |

(2) 고장부위 고장원인 및 점검방법을 작성하시오.

| 고장 부위 | 고장 원인 | 점검방법 | 확 인 |
|---|---|---|---|
| | | | |
| | | | |
| | | | |
| | | | |
| | | | |

(3) 고장부분을 정비지침서 또는 관련 자료를 참고하여 수리하고 수리방법과 수리절차를 작성하시오.

| 수리방법 | 수리절차 | 확 인 |
|---|---|---|
| | | |

[5] 점화스위치가 ST에 있어도 "딸깍" 소리만 나고 크랭킹이 안된다.

(1) 위 사항과 같은 고장증상이 발생되는 차량에서 시 운전을 하여 고장증상을 확인하고 고장증상에 대한 확인방법을 작성하시오(도로주행을 통해 어려운 경우 정차 상태에서 시동장치를 확인한다).

| 고장증상 | 고장증상 확인방법 | 확 인 |
|---|---|---|
| | | |

(2) 고장부위 고장원인 및 점검방법을 작성하시오.

| 고장 부위 | 고장 원인 | 점검방법 | 확 인 |
|---|---|---|---|
| | | | |
| | | | |
| | | | |
| | | | |
| | | | |

(3) 고장부분을 정비지침서 또는 관련 자료를 참고하여 수리하고 수리방법과 수리절차를 작성하시오.

| 수리방법 | 수리절차 | 확 인 |
|---|---|---|
| | | |

CHAPTER Automotive Electric• Electron Exercise

# 07. 등화장치 정비 [Lighting System Maintenance]

## 1. 등화장치(lighting system)의 개요

**학습목표**

등화장치 정비란 야간이나 우천시 또는 터널 내를 주행할 때 안전을 위하여 등화장치의 정상적인 작동 이상 유・무를 정확하게 파악하고 등화장치를 수리, 조정, 교환하는 능력이다.

1. 등화장치의 구조와 작동원리를 파악할 수 있다.
2. 정비지침서에 따라 등화장치를 파악하고 관련 장치의 작동상태를 확인할 수 있다.
3. 정비지침서에 따라 등화장치의 고장원인을 분석할 수 있다.
4. 제조사별 등화장치 종류에 따라 규정값을 기준으로 점검・진단을 할 수 있다.
5. 정비지침서에 따라 등화장치의 세부점검목록을 확인하여 고장원인을 파악할 수 있다.
6. 정비지침서에 따라 고장 진단장비를 사용하여 등화장치의 고장원인을 분석할 수 있다.
7. 등화장치 관련 부품의 조정을 위해 관련 장비 및 공구를 선택 및 사용할 수 있다.
8. 정비지침서에 따른 교환・수리 가능여부를 확인하고 교환 및 수리 후 정상 상태를 확인할 수 있다.
9. 정비지침서에 따라 측정기·육안으로 등화장치를 검사할 수 있다.
10. 정비지침서에 따른 관련부품을 차량에서 탈·부착 및 분해・조립순서에 맞게 교환할 수 있다.
11. 정비지침서에 따라 등화장치의 전기흐름을 파악하여 수리할 수 있다.

등화장치는 자동차가 야간이나 우천시 또는 터널 내를 주행할 때 안전운전을 위한 장치로 각종 램프가 여기에 속하며 등화장치의 종류는 아래 표와 같다.

**표 1. 자동차 등화장치의 종류**

| 구 분 | 명 칭 | 주요기능 |
|---|---|---|
| 조명용 | 전조등(head light)<br><br>후퇴등(backward light)<br>안개등(fog light)<br>실내등(room lamp) | 상향등(high beam) : 원거리 조명<br>하향등(low beam) : 근거리 조명<br>후진 시에 후방 조명<br>비정상 기후(안개, 눈, 비)<br>차 실내조명 |
| 신호용 | 제동등(brake lamp)<br>방향지시등(turm signal lamp)<br>비상등(emergency lamp) | 주 제동장치 작동 중임을 알림<br>선회방향을 알림<br>비상상태, 또는 경고의 표시 |
| 외부표시용 | 차폭등(side lamp)<br>차고등(height lamp)<br>후미등(tail lamp)<br>번호판 등(license plate lamp)<br>주차등(parking lamp) | 차체 폭 표시<br>차체 높이 표시<br>차체 후방임을 표시<br>번호판 조명<br>주차 중임을 표시 |

## 1.1. 미등 및 번호등

### 1.1.1. 미등의 개요

저녁에 또는 안개가 끼거나 비 또는 눈이 올 때, 도로에서 자동차를 운행하거나 터널 안을 운행하거나 터널 안 도로에서 고장이나 그 밖의 부득이한 사유로 자동차를 정차 또는 주차하는 경우 켜야 하며, 미등작동 시에는 번호등도 함께 작동된다.

그림 1. 미등 및 번호등

## 1.1.2. 미등회로 작동시

미등작동은 라이트 스위치 ①을 작동하면 라이트 스위치에 와있던 전원이 접지가 되어 미등 릴레이 ②가 작동하고 릴레이 접점 ③이 붙어 30번 단자에 와있던 상시전원이 87 단자로 흘러 좌우측의 미등전구에 전원을 공급하게 되어 미등 및 번호등이 작동하게 된다.

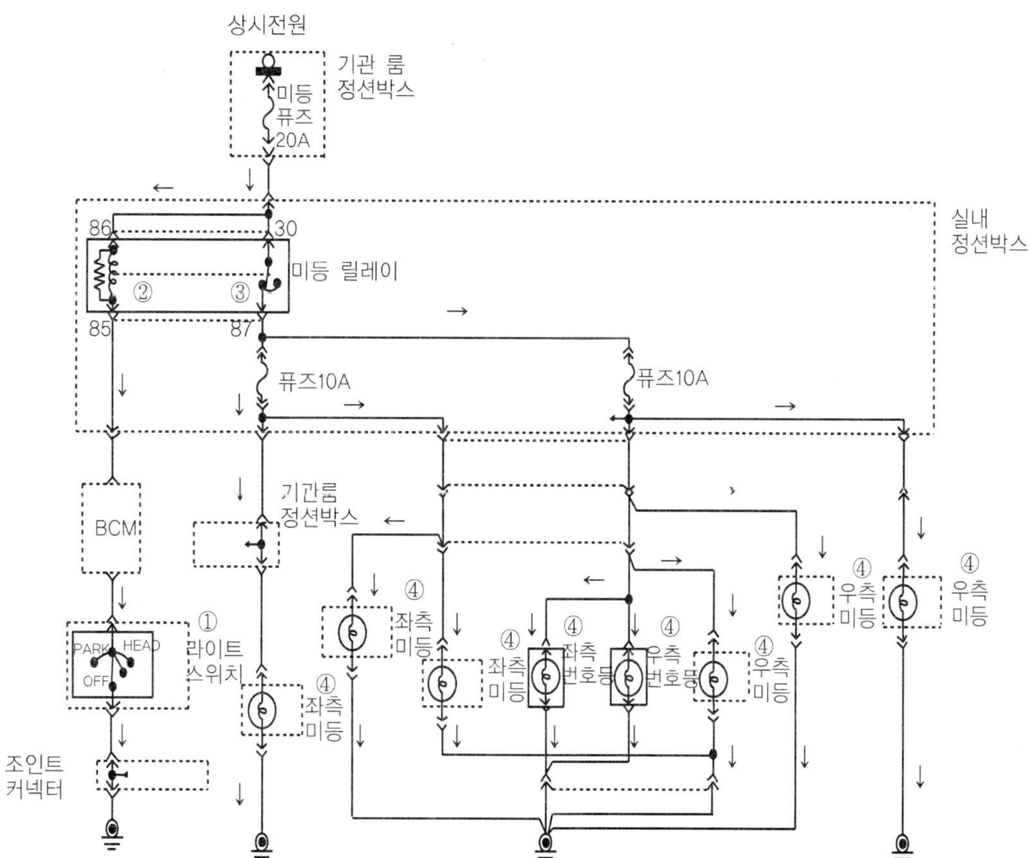


그림 2. 미등회로 작동시

## 1.1.3. 미등 자동소등제어의 개요

미등 자동소거 제어는 점화스위치 ON 후 미등을 ON한 경우 점화스위치가 OFF되고 운전석 도어가 열리면 미등을 자동으로 소등시켜 운전자 실수에 의한 축전지 방전을 방지하는 기능이다.

[1] 미등 자동소등제어 타임차트

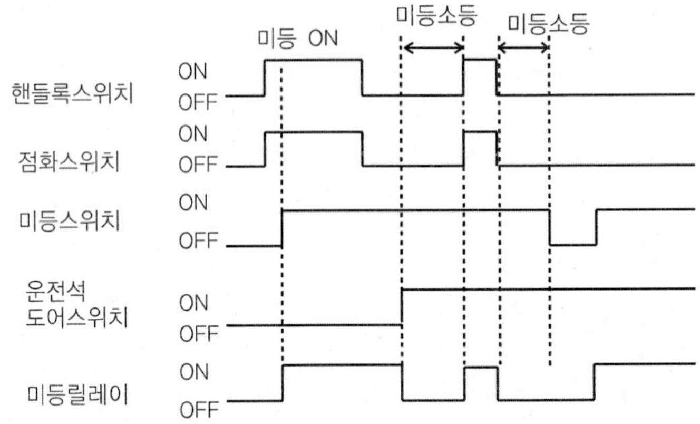


[2] 미등 자동소등 제어 다이어그램

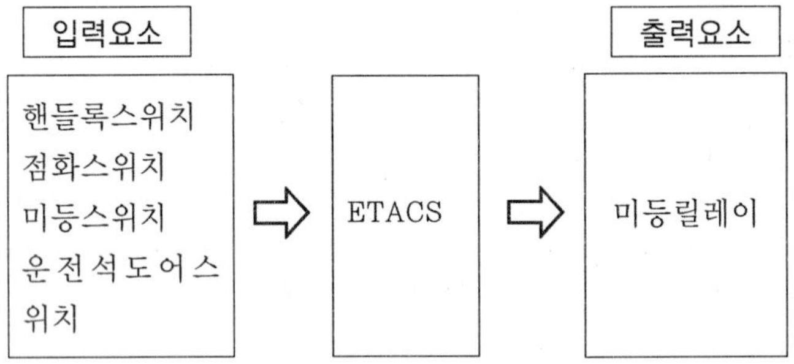


[3] 미등 자동소등제어 작동회로도

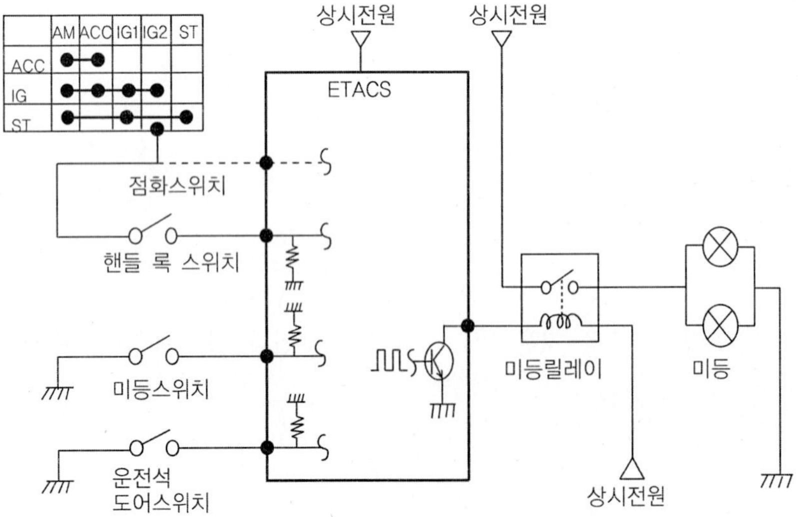

[4] 입・출력요소 단자특성

| 입・출력 요소 | | 전압레벨 | |
|---|---|---|---|
| 입력 | 핸들록 스위치 | 점화스위치 삽입 | 12V |
| | | 점화스위치 탈거 | 0V |
| | 미등스위치 | OFF | 5V |
| | | ON | 0V |
| 출력 | 미등릴레이 | 점등시 | 0V(접지시킴) |
| | | 소등시 | 12V(접지해제) |

## 1.2. 제동등

제동등은 주야간 모두 브레이크 페달을 밟는 순간 페달의 작동 또는 유압에 의하여 점등되는 적색등으로서 후속 자동차에 제동을 알리는 등이다. 전구는 보통 후미등과 겸용을 사용하고 있으며, 필라멘트가 2개 설치된 더블 필라멘트 형식이며 제동등 전구는 15~30W 정도이다.

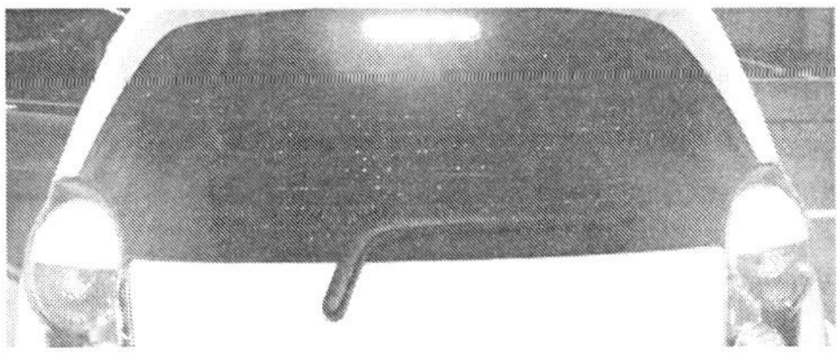

그림 3. 제동등

### 1.2.1. 제동등 회로 작동시

제동등의 작동은 평상시 제동등 스위치에 와있던 작동 전원이 브레이크 페달을 밟으므로 제동등 스위치가 작동하게 되고 제동등 스위치에 와있던 상시전원이 뒤 좌우 콤비네이션 램프의 제동등에 전원을 공급하게 되고 제동등은 상시 작동전원에 의해 제동등은 작동하게 된다. 제동등 스위치 Ⓐ는 브레이크 페달을 밟으면 close가 되고 정지등 스위치 Ⓑ는 open이 된다.

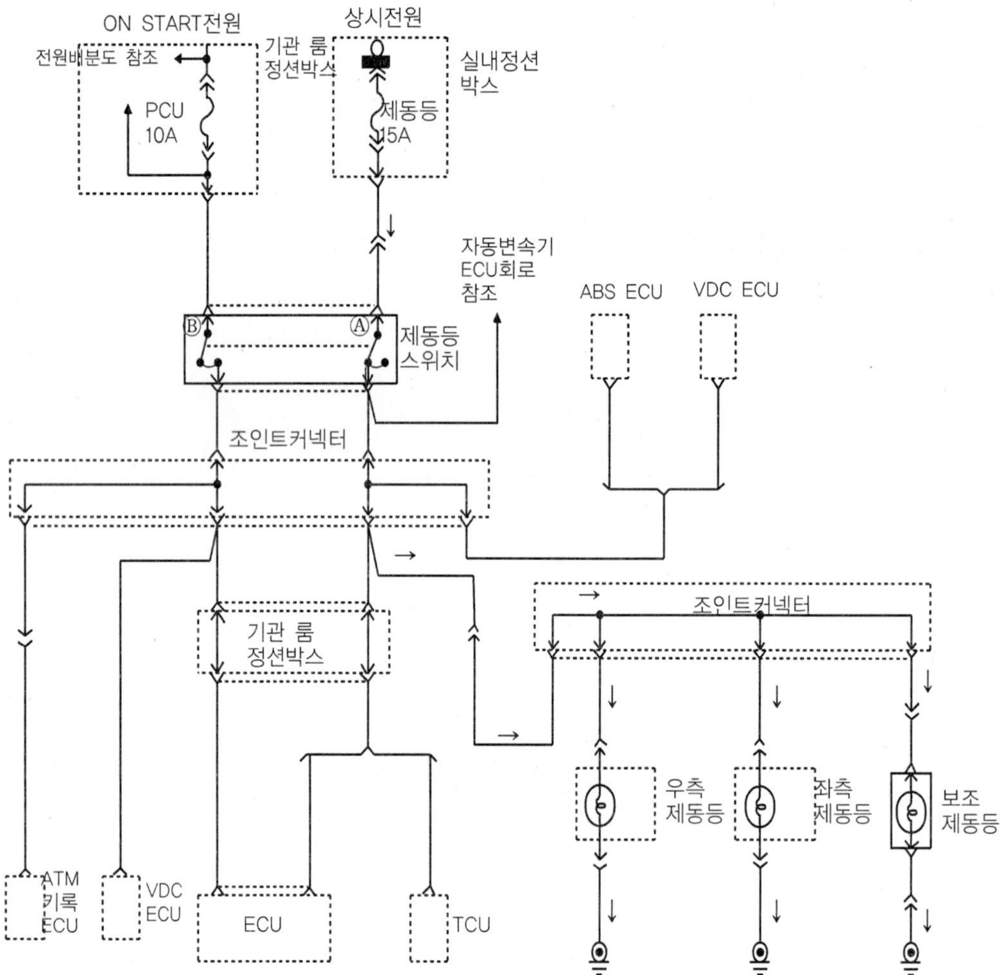


그림 4. 제동등 작동시

## 1.2.2. 제동등 스위치

브레이크 페달에 의해 ON, OFF되는 스위치이다. 브레이크 페달을 밟으면 페달에 눌려 있던 스위치 푸시로드가 해방되기 때문에 접점이 연결되어 제동등을 점등하고 브레이크 페달을 놓으면 푸시로드가 눌려 접점이 차단되어 제동등이 소등된다.

그림 5. 제동등 스위치 설치위치

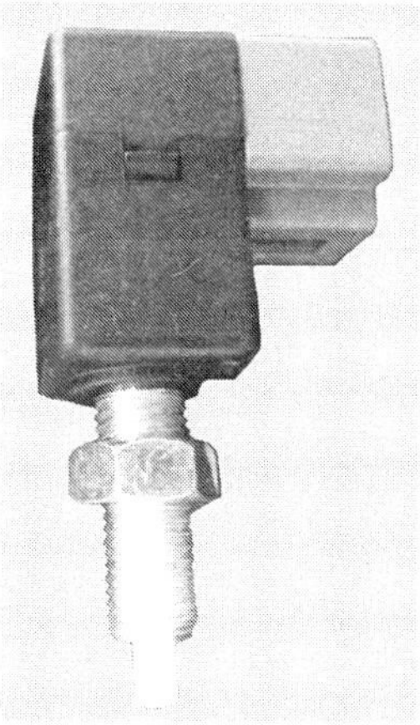

그림 6. 제동등 스위치

## 1.3. 후진등

변속기 레버를 후진 위치로 하였을 때 점등되는 후진 방향의 조명등이다. 후퇴등 이라고도 한다. 자동차가 후진하고 있음을 후속차에게 알리는 등으로 전구는 21~27W 정도이다.

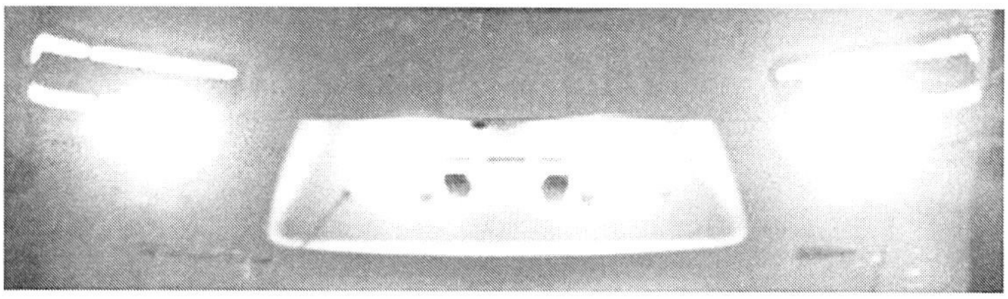

그림 7. 후진등

### 1.3.1. 후진등 회로 작동시

평상시에 후진등 스위치에 와있던 작동 전원이 변속 레버를 후진으로 하면 후진등 스위치가 작동하게 되고 후진등 스위치에 있던 상시전원은 뒤 좌우 콤비네이션 램프의 후진등에 전원을 공급하게 되고 후진등은 상시접지와 작동 전원에 의해 후진등은 작동하게 된다.

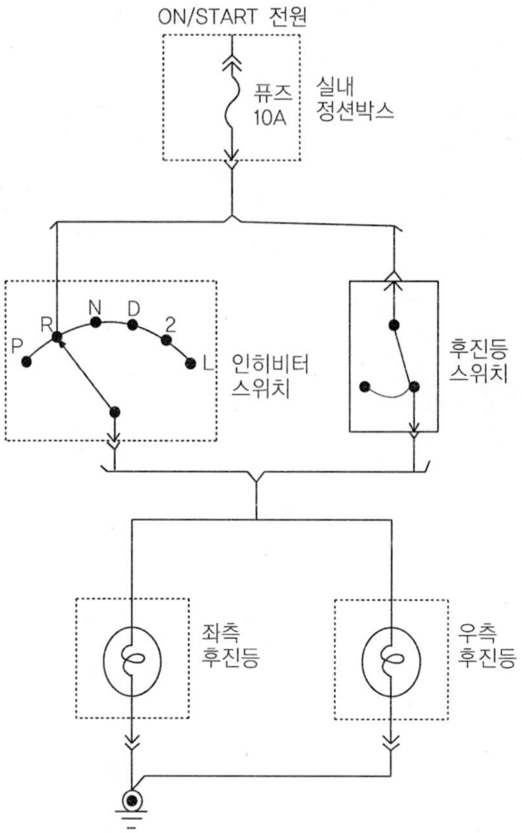


그림 8. 후진등 작동시

## 1.4. 방향지시등

방향지시등은 자동차의 진행방향을 바꿀 때 사용하는 것이며 플래셔 유닛을 사용하여 램프에 흐르는 전류를 일정한 주기(자동차 안전기준상 매분 당 60회 이상 120회 이하)로 단속・점멸하여 전구를 점멸시키거나 광도를 증감시킨다. 또 긴급 정차시에 전후, 좌우 모든 램프 점멸로 긴급상황을 경고하는 비상경고등 기능이 있다.

그림 9. 방향지시등

### 1.4.1. BCM(body control module : 차체 제어모듈) 제어기능

① 비상등 및 방향등을 BCM이 제어한다.

② 비상등 및 방향등 스위치를 BCM이 감지한다.

③ 비상등스위치 ON시 BCM내부 릴레이를 구동하여 4개의 방향등에 (+)전원을 공급한다.

④ L/H 또는 R/H방향등 스위치 ON시 BCM 내부 릴레이를 구동하여 해당되는 앞, 뒤 방향등에 (+)전원을 공급한다.

⑤ 스위치 감지 전압 : 12V

### 1.4.2. 방향지시등 회로 작동시

방향지시등 스위치를 작동하면 방향지시등 스위치까지 와있던 접지(해당방향의 직동등의 필라멘트를 걸쳐서 오는 접지)에 의해 방향지시등 릴레이 L단자에 알려주게 된다. 이에 의해 방향지시등 릴레이 내에 있는 솔레노이드를 작동하고 작동에 의해 접점이 붙어 IG1전원이 좌측 또는 우측의 방향지시등 전구에 전원을 공급하게 되어 방향지시등을 작동하게 된다.

방향지시등 릴레이 코일 컨트롤단자에는 작동 전원이 입력되면 방향지시등 릴레이 내부회로의 작동에 의해 작동하고 있던 방향지시등 코일을 작동하지 않도록 전원을 차단하게 되고 코일의 작동이 멈춤으로 연결되었던 접점이 끊어지게 된다. 접점이 끊어지게 되면 다시 방향지시등 L단자에 접지가 공급되어 다시 릴레이 내에 있는 솔레노이드가 작동한다. 이런 원리에 의해 방향지시등은 점멸하게 된다.

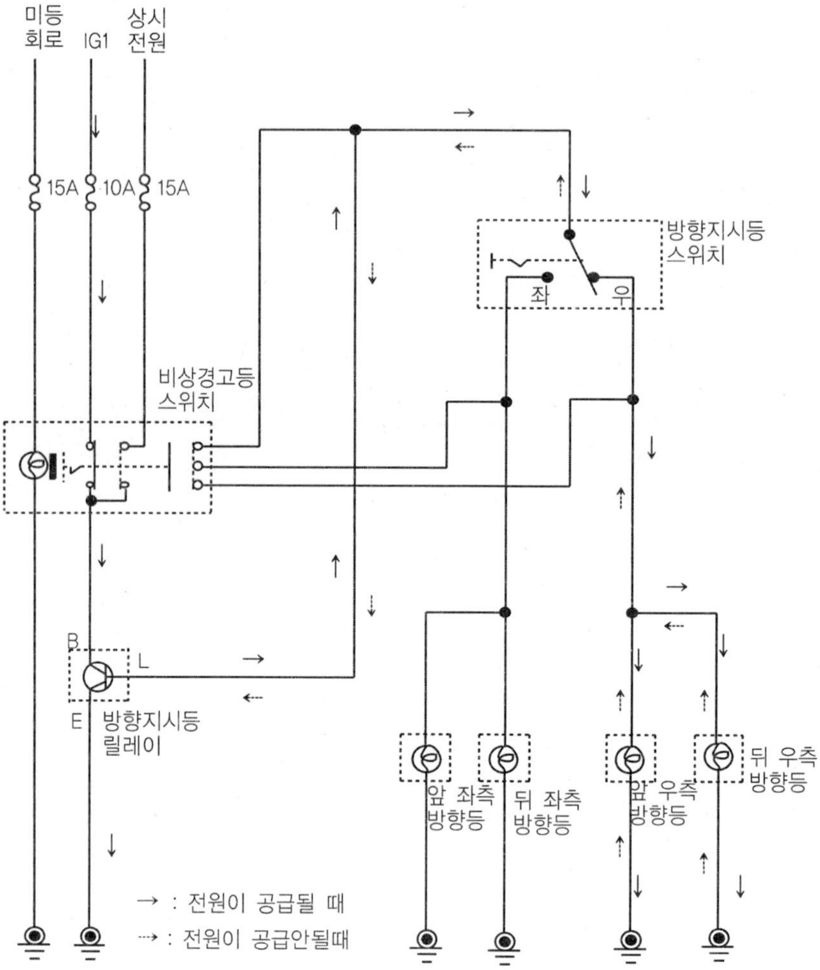


그림 10. 방향지시등 작동시

## 1.4.3. 비상 경고등 작동

비상 경고등 스위치를 작동하면 먼저 점화스위치 ON에 관계없이 비상 경고등은 작동하므로 비상 경고등 스위치에 의해 상시전원이 방향지시등 릴레이에 전원을 공급이 된 상태에서 전원공급용의 스위치와 다른 비상 경고등 스위치 즉, 비상 경고등 전구를 작동시키는 스위치에 와있던 접지(양쪽 방향의 작동 등의 필라멘트를 거쳐서 오는 접지)에 의해 방향지시등 릴레이의 L단자 코일 컨트롤 단자로 신호를 알려주게 된다.

이에 의해 방향지시등 릴레이는 유닛 내에 있는 솔레노이드를 작동하고 작동에 의해 접점이 붙여 상시전원이 비상 경고등 스위치의 좌우측 의 방향지시등 전구에 전원을 공급하게 되어 방향지시등이 작동하게 된다.

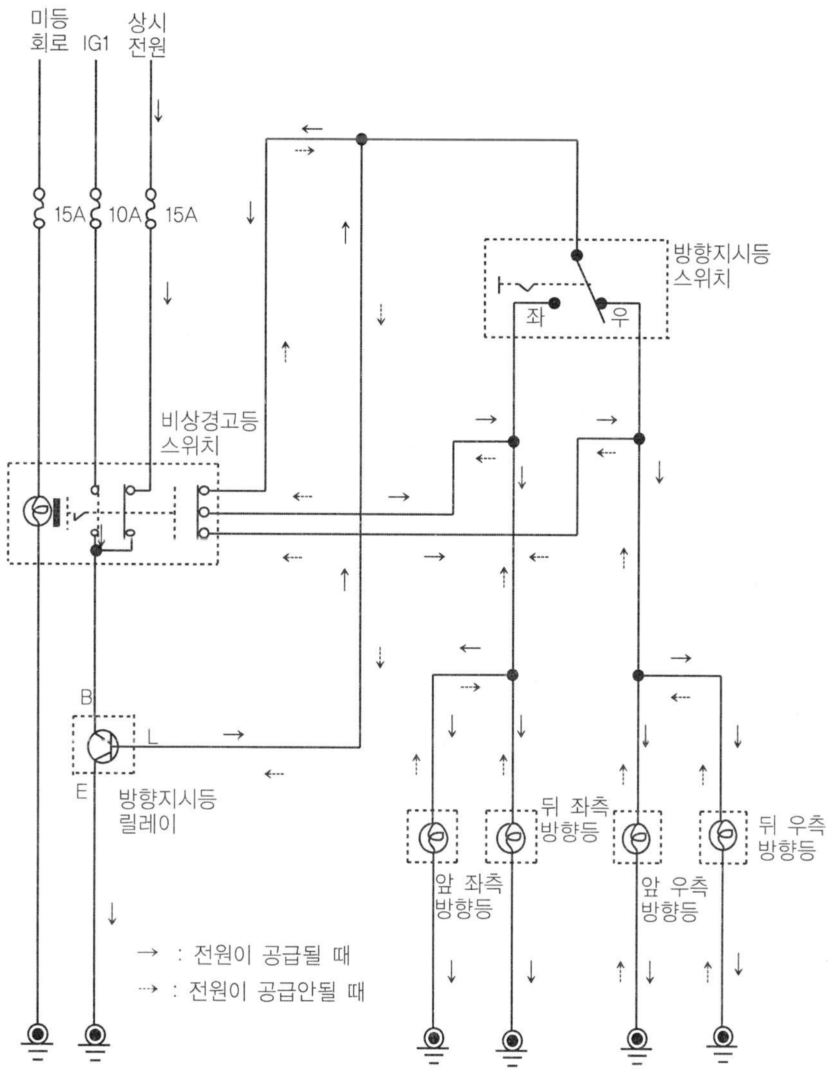


그림 11. 비상 경고등 작동시

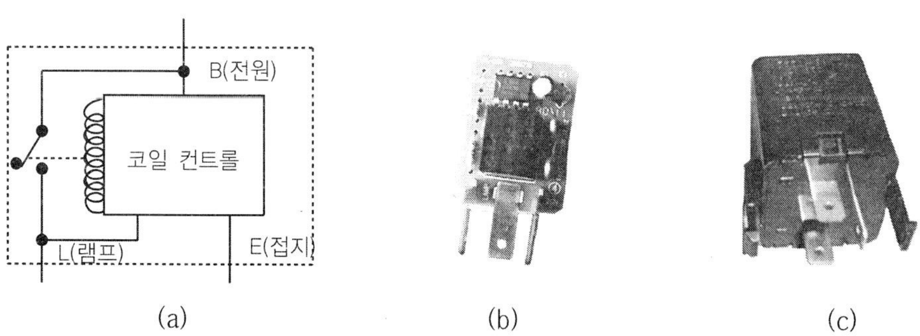


그림 12. 방향지시등 릴레이

## 1.5. 전조등(head lamp)

전조등에는 실드빔방식과 세미 실드빔방식이 있다. 램프(lamp) 안에는 2개의 필라멘트가 있으며, 1개는 먼 곳을 비추는 상향빔(high beam)의 역할을 하고, 다른 하나는 시내를 주행할 때나 교행(郊行)할 때 대향 자동차나 사람이 현혹되지 않도록 광도를 약하게 하고, 동시에 빔을 낮추는 하향 빔(low beam)이 있다.

### 1.5.1. 전조등 종류

#### [1] 실드빔방식(sealed beam type)

이 방식은 반사경에 필라멘트를 붙이고 여기에 렌즈를 녹여 붙인 후 내부에 불활성 가스를 넣어 그 자체가 1개의 전구가 되도록 한 것이다. 즉, 반사경·렌즈 및 필라멘트가 일체로 된 형식이며 특징은 다음과 같다.

① 대기(大氣)의 조건에 따라 반사경이 흐려지지 않는다.

② 사용에 따르는 광도의 변화가 적다.

③ 필라멘트가 끊어지면 렌즈나 반사경에 이상이 없어도 전조등 전체를 교환하여야 한다.

#### [2] 세미 실드빔방식(semi sealed beam type)

이 방식은 렌즈와 반사경은 녹여 붙였으나 전구는 별개로 설치한 것이다. 필라멘트가 끊어지면 전구만 교환하면 된다. 그러나 전구 설치부분으로 공기 유통이 있어 반사경이 흐려지기 쉽다. 최근에는 전구를 할로겐램프를 주로 사용하고 있다.

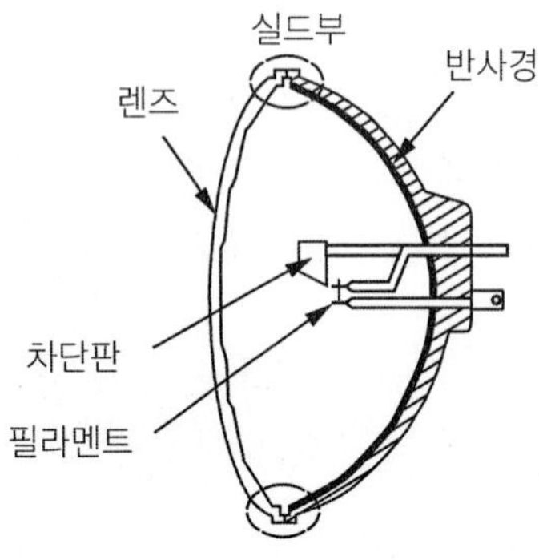


(a) 실드빔방식

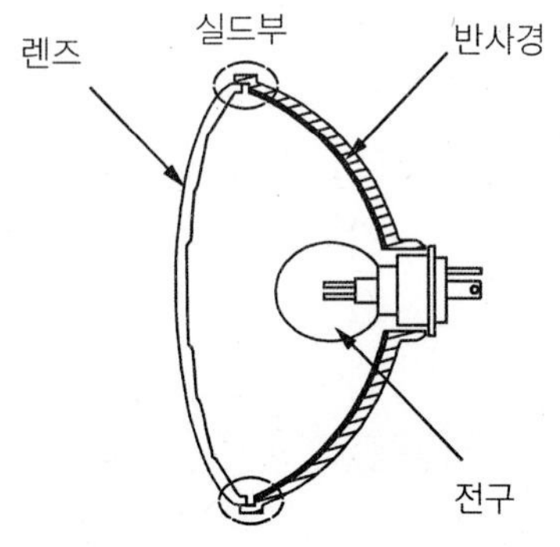


(b) 세미 실드빔방식

그림 13. 전조등의 종류

## [3] HID(high intendity discharge) 전구

기존의 램프가 백열전구와 같이 니크롬선에 전류를 흘러 빛을 얻는 것과는 달리 마치 형광등처럼 방전효과를 이용하는 것으로 특정한 가스가 채워진 공간속으로 강력한 전기를 흘러 보내는 방식으로 얇은 캡슐 안에 제논가스, 수은, 메탈 핼리드 솔트가 양끝의 몰리브덴 전극이 방전을 하면 에너지화 되어 빛을 방출하는 램프를 말하며 전구에 안정된 전원을 공급, 제어하는 밸라스트(ballast)와 전구 전등을 위해 승압시키는 이그나이터(ignitor)로 구성되어 있다.

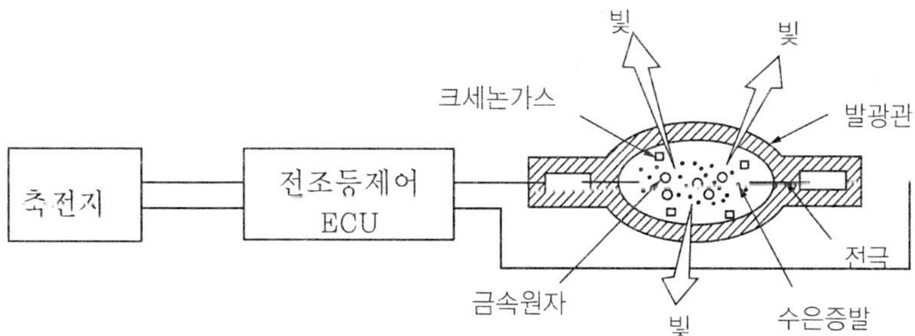

그림 14. HID전구

(a) 할로겐전구

(b) HID전구

그림 15. 전조등의 발기 비교

할로겐전구에 비해 약 2배 정도 밝으며 태양광선에 가까운 백색의 자연광선을 얻을 수 있을 뿐 아니라 소비전력은 할로겐전구의 약 1/2 정도이며 수명은 필라멘트 형식에 비해 약 2배 정도이다.

### [4] 오토라이트시스템

오토라이트시스템은 주행 중 터널진입시나 눈, 비, 안개등으로 주위가 갑자기 어두워 질 경우 운전자는 미등 또는 전조등을 작동하여 주행을 하게 된다. 터널을 통과 후 또는 주위가 다시 밝아지는 경우에는 다시 미등 또는 전조등을 소등하고 주행해야 한다. 이러한 불편을 해소하기 위하여 자동으로 라이트를 제어하는 시스템이 바로 오토라이트 시스템이다. 오토라이트 시스템은 운전자가 점등스위치를 조작할 필요 없이 오토모드에 위치하면 주위 밝기의 변화를 센서로 감지하여 미등 또는 전조등을 자동으로 점등・소등하여 주는 편리한 시스템이다.

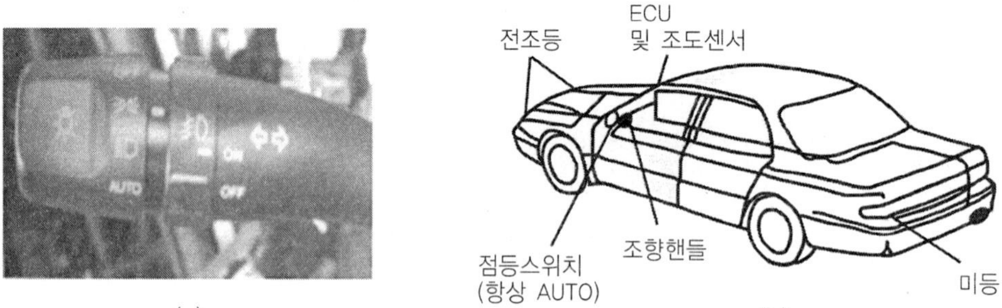


(a) (b)

그림 16. 오토라이트시스템

#### (1) 오토라이트 시스템의 작동

오토라이트 시스템은 점등스위치 및 주위 밝기의 변화를 감지하는 조도센서 등의 입력 신호를 받아 미등 또는 전조등을 자동으로 점등/소등시켜주는 시스템이다.

작동스위치<br>조도센서 → 제어장치 → 미등 점등/소등<br>전조등 점등/소등

| 구 분 | 미 등 | 전조등 |
|---|---|---|
| 점등조건 조도 | 23.1±1.4LUX 이하 | 6.2±1.4LUX 이하 |
| 소등조건 조도 | 48.1±1.4LUX 이상 | 12±1.4LUX 이상 |

### (2) BCM 제어기능

① 다기능 스위치에서 AUTO 단자를 선택한다.

② 오토라이트 센서가 빛을 감지하고 500ms±100ms 후에 라이트가 OFF되어야 한다.

③ 빛이 차단되면 3초±1초 후에 라이트가 ON되어야 한다.

④ 빛이 밝아 라이트가 OFF될 때는 미등이 꺼지기 300ms전에 전조등이 먼저 꺼지고 난 후 미등이 꺼진다.

⑤ 오토라이트 센서의 출력 전압

| | 미등 램프 | 전조등 |
|---|---|---|
| ON | 1.77±0.08V | 0.61±0.06V |
| OFF | 3.47±0.10V | 1.00±0.06V |

## 1.5.2. 전조등 하향 작동시

전조등 하향 작동의 경우 라이트 스위치를 작동하면 라이트 스위치에 와있던 접지에 인해 전주등 하향 릴레이의 솔레노이드에 접지를 공급하게 되어 전조등 하향 릴레이가 작동하고 릴레이 접점에 와있던 상시전원이 좌우측의 전조등 하향 전구에 ON전원을 공급하게 되어 하향 전조등이 작동하게 된다. 또 릴레이로 공급하였던 접지는 디머/패싱 스위치를 접지를 공급하여하이 빔과 패싱 작동을 할 수 있도록 스위치 작동 접지를 공급하도록 되어 있다.

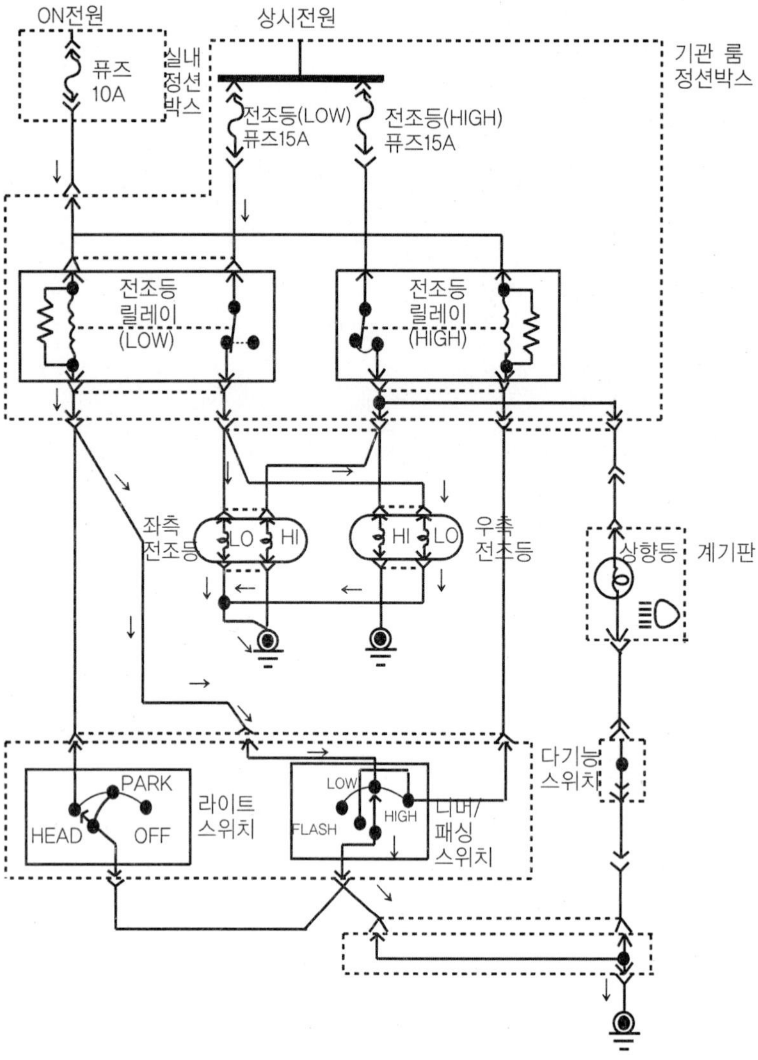


그림 17. 전조등 하향 작동시

## 1.5.3. 전조등 상향 작동시

디머/패싱 스위치를 이용하여 상향작동 위치에 놓으면 디머/패싱 스위치에 접지가 전조등 상향 릴레이에 접지를 공급하여 전조등 릴레이 상향이 작동하고 전조등 릴레이 상향 접점에 와있던 상시 전원이 좌우측의 전조등 상향 전구에 전원을 공급하게 되어 상향 전조등이 작동하게 된다. 또 상향등의 경우 계기판의 상향등 표시등을 작동하여 운전자에게 상향등의 작동여부를 알려준다.

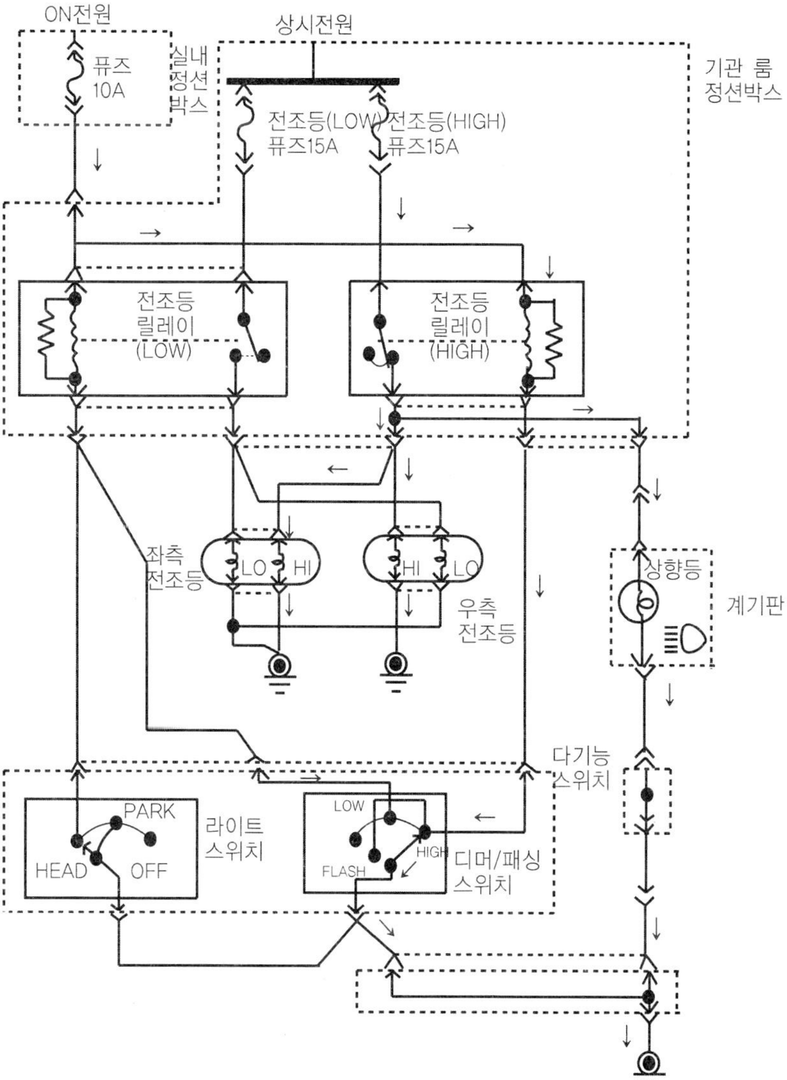


그림 18. 전조등 상향 작동시

### 1.5.4. 전조등 패싱 작동시

전조등 패싱 작동의 경우 라이트 스위치를 작동하지 않은 상태에서도 패싱은 작동 되도록 되어있다. 작동은 디머/패싱 스위치를 이용하여 패싱 작동 위치에 놓으면 디머/패싱 스위치에 패싱 작동 접지가 전조등 상향 릴레이에 접지를 공급하여 상향 릴레이를 작동시키고 상향 릴레이 접점에 와있던 상시전원이 좌우측의 상향 전구에 전원을 공급하게 되어있어 상향 전조등이 작동하게 된다.

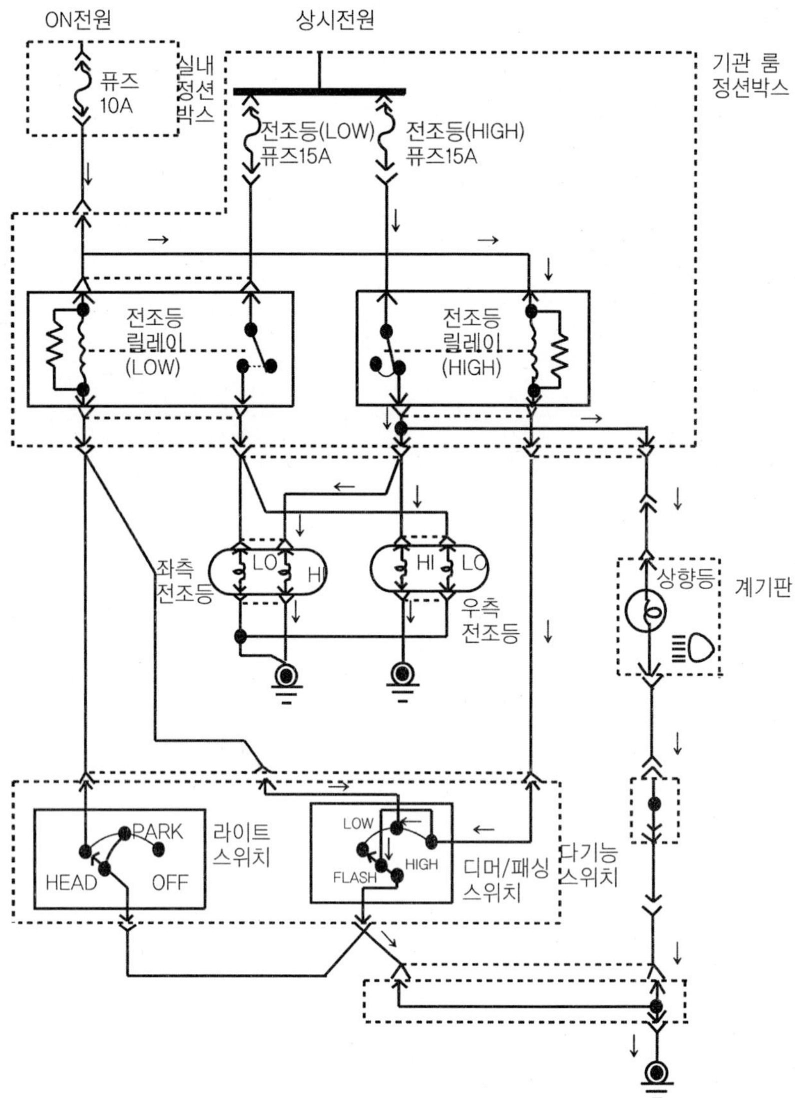


그림 19. 전조등 패싱 작동시

또 패싱의 작동은 상향등이 라이트 스위치 OFF시에 작동하고 이때 계기판에 상향등을 작동하여 운전자에게 패싱의 작동여부를 알려준다.

## 1.6. 실내등

가까운 실내 천장의 중앙이나 윈드실드 가까운 장소에 설치되어 차량의 어두운 실내를 환하게 조명하기 위한 등으로, 룸 라이트 또는 룸 램프라고도 한다.

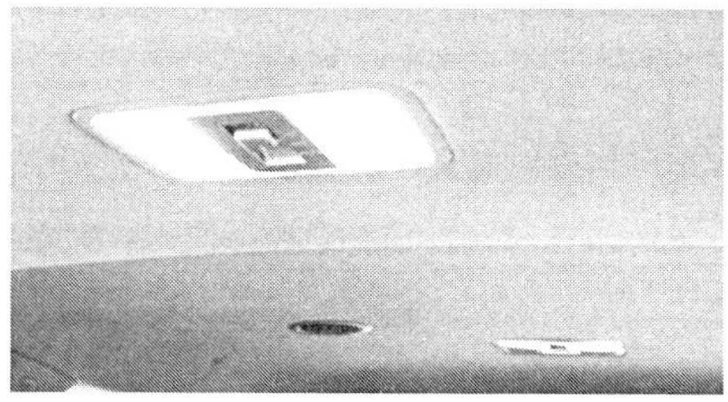

그림 20. 실내등

## 1.6.1. 감광식 룸램프 제어

감광식 룸램프제어는 도어를 연후 닫을 때 실내등이 즉시 소등되지 않고 서서히 소등될 수 있도록 하여 시동 및 출발 준비를 할 수 있도록 편의를 제공하는 기능이다.

### [1] 감광식 룸램프 제어 타임차트

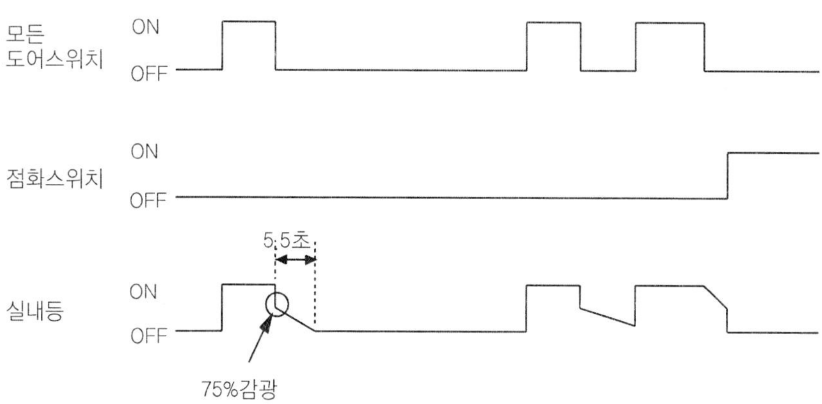


### [2] 감광식 룸램프 제어 다이어그램

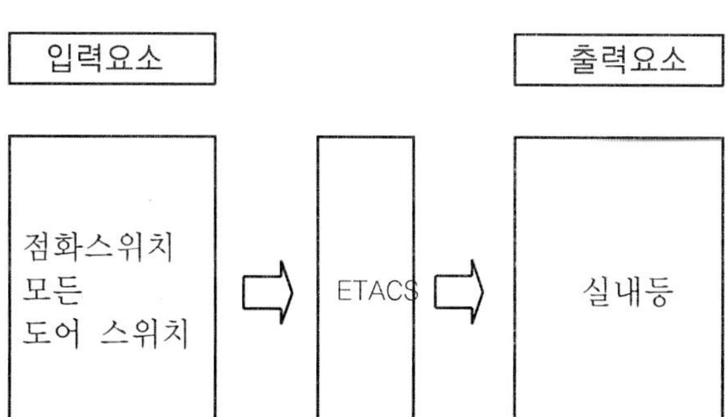

## [3] 감광식 룸램프 제어회로

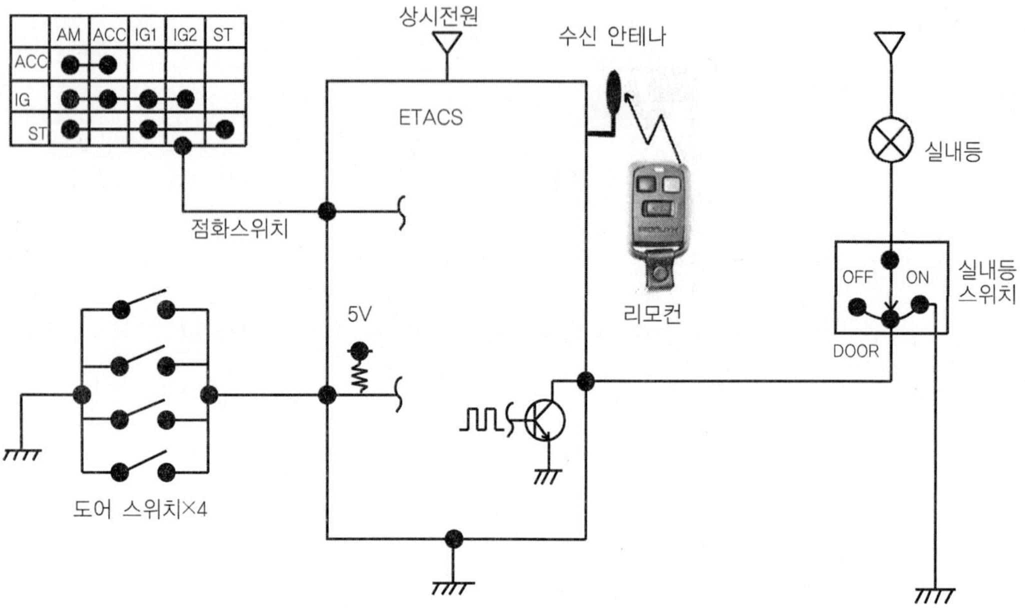


**그림 21. 감광식 룸램프 회로도**

## [4] 입 · 출력요소 단자특성

| 입 · 출력요소 | | 전압레벨 | |
|---|---|---|---|
| 입력 | 점화스위치 | ON 시 | 12V |
| | | OFF 시 | 0V |
| | 모든 도어스위치 | 도어 열림시 | 0V |
| | | 도어 닫힘시 | 12V |
| 출력 | 룸램프 | 점등시 | 0V(접지시킴) |
| | | 소등시 | 12V(접지해제) |

# 2. 등화장치 정비

**안전 및 준비사항**

① 등화장치 정비 전 정비 지침서를 숙지하여 실습순서를 정하고 공구 및 실습 기기와 재료 등을 충분히 준비한다.
② 실습장 및 주위를 깨끗이 정리정돈 하고 유류 등의 인화성 물질은 안전하게 별도로 보관하며 소화기를 비치하여 화재사고에 대비한다.
③ 등화장치 정비 시작 전 안전교육을 실시한다.
④ 복잡한 부분을 분해할 경우에는 조립작업을 쉽게 하기 위하여 기능상이나 외관상 악영향이 없는 부분에 각인(刻印) 또는 조립 표시등을 하여 둔다.
⑤ 부품을 탈거하면서 조립되었던 상태·변형·오작동부분 및 손상 등을 점검한다.
⑥ 탈거한 부품은 순서대로 잘 정리하여야 하며 또 교환하여야 하는 부품과 다시 사용할 부품을 구분하여 정리하고 다시 사용할 부품은 충분히 청소 및 세척을 한다.
⑦ 정비시 부품을 떨어지지 않도록 하며 작업장 바닥에 이물질이 있으면 즉시 닦아낸다.
⑧ 볼트 및 너트 체결시 적절한 공구를 사용하며, 정비지침서에 규정된 토크로 조인다.
⑨ 규정 이상의 퓨즈를 사용하지 않도록 한다.
⑩ 실습 종료 후 실습장 주위의 정리정돈을 깨끗이 한다.

**필요한 장비**

| 공구 및 측정기기 | | 실습 재료 | 기 타 |
|---|---|---|---|
| * 일반 공구세트<br>* 특수공구<br>* 작업등<br>* 에어공구<br>* 전동공구<br>* 토크렌치<br>* 납땜인두<br>* 전압계<br>* 전류계 | * 종합 진단기<br>* 오실로스코프<br>* 멀티테스터 | * 퓨즈<br>* 하니스(배선, 커넥터)<br>* 축전지<br>* 릴레이<br>* 일반전구, 할로겐전구<br>* 센서<br>* LED, HID<br>* 절연테이프<br>* 스위치<br>* 가솔린 또는 디젤기관차량 | 정비지침서 |

## 2.1. 미등 및 번호등 회로의 고장점검

멀티테스터 또는 테스트 램프를 사용하여 배선의 접속 상태와 회로의 접지상태 회로의 단선에 대하여 점검한다.

① 점화스위치를 ON시킨다.

② 라이트스위치 레버를 1단으로 돌려 미등 및 번호등을 작동시켜 본다.

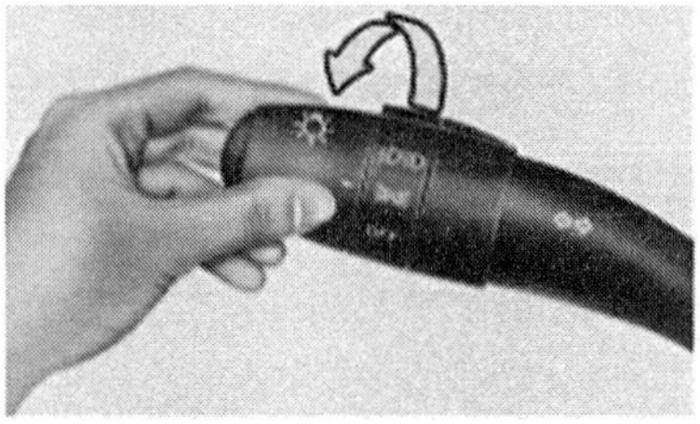

그림 22. 미등작동

(a)

(b)

그림 23. 미등 및 번호등 작동상태 확인

③ 미등과 번호등 모두 점등되지 않는다.

㉮ 축전지의 충전 상태 및 단자 연결상태가 불량한지 점검한다.

㉯ 콤비네이션 스위치점검 및 커넥터 연결상태를 점검한다.

㉰ 퓨즈 및 릴레이를 점검한다.

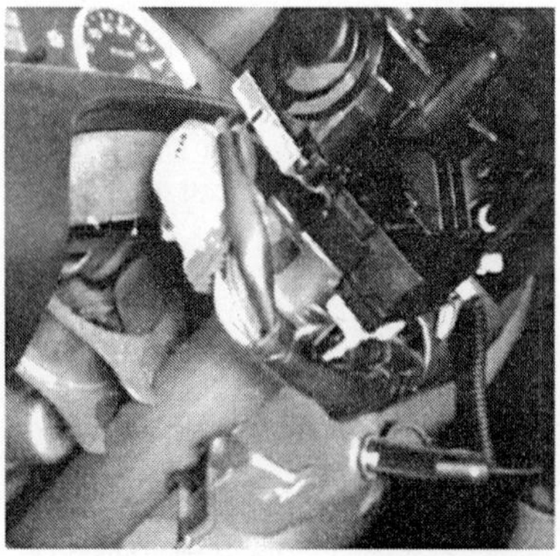

그림 24. 콤비네이션 스위치의 커넥터 확인

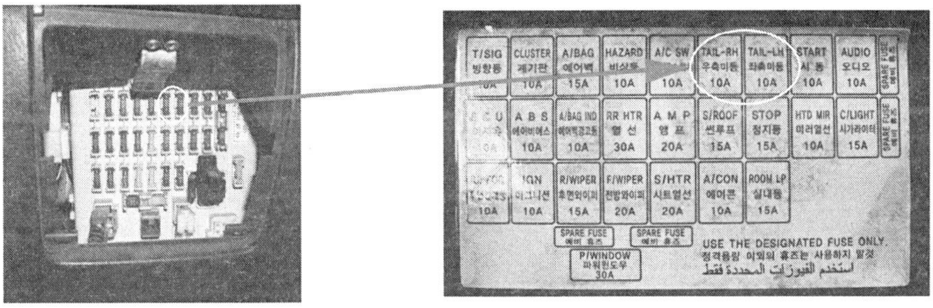


(a) 앞면 미등 퓨즈 점검

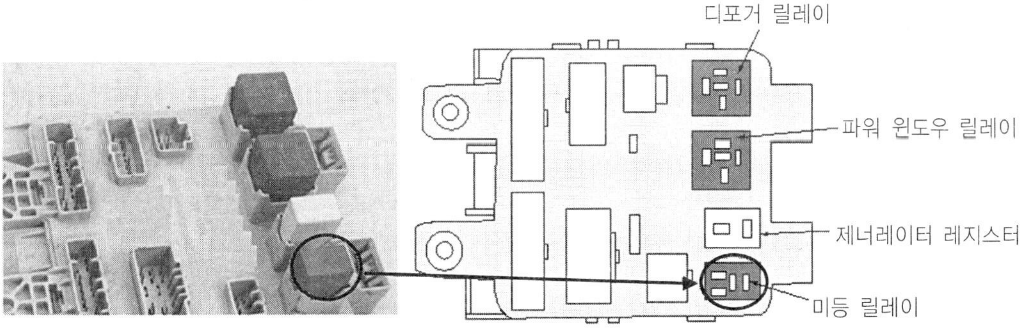


(b) 뒷면 미등 릴레이 점검

**그림 25. 실내 정션박스 점검**

㉱ 접지 상태 및 미등 커넥터 및 미등 전구의 손상여부를 점검한다.

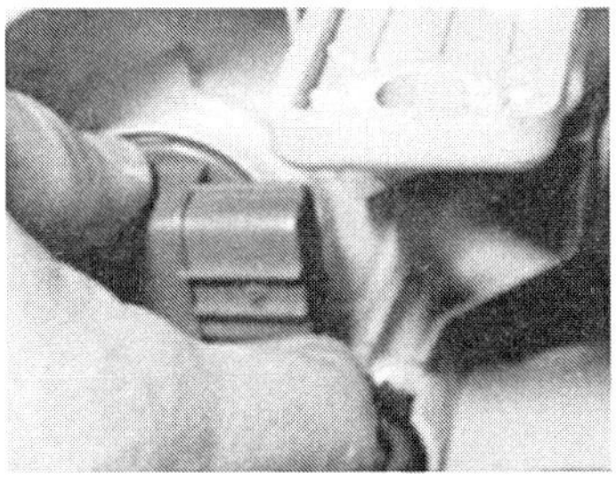

**그림 26. 미등 커넥터 연결상태 확인**

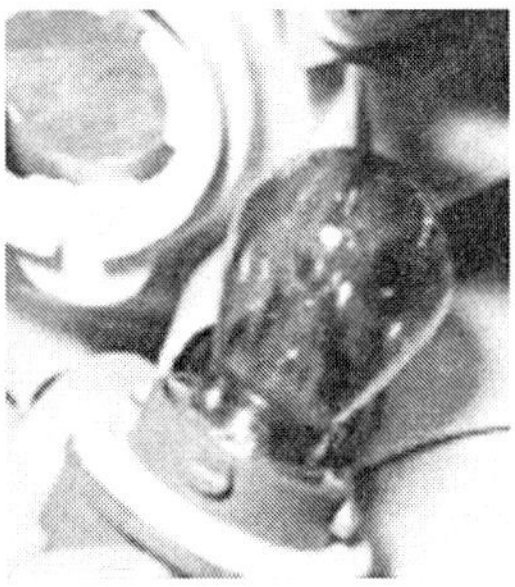

**그림 27. 미등 전구상태 확인**

④ 미등은 점등되나 번호등이 점등되지 않을 때는 번호등 커넥터 및 전구 상태, 접지 상태를 점검한다.

⑤ 미등 일부만 점등되지 않으면 점등되지 않는 커넥터 및 전구손상 여부를 점검한다.

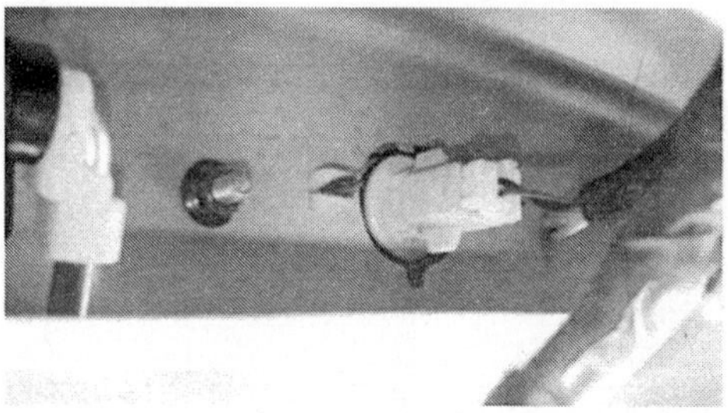

그림 28. 번호등 커넥터 및 전구 상태 확인

## 2.2. 제동등 회로의 고장점검

### 2.2.1. 제동등 교환

① 차량을 평탄한 곳에 주차시키고 트렁크 리드를 열어 드라이버를 사용하여 콤비네이션 램프 고정 피스를 탈거한다.

② 콤비네이션 램프를 탈거한다. 콤비네이션 램프는 키 형태로 홈(쿼터 패널에 꼽혀있는 조립키에 의해)에 박혀 있으므로 고정 피스를 탈거하여도 떨어지지 않으며 램프를 잡아당겨 탈거하며, 차종에 따라 고정 볼트를 탈거한 후 램프를 좌 또는 우측으로 밀어 키를 분해하여 탈거하는 경우도 있다.

그림 29. 고정 피스 탈거

그림 30. 콤비네이션 램프 탈거

③ 제동등 소켓을 회전시켜 탈거한다.

④ 제동등을 커넥터에서 분리시키고 신품으로 교환한다. 일반적으로 후미등과 제동등은 더블전구를 사용함으로 전구의 조립방향에 주의한다.

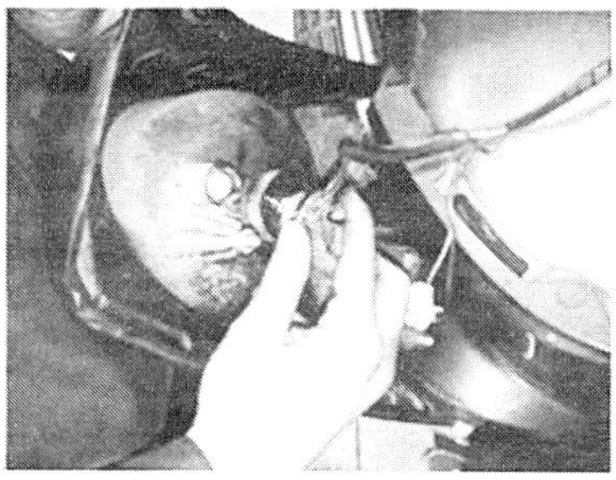

그림 31. 소켓 탈거

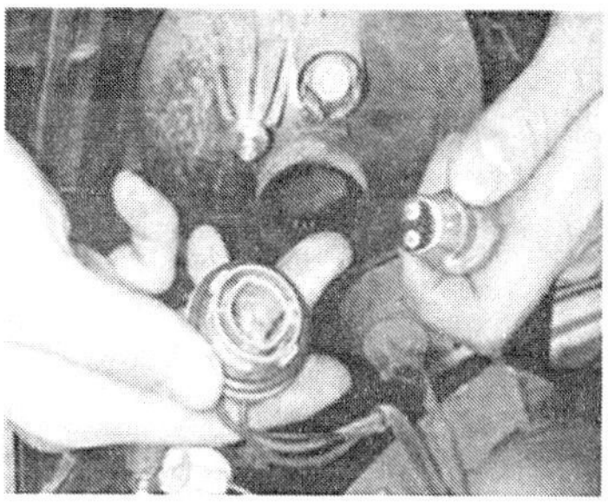

그림 32. 제동등 교환

⑤ 콤비네이션 램프 키 홈을 일치시킨다.
⑥ 콤비네이션 램프를 끼운다.

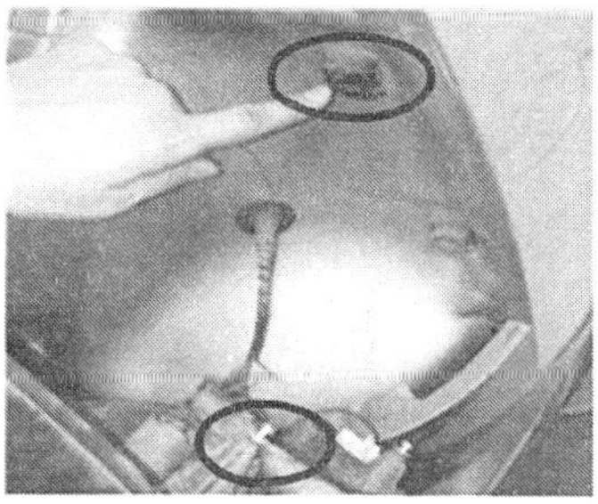

그림 33. 키 홈 일치

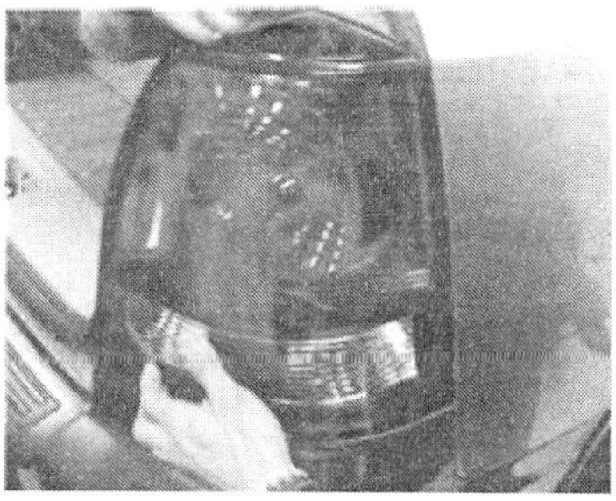

그림 34. 콤비네이션 램프 설치

⑦ 공구를 사용하여 콤비네이션 램프 고정 피스를 체결한다.
⑧ 조립이 끝나면 브레이크 페달을 밟아 정상적으로 제동등의 점등되는지 확인한다. 미등 스위치를 작동시켜 미등 점등상태도 확인한다.

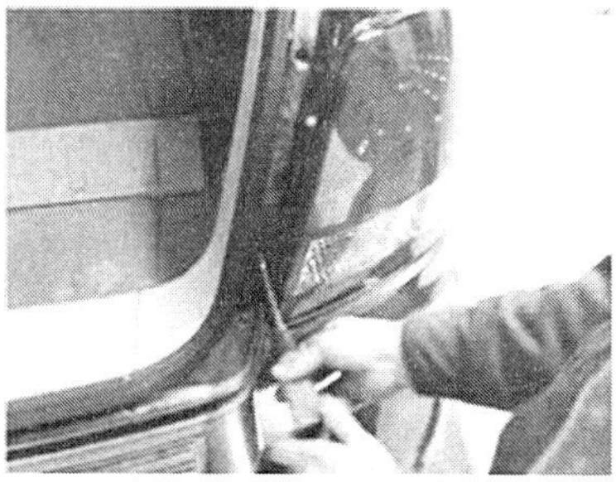

그림 35. 고정피스 체결

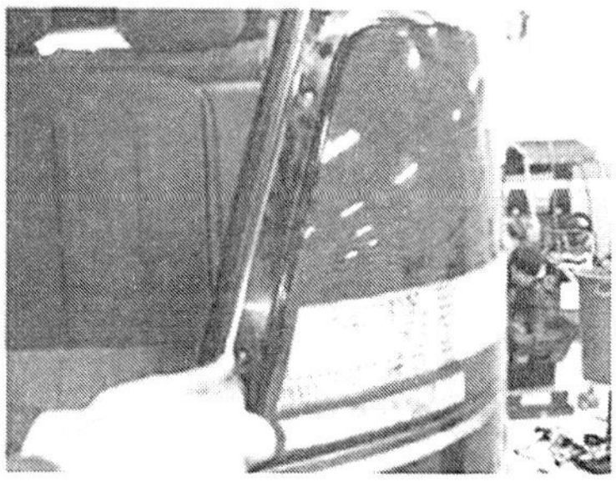

그림 36. 작동상태 확인

## 2.2.2. 제동등 스위치 점검

### [1] 점검(1)

제동등 스위치는 브레이크 페달과 연결되어 있고 퓨즈 및 전구에는 이상이 없는데 제동등이 켜지지 않을 때는 제동등 스위치에 있는 배선 커넥터를 빼내어 짧은 전선을 이용하여 커넥터 내의 두 개의 단자에 직결시킨다. 이때 제동등이 점등되면 제동등 스위치 불량이므로 제동등 스위치를 교환한다.

### [2] 점검(2)

멀티테스터를 이용하여 브레이크 페달을 밟으면 페달에 눌려 있던 스위치 푸시로드가 해방되기 때문에 ①과 ②의 접점이 연결되어 통전이 되고 브레이크 페달을 놓으면 푸시로드가 눌러 ①과 ②의 접점이 차단되어 통전이 안 되어야 한다. 통전 여부 점검시 둘 다 통전이 안 되거나 둘 다 통전이 되면 제동등 스위치를 교환한다.

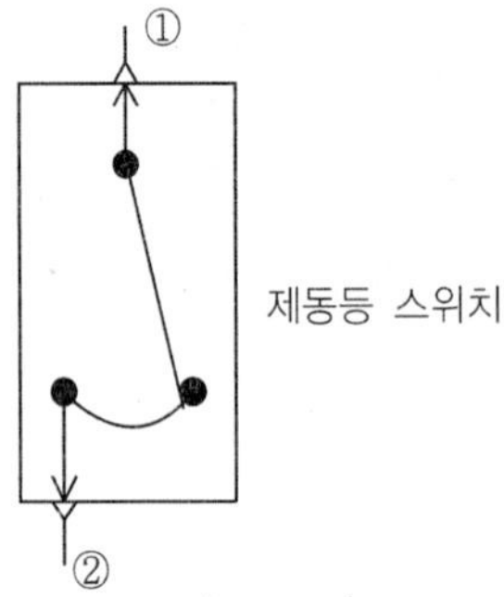


그림 37. 제동등 스위치회로

## 2.2.3. 제동등 회로점검

멀티테스터 또는 테스트 램프를 사용하여 배선의 접속상태와 회로의 접지상태 회로의 단선에 대하여 점검한다.

① 브레이크 페달을 밟아 제동등 작동상태를 점검한다.

축전지 전압점검 단자 연결 상태 점검 → 메인퓨즈(50A) 단선점검 및 축전지 (+)단자 연결 상태 점검
↓
퓨저블링크 퓨즈(50A, 30A) 단선 및 접촉상태 점검 → 퓨즈박스 내 제동등 퓨즈 단선 점검
↓
제동등스위치 작동상태 점검, 커넥터 접촉상태 점검 → 제동등 전구(램프)단선 및 커넥터 접촉상태 점검

그림 38. 제동등(브레이크등) 작동

② 제동등이 전부 작동을 하지 않을 때

㉮ 축전지 충전상태 및 단자 연결상태를 점검한다.

㉯ 메인퓨즈 및 제동등 관련 퓨즈를 점검한다.

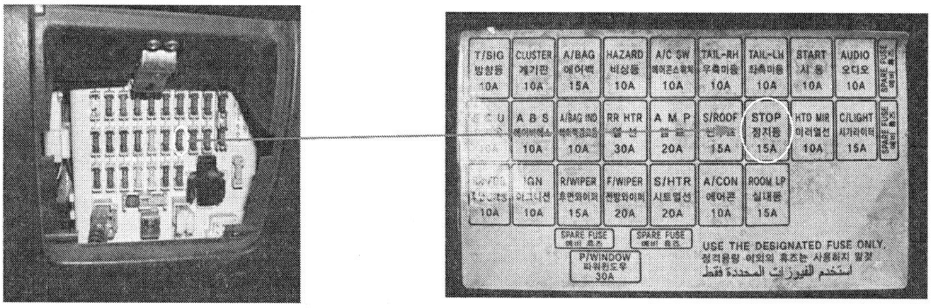


그림 39. 실내 정션 퓨즈박스에서 제동등 관련 퓨즈 위치

㉰ 제동등 전구 및 접지 상태를 점검한다.

㉱ 제동등 커넥터를 점검한다.

㉲ 제동등 스위치(브레이크 스위치)를 점검한다.

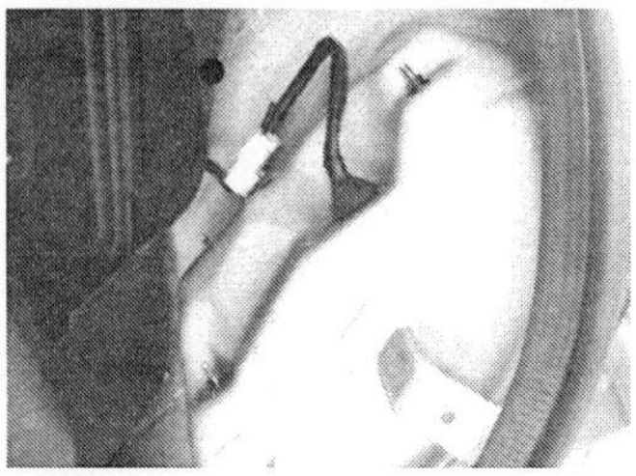

그림 40. 제동등 커넥터 점검

그림 41. 제동등 전구점검

그림 42. 제동등 스위치 점검

## 2.3. 후진등 회로의 고장점검

### 2.3.1. 후진등 스위치 점검

후진등 스위치는 스위치 내부의 접점 상태를 점검한다. 멀티테스터를 이용하여 후진등 스위치를 후진 위치에 놓고 ①과 ②의 통전여부를 점검한다. 통전 여부를 점검한 후 통전이 불량이면 후진등 스위치를 교환한다.

(a)

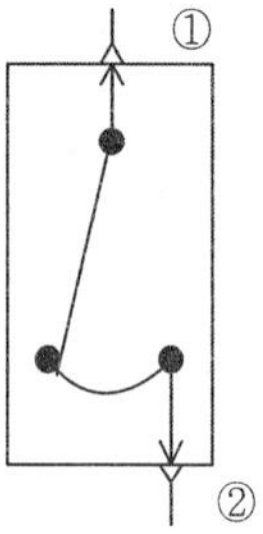


(b)

그림 43. M/T 후진등 스위치 점검

그림 44. 인히비터 스위치

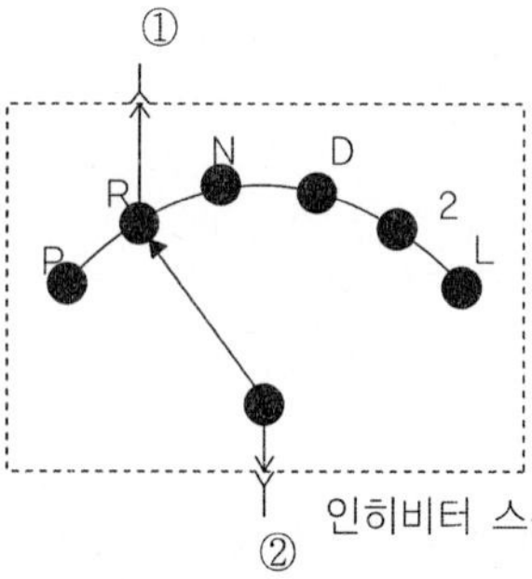


그림 45. A/T 후진등 스위치 점검

### 2.3.2. 후진등 회로점검

① 퓨즈의 상태를 점검한다.

② 후진등 회로의 단락 또는 단선 및 커넥터 연결 상태를 점검한다.

③ 후진등 스위치에서 전원 공급단자에 전원 공급 여부를 테스터램프 또는 멀티테스터로 점검한다.

④ 후진등 스위치의 통전 여부를 점검한다.

⑤ 좌우 후진등 단선상태 및 접촉상태를 점검한다.

## 2.4. 방향지시등 회로의 고장점검

### 2.4.1. 방향지시등 및 비상등 스위치

스위치를 작동하며 멀티테스터 또는 테스트램프에 의하여 단자사이의 통전을 점검한다.

➡표 2. 단자사이의 통전점검

| 단자 | | TB | 방향지시 좌측(TL) | 방향지시 우측(TR) | PL | 점화 전원(IG) | 공통 (C) | 축전지 전원(B+) |
|---|---|---|---|---|---|---|---|---|
| 비상 스위치 | 방향 지시 | | | | | | | |
| OFF | L | ● | ● | | ● | ─ | ● | |
| | N | | | | | ● | ● | |
| | R | ● | ─ | ● | | ● | ● | |
| ON | LNR | ● | ● | ● | ● | | ● | ● |

### 2.4.2. 전구의 필라멘트 및 퓨즈

멀티테스터나 테스트 램프로 배선의 접속 상태와 단선에 대해 점검한다.

### 2.4.3. 방향지시등 릴레이(플래셔 유닛)

① 멀티테스터를 이용하여 단자(B. L. E)간 통전상태를 점검한다(B. E단자 간 통전되면 정상이다).

② 실내 릴레이 박스에서 플래셔 유닛을 떼어내 축전지(+)를 B단자에 연결하고, (-)를 E단자에 연결한다.

③ 그림 46(a)과 같이 플래셔 유닛 L단자에 방향지시등 (+)을 연결하고, 방향지시등 (−)은 접지시켰을 때 전구가 일정 주기로 점멸하는가 점검한다.

④ 그림 46(b)과 같이 회로를 구성하고 멀티테스터로 플래셔 유닛 B, L단자간 통전하는가 점검한다(통전되면 정상이다).

⑤ 방향지시등은 1분 동안 60～120회 이하의 일정한 주기로 점멸하거나 광도가 증감하는 구조이어야 한다.

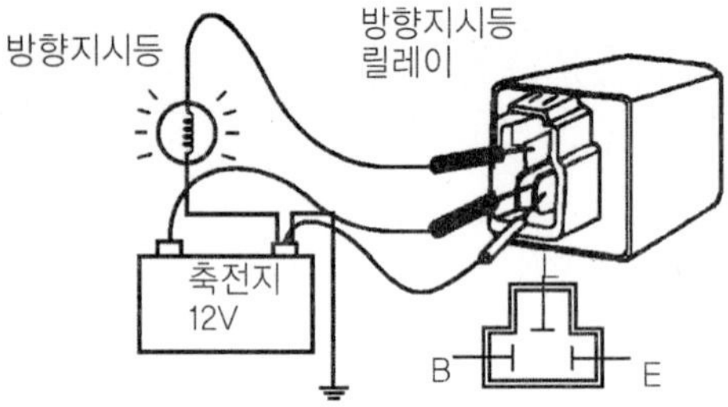


(a) 축전지에 의한 점검

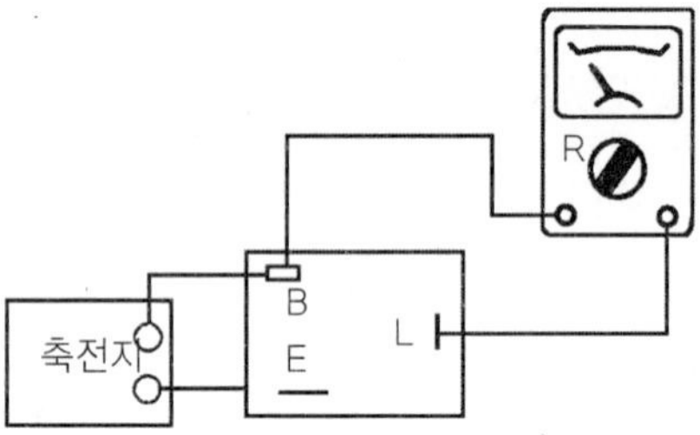


(b) 멀티테스터에 의한 점검

그림 46. 방향지시등 릴레이의 점검

## 2.4.4. 방향지시등 회로의 고장점검

멀티테스터 또는 테스트램프에 의하여 배선의 접속상태와 회로의 접지상태 및 회로의 단선에 대하여 점검한다.

① 점화스위치를 ON시킨다.

② 라이트 스위치 레버를 위쪽으로 밀어 우회전, 다시 아래쪽으로 내려 좌회전 방향지시등의 작동 상태 및 비상등 작동상태를 점검한다.

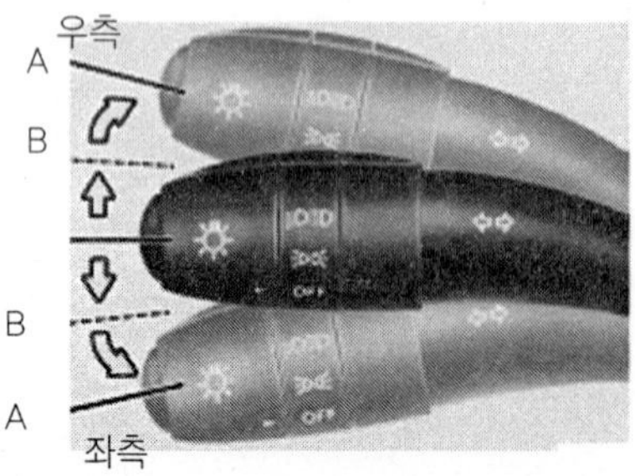


그림 47. 방향지시등 조작방법

그림 48. 비상등 스위치

③ 방향지시등이 점등되지 않는다.

㉮ 축전지의 충전상태 및 단자 연결 상태를 점검한다.

㉯ 퓨즈 및 릴레이를 점검한다.

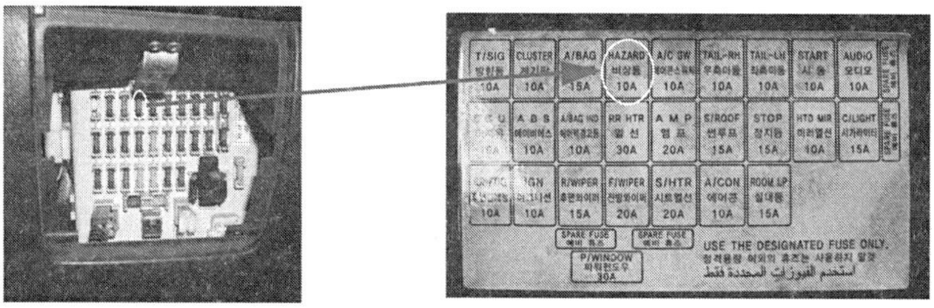


그림 49. 퓨즈 점검

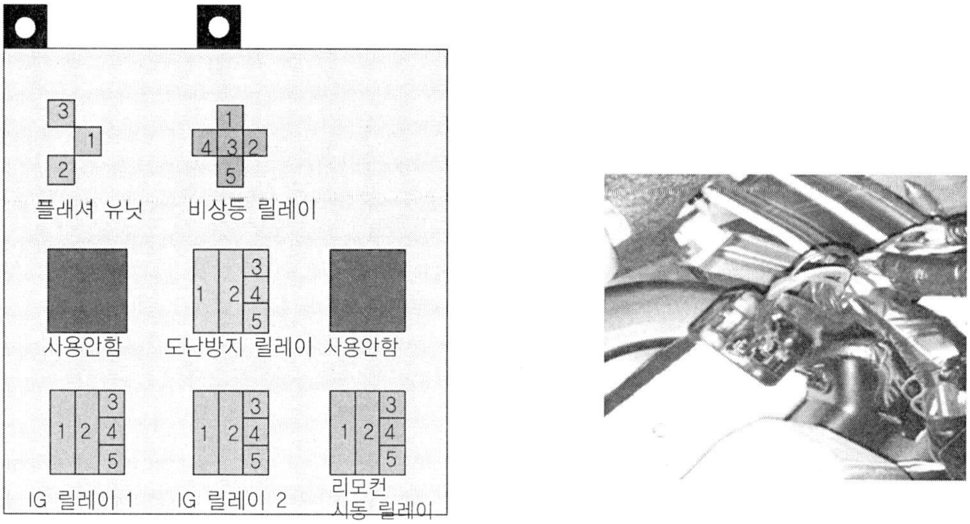


(a) (b)

그림 50. 릴레이박스의 플래셔 유닛위치

㉰ 다기능스위치 점검 및 커넥터 연결 상태를 점검한다.

㉱ 비상등스위치 상태 및 커넥터의 연결 상태를 점검한다.

㉲ 전구의 단선 여부를 점검한다.

그림 51. 방향지시등 전구 및 커넥터 점검

④ 좌, 우 점멸 횟수가 다르거나 한쪽만 점멸할 때는 전구의 용량을 확인하고 전구의 손상 및 접지상태를 확인한다.

⑤ 점멸이 느릴 경우에는 전구의 용량, 축전지상태, 플래셔 유닛 상태, 접지불량 상태를 점검한다.

## 2.5. 전조등 회로의 고장점검

전조등 회로는 퓨즈, 라이트 스위치, 디머 스위치(dimmer switch) 등으로 구성되어 있으며, 양쪽의 전조등은 상향등(high beam)과 하향등(low beam)별로 병렬(竝列)로 접속되어 있다.

라이트스위치는 2단으로 작동하며 스위치를 움직이면 내부의 접점이 미끄럼 운동하여 전원과 접속하게 되어 있다. 디머 스위치는 라이트 빔을 상향등과 하향등으로 바꾸는 스위치이다.

### 2.5.1. 전조등 교환방법

[1] 탈거

① 차량을 평탄한 노면에 주차시키고 보닛을 열어 놓는다.

② 축전지 (−)단자의 케이블을 탈거한다.

③ 전조등 우측 방향지시등 고정 너트를 탈거한다.

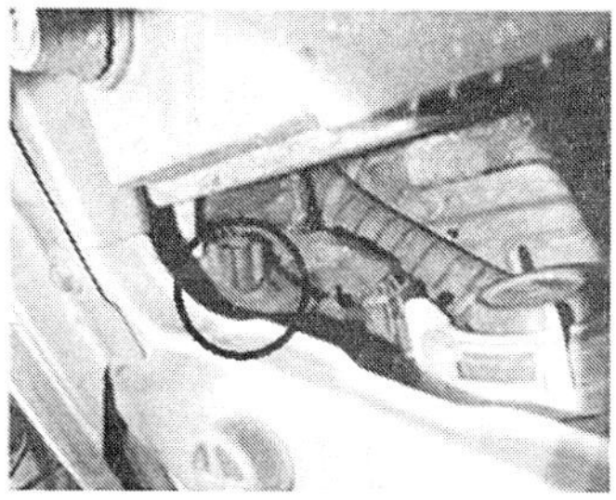

(a)

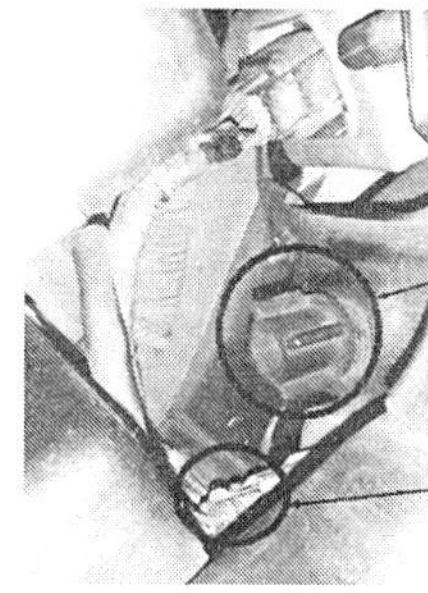


(b)

그림 52. 방향지시등 고정너트 탈거

④ 방향지시등 커넥터를 탈거한다.

⑤ 전조등 고정 볼트(10mm 소켓, 3개)를 탈거한다.

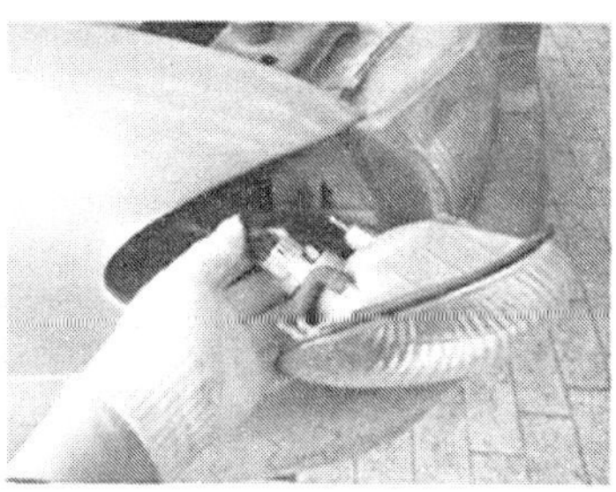

그림 53. 방향지시등 커넥터 탈거

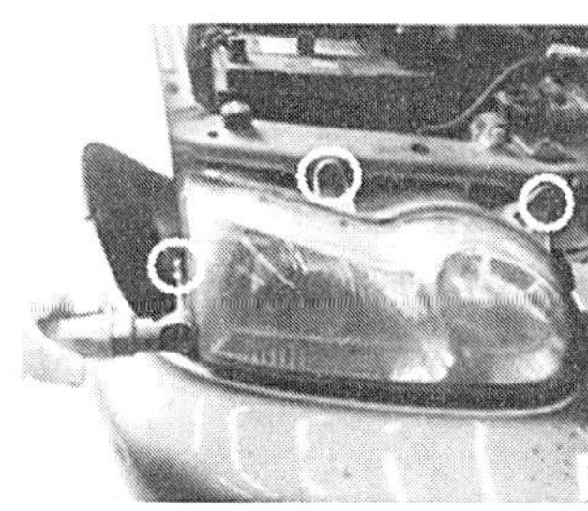

그림 54. 전조등 탈거

⑥ 전조등 램프 커넥터를 탈거한다.

⑦ 하향 전조등 더스트(Dust) 커버를 돌려 탈거한다.

그림 55. 전조등 커넥터 탈거

그림 56. 하향 전조등 더스트 커버 탈거

⑧ 하향 전조등 커넥터를 탈거한다.

⑨ 하향 전조등 고정 스프링을 눌러 이격시킨다.

그림 57. 하향 전조등 커넥터 탈거

그림 58. 고정 스프링 이격

⑩ 하향 전조등을 탈거한다.

⑪ 상향 더스트 커버 및 커넥터를 탈거한다.

⑫ 상향 전조등 고정스프링을 눌러 이격시킨다.

⑬ 상향 전조등을 탈거한다.

그림 59. 하향 전조등 탈거

그림 60. 상향 커넥터 탈거

그림 61. 고정 스프링 이격

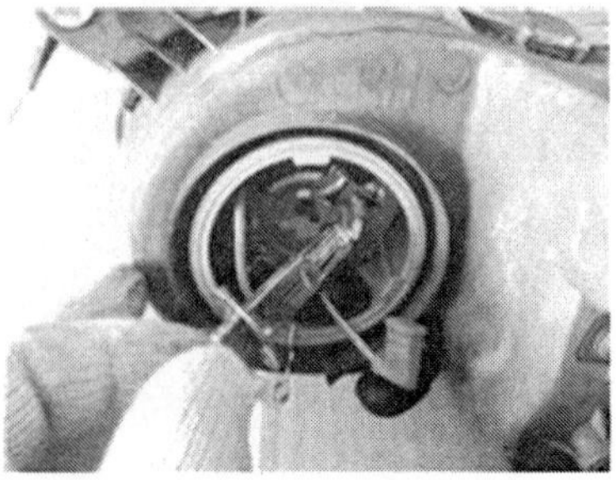

그림 62. 상향 전조등 탈거

[2] 조립

① 하향 전조등을 끼우고 커넥터를 연결한다.

② 상향 전조등을 끼우고 커넥터를 연결한다. 조립시 전구의 조립표식대로 정 위치에 조립되어야 밝기 및 조사각도가 정상적으로 작동한다.

③ 상·하향 전조등 더스트 커버를 조립한다. 차종에 따라 더스트 커버의 상·하위치가 표기되어 있는 경우 방향을 정확히 일치시켜 조립한다.

④ 전조등 커넥터를 연결한다.

그림 63. 하향 전조등 커넥터 연결

그림 64. 상향 전조등 커넥터 연결

그림 65. 더스트 커버 조립

그림 66. 전조등 커넥터 연결

⑤ 전조등 고정 볼트를 조립한다.

⑥ 방향지시등 커넥터를 연결한다.

⑦ 방향지시등 고정 너트를 체결한다.

⑧ 축전지 (-)단자의 케이블을 조립한다.

⑨ 조립이 완료되면 점화스위치를 ON하고 전조등을 작동시켜 정상작동 되는지를 확인한다.

그림 67. 전조등 고정볼트 조립

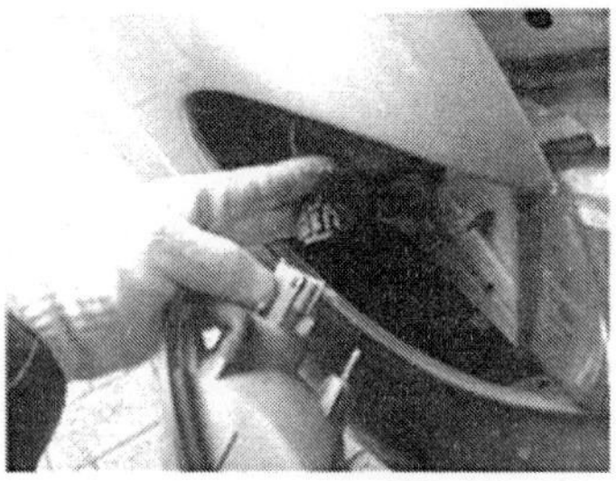

(a) 커넥터 연결

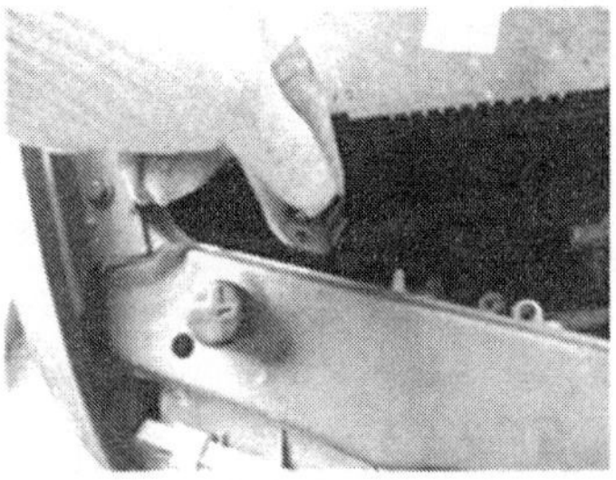

(b) 고정너트 체결

그림 68. 방향지시등 커넥터 및 고정너트 체결

### 2.5.2. 전조등 조사방향 확인

① 타이어를 규정 공기압으로 하고 운전자, 예비 타이어, 공구를 제외한 모든 부하를 제거한다.

② 평편한 지면에 자동차를 위치시킨다.

③ 수직선(각 전조등의 중앙을 통해 지나는 수직선)과 수평선(각 전조등의 중앙을 지나는 수평선)을 스크린에 그린다.

| 위 치 | H1 | H2 | W1 | W2 | L |
|---|---|---|---|---|---|
| 공차상태 | 589mm | 339mm | 1218mm | 1105mm | 3,000mm |
| 1인 승차 상태 | 582mm | 332mm | 1218mm | 1105mm | 3,000mm |

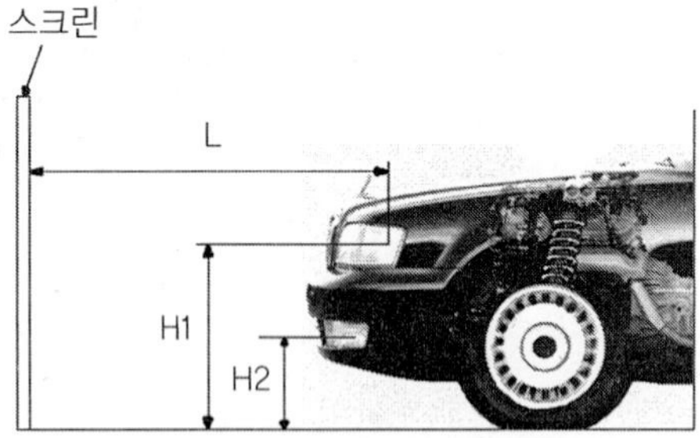


H1 : 전조등 지상고(상향)
H2 : 안개등 지상고
L : 전조등 중심과 스크린사이의 거리

그림 70. 전조등 지상고

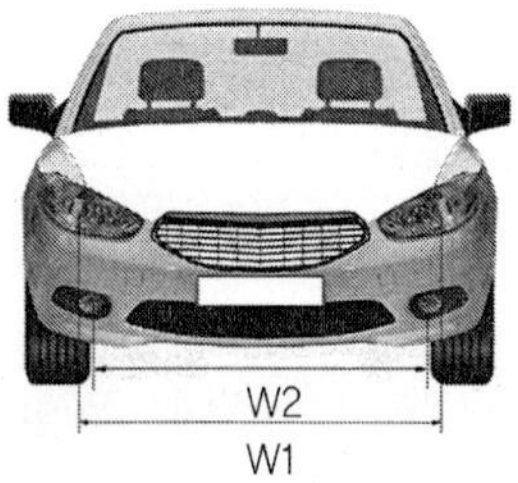


W1 : 전조등 사이의 폭(상향)
W2 : 안개등 사이의 폭

그림 71. 전조등사이의 폭

④ 전조등을 정렬시킨다.

⑤ 조정노브를 사용하여 로빔의 수평과 수직조정을 측정차량의 표준값으로 조정한다.

⑥ 상향등을 켠 상태에서 가장 밝은 부위가 아래 빗 금친 부분의 허용 범위 내에 들어오도록 조정한다.

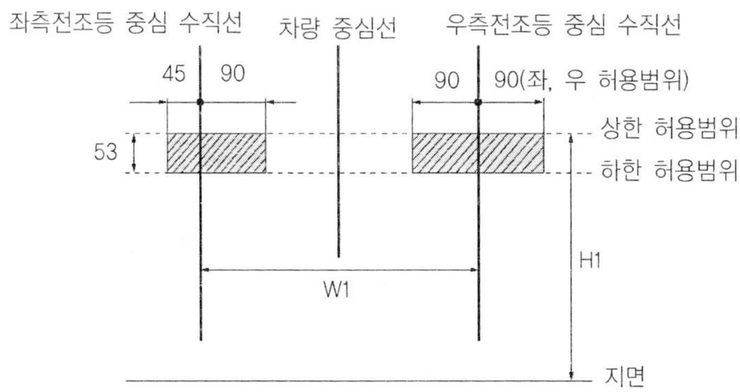


그림 72. 전조등 조사방향 허용범위

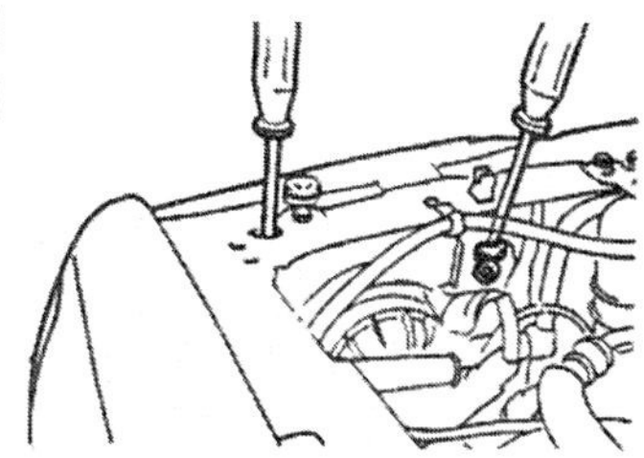

그림 73. 전조등 조사방향 조정

## 2.5.3. 전조등(헤드램프)회로의 구성부품(단품) 점검

### [1] 전조등 릴레이

릴레이는 전자력에 의해 접점을 개폐하고, 각종 스위치의 접점을 보호한다.

① 아날로그 멀티테스터 또는 테스트 램프에 의하여 단자간의 통전을 점검한다.

② 축전지 (+)케이블을 $S_2$단자에, 축전지 (−)케이블을 $S_1$단자에 연결한다.

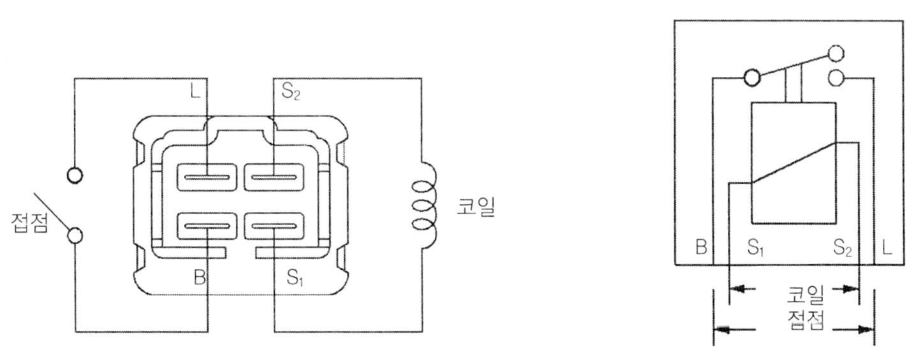


(a) 릴레이의 구성 (b) 릴레이 회로도

그림 74. 릴레이의 구성

③ L과 B단자사이가 통전 되고, 축전지 전원을 공급하지 않을 때(축전지 케이블 분리), L과 B단자 사이에 비통전되면 정상이다

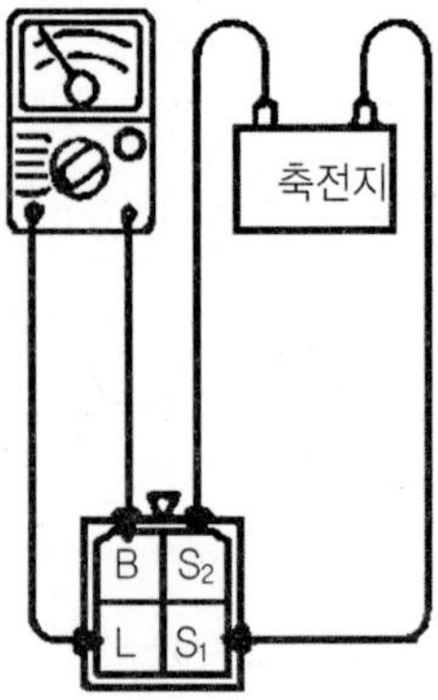


| 조건 \ 단자 | B | $S_2$ | L | $S_1$ |
|---|---|---|---|---|
| 전원공급 안됨 | | ⊕ —— | —— | —— ⊖ |
| 전원 공급됨 | ○ —— | —— | —— ⊖ | |

그림 75. 릴레이의 점검

[2] 전조등스위치

멀티테스터로 라이트스위치 1단(미등 및 차폭등)과 2단(전조등) 위치에서의 단자사이의 통전 여부를 점검한다.

표 3. 전조등 스위치 점검

| 위치 \ 단자 | TS | HS(1) | ES |
|---|---|---|---|
| OFF | | | |
| I | ● —— | —— | —— ● |
| II | ● —— | —— ● —— | —— ● |

●——● 통전

[3] 디머/패싱스위치

스위치를 작동하여 아날로그 멀티테스터 또는 테스트 램프에 의하여 단자사이의 통전을 점검한다.

표 4. 디머/패싱 스위치 점검

| 위치 \ 단자 | Eb | HL | HU | HS(2) |
|---|---|---|---|---|
| HU | ● —— | —— | —— ● | |
| HL | ● —— | —— ● | | |
| P | ● —— | —— | —— ● —— | —— ● |

●——●통전

### [4] 전구점검

전조등 단자(HU, HL, E) 중에서 임의의 한 개 단자를 선택하여 축전지 (+)선을 연결한다.

① HL(하향단자): 전조등의 불빛이 어둡다(멀티테스터로 측정할 때 저항값이 크다).

② HU(상향단자): 전조등의 불빛이 밝다(멀티테스터로 측정할 때 저항 값이 작다).

③ (E) : 접지단자

## 2.5.4. 전조등 회로 점검

① 점화스위치를 ON시킨다.

② 라이트스위치 레버를 Ⅱ단으로 돌려 전조등을 상향, 하향을 작동시켜 본다.

(a) 작동 (b) 확인

그림 76. 전조등 작동 및 확인

③ 전조등 상향, 하향 모두 점등되지 않는다.

㉮ 축전지의 충전상태 및 단자 연결 상태가 불량한지 점검한다.

㉯ 다기능스위치의 불량 및 커넥터 연결 상태를 점검한다.

㉰ 퓨즈 및 릴레이 상태를 점검한다.

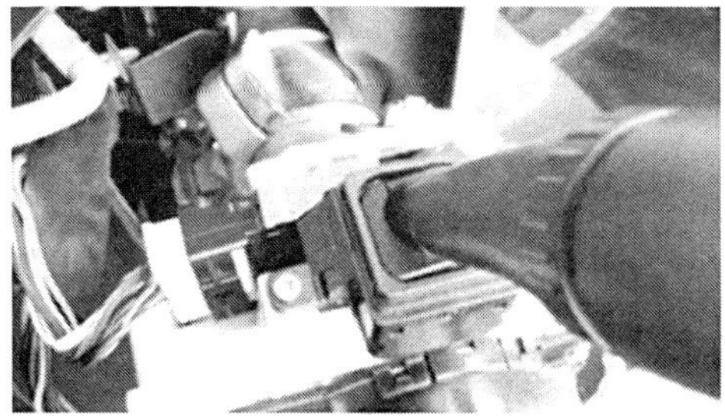

그림 77. 다기능 스위치 점검

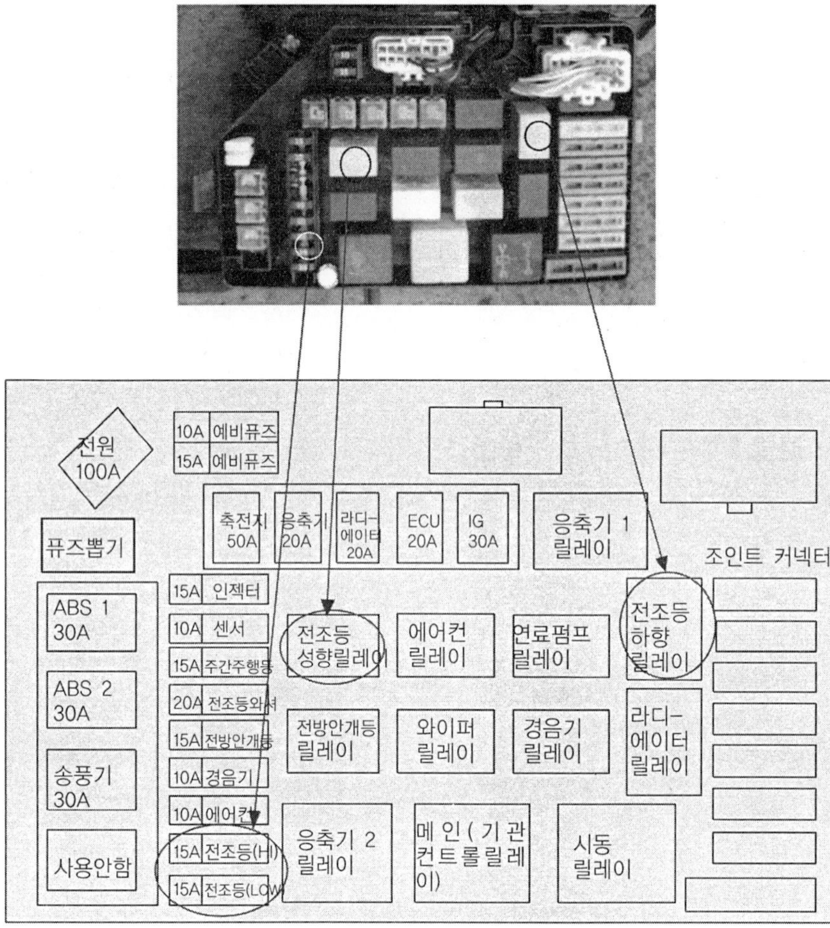


그림 78. 퓨즈 및 릴레이 상태 점검

㉣ 접지 상태 및 전조등 커넥터 및 전조등 전구의 손상여부를 점검한다.

④ 전조등 일부만 점등되지 않으면 점등되지 않는 커넥터 및 전구손상 여부를 점검한다.

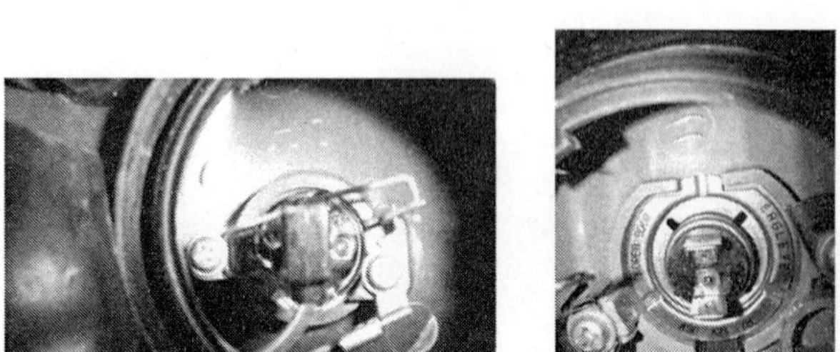

그림 79. 전구 커넥터상태 점검

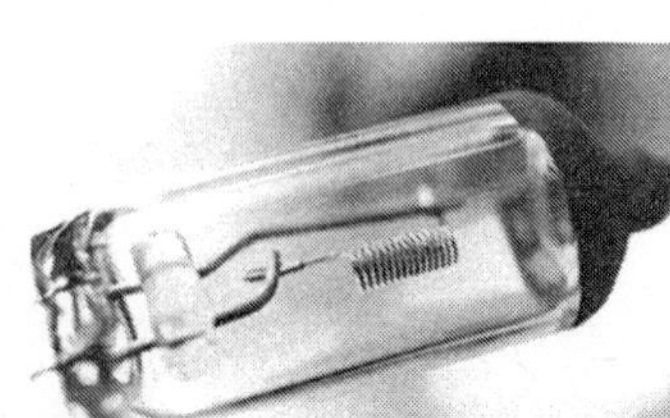

그림 80. 전구상태 점검

### 2.5.5. 오토라이트 컨트롤장치

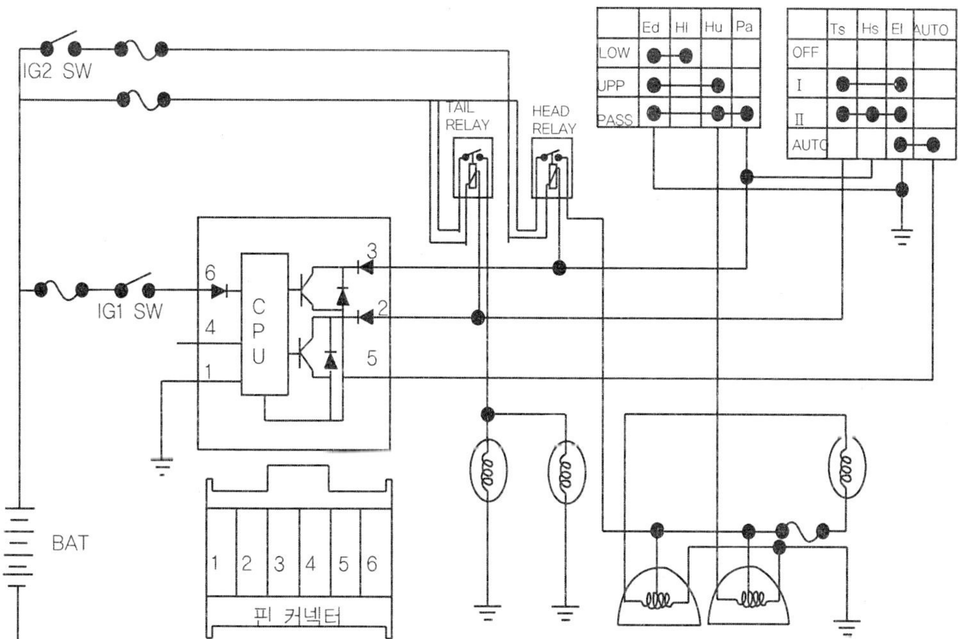


1. SYSTEM GRD 2. TAIL OUTPUT 3. HEAD OUTPUT 4. 검출조도 조정용 INPUT
5. AUTO LIGHT SW 6. IG SW(SYSTEM + 전원)

**그림 81. 오토라이트 컨트롤 회로도**

[1] 탈거

프런트 디프로스터 노즐 커버(조수석 위치)에서 공구를 사용하여 센서 유닛을 탈거한다.

[2] 점검

커넥터 단자 6번을 멀티테스터의 (+), 커넥터단자 1번을 멀티테스터 (-)단자에 접속하여 통전 여부를 확인한다.

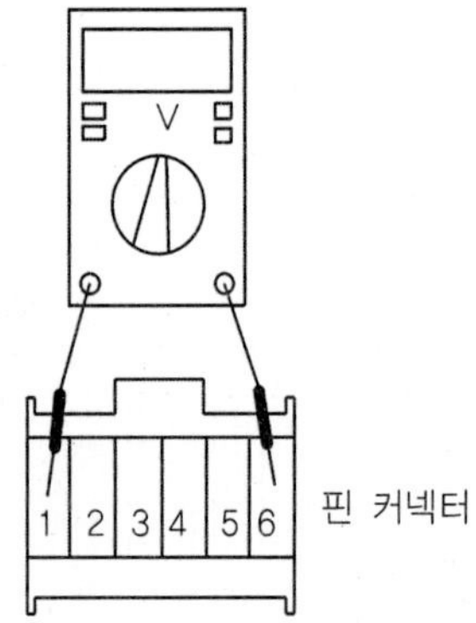


그림 82. 유닛 점검

### 2.5.6. 전조등시험기 사용방법

[1] 운행자동차 등화장치의 광도 및 광축 확인방법

① 자동차는 예비 운전되어 있는 공차상태에 운전자 1인이 승차한 상태로 한다.

② 자동차의 축전지는 충전한 상태로 한다.

③ 자동차 기관은 공회전상태로 한다.

④ 타이어 공기압력은 표준 값으로 한다.

⑤ 전조등 측정시 측정하지 아니하는 등화에서 발산하는 빛을 차단한 상태로 한다.

[2] 투영식 전조등시험기

(1) 사용설명

① 기둥(자) : 시험기 몸체를 지지하는 기둥이며, 옆면에는 높이를 표시하는 눈금이 그려져 있다.

② 상・하 이동 핸들 : 시험기 몸체를 상하로 이동시킬 때 사용한다.

③ 줄자(진척) : 시험기와 자동차 전조등사이의 거리를 측정할 때 사용한다.

④ 점검창 : 시험기와 자동차가 일치되었는가를 점검할 때 사용하는 것이며, 일치되지 않았을 경우에는 수평 조정기로 조정한다.

⑤ 수준기 : 시험기가 수평으로 설치되었는지를 점검하는 수포가 들어 있다.

⑥ 전원 스위치

⑦ 집광 렌즈 : 전조등의 빛을 받아들이는 부분이다.

⑧ 좌・우 광축계 : 광축이 좌・우로 비추는 양을 각도 또는 cm로 나타낸다.

⑨ 상・하 광축계 : 광축이 상・하로 비추는 양을 각도 또는 cm로 나타낸다.

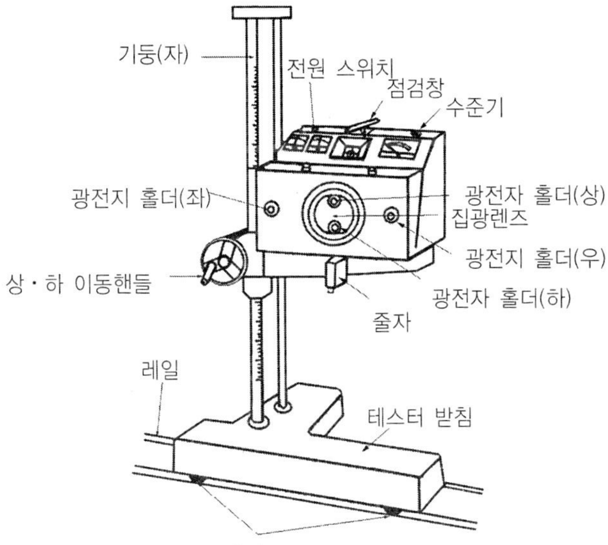

(a)

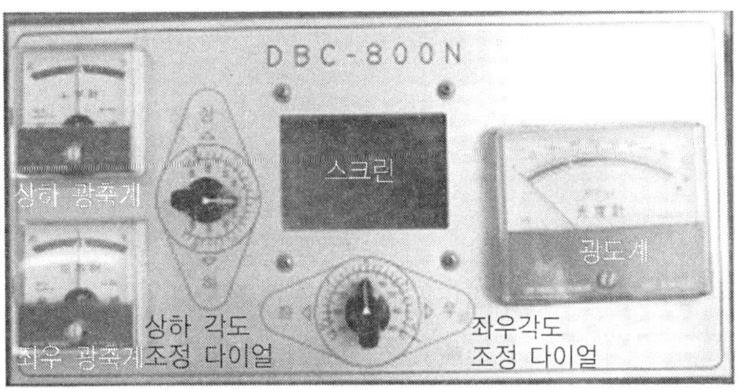

(b)

그림 83. 투영식 전조등시험기

⑩ 광도계 : 광축의 광도(Cd)를 나타내는 계기이다.

⑪ 스크린 : 전조등 중심을 볼 수 있는 부분이다.

⑫ 좌·우 조정 다이얼 : 좌·우 각도 또는 cm를 맞추는 다이얼이다.

⑬ 상·하 조정 다이얼 : 상·하 각도 또는 cm를 맞추는 다이얼이다.

(2) 측정조건

① 타이어 공기압력을 규정 압력으로 한다.

② 축전지 성능이 정상이어야 한다.

③ 시험기가 수평인지를 수준기로 확인한다.

④ 전조등의 이상 유무를 점검한 후 운전자 1인 승차한다.

⑤ 시험하고자 하는 자동차를 시험기와 직각으로 3m가 되도록 진입시킨 다음 중심점 2개가 일직선상에 보이도록 수평 조정나사로 조정한다.

⑥ 점검창 정대용 파인더로 보닛 위에 중심점 2개가 일직선상에 보이도록 수평 조정나사로 조정한다.

⑦ 좌・우, 상・하 조정 다이얼을 0에 맞춘다.

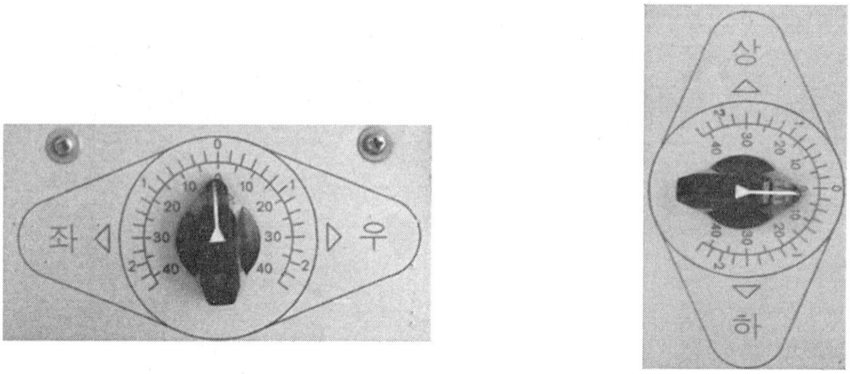


(a) (b)

그림 84. 좌・우, 상・하 각도 조정 다이얼 0점

### (3) 측정방법

① 전조등을 상향(하이 빔)으로 점등한다.

② 시험기 몸체를 좌우로 조정하고, 상・하 이동 핸들을 돌린 후 스크린을 보아 전조등의 중심점(검은 색으로 보임)이 "+" (십자)의 중심에 오도록 조정한다. 가속페달을 밟아 기관의 회전속도를 2,000rpm 정도로 하여 광도계의 눈금을 읽고 기록한다.

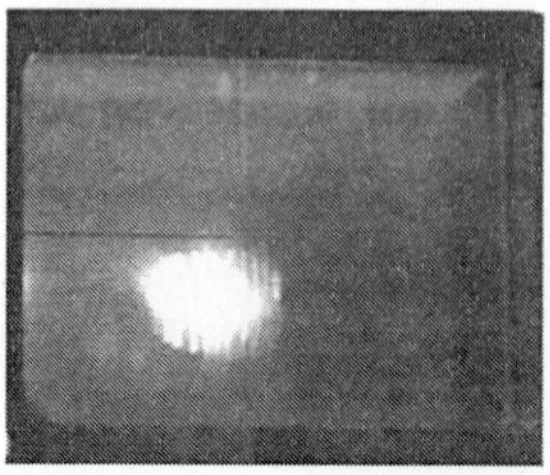

그림 85. 스크린 상의 +(십자) 중심점에 일치

그림 86. 광도계 눈금판독

(a) 좌・우 광축계 지침 0으로 조정

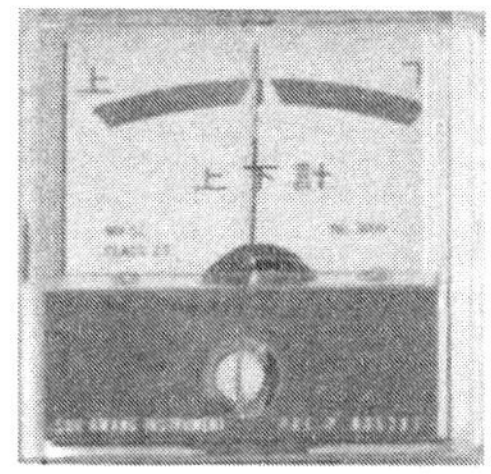


(b) 상・하 광축계 지침 0으로 조정

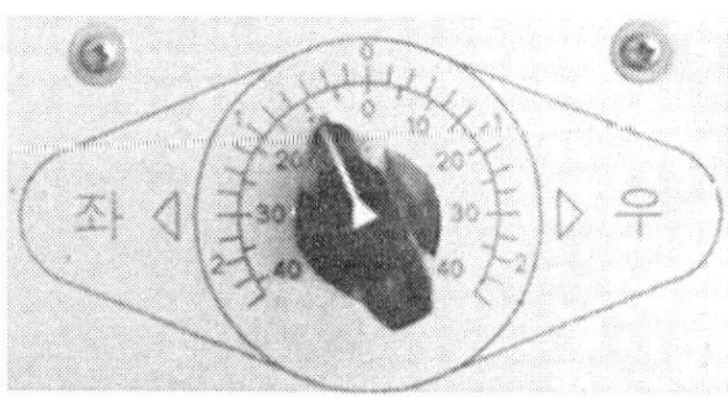


(c) 좌・우 광축계 다이얼 값 판독

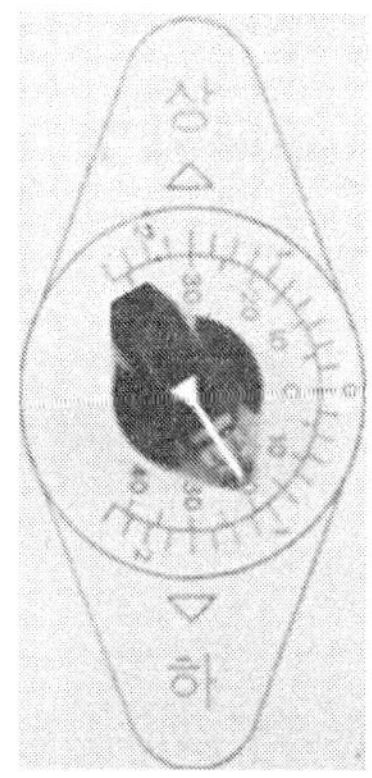


(d) 상・하 광축계 다이얼 값 판독

**그림 87. 좌・우, 상・하 광축계 지침 0점 조정 후 다이얼 판독**

③ 시험기 몸체를 좌・우로 밀고, 상・하 이동 핸들을 돌려 좌우, 상・하 광축계의 지침이 "0" 에 오도록 조정한다.

④ 스크린을 보아 전조등의 중심점을 스크린 "+" (십자)의 중심에 오도록 좌・우, 상・하 조정 다이얼로 조정한다.

⑤ 좌・우 조정다이얼의 값과 상・하 조정다이얼의 값을 읽고 기록한다(cm로 기록).

[3] 집광식 전조등시험기

① 자동차를 전조등 시험용 레일에 직각으로 진입시켜 전조등과 수광부를 시험기의 측정 거리(1m)로 한다.

② 자동차 정대용 조준기로 시험기와 자동차를 정대시킨다. 이 때 스위치를 0점 위치로 놓는다. 0점 기능은 내부의 태양전지 소자를 시험기의 정 가운데로 위치시키는 작용을 하는데 만약 이를 시행하지 않으면 자동차를 정대하여도 뒷면의 정대경에는 전조등이 비춰지지 않는다.

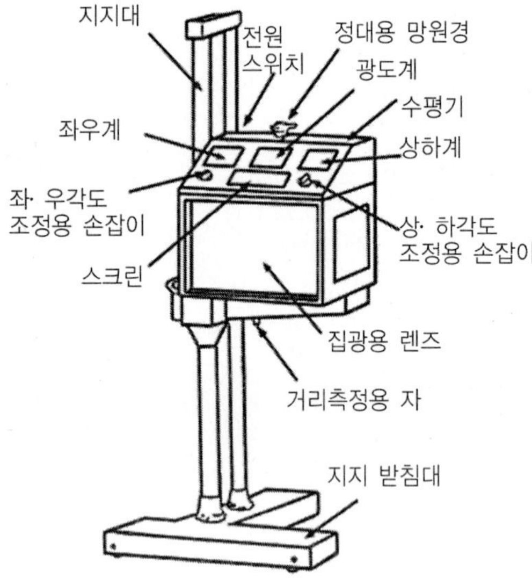


「그림」 88. 집광식 전조등시험기의 구조

③ 전조등을 점등시켜 전조등 정대용 조준기로 시험기와 전조등을 정대시킨다. 뒷면 정대경을 보고 전조등 광원을 정 가운데로 오도록 시험기를 이동시킨 후 고정한다.

④ 스위치를 "측정" 위치로 하고 자동차의 전조등을 조정한다.

㉮ 광도·광축 변환 스위치를 "광축" 쪽으로 선정한다.

㉯ 좌우, 상 · 하 광축 다이얼을 돌려 각각의 지침이 중심에 오도록 조정한 다음 좌우, 광축계를 읽고 기록한다. 이것이 광축의 진폭이 된다.

㉰ 광축 다이얼을 그대로 두고, 변환 스위치를 광도 쪽으로 한다.

⑤ 광도계의 지시에 의해 광도를 측정한다. 광도의 표시는 4단의 디지털 표시기로 나타나는데 최소 단위는 100cd로 표시된다. 다만, 광량은 디지털로 표시되므로 수치의 변화가 민감하게 표현되는 문제점으로 인해 마치 수치가 불안전한 것처럼 느껴질 수도 있다.

⑥ 위의 ①~④를 반복하면 전조등 시험이 완료된다.

특히 ④의 경우 자동차의 전조등을 교정하면 교정 후 값의 변화가 연속하여 나타나므로 시험기를 일체 조작하지 아니하고도 교정 작업을 완료할 수 있다.

⑦ 광축의 진폭 조정은 광축 다이얼을 조정하려는 숫자로 설정하고 관축계의 지시 값이 0이 되도록 전조등의 방향을 조절한다.

[4] 검사기준

| 구 분 | | 2등식 | 4등식 |
|---|---|---|---|
| 광 도 | | 15,000cd~112,500cd | 12,000cd~112,500cd |
| 광축(상·하, 좌우 진폭) | 좌측 전조등 | 상향 10cm 이하 | 상향 10cm 이하 |
| | | 하향 30cm 이하 | 하향 30cm 이하 |
| | | 좌향 15cm 이하 | 좌향 15cm 이하 |
| | | 우향 30cm 이하 | 우향 30cm 이하 |
| | 우측 전조등 | 상향 10cm 이하 | 상향 10cm 이하 |
| | | 하향 30cm 이하 | 하향 30cm 이하 |
| | | 좌향 30cm 이하 | 좌향 30cm 이하 |
| | | 우향 30cm 이하 | 우향 30cm 이하 |

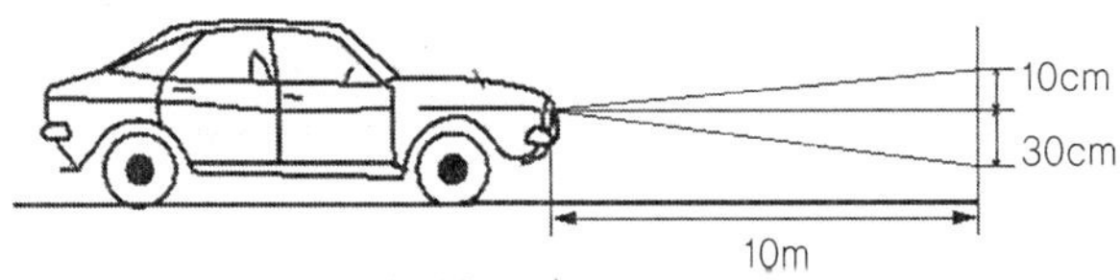


(a) 상 · 하 진폭

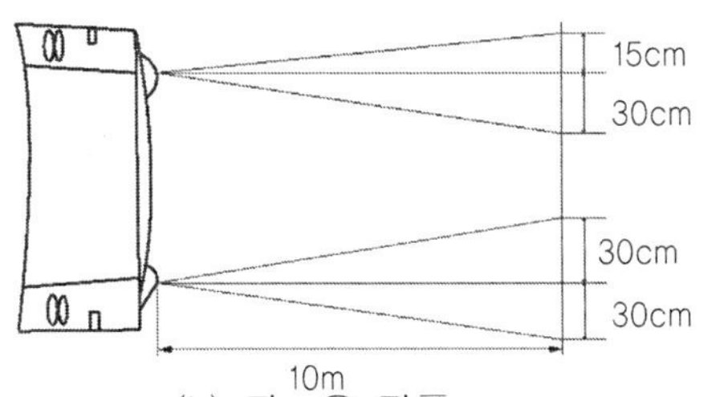


(b) 좌 · 우 진폭

그림 89. 전조등 상 · 하, 좌 · 우 진폭

## 2.6. 실내등 회로의 고장점검

① 실내등을 ON시켜 점검한다.

② 축전지의 충전상태 및 단자의 상태를 점검한다.

③ 실내등 퓨즈를 점검한다.

그림 90. 실내등 점검

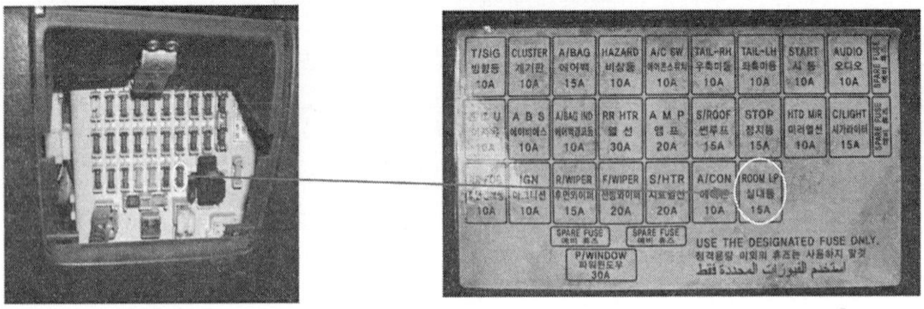


그림 91. 실내 정션 퓨즈박스에서 실내등 관련 퓨즈 위치

④ 실내등 전구를 점검한다.

⑤ 도어 스위치 통전 여부를 점검한다.

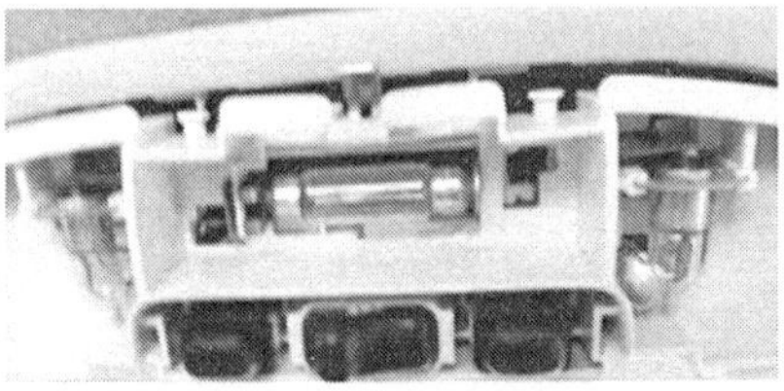

그림 92. 실내등 전구 점검

그림 93. 도어 스위치 점검

## 고장진단

### 1. 등화장치의 점검

[1] 미등 및 번호등 회로를 점검하고 판정 및 정비(또는 조치)사항을 기록하시오.

<table>
<tr><td colspan="3">자동차 번호 :</td><td>비 번호</td><td></td><td>지도교수<br>확 인</td><td></td></tr>
<tr><td rowspan="2">측정 항목</td><td colspan="2">① 점검(또는 측정)</td><td colspan="3">② 판정 및 정비(또는 조치)사항</td><td rowspan="2">득 점</td></tr>
<tr><td>고장 부분</td><td>내용 및 상태</td><td>판정(□에 “✔” 표)</td><td colspan="2">정비 및 조치할 사항</td></tr>
<tr><td rowspan="3">미등 및<br>번호등회로</td><td></td><td></td><td rowspan="3">□ 양호<br>□ 불량</td><td colspan="2" rowspan="3"></td><td rowspan="3"></td></tr>
<tr><td></td><td></td></tr>
<tr><td></td><td></td></tr>
</table>

[2] 제동등 회로를 점검하고 판정 및 정비(또는 조치)사항을 기록하시오.

<table>
<tr><td colspan="3">자동차 번호 :</td><td>비 번호</td><td></td><td>지도교수<br>확 인</td><td></td></tr>
<tr><td rowspan="2">측정 항목</td><td colspan="2">① 점검(또는 측정)</td><td colspan="3">② 판정 및 정비(또는 조치)사항</td><td rowspan="2">득 점</td></tr>
<tr><td>고장 부분</td><td>내용 및 상태</td><td>판정(□에 “✔” 표)</td><td colspan="2">정비 및 조치할 사항</td></tr>
<tr><td rowspan="3">제동등 회로</td><td></td><td></td><td rowspan="3">□ 양호<br>□ 불량</td><td colspan="2" rowspan="3"></td><td rowspan="3"></td></tr>
<tr><td></td><td></td></tr>
<tr><td></td><td></td></tr>
</table>

[3] 후진등 회로를 점검하고 판정 및 정비(또는 조치)사항을 기록하시오.

<table>
<tr><td colspan="3">자동차 번호 :</td><td>비 번호</td><td></td><td>지도교수<br>확 인</td><td></td></tr>
<tr><td rowspan="2">측정 항목</td><td colspan="2">① 점검(또는 측정)</td><td colspan="3">② 판정 및 정비(또는 조치)사항</td><td rowspan="2">득 점</td></tr>
<tr><td>고장 부분</td><td>내용 및 상태</td><td>판정(□에 “✔” 표)</td><td colspan="2">정비 및 조치할 사항</td></tr>
<tr><td rowspan="3">후진등 회로</td><td></td><td></td><td rowspan="3">□ 양호<br>□ 불량</td><td colspan="2" rowspan="3"></td><td rowspan="3"></td></tr>
<tr><td></td><td></td></tr>
<tr><td></td><td></td></tr>
</table>

[4] 방향지시등 회로를 점검하고 판정 및 정비(또는 조치)사항을 기록하시오.

<table>
<tr><td colspan="3">자동차 번호 :</td><td>비 번호</td><td></td><td>지도교수<br>확 인</td><td></td></tr>
<tr><td rowspan="2">측정 항목</td><td colspan="2">① 점검(또는 측정)</td><td colspan="3">② 판정 및 정비(또는 조치)사항</td><td rowspan="2">득 점</td></tr>
<tr><td>고장 부분</td><td>내용 및 상태</td><td>판정(□에 “✔” 표)</td><td colspan="2">정비 및 조치할 사항</td></tr>
<tr><td rowspan="3">방향지시등<br>회로</td><td></td><td></td><td rowspan="3">□ 양호<br>□ 불량</td><td colspan="2" rowspan="3"></td><td rowspan="3"></td></tr>
<tr><td></td><td></td></tr>
<tr><td></td><td></td></tr>
</table>

[5] 전조등 회로를 점검하고 판정 및 정비(또는 조치)사항을 기록하시오.

| 자동차 번호 : | 비 번호 | | 지도교수 확 인 | |
|---|---|---|---|---|

| 측정 항목 | ① 점검(또는 측정) | | ② 판정 및 정비(또는 조치)사항 | | 득 점 |
|---|---|---|---|---|---|
| | 고장 부분 | 내용 및 상태 | 판정(□에 "✔" 표) | 정비 및 조치할 사항 | |
| 전조등 회로 | | | □ 양호<br>□ 불량 | | |
| | | | | | |
| | | | | | |

[6] 오토 전조등 회로를 점검하고 판정 및 정비(또는 조치)사항을 기록하시오.

| 자동차 번호 : | 비 번호 | | 지도교수 확 인 | |
|---|---|---|---|---|

| 측정 항목 | ① 점검(또는 측정) | | ② 판정 및 정비(또는 조치)사항 | | 득 점 |
|---|---|---|---|---|---|
| | 고장 부분 | 내용 및 상태 | 판정(□에 "✔" 표) | 정비 및 조치할 사항 | |
| 오토<br>전조등 회로 | | | □ 양호<br>□ 불량 | | |
| | | | | | |
| | | | | | |

[7] 전조등 시험기로 전조등을 측정하고 판정 및 정비(또는 조치)사항을 기록하시오.

| 자동차 번호 : | 비번호 | | 지도교수 확 인 | |
|---|---|---|---|---|

| ① 측정(또는 점검) | | | | | | ② 판정 | 득 점 |
|---|---|---|---|---|---|---|---|
| 등식 및 위치<br>(□에 "✔" 표) | | 점검항목 | | 측정값 | 기준값 | 판정(□에 "✔" 표) | |
| 등식 | 위치 | 측정광도 | | | | □ 양호<br>□ 불량 | |
| □ 4등식<br>□ 2등식 | □ 좌<br>□ 우 | 측정광축<br>(□에 "✔" 표) | □ 좌<br>□ 우 | | | | |
| | | | □ 상<br>□ 하 | | | | |

[8] 실내등 회로를 점검하고 판정 및 정비(또는 조치)사항을 기록하시오.

| 자동차 번호 : | 비 번호 | | 지도교수 확 인 | |
|---|---|---|---|---|

| 측정 항목 | ① 점검(또는 측정) | | ② 판정 및 정비(또는 조치)사항 | | 득 점 |
|---|---|---|---|---|---|
| | 고장 부분 | 내용 및 상태 | 판정(□에 "✔" 표) | 정비 및 조치할 사항 | |
| 실내등 회로 | | | □ 양호<br>□ 불량 | | |
| | | | | | |
| | | | | | |

## 2. 고장증상 점검 및 수리방법

[1] 방향지시등 점멸회수가 우회전시는 정상이나 좌회전시 빨라진다.

(1) 위 사항과 같은 고장증상이 발생되면 고장증상을 확인하고 고장증상에 대한 확인 방법을 작성하시오.

| 고장증상 | 고장증상 확인방법 | 확 인 |
|---|---|---|
| | | |

(2) 고장부위 고장원인 및 점검방법을 작성하시오.

| 고장부위 | 고장원인 | 점검방법 | 확 인 |
|---|---|---|---|
| | | | |
| | | | |
| | | | |
| | | | |
| | | | |

(3) 고장부분을 정비지침서 또는 관련 자료를 참고하여 수리하고 수리방법과 수리절차를 작성하시오.

| 수리방법 | 수리절차 | 확 인 |
|---|---|---|
| | | |

[2] 방향지시등 점멸회수가 방향지시등 전구를 교환한 후 평상시 보다 느려졌다.

(1) 위 사항과 같은 고장증상이 발생되면 고장증상을 확인하고 고장증상에 대한 확인 방법을 작성하시오.

| 고장증상 | 고장증상 확인방법 | 확 인 |
|---|---|---|
| | | |

(2) 고장부위 고장원인 및 점검방법을 작성하시오.

| 고장부위 | 고장원인 | 점검방법 | 확 인 |
|---|---|---|---|
| | | | |
| | | | |
| | | | |
| | | | |
| | | | |

(3) 고장부분을 정비지침서 또는 관련 자료를 참고하여 수리하고 수리방법과 수리절차를 작성하시오.

| 수리방법 | 수리절차 | 확 인 |
|---|---|---|
| | | |

[3] 자동변속기 차량에서 브레이크 페달을 밟고 시동을 걸어도 시동이 걸리지 않고 제동등도 들어오지 않는다.

(1) 위 사항과 같은 고장증상이 발생되면 고장증상을 확인하고 고장증상에 대한 확인방법을 작성하시오.

| 고장증상 | 고장증상 확인방법 | 확 인 |
|---|---|---|
| | | |

(2) 고장부위 고장원인 및 점검방법을 작성하시오.

| 고장부위 | 고장원인 | 점검방법 | 확 인 |
|---|---|---|---|
| | | | |
| | | | |
| | | | |
| | | | |
| | | | |

(3) 고장부분을 정비지침서 또는 관련 자료를 참고하여 수리하고 수리방법과 수리절차를 작성하시오.

| 수리방법 | 수리절차 | 확 인 |
|---|---|---|
| | | |

[4] 전조등을 오토모드로 하고 지하주차장에서 나오면 전조등이 소등되어야 하는데 소등이 되지 않는다.

(1) 위 사항과 같은 고장증상이 발생되면 고장증상을 확인하고 고장증상에 대한 확인방법을 작성하시오.

| 고장증상 | 고장증상 확인방법 | 확 인 |
|---|---|---|
| | | |

(2) 고장부위 고장원인 및 점검방법을 작성하시오.

| 고장부위 | 고장원인 | 점검방법 | 확 인 |
|---|---|---|---|
| | | | |
| | | | |
| | | | |
| | | | |
| | | | |

(3) 고장부분을 정비지침서 또는 관련 자료를 참고하여 수리하고 수리방법과 수리절차를 작성하시오.

| 수리방법 | 수리절차 | 확 인 |
|---|---|---|
| | | |

[5] 상향 전조등을 켜고 야간 주행시 전조등 불빛이 약하다.

(1) 위 사항과 같은 고장증상이 발생되면 고장증상을 확인하고 고장증상에 대한 확인 방법을 작성하시오.

| 고장증상 | 고장증상 확인방법 | 확 인 |
|---|---|---|
| | | |

(2) 고장부위 고장원인 및 점검방법을 작성하시오.

| 고장부위 | 고장원인 | 점검방법 | 확 인 |
|---|---|---|---|
| | | | |
| | | | |
| | | | |
| | | | |
| | | | |

(3) 고장부분을 정비지침서 또는 관련 자료를 참고하여 수리하고 수리방법과 수리절차를 작성하시오.

| 수리방법 | 수리절차 | 확 인 |
|---|---|---|
| | | |

[6] 전조등 케이스 안에 습기가 생기더니 케이스 안에 물이 고여 있다.

(1) 위 사항과 같은 고장증상이 발생되면 고장증상을 확인하고 고장증상에 대한 확인 방법을 작성하시오.

| 고장증상 | 고장증상 확인방법 | 확 인 |
|---|---|---|
| | | |

(2) 고장부위 고장원인 및 점검방법을 작성하시오.

| 고장부위 | 고장원인 | 점검방법 | 확 인 |
|---|---|---|---|
| | | | |
| | | | |
| | | | |
| | | | |
| | | | |

(3) 고장부분을 정비지침서 또는 관련 자료를 참고하여 수리하고 수리방법과 수리절차를 작성하시오.

| 수리방법 | 수리절차 | 확 인 |
|---|---|---|
| | | |

[7] 감광식 룸램프 차량에서 도어를 연후 닫을 때 실내등이 즉시 소등되지 않고 서서히 소등되어야 하는데 실내등이 소등되지 않는다.

(1) 위 사항과 같은 고장증상이 발생되면 고장증상을 확인하고 고장증상에 대한 확인방법을 작성하시오.

| 고장증상 | 고장증상 확인방법 | 확 인 |
|---|---|---|
| | | |

(2) 고장부위 고장원인 및 점검방법을 작성하시오.

| 고장부위 | 고장원인 | 점검방법 | 확 인 |
|---|---|---|---|
| | | | |
| | | | |
| | | | |
| | | | |
| | | | |

(3) 고장부분을 정비지침서 또는 관련 자료를 참고하여 수리하고 수리방법과 수리절차를 작성하시오.

| 수리방법 | 수리절차 | 확 인 |
| --- | --- | --- |
| | | |

CHAPTER 08

Automotive Electric• Electron Exercise

# 편의장치 정비

## 1. 편의장치의 개요

학습목표

편의장치 정비란 각종 편의장치의 정상적인 작동을 위하여 진단장비를 활용하여 전원 및 컨트롤 모듈을 점검하고 수리, 조정, 교환하는 능력이다.

1. 편의장치의 구조와 작동원리를 파악할 수 있다.
2. 정비지침서에 따라 편의장치를 파악하고 관련 장치의 작동상태를 확인할 수 있다.
3. 정비지침서에 따라 편의장치의 고장원인을 분석할 수 있다.
4. 제조사별 편의장치 종류에 따라 규정값을 기준으로 점검・진단을 할 수 있다.
5. 정비지침서에 따라 편의장치의 세부점검목록을 확인하여 고장원인을 파악할 수 있다.
6. 정비지침서에 따라 고장 진단장비를 사용하여 편의장치의 고장원인을 분석할 수 있다.
7. 편의장치 관련 부품의 조정을 위해 관련 장비 및 공구를 선택 및 사용할 수 있다.
8. 정비지침서에 따른 교환・수리 가능여부를 확인하고 교환 및 수리 후 정상 상태를 확인할 수 있다.
9. 센서 입・출력 데이터를 통한 고장진단을 할 수 있다.
10. 정비지침서에 따른 관련부품을 차량에서 탈・부착 순서에 맞게 교환할 수 있다.
11. 정비지침서에 따라 편의장치의 전기흐름을 파악하여 수리할 수 있다.

자동차를 더 쾌적하고 편안하게, 그리고 편리하게 이용할 수 있게 다양한 편의장비들은 운전자와 탑승자의 안락성이나 편의성을 위한 것이지만, 보다 근본적으로는 운전 집중도를 높여서 사고를 예방하기 위한 예방안전에 기여한다고 볼 수 있다.

### 1.1. 계기판(instrumental panel)

교통안전을 도모하고 쾌적한 운전할 수 있도록 하기 위하여 운전 중인 차량상황을 알기 쉽도록 계기판에 계기를 부착한다.

주요 계기에는 속도계, 전류계(또는 충전경고등), 유압계(또는 유압경고등), 연료계, 수온계 등이 있으며, 그밖에 차량 종류에 따라서는 기관 회전속도계, 운행기록계 등이 있다. 차량에 사용되는 유압계, 연료계, 온도계 등 대부분이 전기로 작동되며, 계기부분과 유닛부분으로 구성되어 있다.

그림 1. 계기판

### 1.1.1. 디스플레이장치

디스플레이(display, 표시)장치는 전자장치 중에서 가장 중요한 구성요소의 하나이며, 차량의 전자장치의 디스플레이는 측정결과를 운전자에게 읽기 쉽고 알기 쉬운 형태로 표시하여야 한다. 초기 차량의 디스플레이는 전기-기계적이었다. 즉, 속도계, 전류계 및 연료계 등이 형식의 것이다. 그 후 제작비 절감을 위해서도 계기 대신에 경고등을 쓰기 시작하게 되었고 경고등은 일종의 전기-광(光)방식의 디스플레이라 생각할 수 있다.

#### [1] 발광 다이오드(LED : light emission diode)

발광 다이오드는 전류가 흐르면 빛을 내도록 된 물질로 만들어진 반도체이다. 발광다이오드 표시기는 작은 도트 또는 장방형의 세그먼트를 늘어놓는 것으로 구성되어 있다. 도트(dot)나 세그먼트(segment)를 임의로 점멸하는 것에 의해 숫자나 문자가 형성된다.

#### [2] 액정표시(LCD : liquid crystal display)

LCD는 두 편광 필터사이에 위치한 액체 결정 물질로 만들어진다. 액정표시의 알맹이는 회전 네마틱 액정이라고 하는 특수한 액체이다. 전기가 LCD에 적용되면 전기장이 분자의 꼬임을 발생시키는데, 첫 번째 필터를 통과할 때 액체 결정 주위를 순환하며 두 번째 필터를 통과하면 반사 화면에 광점을 생성한다. 전기장이 없을 때에는 분자가 꼬이지 않아 빛이 통과할 수 없기 때문에 화면에 어두운 점이 발생한다.

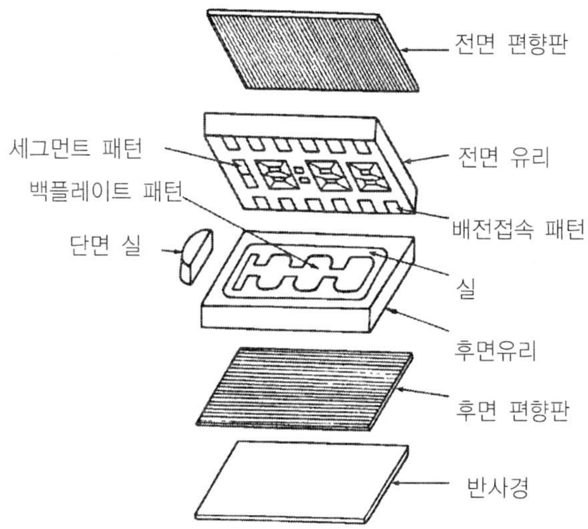


그림 2. 액정 표시(LCD)의 구성

각종장치에서 발생하는 여러 가지 전기적인 정보를 시각정보로 변화시켜 전달하는 전기소자이다. 자기발광성이 없어 후광이 필요하지만 소비전력이 적고 휴대용으로 편리해 널리 사용하는 평판 디스플레이이다.

### [3] 형광 디스플레이(VFD)

차량의 디스플레이장치에 폭넓게 쓰이는 것으로 형광 디스플레이(VFD)가 있다. 이 디스플레이의 원리는 형광물질에 전자빔을 투사 충돌시킴으로써 발광한다. 이 디스플레이 속에는 필라멘트가 있고 이 필라멘트는 가열되면 자유전자를 방출하는 물질로 코팅되어 있다. 방출된 자유전자는 비교적 높은 전압으로 가속되어 애노드(anode : 양극)를 향해 튄다.

전자가 애노드에 닿으면 여기에 코팅된 형광물질이 발광하며 대부분의 형광 디스플레이에 쓰이는 형광물질은 청록색의 빛을 발생한다. 그 색깔과 빛의 양은 차량용으로 폭넓은 사용 환경 아래에서 양호한 시인성능을 갖는다.

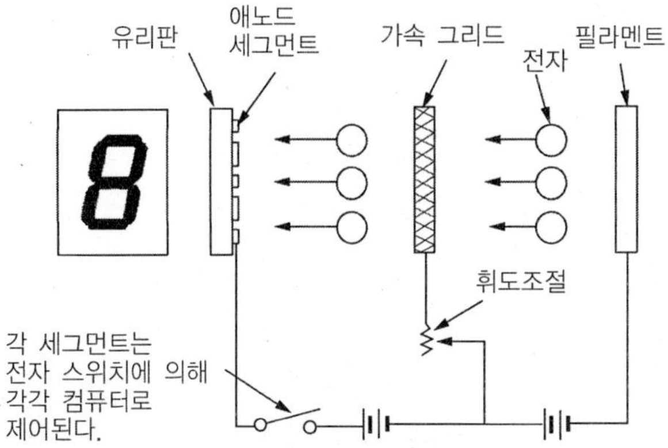


그림 3. 형광 디스플레이의 원리

### 1.1.2. 트립 정보 컴퓨터

차량의 전자장치 중 가장 널리 알려진 것으로 트립 정보장치가 있다. 이 장치는 대단히 많은 기능을 가지고 있으며 다음과 같은 유용한 정보를 표시할 수 있다.

① 현재 연료소비율
② 평균 연료소비율
③ 평균 주행속도
④ 현재 위치(전 여행거리에 대한)
⑤ 현재까지의 여행시간
⑥ 연료 보유량
⑦ 주행 가능거리
⑧ 도착 예상시간
⑨ 현재 시각
⑩ 기관 회전속도
⑪ 기관 냉각수 온도
⑫ 주행거리 당 평균 연료비용

## 1.2. IMS(Integrated memory system)

운전자 자신이 설정한 최적의 시트(seat)위치를 메모리 스위치(memory switch)와 포지션 센서(position sensor)에 의해 컴퓨터에 기억시켜 시트위치가 변화하여도 1회의 스위치 조작으로 자신이 설정한 시트위치로 재생시킬 수 있는 기능으로 운전자가 편안한 운전 자세를 유지할 수 있도록 해주는 운전석 파워시트(power seat) 기억장치를 IMS라 한다.

### 1.2.1. 메모리 파워시트(memory power seat)

#### [1] 메모리 파워시트 구성도

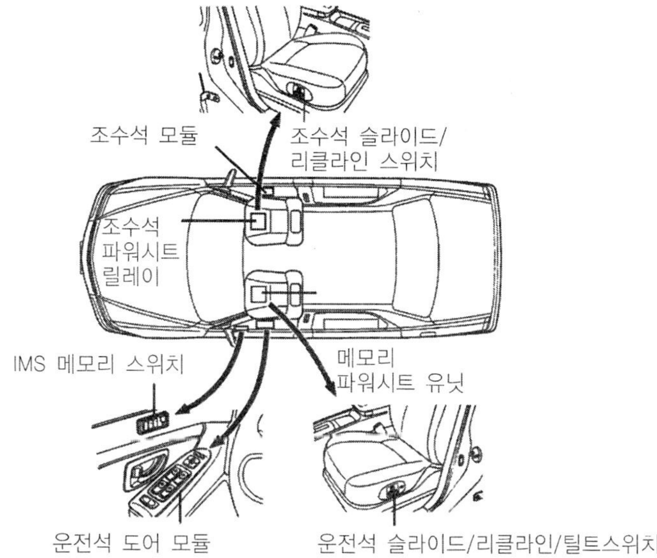


**그림 4. 메모리 파워시트 구성도**

#### [2] 입·출력 다이어그램

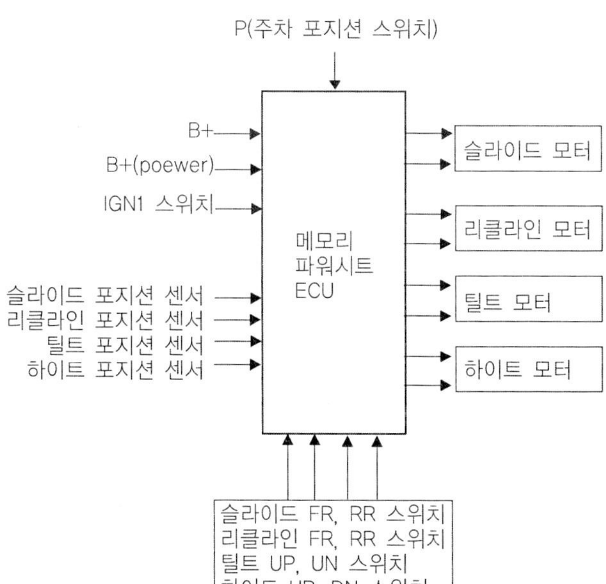


**그림 5. 입·출력 다이어그램**

[3] 메모리 파워시트의 기능

(1) 메모리스위치

① 슬라이드스위치 : 시트를 앞쪽 또는 뒤쪽으로 이동시켜 주는 스위치

② 리클라인스위치 : 시트 백(seat back)을 앞쪽 또는 뒤쪽으로 기울려 주는 스위치

③ 틸트스위치 : 시트 앞쪽의 상하위치를 조정하기 위한 스위치

④ 하이트스위치 : 시트 뒤쪽의 상하위치를 조정하기 위한 스위치

(2) 포지션 센서

포지션 센서는 시트의 슬라이드, 리클라인, 상하위치의 이동량을 감지하기 위한 가변저항방식이다.

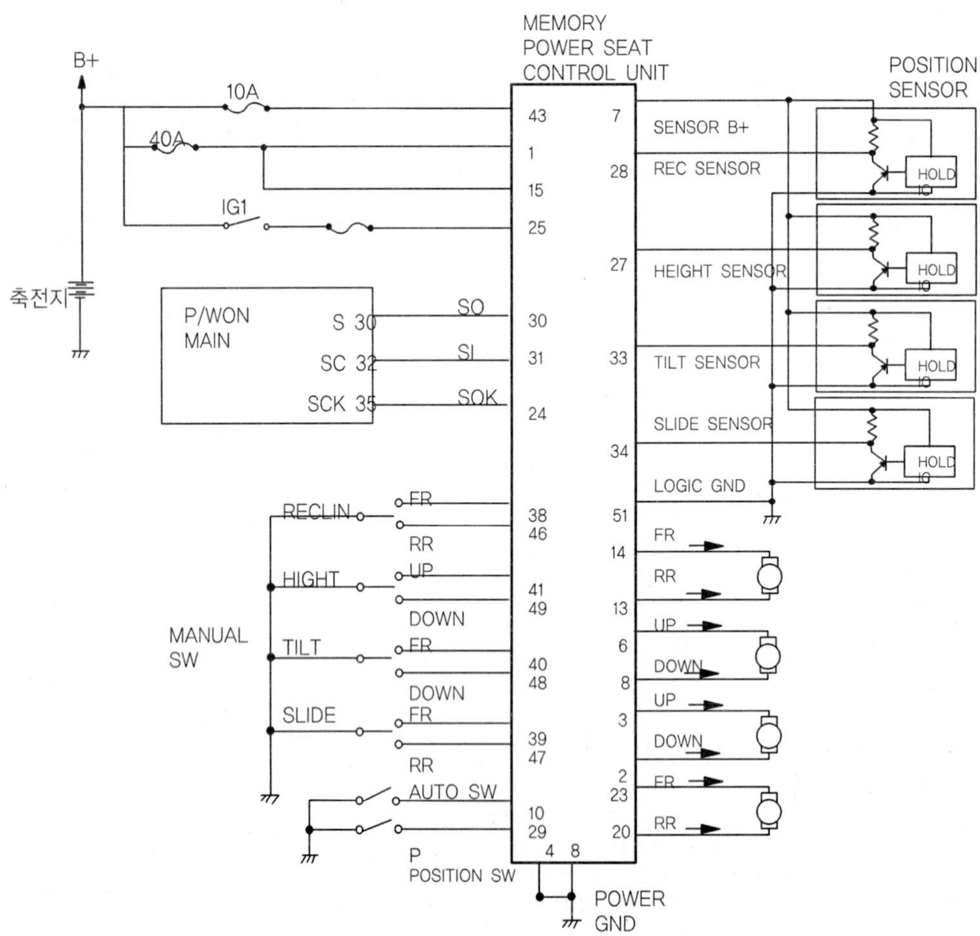


그림 6. 메모리 파워시트 ECU회로

### (3) 속도센서

속도센서는 주행속도 3km/h 이상에서 작동되는 것을 방지하기 위하여 차량의 주행상태를 감지하는 것이다.

### (4) "P" 포지션 센서

"P" 포지션 센서는 자동변속기의 주차(parking)에서는 자동 조정을 금지하기 위하여 주차상태를 감지하는 것이다.

### (5) 메모리 스위치

① 위치 스위치 1, 2 : 운전자가 설정한 시트, 조향 휠, 밀러의 위치를 기억하거나 재생하는 스위치

② 베모리 스위치 : 운전자가 설정한 시트, 조향핸들, 밀러의 위치를 기억하기 위한 스위치

③ 오토(auto)스위치 : 승차 및 하차 연동작동을 허가 또는 금지하는 모드로 전환하는 스위치이며, 허가모드와 금지모드를 반복적으로 조작할 수 있다.

㉮ auto ON : 승하차 연동제어 가능

㉯ auto OFF : 승하차 연동제어 불가능

## 1.2.2. 룸미러·전동 틸트 및 텔레스코프

### [1] 룸미러·전동 틸트 및 텔레스코프의 개요

운전자 자신이 설정한 최적의 룸미러 및 조향핸들의 위치를 메모리 스위치와 포지션 센서에 의해 컴퓨터(ECU)에 기억시켜 미러 및 조향핸들 위치가 변화하여도 1번에 자신이 설정한 위치로 재생시킬 수 있다. 그리고 안전상 주행상태에서의 재생 작동을 금지하는 재생 작동금지 기능이 있다.

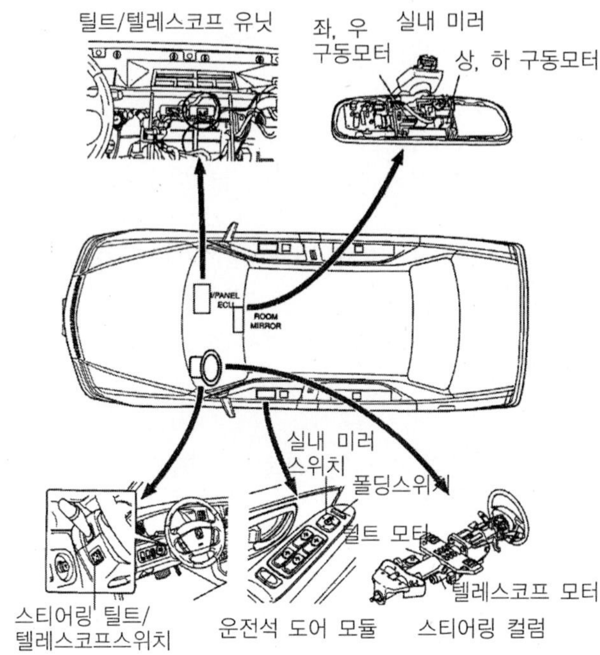


**그림 7. 룸미러 · 전동 틸트 및 텔레스코프의 구성도**

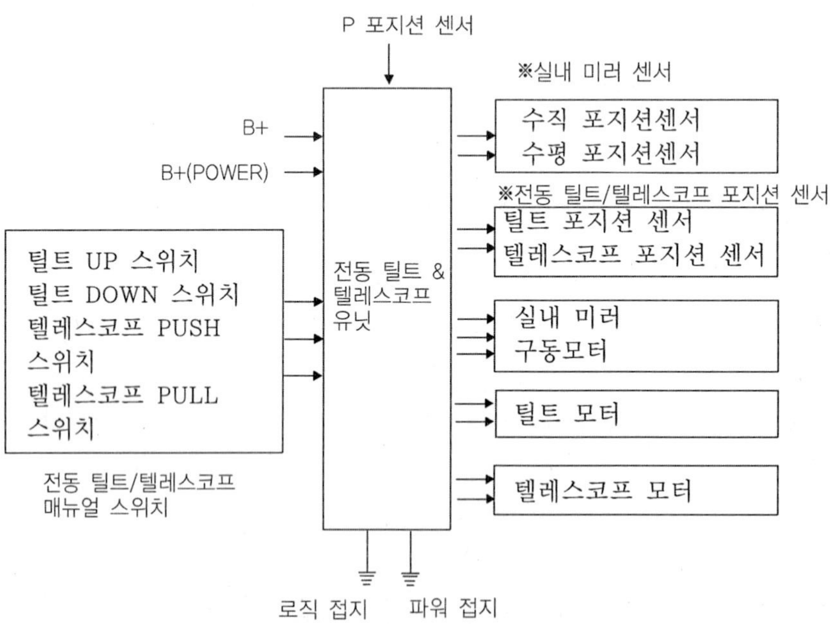


**그림 8. 입 · 출력 다이어그램**

## [2] 룸미러 · 전동 틸트 및 텔레스코프의 기능 및 제어

### (1) 룸미러 · 전동 틸트 및 텔레스코프의 기능

#### 1) 입력기능

① 틸트 수동스위치(Tilt manual switch) : 조향핸들을 상하방향으로 조정하기 위한 스위치

② 텔레스코프 수동스위치(Telescope manual switch) : 조향핸들을 앞 뒤 방향으로 조정하기 위한 스위치

③ 틸트 포지션 센서(Tilt position sensor) : 조향핸들의 틸트위치를 감지하기 위한 센서

④ 텔레스코프 포지션 센서(Telescope position sensor) : 조향핸들의 텔레스코프 위치를 감지하기 위한 센서

#### 2) 작동특성

틸트 및 텔레스코프 포지션 센서는 가변 저항방식으로 틸트 포지션 센서는 위쪽으로 이동시킬 경우에는 저항값이 낮고, 아래쪽으로 이동시킬 때에는 저항값이 높다. 그리고 텔레스코프 포지션 센서는 뒤쪽으로 이동시킬 때 저항 값이 낮고, 앞쪽으로 이동시킬 때에는 저항값이 높다.

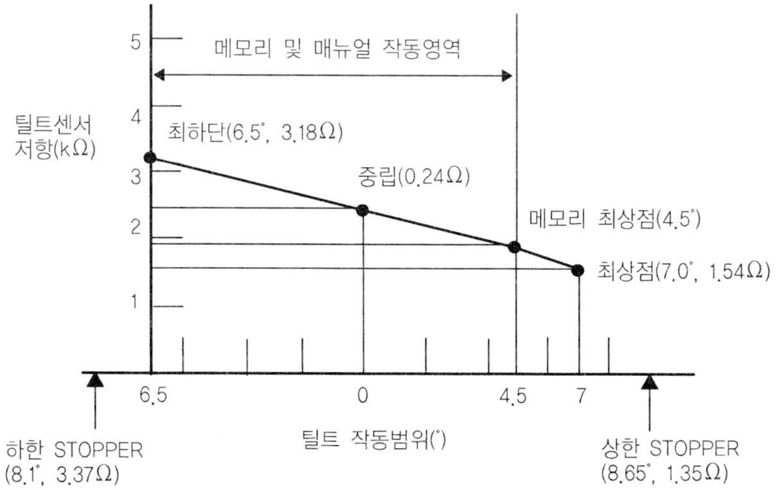


그림 9. 틸트 포지션 센서의 특징

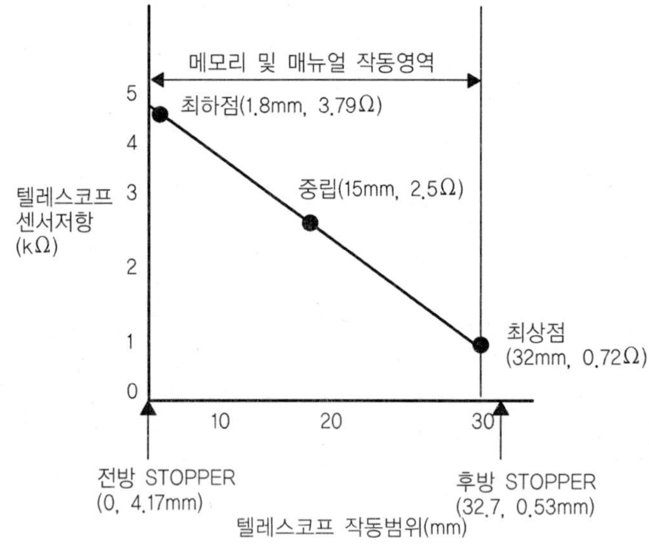


그림 10. 텔레스코프 포지션센서의 특징

## (2) 룸미러 · 전동 틸트 및 텔레스코프의 제어

### 1) 수동작동

수동스위치에 의하여 룸미러의 상하 · 좌우 및 조향핸들의 상하 각도와 앞뒤의 길이를 제어할 수 있다.

### 2) 재생작동

① 메모리의 기억작동 : 점화스위치 ON과 동시에 수동스위치가 모두 OFF인 경우 룸미러 및 조향핸들의 위치를 기억한다.

② 룸미러 메모리 재생제어

㉮ 시야 범위의 결정 : 시야 범위는 미러 단품에서 기계적으로 제한을 받지 않는 미러 제어범위 또는 센서특성에 영향을 주지 않는 미러 제어범위를 말한다.

| 제어방향 | 제어 범위 |
|---|---|
| 수직방향 | 25.5～32.0°(1.5～3.5V) |
| 수평방향 | 0～5.0°(1.5～3.5V) |

㉯ 록(lock) 검출 : 록을 검출하기 위해 타이머를 사용하여 모터 구동시간을 감시한다.

㉰ 모터 구동시간 감시 : 구동방향마다 각각 같은 방향으로 구동시간을 감시한다. 같은 방향으로 구동이 20초를 경과하는 경우 모터 출력을 정지시키고 재생제어를 완료한다.

㉱ 재생 실행시간 감시 : 재생제어 시작으로부터 40초 이내에 재생작동이 완료되지 않을 경우 모터의 출력을 정지시키고 재생제어를 완료한다.

③ 틸트 · 텔레스코프 재생제어 : 점화스위치 ON과 동시에 수동스위치 모두가 OFF인 경우 직렬통신 데이터로부터 위치 재생신호를 수신하면 기억된 틸트 및 텔레스코프 위치에 조향핸들을 자동으로 조정한다.

### 3) 승 · 하차 연동제어

① 승 · 하차 연동작동 : IMS 컴퓨터에서 승·하차 연동 후퇴신호가 발생하면 틸트 위치를 위쪽으로 하고 텔레스코프 위치를 앞쪽상태로 자동 조정한다.

② 승 · 하차 연동조건

㉮ 틸트 위쪽위치, 텔레스코프 앞쪽위치는 원칙적으로 각 포지션 센서 특징의 "위쪽" 제한위치와 "앞쪽" 제한위치에 있지만 포지션 센서가 고정난 경우 백업처리로서 모터 작동시간에 의한 자동 정지처리를 실시한다.

㉯ 승 · 하차 연동작동 중에 직렬통신 데이터로부터 자동조정 금지 또는 수동스위치가 ON으로 된 경우에는 승·하차 연동작동을 중지한다.

### 4) 그 밖의 제어

① 반전구동 : 구동 중에 전동기를 반대방향으로 구동하는 경우에는 순방향 릴레이를 OFF하고 나서 50m/sec 이후에 반대방향의 릴레이를 구동한다.

② 틸트 및 텔레스코프 동시작동 : 틸트와 텔레스코프를 동시에 구동하는 경우에는 틸트 작동시작으로부터 50m/secgn에 텔레스코프 작동을 시작한다.

③ 위치제어 : 각 모터의 위치 변화량을 포지션 센서로 항상 감시한다. 위치의 기억은 실행명령이 기억명령인 경우에 실행한다. 위치 재생은 재생 실행명령인 경우 기억위치 데이터와 현재 데이터와의 차이가 0으로 될 때까지 실행한다. 위치의 수동제어는 수동 제어입력을 받아 실행하며 기억, 재생제어에 우선한다.

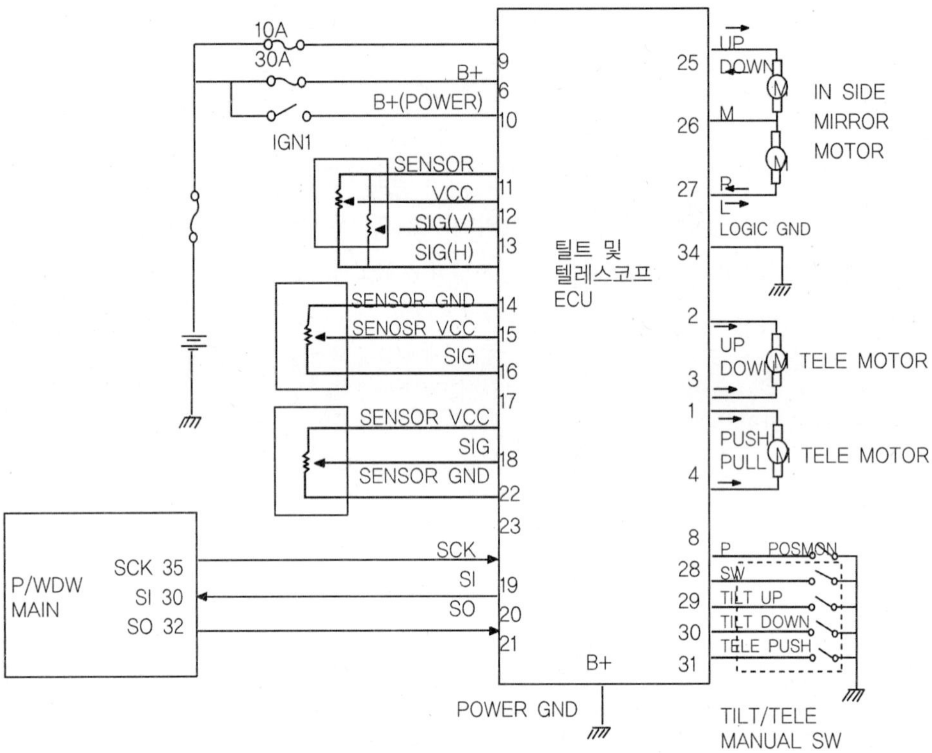


그림 11. 틸트 및 텔레스코프 컴퓨터 회로

## 1.3. 음성 경보장치(VAS : Voice alarm system)

### 1.3.1. 음성 경보(VAS)장치의 개요

음성 경보장치(VAS : voice alarm system)는 운전자의 안전과 편의를 돕기 위하여 차량의 상태를 운전자에게 음성 메시지(message)로 알려줌으로서 차량 운행의 안전성을 추구하는 장치이다.

### 1.3.2. 음성 경보장치(VAS)의 작동원리

음성 경보장치는 차량신호를 종합경보장치로부터 수신하여 음성 출력하는 것이다.

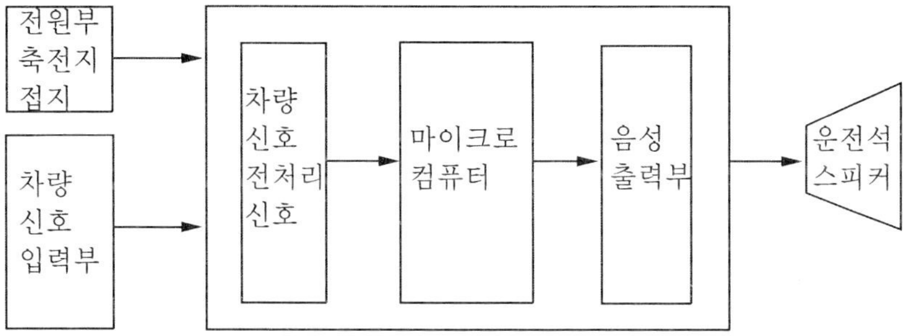


그림 12. 음성 경보장치의 입 · 출력도

### 1.3.3. 음성 경보장치(VAS)의 기능

#### [1] 도어 열림경보

① 기관시동(AC발전기 L단자 입력) 직후 도어상태를 점검하여 도어가 열려 있으면 우선순위에 따라서 경보 문을 1회 출력한다(차량 정지상태).

② 차량이 주행할 때 도어상태를 점검하여 도어가 열려 있으면 우선순위에 따라서 경보 문을 1회 출력한다.

③ 경보주기는 차량이 주행할 때 30(±2)초 간격으로 도어상태를 점검하여 도어가 열려 있으면 경보문을 1회 출력한다.

④ 도어가 닫혔다가 다시 열렸을 때는 30(±2)초 전이라도 경보 문을 출력한다.

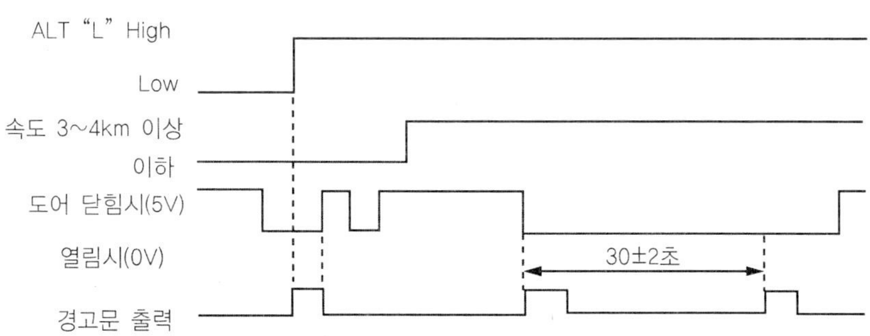


그림 13. 도어 열림 경고

#### [2] 주차 브레이크 경보

① 경보조건은 주행속도가 3~4Km/h 이상일 때 주차 브레이크가 잠겨져 있는 경우 경고문을 1회 출력한다.

② 경보주기는 차량 주행 중 30(±2)초 간격으로 주차 브레이크를 점검하여 잠겨져 있는 경우 다시 경고한다.

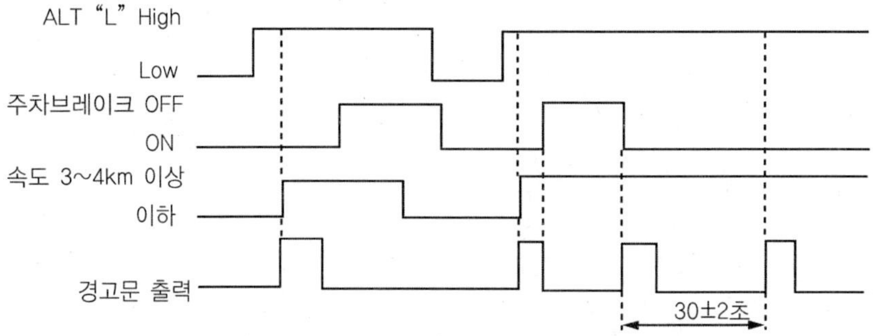


그림 14. 주차 브레이크의 경고 주기

③ 주차 브레이크가 풀렸다가 다시 잠기게 될 경우 30(±2)초 이전이라도 경보 문을 출력한다.

### [3] 트렁크 열림경보

경보조건은 기관 시동직후 트렁크 상태를 점검하여 트렁크가 열려 있으면 우선순위에 따라서 경보 문을 1회 출력한다. 그리고 차량이 주행할 때도 트렁크 상태를 점검하여 트렁크가 열려 있으면 우선순위에 따라서 경보 문을 1회 출력한다. 경보주기는 차량이 주행할 때 30(±2)초 간격으로 트렁크상태를 점검하여 트렁크가 열려 있으면 경보 문을 1회 출력하며 트렁크가 닫혔다가 열렸을 때는 30(±2)초 전이라도 경보 문을 출력한다.

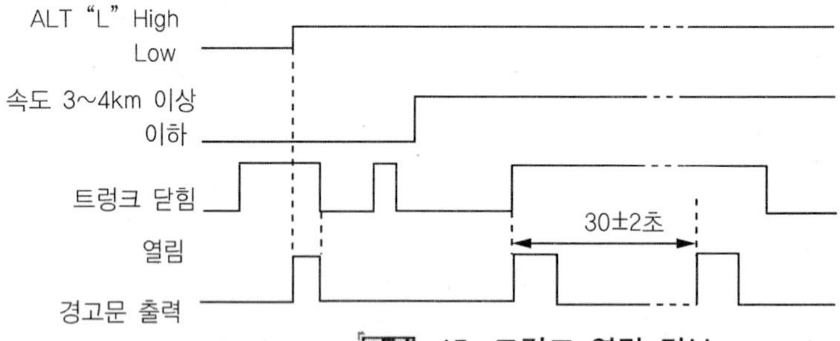


그림 15. 트렁크 열림 경보

### [4] 상향등(High bean) 경보

경보조건은 점화스위치가 ON상태이고, 상향등 경고등 ON후 5분(±5초) 동안 계속 하이 빔이 켜져 있는 경우 경고문을 1회 출력한다. 경보주기는 상향등 ON후 5분(±5초)주기로 점검하여 상향등이 켜져 있는 경우 경고문을 1회 출력한다.

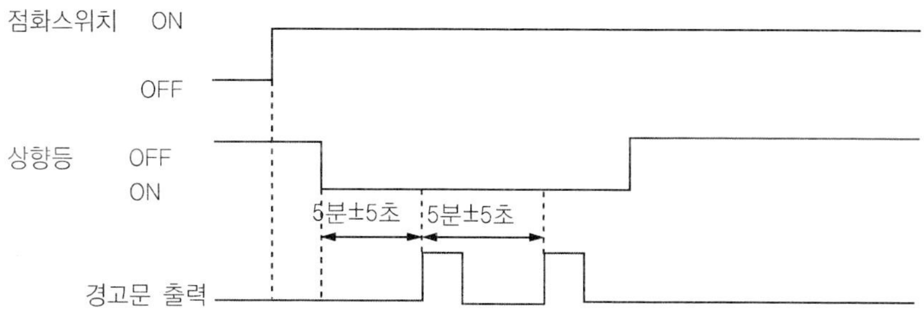


그림 16. 상향등 경보

[5] 연료 보유량 경보

경보조건은 기관 시동 후 연료 보유량 부족 경고등이 점등하면 경고문을 1회 출력한다. 경보주기는 10분(±5초)마다 경고문을 출력하며 고장조치 후 다시 고장 상황이 발생되면 10분 이전이라도 경보한다.

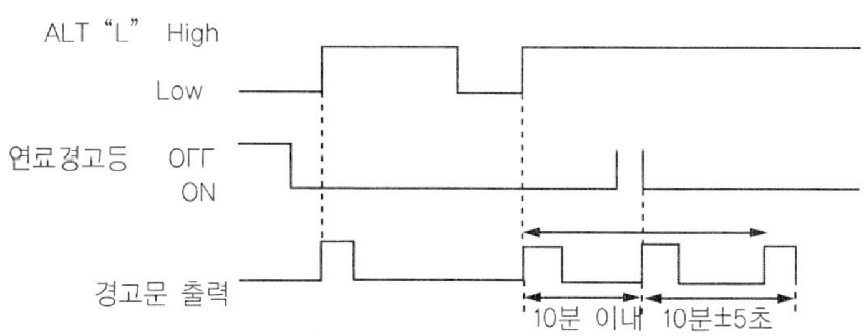


그림 17. 연료 보유량 경보

[6] 기관오일 경보

경보조건은 기관 시동 후 기관오일 경고등 점등하면 경고문을 1회 출력한다. 경보주기는 5분(±5초)마다 경고문을 출력한다. 고장조치 후 다시 고장 상황이 발생하면 5분 이전이라도 경보를 발생한다.

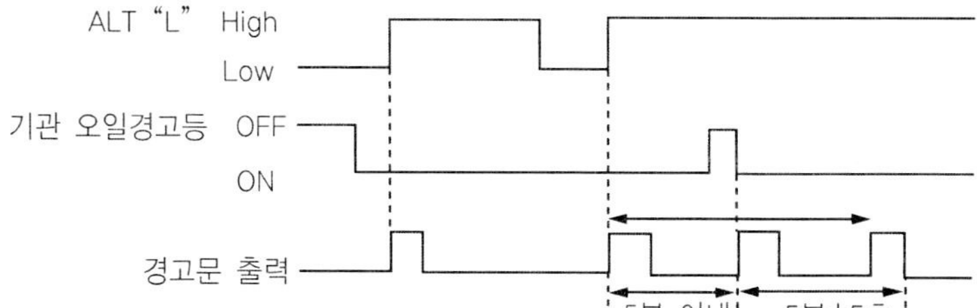


그림 18. 기관오일 경보

[7] 시트벨트(안전띠) 경보

경보조건은 기관 시동 후 주행속도가 1Km/h 이상일 경우 경고문을 1회 출력하고 재시동 이전에는 출력이 없다.

[8] 축전지 방전 경보

경보조건은 기관 시동 후 AC발전기 L단자 전압이 9.5V(±0.5) 이하로 3초를 경과하면 경고문을 1회 출력한다. 경보주기는 경보 출력 후 5분(±5초)간격으로 신호를 점검하여 고장 경고문을 1회 출력한다.

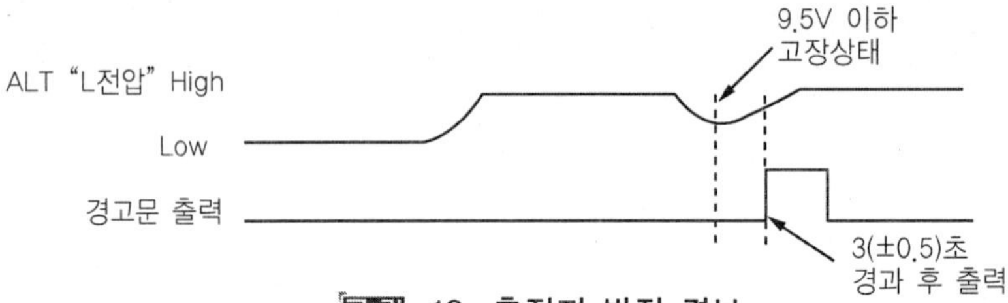


그림 19. 축전지 방전 경보

[9] 점화스위치(키) 회수 경보기능

경보기능은 점화스위치 ON상태에서 차량의 주행속도가 3~4km/h 이하의 경우 점화스위치가 꽂혀 있는 상태에서 운전석 쪽 도어를 열었을 경우 1회 출력한다. 또한 점화스위치 OFF이후 30(±2)초 이내에 경고조건이 발생하면 경고문을 1회 출력한다.

슬립(sleep)조건은 점화스위치 OFF 이후 30(±2)초를 경과하면 슬립모드에 들어가며 30초 이내라도 점화스위치를 빼면 슬립모드로 들어간다.

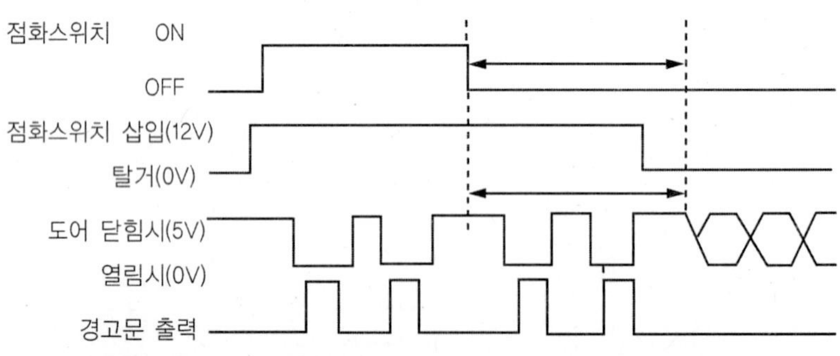


그림 20. 점화스위치(키) 회수 경보기능 슬립 조건

### [10] 스피커 입력

오디오/비디오 또는 오디오 운전석(FL) 스피커 출력 선을 음성경보 유닛으로 입력시켜 경고조건이 없을 때에는 바이패스(bypass)시키고, 경보조건일 경우는 릴레이로 스위칭하여 경보 메시지를 운전석(FL) 스피커로 출력시킨다.

## 1.3.4. 음성 경보장치의 출력사양

### [1] 스피커 출력

운전석(FL) 스피커로 경보조건이 발생하면 음성으로 경보음을 송출한다.

### [2] 리모트 출력

오디오/비디오 또는 오디오가 동작 중일 경우는 리모트 출력(12V)을 통과시킴으로 스피커 구동에 문제가 없으나, 오디오/비디오 또는 오디오를 사용하지 않을 때는 VAS 유닛에서 리모트 신호를 발생시킨다. 단, VAS 유닛 출력 리모트 신호는 5(±5)V이다.

### [3] 스위치 인디케이터

차량의 상태에 따라서 경보기를 해제 또는 설정해 줄 필요가 있다. 스위치에 인디케이터 램프를 설치하여 경보기의 상태를 운전자에게 알려준다. 경보기를 설정할 때 램프 ON, 해제할 때 등에는 램프가 OFF된다.

## 1.3.5. 음성 경보장치의 경보문

음성 경보장치의 기능과 경보문은 아래 표와 같다.

➡표 1. 음성 경보장치의 기능과 경보문

| NO. | 기 능 | 상세내역 | 경 보 문 | 우선순위 |
|---|---|---|---|---|
| 1 | 도어 열림 | FL | 운전석 문이 열려 있습니다. | 1 |
| | | FR | 조수석 문이 열려 있습니다. | 2 |
| | | RL | 뒤좌석 왼쪽 문이 열려 있습니다. | 3 |
| | | RR | 뒤좌석 오른쪽 문이 열려 있습니다. | 4 |
| 2 | 시트벨트 착용 | | 안전벨트를 착용하셨습니까? | |
| 3 | 주차브레이크 잠김 | | 주차 브레이크가 잠겨 있습니다. | 5 |

| NO. | 기 능 | 상세내역 | 경 보 문 | 우선순위 |
|---|---|---|---|---|
| 4 | 기관오일 | | 기관오일을 점검하십시오. | 6 |
| 5 | 연료부족 | | 연료가 부족합니다. | 7 |
| 6 | 트렁크 열림 | 트렁크 | 트렁크가 열려 있습니다. | 8 |
| 7 | 축전지 방전 | | 축전지가 방전되고 있습니다. | 9 |
| 8 | 상향등 작동 | | 상향등이 켜져 있습니다. | 10 |
| 9 | 점화스위치(키) 회수 | | 키가 꽂혀 있습니다. | 11 |

## 1.4. 종합 경보장치(ETACS)

### 1.4.1. 종합 경보장치의 개요

ETACS는 electronic time alarm control system의 머리글자를 하나씩 따서 만들어진 합성어이며 이 합성어를 소리 나는 대로 읽으면 에탁스라는 말이 된다. 이 단어들을 그대로 풀이하면 전자(electronic), 시간(time), 경보(alarm), 제어(control), 장치(system)란 뜻이 되며, 여기서 알 수 있듯이 차량 전기장치 중 시간에 의하여 동작하는 장치 또는 경보를 발생시켜 운전자에게 알려주는 통합장치라 할 수 있다.

그림 21. ETACS의 역할

➡표 2. 종합 경보장치의 종류 및 기능

| 종 류 | 경보 및 제어기능 | 세부 제어기능 |
|---|---|---|
| ETWIS (electronic time warning indicated system) | 점화스위치 관련 정보기능 | ① 점화스위치 회수 잊음 및 도어 록 해제기능<br>② 점화스위치 키 홀 조명기능(약 10~20초) |
| | 도어 록 및 도어 열림 경보 기능 | ① 일정속도(약 20km/h) 이상 주행할 때 자동도어 록 작동 기능<br>② 주행할 때 도어 열림 상태 경보 |
| CPU (central processing unit) | 안전띠 미착용 경보 | 안전띠 미착용 경보(약 10초) |
| | 전조등, 실내등 제어기능 | ① 전조등 ON, 점화스위치 OFF 후 도어 열었을 때 경보<br>② 도어 스위치와 연계, 일정시간(약 5초) 조명 후 서서히 감광기능 |
| | 와이퍼 와셔 제어기능 | 와이퍼를 작동할 때 와셔 연동 기능 |
| | 파워 윈도 제어기능 | 점화스위치 OFF 후 일정시간(약 1분) 작동 시연기능 |
| | 뒤 유리 열선 제어기능 | 열선 시간(10~30분) 작동기능 |
| DECS (daewoo electronic control system) | 점화스위치 회수 경보 기능 | 점화스위치 회수 잊음 경보기능 |
| | 안전띠 미착용 기능 | 안전띠 미착용 경보(약 10초) |
| | 전조등 소등 경보 | 전조등 ON, 점화스위치 OFF 후 도어를 열 때 경보기능 |
| | 와이퍼 작동시간 제어 | 와이퍼 간헐 제어기능 |
| ICU (integrated control unit) | 파워 윈도 시간 제어 | 파워 윈도 작동 지연기능 |
| | 뒤 유리 열선시간 제어 | 열선시간(약 20분) 작동 제어 |
| ETACS (electronic time & alarm control system) | 점화스위치 관련 정보기능 | 점화스위치 회수 잊음 및 키홀 조명기능 |
| | 도어 열림 경보기능 | 주행 중 도어 열림 경보기능 |
| | 시트벨트 경보기능 | 안전띠 미착용 경보(약 10초) |
| | 와셔 연동 와이퍼 제어기능 | 와이퍼와 와셔 연동 제어기능 |
| | 실내등 감광기능 | 실내등 약 5초간 감광 기능 |
| | 파워 윈도 제어기능 | 점화스위치 OFF 후 파워 윈도 작동기능 |
| | 도어 록 제어기능 | 중앙 집중방식 도어 록 제어기능 |
| | 열선 타이머 제어기능 | 뒤 유리 및 외부 밀러 열선 작동시간 제어 |
| | 트렁크 및 후드 제어기능 | 트렁크 및 후드 열림 제어 |
| | 키 리스 엔트리 기능 | 점화스위치를 사용하지 않고 도어 록을 제어 |

## 1.4.2. 종합 경보장치의 기능 및 작동조건

**[종합 경보장치의 입 · 출력 다이어그램]**

| 입력요소 | | 제어요소 | | 출력요소 |
|---|---|---|---|---|
| ·와이퍼, 와셔 스위치<br>·뒤 유리 열선<br>·시트벨트 스위치<br>·각종 도어스위치<br>·차속 센서<br>·미등 스위치<br>·AC 발전기 L 단자<br>·트렁크 열림 스위치<br>·점화스위치 삽입 스위치<br>·파워 윈도우 스위치 | ➡ | ETACS<br>ECU | ➡ | ·와셔 연동와이퍼<br>·뒤 유리 열선 타이머<br>·시트벨트 경고<br>·감광 실내등<br>·점화스위치 키 홀 조명<br>·파워 윈도우 타이머<br>·도어 열림 차임벨<br>·속도감응 간헐와이퍼<br>·램프 자동 소등<br>·도난 경보 릴레이<br>·점화스위치 OFF후 도어언록 |

### [1] 와셔 연동 와이퍼 제어

점화스위치를 ON으로 한 후 와셔스위치를 작동하면 와셔액에 나오며 0.6초 후에 와이퍼가 작동하고 와셔스위치를 OFF로 하면 약 2.5~3.8초 후에 와이퍼 모터가 정지한다.

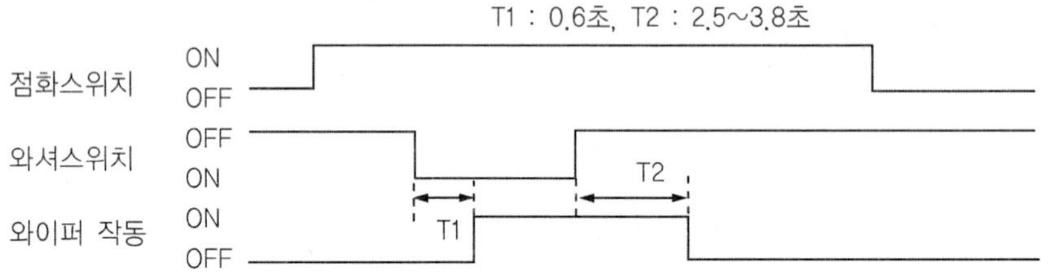


그림 22. 와셔 연동 와이퍼 작동

### [2] 간헐 와이퍼 제어기능

와이퍼 스위치를 간헐(INT)에 놓으면 1~13초 사이에서 간헐적으로 작동되며 약 0.6초 뒤에 와이퍼 모터 작동출력이 1초 단위로 발생한다. 간헐 와이퍼 작동속도 조정을 위해서는 볼륨 손잡이를 돌려야 하며 또 주행속도가 증가하면서 간헐주기가 주행속도에 비례하여 응답하는 차속 간헐와이퍼와 빗물의 굵기 정도에 따라 작동되는 레인센서 와이퍼기능도 있다. 그리고 간헐(INT) 와이퍼작동 중에 와셔 스위치를 0.6초 이상 ON하면 와셔 연동와이퍼 출력을 행하여 와이퍼가 작동된다. 그러나 와셔스위치 ON시간이 0.2~0.6초로 짧으면 와이퍼작동을 1회만 작동시킨다.

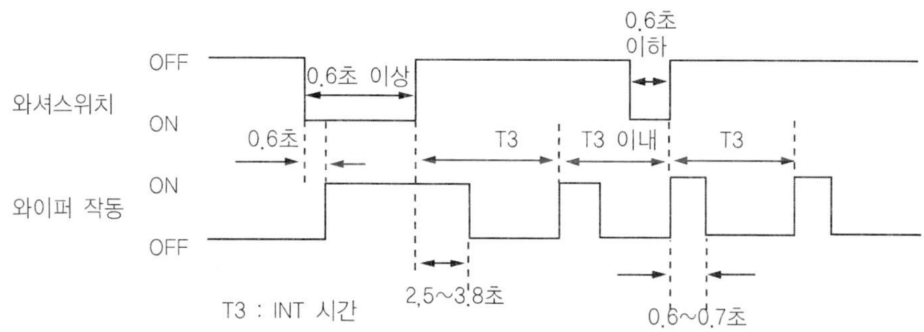


그림 23. 간헐와이퍼를 작동할 때 와셔 연동 와이퍼 작동

[3] 열선 타이머제어(외부 밀러 열선제어 포함)

① AC 발전기 "L" 단자 ON 후 열선스위치를 ON하면 열선이 약 15분간 작동된다.

② 열선스위치는 원터지 방식이기 때문에 열선 출력 중 다시 열선스위치를 ON시킬 경우 열선작동은 정지된다.

③ 열선 출력 중 점화스위치를 OFF할 경우에도 열선작동은 정지된다.

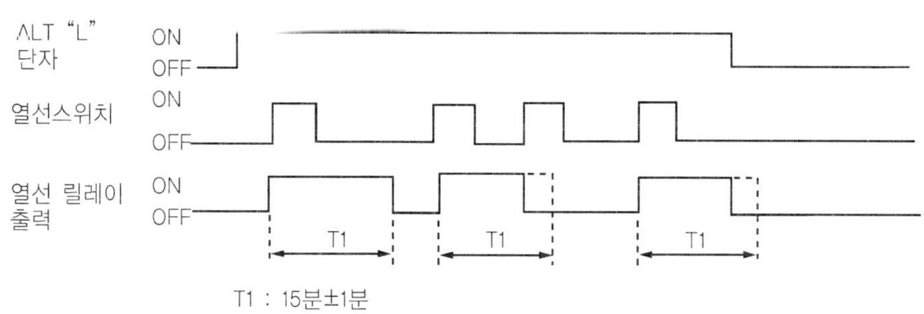


그림 24. 열선 타이머제어

[4] 안전벨트 경고제어(seat belt warning control)

① 점화스위치를 ON으로 하면 종합 경보장치는 안전벨트 경고램프를 0.6초 주기로 차임벨은 0.9초 주기로 듀티율이 50%로 6초간 경고등을 작동한다.

② 6초 이내에 점화스위치는 OFF했을 때 경고램프와 차임벨은 정지된다.

③ 6초 이내에 안전벨트 스위치가 OFF되면 즉, 안전벨트를 착용했을 때 차임벨은 즉시 멈추고 계기판의 안전벨트 경고램프는 잔여시간 동안 점등 후 소등된다.

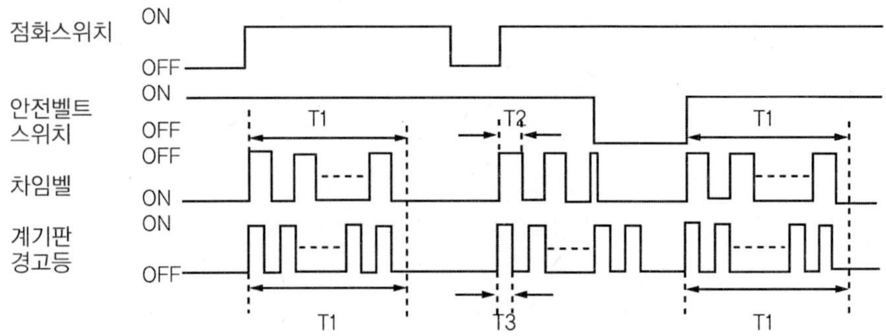


그림 25. 안전벨트 경고 제어

[5] 감광 실내등 제어

① 도어가 열리면 도어스위치가 ON되고, 실내등이 점등된다.

② 실내등 점등상태에서 도어가 닫히면 도어 스위치는 OFF되고, 즉시 75% 정도 서서히 감광하여 5~6초 후에 소등된다.

③ 감광 동작 중 점화스위치를 ON시키면 실내등은 즉시 꺼지게 된다.

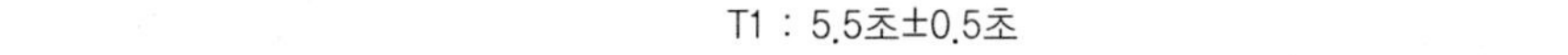


그림 26. 감광 실내등 제어

[6] 점화스위치 키 홀 조명

① 점화스위치를 OFF한 상태에서 운전석 도어를 열면 키 홀에 조명등이 작동된다.

② 키 홀 조명이 작동된 상태에서 운전석 도어를 닫으면 10초간 키 홀 조명 후 소등된다.

③ 상기 ①, ② 작동 중 점화스위치를 ON하면 즉시 키 홀 조명을 OFF시킨다.

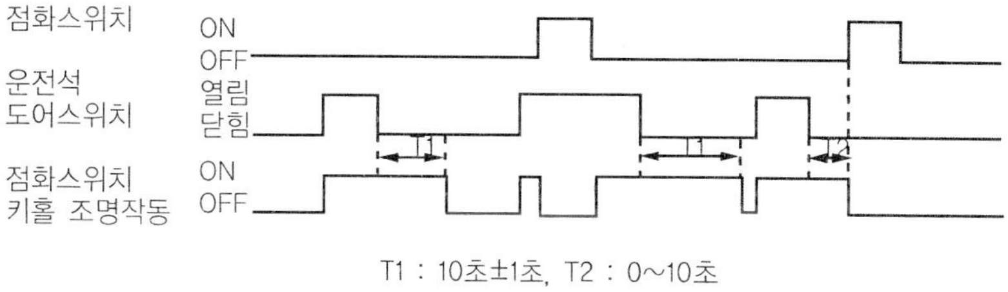


그림 27. 점화스위치 키 홀 조명 제어

[7] 파워 윈도우 제어

① 점화스위치를 ON하면 파워 윈도우 릴레이에 출력을 보낸다.

② 점화스위치를 OFF하면 파워 윈도우 릴레이 출력을 30초간 유지하여 점화스위치를 빼낸 후에도 파워 윈도우를 작동시킬 수 있다.

③ 상기 조건 내에서 운전석 도어 또는 조수석 도어를 열면 파워 윈도우 릴레이 출력을 30초간 연장한다.

④ 작동 중 운전석 도어 또는 조수석 도어를 닫을 경우 파워 윈도우 릴레이 출력을 즉시 정지시킨다.

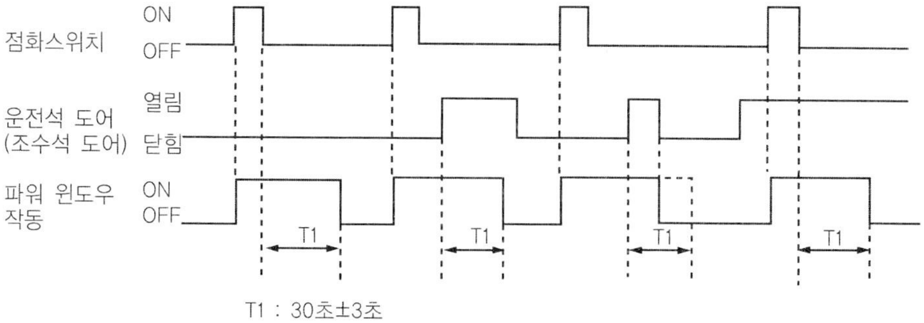


그림 28. 파워 윈도우 제어

[8] 주행속도 감응형 간헐 와이퍼 제어

차속센서 신호를 입력받아 주행속도의 변화에 따라 간헐 와이퍼의 간헐시간을 제어하여 주행 중 빗물의 제어를 정확히 제어한다. 그리고 주행 중 와이퍼 스위치를 간헐(INT) 상태에 두고 주행하면 주행속도에 따라 간헐시간을 연산하여 와이퍼 작동시간을 변화시킨다.

## [9] 도어 록 제어(door lock control)

### (1) 자동 도어 록 제어

① 점화스위치 ON에서 주행속도 40Km/h 이상의 상태를 2~3초 이상 계속 유지하고 전체 도어 중 하나라도 언록(unlock, 해제)상태일 경우 모든 도어를 록 시킨다.

② 40Km/h 이상으로 주행 중 언록(unlock) 조작을 하여도 자동적으로 도어를 록 시킨다.

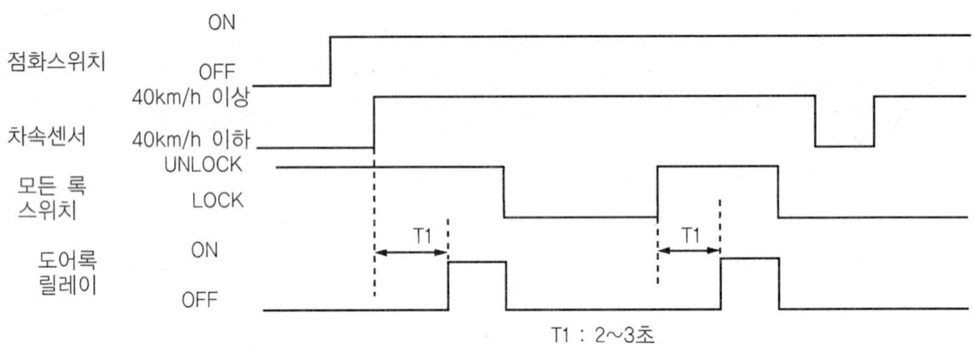


그림 29. 자동 도어 록 제어

### (2) 점화스위치 OFF후 해제(unlock) 제어

점화스위치를 OFF하면 모든 도어 중 하나라도 록 상태일 경우 전 도어를 해제(unlock)시킨다.

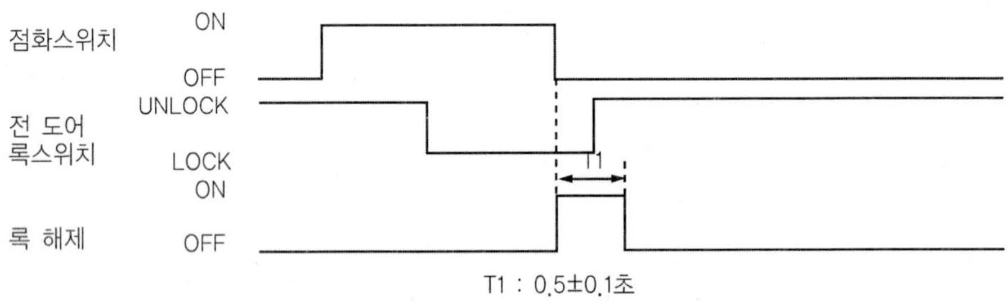


그림 30. 점화스위치 OFF 후 해제 제어

### (3) 자동 도어 록 해제기능

차량이 주행 중 도어 록상태에서 충돌이 발생할 경우 자동으로 UNLOCK(해제)시켜 신속하게 부상자를 구호할 수 있게 하는 기능이다.

① 차량에서 충돌이 발생하였을 때 에어백 ECU로부터 에어백 전개신호를 입력받아 즉시 해제(UNLOCK) 출력을 행한다.
② 오토 도어 UNLOCK 기능은 모든 도어 LOCK 조건에 우선하여 처리한다.

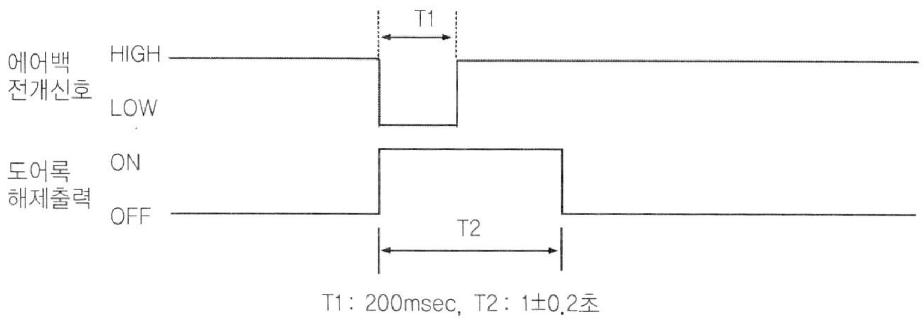


그림 31. 자동 도어 록 해제기능

## [10] 미등 자동소등(lamp auto cut)

운전자가 미등을 점등시킨 상태에서 점화스위치를 OFF한 후 차량을 이탈할 때 자동적으로 미등을 소등시켜 축전지가 방전되는 것을 방지해주는 기능이다.

① 미등스위치가 ON된 상태에서 점화스위치를 OFF하고, 운전석 도어를 열게되면 미등은 자동적으로 소등된다.
② 점화스위치가 ON된 상태에서 운전석 도어를 연후 점화스위치를 OFF시키면 미등은 자동적으로 소등된다.
③ 자동 소등 후 다시 미등스위치를 OFF 후 ON하면 미등은 점등이 되고 자동 소등 기능은 해제된다.

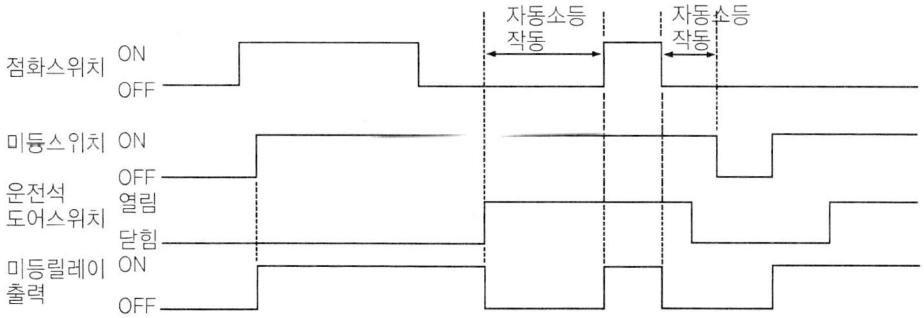


그림 32. 미등 자동소등 제어

[11] 점화스위치 회수기능(reminder control)

① 점화스위치를 실린더에 삽입한 상태에서 운전석 도어를 열고 LOCK할 경우 5초간 언록(UNLOCK) 출력을 만들어 도어 록이 불가능하게 하여 점화스위치를 꽂은 상태에서 도어 록을 작동시키는 것을 방지한다.

② 작동해제는 점화스위치를 빼거나 운전석 도어를 닫으면 출력은 정지한다.

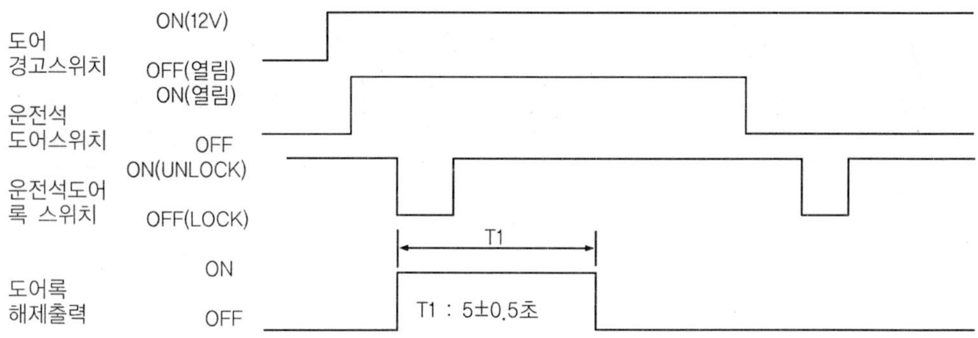


그림 33. 점화스위치 회수기능

[12] 도어 열림 경고제어

① 점화스위치를 실린더에 삽입한 채 운전석 도어를 열면 차임벨 출력이 0.9초 주기로 계속 출력을 발생한다.

② 점화스위치를 실린더로부터 빼내거나 운전석 도어를 닫으면 출력은 즉시 멈춘다.

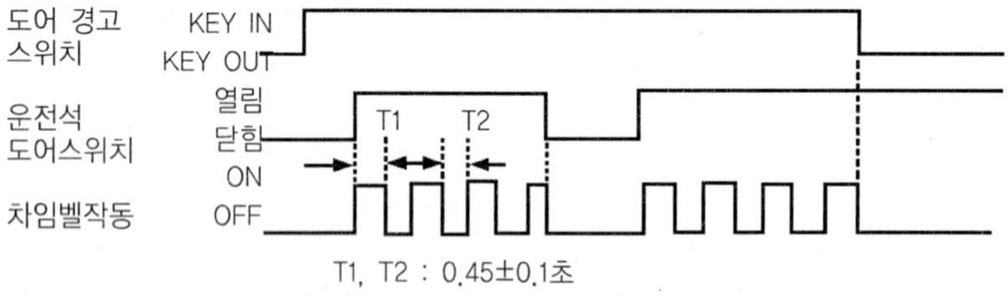


그림 34. 도어 열림 경고제어

## [13] 도난 경보장치 제어

### (1) 경계(ARM) 기능

① 점화스위치가 키 실린더로부터 분리되고 각종 출입구가 닫힘 상태에서 리모콘의 LOCK신호를 수신하면 도어 록 출력을 ON하고, 도어 록 확인 후 비상 경고등 2회 점멸 및 사이렌을 0.1초로 1회 출력하면서 경계상태로 된다.

② 도어 후드, 트렁크 중 어느 하나라도 열림 상태에서 리모콘의 록 신호를 수신한 경우 도어 록 출력만 ON하고, 비상 경고등 및 사이렌 출력은 발생하지 않는다.

③ 상기 ②항 후 열림 상태에 있는 것을 닫을 경우 비상 경고등을 2회 출력 및 사이렌 1회 출력한 후 경계상태로 된다.

④ 경계상태 진입은 리모콘의 록 신호를 수신한 경우에만 가능하고 도어 키에 의해 록 한 경우에는 경계상태로 되지 않는다.

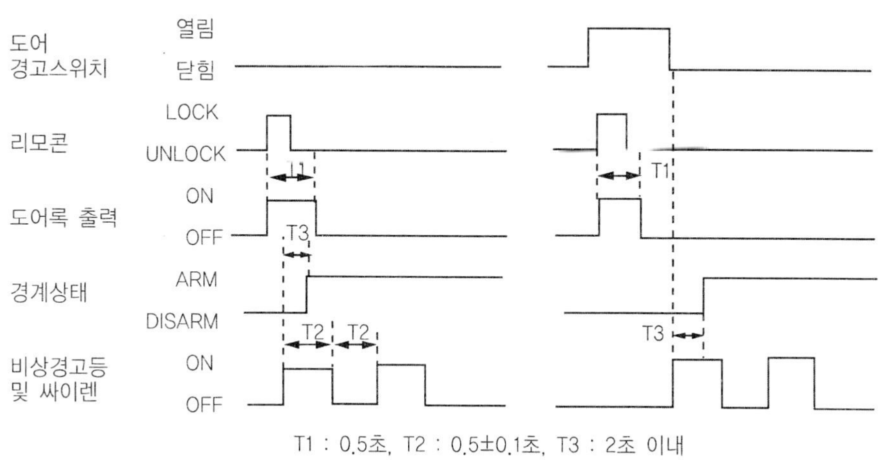


그림 35. 도난 경보장치 제어

### (2) 경계 해제(disarm)기능

리모콘의 언록 신호를 수신한 경우 도어 언록 출력을 ON하고, 비상 경ㄱ등을 1회 출력한 후 경계 해제상태가 된다.

### (3) 경보(alarm)기능

① 경계 모드에서 각종 출입구 중에 1개 이상이 열림이 발생할 경우 도난 경보 릴레이를 ON하여 점화스위치에 의한 시동을 금지하고, 비상 경고등 및 사이렌 출력을 27초 ON, 10초 OFF를 3회 작동한다.

② 경보 중에 출입구가 닫힘 상태가 되어도 잔여 시간동안 계속 경보하며 재 침입이 있는 경우에는 다시 3회 경보한다.

### (4) 경보조건

① 경보 중 새로운 경보조건이 발생한 경우 : 도난 경보 릴레이는 ON상태를 유지하면서 비상 경고등 및 사이렌 경보는 기존 잔여 시간만 출력한다.

② 경보 중 리모콘에 의한 언록할 경우 : 도어 언록 출력을 0.5초 ON하고 비상 경고등, 사이렌 및 도난 경보 릴레이 출력을 OFF하고 경계 해제상태로 된다.

③ 경보 중 침입 당한 출입구를 닫힘 상태에서 리모콘으로 록할 경우 경계상태 진입하는 조건과 동일하게 경계상태로 진입한다.

④ 경보 중 도어 열림 상태에서 리모콘으로 LOCK할 경우

㉮ 경보 중 침입 당한 도어가 열림 상태에서 리모콘의 록을 수신한 경우 록 출력을 0.5초 ON한 후 도어 록 상태를 확인하고 비상 경고등, 사이렌 및 도난 경보 릴레이 출력을 OFF한다.

㉯ 열려있는 도어를 닫을 경우 비상 경고등 2회, 사이렌 음을 1회 출력 후 경계상태로 된다.

⑤ 경보 중 점화스위치를 ON하면 30초 후에 경보를 해제한다.

⑥ 경보 3회 출력 후 각종 출입구가 닫힘 상태, 도어 록 상태에서 출입구가 다시 열릴 때에는 사이렌경보 3회 다시 출력하고 도난경보 릴레이는 ON상태를 유지한다.

⑦ 경보 3회 출력 후 각종 출입구가 닫힘 상태에 있고 도어 언록 상태에서 출입구가 열릴 때에는 비상 경고등, 사이렌 출력은 하지 않으나 도난 경보 릴레이는 ON 상태를 유지한다.

⑧ 축전지를 떼어낼 경우

㉮ 후드 열림 상태에서 축전지를 떼어낸 후, 다시 설치할 경우 도난 경보 릴레이는 ON되며 사이렌 경보 3회 출력한다.

㉯ 후드 닫힘 상태에서 축전지를 설치할 경우 도난 경보 릴레이는 ON상태를 유지하고 사이렌 경보 출력은 하지 않는다.

## [14] 키 리스 엔트리(keyless entry)기능

점화스위치를 사용하지 않고 리모콘으로 도어를 록/언록시키는 기능이다.

### (1) 작동조건

점화스위치가 키 실린더로부터 제거된 상태에서 리시버의 기억 위치스위치가 OFF의 위치에 있는 상태로서 송신기로부터 록/언록신호를 수신하여 도어록/언록출력을 한다.

### (2) 송신기로부터의 신호

송신기의 스위치를 누르면 송신신호(송신 FRAME)를 6회 송신한다.

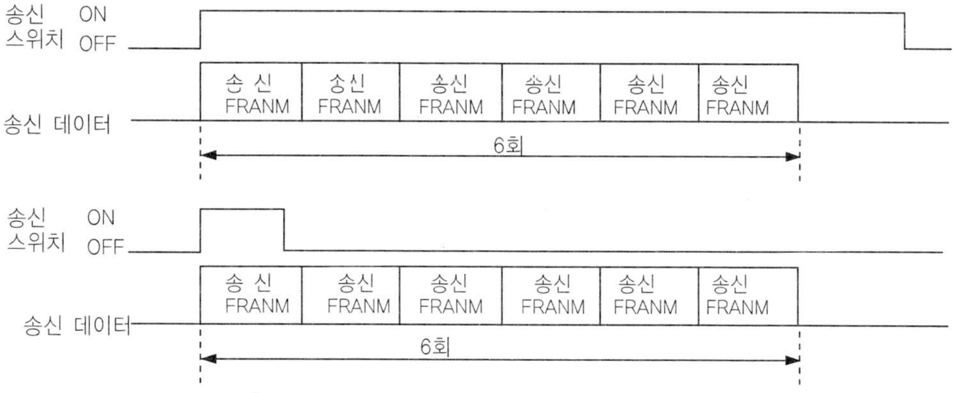


**그림 36. 키 리스 엔트리 송신기 신호**

### (3) 송신기(TX) 스위치별 신호

도어의 록/언록 스위치를 동시에 작동할 경우에는 록 스위치를 우선적으로 한다.

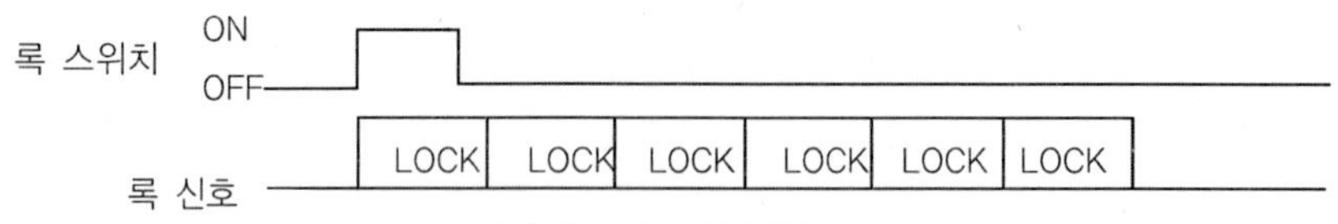

(a) 록 스위치조작

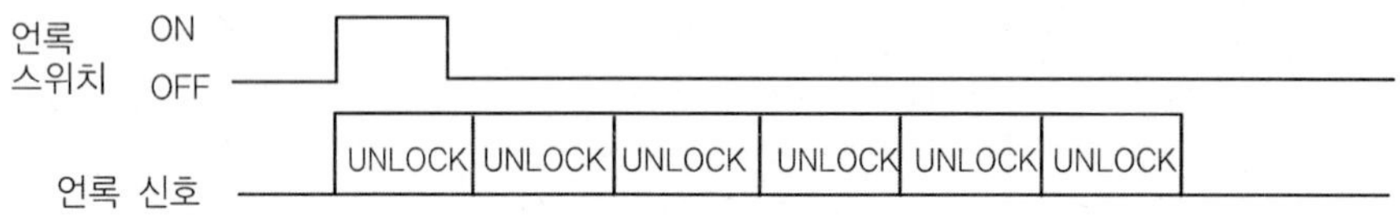

(b) 언록 스위치 조작

**그림 37. 키 리스 엔트리 송신기 스위치별 신호**

## 1.5. 내비게이션

내비게이션장치는 자립항법과 위성항법(GPS : global positioning system)을 병용한 방식으로 명령세트와 컴퓨터(RISC : reduced instruction set computer)를 사용하여 차량을 보다 효율적인 이동수단으로 진화시킴과 동시에 쾌적한 운전환경과 즐거움을 제공하여 운전 스트레스의 해소를 도모하고 있다.

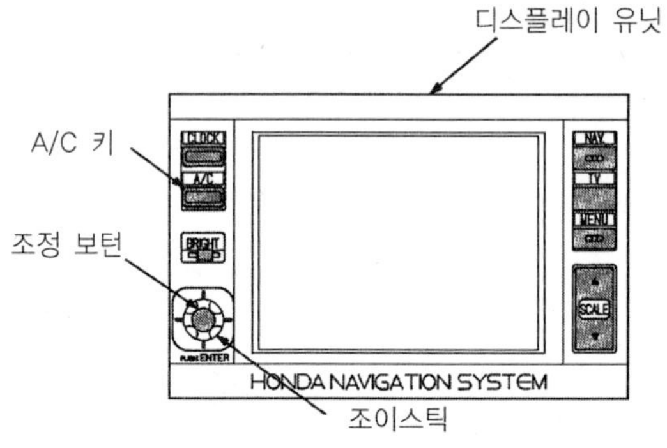


**그림 38. 디스플레이 유닛**

### 1.5.1. 내비게이션의 기능 및 특징

[1] 자기 차량위치 표시기능

① LCD(액정 디스플레이)로 화면을 표시한다.

② 진행방향을 실시간으로 직접 화면에 표시하여 전방의 도로형상 등을 인식하기 쉽도록 자동적으로 싱크 업 해준다.

③ 진행방향을 넓게 잡아 전방의 정보를 보다 많이 표시해 준다.

④ 매초 150dot 이상의 지도 고속 스크롤에 의해 스피디한 지도를 표시한다.

[2] 목적지까지 정확한 경로 유도기능

① 목적지를 설정하면 목적지까지의 추정 루트를 신속히 찾아내는 경로자동 설정기능과 전 행로를 최대 3가지로 나누어 화면에 표시하는 루트 확인기능이 있다.

② 추천루트 이외의 루트로 주행하였을 때 자동적으로 나머지의 루트를 다시 계산해 화면에 표시하는 오토 리루트 표시기능이 있다.

③ 좌우로 꺾인 도로나 고속도로의 진입을 사전에 안내하는 음성안내 기능이 있다.

④ 좌우로 꺾인 도로, 예정 교차점 및 분기점 등 도로현상을 확대 표시하는 교차점 확대 표시 기능이 있다.

[3] 정보검색기능

① 지명검색, 레저시설이나 교통시설 등의 시설검색 등 약 13만 건에 이르는 데이터베이스와 전국을 10단계의 축척으로 망라한 디지털 지도를 1매에 수록한 CD- ROM이 있다.

② 음악 겸용의 CD-ROM 체인저를 장착하여 CD-ROM에서도 정보의 검색이나 목적지가 설정되는 멀티 정보검색 기능이 있다.

## 1.5.2. 내비게이션의 구성

[1] 요레이트 센서

요레이트 센서는 차량의 방향변화를 검출하는 것으로, 소형·경량으로 생산성이 우수한 진동 자이로를 사용하며 NAV 유닛에 내장되어 있다.

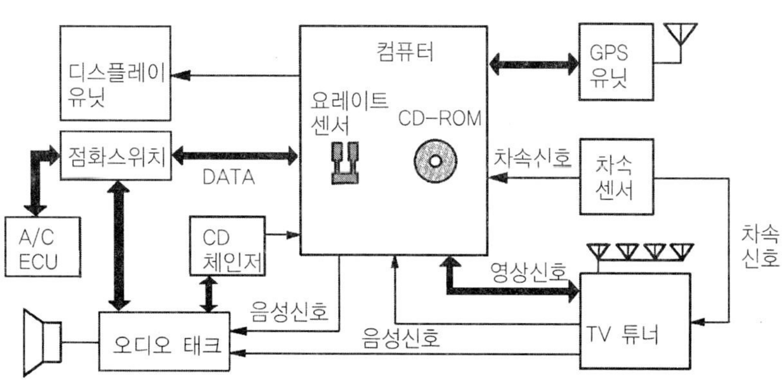


그림 39. 장치의 구성

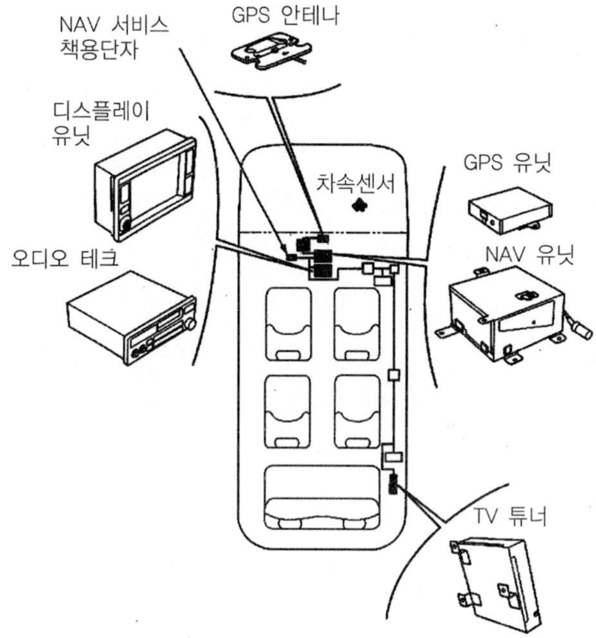


그림 40. 구성부품의 배치

## [2] 차속센서

트랜스액슬 내의 차동장치에서 출력한 회전속도를 자석과 홀 소자에 의해 전기펄스(1회전으로 4펄스)로 변환하여 NAV 유닛으로 보내어 주행속도 및 주행거리를 감지한다.

## [3] NAV 유닛

요레이트 센서와 차속 센서에서의 방향변화 및 주행속도 신호를 근거로 차량의 현재위치를 계산하고, 지도와 자기차량 위치 데이터를 처리하여 NAV 화면신호를 디스플레이 유닛으로 보낸다. 또 머프매틱 보정, GPS 보정, 지도 스크롤, 지도 축적 변환, 지도 이동, 지도 검색 메뉴내 기능, CD-ROM 구동 등의 제어를 실행한다.

## [4] GPS유닛

GPS유닛은 GPS 안테나에서의 신호를 받아 측위 위치를 계산한다. 측위위치나 수신상태 등의 정보는 GPS유닛에서 NAV 유닛에 송신되어 자기 차량위치의 보정에 사용된다.

| GPS마크 | 수신 위성수 | 상태 | 설 명 |
|---|---|---|---|
| 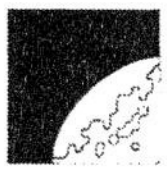 위성마크 무 | 2개 이하 | 측위 불량 | GPS 기능에 이상 없다. 수신 위성수가 적으므로 현재 위치를 구할 수 없다. |
|  위성마크 황 | 3개 | 2차원 측위 가능 | 현재 위치의 경도, 위도를 안다(3차원 측위보다 정도가 낮다). |
|  위성마크 선 | 4개 이상 | 3차원 측위 가능 | 현재 위치의 경도, 위도, 고도를 안다(2차원 측위보다 정도가 높다). |
| GPS마크 표시 않는다. | - | 고장상태 | GPS 유닛 고장. 하니스 단선 등에 의해 GPS를 이용 안 된다. |

## [5] GPS 안테나

GPS 안테나는 인공위성에서 전파를 수신하고 증폭하여 GPS 유닛으로 보낸다.

## [6] GPS의 정밀도

GPS는 수신되는 인공위성의 수나 제어상태에 의해 정밀도가 변화하는 수도 있다. 정밀도는 디스플레이 유닛의 화면의 좌상에 표시되는 GPS 마크에서 확인할 수 있다.

## [7] 오디오 데크

오디오 데크는 NAV 유닛에서의 음성유도 신호를 받아 라디오, TV 등의 음성을 출력 중에라도 프론트 스피커의 출력을 음성유도로 변환한다.

## [8] 디스플레이 유닛

디스플레이 유닛의 화면은 LCD로 22만 화소 TFT 스트라이프형을 사용한다. 또 액정 필름의 이면에 칼라필름과 형광등을 배치한 칼라 액정 디스플레이다. LCD 앞면의 터치 센서는 전회선 방식을 사용하고 있으며 세로 9본, 가로 9본의 적외선이 통하고, 81포인트의 센싱(스위칭)이 가능하다. 디스플레이 유닛은 통신회로를 지니고 있어 각 조작키 및 터치 스위치의 신호를 NAV 유닛으로 보낸다.

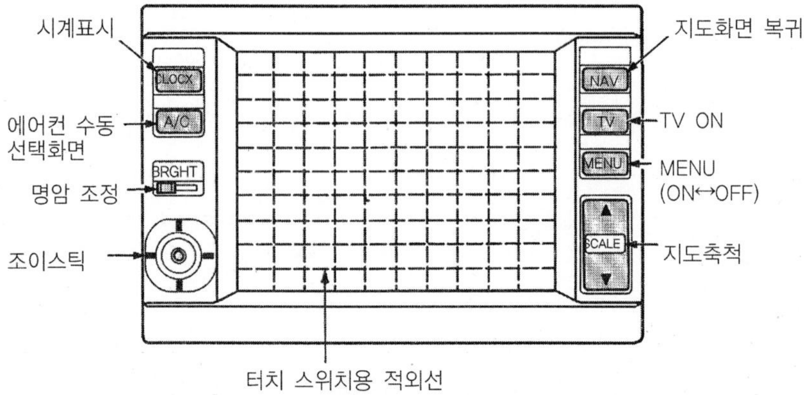


그림 41. 조작스위치

### [9] A/C스위치

A/C스위치를 누르면 수동선택(manual selects) 화면이 표시되고 취출구와 풍량의 조정 및 에어컨 압축기의 ON, OFF를 선택할 수가 있다.

### [10] TV 튜너

VHF 및 UHF 방송을 수신하고 영상신호는 디스플레이 유닛에 음성신호는 오디오 데크로 출력한다. 음성신호는 스테레오 방송을 수신할 수가 있다(모노와 스테레오 수신은 자동 변환으로 실행한다).

온 스크린화면(선국 화면)과 선국 프리 세트 데이터를 기억한다. 주행 중에는 TV 화면을 차단하기 때문에 주행속도 신호, 변속레버의 P 또는 N 위치신호 및 주차 브레이크 신호를 입력한다. 비디오 입력단자(영상입력 음성입력 R. L)가 설치되어 있다.

## 1.6. 후진 및 코너 경고장치

후진 및 코너 경고장치는 도로상의 장애물을 검출하고 경보를 울려 충돌을 방지하는 것이다. 이 장치의 센서는 소형, 낮은 소비전력의 레이더장치가 사용된다. 레이더 빔의 주사 각도와 커브의 반지름이 주어지면, ECU는 곧 레이더 빔을 반사하는 물체가 차량과 같은 차로 상에 있는지를 판단하도록 계산을 실행한다.

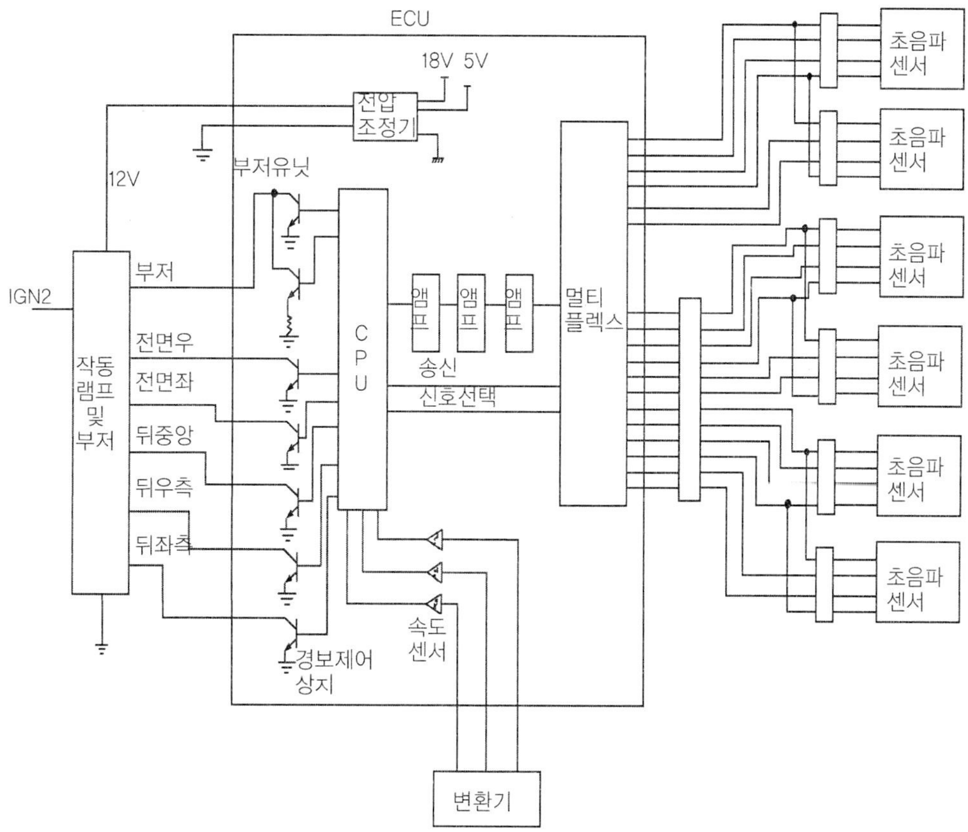


그림 42. 후진 및 코너 경고장치의 다이어그램

## 1.6.1. 후진 및 코너 경고장치의 구성

후진 및 코너 경고장치(back corner warning system)는 초음파의 특성(초당 340m/s의 전송속도로 이동)을 이용하여 주차할 때 또는 저속으로 주행할 때 운전자의 육안으로 감지할 수 없는 사각지대를 감지하여 물체의 근접 정도에 따라 경보(인디케이터, 부저)로 알려줌으로서 사전에 일어날 수 있는 사고를 미연에 방지한다.

이 장치의 구성은 초음파센서, ECU와 경보기 및 부저로 구성한다. 장치의 제어는 6개의 초음파센서가 입력되어 ECU에서 제어되어 작동램프와 부저를 작동시키는 구조로 되어있다.

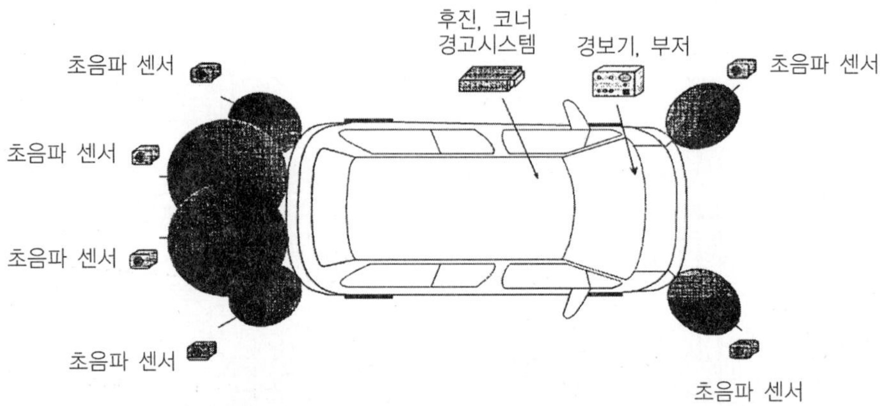


그림 43. 후진 및 코너 경고장치의 구조

### 1.6.2. 작동신호 및 경고방법

차량을 후진할 때에는 변속레버를 후진위치로 하였을 때, 전진할 경우에는 주차브레이크를 풀고 변속레버를 전진위치에 놓았을 때 작동한다.

#### [1] 코너 감지

약 30~50cm 이내에 장애물을 감지하며 표시등과 부저를 연동 작동시킨다.

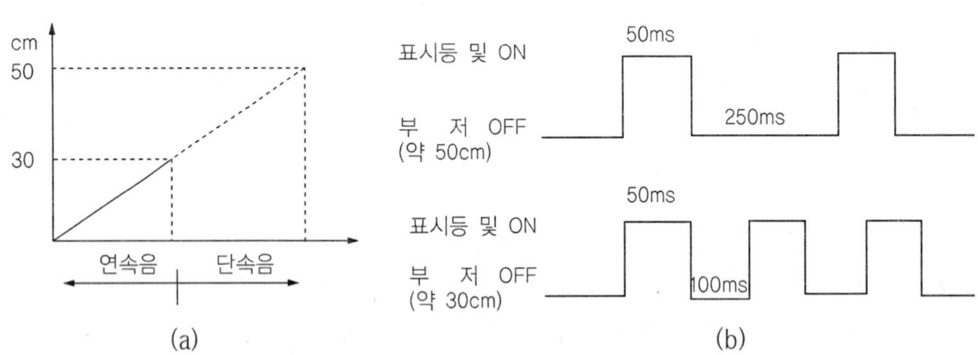


그림 44. 코너를 감지할 때 표시등과 부저작동

#### [2] 후진 감지

후진할 때 장애물이 150~100cm에 있으면 1차 경보를 나타내고 장애물이 100~ 50cm에 있으면 2차 경보를 장애물이 50~30cm에 있으면 코너 경보조건과 같은 경보음을 나타낸다.

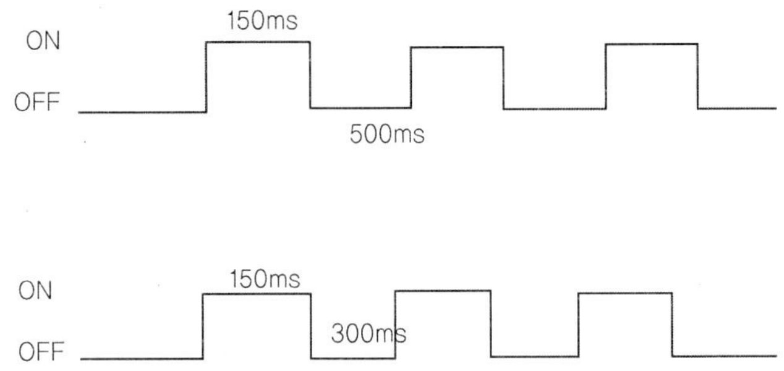


그림 45. 후진을 감지할 때 표시등과 부저작동

### 1.6.3. 후진 및 코너 경고장치의 작동

이 경고장치는 초음파의 전송속도와 초음파의 이동시간을 이용하여 차량후방 및 전방의 장애물을 감지하여 정해진 영역 이내에 물체가 있으면, 작동램프 및 부저음으로 운전자에게 경고를 하여주는 보조장치이다.

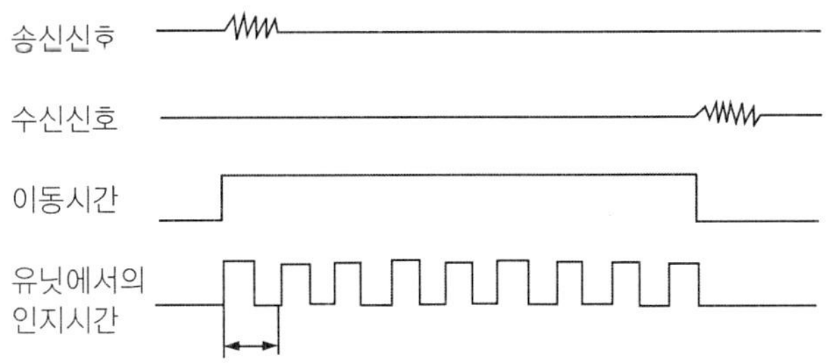


그림 46. 후진 및 코너 경고장치의 작동

## 1.6.4. 후진 및 코너 경고장치의 감지범위

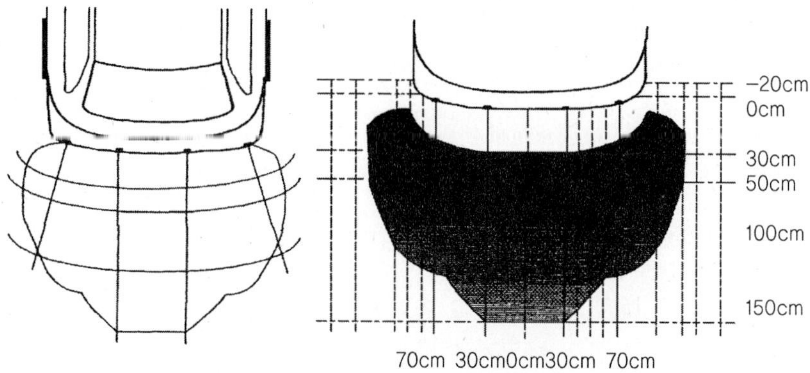


(a) 후진

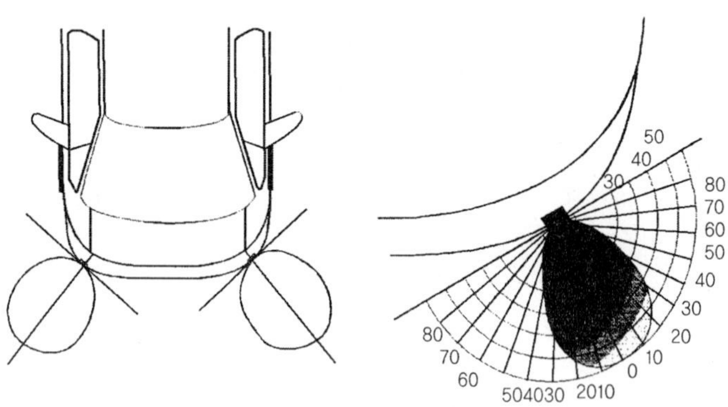


(b) 전면

**그림 47. 수평감시 범위**

## 1.6.5. 자동 주차시스템

① 주차 보조시스템 : 후방영상에 예상 경로를 표시하고, 장애물까지 거리를 소리로 경보한다.

② 주차 안내시스템 : 음성 또는 화면을 통하여 조향조작을 안내한다.

③ 반자동 주차 보조시스템 : 지정한 주차 장소에 주차하도록 조향제어 자동화한다.

④ 전자동 주차 보조시스템 : 지정한 주차 장소에 주차하도록 조향 · 제동제어 자동화하고 있다.

⑤ 안전 주차시스템 : 지정한 주차 장소에 전자동으로 주차하면서, 전후 좌우방향의 충돌사고 방지한다.

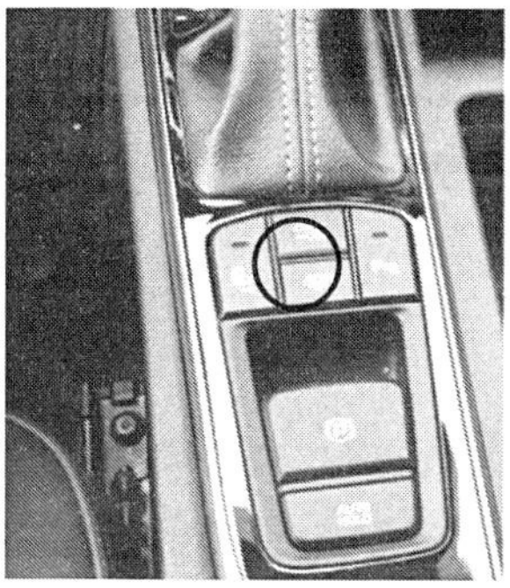

그림 48. 자동주차 버튼

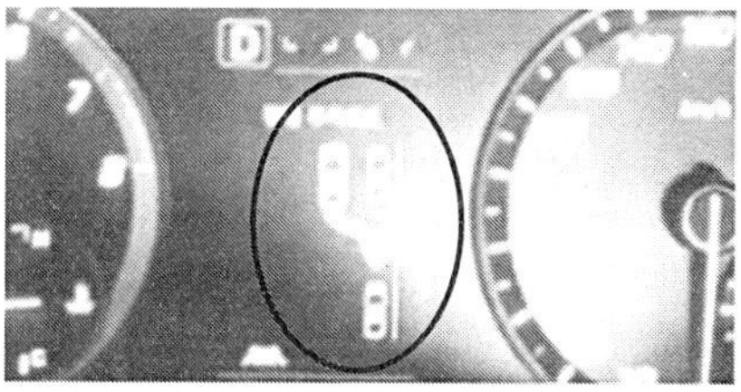

그림 49. 자동주차 계기판 화면

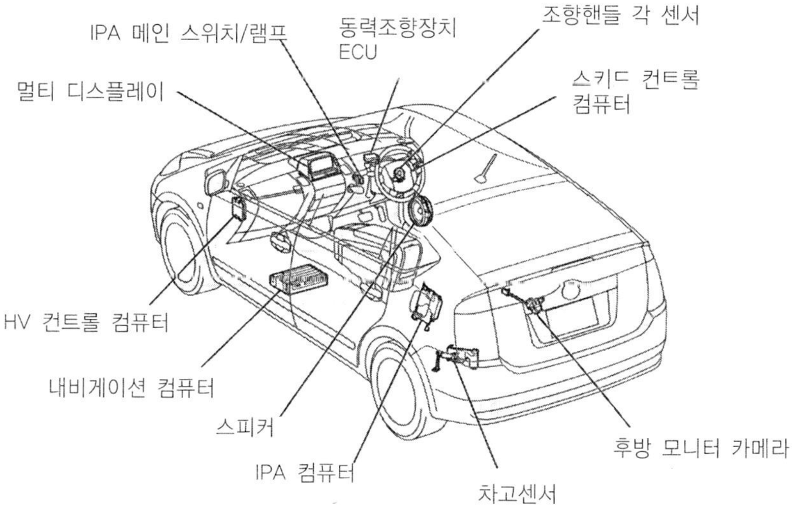


그림 50. 시스템 구성도

⑥ 주차보조 주차장 : GPS정보, 감시 영상 등을 제공하는 주차장 관리시스템과 통신으로 전달된 정보를 표시할 수 있는 차량이다.

⑦ 자동 주차장 : 자동으로 차량을 주차시켜주는 주차장 관리시스템과 통신으로 전달된 조향·제동명령을 수행할 수 있는 차량이다.

⑧ HDRC(High dynamic range cmos) : 다양한 빛 조건(주간, 야간, 실내 주차장등)시 시야를 확보한다.

⑨ 거리감지 센서 : 초음파 센서, SRR(short range radar) 등의 거리 감지 센서를 이용한 주차장 장애물 거리 감지를 통한 주차 신뢰성 확보 및 주차 중 충돌 위험방지한다.

⑩ 고속 영상처리/제어 ECU : 주차시의 복잡한 주위환경을 카메라 및 거리감지 센서로 인식하고, 인식 정보를 이용한 주차제어를 H/W 고속화를 통해 단일 ECU로 통합한다.

⑪ 능동적 조향시스템 : 능동적 조향장치의 제어를 통한 주차 경로 추적 수행한다.

⑫ 능동적 제동시스템 : 능동적 제동장치의 제어를 통한 전자동 주차기능으로 확대하고 있다.

## 1.7. 레인센서 와이퍼 제어장치

종합제어장치가 와이퍼 모터를 제어하는 방식에서는 와이퍼 모터 구동시간을 다기능 스위치의 간헐(INT) 위치에 놓으면 간헐 볼륨 저항 입력신호에 따라 종합제어장치 와이퍼 구동시간을 제어하였다. 그러나 강우량에 따라 운전자가 구동시간을 조절해 주어야 하는 번거로움이 있었다.

레인센서 와이퍼 제어장치(rain sensor wiper control system)는 와이퍼 모터 구동제어를 종합제어장치 대신 앞창 유리의 상단 안쪽부분에 설치된 레인센서 및 유닛에서 강우량을 감지하여 운전자가 스위치를 조작하지 않고도 와이퍼 작동시간 및 저속·고속으로 자동으로 와이퍼를 제어하는 장치이다.

### 1.7.1. 레인센서 와이퍼 제어장치의 구성

레인센서 와이퍼 제어장치는 레인센서 및 유닛과 와이퍼 모터 다기능 스위치로 구성된다.

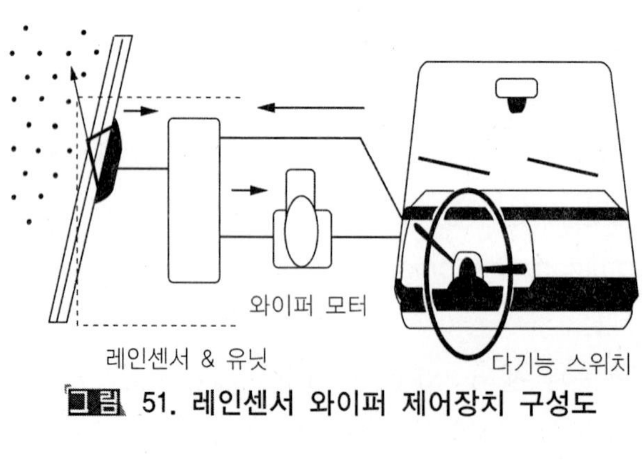


그림 51. 레인센서 와이퍼 제어장치 구성도

### 1.7.2. 레인센서의 작동원리

레인센서는 발광 다이오드(LED)와 포토 다이오드가 비(雨)의 양을 감지하며 발광 다이오드로부터 적외선이 방출되면 유리 표면에 빗물에 의해 반사되어 돌아오는 적외선을 포토 다이오드가 이를 검출하여 비의 양을 감지한다. 레인센서는 유리 투과율을 스스로 보정하는 서보회로를 지니고 있으며, 앞 창유리의 투과율에 상관없이 일정하게 빗물을 감지를 하는 기능을 지니고 있다. 앞 창유리의 투과율은 발광 다이오드와 포토 다이오드와의 중앙점 바로 위에 있는 유리 영역에서 결정된다.

### 1.7.3. 레인센서 와이퍼 제어장치의 작동모드

레인센서 와이퍼 제어장치는 기존의 와이퍼 기능 즉, OFF, MIST, LOW, HIGH, 와셔(washer) 기능에 자동 모드(기존의 INT위치)가 있어 이 자동위치에 놓으면 레인센서에서 유리에 떨어지는 비의 양을 감지하여 와이퍼 작동시간 및 와이퍼 작동속도를 LOW 또는 HIGH로 자동 제어한다.

➡표 3. 장치 작동모드

| 와이퍼 스위치의 위치 | 레인센서 동작모드 | 장치 동작모드 |
|---|---|---|
| MIST | MIST | 스위치가 MIST 위치에 있는 한 와이퍼 모터는 저속으로 구동 와이퍼 블레이드는 회전 후 정위치(Park)로 복귀 |
| OFF | OFF | 와이퍼가 정위치에 있지 않을 때에는 와이퍼가 정위치로 갈 때까지는 와이퍼 모터는 저속회전 |
| AUTO | AUTO | AUTO(운전자 성향에 따라 조절가능)<br>AUTO 모드는 1~16단계로 감지조절가능<br>자동지연(delay)/자동속도제어<br>유리창에 쌓이는 빗물의 감지는 와이퍼 스위치로써 감지 조절된다. |
| LOW | MANUAL | 와이퍼 모터가 45회/분의 저속으로 연속적으로 동작 |
| HI | MANUAL | 와이퍼 모터가 70회/분의 고속으로 연속적으로 동작 |
| WASH-DEMAND | WASH | 버튼이 눌려 있는 동안 워셔액이 나오고 미리 지정된 회수만큼 와이퍼가 회전 와이퍼는 워셔 모드 선택전에 동작모드로 돌아온다. |
| WASH-PROGRAMMED | WASH | 미리 지정된 시간동안 워셔액이 나오고, 지정된 회수만큼 와이퍼가 회전. 와이퍼는 워셔 모드 선택 전에 동 모드로 돌아온다. |

[1] OFF모드

레인센서 & 유닛은 OFF모드 동안에 앞창 유리의 상태를 감시해서 와이퍼 스위치가 어느 단계의 감지로 설정되어야 할지를 알 수 있도록 한다. 이로써 OFF모드로 전환할 때 센서의 성능이 최적화 된다.

[2] AUTO모드

OFF에서 AUTO모드로 전환하면 즉각 와이퍼를 1회 작동하여 운전자에게 와이퍼 장치가 시작되었음을 알리고 와이퍼가 시작 1회 작동하고 나면 휴지시간이 유리에 떨어지는 비의 양에 적합한지가 결정될 때까지 와이퍼는 정위치에서 머문다. 단, 이 동작은 운전자가 설정한 볼륨에 따라 달라진다.

[3] 와셔모드

레인센서 & 유닛은 와셔스위치 신호를 입력받아 스위치를 작동할 때 와이퍼 모터를 저속으로 구동하여 유리를 세척한다(와이퍼 연동 와이퍼 제어).

[4] LOW/HIGH

운전자의 스위치 조작에 따라 와이퍼 모터를 저속, 고속으로 작동시킨다. 이때의 와이퍼작동은 레인센서 & 유닛에서 제어하는 것이 아니라 다기능 스위치에서 직접 접지에 의해 작동된다.

### 1.7.4. 레인센서 및 유닛 동작특성

[1] 전원 안정시간

전원이 공급되고 250msec 이내에 레인센서는 유효출력이 나올 때까지 OFF신호를 출력한다. 유효출력은 전원공급 후 2초 후에 가능해진다.

[2] 와이퍼의 속도와 회전빈도(frequency) 제어

레인센서의 주된 기능은 와이퍼 속도와 와이퍼 구동간 지연시간을 조절하고 운전자가 선택한 강우량(즉, 빗물이 유리창을 덮는 정도)을 유지하는 것이다. 설정된 감지와 빗물의 측정량에 따라 레인센서 알고리즘은 동작모드, 즉, automatic delay, automatic low speed, automatic high speed를 결정한다.

일단 감지가 설정되면 운전자가 스위치 조작을 하지 않고도 지속적인 와이퍼 동작이 이루어진다.

[3] 모드간 전환

레인센서 & 유닛은 AUTO DELAY, AUTO LOW, AUTO HIGH사이의 전환을 원활히 수행한다. 따라서 와이퍼 동작의 시작과 정지가 덜컹거리지 않는다. 속도의 전환은 와이퍼가 "내측 영역" 위치를 통과할 때에만 일어난다.

[4] 조절기능 감지성능

레인센서 감지가 와이퍼 스위치에 의해 설정될 수 있다. 감지는 구현된 장치에 따라 1단계에서 16단계까지 설정 가능하다. 센서 감지를 1단계 이상으로 설정할 수 있는 장치에서 각 단계는 충분히 구별되어서 빗물의 축적에 대한 모든 운전자들의 취향을 만족시킬 수 있다. 조절범위는 짧은 지연시간(1~5초)에서 긴 지연(20초 이상)까지 넓은 범위로 조절될 수 있어야 약하게 내리는 비에도 대응할 수 있다. 그러나 비가 많이 올 때에는 센서 감지설정에 상관없이 고속으로 연속동작 된다.

[5] Auto Low의 응답특성

강우량이 0에서 Auto Low모드로 와이퍼를 작동시켜야 할 정도로 바뀔 때 레인센서 & 유닛이 Low 요구신호를 출력하는 시간은 1초 이하의 휴지기간을 포함하여 8초를 넘지 않는다.

[6] Auto High의 응답특성

강우량이 0에서 Auto High모드로 와이퍼를 작동시켜야 할 정도로 바뀔 때 레인센서가 High Speed 요구신호를 출력하는 시간은 9초를 넘지 않는다.

[7] Auto Low에서 Auto High로의 응답특성

강우량이 Auto Low모드로 와이퍼를 작동시켜야 할 정도에서 Auto High 모드로 와이퍼를 작동시켜야 할 정도로 바뀔 때 레인센서가 High Speed 요구 신호를 출력하는 시간은 6초를 넘지 않는다.

[8] Auto High에서 OFF로의 응답특성

강우량이 Auto High모드로 와이퍼를 작동시켜 할 정도에서 0으로 바뀔 때에는 장치가 고속일 때와 저속일 때의 와이퍼 횟수를 카운트하여 총 와이퍼 회수가 12회를 넘지 않는다.

[9] 와이퍼의 즉각 구동(Instant wiper)

와이퍼장치가 와이퍼스위치에 의해 작동될 때, 이 장치는 와이퍼 블레이드로 하여금 내측 영역/정위치에 돌아가기 전에 유리창을 한 번 닦도록 한다. 이렇게 한 번 와이퍼를 구동하는 것은 더 높은 단계의 감지를 설정하기 위하여 와이퍼위치를 조작할 때마다 일어난다.

그러나 이는 와이퍼 스위치가 더 낮은 감지위치로 바뀔 때에는 일어나지 않는다. 점화스위치가 OFF이고, 와이퍼 스위치가 임의의 감지 설정 값으로 되어 있는 상태에서 점화스위치가 ON되면 와이퍼의 즉각 구동이 한 번 일어나 운전자에게 와이퍼장치가 시작되었음을 알린다. 비의 양이 부족하여 자동모드로 와이퍼를 동작시킬 수 없을 때에는 레인센서는 auto delay mode에 길게 머문다.

# 2. 자동차 전기회로 작동 및 분석

## 2.1. 파워 윈도우회로

### 2.1.1. 파워 윈도우회로의 작동

[1] 평상시

평상시 파워 윈도우회로의 경우는 점화스위치 “ON” 과 관계없이 작동할 수 있도록 상시 전원을 파워 윈도우 릴레이로 작동 전원을 공급하지만 파워 윈도우의 일반적인 작동은 점화스위치 “ON” 상태에서 작동하여야 하므로 파워 윈도우 릴레이의 작동은 에탁스에 의해 작동하도록 되어있다.

접지의 경우 파워 윈도우 메인스위치 내부회로와 각 도어의 윈도우 스위치 내부회로를 거쳐 전 파워 윈도우 모터의 양단에 접지를 공급하여 작동대기하고 있다.

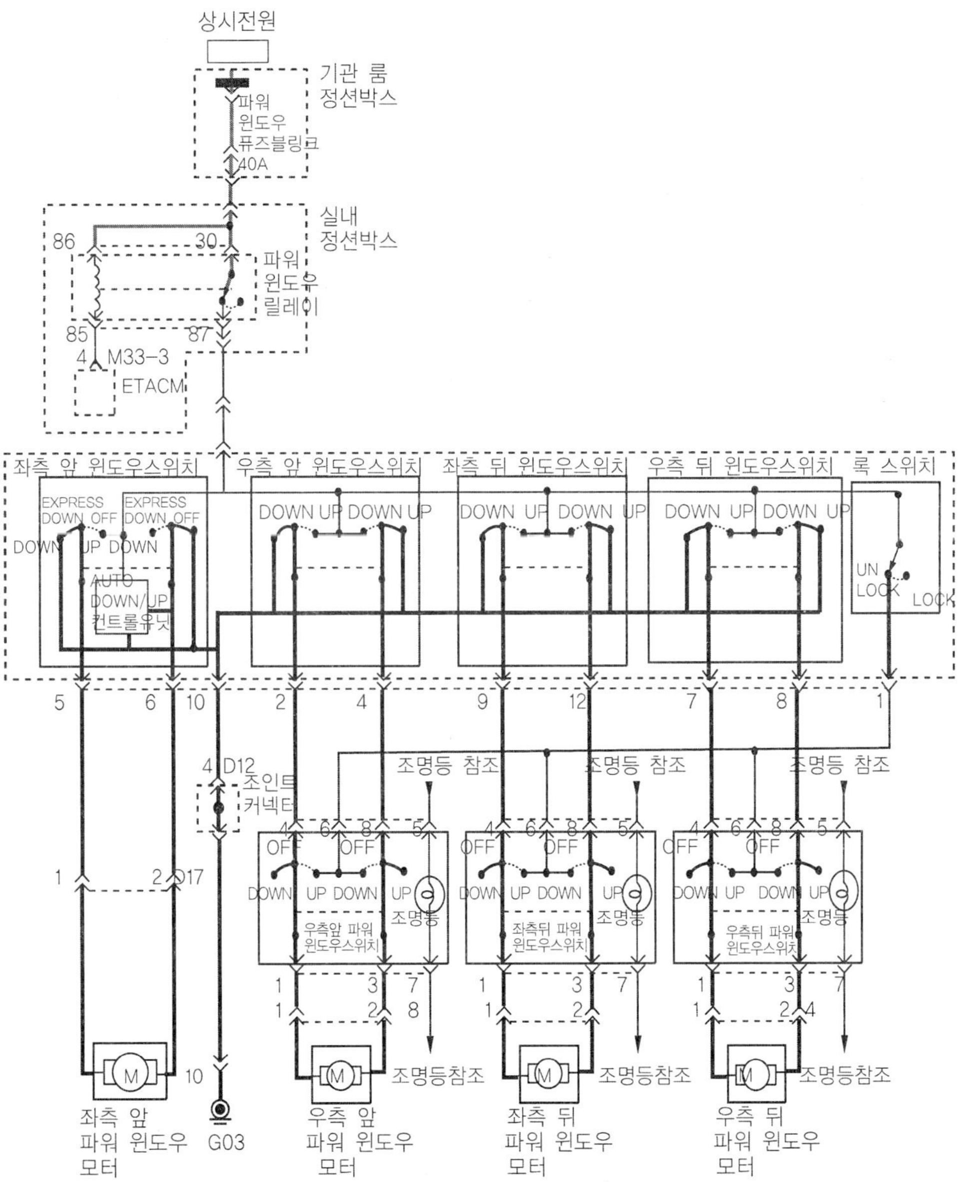


그림 52. 파워 윈도우 릴레이 작동

## [2] 점화스위치 ON일 때 에탁스에 의한 파워 윈도우 릴레이 작동

점화스위치 ON일 때 에탁스에 의한 파워 윈도우 릴레이 작동은 기존의 파워 윈도우 회로에서 파워 윈도우 릴레이는 점화스위치 "ON" 일 때 파워 윈도우 릴레이가 작동하도록 되어 있었으나 파워 윈도우 타이머 기능이 추가됨으로 인해 파워 윈도우 릴레이의 작동이 에탁스에 의해 작동하도록 되어 있다.

파워 윈도우 회로의 작동은 점화스위치 “ON” 일 때 상시전원을 파워 윈도우 릴레이로 작동 전원이 공급되고 있는 상태에서 에탁스에 의해 작동 접지가 공급되고 릴레이가 작동하게 되어 파워 윈도우 메인 스위치의 각 도어 스위치로 전원을 공급하게 된다. 또 록 스위치의 상태에 따라 다른 도어에 설치되어 있는 파워 윈도우 스위치로 전원을 공급하도록 되어 있다.

### [3] 파워 윈도우 메인스위치를 작동할 때(그림 53(a))

파워 윈도우 메인스위치에서 작동할 경우 파워 윈도우스위치를 작동하는 동안에 계속 눌러 운전자가 선택하는 위치까지 파워 윈도우를 이동시키는 기능을 사용한다.

파워 윈도우 메인스위치에서 작동은 평상시에 파워 윈도우 릴레이에서 공급받은 전원이 각 스위치의 접점 ❶에 전원을 공급하고 또 다른 한쪽 스위치접점 ❷에 접지를 공급한다. 이때 메인스위치를 운전자에 의해 UP 또는 DOWN으로 스위치를 작동하게 되면 UP 또는 DOWN스위치의 접점이 ❸과 연결을 하게 되어 해당 모터로 전원이 ❹에 공급하며 해당 모터는 파워 윈도우 스위치에 의해 양단에 접지가 공급되어 있는 상태에서 한쪽으로 전원이 공급되는 형태이므로 이에 해당하는 방향으로 모터가 회전하여 파워 윈도우를 작동시킨다.

또 다른 방향의 파워 윈도우의 작동도 이와 같이 작동하게 된다. 즉 파워 윈도우의 UP 또는 DOWN의 작동은 파워 윈도우 스위치에 의해 작동 모터의 극성을 바꾸어 UP 또는 DOWN의 작동을 할 수 있도록 되어 있다.

### [4] 파워 윈도우 각 도어 스위치에서 작동할 때(그림 53(b))

파워 윈도우 각 도어 스위치에서 작동할 때에도 같은 원리로 탑승자에 의해 각 도어의 파워 윈도우 스위치를 UP 또는 DOWN으로 스위치를 작동하게 되면 UP 또는 DOWN스위치의 접점이 전원이 와있던 접점 ❺와 연결을 하게 되어 해당 모터로 전원 ❻으로 공급하게 되고 해당 모터는 파워 윈도우 스위치에 의해 양단에 접지가 공급되어 있는 상태에서 한쪽으로 전원이 공급되는 형태이므로 이에 해당하는 방향으로 모터가 회전하게 되어 파워 윈도우를 작동시킨다. 단, 각 도어의 파워 윈도우 스위치의 경우 파워 윈도우 메인스위치의 록(LOCK)스위치에 의해 전원을 공급받으므로 록 스위치에서 전원을 공급하지 않으면 운전석을 뺀 다른 도어의 파워 윈도우 스위치는 작동하지 않는다. 이것은 다른 탑승자에 의해 위험의 요소가 있을 때 작동하기 위함이다.

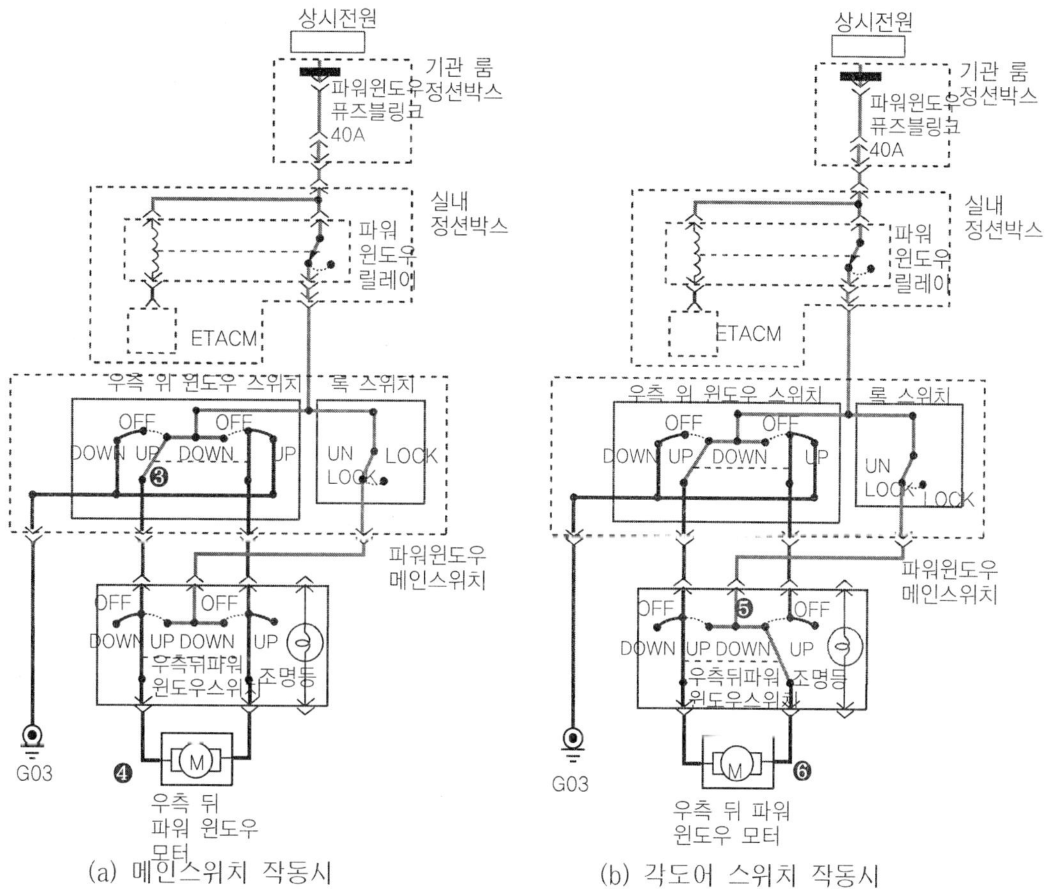


그림 53. 파워 윈도우 작동

### [5] 파워 윈도우 자동스위치를 작동할 때

파워 윈도우 자동 작동의 경우 파워 윈도우 스위치를 작동하는 동안에 계속 눌러야 하는 불편을 덜어 주기 위해 사용되는 스위치이며 차종에 따라 그 기능이 조금씩 다를 수 있으며 여기서는 가장 일반적으로 사용되는 운전석 자동 하강(auto down)기능이며 윈도우가 자동으로 올라가는 경우도 있기는 하지만 사고의 위험성 때문에 사용을 하지 않고 있으며 장애물이 걸릴 경우 자동으로 다운하는 기능이 있는 세이프티 파워 윈도우의 경우에만 자동 상승(auto up)기능을 사용한다.

운전석 자동하강의 작동은 평상시에 파워 윈도우 릴레이에서 공급받은 전원이 스위치 접점에 오고 또 AUTO DOWN/UP제어 유닛으로 전원 ❶이 공급되고 또 다른 한쪽 스위치 접점에 접지와 AUTO DOWN/UP제어 유닛으로 접지 ❷를 공급하게 된다.

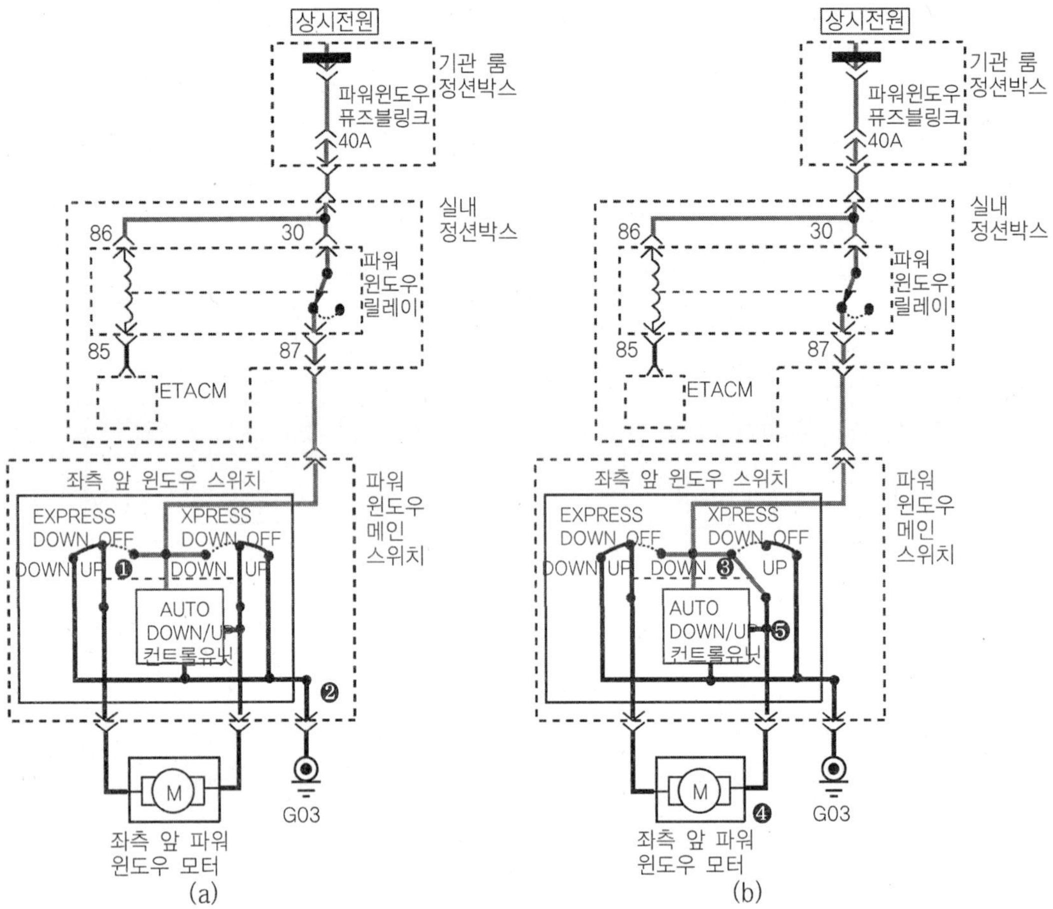


**그림 54. 파워 윈도우 자동스위치 작동**

이때 스위치를 운전자에 의해 DOWN으로 스위치를 작동하게 되면 DOWN스위치의 접점 이 전원이 와있던 접점 ❸과 연결을 하게 되어 해당 모터로 전원 ❹를 공급하게 되고 해당 모터는 파워 윈도우 스위치에 의해 양단에 접지가 공급되어 있는 상태에서 한쪽으로 전원이 공급되는 형태이므로 이에 해당하는 방향으로 모터가 회전하게 되어 파워 윈도우를 작동시킨다.

이때 스위치 작동에 의해 작동전원을 공급하면서 AUTO DOWN/UP제어 유닛의 작동 여부를 알려주는 단자 ❺로 전원이 공급하게 되어 AUTO DOWN/UP제어 유닛은 AUTO DOWN 제어를 실행하도록 할 수 있도록 한다. 이때 DOWN으로 누르고 있던 스위치를 놓게 되면 전원을 공급하던 스위치 접점이 떨어지게 되어 모터로 공급하던 전원이 차단되지만 AUTO DOWN/UP제어 유닛에서 작동 전원을 계속 공급하여 모터가 계속 작동할 수 있도록 한다.

그러나 모터가 계속회전을 하게 되면 윈도우는 최대로 다 내려오게 될 것이다. 그런데도 모터의 회전을 계속하게 된다면 모터의 손상 및 관련 배선이 손상되는 현상이 발생될 수 있다.

이런 손상을 방지하기 위해 일반적으로 AUTO DOWN/UP 제어 유닛에서는 윈도우는 최대 회전하였을 경우 전류의 상승을 이용하여 기존의 작동에 소모되던 전류보다 상승할 경우 최대로 작동하였다고 판단하여 AUTO DOWN 제어를 멈추게 된다.

### [6] 록 스위치가 작동할 때

록 스위치의 작동은 운전석을 뺀 다른 도어의 파워 윈도우 스위치에서 윈도우 작동이 되지 않도록 하기 위해 있는 스위치이다. 이것은 운전 중 파워 윈도우 스위치 작동으로 인해 발생되는 위험성(어린이의 장난 등)을 방지하기 위해서 사용된다.

일반적으로 운전석을 뺀 다른 도어의 파워 윈도우 스위치에서 윈도우 작동은 파워 윈도우 메인스위치에 록 스위치 ❶에 의해 각 도어의 파워 윈도우 스위치로 작동전원 ❷를 공급하도록 되어있다. 이 상태에서 록 스위치 ❸을 작동하여 각 도어의 파워 윈도우 스위치로 공급되는 ❷의 작동전원을 차단함으로서 운전석을 뺀 다른 도어의 파워 위도우 스위치에서 윈도우 작동이 되지 않도록 한다.

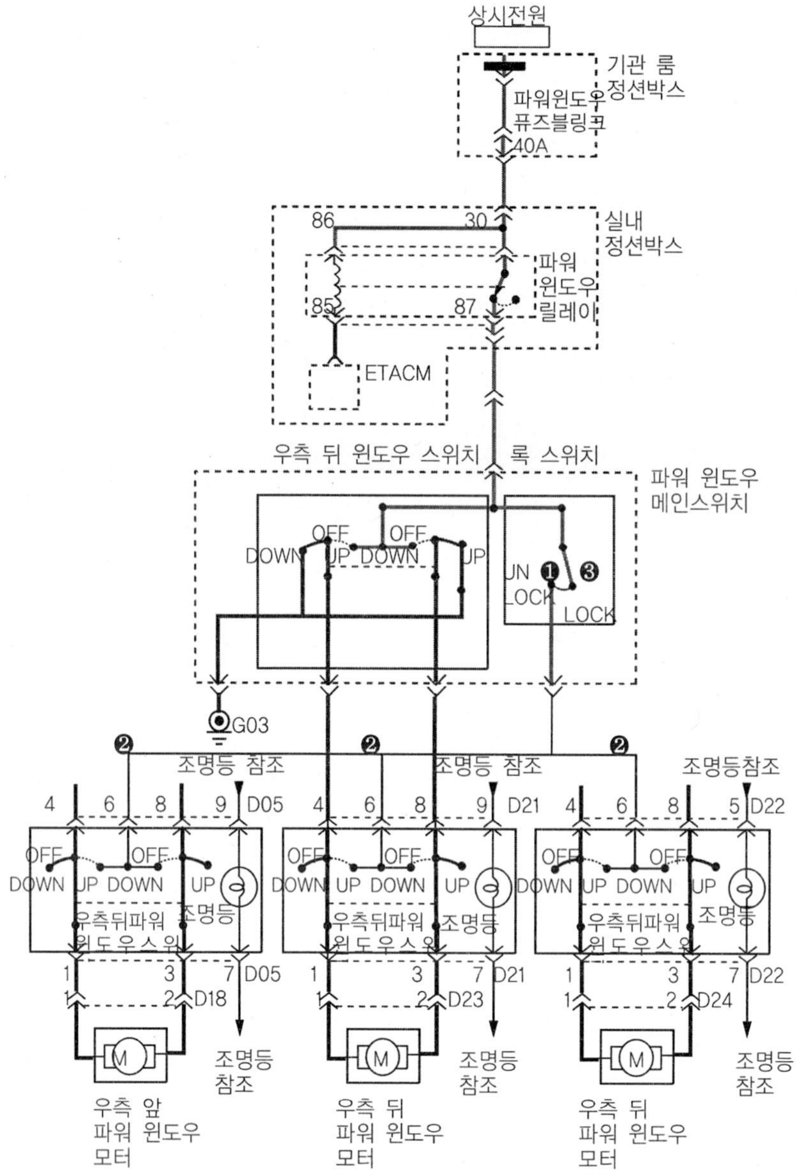


그림 55. 록 스위치 작동

## 2.2. 도어 록, 언록 회로

### 2.2.1. 도어 록, 언록 회로의 구성 및 작동

도어를 잠그는 장치로서 도어 록 스위치에 의해 전체의 도어를 록, 언록을 할 수 있으며 운전석 또는 조수석 로브를 이용하여 전체의 도어를 록, 언록 할 수 있고 또 리모컨에 의해 전체의 도어를 록, 언록 할 수 있다.

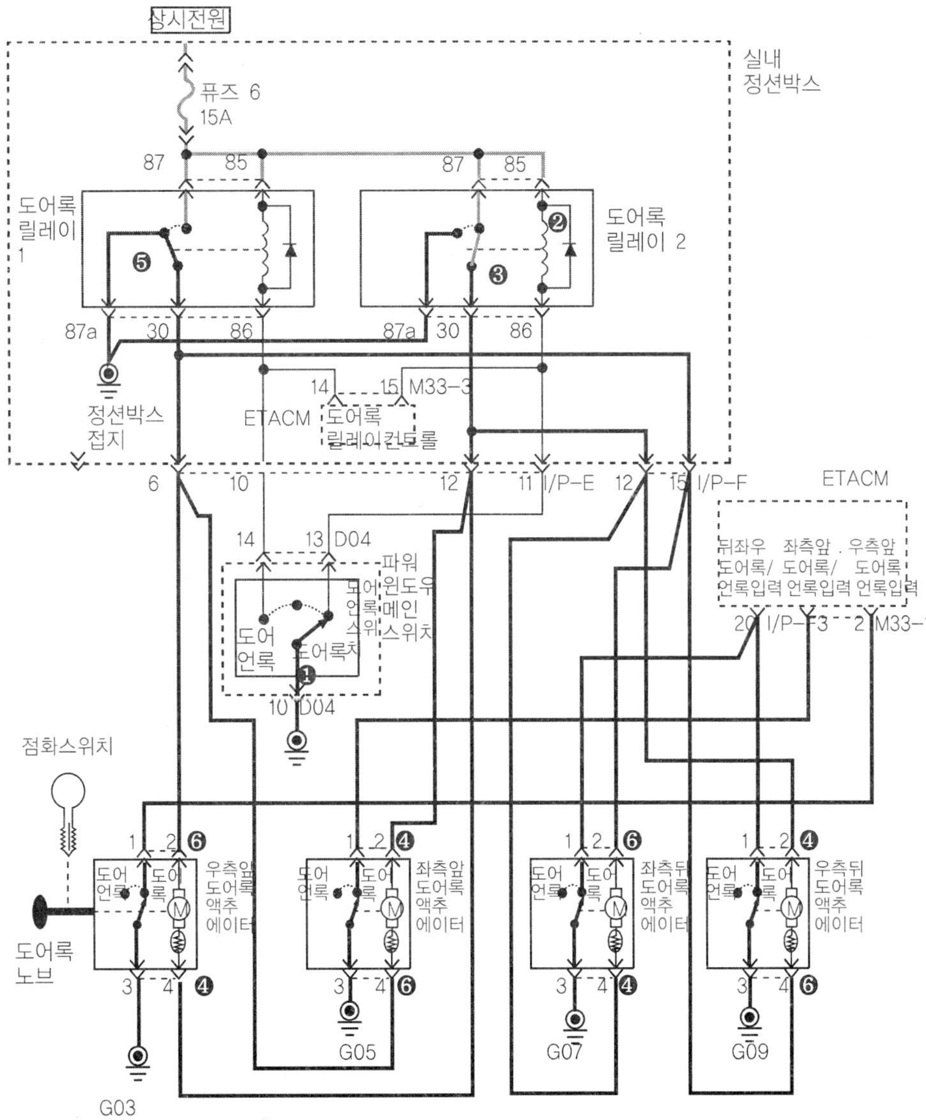


그림 56. 메인스위치 록 작동회로

## [1] 평상시 도어 록, 언록회로 작동

평상시 도어 록, 언록회로의 경우는 점화스위치 "ON" 과 관계없이 작동하여야 하므로 상시 전원이 도어 록 릴레이 1, 2에 코일 전원과 릴레이 접점전원을 공급하고 있고 록 릴레이 1, 2는 3웨이 릴레이이므로 한쪽의 접점은 접지와 연결되어 있는 구조로 되어있다.

[2] 메인스위치 록이 작동할 때

메인스위치 록이 작동할 때 파워 윈도우 메인스위치에서 록 위치 ❶로 작동하면 록 스위치에 연결된 릴레이 작동접지가 도어 록 릴레이 2의 솔레노이드 ❷를 작동하게 되고 도어 록 릴레이 2의 접점이 작동 전원 쪽의 접점 ❸과 연결하게 되어 작동전원이 각각의 도어 액추에이터로 전원을 록 방향쪽에 해당하는 전원 ❹를 연결하게 되어 도어 록이 작동하게 된다.

이때 접지는 도어 록 릴레이 1이 노멀상태에서 접지 ❺와 연결되어 있어 접지가 작동 접지를 각각의 도어 액추에이터로 접지 ❻를 공급하게 된다.

[3] 메인스위치 언록이 작동할 때

메인스위치 언록이 작동할 때에는 록이 작동할 때와 같이 파워 윈도우 메인스위치에서 언록 위치 ❶로 작동하면 언록 위치에 연결된 릴레이 작동 접지가 도어 록 릴레이 1의 솔레노이드 ❷를 작동하게 되고 도어 록 릴레이 1의 접점이 작동 전원 쪽의 접점 ❸과 연결하게 되어 작동전원이 각각의 도어 액추에이터로 전원을 언록방향 쪽에 해당하는 전원 ❹를 연결하게 되어 도어 언록이 작동하게 된다.

이때 접지는 도어 록 릴레이 2가 노멀상태에서 접지 ❺와 연결되어 있어 접지가 작동 접지를 각각의 도어 액추에이터로 접지 ❻을 공급하게 된다.

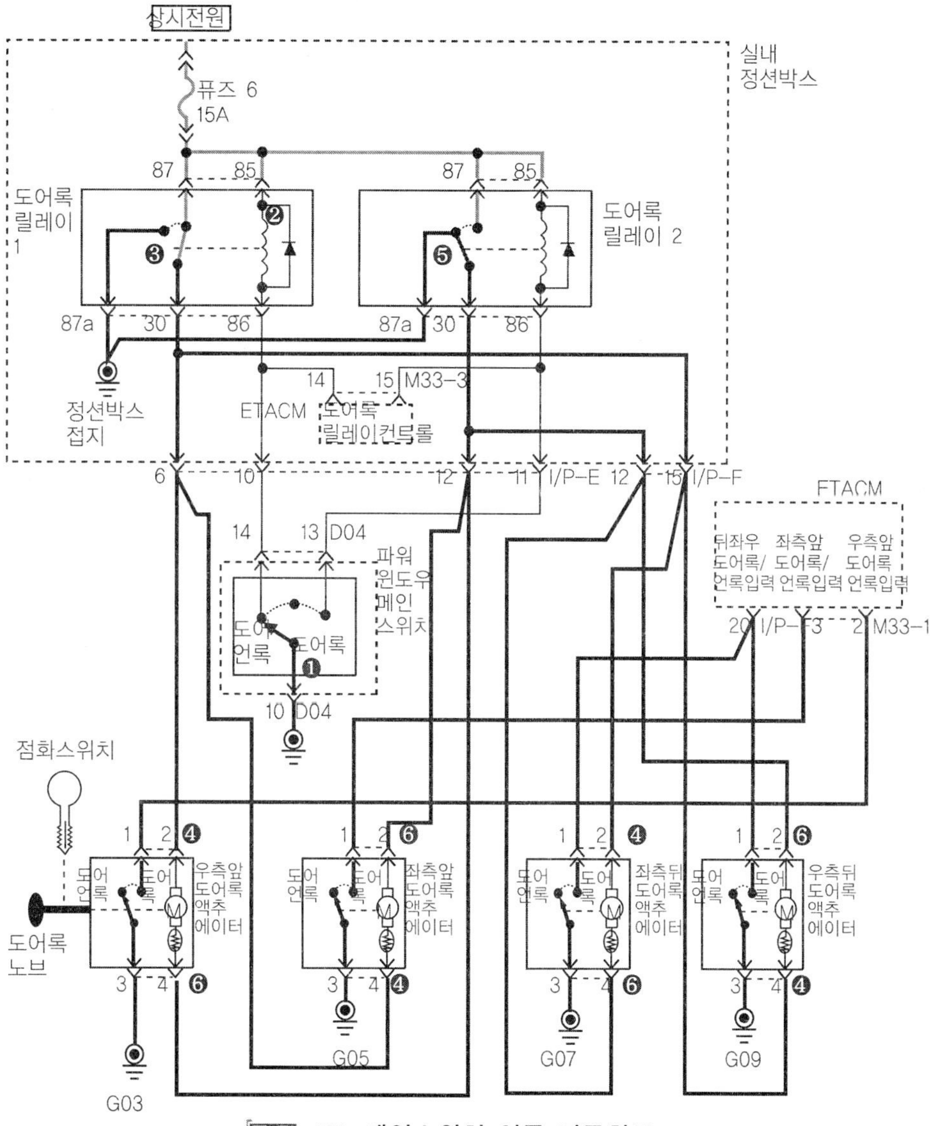


그림 57. 메인스위치 언록 작동회로

### [4] 에탁스에 의해 록이 작동할 때

에탁스에 의해 록 작동은 일반적으로 리모컨에 의해 록이 될 경우나 에탁스에서 자동 도어 록 기능에 의해 작동하게 되고 록의 작동은 기존의 도어 록 스위치에서 릴레이의 솔레노이드를 작동하던 과정을 에탁스에서 수행하는 것으로 생각하면 이해가 쉬울 것이다.

그럼 다시한번 그 과정을 살펴보면 에탁스에서 도어 록을 수행을 해야 할 경우 에탁스의 도어 록 릴레이 컨트롤에서 도어 록 릴레이 2의 솔레노이드로 접지를 공급하여 작동하게 되고 도어 록 릴레이 2의 접점이 작동전원 쪽의 접점과 연결하게 되어 작동전원이 각각의 도어 액추에이터로 전원을 록 방향 쪽에 해당하는 전원을 연결하게 되어 도어 록이 작동한다. 이때 접지는 도어 록 릴레이 1이 노멀 상태에서 접지와 연결되어 있어 접지가 작동 접지를 각각의 도어 액추에이터로 접지에 공급하게 된다.

[5] 에탁스에 의해 언록이 작동할 때

에탁스에 의해 언록작동의 경우도 리모컨에 의해 록이 될 경우나 에탁스에서 충돌이 발생하였을 때 언록기능에 의해 작동하게 되고 언록의 작동의 경우도 기존의 도어 록 스위치에서 릴레이의 솔레노이드를 작동하던 과정을 에탁스에서 수행하는 것으로 생각하면 이해가 쉬울 것이다.

그럼 다시한번 그 과정을 살펴보면 에탁스에서 도어 언록을 수행을 해야 할 경우 에탁스의 도어 록 릴레이 컨트롤에서 릴레이 작동 접지가 도어 록 릴레이 1의 솔레노이드를 작동하게 되고 도어 록 릴레이 1의 접점이 작동 전원 쪽의 접점과 연결하게 되어 작동전원이 각각의 도어 액추에이터로 전원을 언록방향 쪽에 해당하는 전원를 연결하게 되어 도어 언록이 작동하게 된다. 이때 접지는 도어 록 릴레이 2이 노멀 상태에서 접지와 연결되어 있어 접지가 작동 접지를 각각의 도어 액추에이터로 접지를 공급하게 된다.

## 3. 편의장치 정비

**안전 및 준비사항**

① 편의장치 정비 전 정비지침서를 숙지하여 실습순서를 정하고 공구 및 실습 기기와 재료 등을 충분히 준비한다.
② 실습장 및 주위를 깨끗이 정리정돈하고 유류 등의 인화성물질은 안전하게 별도로 보관하며 소화기를 비치하여 화재사고에 대비한다.
③ 편의장치 정비 시작 전 안전 교육을 실시한다.
④ 복잡한 부분을 분해할 경우에는 조립작업을 쉽게 하기 위하여 기능상이나 외관상 악영향이 없는 부분에 각인(刻印) 또는 조립 표시등을 하여 둔다.
⑤ 부품을 분해하면서 조립되었던 상태·변형·오작동부분 및 손상 등을 점검한다.

⑥ 분해한 부품은 순서대로 잘 정리하여야 하며 또 교환하여야 하는 부품과 다시 사용할 부품을 구분하여 정리하고 다시 사용할 부품은 충분히 청소 및 세척을 한다.
⑦ 정비시 부품을 떨어지지 않도록 하며 작업장 바닥에 이물질이 있으면 즉시 닦아낸다.
⑧ 볼트 및 너트 체결시 적절한 공구를 사용하며, 정비지침서에 규정된 토크로 조인다.
⑨ 규정이상의 퓨즈를 사용하지 않는다.
⑩ 실습 종료 후 실습장 주위의 정리정돈을 깨끗이 한다.

### 필요한 장비

| 공구 및 측정기기 | | 실습 재료 | 기 타 |
|---|---|---|---|
| * 일반 공구세트<br>* 특수공구<br>* 작업등<br>* 에어공구<br>* 전동공구<br>* 토크렌치<br>* 납땜인두<br>* 오실로스코프<br>* 전류계, 선압계<br>* 종합진단기 | * 퓨즈<br>* 하니스(배선, 커넥터)<br>* 축전지<br>* 릴레이<br>* 액추에이터<br>* 센서<br>* 계기판<br>* IMS<br>* 음성인식 | * 경보장치<br>* 내비게이션<br>* 자동주차장치<br>* 와이퍼<br>* 가솔린 또는 디젤기관 차량(편의장치 장착차량) | 정비지침서 |

## 3.1. 계기판의 탈·부착

① 축전지 (−)케이블을 탈거한다.
② 조향핸들의 옆 부분의 틸트(조향핸들 올리고 내리는 것)를 이용해 조향핸들을 아래로 내려놓는다.
③ 우드몰딩 전용 탈착공구를 이용하여 우드몰딩을 탈거한다.
④ 좌측 우드몰딩도 탈거한다.

(a) 우측 (b) 좌측

그림 58. 우드몰딩 탈거

⑤ 리셋 스위치 달린 바닥판을 당겨서 탈거하고 커넥터를 탈거한다.

⑥ 계기판 하단 고정나사 2개를 탈거한다.

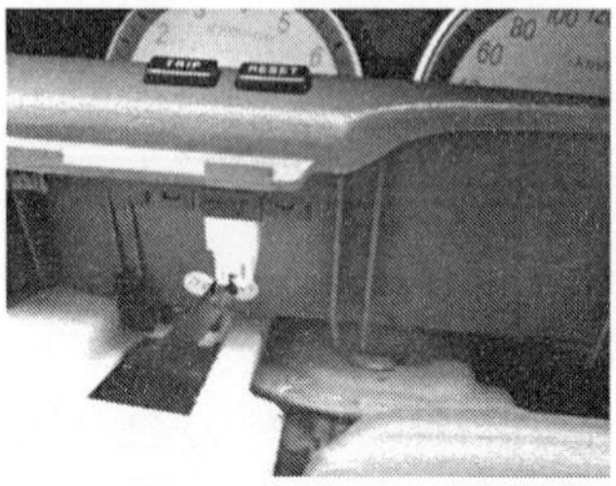

그림 59. 바닥판 커넥터 탈거

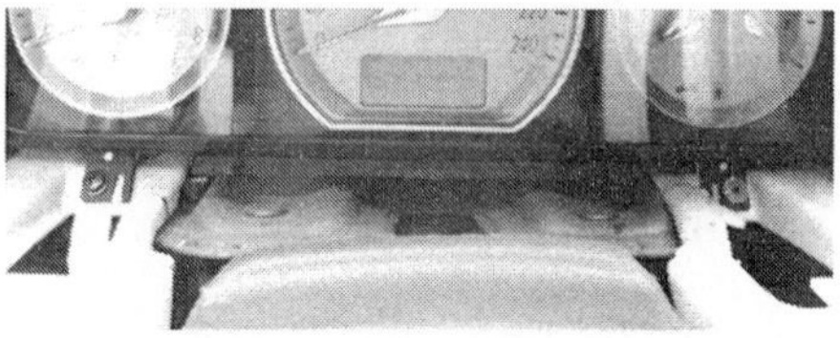

그림 60. 하단 고정나사 탈거

⑦ 계기판 뒤편 위 양쪽에 플라스틱 키로 고정되어 있기 때문에 당기면 탈거된다.

⑧ 조립은 탈거의 역순으로 한다.

⑨ 조립 후 계기판이 정상적으로 작동하는지 확인한다.

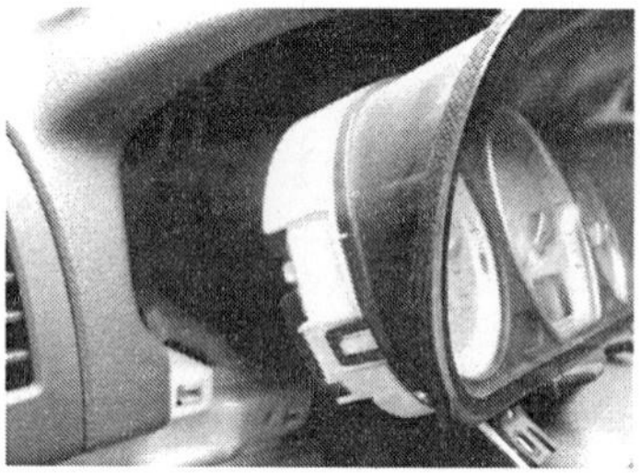

그림 61. 계기판 탈거

## 3.2. IMS(integrated memory system) 제어

### 3.2.1. 수동(manual)스위치에 의한 수동작동

수동 스위치에 의해 시트의 전동기를 직접 구동하는 것으로 시트의 슬라이드, 리클라이닝, 틸트, 하이트를 조정할 수 있다.

### 3.2.2. 메모리 스위치에 의한 시트위치 기억 및 재생작동

점화스위치 ON과 동시에 수동스위치가 모두 OFF의 경우 메모리 스위치를 누른 후 5초 이내에 포지션 스위치를 누르면 현재의 시트위치를 기억한다. 그리고 메모리 허가상태의 해제는 다음 조건 중 하나라도 성립되는 경우에 실행한다.

① 메모리스위치를 ON으로 한 후 4초가 경과된 경우
② 시트 수동스위치가 ON으로 된 경우
③ 자동 조정이 금지로 된 경우

### 3.2.3. 메모리 재생동작

① 점화스위치를 ON으로 한 후 메모리 스위치가 OFF인 경우 각 스위치를 누름에 따라 기억되어 있는 위치로 조정한다.
② 기억되어 있지 않은 포지션 스위치의 재생동작은 실행하지 않는다.
③ 동시에(50m/sec) 1개의 포지션 스위치를 누를 경우 재생 동작을 하지 않는다.
④ 재생 금지조건
　㉮ 인히비터 "P" 스위치 OFF
　㉯ 주행속도 2km/h 이상
　㉰ 수동 스위치 조작이 있는 경우

### 3.2.4. 부저(buzzer)출력

① 기억 허가상태가 되었을 경우(메모리 스위치 ON)에는 1회 출력한다.
② 기억이 완료(포지션 스위치 ON)되었을 경우 2회 출력한다.
③ 기억 재생 작동(포지션 스위치 ON)을 할 때 1회 출력한다.
④ 센서 고장으로 인한 이상을 검출하였을 때 10회 출력한다.

## 3.3. 경보장치의 고장진단

### [1] 정전압방식

5V가 출력되며 5V와 0V로 스위치 동작여부를 알 수 있다. 멀티테스터로 전압 변화를 쉽게 볼 수 있다. 초기 차량부터 EF소나타 차량까지 적용되어 있다.

### [2] 스트로브방식

5V펄스(PULSE)가 출력되며 5V와 0V로 스위치 동작 여부를 알 수 있다. 40ms 동안 0V 강하되면 스위치가 동작 했다고 인식한다. 멀티테스터는 전압의 변화를 알기 매우 힘들다. 따라서 하이스캔을 사용하여 파형측정 후 파형의 변화를 살펴야 한다. 이 방식은 그랜저XG부터 현재 생산되는 차량에 주로 적용되고 있다.

전장제어 ECU 입력스위치의 전압레벨은 아래 표에 나타내었다. 자동차 입력스위치에 사용되는 IC는 CMOS이며 전압은 5V이다. 5V CMOS IC의 "1" 은 3.5V 이상 "0" 은 1.5V 이하 이지만 에탁스 내부회로에 의해서 커넥터 앞단에 측정되는 전압 레벨은 "1" 이 2.5V 이상 "0" 이 0.8V 이하로 측정되면 정상이다.

**➡표 4. 입력스위치의 전압 레벨**

| 사용 IC | 전압레벨 | 1(통상적으로 스위치 OFF) | 0(통상적으로 스위치 ON) | 비고 |
|---|---|---|---|---|
| TTL IC | 5V | 2.5V 이상 | 0.8V 이하 | 업체마다 차이 발생 |
| CMOS IC | 12V | V×2/3 이하(4V 이상) | V×1/3 이하(4V 이하) | |

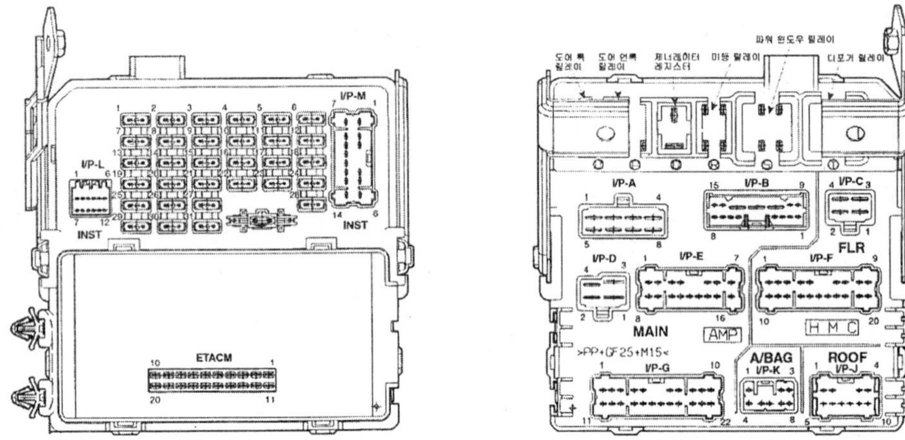


(a) 앞면 (b) 뒷면

**그림 62. 뉴 EF 소나타의 실내 정션박스 퓨즈 및 릴레이 위치도**

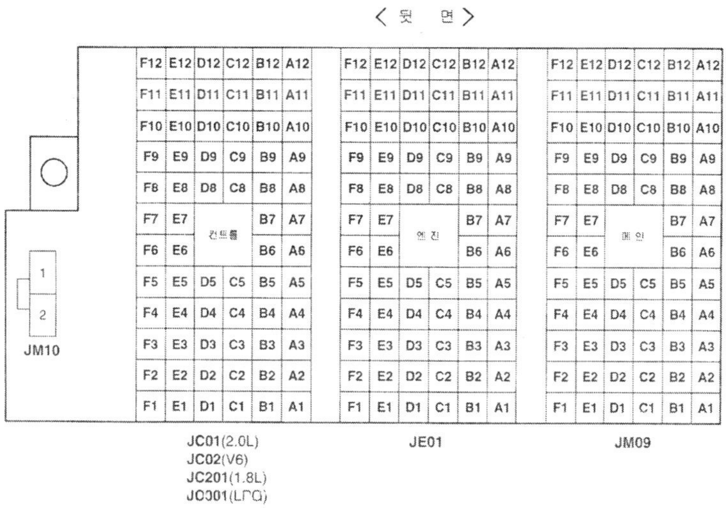


그림 63. 뉴 EF 소나타의 기관룸 정션박스 위치도

## 3.3.1. 간헐 와이퍼의 고장진단

### [1] 액추에이더 검시

간헐 와이퍼 작동 불량 시에 와이퍼가 동작하지 않는다면 먼저 와이퍼 LOW(와이퍼 2단 스위치)나 HIGH(와이퍼 3단 스위치)를 구동시켜 와이퍼 모터의 정상 유무를 알아본다. 와이퍼 LOW, HIGH는 전장제어 ECU(ETACM)과 관계없이 동작하므로 전장제어 ECU가 고장인지 액추에이터 자체의 고장인지 알기 위해서는 와이퍼 LOW, HIGH를 작동시키면 쉽게 알 수가 있다.

### [2] 전장제어 ECU의 출력점검

와이퍼가 구동된다면 와이퍼 모터 자체는 문제없는 것으로 판단하고 전장제어 ECU 입·출력을 점검한다. 먼저 출력을 점검하고 와이퍼 모터 릴레이를 점검한다. 와이퍼 모터 릴레이 접지단자를 접지와 연결시키면 와이퍼가 작동되어야 한다.

뉴 EF소나타 차량은 와이퍼 & 워셔(3) 회로도(레인센서 미적용)에서 M33-1 커넥터의 8번 단자를 차체에 연결시켰을 때 와이퍼가 구동되면 와이퍼 모터 릴레이는 정상이므로 전장제어 ECU의 입력요소를 확인하고 구동되지 않으면 와이퍼 모터 릴레이를 교환하여 점검한다.

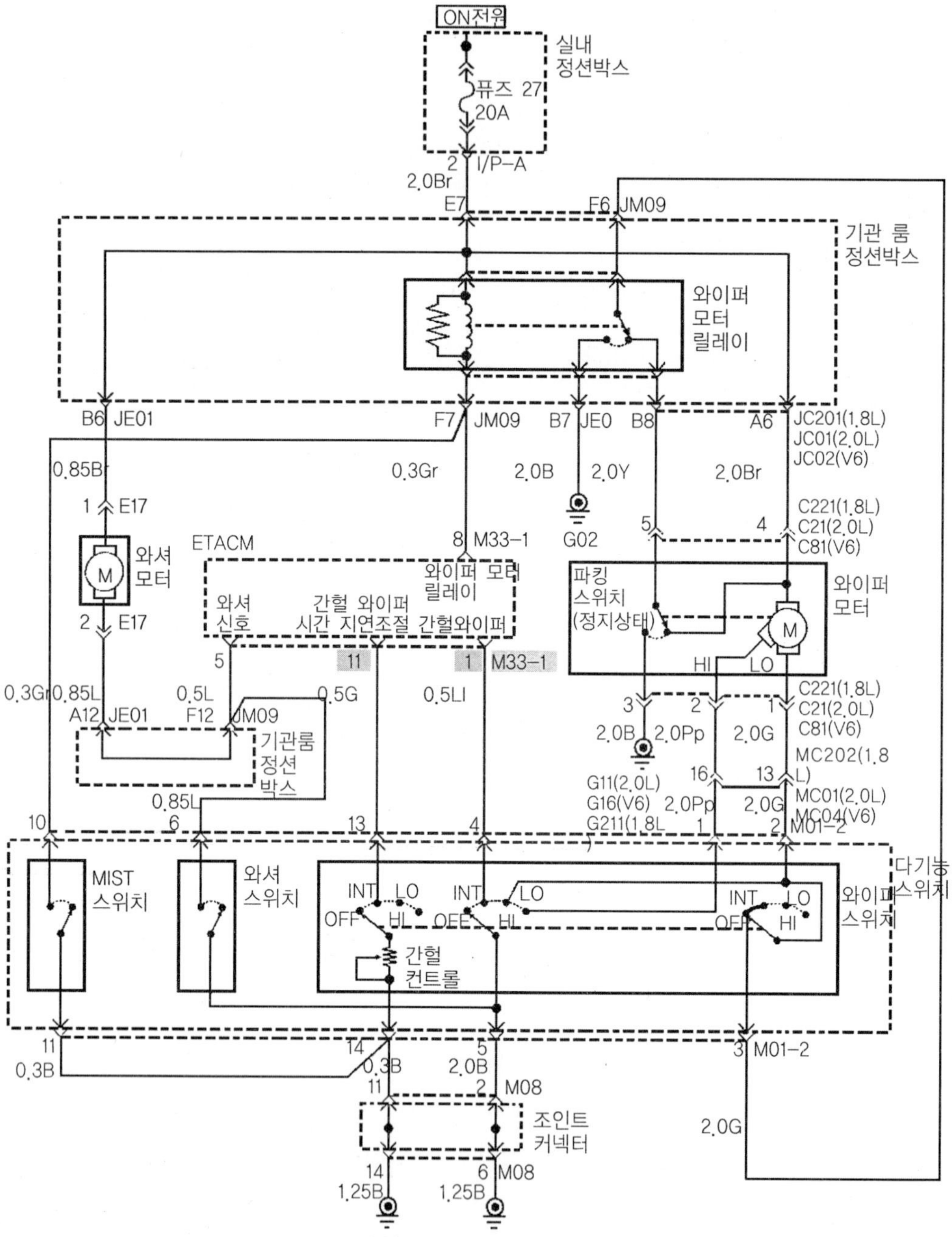


그림 64. 뉴 EF 소나타의 와이퍼 & 워셔(3) 회로도

### [3] 전장제어 ECU의 입력점검

#### (1) 간헐 와이퍼 스위치

와이퍼가 원활하게 구동되었다면 입력스위치 중 INT(간헐) 스위치를 점검한다. 와이퍼의 INT 스위치가 입력되는 전장제어 ECU(ETACM)의 단자를 살펴본다. 뉴 EF소나타는 와이퍼 & 워셔(3) 회로도에서 M33-1의 1번 단자를 살펴보면 된다.

와이퍼 INT스위치가 OFF시에는 5V가 출력되고 INT스위치 ON시에는 0V로 강하된다. 만일 0V로 강하되지 않는다면 배선 단선 및 다기능스위치 불량이고 5V 자체가 출력되지 않는다면 전장제어 ECU 불량으로 볼 수 있다.

#### (2) 간헐 와이퍼 볼륨스위치

간헐 와이퍼 볼륨 스위치가 입력되는 전장제어 ECU의 단자는 뉴 EF 소나타의 경우 와이퍼 & 워셔(3) 회로도의 M33-1 커넥터의 11번 단자이다. 이 단자에 멀티테스터나 오실로스코프, HI-SCAN 등을 사용하여 전압을 점검하여 본다. 간헐 와이퍼 볼륨 전압은 0V~3.8V까지 원활하게 움직이면 정상이나 와이퍼 제어시간에만 영향을 주는 요소이므로 불량 시 와이퍼 구동에 문제는 없다.

### [4] 전장제어 ECU 점검

액추에이터도 이상이 없고, 전장제어 ECU의 출력요소와 입력요소가 모두 정상인데도 간헐 와이퍼가 정상이 아니라면 마지막으로 전장제어 ECU(ETACM) 자체의 고장이므로 교환 후에 작동 여부를 확인한다.

## 3.3.2. 워셔 연동 와이퍼 제어의 고장진단

워셔 연동 와이퍼 제어도 간헐 와이퍼와 마찬가지로 레인센서가 적용된 차량과 레인센서 미적용 차량이 서로 다르게 되어 있다. 레인센서 적용 차량의 경우는 간헐와이퍼 제이 및 워셔 연동 와이피 제어를 레인센서기 기능을 담당히고 있으나 레인센서 미적용 차량의 경우는 전장제어 ECU(ETACM)가 기능을 담당하고 있다. 이번 실습도 레인센서 미적용 차량을 대상으로 실습을 하여보자.

## [1] 액추에이터 검사

워셔 연동 와이퍼 제어에 작동하는 액추에이터는 워셔 모터와 와이퍼 모터가 있으므로 각 액추에이터의 상태를 살펴본다.

### (1) 워셔 모터

워셔 모터의 정상 작동 여부를 알기 위해서는 워셔 스위치를 작동시키면서 워셔 모터의 소리를 들어본다. 모터 소리가 들리면 워셔 모터는 정상적으로 작동하는 것이다.

### (2) 와이퍼 모터

와이퍼 모터의 작동상태를 알아보기 위해서는 먼저 와이퍼 LOW(와이퍼 2단 스위치)나 HIGH(와이퍼 3단 스위치)를 구동시켜 와이퍼 모터의 정상 유무를 알아본다. 와이퍼 LOW, HIGH는 전장제어 ECU(ETACM)과 관계없이 동작하므로 전장제어ECU가 고장인지 액추에이터 자체의 고장인지 알기 위해서는 와이퍼 LOW, HIGH를 작동시키면 쉽게 알 수가 있다.

## [2] 전장제어 ECU의 출력점검

액추에이터는 정상인데도 와이퍼가 작동하지 않으면 전장제어 ECU 입•출력을 점검한다. 먼저 출력을 점검한다. 와이퍼 모터 릴레이를 점검한다. 와이퍼 모터 릴레이 접지단자를 접지와 연결시키면 와이퍼가 작동되어야 한다.

뉴 EF소나타 차량에서는 와이퍼 & 워셔(3) 회로도에서 M33-1 커넥터의 8번 단자를 차체 접지와 연결시켰을 때 와이퍼가 구동되면 와이퍼 모터 릴레이는 정상이므로 전장제어 ECU의 입력요소를 확인하고 구동되지 않으면 와이퍼 모터 릴레이를 교환하여 점검한다.

## [3] 전장제어 ECU 입력점검

입력스위치 중 와셔 스위치를 점검한다. 워셔 스위치가 입력되는 전장제어 ECU (ETACM)의 단자를 살펴본다. 뉴 EF소나타는 와이퍼 & 워셔(3) 회로도에서 M33-1의 5번 단자를 살펴본다.

워셔 스위치가 OFF시에는 12V가 출력되고 워셔 스위치 ON시에는 0V로 강하된다. 만일 0V로 강하되지 않는다면 배선 단선 및 다기능 스위치 불량이다.

#### [4] 전장제어 ECU 점검

액추에이터도 이상이 없고, 전장제어 ECU의 출력요소와 입력요소가 모두 정상인데도 워셔 연동 와이퍼가 정상이 아니라면 마지막으로 전장제어 ECU(ETACM) 자체의 고장이므로 교환 후에 작동 여부를 확인한다.

### 3.3.3. 열선 타이머 제어의 고장진단

#### [1] 액추에이터 검사(그림 65 참조)

우선 열선이 동작하려면 기관의 시동이 걸려 있어야 하고 열선 스위치를 누르면 열선이 동작한다. 열선이 동작하지 않는다면 기본적으로 충전전압이 충분히 나오는지를 확인한다. 뉴 EF소나타의 경우 충전회로도(1)의 I/P-G의 5번 단자를 통해 전장제어 ECU(ETACM)으로 들어오는 충전전압을 확인 한다.

충분한 충전전압이 나오면 뉴 EF 소나타의 경우에는 뒷유리 & 아웃사이드 미러 열선 회로도의 I/P-C의 3번(그림 66 참조) 단자를 접지시킨다. 열선이 작동하면 열선 자체에는 문제가 없는 것이고 열선이 작동하지 않으면 배선, 접지, 열선의 순서로 점검을 한다.

#### [2] 전장제어 ECU 출력점검

열선 스위치를 작동시키면서 열선 릴레이가 정상적으로 작동하는지를 확인한다. 뉴 EF 소나타의 경우 열선릴레이와 전장제어 ECU는 실내 정션박스 안에서 연결되어 있으므로 열선 스위치를 작동시켰을 때 실내 정션박스를 통해 나오는 열선 릴레이의 출력을 확인한다.

이것은 뒷유리 & 아웃사이드 미러 디포거 회로도의 I/P-C의 3번 단자와 I/P-B의 2번 단자에서 12V 전압이 나오면 열선 릴레이는 정상으로 작동하는 것이고 그렇지 않으면 열선릴레이가 고장이므로 교환 후에 다시한번 점검하여 본다.

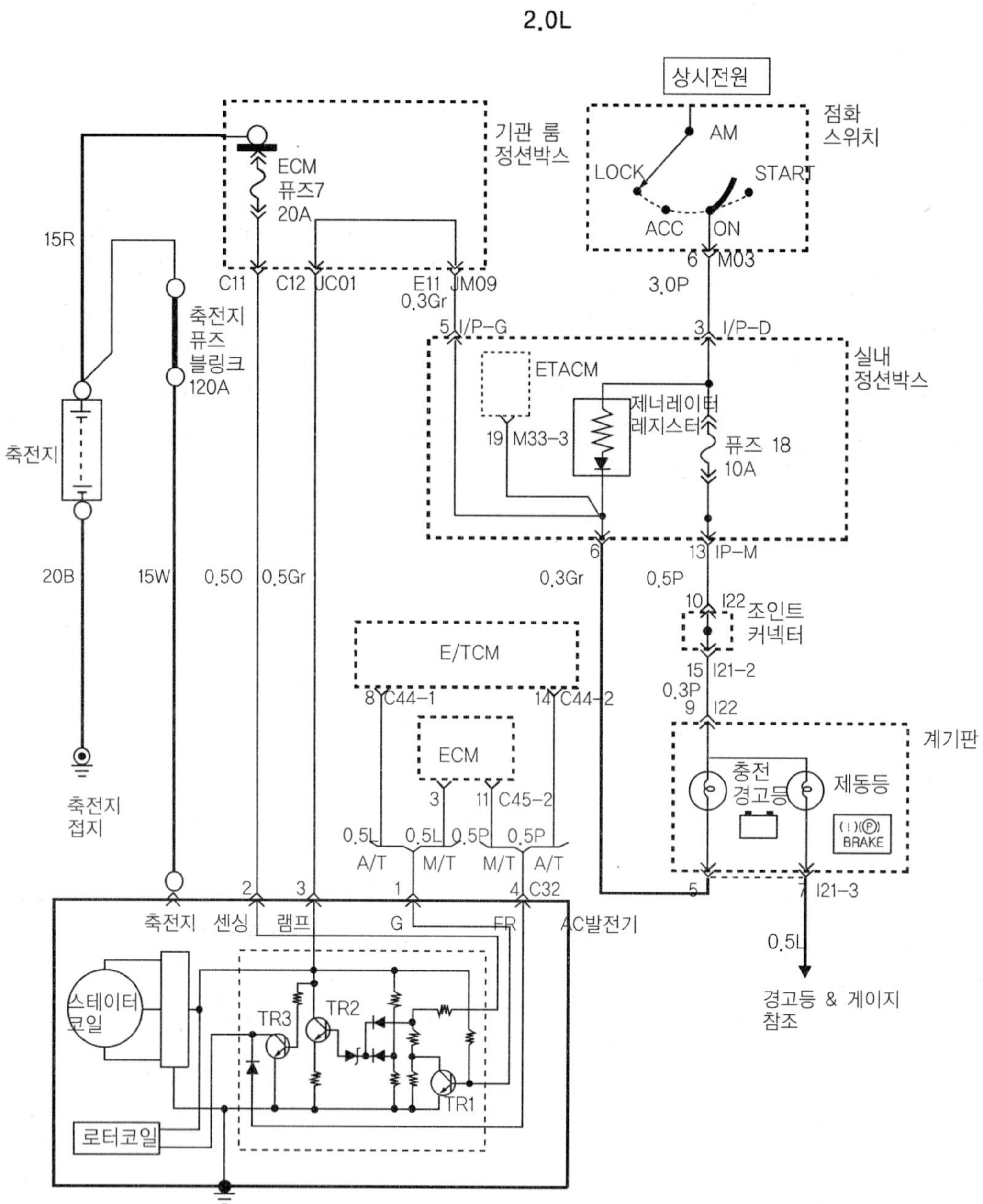


그림 65. 뉴 EF 소나타의 충전회로(1) 회로도

[3] 전장제어 ECU 입력 점검(그림 66 참조)

(1) 발전기 L단자

열선회로에는 문제가 없다면 입력단자인 발전기 "L" 단자를 점검한다.

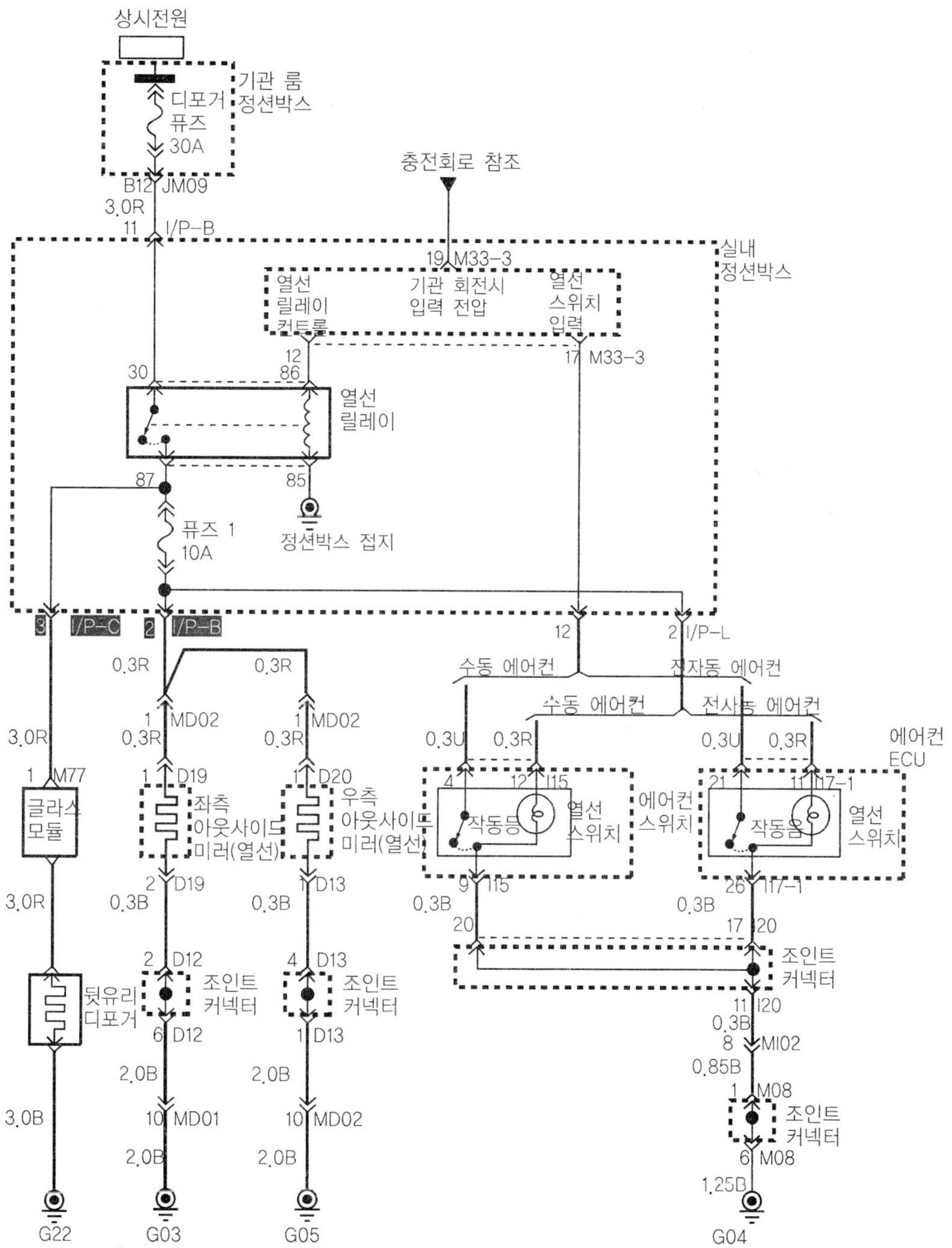


그림 66. 뉴 EF 소나타의 뒷유리 & 아웃사이드 미러 열선 회로도

발전기단자에서 점화스위치 OFF시 0V, 점화스위치 ON시 2~3V, 기관의 시동 시에는 충전전압이 입력되면 정상이고 최소한 시동시 5V 이상은 입력되어야 한다.

(2) 열선 스위치

발전기 단자의 입력이 정상이라면 열선 스위치를 점검한다. 열선 스위치는 5V 전압으로 감지하며 열선 스위치를 누르면 0V로 강하된다. 열선 스위치는 PUSH 타입의 스위치이므로 계속 누르고 있어야만 전압이 강하되는 것을 확인할 수 있다.

차종에 따라서 정전압방식과 스트로브방식으로 나누어진다. 전압강하가 잘 이루어지면 전장제어 ECU 문제이고 그렇지 않으면 열선스위치와 배선을 점검한다.

[4] 전장제어 ECU 점검

액추에이터도 이상이 없고, 전장제어 ECU의 출력요소와 입력요소가 모두 정상인데도 열선 타이머 제어가 정상이 아니라면 마지막으로 전장제어 ECU(ETACM) 자체의 고장이므로 교환 후에 작동 여부를 확인한다.

## 3.3.4. 감광식 실내등(룸 램프) 제어의 고장진단

[1] 액추에이터검사

우선 실내등이 동작하려면 실내등 스위치를 ON으로 하여서 실내등이 켜지는지 확인한다. 만약 실내등이 켜지지 않으면 실내등 전구를 확인하여 전구 고장이 아닌지 확인한다. 만약 실내등 전구가 정상이라면 실내등 커넥터를 점검하여 전원 단자에 12V가 공급되고 있는지 확인한다. 뉴 EF소나타는 M88 커넥터의 3번 단자(그림 67)를 테스터 램프 등으로 확인하여 12V가 공급되고 있는지 확인한다.

[2] 전장제어 ECU 출력검사(그림 67 참조)

전장제어 ECU가 실내등을 제어하는 단자를 확인한다. 뉴 EF소나타의 경우에는 실내등(1) 회로도(그림 67)를 보면 M33-3 커넥터의 11번 단자가 실내등을 제어하는 단자이다.

그런데 이 단자는 실내 정션박스 내부에 있으므로 외부에서 확인할 수 없다. 따라서 이 단자와 연결된 I/P-J 커넥터의 9번 단자를 통해서 확인하여야 한다. 확인하는 방법은 실내등 스위치를 “DOOR”의 위치에 놓고 시동키는 탈거한 상태에서 임의의 도어 하나를 열었다가 닫았을 때 I/P-J 커넥터의 9번 단자가 0V로 강하되는지 확인한다.

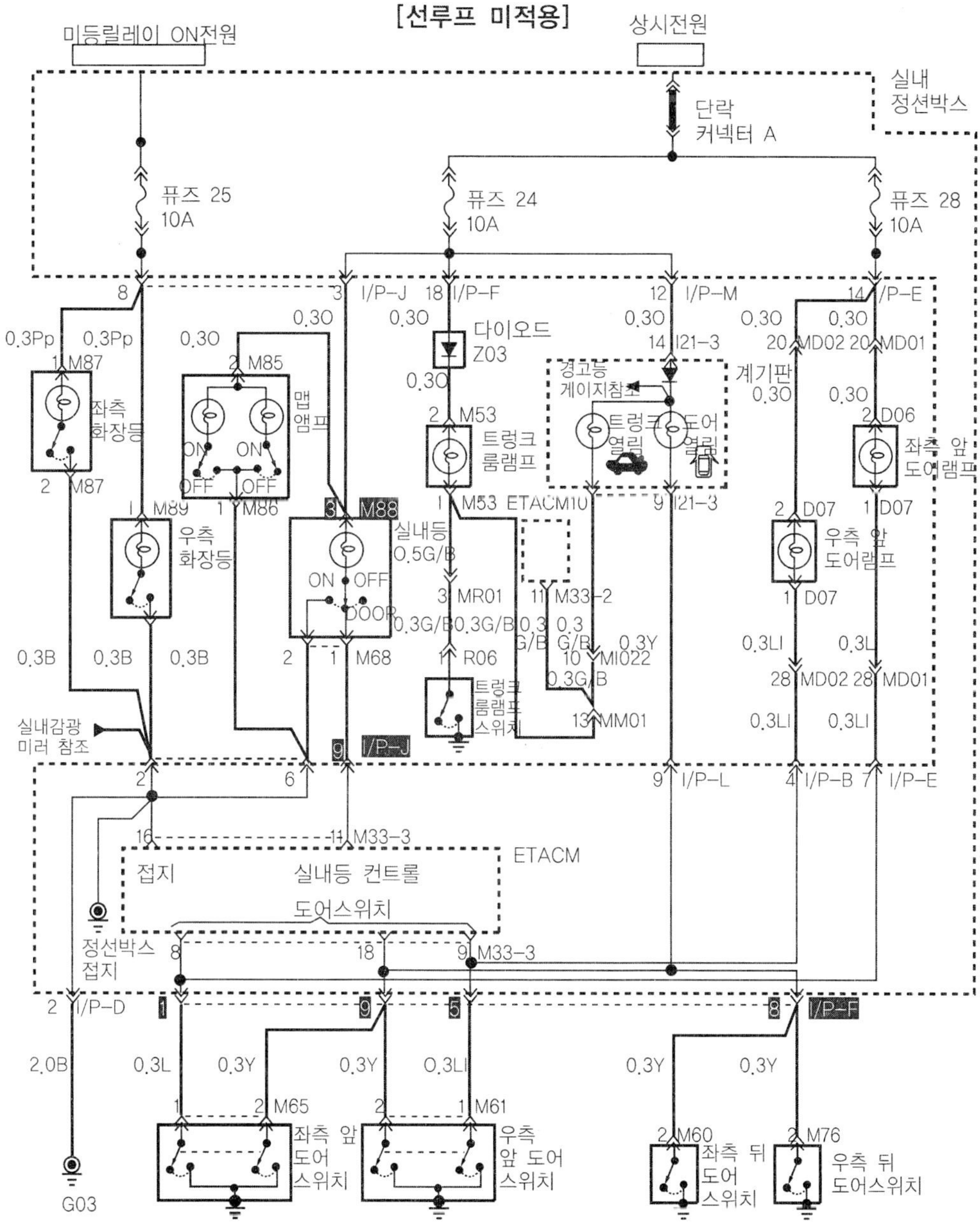


그림 67. 뉴 EF 소나타의 실내등(1) 회로도

[3] 전장제어 ECU 입력검사(그림 67 참조)

전장제어 ECU에 입력되는 4개 도어 스위치의 정상여부를 확인한다. 뉴 EF소나타의 경우에 실내등(1) 회로도(그림 67)을 보면 운전석 도어 스위치는 "좌측 앞 도어 스위치"로, 조수석 도어 스위치는 "우측 앞 도어 스위치" 로, 운전석 뒤 도어 스위치는 "좌측 뒤 도어 스위치" , 그리고 조수석 뒤 도어 스위치는 "우측 뒤 도어 스위치" 로 표기 되어 있다. 또한 모든 도어 스위치는 문이 열리면 스위치가 닫혀서 접지와 연결되므로 도어 스위치와 연결된 배선은 0V로 강하된다.

그림 67의 회로도를 잘 살펴보면 운전석 도어스위치는 M33-3 커넥터의 8번과 18번 단자에 연결되어 있고, 조수석 도어스위치는 M33-3 커넥터의 9번과 18번 단자에 연결되어 있으며 운전석과 조수석 뒤 도어스위치는 M33-3 커넥터의 18번 단자에 함께 연결되어 있는 것을 알 수 있다. 따라서 4개 도어스위치 중 어느 한 개 이상의 도어 스위치가 열려 있으면 M33-3 커넥터의 18번 단자가 무조건 0V로 강하된다. 뉴 EF소나타는 M33-3 커넥터의 18번 단자가 실내 정션박스의 내부에 있으므로 이 단자와 연결된 I/P-F 커넥터의 9번 단자가 0V로 되는지 확인하면 된다.

[4] 전장제어 ECU 점검

액추에이터도 이상이 없고, 전장제어 ECU의 출력요소와 입력요소가 모두 정상인데도 감광식 실내등 제어가 정상이 아니라면 마지막으로 전장제어 ECU(ETACM) 자체의 고장이므로 교환 후에 작동 여부를 확인한다.

### 3.3.5. 파워 윈도우 타이머 제어의 고장진단

[1] 액추에이터 검사

우선 파워 윈도우가 동작하려면 운전석 도어에 있는 파워 윈도우 메인 스위치를 작동시켜서 4개 도어의 윈도우를 작동시켜 본다. UP, DOWN방향으로 모두 작동시키면서 4개 윈도우가 정상적으로 작동되는지 살펴보자. 만약 4개 윈도우가 모두 작동되지 않으면 파워 윈도우 릴레이 또는 전원공급 라인을 점검하여야 하고 4개 윈도우 중 한, 두개의 윈도우만 작동되지 않으면 작동되지 않는 윈도우 모터 자체의 문제이므로 윈도우 모터를 점검하여야 한다.

[2] 전장제어 ECU 출력검사(그림 68)

파워 윈도우 릴레이가 점화스위치를 OFF시킨 후에도 일정시간 동안 동작하고 있는 지 확인하여야 한다. 뉴 EF소나타의 파워 윈도우(1) 회로도를 보면 전장제어 ECU (ETACM)와 파워 윈도우 릴레이가 연결되는 단자는 M33-3 커넥터의 4번 단자인데 이 단자는 실내 정션박스의 내부에 있으므로 I/P-B 커넥터의 13번 단자를 사용하여 파워 윈도우 릴레이의 동작여부를 확인하여야 한다.

검사방법은 점화스위치를 OFF시킨 후에 I/P-B 커넥터의 13번 단자가 몇 초 동안 12V 출력이 나오는 지 확인한다. 운전석 도어를 열어 놓은 상태에서 점화스위치를 OFF시킨 후에도 파워 윈도우 릴레이가 작동하는 지 확인한다.

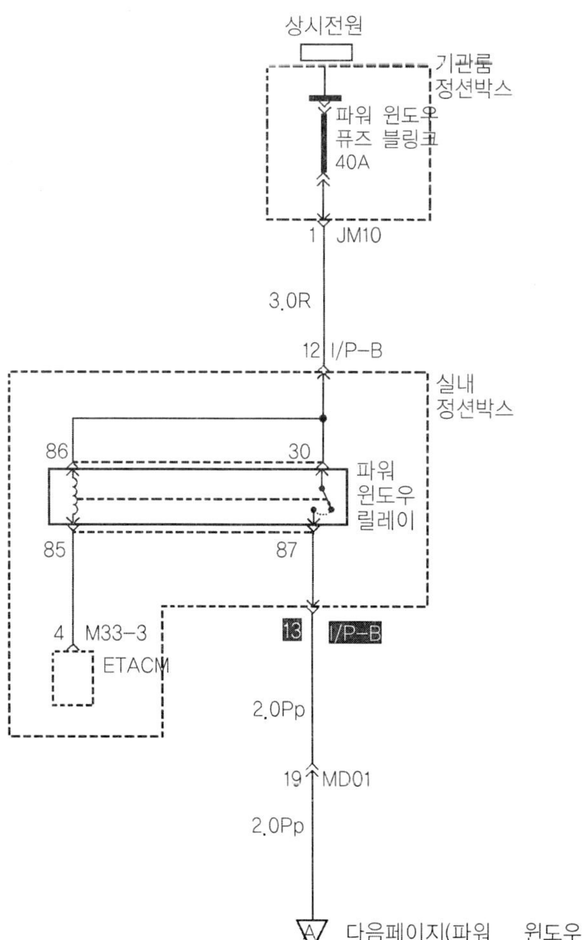


그림 68. 뉴 EF 소나타의 파워 윈도우(1) 회로도

### [3] 전장제어 ECU 입력검사

파워 윈도우 타이머제어를 위한 입력신호는 점화스위치 신호와 운전석 및 조수석 도어 스위치이다. 운전석 및 조수석 도어 스위치는 실내등 회로도에 나타나 있으며 점화스위치는 전원 배분도에 나타나 있다.

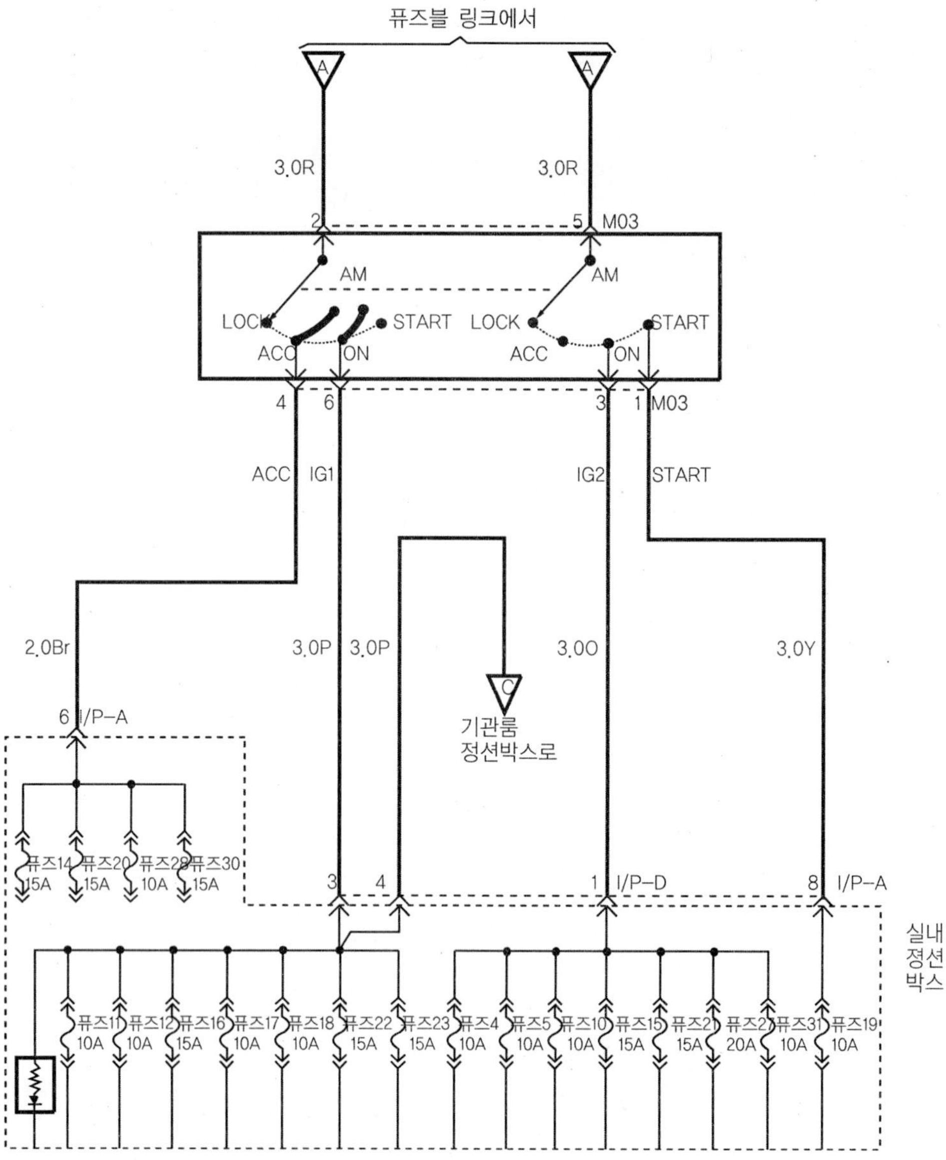


그림 69. 뉴 EF 소나타의 전원배분도 회로도

뉴 EF소나타의 경우 점화스위치 회로는 전원배분도의 점화스위치와 실내 정션박스에서 퓨즈5(ETACM)에 연결된 커넥터이므로 I/P-D 커넥터의 1번 단자(그림 69)이다. 키 ON상태에서 12V 점화스위치 OFF상태에서 0V가 되는지 확인하면 된다. 운전석 및 조수석 도어 스위치는 실내등(1) 회로도(그림 67)에서 알 수 있다.

뉴 EF소나타에서는 M33-3 커넥터의 8번과 18번이 운전석 도어 스위치와, M33-3 커넥터의 9번과 18번이 조수석 도어 스위치와 연결되어 있다. 이 단자 역시 실내 정션박스의 내부에 있으므로 M33-3 커넥터의 8번 단자는 I/P-F 커넥터의 1번 단자로 확인할 수 있고 M33-3 커넥터의 18번 단자는 I/P-F커넥터의 9번 단자로 확인할 수 있으며 M33-3 커넥터의 9번 단자는 I/P-F의 5번 단자로 각각 연결되어 확인할 수 있다. 운전석과 조수석의 도어를 각각 열었다 닫았다 하면서 각 단자의 변화를 살펴본다.

#### [4] 전장제어 ECU 점검

액추에이터도 이상이 없고, 전장제어 ECU의 출력요소와 입력요소가 모두 정상인데도 파워 윈도우 타이머 제어가 정상이 아니라면 마지막으로 전장제어 ECU(ETACM) 자체의 고장이므로 교환 후에 작동 여부를 확인한다.

### 3.3.6. 점화스위치 회수 제어의 고장진단

#### [1] 액추에이터 검사

점화스위치 회수 제어를 위해서는 도어 언록 액추에이터가 정상적으로 작동하여야 한다. 따라서 파워 윈도우 메인 스위치의 도어 록/언록 스위치를 작동시키면서 4개 도어의 도어 록/언록 액추에이터가 정상적으로 작동하는지 검사하면 된다.

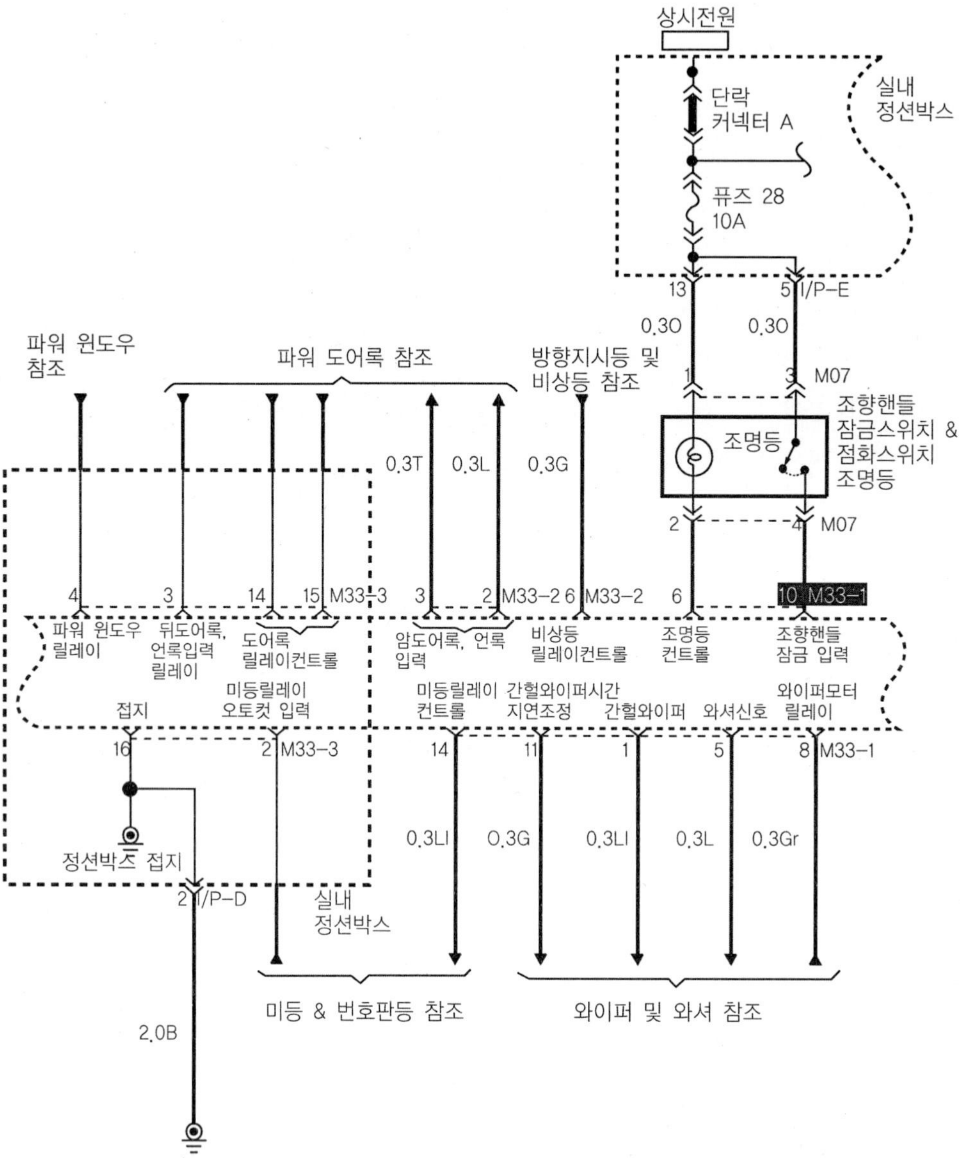


그림 70. 뉴 EF 소나타 ETACS 회로도

[2] 전장제어 ECU 출력검사(그림 71 참조)

점화스위치 회수 제어의 출력단자는 도어 언록 릴레이이다. 차종마다 언록 릴레이의 위치가 조금씩 다르게 되어 있으나 대부분의 경우 실내 정션박스에 위치해 있다. 뉴 EF 소나타에서도 도어 언록 릴레이는 실내 정션박스에 있으며 전장제어 ECU (ETACM)와 M33-3 커넥터의 14번 단자와 연결되어 있다.

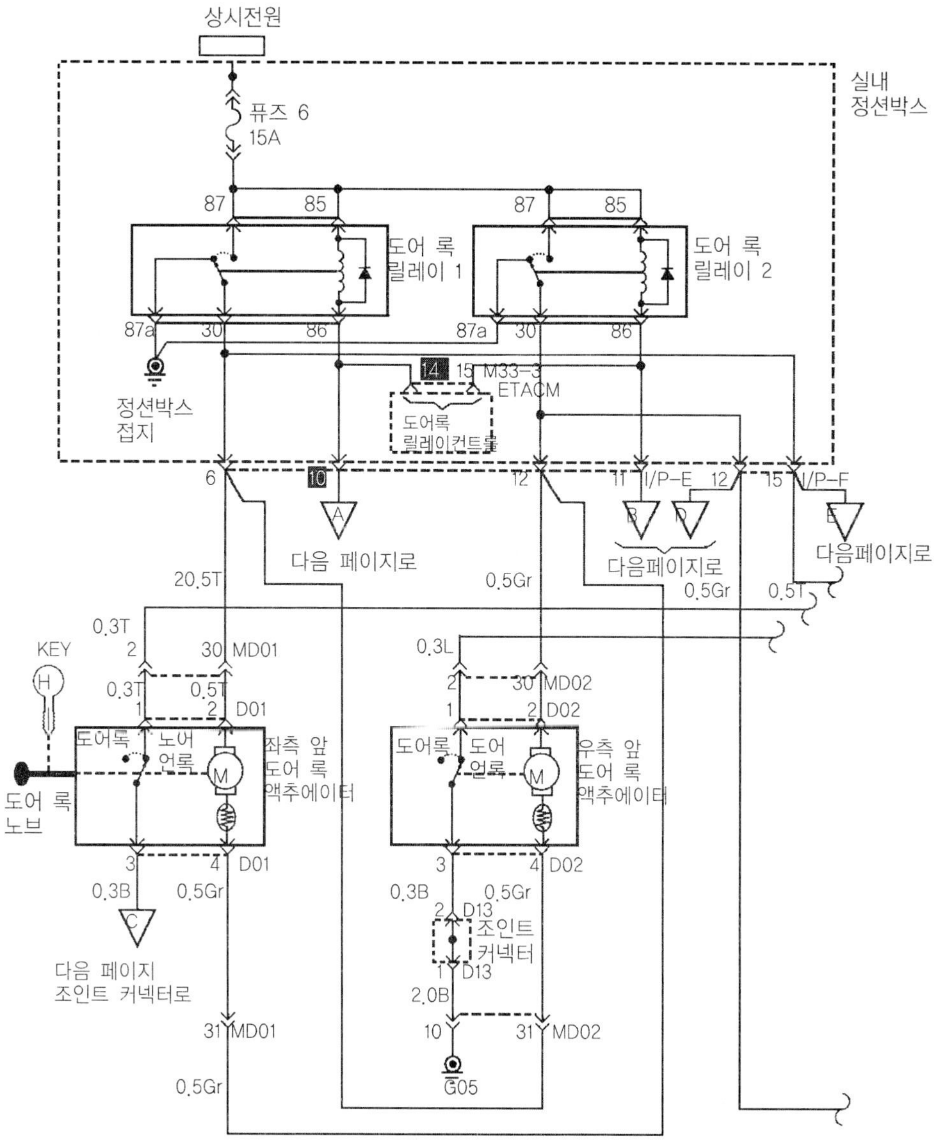


**그림** 71. 뉴 EF 소나타 파워 도어록(1) 회로도

그런데 이 단자도 실내 정션박스의 내부에 위치해 있으므로 이 단자의 확인을 위해서는 실내 정션박스의 I/P-E 커넥터의 10번 단자를 사용할 수 있다. 점화스위치 회수 제어 조건을 만들어 놓은 후에 이 단자가 0V로 강하가 되는 지 확인한다. 즉 점화스위치를 키 박스에 꽂아 놓은 상태에서 운전석 문을 열고 운전석 도어 노브를 작동시켜서 문을 잠근다.

이 조건이 되면 전장제어 ECU(ETACM)은 점화스위치 회수 제어를 위해서 언록 출력을 내보내야 하므로 M33-3 커넥터의 14번 단자를 접지시킨다. 이렇게 되면 실내 정션박스의 I/P-E 커넥터의 10번 단자도 접지가 되어 도어가 언록작동을 하게 된다.

### [3] 전장제어 ECU 입력검사

점화스위치 회수 제어를 위한 입력은 점화스위치 삽입 스위치(조향핸들 잠금 스위치, 조향핸들 잠금 입력), 운전석 도어 스위치, 운전석 도어 록 스위치이다.

#### (1) 점화스위치 삽입 스위치(그림 70 참조)

점화스위치가 키박스에 꽂혀 있는 지의 여부를 알기위한 스위치이다. 보통 조향핸들 잠금스위치, 조향핸들 잠금 입력이라고 부르기도 한다. 뉴 EF소나타에서는 M33-1 커넥터의 10번 단자로 신호가 입력된다. 점화스위치를 키박스에 꽂지 않은 상태에서는 0V가 검지되고 점화스위치를 키박스에 꽂은 상태에서는 12V가 검출되면 정상이다.

#### (2) 운전석 도어 스위치(그림 72 참조)

운전자가 문을 열고 나가려는 것을 검출하기 위한 스위치이다. 또한 점화스위치 회수 제어는 운전석 도어가 열려있는 상태에서만 제어를 한다. 즉 열었다 닫으면 점화스위치 회수 제어는 작동하지 않는다. 뉴 EF소나타에서는 실내등(1) 회로도(그림 67)에서 M33-3 커넥터의 8번과 18번 단자가 0V로 되면 정상이다.

마찬가지로 M33-3 커넥터는 실내 정션박스 내부에 있으므로 그 대신에 I/P-F 커넥터의 1번과 9번 단자를 사용해서 점검할 수 있다. 문이 열렸을 경우에는 0V 닫혔을 경우에는 12V가 출력되면 정상이다.

#### (3) 운전석 도어 록 스위치(그림 72 참조)

운전자가 점화스위치를 키박스에 꽂아 두고 운전석 도어를 열어 놓은 상태에서 운전석 도어 노브를 눌러서 운전석 도어를 잠그려는 것을 검출하기 위한 것이다.

뉴 EF소나타의 파워 도어 록(1), (2) 회로도에서 전장제어 ECU(ETACM)에 입력되는 단자는 M33-1 커넥터의 3번 단자이다. 도어 언록 상태에서는 0V가 검지되고 도어 록 상태에서는 5V가 검출되면 정상이다.

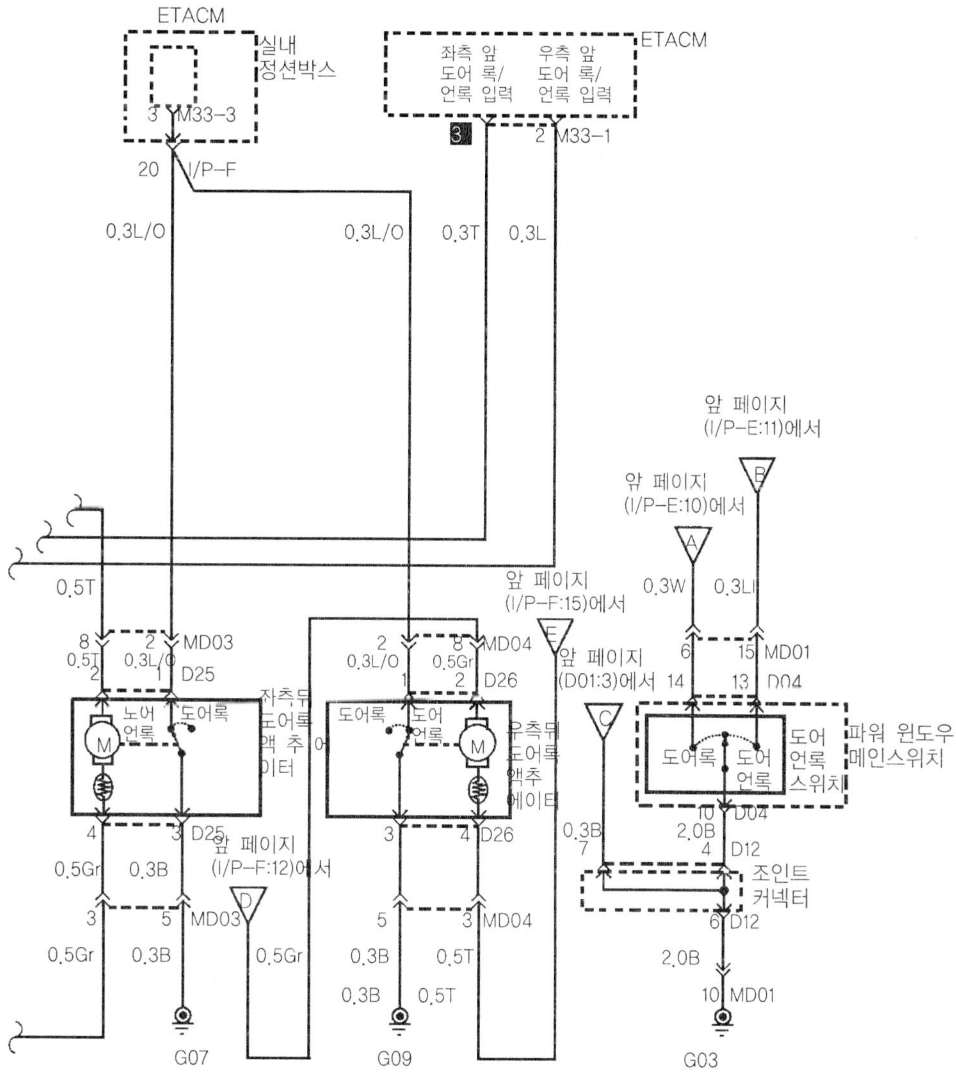


그림 72. 뉴 EF 소나타 파워 도어록(2) 회로도

### [4] 전장제어 ECU 점검

액추에이터도 이상이 없고, 전장제어 ECU의 출력요소와 입력요소가 모두 정상인데도 점화스위치 회수 제어가 정상이 아니라면 마지막으로 전장제어 ECU(ETACM) 자체의 고장이므로 교환 후에 작동 여부를 확인한다.

### 3.3.7. 안전벨트 경고등 타이머 제어의 고장진단

#### [1] 액추에이터 검사

우선 안전벨트 경고등이 동작하려면 점화스위치를 OFF상태에서 돌려서 기관시동을 걸어야 한다. 이 때 경고등이 점멸한다. 만약 경고등이 점멸하지 않으면 경고등의 입력단자와 출력단자를 점검해야 한다.

#### [2] 전장제어 ECU 출력검사(그림 73 참조)

경고등의 입·출력단자를 점검하기 위해서는 먼저 경고등에 전원이 공급되는지 살펴본다.

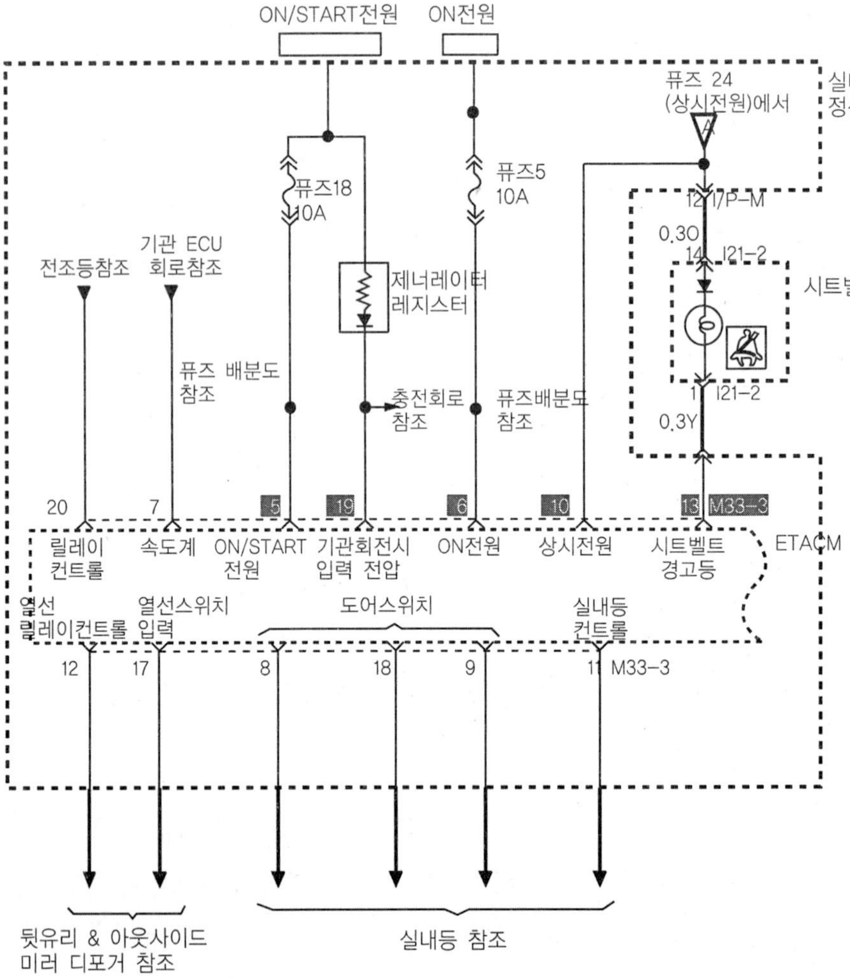


그림 73. 뉴 EF 소나타 ETACS(1) 회로도

뉴 EF소나타에서는 ETACM회로(1)에 보면 I/P-M 커넥터의 1번 단자에 축전지 전압 12V가 공급되면 경고등과 전장제어 ECU(ETACM)에 상시 전원이 공급됨을 알 수 있다.

경고등의 출력단자는 ETACM회로(1)에 보면 전장제어 ECU(ETACM)의 M33-3 커넥터의 13번 단자로서 실내 정션박스의 내부에 있으므로 이 단자를 대신하여 I/P-L 커넥터의 10번 단자가 0V로 접지되는지 확인한다.

### [3] 전장제어 ECU 입력검사(그림 74 참조)

안전벨트 경고등 제어의 입력신호인 IG1 신호가 정상적으로 입력되고 있는지 확인하여야 한다.

뉴 EF소나타에서는 ETACM회로(1)에 보면 M33-3 커넥터의 5번 단자에 IG1 신호가 입력되는데 이것은 실내 정션박스의 내부 단자이므로 다시 전원배분 회로도(그림 74)를 살펴보면 실내 정션박스의 I/P-D 커넥터의 3번 단자에서 IG1 신호를 확인할 수 있다. 점화스위치를 OFF상태에서 기관 시동을 걸면서 단자 전압이 0V에서 12V로 변하면 정상이다.

### [4] 전장제어 ECU 점검

액추에이터도 이상이 없고, 전장제어 ECU의 출력요소와 입력요소가 모두 정상인데도 안전벨트 경고등 타이머 제어가 정상이 아니라면 마지막으로 전장제어 ECU(ETACM) 자체의 고장이므로 교환 후에 작동 여부를 확인한다.

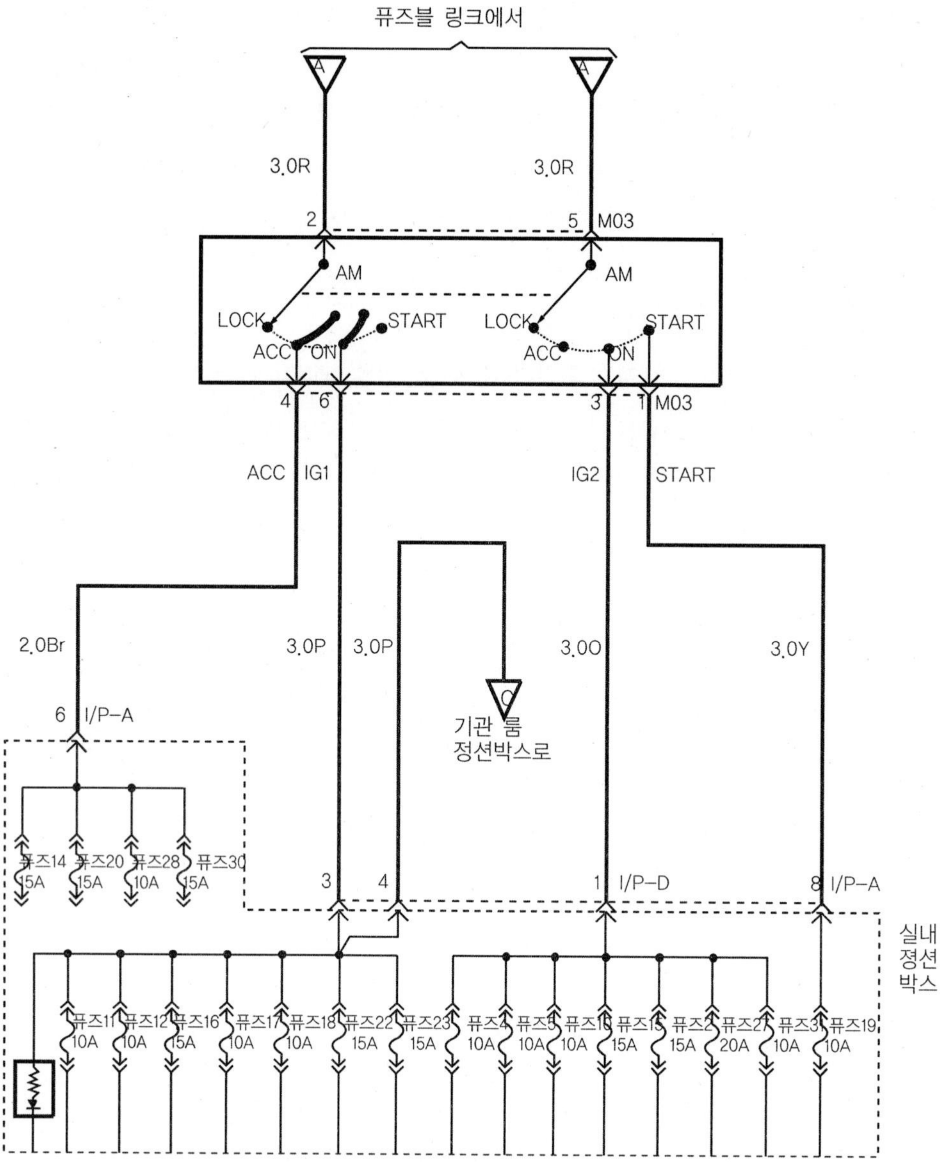


그림 74. 뉴 EF 소나타 전원 배분 회로도

## 3.3.8. 중앙 집중식 도어 록 제어의 고장진단

### [1] 액추에이터 검사

중앙 집중식 도어 록 제어를 위해서는 도어 록/언록 액추에이터가 정상적으로 작동하여야 한다. 따라서 파워 윈도우 메인 스위치의 도어 록/언록 스위치를 작동시키면서 4개 도어의 도어 록/언록 액추에이터가 정상적으로 작동하는지 검사하면 된다.

이렇게 하면 ETACM의 문제가 있어서 도어록/언록이 되지 않는 것인지 아니면 액추에이터에 문제가 있는 것인지 알 수가 있게 된다.

운전석 도어에 있는 이 파워 윈도우 메인 스위치의 도어 록/언록 스위치는 다음 페이지의 회로도를 잘 살펴보면 알 수 있는 것처럼 전장제어 ECU(ETACM)과 관계없이 4개의 도어를 록 또는 언록시킬 수 있도록 되어 있다. 즉 전장제어 ECU(ETACM)이 고장이 나도 파워 윈도우 메인 스위치의 도어 록/언록 스위치를 작동시키면 4개 도어는 록/언록이 된다.

### [2] 전장제어 ECU 출력검사(그림 75 참조)

중앙 집중식 도어 록 제어의 출력단자는 도어 록 릴레이와 도어 언록 릴레이이다. 차종 마다 언록 릴레이의 위치가 조금씩 다르게 되어 있으나 대부분의 경우 실내 정션박스에 위치해 있다.

뉴 EF소나타에서도 도어 록 릴레이와 도어 언록 릴레이는 실내 정션박스에 있으며 전장제어 ECU(ETACM)와 M33-3 커넥터의 15번 단자는 도어 록 릴레이와 연결되어 있고 M33-3 커넥터의 14번 단자는 도어 언록 릴레이와 연결되어 있다. 그런데 이 단자도 실내 정션박스의 내부에 위치해 있으므로 이 단자의 확인을 위해서는 실내 정션박스의 I/P-E 커넥터의 12번 단자와 10번 단자를 사용할 수 있다. 운전석에서 도어 록 노브를 사용하여 도어를 록 시키면서 I/P-E 커넥터의 12번 단자가 0V로 변하는지 확인하여 본다.

다시 도어 록 노브를 사용하여 도어를 언록시키면서 I/P-E 커넥터의 10번 단자가 0V로 변하는지 확인한다. 이번에는 차량 바깥에서 시동키를 사용하여 운전석 또는 조수석의 도어를 록 시키면서 I/P-E커넥터의 12번과 10번 단자가 0V로 변하는지 확인한다. 강제 구동시험을 위해서는 I/P-E커넥터의 12번과 10번 단자를 차체에 접지시키면서 4개 도어가 록/언록이 되는지 살펴보면 된다.

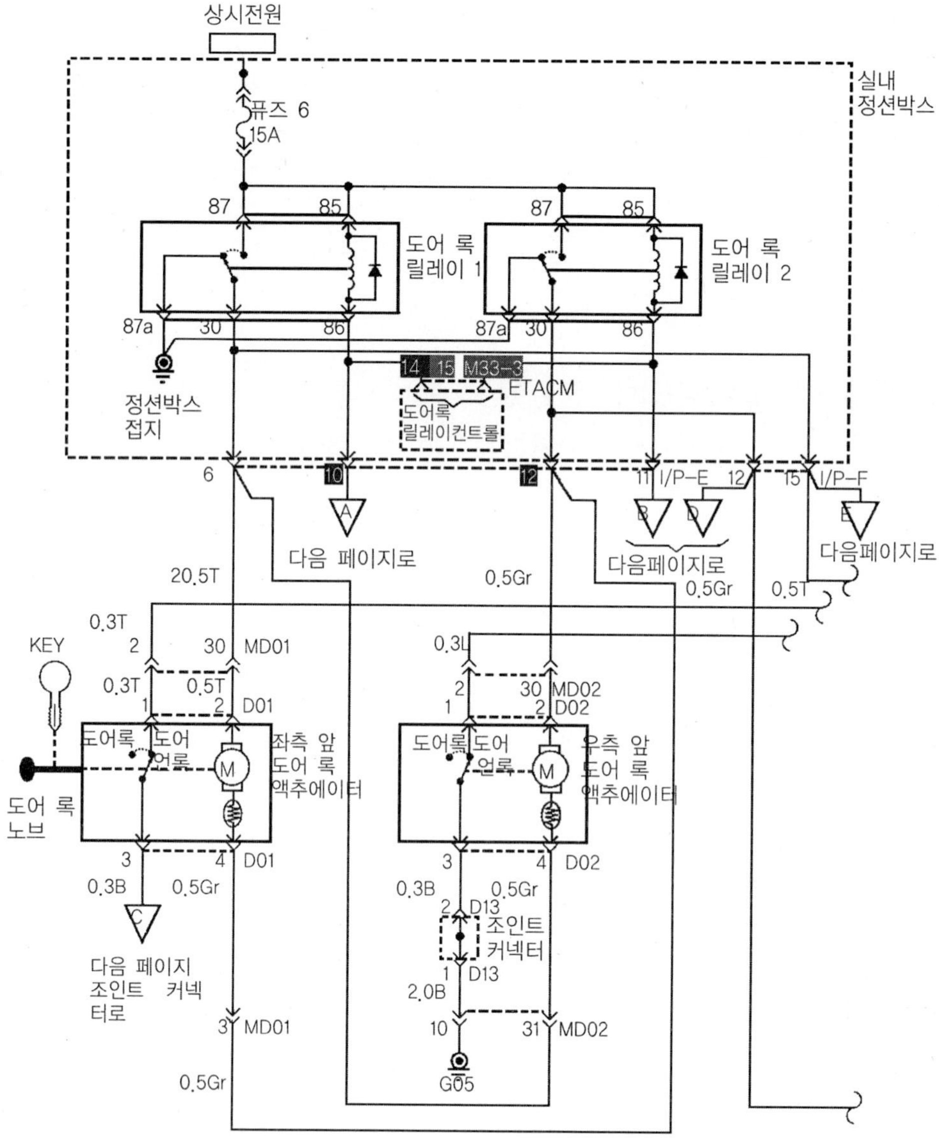


**그림 75. 뉴 EF소나타 파워 도어록(1) 회로도**

## [3] 전장제어 ECU 입력검사

중앙 집중식 도어 록 제어를 위한 입력은 운전석 도어 록 스위치, 조수석 도어 록 스위치이다.

(1) 운전석 도어 록/언록 스위치(그림 76 참조)

운전석 도어 노브를 눌러서 4개 전체 도어를 록/언록시키려는 것을 검출하기 위한 것이다. 뉴 EF소나타의 파워 도어록(1), (2) 회로도에서 전장제어 ECU (ETACM)에 입력되는 단자는 M33-1 커넥터의 3번 단자이다. 도어 언록 상태에서는 0V가 검지되고 도어 록 상태에서는 5V가 검출되면 정상이다.

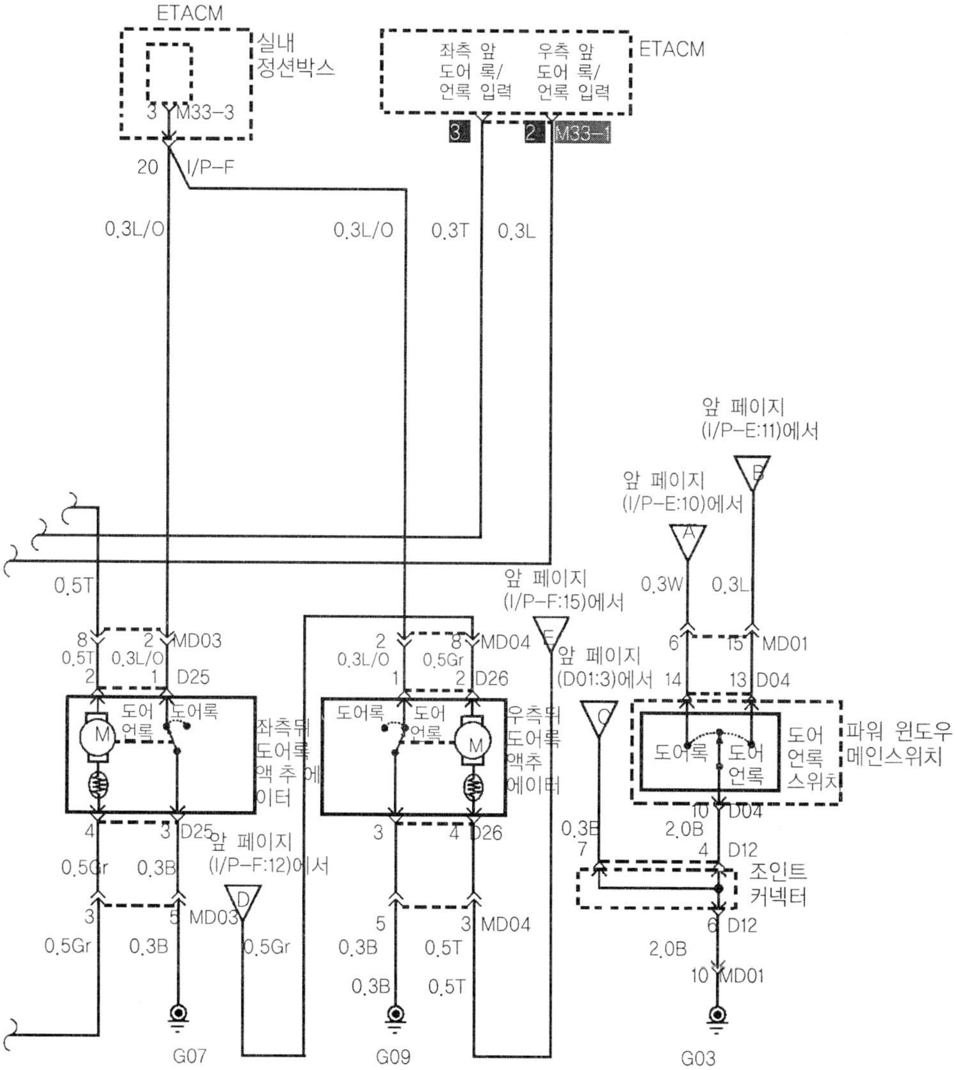

그림 76. 뉴 EF 소나타 파워 도어록(2) 회로도

(2) 조수석 도어 록, 언록 스위치(그림 76 참조)

조수석 도어 노브를 눌러서 4개 전체 도어를 록/언록 시키려는 것을 검출하기 위한 것이다. 뉴 EF소나타의 파워 도어록(1), (2) 회로도에서 전장제어 ECU(ETACM)에 입력되는 단자는 M33-1 커넥터의 2번 단자이다. 도어 언록 상태에서는 0V가 검지되고 도어 록 상태에서는 5V가 검지되면 정상이다.

(3) 전장제어 ECU 점검

액추에이터도 이상이 없고, 전장제어 ECU의 출력요소와 입력요소가 모두 정상인데도 중앙 집중식 도어 록 제어가 정상이 아니라면 마지막으로 전장제어 ECU(ETACM) 자체의 고장이므로 교환 후에 작동 여부를 확인한다.

### 3.3.9. 미등 자동 소등제어의 고장진단

[1] 액추에이터 검사

우선 미등이 정상적으로 동작하는지 확인하려면 미등 스위치(라이트 1단)를 ON/ OFF 하면서 미등이 정상적으로 동작시켜본다. 만약 차량의 모든 미등이 켜지지 않으면 전체 미등 퓨즈, 전원 공급 라인을 점검하고 임의의 미등 한 두개가 켜지지 않으면 그 켜지지 않는 미등의 전구, 회로도의 부분 미등 퓨즈 등을 확인한다.

[2] 전장제어 ECU 출력검사

미등 자동 소등조건을 설정한 후 미등 릴레이가 정상적으로 제어되는지 확인한다. 즉 미등을 켜놓은 상태에서 점화스위치를 OFF시키고 키 박스에서 뽑은 후에 운전석도어를 열면 미등 릴레이가 OFF로 작동하는지 확인하면 된다.

뉴 EF소나타에서는 미등 & 번호판등(1)에서 전장제어 ECU(ETACM)과 미등릴레이가 실내 정션박스에서 내부적으로 연결되어 있으므로 미등 릴레이의 접지 단자의 변화를 확인할 수는 없다. 따라서 미등 릴레이의 출력단자를 확인하면 된다. 예를 들어 실내 정션박스의 I/P-E 커넥터의 15번 단자가 미등 릴레이가 OFF 상태로 변할 때 0V로 변하는지 확인하면 된다.

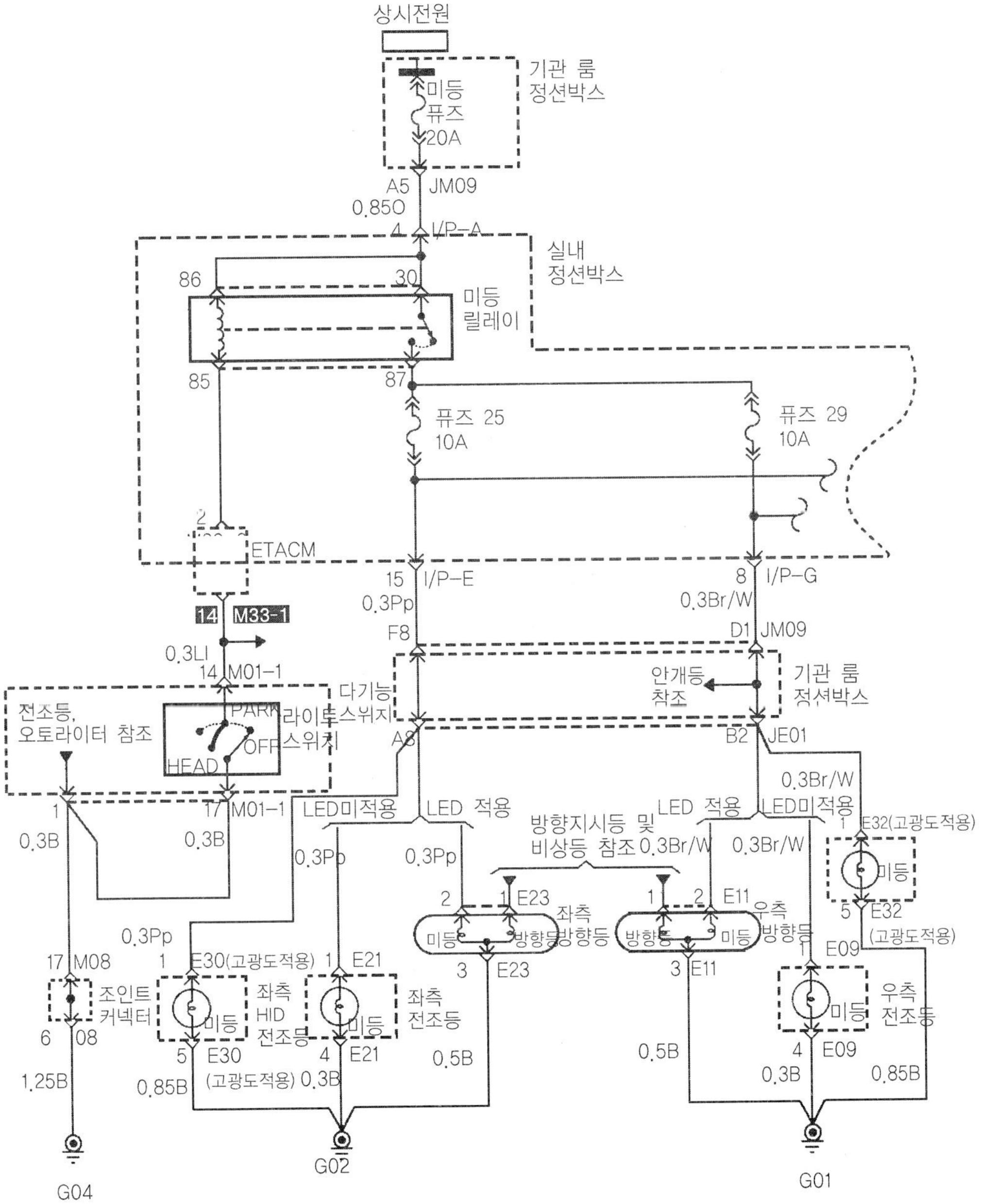


그림 77. 뉴 EF 소나타 미등 & 방향지시등(1) 회로도

## [3] 전장제어 ECU 입력검사

### (1) 점화스위치(그림 78 참조)

점화스위치는 전원배분도 회로도를 참고하여 IG1 신호가 입력되는 실내 정션박스의 단자를 확인하면 된다. 점화스위치를 OFF시켰다가 기관시동을 걸면서 단자 전압의 변화를 살펴본다. OFF상태에서는 0V, 시동을 걸면 12V가 되면 정상이다.

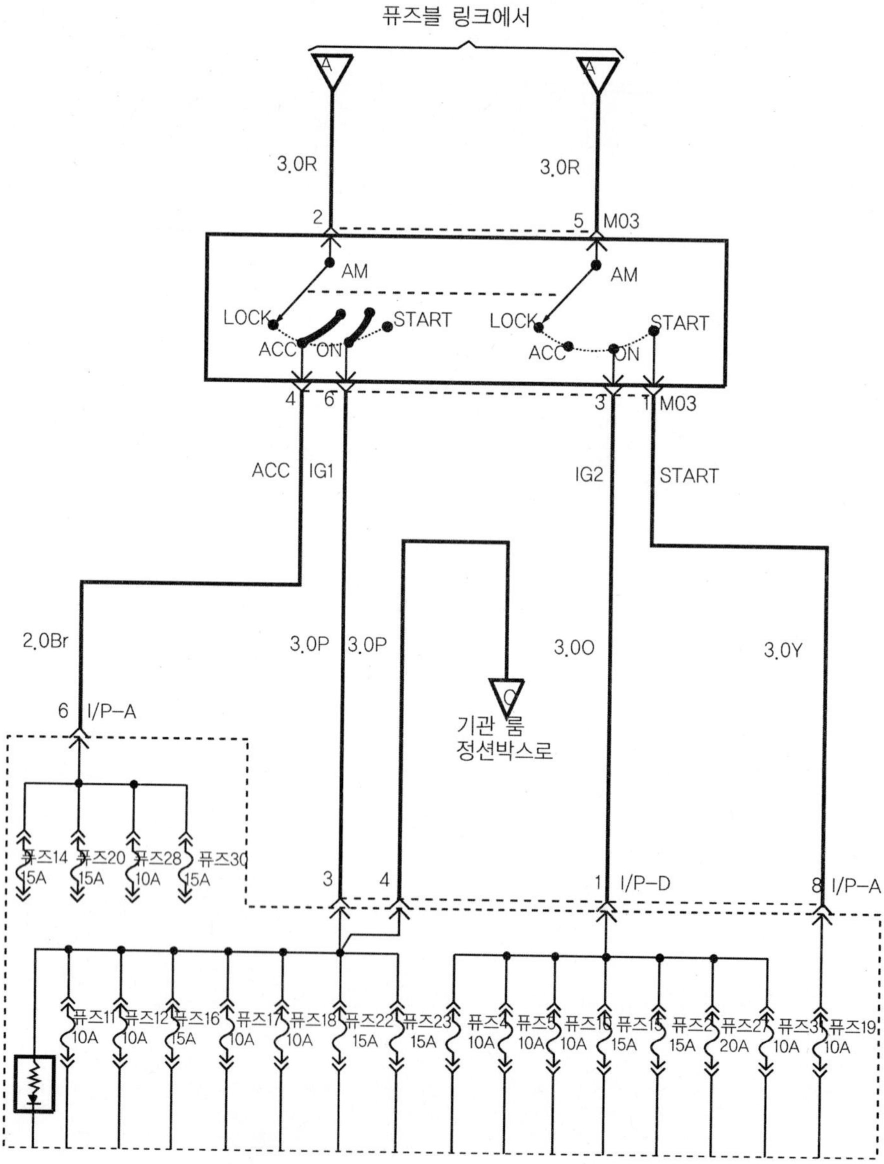


**그림** 78. 뉴 EF 소나타 전원 배분 회로도

뉴 EF소나타에서는 전원배분도 회로도에서 실내 정션박스의 I/P-A의 3번 단자를 통해서 퓨즈를 통한 후 전장제어 ECU(ETACM)으로 IG1 신호가 들어오므로 실내 정션박스의 I/P-A의 3번 단자를 확인하면 된다.

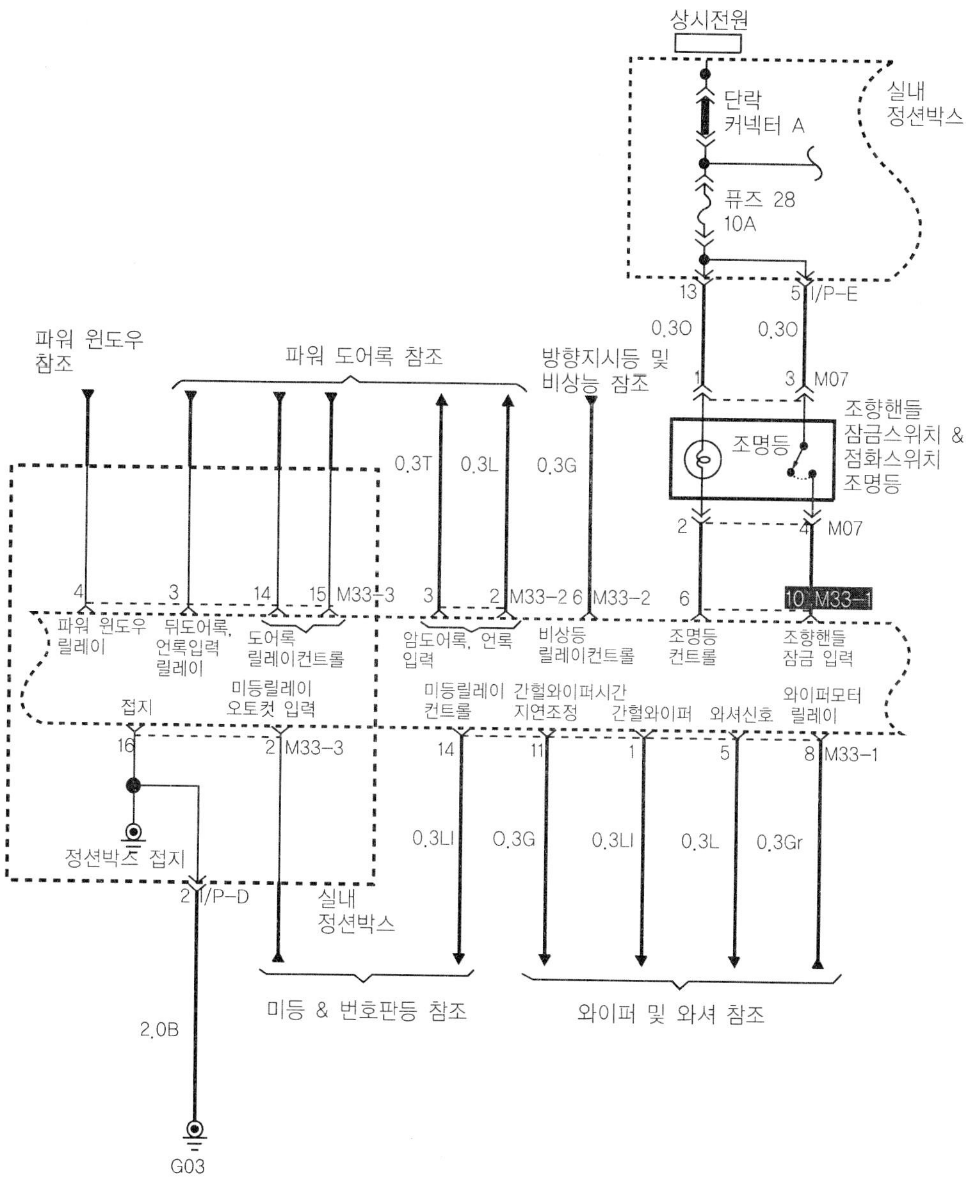


그림 79. 뉴 EF 소나타 ETACS 회로도

(2) 점화스위치 삽입 스위치(그림 79 참조)

이것은 점화스위치가 키 박스에 꽂혀 있는 지의 여부를 알기위한 스위치이다. 보통 조향핸들 잠금 스위치, 조향핸들 잠금 입력 이라고 부르기도 한다. 뉴 EF소나타에서는 전장제어 ECU(ETACM) 회로도(2)에서 보면 M33-1 커넥터의 10번 단자로 신호가 입력된다. 점화스위치를 키 박스에 꽂지 않은 상태에서는 0V가 검지되고 점화스위치를 키 박스에 꽂은 상태에서는 12V가 검출되면 정상이다.

(3) 미등 스위치(그림 77 참조)

다기능 스위치에서 미등스위치를 올리면 이 신호가 전장제어 ECU(ETACM)으로 입력된다. 미등 스위치를 ON시키면 0V, OFF시켰을 때 5V로 변화되면 정상이다. 뉴 EF소나타에서 미등 & 번호판등(1) 회로도에서 보면 M33-1 커넥터의 14번 단자로 신호가 입력된다. 따라서 미등 스위치를 ON, OFF시키면서 M33-1 커넥터의 14번 단자가 0V에서 5V로 변화되는지 확인하면 된다.

(4) 운전석 도어 스위치(그림 67 참조)

운전자가 문을 열고 나가려는 것을 검출하기 위한 스위치이다. 뉴 EF소나타에서는 실내등(1) 회로도에서 M33-3 커넥터의 8번과 18번 단자가 0V로 되면 정상이다. 마찬가지로 M33-3 커넥터는 실내 정션박스 내부에 있으므로 그 대신에 I/P-F 커넥터의 1번과 9번 단자를 사용해서 점검할 수 있다. 문이 열렸을 경우에는 0V 닫혔을 경우에는 12V가 출력되면 정상이다.

[4] 전장제어 ECU 점검

액추에이터도 이상이 없고, 전장제어 ECU의 출력요소와 입력요소가 모두 정상인데도 미등 자동 소등제어가 정상이 아니라면 마지막으로 전장제어 ECU(ETACM) 자체의 고장이므로 교환 후에 작동 여부를 확인한다.

### 3.3.10. 오토 도어록 제어의 고장진단

[1] 액추에이터 검사

오토 도어 록 제어를 위해서는 도어 록/언록 액추에이터가 정상적으로 작동하여야 한다.

따라서 파워 윈도우 메인 스위치의 도어 록/언록 스위치를 작동시키면서 4개 도어의 도어 록/언록 액추에이터가 정상적으로 작동하는지 검사하면 된다. 이렇게 하면 ETACM의 문제가 있어서 도어록/언록이 되지 않는 것인지 아니면 액추에이터에 문제가 있는 것인지 알 수가 있게 된다.

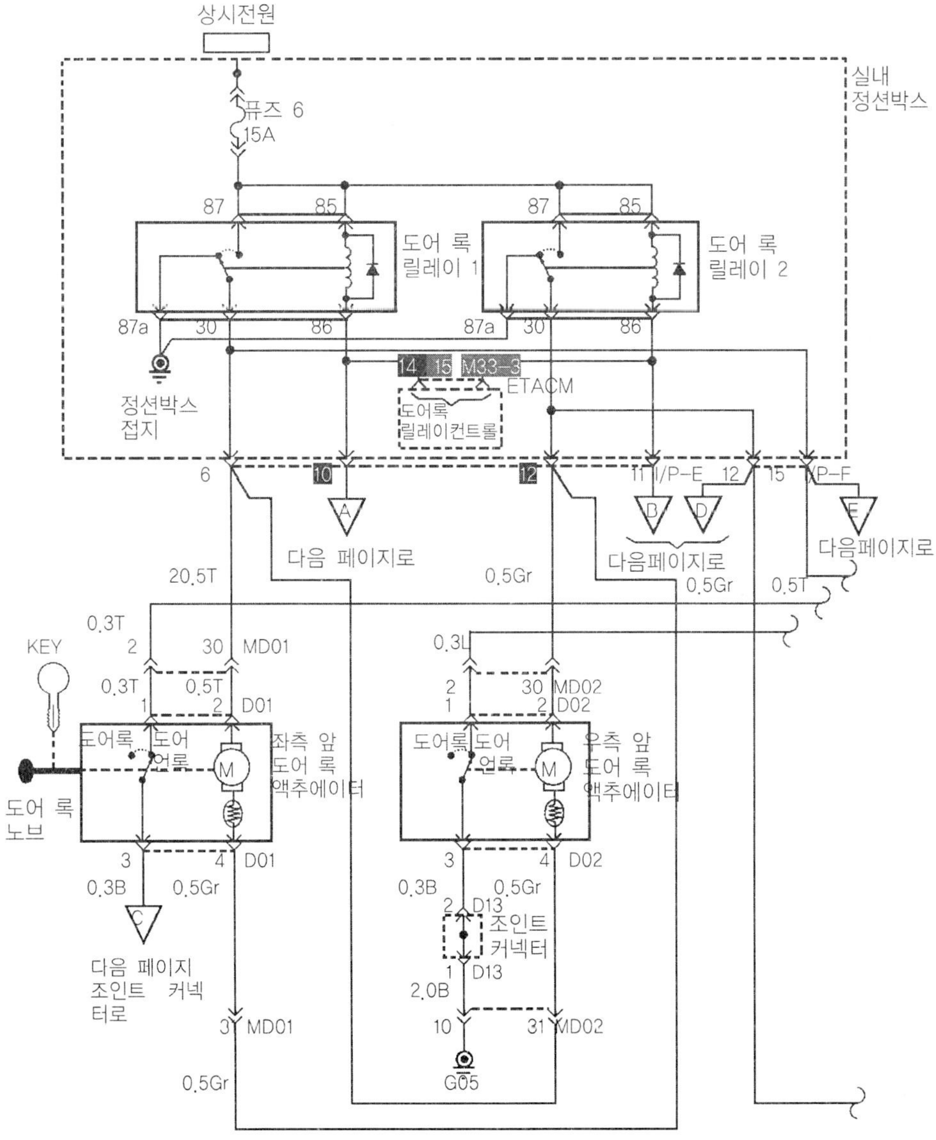


그림 80. 뉴 EF 소나타의 파워 도어록(1) 회로도

운전석 도어에 있는 이 파워 윈도우 메인 스위치의 도어 록/언록 스위치는 전장제어 ECU(ETACM)과 관계없이 4개의 도어를 록 또는 언록 시킬 수 있도록 되어 있다. 즉 전자제어 ECU(ETACM)이 고장이 나도 파워 윈도우 메인 스위치의 도어 록/언록 스위치를 작동시키면 4개 도어는 록/언록이 된다.

### [2] 전장제어 ECU 출력검사(그림 80 참조)

오토 도어 록 제어의 출력단자는 도어 록 릴레이이다. 차종 마다 록 릴레이의 위치가 조금씩 다르게 되어 있으나 대부분의 경우 실내 정션박스에 위치해 있다. 뉴 EF소나타에서도 도어 록 릴레이는 실내 정션박스에 있으며 전장제어 ECU (ETACM)와 M33-3 커넥터의 15번 단자는 도어 록 릴레이와 연결되어 있다. 그런데 이 단자도 실내 정션박스의 내부에 위치해 있으므로 이 단자의 확인을 위해서는 실내 정션박스의 I/P-E 커넥터의 12번 단자를 사용할 수 있다.

운전석에서 도어 록 노브를 사용하여 도어를 록 시키면서 I/P-E 커넥터의 12번 단자가 0V로 변하는지 확인하여 본다. 이번에는 차량 바깥에서 시동키를 사용하여 운전석 또는 조수석의 도어를 록 시키면서 I/P-E커넥터의 12번가 0V로 변하는지 확인한다. 강제구동시험을 위해서는 I/P-E커넥터의 12번 단자를 차체에 접지시키면서 4개 도어가 록/언록이 되는지 살펴보면 된다.

### [3] 전장제어 ECU 입력검사

오토 집중식 도어 록 제어를 위한 입력은 운전석 도어 록 스위치, 조수석 도어 록 스위치이다. 운전석 뒤 도어 록 스위치, 조수석 뒤 도어 록 스위치, 차속센서이다.

#### (1) 운전석 도어 록/언록 스위치(그림 81 참조)

운전석 도어가 록 상태인지, 언록 상태인지를 검출하기 위한 것이다. 뉴 EF소나타의 파워 도어록(1), (2) 회로도에서 전장제어 ECU(ETACM)에 입력되는 단자는 M33-1 커넥터의 3번 단자이다. 도어 언록 상태에서는 0V가 검출되고 도어 록 상태에서는 5V가 검출되면 정상이다.

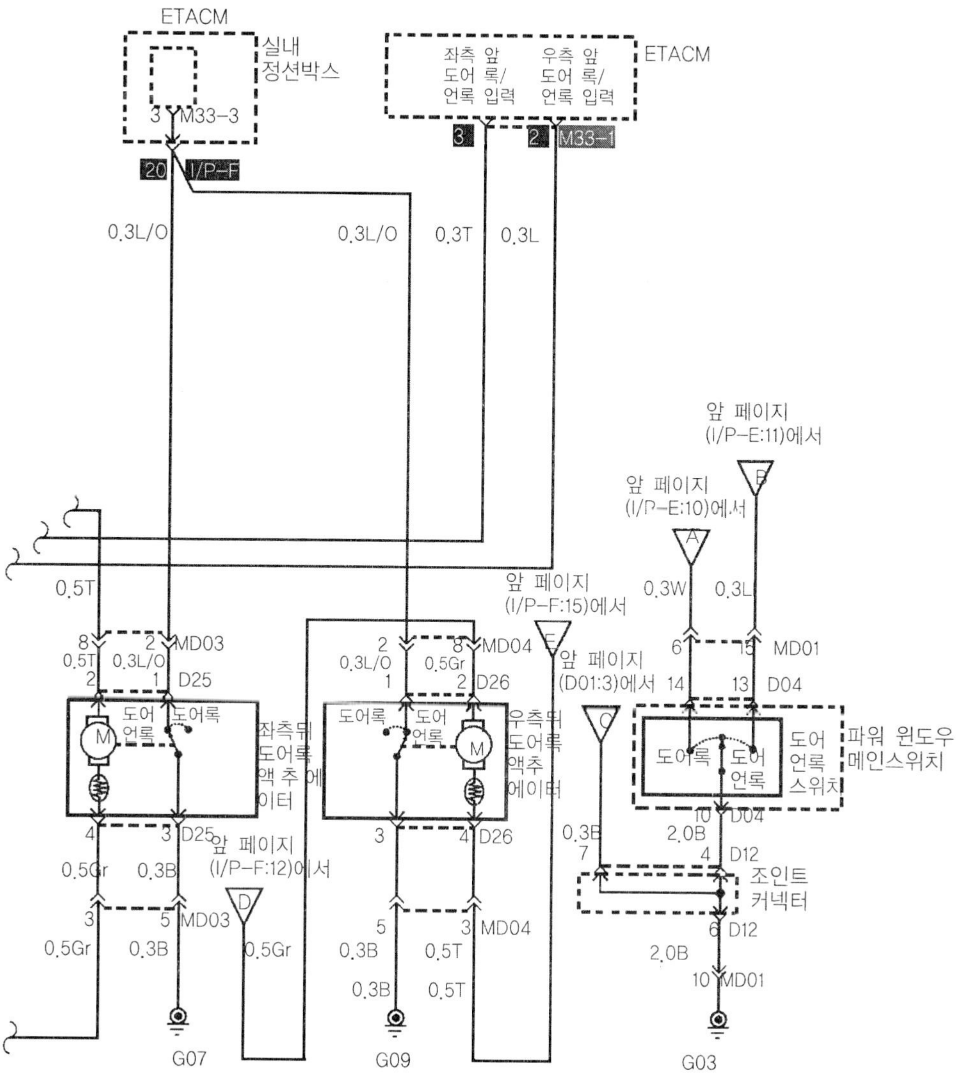


그림 81. 뉴 EF 소나타의 파워 도어록(2) 회로도

### (2) 조수석 도어 록/언록 스위치(그림 81 참조)

조수석 도어가 록 상태인지, 언록 상태인지를 검출하기 위한 것이다. 뉴 EF소나타의 파워 도어록(1), (2) 회로도에서 전장제어 ECU(ETACM)에 입력되는 단자는 M33-1 커넥터의 2번 단자이다.

도어 언록 상태에서는 0V가 검출되고 도어 록 상태에서는 5V가 검출되면 정상이다.

(3) 운전석 뒤 도어 록/언록 스위치(그림 81 참조)

운전석 뒤 도어가 록 상태인지, 언록 상태인지를 검출하기 위한 것이다. 뉴 EF소나타의 파워 도어록(1), (2) 회로도에서 전장제어 ECU(ETACM)에 입력되는 단자는 M33-3 커넥터의 3번 단자이다. 이 단자는 실내 정션박스의 내부에 설치되어 있어서 점검할 수 없으므로 실내 정션박스의 I/P-F의 20번 단자를 통해서 점검할 수 있다. 도어 언록상태에서는 0V가 검출되고 도어 록 상태에서는 5V가 검출되면 정상이다.

(4) 조수석 뒤 도어 록/언록 스위치(그림 81 참조)

조수석 뒤 도어가 록 상태인지, 언록 상태인지를 검출하기 위한 것이다. 운전석 뒤도어 록/언록 스위치와 병렬로 연결되어 있으며 보통 한 개의 단자에서 운전석 뒤 도어 록 스위치와 조수석 뒤 도어 록 스위치를 함께 검출하고 있다.

뉴 EF소나타의 파워 도어록(1), (2) 회로도에서 전장제어 ECU(ETACM)에 입력되는 단자는 M33-3 커넥터의 3번 단자이다. 이 단자는 실내 정션박스의 내부에 설치되어 있어서 점검할 수 없으므로 실내 정션박스의 I/P-F의 20번 단자를 통해서 점검할 수 있다. 도어 언록 상태에서는 0V가 검출되고 도어 록 상태에서는 5V가 검출되면 정상이다.

(5) 차속 센서(그림 82 참조)

차량의 속도를 전장제어 ECU(ETACM)이 입력받기 위한 것으로 차량의 속도에 따라서 펄스 파형이 다르게 변화한다. 차속이 증가할수록 차속센서의 주파수가 높아지면 정상이다.

뉴 EF소나타의 차속센서(1) 회로도를 보면 차속센서의 입력이 M33-3 커넥터의 7번 단자로 입력이 되나 이 단자는 실내 정션박스의 내부에 있는 단자이므로 실내 정션박스의 I/P-G의 16번 단자를 통해서 확인할 수 있다. 입력신호가 펄스파 이므로 멀티테스터 등으로는 검출하기가 어려우므로 HI-SCAN, HI-DS 등의 진단 장비를 사용하여 오실로스코프 파형으로 측정하여야 한다.

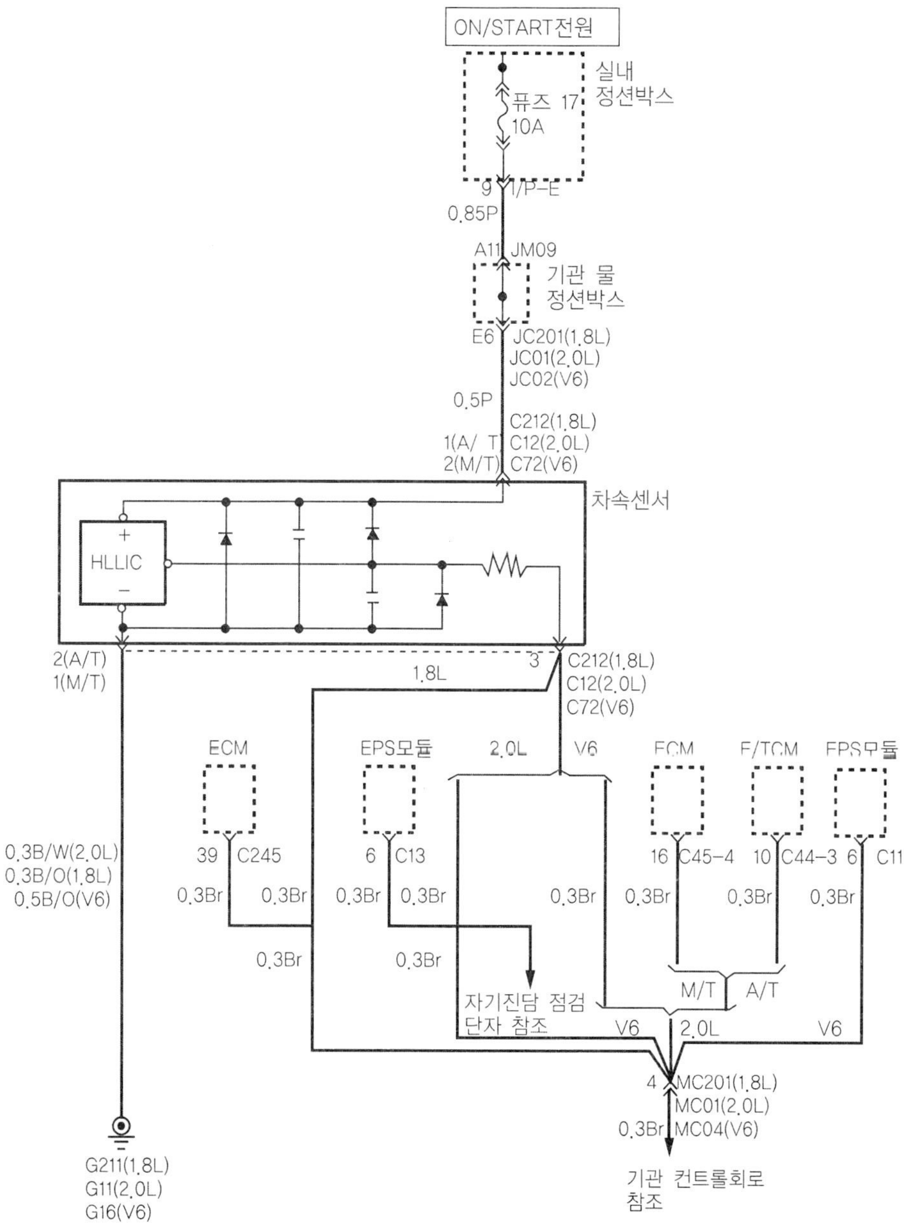


그림 82. 뉴 EF 소나타의 차속센서 회로도

### [4] 전장제어 ECU 점검

액추에이터도 이상이 없고, 전장제어 ECU의 출력요소와 입력요소가 모두 정상인데도 차속 감응 도어 록 제어가 정상이 아니라면 마지막으로 전장제어 ECU (ETACM) 자체의 고장이므로 교환 후에 작동여부를 확인한다.

### 3.3.11. 점화스위치 홀 조명제어의 고장진단

#### [1] 액추에이터 검사

우선 키 홀 조명등의 동작여부를 확인하기 위해서 점화스위치를 OFF상태에 놓은 후 운전석 도어를 열었다가 닫는다. 이때 점화스위치 홀 조명이 작동하는지 살펴본다.

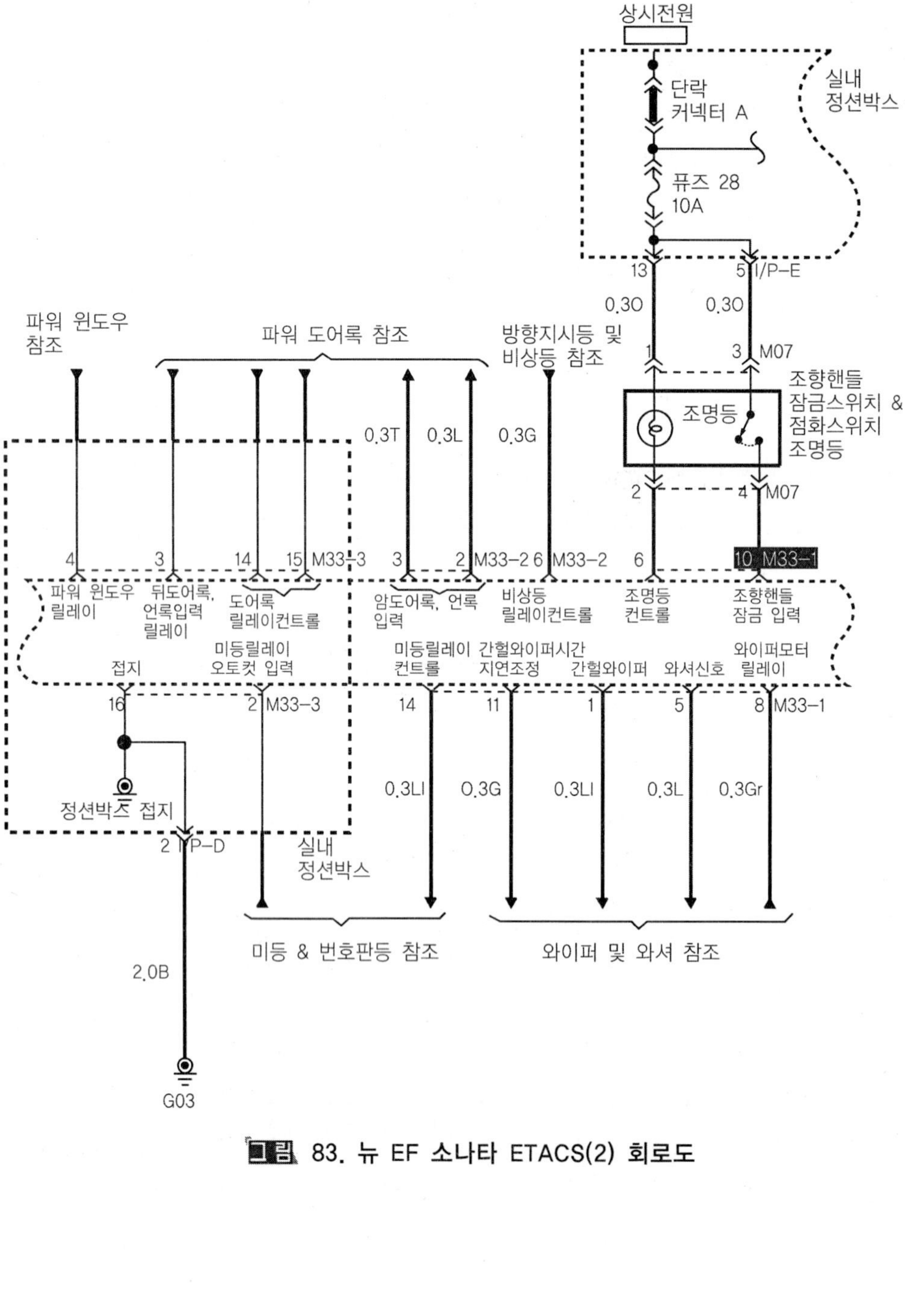


그림 83. 뉴 EF 소나타 ETACS(2) 회로도

### [2] 전장제어 ECU 출력검사(그림 83 참조)

점화스위치 홀 조명등제어를 위한 전장제어 ECU(ETACM)의 출력요소는 키 홀 조명등이다. 만약 조명등이 작동하지 않으면 조명등의 전원입력 라인과 전장제어 ECU(ETACM)의 접지 라인을 검사한다.

뉴 EF소나타에서는 ETACM회로(2)에서 보면 점화스위치 조명등회로의 전원 입력라인은 실내 정션박스의 I/P-E 커넥터의 13번 단자를 점검하면 되고, 접지 라인은 M33-1 커넥터의 6번 단자를 확인하면 된다. M33-1 커넥터의 6번 단자가 키 홀 조명등 점등시에는 0V로 되고 소등시에는 12V로 되면 정상이다.

### [3] 전장제어 ECU 입력검사

점화스위치 키 홀 조명등 제어를 위한 전장제어 ECU의 입력요소는 점화스위치, 운전석 도어 스위치이다.

#### (1) 점화스위치(그림 84 참조)

점화스위치는 전원배분도 회로도를 참고하여 IG1 신호가 입력되는 실내 정션박스의 단자를 확인하면 된다. 점화스위치를 OFF시켰다가 기관 시동을 걸면서 단자 전압의 변화를 살펴본다. OFF상태에서는 0V, 시동을 걸면 12V가 되면 정상이다.

뉴 EF소나타에서는 전원배분도 회로도에서 실내 정션박스의 I/P-A의 3번 단자를 통해서 퓨즈를 통한 후 전장제어 ECU(ETACM)으로 IG1 신호가 들어오므로 실내 정션박스의 I/P-A의 3번 단자를 확인하면 된다.

#### (2) 운전석 도어 스위치(그림 85 참조)

운전자가 문을 열고 나가려는 것을 검지하기 위한 스위치이다.

뉴 EF소나타에서는 실내등(1) 회로도에서 M33-3 커넥터의 8번과 18번 단자가 0V로 되면 정상이다. 마찬가지로 M33-3 커넥터는 실내 정션박스 내부에 있으므로 그 대신에 I/P-F 커넥터의 1번과 9번 단자를 사용해서 점검할 수 있다. 문이 열렸을 경우에는 0V 닫혔을 경우에는 12V가 출력되면 정상이다.

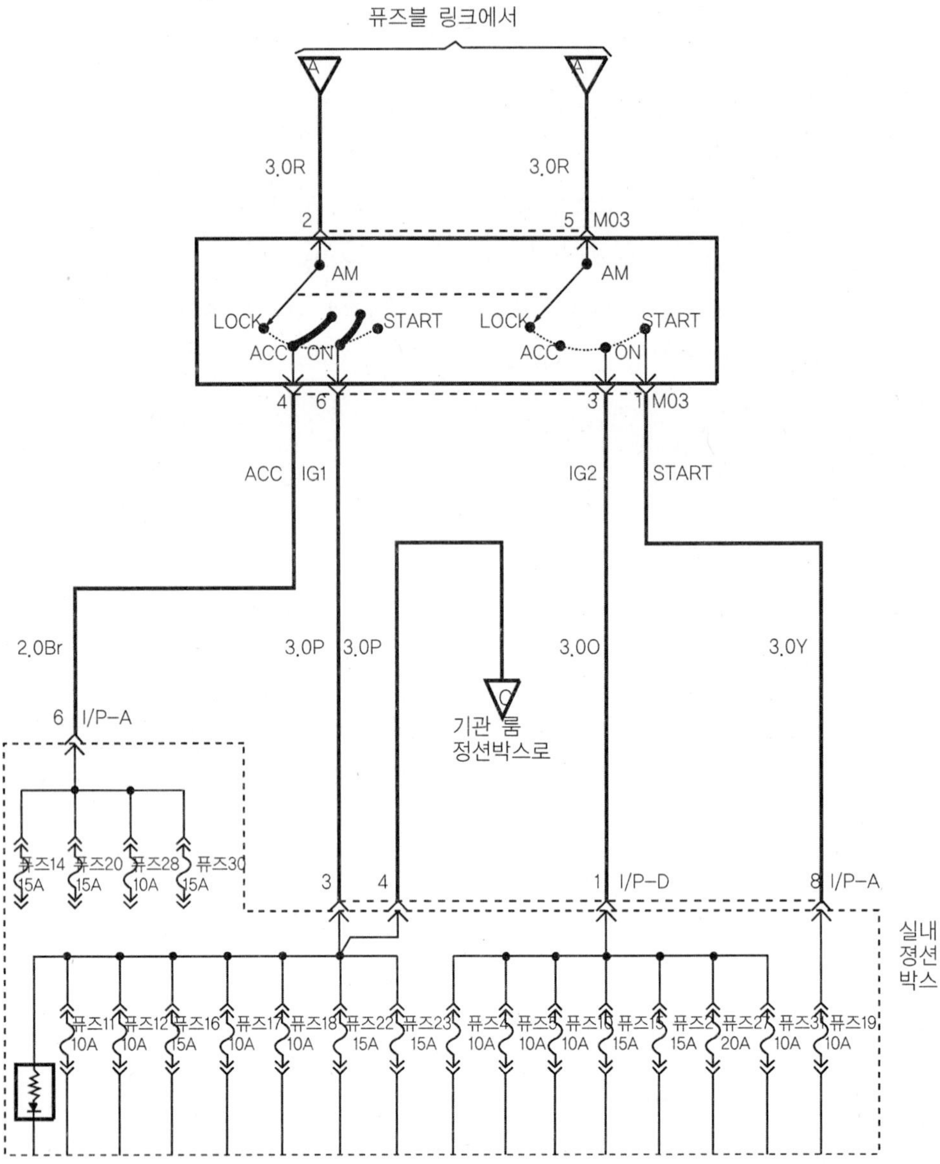


그림 84. 뉴 EF 소나타 전원 배분 회로도

[4] 전장제어 ECU 점검

액추에이터도 이상이 없고, 전장제어 ECU의 출력요소와 입력요소가 모두 정상인데도 시동 키 홀 조명등 제어가 정상이 아니라면 마지막으로 전장제어 ECU(ETACM) 자체의 고장이므로 교환 후에 작동 여부를 확인한다.

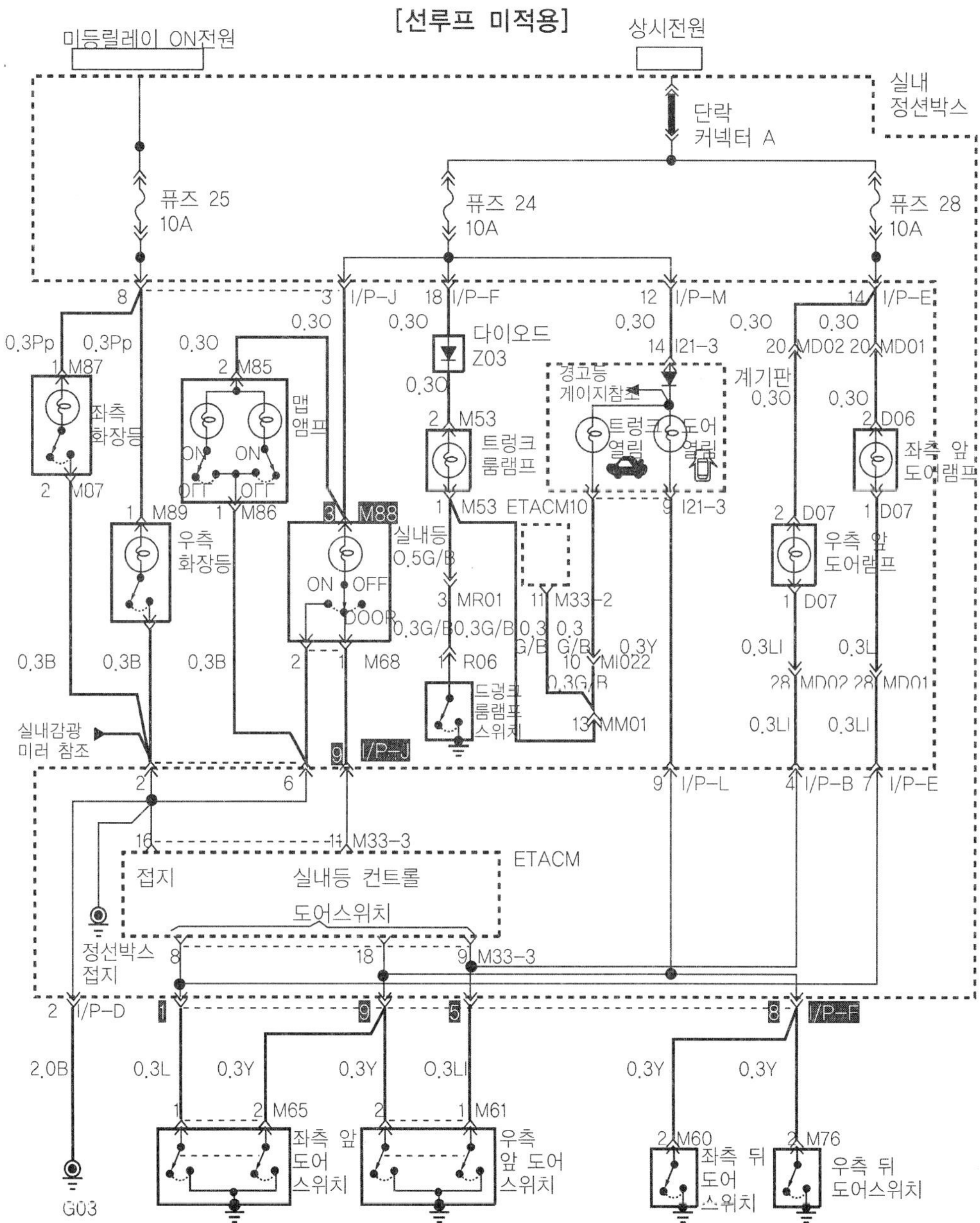


그림 85. 뉴 EF 소나타의 실내등(1) 회로도

### 3.3.12. 점화스위치 탈거시 전도어 언록 제어의 고장진단

#### [1] 액추에이터 검사

점화스위치 탈거시 전도어 언록 제어 위해서는 도어 언록 액추에이터가 정상적으로 작동하여야 한다. 따라서 파워 윈도우 메인 스위치의 도어 언록 스위치를 작동시키면서 4개 도어의 도어 언록 액추에이터가 정상적으로 작동하는지 검사하면 된다. 이렇게 하면 ETACM의 문제가 있어서 도어 언록이 되지 않는 것인지 아니면 액추에이터에 문제가 있는 것인지 알 수가 있게 된다.

운전석 도어에 있는 이 파워 윈도우 메인 스위치의 도어 언록 스위치는 그림 89의 회로도를 잘 살펴보면 알 수 있는 것처럼 전장제어 ECU(ETACM)과 관계없이 4개의 도어를 언록 시킬 수 있도록 되어 있다. 즉 전장제어 ECU(ETACM)이 고장이 나도 파워 윈도우 메인 스위치의 도어 언록 스위치를 작동시키면 4개 도어는 언록이 된다.

#### [2] 전장제어 ECU 출력검사(그림 86 참조)

점화스위치 탈거시 전도어 언록 제어의 출력 단자는 도어 언록 릴레이이다. 차종 마다 언록 릴레이의 위치가 조금씩 다르게 되어 있으나 그랜져 XG의 경우 운전석 도어 모듈에 위치해 있다.

운전석에서 도어 록 노브를 사용하여 도어를 언록시키면서 D03 커넥터의 10번 단자가 12V로 변하는지 확인한다. 강제 구동시험을 위해서는 D03커넥터의 10번 단자를 차체에 12V를 인가시키면서 4개 도어가 언록이 되는지 살펴보면 된다.

#### [3] 전장제어 ECU 입력검사

점화스위치 탈거시 전도어 언록 제어의 입력요소는 시동키 스위치와 4개 도어의 록/언록 스위치이다.

##### (1) 점화스위치 삽입 스위치(그림 88 참조)

이것은 점화스위치가 키 박스에 꽂혀 있는 지 탈거한 지의 여부를 알기위한 스위치이다. 보통 조향핸들 잠금 스위치, 조향핸들 잠금 입력이라고 부르기도 한다.

그랜져 XG는 M33-2 커넥터의 6번 단자로 신호가 입력된다. 점화스위치를 키 박스에 꽂지 않은 상태에서는 0V가 검지되고 점화스위치를 키 박스에 꽂은 상태에서는 12V가 검지되면 정상이다.

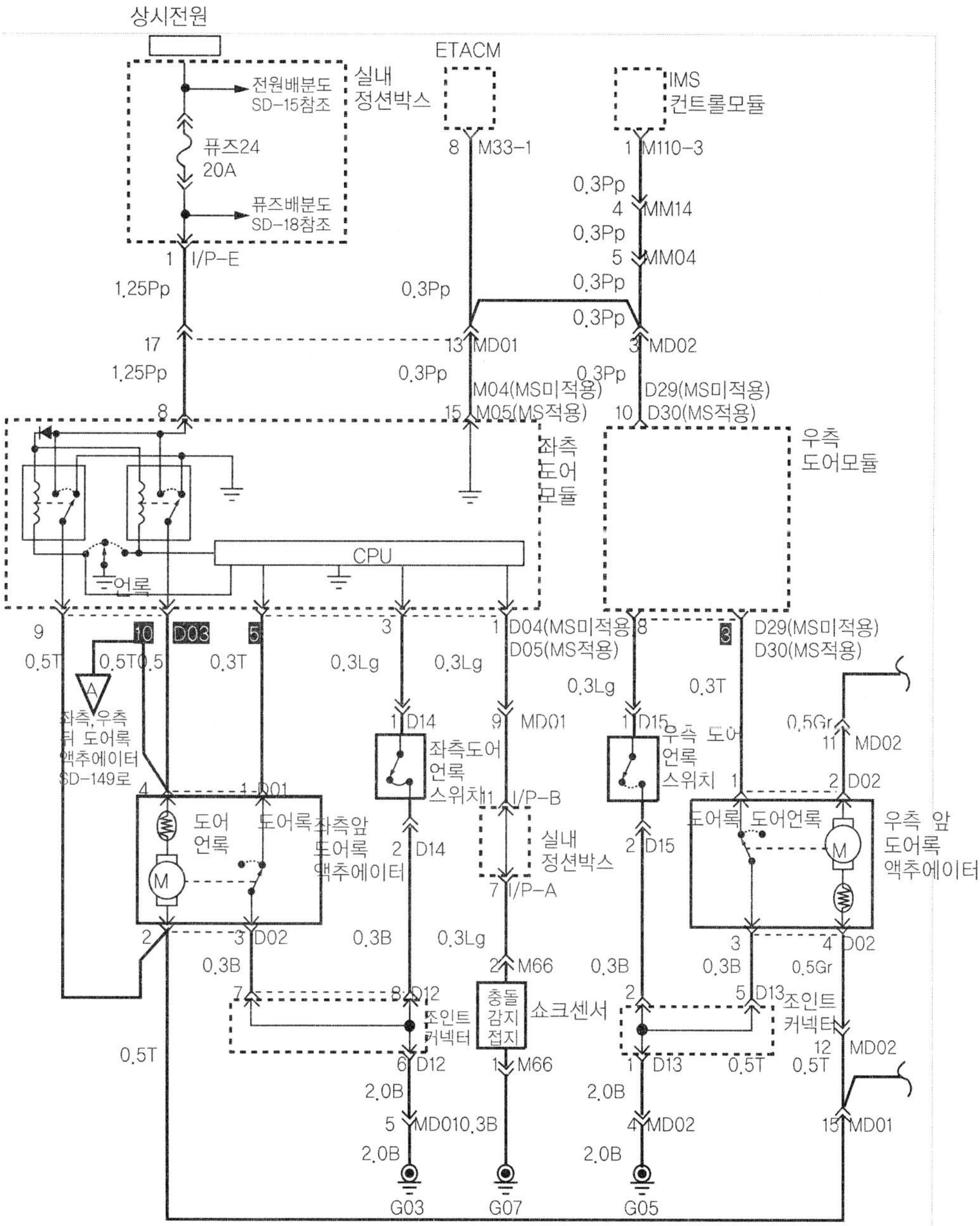


그림 86. 그랜져 XG의 파워 도어록(1) 회로도

(2) 운전석 도어 록 스위치(그림 86 참조)

운전석 도어가 록 상태인지 언록 상태인지를 검지하기 위한 것이다.

그랜져 XG의 파워 도어록(1) 회로도에서 운전석 도어 모듈(좌측 도어 모듈)에 입력되는 단자는 D04의 5번 단자이다. 도어 언록 상태에서는 0V가 검지되고 도어 록 상태에서는 5V가 검출되면 정상이다.

### (3) 조수석 도어 록/언록 스위치(그림 86 참조)

조수석 도어가 록 상태인지, 언록 상태인지를 검출하기 위한 것이다.

그랜져 XG의 파워 도어록(1) 회로도에서 조수석 도어 모듈(우측 도어 모듈)에 입력되는 단자는 D29 3번 단자이다. 도어 언록 상태에서는 0V가 검지되고 도어 록 상태에서는 5V가 검출되면 정상이다.

### (4) 운전석 뒤 도어 록/언록 스위치(그림 87 참조)

운전석 뒤 도어가 록 상태인지, 언록 상태인지를 검출하기 위한 것이다. 그랜져 XG의 파워 도어록(2) 회로도에서 전장제어 ECU(ETACM)에 입력되는 단자는 M33-3 커넥터의 2번 단자이다. 이 단자는 실내 정션박스의 내부에 설치되어 있어서 점검할 수 없으므로 실내 정션박스의 I/P-B의 19번 단자를 통해서 점검할 수 있다. 도어 언록 상태에서는 0V가 검지되고 도어 록 상태에서는 5V가 검출되면 정상이다.

### (5) 조수석 뒤 도어 록, 언록 스위치(그림 87 참조)

조수석 뒤 도어가 록 상태인지, 언록 상태인지를 검출하기 위한 것이다. 운전석 뒤 도어 록, 언록 스위치와 병렬로 연결되어 있으며 보통 한 개의 단자에서 운전석 뒤 도어 록 스위치와 조수석 뒤 도어 록 스위치를 함께 검출하고 있다.

그랜져 XG의 파워 도어록(2) 회로도에서 전장제어 ECU(ETACM)에 입력되는 단자는 M33-3 커넥터의 2번 단자이다. 이 단자는 실내 정션박스의 내부에 설치되어 있어서 점검할 수 없으므로 실내 정션박스의 I/P-B의 19번 단자를 통해서 점검할 수 있다. 도어 언록 상태에서는 0V가 검지되고 도어 록 상태에서는 5V가 검지되면 정상이다.

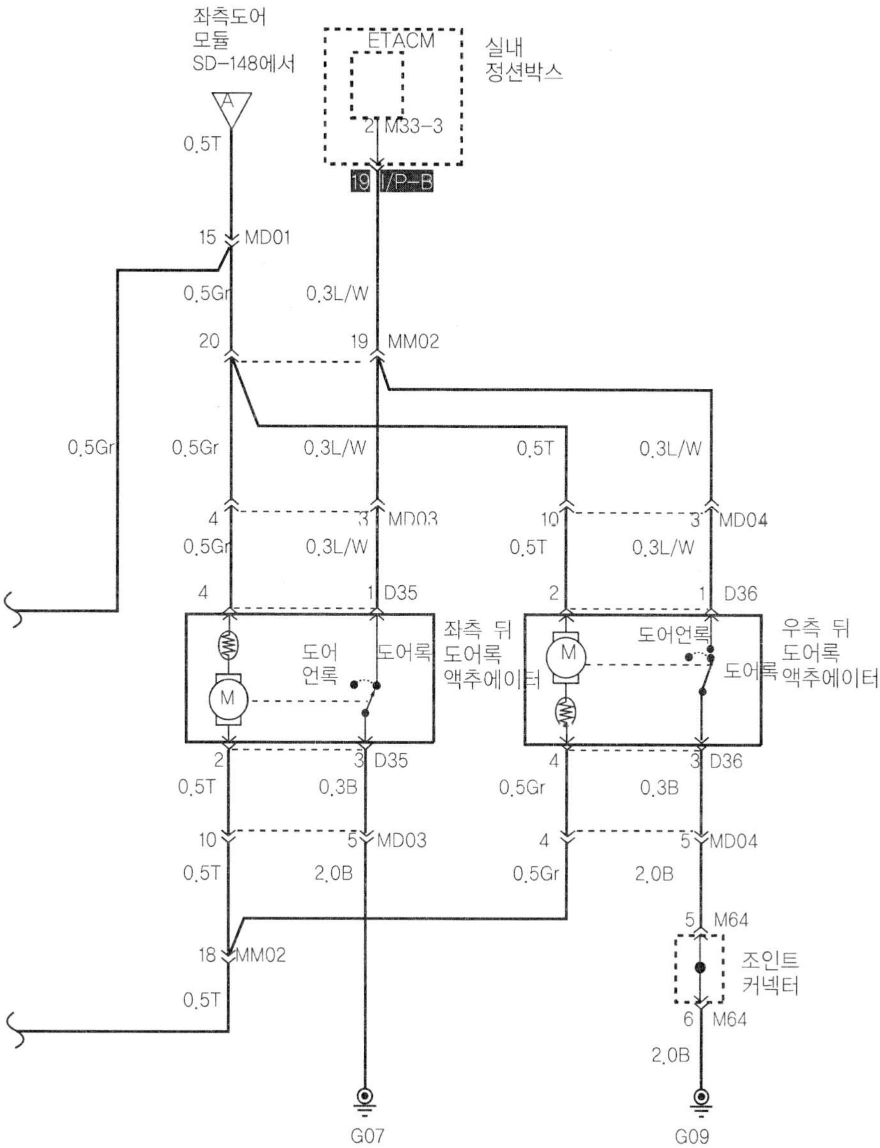


그림 87. 그랜져 XG의 파워 도어록(2) 회로도

### [4] 전장제어 ECU 점검

액추에이터도 이상이 없고, 전장제어 ECU의 출력요소와 입력요소가 모두 정상인데도 점화스위치 OFF 후 전 도어 언록 제어가 정상이 아니라면 마지막으로 전장제어 ECU (ETACM) 자체의 고장이므로 교환 후에 작동여부를 확인한다.

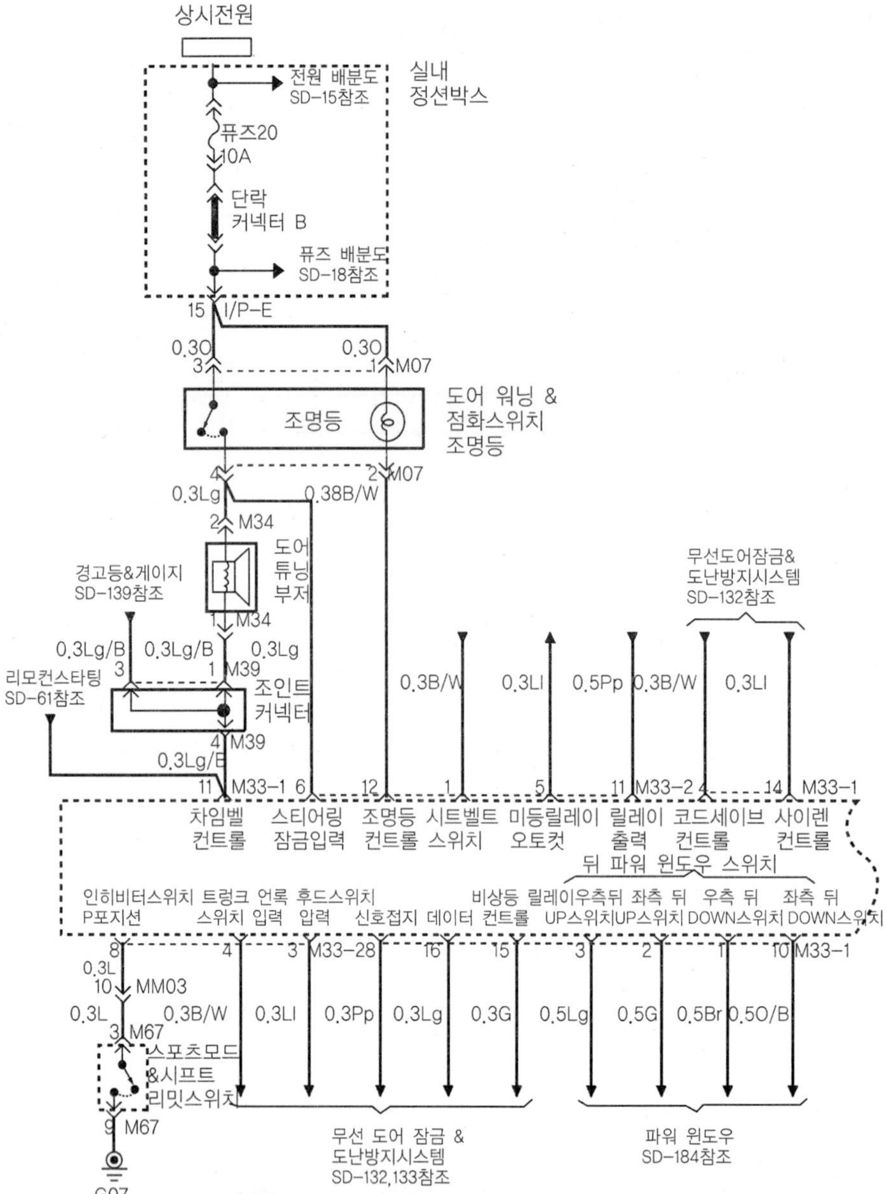


그림 88. 그랜져 XG의 ETACS(1) 회로도

### 3.3.13. 충돌 감지 언록 제어의 고장진단

#### [1] 액추에이터 검사

충돌 감지 언록 제어를 위해서는 도어 언록 액추에이터가 정상적으로 작동하여야 한다.

따라서 파워 윈도우 메인스위치의 도어 언록 스위치를 작동시키면서 4개 도어의 도어 언록 액추에이터가 정상적으로 작동하는지 검사하면 된다. 렇게 하면 ETACM의 문제가 있어서 도어 언록이 되지 않는 것인지 아니면 액추에이터에 문제가 있는 것인지 알 수가 있게 된다.

운전석 도어에 있는 이 파워 윈도우 메인스위치의 도어 언록 스위치는 다음 페이지의 회로도를 잘 살펴보면 알 수 있는 것처럼 전장제어 ECU(ETACM)과 관계없이 4개의 도어를 언록시킬 수 있도록 되어 있다. 즉 전장제어 ECU(ETACM)이 고장이 나도 파워 윈도우 메인스위치의 도어 언록 스위치를 작동시키면 4개 도어는 언록이 된다.

### [2] 전장제어 ECU 출력검사(그림 89 참조)

충돌 감지 언록제어의 출력요소는 도어 언록 릴레이이다. 차종마다 언록 릴레이의 위치가 조금씩 다르게 되어 있으나 그랜져 XG의 경우 운전석 도어 모듈에 위치해 있다. 운전석에서 도어 록 노브를 사용하여 도어를 언록시키면서 D03 커넥터의 10번 단자가 0V로 변하는지 확인한다. 강제 구동시험을 위해서는 D03 커넥터의 10번 단자를 차체에 접지시키면서 4개 도어가 언록이 되는지 살펴보면 된다.

### [3] 전장제어 ECU 입력검사(그림 89 참조)

충돌 감지 언록 제어의 전장제어 ECU의 입력요소는 에어백 전개 신호와 충돌감지 센서 신호이다. 에어백 전개 신호는 평상시에는 0V이나 에어백 전개 신호가 발생하였을 때는 12V로 변화된다. 충동감지센서 신호도 평상시에는 0V이지만 충돌 발생시에는 5V로 변화한다.

### [4] 전장제어 ECU 점검

액추에이터도 이상이 없고, 전장제어 ECU의 출력요소와 입력요소가 모두 정상인데도 충돌감지 언록제어가 정상이 아니라면 마지막으로 전장제어 ECU(ETACM) 자체의 고장이므로 교환 후에 작동여부를 확인한다.

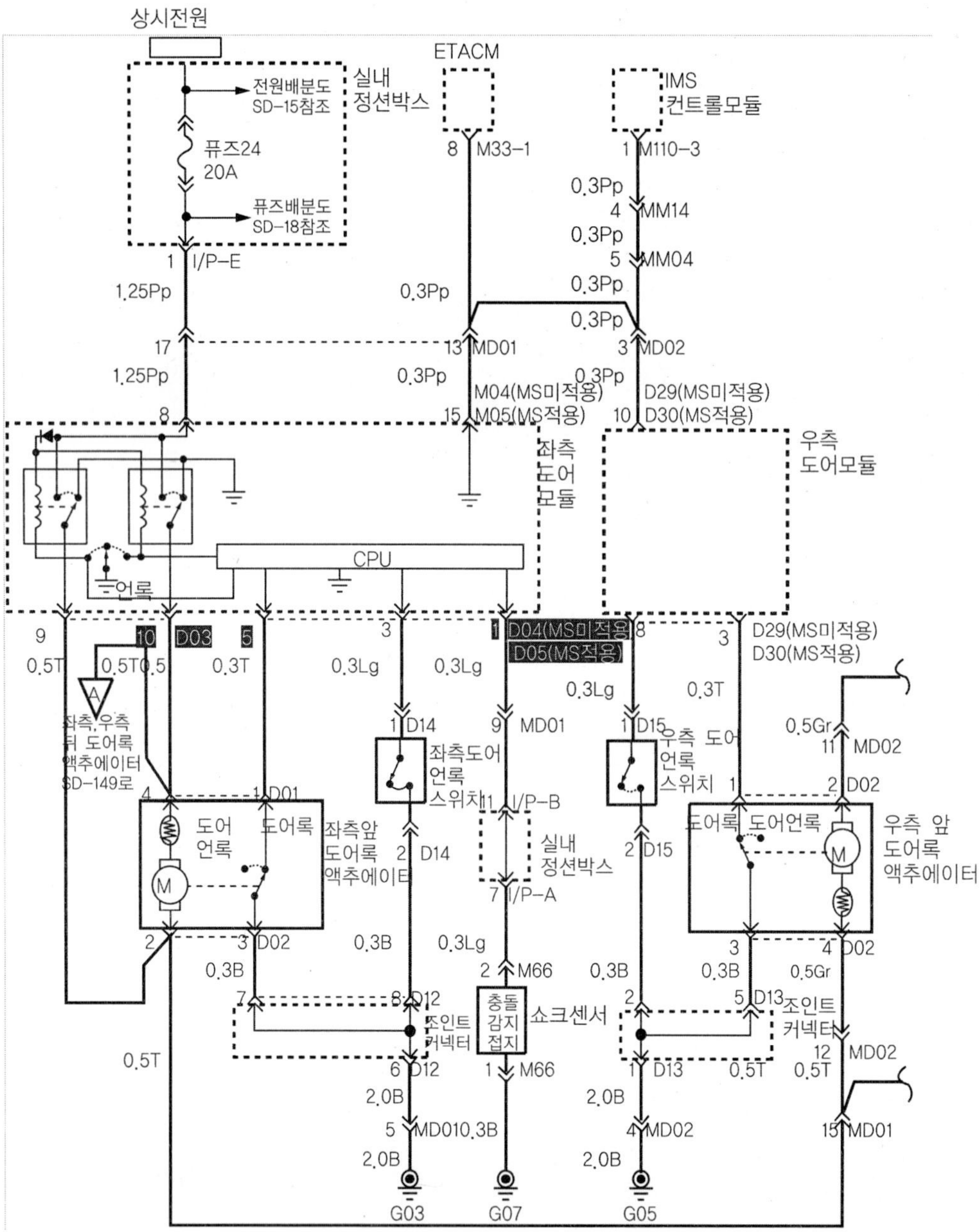


**그림** 89. 그랜저 XG 파워 도어록(1) 회로도

### 3.3.14. 도난 경보 제어의 고장진단

#### [1] 액추에이터 검사

도난 경보 제어에 사용되는 액추에이터는 도어 록/언록 액추에이터, 사이렌, 비상등, 리모컨의 네 가지이다.

(1) 도어 록, 언록 액추에이터

오토 도어 록 제어를 위해서는 도어 록, 언록 액추에이터가 정상적으로 작동하여야 한다. 따라서 파워 윈도우 메인 스위치의 도어 록, 언록 스위치를 작동시키면서 4개 도어의 도어 록, 언록 액추에이터가 정상적으로 작동하는지 검사하면 된다. 이렇게 하면 ETACM의 문제가 있어서 도어록, 언록이 되지 않는 것인지 아니면 액추에이터에 문제가 있는 것인지 알 수가 있게 된다.

운전석 도어에 있는 이 파워 윈도우 메인 스위치의 도어 록, 언록 스위치는 다음 페이지의 회로도를 잘 살펴보면 알 수 있는 것처럼 전장제어 ECU(ETACM)과 관계없이 4개의 도어를 록 또는 언록시킬 수 있도록 되어 있다. 즉 전장제어 ECU(ETACM)이 고장이 나도 파워 윈도우 메인 스위치의 도어 록, 언록 스위치를 작동시키면 4개 도어는 록, 언록이 된다.

(2) 사이렌

도난 경보조건을 발동시켜서 사이렌이 정상적으로 작동하는지 알아본다. 만약 작동하지 않으면 사이렌으로 전원 입력단자와 접지단자를 확인하여 본다.

(3) 비상등

비상등 스위치를 작동시켜서 비상등이 작동하는지 알아본다. 작동하지 않으면 좌우측 방향지시등을 작동시켜서 방향지시등 전구가 고장인지 비상등릴레이 고장인지 알아본다.

(4) 리모컨

리모컨의 록, 언록 스위치를 누르면서 리모컨 LED의 밝기를 확인한다. 만약 밝기 가 흐리거나, 켜지지 않으면 리모컨 건전지 불량이므로 건전지를 교환한다.

## [2] 전장제어 ECU 출력검사

도난 경보제어를 위해서 사용되는 전장제어 ECU의 출력요소는 도어 록 릴레이, 도어 언록 릴레이, 사이렌, 비상등릴레이, 도난방지 릴레이 이다.

**[도난방지 적용]**

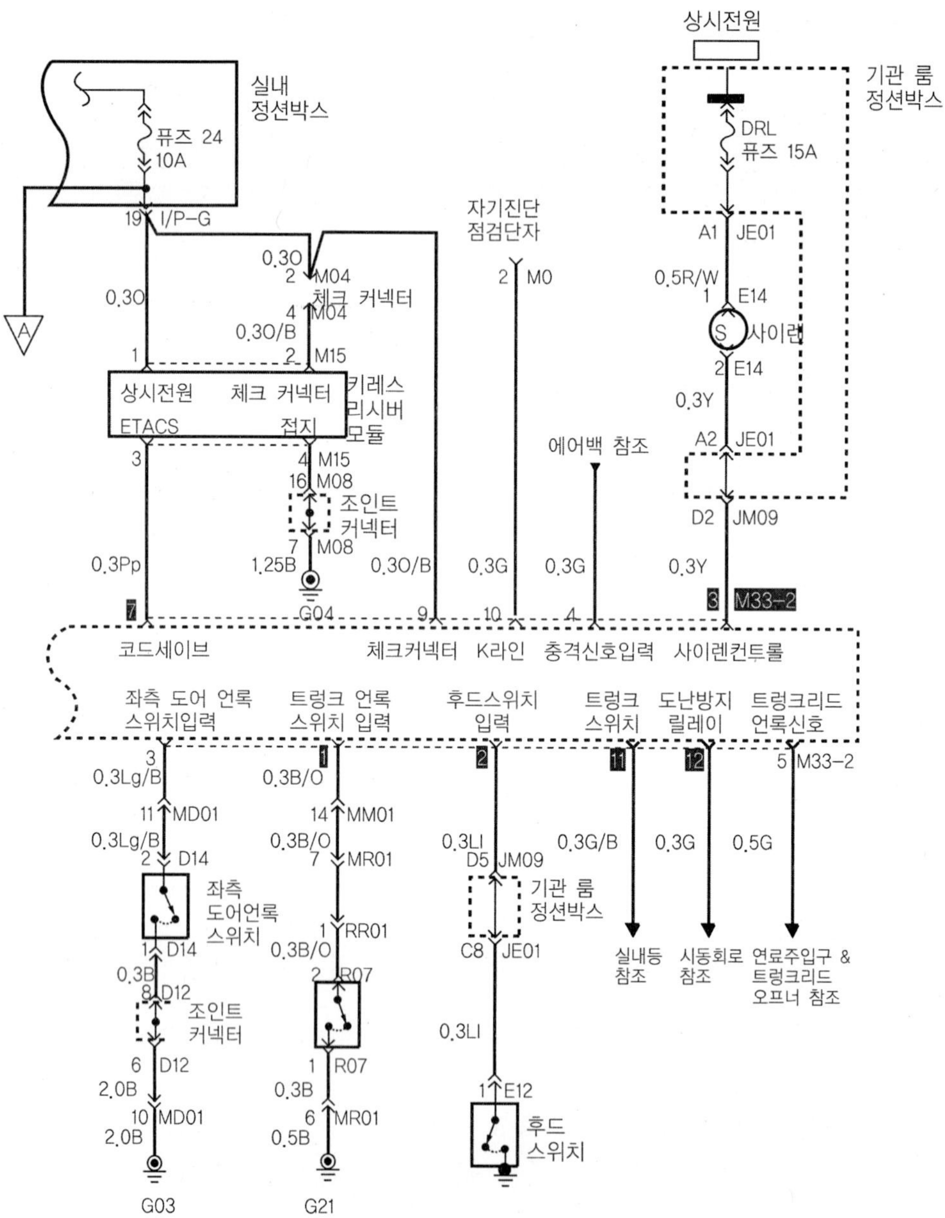


그림 90. 뉴 EF 소나타의 ETACS(3) 회로도

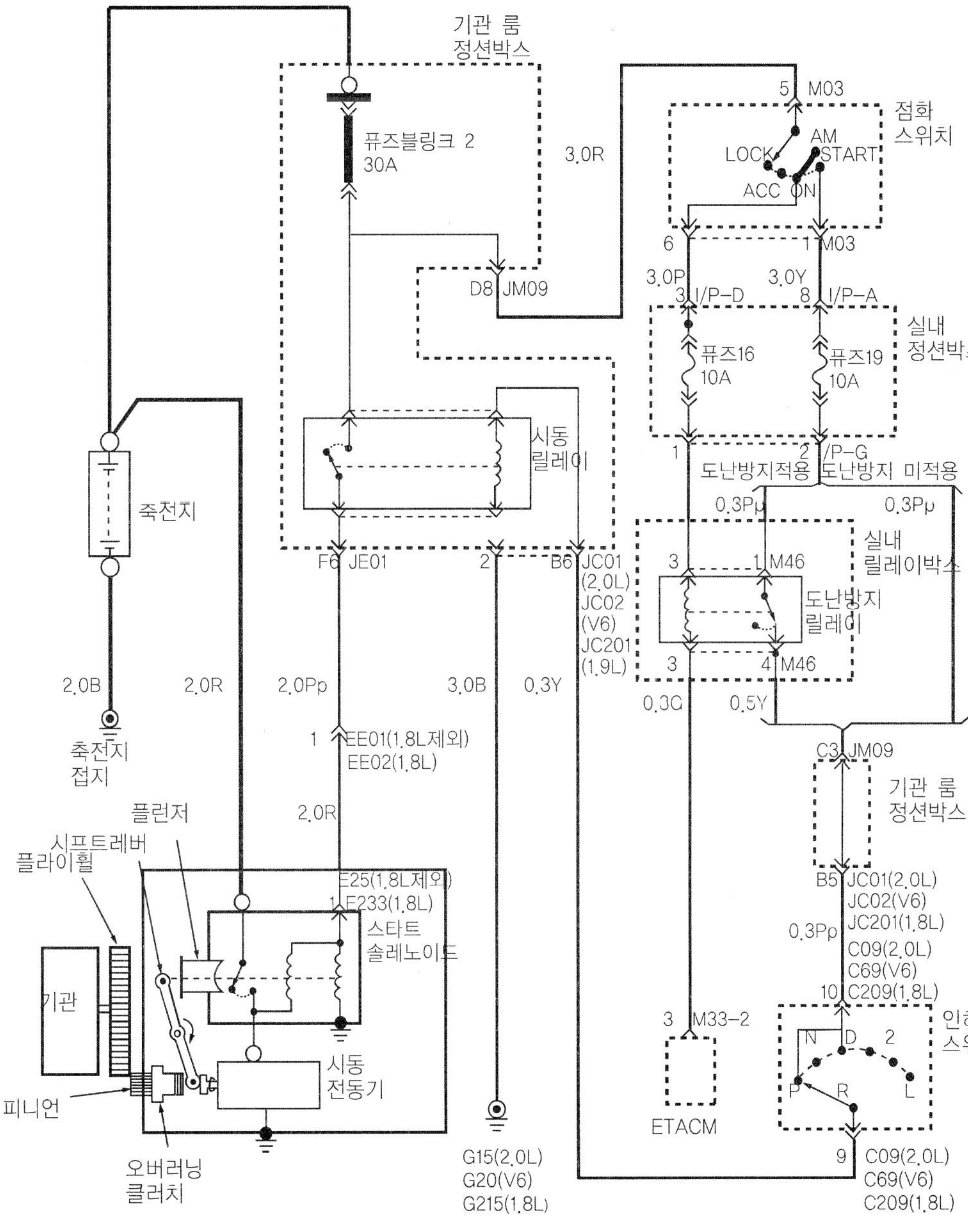


그림 91. 뉴 EF 소나타의 시동 회로도

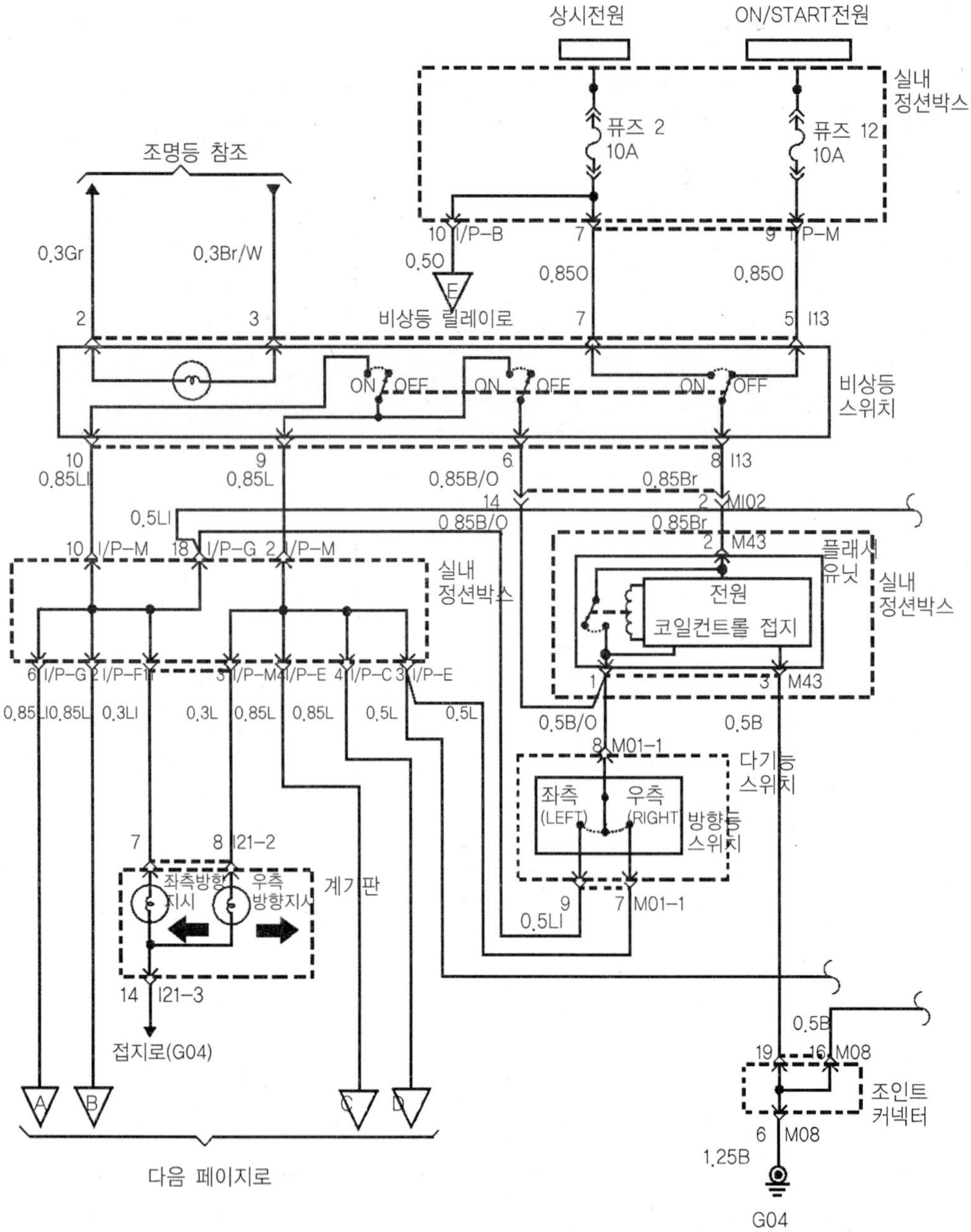


**그림** 92. 뉴 EF 소나타의 방향지시등(1) 회로도

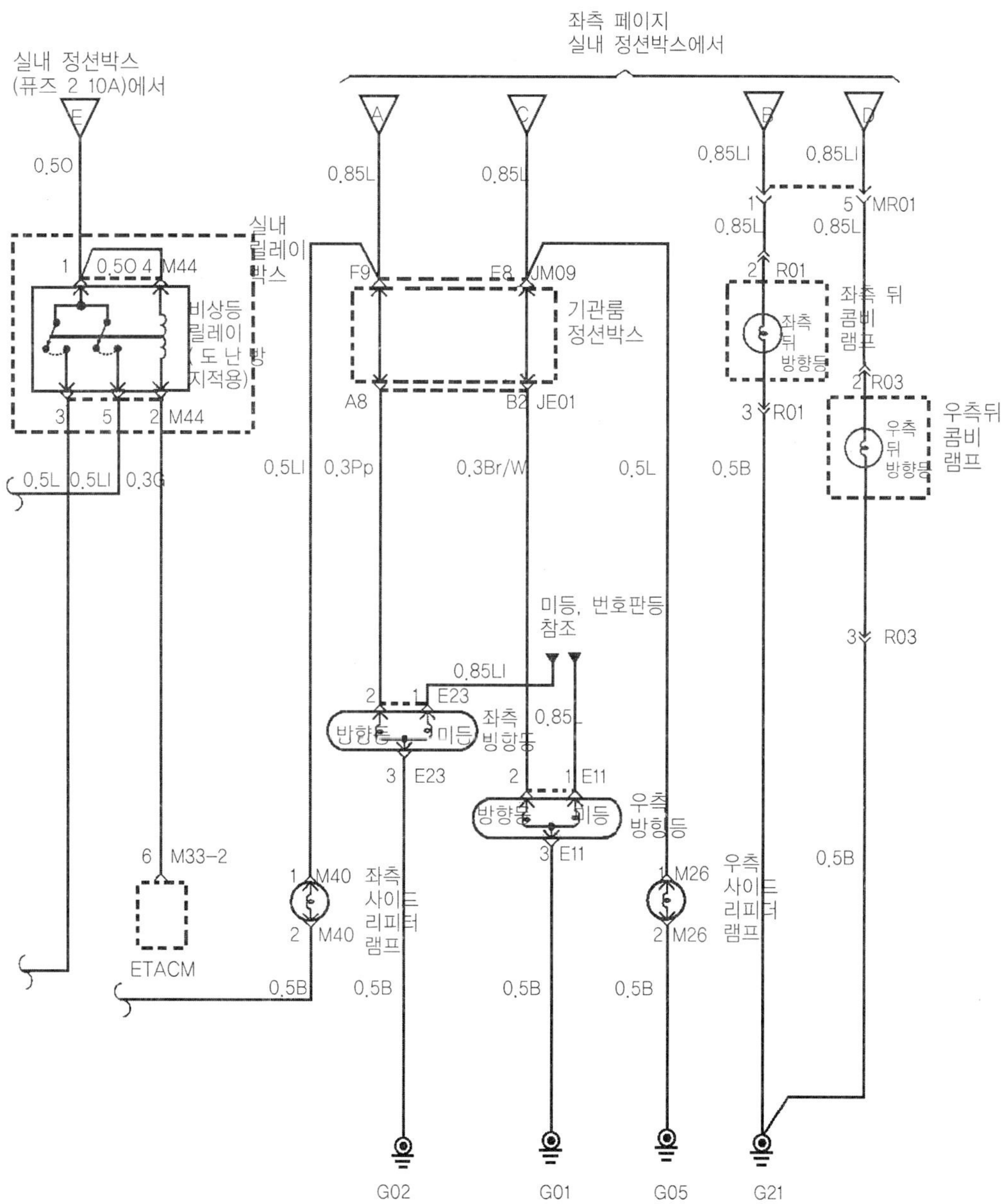


**그림** 93. 뉴 EF 소나타의 방향지시등(2) 회로도

(1) 도어 록 릴레이(그림 94 참조)

도난 경보제어의 출력단자 중의 하나는 도어 록 릴레이이다. 차종마다 록 릴레이의 위치가 조금씩 다르게 되어 있으나 대부분의 경우 실내 정션박스에 위치해 있다.

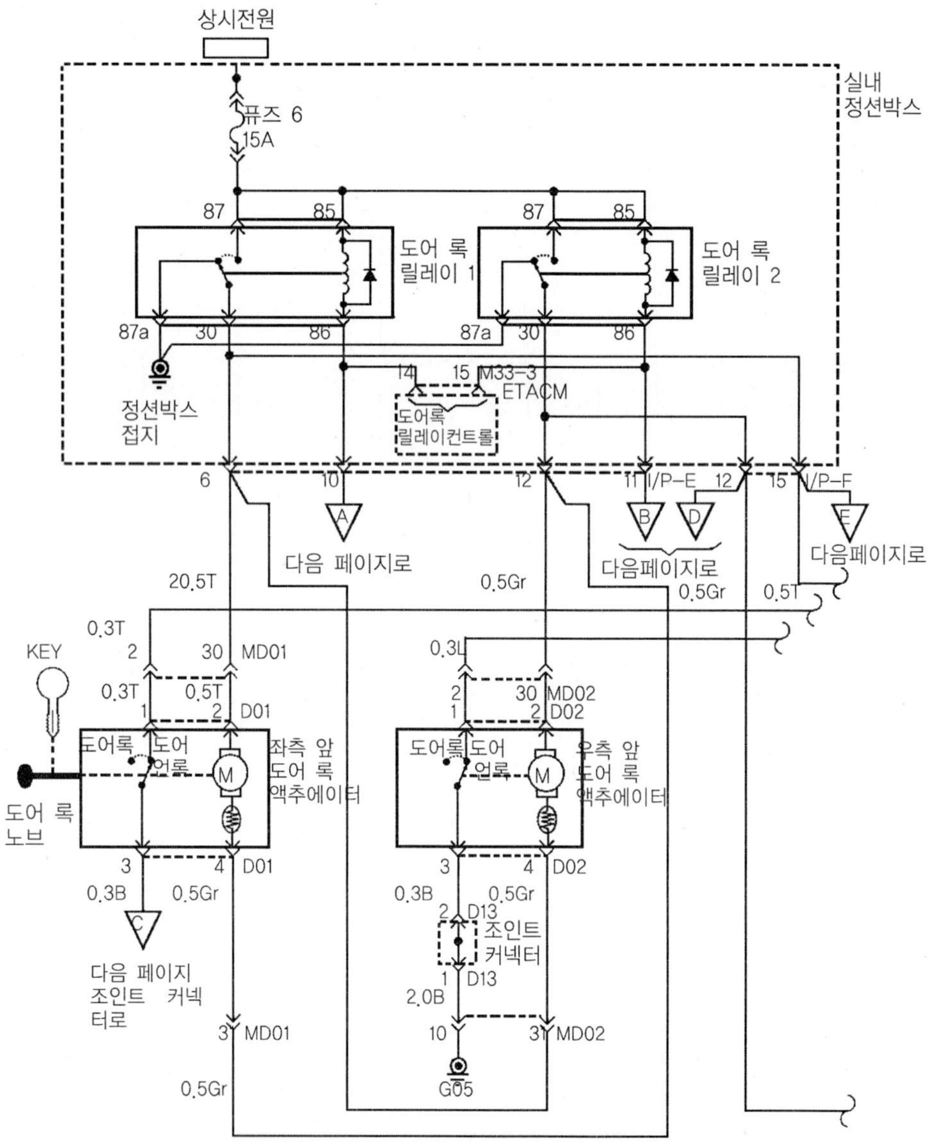


그림 94. 뉴 EF 소나타의 파워 도어록(1) 회로도

뉴 EF소나타에서도 도어 록 릴레이는 실내 정션박스에 있으며 전장제어 ECU (ETACM)와 M33-3 커넥터의 15번 단자는 도어 록 릴레이와 연결되어 있다. 그런데 이 단자도 실내 정션박스의 내부에 위치해 있으므로 이 단자의 확인을 위해서는 실내 정션박스의 I/P-E 커넥터의 12번 단자를 사용할 수 있다.

### (2) 도어 언록 릴레이(그림 94 참조)

도난 경보 제어의 출력단자의 또 다른 하나는 도어 언록 릴레이이다. 이것도 실내 정션 박스에 위치해 있다. 뉴 EF소나타에서도 도어 록 릴레이는 실내 정션박스에 있으며 전장제어 ECU(ETACM)와 M33-3 커넥터의 14번 단자는 도어 언록 릴레이와 연결되어 있다. 그런데 이 단자도 실내 정션박스의 내부에 위치해 있으므로 이 단자의 확인을 위해서는 실내 정션박스의 I/P-E 커넥터의 10번 단자를 사용할 수 있다.

### (3) 사이렌(그림 90 참조)

도난 경보시 사이렌 제어를 위해서 사이렌이 정상적으로 작동하는지 점검하여야 한다. 사이렌은 기관 룸의 좌측 헤드램프 후방에 위치해 있으며 이 사이렌의 제어를 전장제어 ECU가 하고 있다.

뉴 EF소나타의 경우 ETACS회로(3)를 보면 M33-2 커넥터의 8번 단자를 통해 전장제어 ECU(ETACM)이 제어하고 있다. 따라서 이 단자전압이 경보 발생시 12V에서 0V로 변하는지 점검한다. 만약 사이렌 입력전압이 12V가 되고, M33-2커넥터의 8번 단자가 0V 변하는데도 사이렌이 동작하지 않으면 사이렌 자체의 고장이므로 사이렌 교환 후 다시 점검하면 된다.

### (4) 비상등 릴레이(그림 93 참조)

도난 경보 제어시 비상등이 1회 혹은 2회 깜박여서 운전자에게 도난 경계 상태로 진입 또는 해제되었음을 알려 준다. 뉴 EF소나타의 경우에 비상등 릴레이 제어 출력은 방향등 & 비상등(1), (2) 회로도를 보면 M33-2 커넥터의 6번 단자에서 제어한다.

도난 경계상태로 진입시키기 위해서 4개 도어 및 후드, 트렁크를 모두 닫은 후에 리모컨 록 버튼을 누르면 도난 경계상태로 진입되고 이 때 M33-2 커넥터 6번 단자가 0V로 변하게 된다. HI-SCAN, HI-DS 등의 진단 장비를 사용하여 단자 전압이 0V로 변하는 것을 점검하여 본다.

### (5) 도난방지 릴레이(그림 91 참조)

도난 방지 릴레이는 도난 경보가 발생시에 차량의 도난방지를 위해서 기관 시동을 금지시키는 릴레이이다. 뉴 EF소나타의 시동회로(1)를 보면 도난방지 릴레이에 연결된 전장제어 ECU (ETACM)단자는 M33-2 커넥터의 12번 단자이다.

도난경보가 발생하게 되면 ETACM은 M33-2 커넥터의 12번 단자를 0V로 변환시킨다. 이렇게 되면 도난방지 릴레이가 구동하게 되어 기관의 시동이 안 되는 것이다. 도난 경계상태에서 점화스위치로 운전석 도어를 열면 도난경보가 발생한다. 이 때 HI-DS, HI-SCAN 등을 사용해서 M33-2 커넥터의 12번 단자가 0V로 변환되는지 점검한다.

### [3] 전장제어 ECU 입력검사

도난 경보제어에 사용되는 전장제어 ECU의 입력요소는 수신기, 4개의 도어 스위치, 4개 도어의 록, 언록 스위치, 후드 스위치, 트렁크스위치이다.

#### (1) 수신기(그림 90 참조)

수신기가 리모컨 신호를 받으면 수신기에 등록된 코드와 맞는지 확인하고 맞으면 입력된 신호에 따라서 ETACM로 도어 록 또는 도어 언록신호를 보내게 된다. 따라서 수신기가 ETACM에 보내는 신호를 HI-DS, HI-SCAN 등으로 확인하여 보면 수신기가 정상적으로 작동하는 지를 확인할 수 있다. 뉴 EF소나타에서 ETACM회로(3)에서 보면 수신기는 M33-2 커넥터의 7번 단자로 신호를 보내 준다. 따라서 HI-DS, HI- SCAN 등을 사용하여 이 단자의 전압 변화를 오실로스코프파형으로 점검하면 된다.

#### (2) 도어 스위치(4개)(그림 67 참조)

차량의 도어가 열려 있는지 닫혀있는지를 검지하기 위한 스위치이다. 만약 1개 도어라도 열려 있으면 도난 경계상태로 진입하지 않는다.

##### 1) 운전석 도어 스위치

뉴 EF소나타에서는 실내등(1) 회로도에서 보면 운전석 도어 스위치는 M33-3 커넥터의 8번과 18번 단자가 0V로 되면 정상이다. 마찬가지로 M33-3 커넥터는 실내 정션박스 내부에 있으므로 그 대신에 I/P-F 커넥터의 1번과 9번 단자를 사용해서 점검할 수 있다. 문이 열렸을 경우에는 0V 닫혔을 경우에는 12V가 출력되면 정상이다.

##### 2) 조수석 도어스위치

뉴 EF소나타에서는 실내등(1) 회로도에서 보면 운전석 도어스위치 신호는 M33-3 커넥터의 9번과 18번 단자가 0V로 되면 정상이다.

마찬가지로 M33-3 커넥터는 실내 정션박스 내부에 있으므로 그 대신에 I/P-F 커넥터의 5번과 9번 단자를 사용해서 점검할 수 있다. 문이 열렸을 경우에는 0V 닫혔을 경우에는 12V가 출력되면 정상이다.

3) 운전석 뒤 도어스위치

뉴 EF소나타에서는 실내등(1) 회로도에서 보면 운전석 도어 스위치 신호는 M33-3 커넥터의 18번 단자로 입력된다. 단자전압이 0V로 되면 정상이다. 마찬가지로 M33-3 커넥터는 실내 정션박스 내부에 있으므로 그 대신에 I/P-F 커넥터의 8번 단자를 사용해서 점검할 수 있다. 문이 열렸을 경우에는 0V 닫혔을 경우에는 12V가 출력되면 정상이다.

4) 조수석 뒤 도어스위치

조수석 뒤 도어스위치는 운전석 뒤 도어스위치와 마찬가지로 M33-3 커넥터의 18번 단자가 0V로 되면 정상이다. 마찬가지로 M33-3 커넥터는 실내 정션박스 내부에 있으므로 그 대신에 I/P-F 커넥터의 8번 단자를 사용해서 점검할 수 있다. 문이 열렸을 경우에는 0V 닫혔을 경우에는 12V가 출력되면 정상이다.

(3) 도어 록/언록 스위치(그림 95 참조)

1) 운전석 도어 록 스위치

운전석 도어가 록 상태인지 언록 상태인지를 검출하기 위한 것이다.

EF소나타의 파워 도어록(2) 회로도에서 전장제어 ECU(ETACM)에 입력되는 단자는 M33-1 커넥터의 3번 단자이다. 도어 언록 상태에서는 0V가 검지되고 도어 록 상태에서는 5V가 검출되면 정상이다.

2) 조수석 도어 록, 언록 스위치

조수석 도어가 록 상태인지, 언록 상태인지를 검출하기 위한 것이다.

뉴 EF소나타의 파워 도어록(1), (2) 회로도에서 전장제어 ECU(ETACM)에 입력되는 단자는 M33-1 커넥터의 2번 단자이다. 도어 언록 상태에서는 0V가 검출되고 도어 록 상태에서는 5V가 검출되면 정상이다.

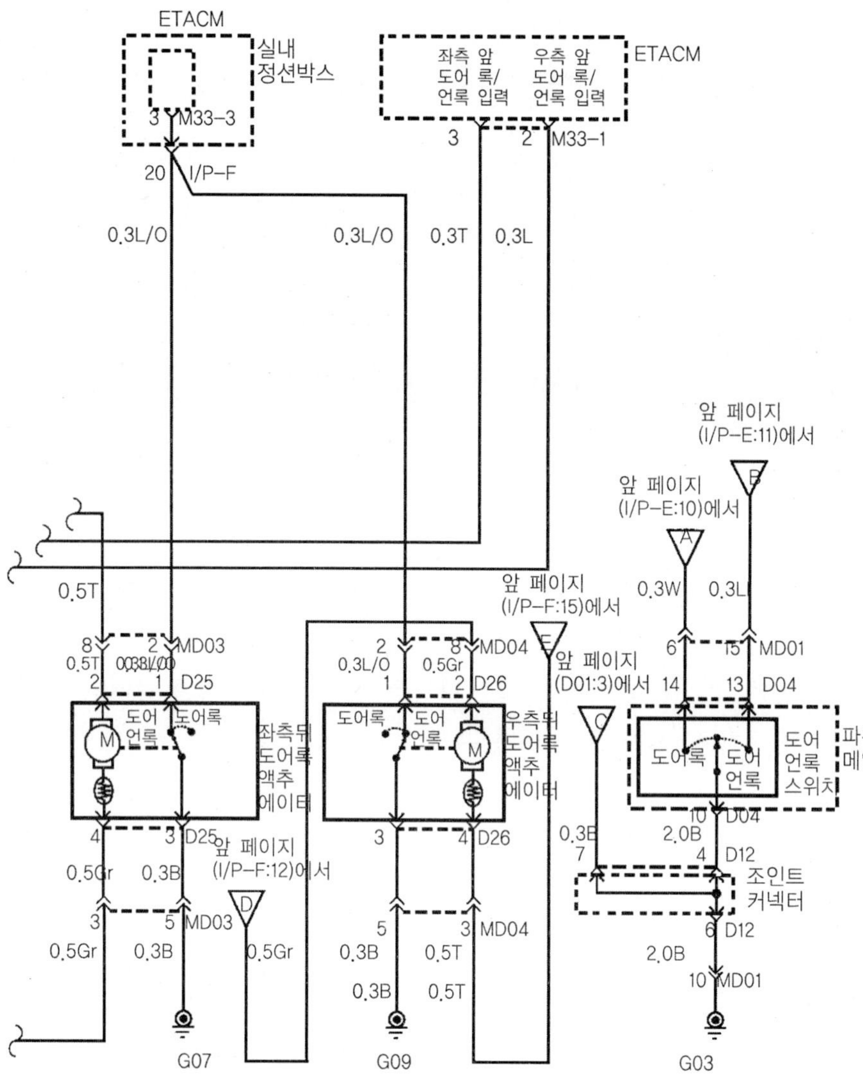


**그림** 95. 뉴 EF 소나타의 파워 도어록(2) 회로도

3) 운전석 뒤 도어 록, 언록 스위치

운전석 뒤 도어가 록 상태인지, 언록 상태인지를 검출하기 위한 것이다. 뉴 EF소나타의 파워 도어록(1), (2) 회로도에서 전장제어 ECU(ETACM)에 입력되는 단자는 M33-3 커넥터의 3번 단자이다. 이 단자는 실내 정션박스의 내부에 설치되어 있어서 점검할 수 없으므로 실내 정션박스의 I/P-F의 20번 단자를 통해서 점검할 수 있다. 도어 언록 상태에서는 0V가 검지되고 도어 록 상태에서는 5V가 검출되면 정상이다.

#### 4) 조수석 뒤 도어 록, 언록 스위치

조수석 뒤 도어가 록 상태인지, 언록 상태인지를 검출하기 위한 것이다. 운전석 뒤 도어 록, 언록 스위치와 병렬로 연결되어 있으며 보통 한 개의 단자에서 운전석 뒤 도어 록 스위치와 조수석 뒤 도어 록 스위치를 함께 검출하고 있다.

뉴 EF소나타의 파워 도어록(1), (2) 회로도에서 전장제어 ECU(ETACM)에 입력되는 단자는 M33-3 커넥터의 3번 단자이다. 이 단자는 실내 정션박스의 내부에 설치되어 있어서 점검할 수 없으므로 실내 정션박스의 I/P-F의 11번 단자를 통해서 점검할 수 있다. 도어 언록 상태에서는 0V가 검지되고 도어 록 상태에서는 5V가 검출되면 정상이다.

#### (4) 후드 스위치(그림 90 참조)

후드는 기관 룸 덮개인 후드가 열려 있는지 닫혀있는 지를 검지하는 스위치이다. 후드가 열려 있으면 도난 경계상태의 진입이 불가능하게 된다. 뉴 EF소나타에서 ETACS회로(3)를 보면 후드스위치 입력은 M33-2 커넥터의 2번 단자로 입력된다. 후드가 열려 있으면 0V이고 닫혀 있으면 5V가 된다.

#### (5) 트렁크 스위치(그림 90 참조)

트렁크 스위치는 트렁크가 열려 있는지 닫혀있는 지를 검출하는 스위치이다. 트렁크가 열려 있으면 도난 경계상태의 진입이 불가능하게 된다. 뉴 EF소나타에서 ETACS회로(3)를 보면 후드스위치 입력은 M33-2 커넥터의 11번 단자로 입력된다. 트렁크가 열려 있으면 0V이고 닫혀 있으면 5V가 된다.

### [4] 전장제어 ECU 점검

액추에이터도 이상이 없고, 전장제어 ECU의 출력요소와 입력요소가 모두 정상인데도 도난 경보제어가 정상이 아니라면 마지막으로 전장제어 ECU(ETACM) 자체의 고장이므로 교환 후에 작동 여부를 확인한다.

## 3.4. 내비게이션장치의 점검 · 정비

장치의 특성상 아래와 같은 경우엔 고장이라고 생각이 들게 화면표시가 되기도 하기 때문에 아래의 내용을 참고로 진단한다.

### 3.4.1. 관성항법에 관한 것

① 자기 차량위치(현재위치와 방향)를 정확히 맞추지 않고 주행하면 어긋남을 일으키는 경우가 있다. 내비게이션장치는 자립관성 항법을 기본으로 자기 차량위치를 계산하므로 주행 전에 자기 차량위치를 정확히 맞추지 않으면 자기 차량위치가 어긋나는 일이 있다.

② 아래와 같이 기관이 정지된 상태로 차량을 이동하는 경우는 차량의 현재 위치, 방향에 어긋남이 발생한다.

㉮ 선박(카페리 등), 기차, 레커 등으로 이동하는 경우

㉯ 턴테이블로 방향전환을 하였을 경우

③ 아래와 같은 경우엔 실제 주행거리와 주행거리 신호와의 사이에 오차가 발생하고 거리표시에 어긋남이 발생한다.

㉮ 낮은 마찰계수의 노면에서 슬립이 계속되었을 때

㉯ 타이어체인을 장착하고 주행했을 때

㉰ 맞지 않은 타이어 공기압력으로 주행했을 때

㉱ 외형이 다른 타이어를 장착하고 주행했을 때

㉲ 도로 폭이 넓은 도로에서 빈번하게 변속하면서 주행했을 때

㉳ 고속도로와 같은 직선 또는 완만한 커브가 길게 계속된 도로를 주행했을 때

④ 아래와 같은 경우엔 정밀도상 자기 차량위치에서 어긋남이 발생할 수 있다.

㉮ 자기 차량위치가 지도상의 도로에 대해 자기 차량위치 마크의 범위 내에서 어긋난다.

㉯ 자기 차량위치 마크 이상으로 어긋나지만 머프 매틱 보정 또는 GPS 보정될 때 (요레이트센서와 차속센서 및 GPS에는 허용오차가 있다. 또 지도상의 도로에도 실제의 도로에 대해서도 오차가 있다. 이런 것에서 자기 차량위치가 지도상의 도로에서 조금 어긋나는 상태는 이상한 것이 아니다).

㉰ 루프나 인터체인지 또는 빌딩의 입체 주차장과 같이 동일방향으로 선회하는 도로를 주행했을 때

㉱ 급한 헤어핀 상태의 커브가 계속된 도로를 주행했을 때

㉲ 평행한 도로나 평행한 도로에 가까운 Y자로 주행했을 때

㉳ 기반의 눈 모양의 도로를 주행했을 때

위의 내용은 요레이트 센서와 차속 센서에 의한 자기 차량위치 검출에 관한 내용이지만 만일 자기 차량위치에 어긋남이 발생하여도 GPS에 의해 보정이 작동할 때는 자동적으로 자기 차량위치의 위치수정을 실행한다. 또한 GPS의 전파가 수신되지 않는 도로환경일 때에는 GPS 보정이 되지 않으므로 수동으로 위치수정을 할 필요가 있다.

### 3.4.2. GPS에 관한 것

① 아래와 같은 경우엔 GPS 위치측정이 안 된다.

㉮ 기관을 시동하고부터 최초 2~3분간(최초로 위치를 측정할 때까지 전파를 끊어지지 않게 연속적으로 수신할 필요가 있으므로 2~3분간은 위치측정이 되지 않는다. 또 기관을 시동하고 바로 주행하면 위치를 측정할 때까지의 시간이 길어진다).

㉯ 빌딩사이, 산의 음지, 터널 내, 가로수 및 고가도로 및 트럭 등으로 GPS의 전파가 차단됐을 때

㉰ 인퍼내 중앙 내에 레이 아웃된 안테나의 위, 및 주변에 물체를 놓아 GPS의 전파가 차단됐을 때

㉱ 인공위성이 전파를 내지 않고 있을 때(인공위성은 추적관리 센터에서 제어되고 있으며 개량이나 수리 때문에 전파가 정지되는 경우가 있다).

㉲ GPS 안테나 부근에 휴대전화(1.5GHZ)를 ON상태로 두었을 때 및 통화중일 때

② 아래와 같은 경우에는 GPS의 정밀도가 저하한다.

㉮ 2차원 측위일 때(2차원 위치측정은 3차원으로 위치 측정한 최후의 표고 값을 사용하여 위치 측정을 계산하기 때문에 산이나 구름이 오르거나 내린 다음에는 정밀도가 저하한다. 또 GPS는 인공위성이 24개 운용되어 24시간의 3차원 위치 측정이 가능하지만 위치 측정이 가능한 위성 중에 1개의 위성의 전파가 장해물로 차단되었을 때나 1개의 위성이 고장 또는 수리 중일 때는 2차원 위치 측정으로 된다).

㉯ 인공위성의 정도를 추적관리 센터에서 저하시키고 있을 때

### 3.4.3. 디스플레이 유닛의 LCD에 관한 것

① 낮은 온도에서 NAV 화면을 기동하면 백라이트에 형광등을 사용하고 있기 때문에 2~3분 동안 화면이 어두울 때가 있다.

② LCD가 여름철 직사 일광 등으로 높은 온도가 되면 NAV 화면을 기동해도 새까만 채 비치지 않는 경우가 있다. 이 경우 LCD의 온도가 저하하면 정상으로 돌아온다.

### 3.4.4. 전파의 수신에 관한 것.

아래의 요인에 의해 TV의 영상 및 음성의 상태가 나쁠 수가 있다.

[1] 외란의 요인

① 송전선 ② 철도의 가선

③ 네온사인 ④ 위법무선

[2] 전파요인

① 방송국이나 중계국의 근처 ② 약한 전파지역에서의 수신

③ 산, 터널, 철교 및 빌딩의 주위 ④ 주위 건물에 의한 전파의 반사

### 3.4.5. 내비게이션장치의 고장진단

내비게이션장치에는 자기진단기능이 갖추어져 있기 때문에 고장이 생긴 경우엔 다음의 표를 참고로 한다.

| 이상증상 | 관련 유닛, 그 외의 이상 항목 | | | | | | | 자기진단 항목 | | | | | |
|---|---|---|---|---|---|---|---|---|---|---|---|---|---|
| | NAV 유닛 | TV 튜너 | 디스프레이유닛 | GPS 유닛 | 하네스 | CD-ROM | 오디오덱 | 유닛진단 | 모니터진단 | 거리보정 | 장치접속 | 요레이트센서 | 하네스도통 |
| 화면이 비치지 않는다. | 0 | | 0 | | 0 | | | | | | | | 0 |
| 지도가 표시되지 않는다. | 0 | | 0 | | 0 | 0 | | 0 | | | | | 0 |
| 디스플레이 유닛의 조작스위치가 듣지 않는다. | | | 0 | | 0 | | | 0 | 0 | | 0 | | 0 |
| 자기 차량위치 마크의 거리 흐트러짐 | 0 | | | | | | | | | 0 | | | |

| 이상증상 | 관련 유닛, 그 외의 이상 항목 | | | | | | | 자기진단 항목 | | | | | |
|---|---|---|---|---|---|---|---|---|---|---|---|---|---|
| | NAV 유닛 | TV 튜너 | 디스프레이유닛 | GPS 유닛 | 하네스 | CD-ROM | 오디오덱 | 유닛진단 | 모니터진단 | 거리보정 | 장치접속 | 요레이트센서 | 하네스도통 |
| 자기차량 위치 마크가 구부러지지 않는다. 똑바로 진행되지 않는다. | 0 | | | | | | | | | | | 0 | |
| GPS마크가 표시되지 않는다. | 0 | | | 0 | 0 | | | 0 | | | 0 | | |
| GPS마크 중의 위성마크가 표시 안 된다. | | | | 0 | | | | 0 | | | 0 | | |
| 안내음성이 나오지 않는나. | 0 | | | | 0 | | 0 | | | | 0 | | 0 |
| TV 화면이 비치지 않는다. | | 0 | | | 0 | | | 0 | | | 0 | | 0 |
| TV 화면 색깔이 나쁘다. | | 0 | | | 0 | | | | | | | | 0 |
| TV 음성이 나지 않는다. | | 0 | | | 0 | | 0 | | | | 0 | | 0 |

# 3.5. 윈드 실드 와이퍼 모터

## 3.5.1. 탈거 및 조립

### [1] 탈거

① 보닛을 열고 축전지 (-)케이블을 탈거한다.

② 와이퍼 블레이드 암 고정너트 캡을 탈거한다.

③ 와이퍼 블레이드 암 고정너트를 탈거한다.

(a) 축전지 (-)케이블　　(b) 캡 탈거　　(c) 고정너트

그림 96. 탈거

④ 그림 97처럼 해당부위를 눌러 와이퍼 블레이드 암을 탈거한다.
⑤ 고무 패드를 탈거한다.

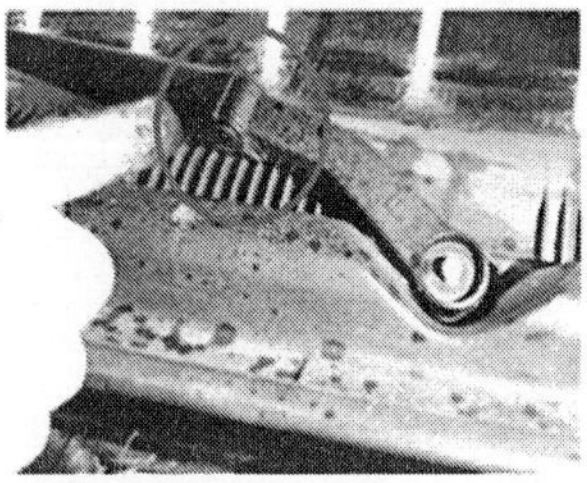

그림 97. 블레이드 암 탈거

그림 98. 고무패드 탈거

⑥ 카울 커버를 고정하고 있는 플라스틱 고정 핀 및 고정피스를 탈거한다.
⑦ 카울 커버를 탈거한다.

그림 99. 고정 핀 및 피스 탈거

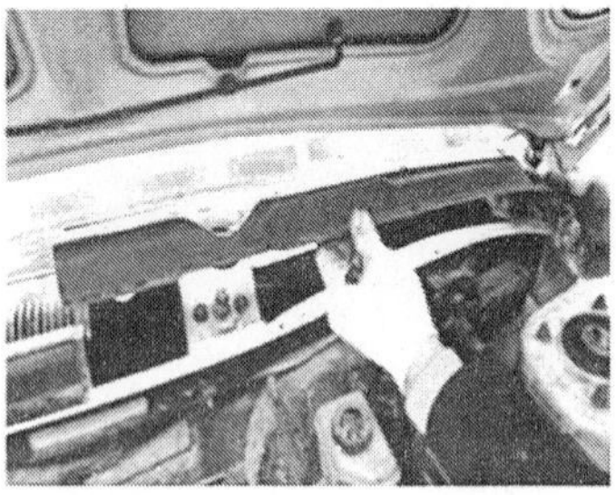

그림 100. 카울 커버 탈거

⑧ 와이퍼 모터 커넥터를 탈거한다.
⑨ 와이퍼 모터 고정 볼트를 풀고 링키지와 모터를 분리하여 모터를 탈거한다.

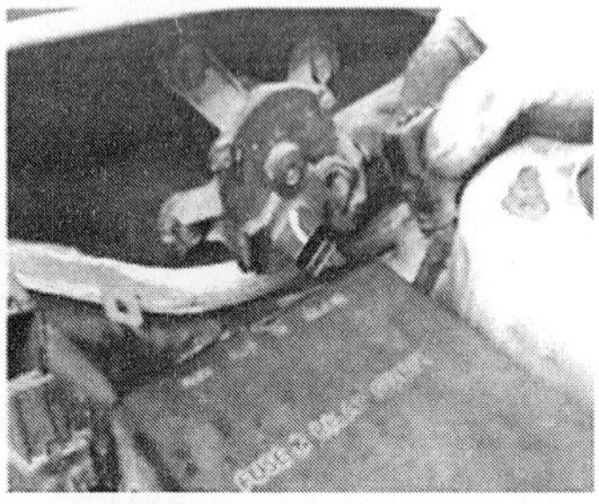

그림 101. 커넥터 탈거

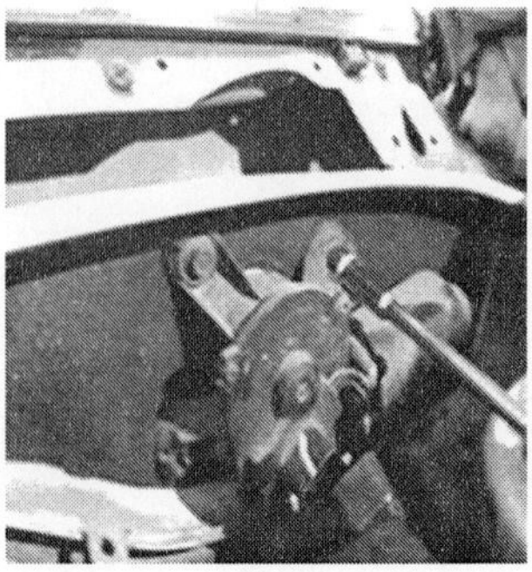

그림 102. 고정 볼트 탈거

⑩ 와이퍼 모터 링키지 고정너트를 탈거한다.
⑪ 와이퍼 모터 링키지를 탈거한다.

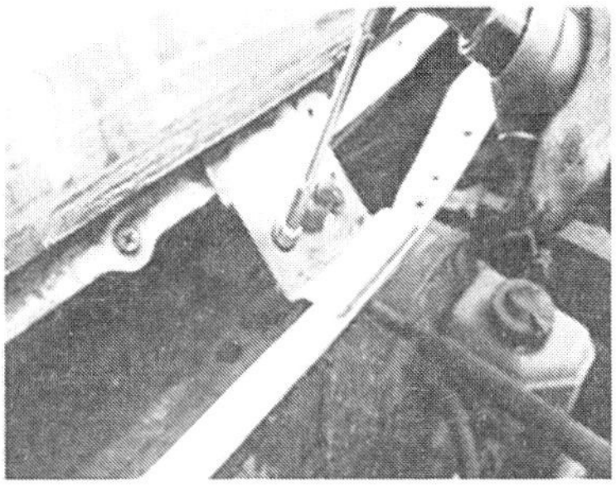

그림 103. 링키지 고정너트 탈거

그림 104. 링키지 탈거

[2] 조립

① 와이퍼 모터 링키지를 끼우고 고정너트를 조립한다.
② 와이퍼 모터와 링키지를 결합하고 와이퍼 모터 고정 볼트를 조립한다.

그림 105. 고정너트 조립

그림 106. 고정 볼트 조립

③ 와이퍼 모터 커넥터를 조립한다.
④ 카울 커버 고정 피스 및 플라스틱 키를 끼운다.
⑤ 고무패드를 조립한다.

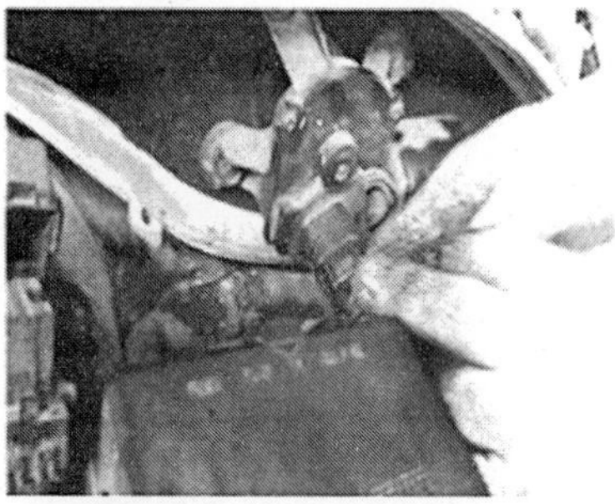
그림 107. 커넥터 조립

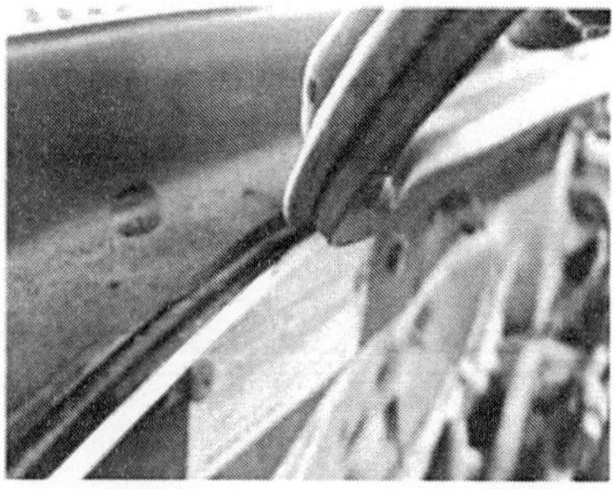
그림 108. 고무패드 조립

⑥ 와이퍼 블레이드 암을 정확한 위치를 선정하여 조립하고 고정너트를 조립한다.
⑦ 축전지 (−)케이블을 연결한다.
⑧ 와이퍼를 작동시켜 정상작동 여부를 확인한다.

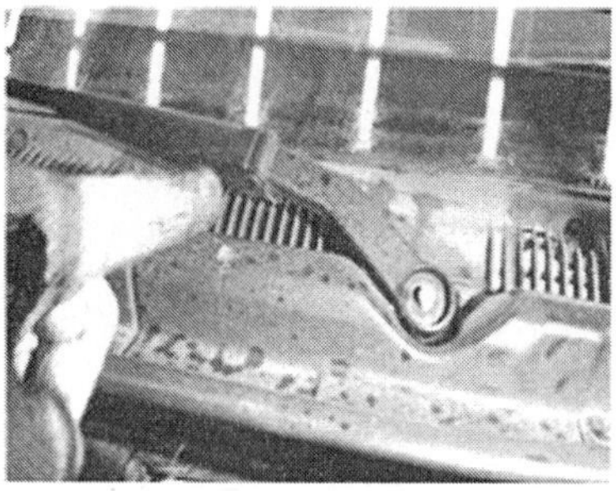
그림 109. 블레이드 암 조립

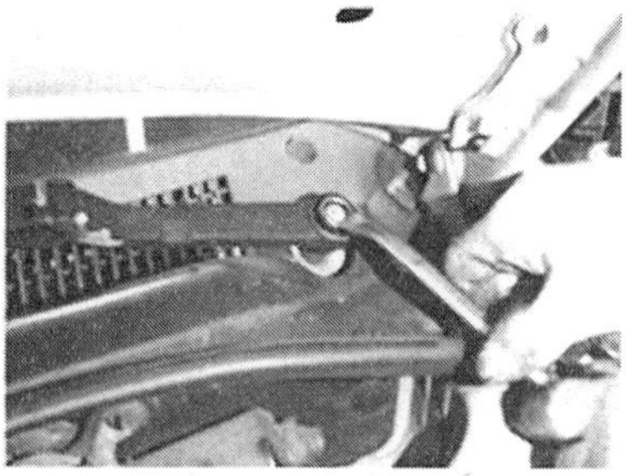
그림 110. 고정너트 조립

### 3.5.2. 와이퍼 작동속도 점검

① 와이퍼 모터에서 커넥터를 분리한다.
② 아래 표와 같이 축전지를 연결한 다음 정상속도로 작동하는 지를 점검한다.

| 축전지 단자 연결 | | 와이퍼 모터 작동속도 |
|---|---|---|
| (+)단자 | (−)단자 | |
| 1 | 5 | 저속 |
| 1 | 6 | 고속 |

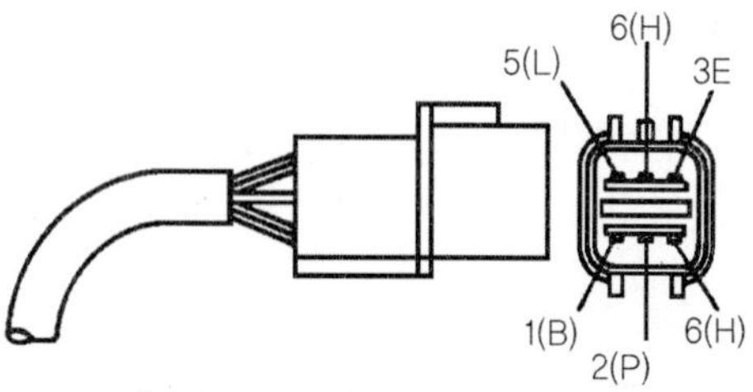

그림 111. 와이퍼 모터 커넥터

### 3.5.3. 자동 정지 작동점검

① 와이퍼 모터를 저속으로 작동시킨다.

② OFF 이외의 위치에서 단자 5를 분리시켜 모터의 작동을 정지시킨다.

③ 단자 2와 단자 5를 연결한다.

④ 축전지 (+)단자를 와이퍼 모터 단자 1에 접속한다.

⑤ 와이퍼 모터를 다시 작동시켜 모터가 OFF위치에서 정지하는지 확인한다.

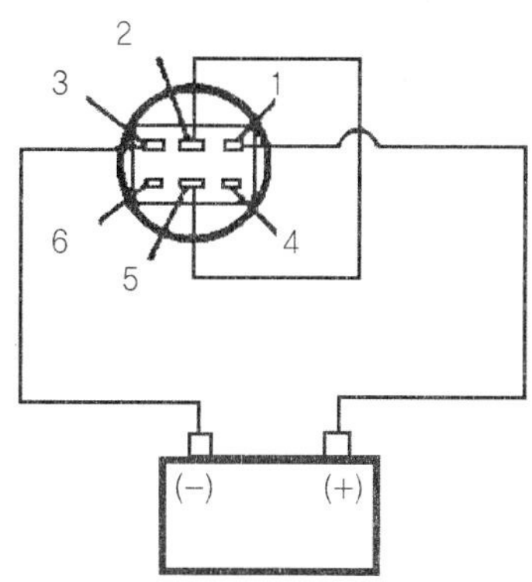


그림 112. 자동 정지 작동점검

### 3.5.4. 와이퍼 모터의 작동점검

① 점화스위치를 OFF한다.

② 와이퍼 모터 커넥터를 분리한다.

③ 와이퍼 모터 커넥터를 다음 그림과 같이 연결하여 작동시험을 한다.

④ 본선(B단자)을 고정시키고 축전지 (-)선을 나머지 단자에 연결하여 돌아가는 속도를 보고 확인한다(HI, LOW).

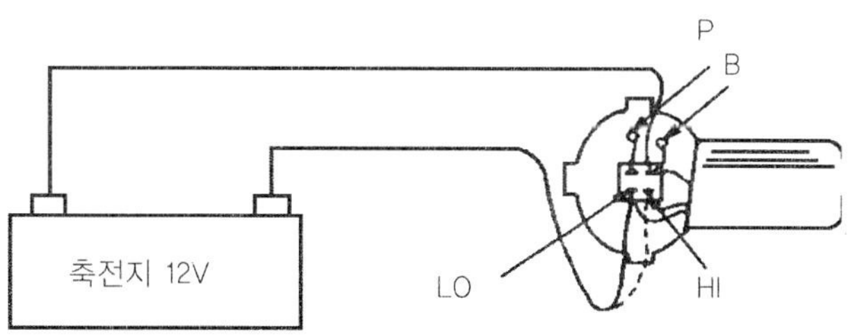


그림 113. 와이퍼 모터의 작동점검

➡표 5. 와이퍼스위치 단자 점검

| 위치 \ 단자 | LO | HI | P | IM | EW | INT(T) |
|---|---|---|---|---|---|---|
| OFF | ● | ─ | ● | | | |
| INT | ● | ─ | ● | ● | ● | ● |
| LO | ● | ─ | ─ | ─ | ● | |
| HI | | ● | ─ | ─ | ● | |

## 3.6. 윈도우 레귤레이터(파워 윈도우 모터)

### 3.6.1. 탈거

① 도어를 열어 사이드미러 안쪽 커버를 탈거한다.

② 사이드미러 안쪽 커버의 커넥터를 탈거한다.

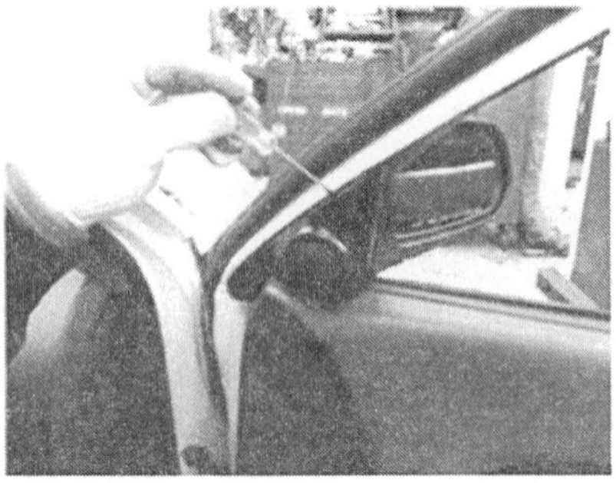

그림 114. 사이드 미러 커버 탈거

그림 115. 사이드 미러 커넥터 탈거

③ 도어 내측 트립의 플라스틱 고정 핀을 제거한다.

④ 도어 내측 트립의 고정 피스를 드라이버를 이용하여 탈거한다.

그림 116. 플라스틱 고정 핀 제거

그림 117. 트립 고정 피스 탈거

⑤ 드라이버를 이용하여 도어 내측 트립의 손잡이 고정 피스를 탈거한다.
⑥ 도어 내측 트립의 도어 열림 캐치 고정 피스를 드라이버를 이용하여 탈거한다.

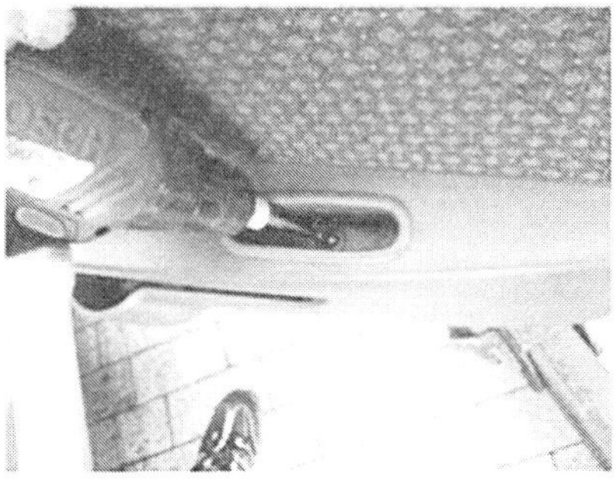

그림 118. 손잡이 고정 피스 탈거

그림 119. 캐치 고정 피스 탈거

⑦ 인사이드 핸들(내캐치) 링크 키를 분리하고 캐치를 탈거한다.
⑧ 도어 내측 트립의 하단을 손으로 잡아당겨 이격시키고 위쪽으로 밀어 올려 트립을 탈거한다.

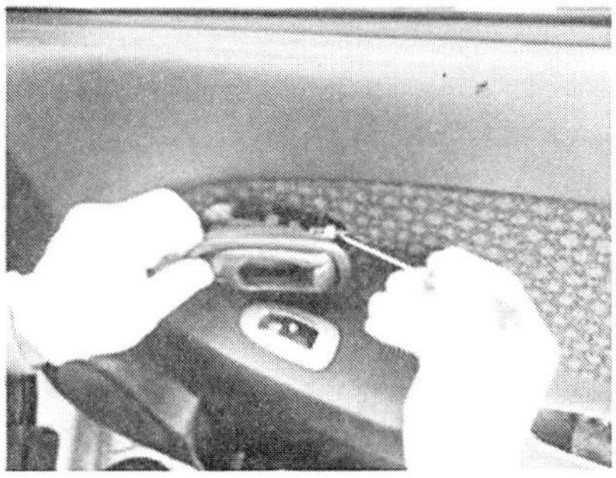

그림 120. 내 캐치 링크 키 분리

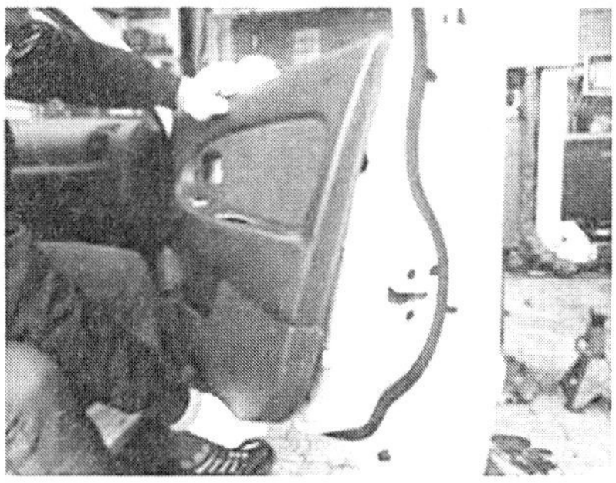

그림 121. 트립 탈거

⑨ 트립 안쪽의 커넥터를 탈거한다.
⑩ 트립을 제거하고 드라이버를 이용하여 트립과 고정하는 브래킷(bracket)을 탈거한다.

그림 122. 커넥터 탈거

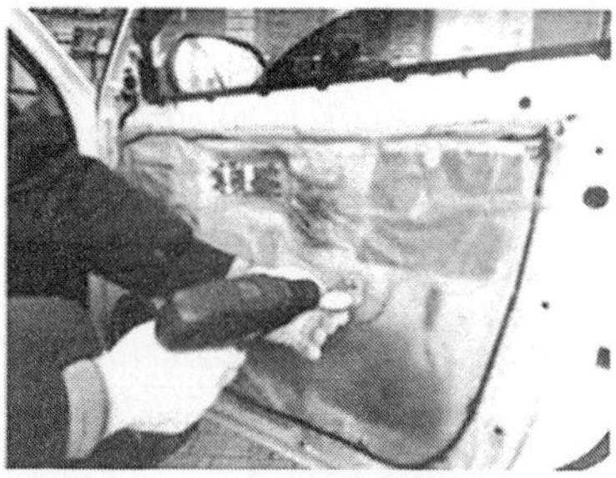

그림 123. 트립 고정 브래킷 탈거

⑪ 더스트(dust) 커버를 탈거한다.

⑫ 도어유리 고정 볼트(2개)를 탈거한다. 볼트를 풀면 유리가 떨어져 깨질 수 있으니 유리가 떨어지지 않도록 고정 장치를 끼우고 작업한다.

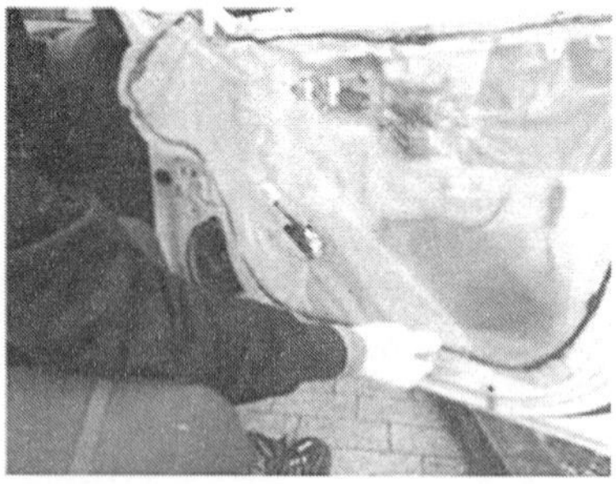

그림 124. 더스트 커버 탈거

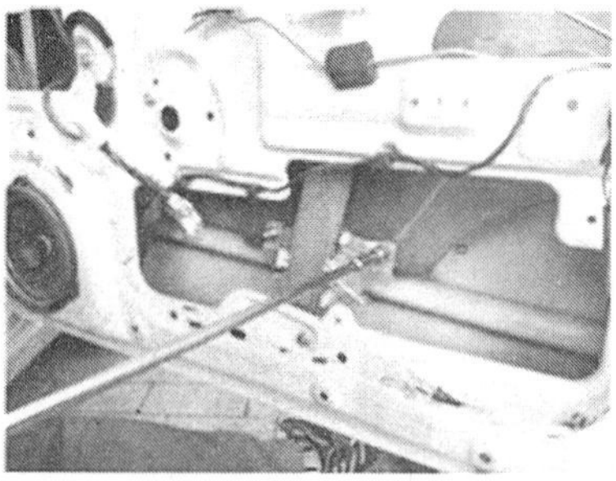

그림 125. 도어유리 고정볼트 탈거

⑬ 파워 윈도우 레귤레이터 고정 너트(4개)를 탈거한다.

⑭ 파워 윈도우 모터 커넥터를 탈거한다.

그림 126. 레귤레이터 고정너트 탈거

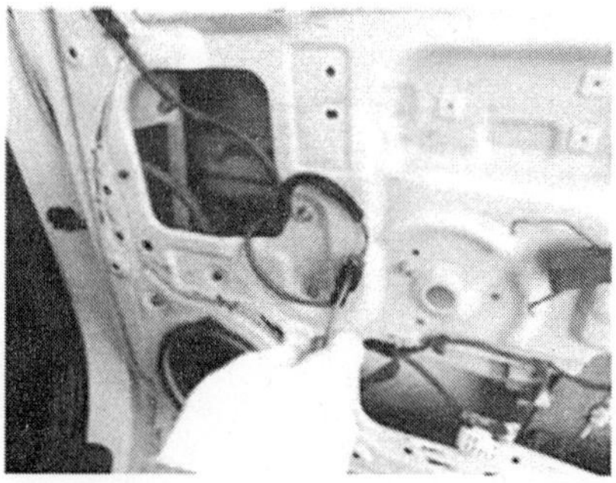

그림 127. 모터 커넥터 탈거

⑮ 파워 윈도우 모터 고정 너트(3개)를 탈거한다.

⑯ 파워 윈도우 모터 링키지를 빼낸다.

⑰ 탈거한 파워 윈도우 모터와 레귤레이터

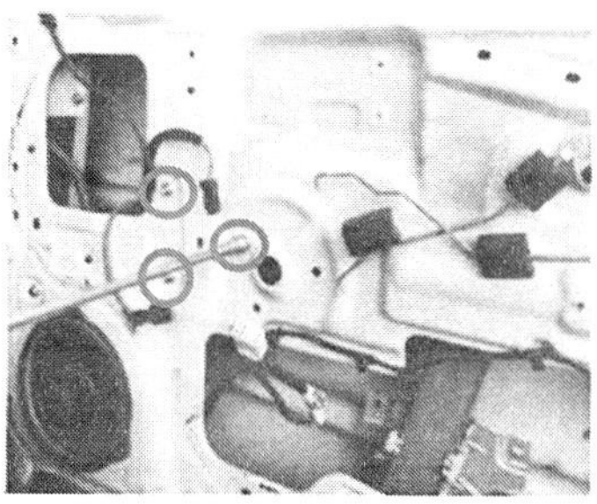

그림 128. 모터 고정너트 탈거

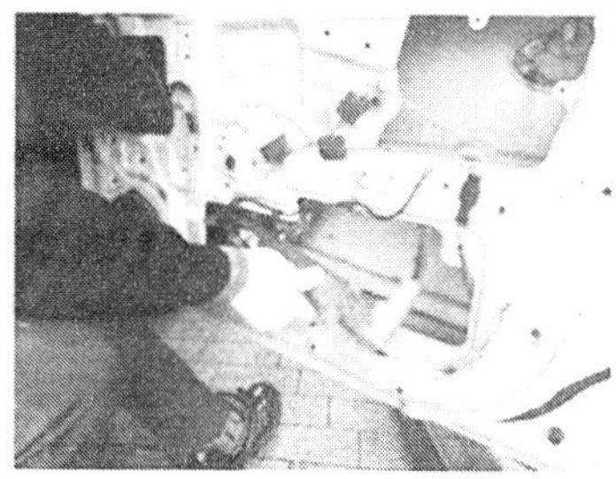

그림 129. 링키지 탈거

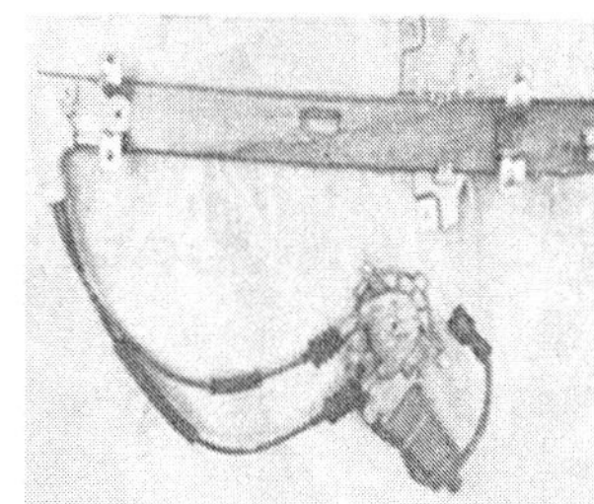

그림 130. 윈도우 레귤레이터

## 3.6.2. 조립

① 파워 윈도우 모터와 레귤레이터를 끼운다.

② 파워 윈도우 모터 고정 너트를 손으로 충분히 돌려 고정한다.

그림 131. 링키지 조립

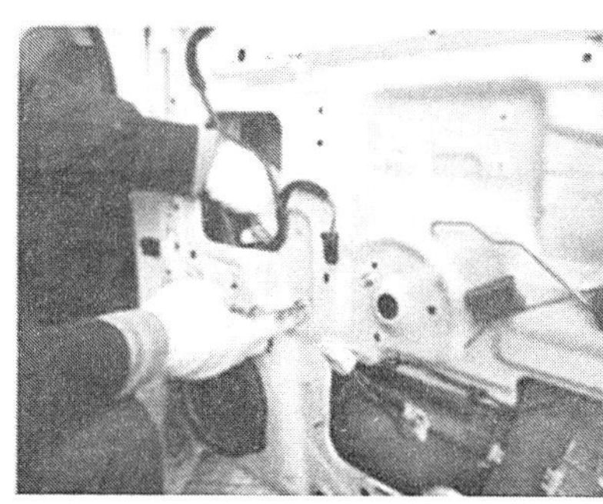

그림 132. 모터 고정 너트 조립

③ 파워 윈도우 레귤레이터 고정 너트를 손으로 충분히 돌려 고정한다.

④ 고정 너트를 조인다.

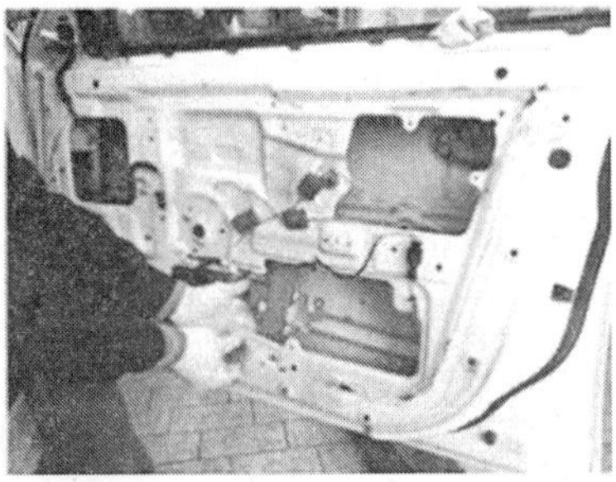
(a)

(b)

그림 133. 레귤레이터 고정너트 조립

⑤ 파워 윈도우 모터 커넥터를 연결한다.

⑥ 도어유리를 정 위치에 맞추고 고정 볼트(2개)를 고정한다.

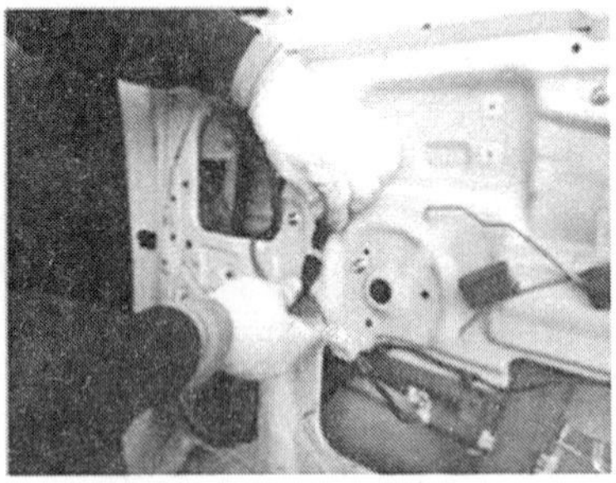
그림 134. 커넥터 조립

그림 135. 도어유리 고정볼트 조립

⑦ 더스트(dust) 커버를 붙인다.

⑧ 트립과 고정하는 브래킷(bracket)을 조립한다.

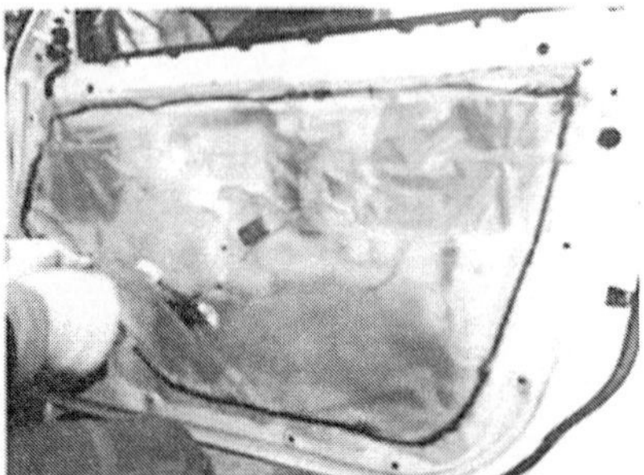
그림 136. 더스트 커버 조립

그림 137. 트립 브래킷 조립

⑨ 트립 안쪽의 커넥터를 연결한다.

⑩ 도어 내측 트립을 위쪽에서 아래방향으로 눌러 끼우고 트립과 도어의 키를 맞추어 체결한다.

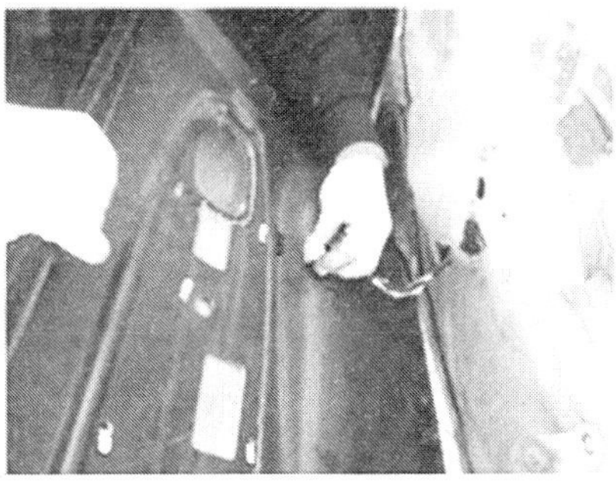

그림 138. 트립 안쪽 커넥터 조립

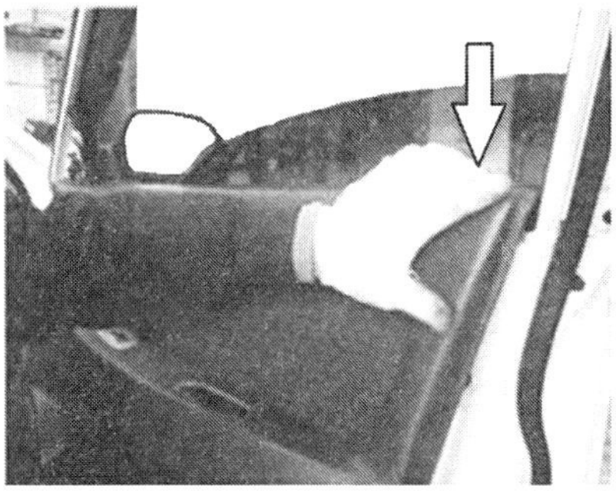

그림 139. 트립 조립

⑪ 인사이드 핸들(내캐치)의 링크키를 끼우고 캐치를 조립한다.

⑫ 드라이버를 이용하여 인사이드 핸들(내캐치)의 손잡이 고정 피스를 조립한다.

그림 140. 내캐치 조립

그림 141. 내캐치 고정피스 조립

⑬ 드라이버를 이용하여 도어 내측 트립의 손잡이 고정 피스를 조립한다.

⑭ 드라이버를 이용하여 도어 내측 트립의 고정 피스를 조립힌다.

그림 142. 손잡이 고정피스 조립

그림 143. 내측 트립 고정피스 조립

⑮ 도어 내측 트립의 플라스틱 고정 핀을 조립한다.

⑯ 사이드미러 안쪽 커버의 커넥터를 조립한다.

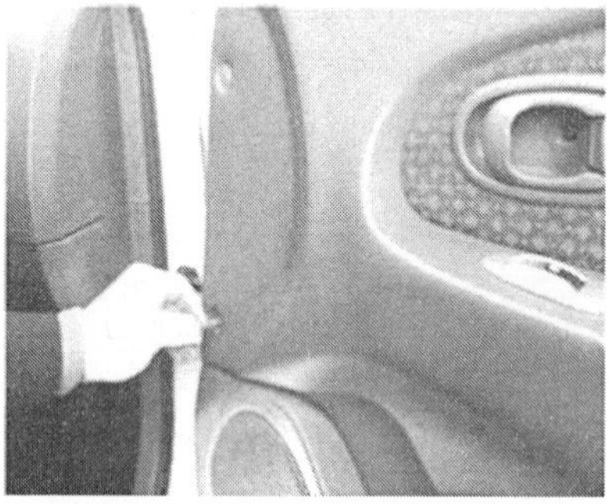

그림 144. 플라스틱 고정 핀 조립

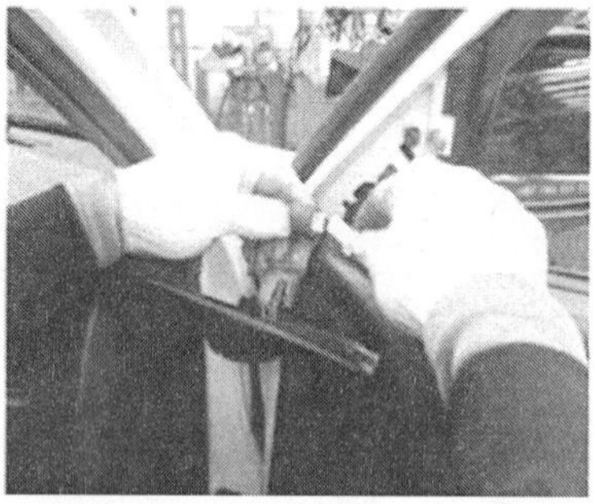

그림 145. 사이드미터 커넥터 조립

⑰ 사이드미러 안쪽 커버의 키홈을 일치시켜 눌러 조립한다.

⑱ 파워 윈도우 모터 스위치를 작동시켜 정상 작동상태를 확인한다.

그림 146. 사이드미러 안쪽 커버 조립

### 3.7. 파워 윈도우 레귤레이터 전류 소모시험

① 축전지가 정상상태인가 확인한다.

② 전류 측정기(후크미터)의 레인지를 Ā(DC A)에 선택한다.

③ 전류 측정기(후크미터)를 0점 조정을 한 후 모터 커넥터 연결 상태에서 한선에 전류 측정기(후크미터)를 설치한다.

④ 파워 윈도우 스위치를 조작하여 측정한다.

## 고장진단

[1] 주어진 자동차에서 IMS 작동상태를 점검하고, 이상이 있으면 이상 내용을 기록표에 기록하시오.

| 자동차 번호 : | | | 비 번호 | | 지도교수 확 인 | |
|---|---|---|---|---|---|---|
| 측정 항목 | ① 점검(또는 측정) | | ② 판정 및 정비(또는 조치)사항 | | | 득점 |
| | 고장 부분 | 내용 및 상태 | 판정(☐에 "✔" 표) | 정비 및 조치할 사항 | | |
| IMS 작동상태 | | | ☐ 양호<br>☐ 불량 | | | |

[2] 간헐 와이퍼제어에서 스위치 등을 조작하면서 각 단자 전압의 변화를 멀티미터로 점검하시오.

| 자동차 번호 : | | | | 비번호 | | 지도교수 확 인 | |
|---|---|---|---|---|---|---|---|
| 측정항목 | 단자번호 | 핀 번호 | 배선컬러 | ON 전압 | OFF전압 | 판정(☐에"✔" 표) | 득 점 |
| INT 스위치 작동신호 | | | | V<br>ON 전압 (FAST) | V<br>OFF전압 (SLOW) | ☐ 양호<br>☐ 불량 | |
| INT 가변 조절 | | | | V<br>ON 전압 (FAST) | V<br>OFF전압 (SLOW) | | |

[3] 간헐 와이퍼제어에서 와이퍼 모터 릴레이 코일과 전장제어 ECU(ETACM)에 연결되는 단자를 테스터 램프 등을 사용하여 와이퍼릴레이 접지 단자를 접지시켜서 강제 구동시켜 와이퍼 모터 릴레이를 점검하시오.

| 자동차 번호 : | | | | 비번호 | | 지도교수 확 인 | |
|---|---|---|---|---|---|---|---|
| 측정항목 | 단자번호 | 핀 번호 | 배선컬러 | 구동 결과 | | 판정(☐에"✔" 표) | 득점 |
| 와이퍼 모터 릴레이 | | | | 와이퍼 작동 | 와이퍼 비작동 | ☐ 양호<br>☐ 불량 | |
| | | | | ☐ 양호<br>☐ 불량 | ☐ 양호<br>☐ 불량 | | |

[4] 워셔 연동 와이퍼에서 스위치 등을 조작하면서 각 단자 전압의 변화를 멀티미터로 점검하시오.

| 자동차 번호 : | | | | 비번호 | | 지도교수 확 인 | |
|---|---|---|---|---|---|---|---|
| 측정항목 | 단자번호 | 핀 번호 | 배선컬러 | ON전압 | OFF전압 | 판정(□에"✔" 표) | 득 점 |
| 와셔 스위치 | | | | V | V | □ 양호<br>□ 불량 | |

[5] 워셔 연동 와이퍼에서 와이퍼 모터 릴레이 코일과 전장제어 ECU(ETACM)에 연결되는 단자를 테스터 램프 등을 사용하여 와이퍼릴레이 접지 단자를 접지시켜서 강제 구동시켜 점검하시오.

| 자동차 번호 : | | | | 비번호 | | 지도교수 확 인 | |
|---|---|---|---|---|---|---|---|
| 측정항목 | 단자번호 | 핀 번호 | 배선컬러 | 구동 결과 | | 판정(□에"✔" 표) | 득 점 |
| 와이퍼 모터 릴레이 | | | | 와이퍼 작동 | 와이퍼 비작동 | □ 양호<br>□ 불량 | |
| | | | | □ 양호<br>□ 불량 | □ 양호<br>□ 불량 | | |

[6] 열선 타이머 제어에서 스위치 등을 조작하면서 각 단자 전압의 변화를 멀티미터로 점검하시오.

| 자동차 번호 : | | | | 비번호 | | 지도교수 확 인 | |
|---|---|---|---|---|---|---|---|
| 측정항목 | 단자번호 | 핀 번호 | 배선컬러 | ON 전압 | OFF전압 | 판정(□에"✔" 표) | 득점 |
| 뒷유리 열선스위치 | | | | V<br>ON 전압<br>(기관시동) | V<br>OFF전압<br>(기관정지) | □ 양호<br>□ 불량 | |
| 발전기 충전전압 | | | | V<br>ON 전압<br>(기관시동) | V<br>OFF전압<br>(기관정지) | | |

[7] 열선 타이머 제어에서 뉴 EF소나타의 경우 I/P-C 커넥터의 3번 단자에 테스터 램프 등을 사용하여 축전지 전압을 인가하면서 열선 릴레이 작동상태를 점검하시오.

| 자동차 번호 : | | | | 비번호 | | 지도교수 확 인 | |
|---|---|---|---|---|---|---|---|
| 측정항목 | 단자번호 | 핀 번호 | 배선컬러 | 강제구동 TEST 방법 | 구동 결과 | 판정(□에"✔" 표) | 득점 |
| 열선릴레이 | | | | | □ 양호<br>□ 불량 | □ 양호<br>□ 불량 | |

[8] 감광식 실내등 제어에서 스위치 등을 조작하면서 각 단자 전압의 변화를 멀티미터로 점검하시오.

| 자동차 번호 : | | | | 비번호 | | 지도교수 확인 | |
|---|---|---|---|---|---|---|---|
| 측정항목 | 단자 번호 | 핀 번호 | 배선컬러 | OPEN 전압 | CLOSE전압 | 판정(□에"✔" 표) | 득점 |
| 운전석 도어 | | | | V | V | □ 양호<br>□ 불량 | |
| | | | | V | V | | |
| 조수석 도어 | | | | V | V | | |
| | | | | V | V | | |
| 운전석 뒤 도어 | | | | V | V | | |
| 조수석 뒤 도어 | | | | V | V | | |

[9] 감광식 실내등 제어에서 테스트 램프 등을 사용하여 뉴 EF소나타는 I/P-J 커넥터의 9번 단자를 차체에 접지시키며 강제 구동시켜 점검하시오.

| 자동차 번호 : | | | | 비번호 | | 지도교수 확인 | |
|---|---|---|---|---|---|---|---|
| 측정항목 | 단자번호 | 핀 번호 | 배선컬러 | 강제구동 TEST 방법 | 구동 결과 | 판정(□에"✔" 표) | 득점 |
| 실내등 (룸램프) | | | | | □ 양호<br>□ 불량 | □ 양호<br>□ 불량 | |

[10] 파워 윈도우 타이머 제어에서 뉴 EF소나타는 강제 구동이 불가능 하므로 시동키를 OFF시킨 후에도 파워 윈도우 릴레이가 몇 초 동안 동작하는지 I/P-B 커넥터의 13번 단자로 파워 윈도우 릴레이를 점검하시오.

| 자동차 번호 : | | | | 비번호 | | 지도교수 확인 | |
|---|---|---|---|---|---|---|---|
| 측정항목 | 단자번호 | 핀 번호 | 배선컬러 | 강제구동 TEST 방법 | 구동 결과 | 판정(□에"✔" 표) | 득점 |
| 파워윈도우 릴레이 | | | | | □ 양호<br>□ 불량 | □ 양호<br>□ 불량 | |

[11] 파워 윈도우 타이머 제어에서 스위치 등을 조작하면서 각 단자 전압의 변화를 멀티미터로 점검하시오.

| 자동차 번호 : | | | | 비번호 | | 지도교수 확 인 | |
|---|---|---|---|---|---|---|---|
| 측정항목 | 단자 번호 | 핀 번호 | 배선컬러 | ON 전압 | OFF전압 | 판정(□에"✔" 표) | 득점 |
| 키 ON전원 | | | | V<br>ON 전압<br>(키 ON) | V<br>OFF전압<br>(키 OFF) | □ 양호<br>□ 불량 | |
| 상시전원 | | | | V | 상시전압 | | |
| 운전석 도어 | | | | V<br>ON 전압<br>(OPEN) | V<br>OFF전압<br>(CLOSE) | | |
| | | | | V<br>ON 전압<br>(OPEN) | V<br>OFF전압<br>(CLOSE) | | |
| 조수석 도어 | | | | V<br>ON 전압<br>(OPEN) | V<br>OFF전압<br>(CLOSE) | | |
| | | | | V<br>ON 전압<br>(OPEN) | V<br>OFF전압<br>(CLOSE) | | |

[12] 키 회수제어에서 도어 언록 릴레이 접지 단자를 접지시켜서 구동시켜본다. 뉴 EF소나타는 I/P-E 커넥터의 10번 단자를 차체와 접지시켜 점검하시오.

| 자동차 번호 : | | | | 비번호 | | 지도교수 확 인 | |
|---|---|---|---|---|---|---|---|
| 측정항목 | 단자번호 | 핀 번호 | 배선컬러 | 강제구동 TEST 방법 | 구동 결과 | 판정(□에"✔" 표) | 득점 |
| 도어 언록 릴레이 | | | | | □ 양호<br>□ 불량 | □ 양호<br>□ 불량 | |

[13] 안전벨트 경고등 타이머 제어에서 스위치 등을 조작하면서 각 단자 전압의 변화를 멀티미터로 점검하시오.

| 자동차 번호 : | | | | 비번호 | | 지도교수 확 인 | |
|---|---|---|---|---|---|---|---|
| 측정항목 | 단자번호 | 핀 번호 | 배선컬러 | 키 ON전압 | 키 OFF전압 | 판정(□에"✔" 표) | 득점 |
| 키 ON전원 | | | | V | V | □ 양호<br>□ 불량 | |

[14] 안전벨트 경고등 타이머 제어에서 테스터 램프를 사용하여 경고등 접지 단자를 접지시켜서 작동시켜본다. 뉴 EF소나타에서 ETACS 회로(1)에서 I/P-L 커넥터의 10번 단자를 차체에 접지시키면서 안전벨트 경고등이 작동하는지 확인한다.

| 자동차 번호 : | | | | 비번호 | | 지도교수 확인 | |
|---|---|---|---|---|---|---|---|
| 측정항목 | 단자번호 | 핀 번호 | 배선컬러 | 강제구동 TEST 방법 | 구동 결과 | 판정(□에"✔" 표) | 득점 |
| 안전벨트 경고등 | | | | | □ 양호<br>□ 불량 | □ 양호<br>□ 불량 | |

[15] 주어진 자동차에서 후방 경보시스템 작동상태를 점검하고, 이상이 있으면 이상 내용을 기록표에 기록하시오.

| 자동차 번호 : | | | 비 번호 | | 지도교수 확인 | |
|---|---|---|---|---|---|---|
| 측정 항목 | ① 점검(또는 측정) | | ② 판정 및 정비(또는 조치)사항 | | | 득점 |
| | 고장 부분 | 내용 및 상태 | 판정(□에 "✔" 표) | 정비 및 조치할 사항 | | |
| 후방 경보시스템 작동상태 | | | □ 양호<br>□ 불량 | | | |

[16] 주어진 자동차에서 와이퍼 작동시 소모전류를 측정 및 점검하고, 이상이 있으면 이상 내용을 기록표에 기록하시오.

| 자동차 번호 : | | | | 비번호 | | 지도교수 확인 | |
|---|---|---|---|---|---|---|---|
| 측정 항목 | | ① 측정(또는 점검) | | ② 판정 및 정비(또는 조치)사항 | | | 득점 |
| | | 측정값 | 규정(정비한계)값 | 판정<br>(□에 "✔" 표) | 정비 및 조치할 사항 | | |
| 소모 전류 | Low모드 | | | □ 양호<br>□ 불량 | | | |
| | High모드 | | | | | | |

[17] 주어진 자동차에서 윈도우 모터 작동시 소모전류를 측정 및 점검하고, 이상이 있으면 이상 내용을 기록표에 기록하시오.

| 자동차 번호 : | | | 비번호 | | 지도교수 확인 | |
|---|---|---|---|---|---|---|
| 측정 항목 | ① 측정(또는 점검) | | ② 판정 및 정비(또는 조치)사항 | | | 득점 |
| | 측정값 | 규정(정비한계)값 | 판정(□에 "✔" 표) | 정비 및 조치할 사항 | | |
| 전류소모 시험 | 올림: | | □ 양호<br>□ 불량 | | | |
| | 내림: | | | | | |

CHAPTER Automotive Electric• Electron Exercise

# 09. 전기 · 전자 회로분석

## 1. 전기 · 전자회로

학습목표

전기 · 전자회로 분석이란 전기 · 전자회로장치의 정상적인 작동을 위하여 전기 회로도를 이해하고 관련부품을 점검하여 이상 유무를 정확하게 파악하고 전기 · 전자장치를 수리 조정 교환하는 능력이다.

① 전기 · 전자회로의 판독 및 특성에 대해 파악할 수 있다.
② 정비지침서에 따라 전기 · 전자회로를 파악하고 관련 장치의 작동상태를 확인할 수 있다.
③ 정비지침서에 따라 전기 · 전자회로의 고장원인을 분석할 수 있다.
④ 제조사별 전기 · 전자회로의 규정값을 기준으로 점검 · 진단을 할 수 있다.
⑤ 정비지침서에 따라 전기 · 전자회로의 세부점검목록을 확인하여 고장원인을 파악할 수 있다.
⑥ 정비지침서에 따라 고장 진단장비를 사용하여 전기·전자회로의 고장원인을 분석할 수 있다.
⑦ 전기 · 전자회로의 조정을 위해 관련 장비 및 공구를 선택 및 사용할 수 있다.
⑧ 정비지침서에 따른 교환 · 수리 가능여부를 확인하고 교환 및 수리 후 정상상태를 확인할 수 있다.
⑨ 정비지침서에 따른 관련부품을 차량에서 탈 · 부착 및 분해 · 조립순서에 맞게 교환할 수 있다.

### 1.1. 전기회로

모든 물질은 분자로 구성되어 있으며, 분자는 원자의 집합체로 구성되어 있다. 전자론에 의하면 원자는 양(+)전기를 띤 양자와 중성자로 구성된 원자핵과 음(-)전기를 띤 전자로 구성된다.

이와 같이 물질에 존재하는 전자가 전기의 본질이며, 원자핵과 거리가 멀어서 결합력이 약하고 외부의 영향을 가장 쉽게 받아 궤도를 이탈하는 전자를 자유전자라고 한다.

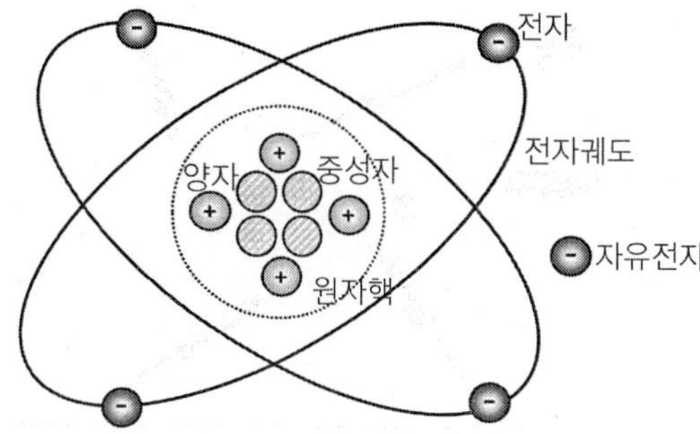


그림 1. 원자의 구조

## 1.1.1. 전류

전류란 (+)대전체와 (−)대전체 사이를 도체로 연결하면 (+)쪽에서는 도체 내의 전자를 흡인하고, (−)쪽에서는 전자가 반발 당하여 도체 내부로 들어가므로 도체 내에 있는 전자는 (−)쪽에서 (+)쪽으로 이동한다. 이때 전자는 중화되며 전자의 이동을 전류라 한다. 전류의 측정단위는 암페어(A : ampere)이며 1A는 도체 단면의 임의의 한 점을 매초 1쿨롱(coulomb)의 전하가 이동하고 있을 때의 전류의 크기를 말한다. 전류는 발열작용, 화학작용, 자기작용 등 3대 작용을 한다.

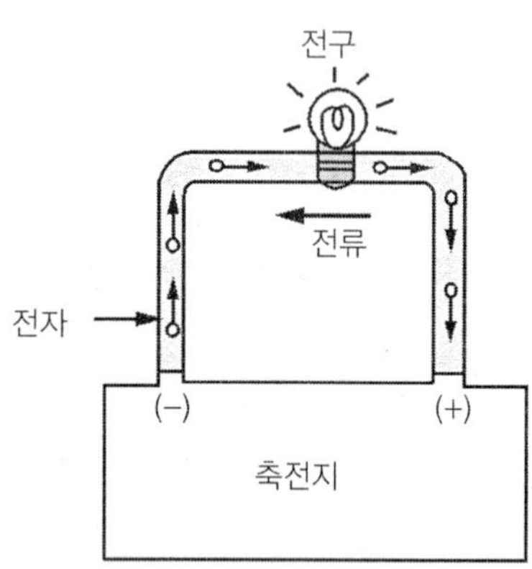


그림 2. 전자와 전류의 흐름

## 1.1.2. 전압(전위차)

전압이란 전기적인 압력을 말하며, 측정단위는 볼트(V : voltage)이다. 1V란 1옴(Ω)의 도체에 1A의 전류를 흐르게 할 수 있는 전기적인 압력을 말한다.

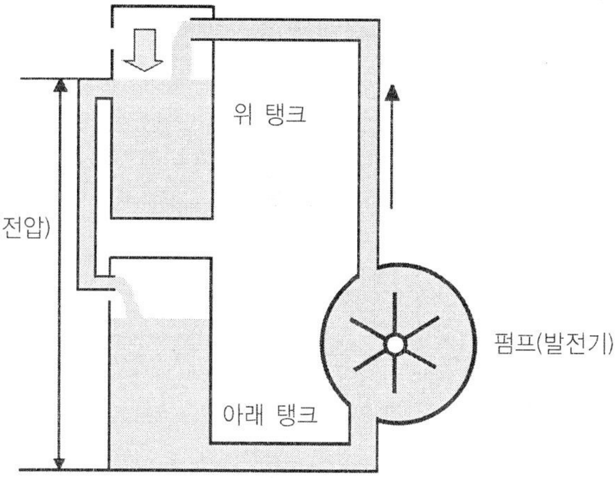


그림 3. 수압과 전압

### 1.1.3. 저항

저항이란 물질 속을 전류가 흐르기 쉬운가, 또는 어려운가를 표시하는 것이며, 측정 단위는 옴(Ohm : Ω)이다. 1옴(Ω)이란 1A의 전류를 흐르게 할 때 1V의 전압을 필요로 하는 도체의 저항으로 표시하며, 물질의 저항값을 결정하는 요소는 다음과 같다.

① 물질 : 낮은 압력에서도 비교적 전자의 이동이 활발한 물질일수록 저항이 작다.

② 길이 : 길이가 길어질수록 전자의 이동 통로가 길어지므로 저항이 증가한다.

③ 단면적 : 단면적이 커질수록 전자의 이동 통로가 커지므로 저항이 감소한다.

④ 온도 : 온도가 증가할수록 내부 입자들의 운동이 활발하여 전자의 자유로운 이동을 방해하므로 저항이 증가한다.

➡표 1. 도체의 고유저항

| 금속 명칭 | 고유저항 (μΩ cm)20℃ | 금속 명칭 | 고유저항 (μΩ cm)20℃ |
|---|---|---|---|
| 은 | 1.62 | 니 켈 | 6.90 |
| 구 리 | 1.69 | 철 | 10.0 |
| 금 | 2.40 | 강 | 20.6 |
| 알루미늄 | 2.62 | 주 철 | 57~114 |
| 황 동 | 5.70 | 니켈-크롬 | 100~110 |

**➡표 2. 저항코드**

| 색 | 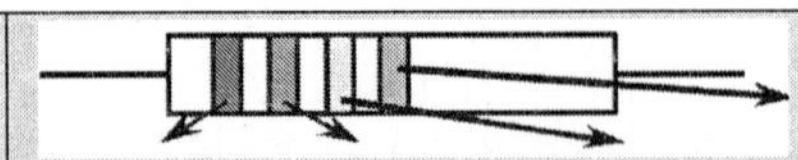 | | | 허용오차 |
|---|---|---|---|---|
| | 1색대 | 2색대 | 3색대 | |
| 은색 | – | – | $10^{-2}$ | ±10% |
| 금색 | – | – | $10^{-1}$ | ±5% |
| 검정 | – | 0 | $10^{0}$ | – |
| 갈색 | 1 | 1 | $10^{1}$ | ±1% |
| 적색 | 2 | 2 | $10^{2}$ | ±2% |
| 오랜지색 | 3 | 3 | $10^{3}$ | – |
| 황색 | 4 | 4 | $10^{4}$ | – |
| 녹색 | 5 | 5 | $10^{5}$ | ±0.5% |
| 청색 | 6 | 6 | $10^{6}$ | – |
| 보라색 | 7 | 7 | $10^{7}$ | – |
| 회색 | 8 | 8 | $10^{8}$ | – |
| 백색 | 9 | 9 | $10^{9}$ | – |

### [1] 저항 직렬 접속방법

이 접속방법은 몇 개의 저항을 한 줄로 연결하는 방법이며, 다음과 같은 특징이 있다.

① 어느 저항에서나 똑같은 전류가 흐른다.

② 전압이 나누어져 저항 속을 흐른다.

③ 각 저항에 가해지는 전압의 합은 전원 전압의 합과 같다.

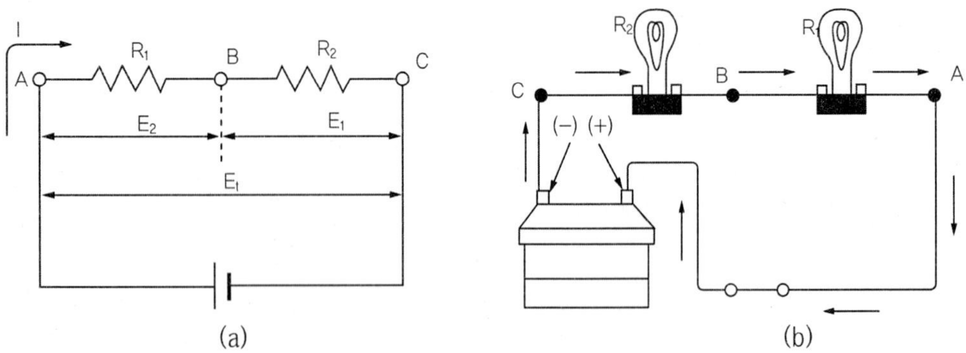


**그림 4. 저항의 직렬 접속방법**

[2] 저항 병렬 접속방법

이 접속방법은 모든 저항을 두 단자에 공통으로 연결하는 방법이며, 작은 저항을 얻고자 할 때 사용하는 것으로 다음과 같은 특징이 있다.

① 어느 저항에서나 똑같은 전압이 작용한다.

② 합성저항은 각 저항의 어느 것보다도 적다.

③ 저항이 감소하는 것은 전류가 나누어져 저항 속을 흐르기 때문이다.

④ 전원에서의 전류는 각 전장부품을 흐르는 전류의 합이 되므로 병렬접속을 하는 전장부품이 많을 경우에는 전류용량이 큰 전원을 사용하여야 한다.

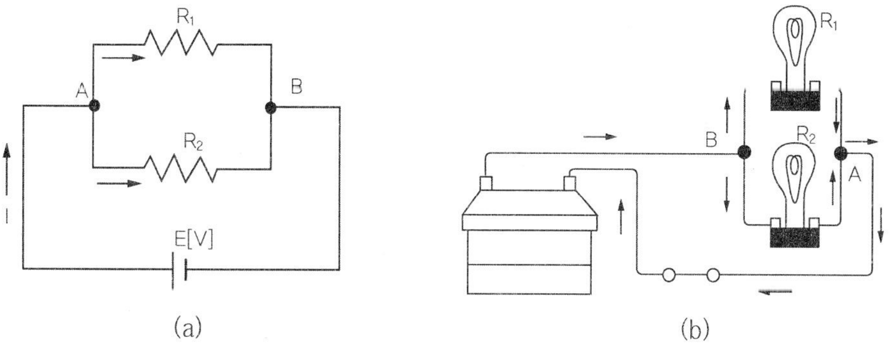


그림 5. 저항의 병렬 접속방법

## 1.1.4. 옴의 법칙(ohm's law)

전압에 의하여 전류가 흐르며, 저항은 전류의 흐름을 방해하므로 전류, 전압 및 저항 사이에는 밀접한 관계가 있다. 즉, 도체에 흐르는 전류(I)는 전압(E)에 정비례하고, 그 도체의 저항(R)에는 반비례한다.

## 1.1.5. 키르히호프의 법칙(kirchhoff's law)

[1] 키르히호프의 제1법칙

전류의 법칙으로 회로 내의 "어떤 한 점에 들어온 전류의 총합과 나간 전류의 총합은 같다" 는 법칙이다.

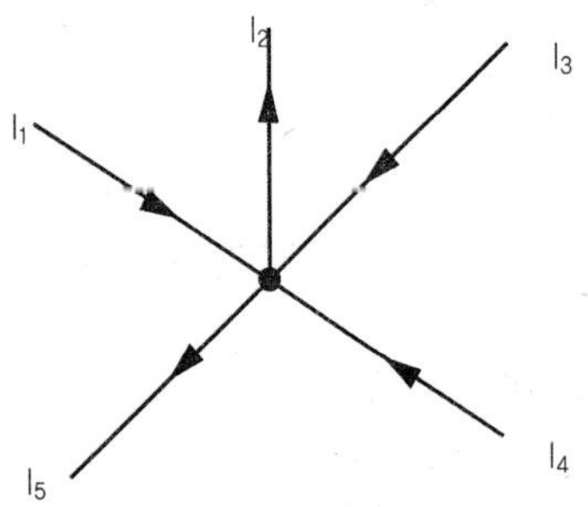


(a) 제1법칙

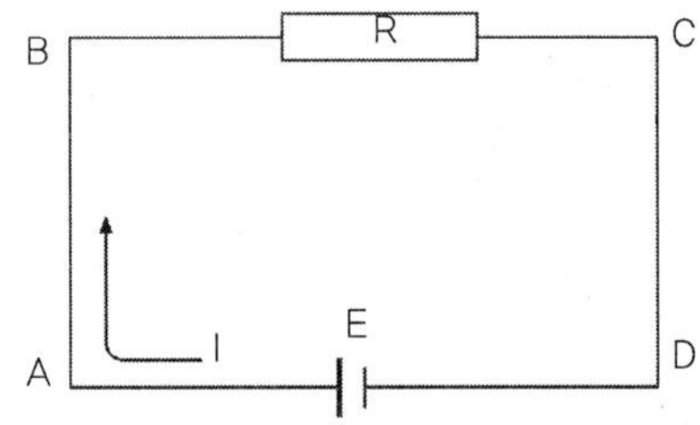


(b) 제2법칙

그림 6. 키르히호프법칙

### [2] 키르히호프의 제2법칙

전압의 법칙으로 "임의의 폐회로에 있어서 기전력의 총합과 저항에 의한 전압강하의 총합은 같다" 아래 그림의 A에서 B → C → D를 흐르고 A로 되돌아간 경우에는 기전력과 전압 강하가 동등하게 된 전위차는 0 즉, 기전력 − 전압강하 = 0이다.

## 1.1.6. 전력

전력이란 전기가 단위시간 동안에 한 일의 양이며 전등, 전동기 등에 전압을 가하여 전류를 흐르게 하면 열이 나고 기계적 에너지를 발생시켜 여러 가지 일을 할 수 있는 것을 말한다. 즉, 전류가 흐르며 전동기를 회전시킬 때 전동기를 직접 회전시키는 일을 하며 일은 전류(I)가 하지만 전류가 흐르며 일을 하도록 압력을 가하는 것은 전압(E)이다. 이와 같이 전력(P)은 전압(E)과 전류(I)를 곱한 것이고, 전력의 단위는 와트(W : watt)를 사용한다.

## 1.1.7. 전력량

전력량이란 전류가 어떤 시간 동안에 한 일의 총량을 말하며, 전력량은 전력에 사용한 시간을 곱한 것으로 나타낸다. 따라서 전력(P)을 t초 동안에 사용하였을 때 전력량 은 W = P×t로 표시된다. I(A)의 전류가 R(Ω)의 저항 속을 t초 동안 흐를 경우에는 W = $I^2$Rt로 표시한다. 그리고 전력량의 측정단위로는 WS 또는 kW/h이다.

### 1.1.8. 줄의 법칙(joule's law)

이 법칙은 저항에 의하여 발생되는 열량은 전류의 2승과 저항을 곱한 것에 비례한다. 즉, 저항 R(Ω)의 도체에 전류 I(A)를 흐를 때 1초마다 소비되는 에너지 $I^2R$(W)은 모두 열이 된다. 이때의 열을 줄 열이라고 하며 $H= 0.24I^2Rt$의 관계식으로 표시한다.

## 1.2. 전자회로

### 1.2.1. 진성 반도체

다이오드나 트랜지스터 등을 제작하는 게르마늄이나 실리콘의 결정에는 같은 수의 전자와 홀(정공(+)전기가 남아 있는 빈자리)이 있는 반도체이며 절연체에 가깝다.

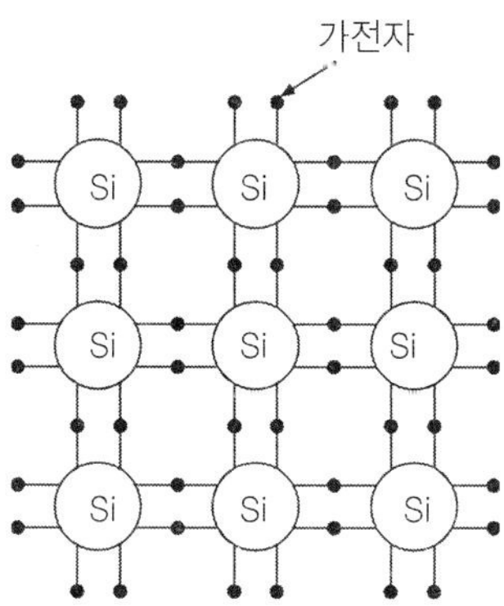


그림 7. 실리콘의 공유결합

### 1.2.2. 불순물 반도체

#### [1] P(positive)형 반도체

실리콘의 결정(4가)에 3가(가장 바깥 궤도에 3개의 전자가 있는 것)의 원소인 붕소(B), 알루미늄(Al)이나 인듐(In)과 같은 물질을 매우 작은 양으로 혼합하면 공유결합을 하게 되는데 이 과정에서 실리콘의 4가 전자 내에 알루미늄이나 인듐의 3가의 원자가 끼어들이 전자가 없는 부분이 발생한다.

이와 같이 전자가 없는 부분을 홀(hole : 정공)이라고 하며 이 상태에서 전압을 가하면 홀의 (+)에 의해 전자가 흡인되어 홀로 이동하게 되는데 이때 홀의 움직임은 전자의 이동 방향과 정반대로 된다. 1개의 전자가 부족한 홀도 자유롭게 이동할 수 있으므로 전기를 운반(carrier)하게 되는 반도체를 P형 반도체라고 하며, 홀을 만들어 주는 불순물 원자를 억셉터(acceptor)라고 한다.

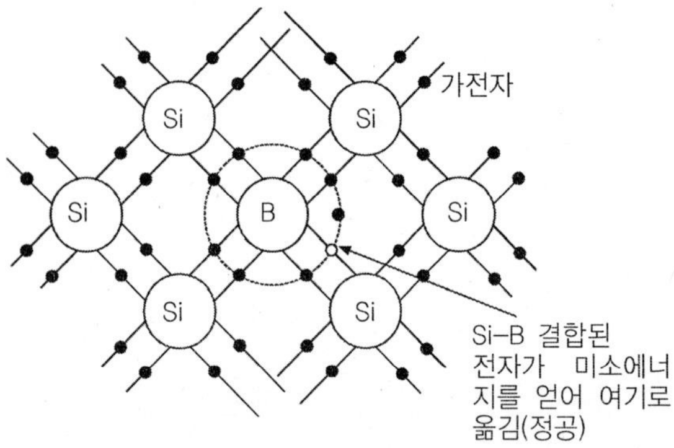


그림 8. P형 반도체

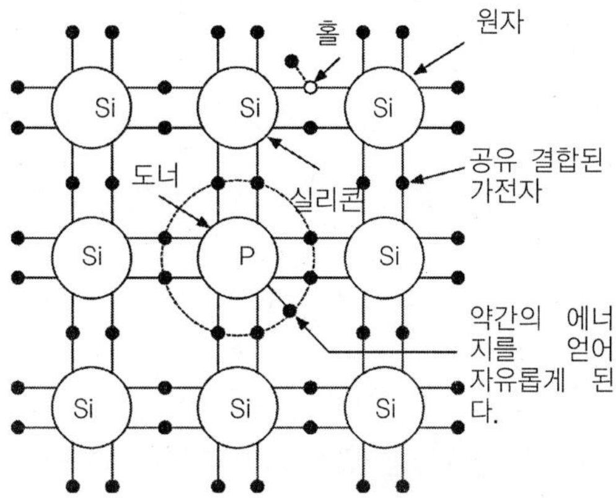


그림 9. N형 반도체

[2] N(negative)형 반도체

실리콘에 5가의 원소인 비소(As), 안티몬(Sb), 인(P) 등의 원소를 조금 섞으면 5가의 원자가 실리콘 원자 1개를 밀어내고 그 자리에 들어가 실리콘 원자와 공유결합을 한다. 이때 5가의 원자에서는 전자 1개가 남게 되며 이 경우 전기의 운반자(carrier)가 전자이므로 (-)라는 의미에서 N형 반도체라고 하며 잉여 전자를 만들어 주는 불순물 원자를 도너(donor)라 한다.

### 1.2.3. 반도체의 장 · 단점

[1] 반도체의 장점

① 매우 소형이고, 가볍다.
② 내부 전력 손실이 매우 적다.
③ 예열시간을 요하지 않고 곧 작동한다.
④ 기계적으로 강하고, 수명이 길다.

[2] 반도체의 단점

① 온도가 상승하면 그 특성이 매우 나빠진다(게르마늄은 85℃, 실리콘은 150℃ 이상 되면 파손되기 쉽다).
② 역 내압이 매우 낮다.
③ 정격값 이상 되면 파괴되기 쉽다.

## 1.2.4. 반도체의 응용

### [1] 다이오드(diode)

다이오드는 P형 반도체와 N형 반도체를 마주 대고 접합한 것이며, PN접합(PN junction)이라고도 하며 정류작용(整流 作用)을 한다.

#### (1) 다이오드에 전압을 가하지 않았을 때

이때 P형 반도체에는 홀(정공)이, N형 반도체에는 자유전자가 존재한다.

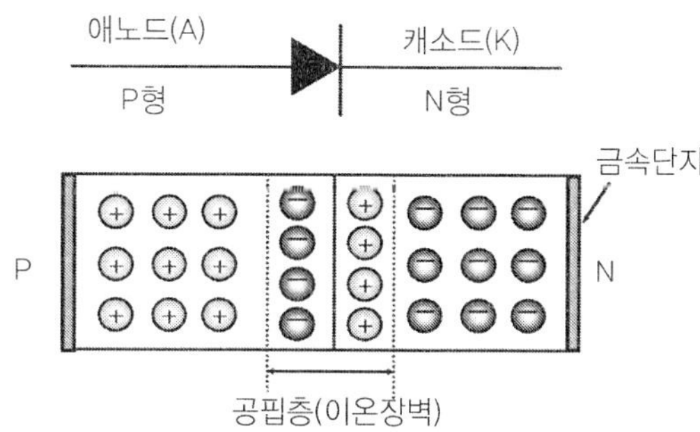


그림 10. 다이오드의 구성

#### (2) 순방향 특성(forward bias)

전원을 P형에는 (+)을, N형에는 (−)을 접속하면 P형의 홀은 (+)극에 반발하여 N형으로 유입되고, N형의 전자는 (−)극에 반발하여 P형 속으로 유입된다. 이에 따라 다이오드에는 전류가 흐르며 이러한 상태를 순방향 특성이라 한다.

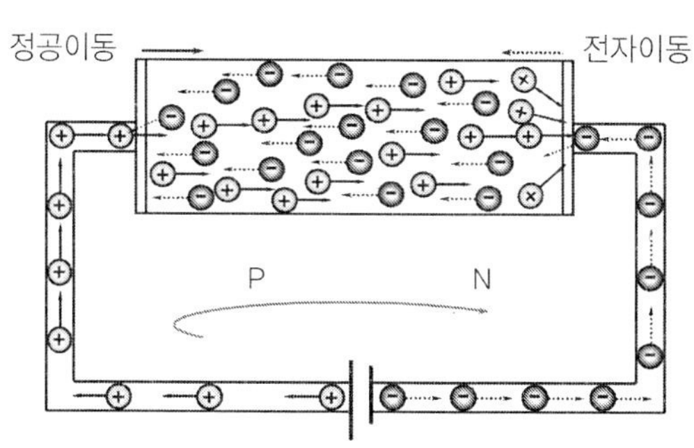


그림 11. 순방향(전류가 흐를 때)특성

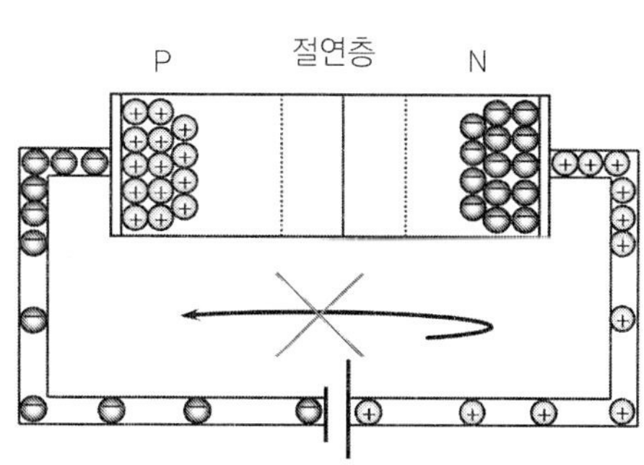


그림 12. 역방향(전류가 흐르지 않을 때)특성

### (3) 역방향 특성(reverse bias)

전원을 P형에는 (−)을, N형에는 (+)를 접속하면 P형의 홀은 (−)극 쪽으로, N형의 전자는 (+)극 쪽으로 이동하여 P형과 N형의 경계에는 홀이나 전자가 거의 없어져 매우 큰 저항이 발생하게 된다. 이에 따라 다이오드에는 전류가 흐르지 못한다. 이러한 상태를 역방향 특성이라 한다.

위에서 설명한 바와 같이 순방향에서는 전류가 흐르고, 역방향으로는 전류가 흐르지 않는데 이 작용을 정류작용이라고 한다.

## [2] 제너 다이오드(zener diode)

제너 다이오드는 실리콘 다이오드의 일종이며, 어떤 역방향 전압에 도달하면 역방향으로 전류가 통할 수 있도록 제작한 것이다. 즉, 역방향으로 가해지는 전압이 어떤 값에 도달하면 순방향 특성과 같이 급격히 전류를 흐르게 한다. 이때의 전압을 제너전압(항복전압 또는 브레이크다운 전압)이라고 부른다. 또 역방향 전압이 점차 감소하여 제너전압 이하가 되면 역방향 전류가 흐르지 못한다. 이 제너전압은 온도 및 사용에 의한 변화가 적으며, 교류발전기의 전압조정기 전압 검출이나 정전압 회로에서 사용하고 있다.

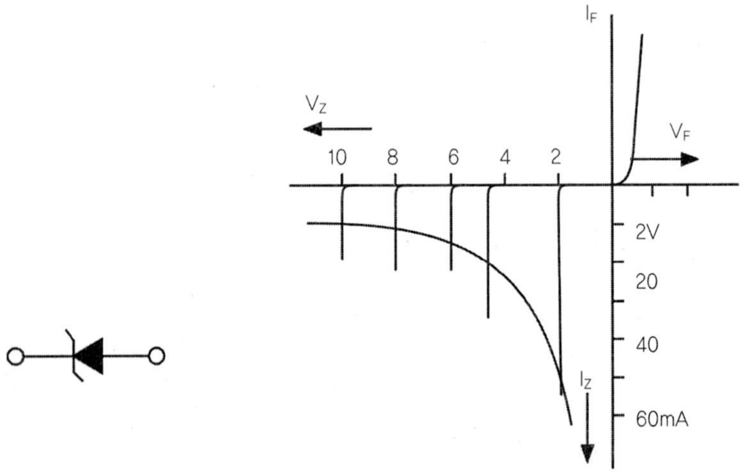


(a) 기호 (b) 특성

**그림 13. 제너 다이오드**

## [3] 발광 다이오드(LED : light emission diode)

발광 다이오드는 순방향으로 전류를 흐르게 하면 빛이 발생되는 다이오드이며, 가시광선으로부터 적외선까지 다양한 빛을 발생한다. 발광(發光)될 때에는 순방향으로 10mA 정도의 전류가 필요하며, PN형 접합면에 순방향 전압을 가하여 전류를 흐르게 하면 캐리어(carrier)가 가지고 있는 에너지 일부가 빛으로 변화하여 외부로 방사(放射)시킨다. 용도는 각종 파일럿램프 등에서 사용한다.

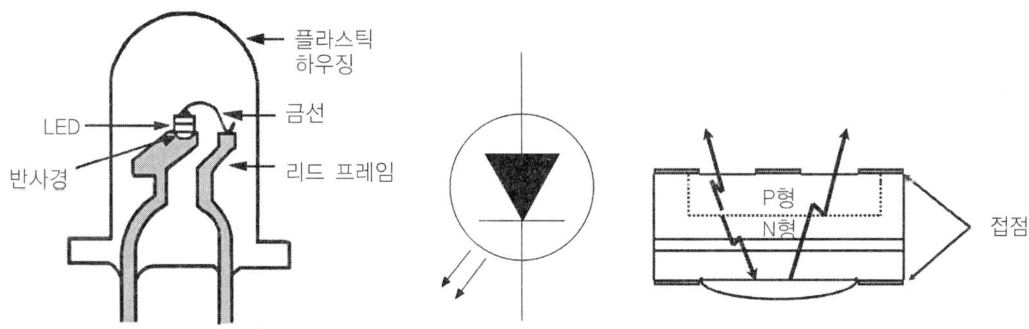


(a) 외관　(b) 기호　(c)

그림 14. 발광 다이오드

## [4] 포토 다이오드(photo diode)

포토 다이오드는 PN형을 접합한 게르마늄(Ge)판에 입사광선이 없을 경우에는 N형에 일정 전압이 가해져 있으므로 역방향 특성으로 되어 전류는 흐르지 않게 된다. 그러나 입사광선을 접합부에 쪼이면 빛에 의해 전자가 궤도를 이탈하여 자유전자가 되어 역방향으로 전류가 흐르게 된다. 따라서 입사광선이 강할수록 자유전자 수도 증가하여 더욱 많은 전류가 흐른다.

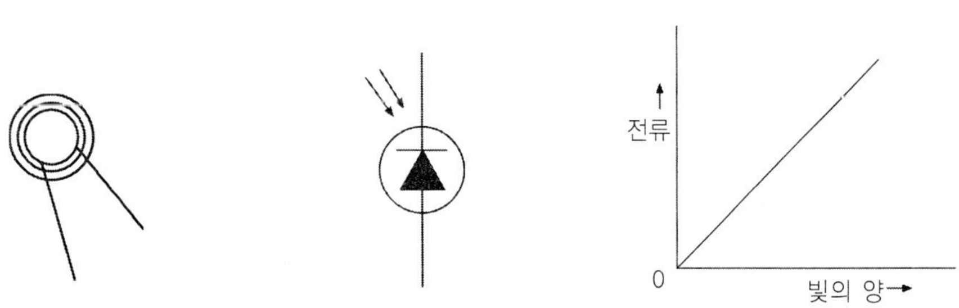


(a) 외관　(b) 기호　(c) 곡선

그림 15. 포토 다이오드

## [5] 콘덴서(condenser)

마주 놓인 두 전극 사이에 유전체를 끼워 만들어진 것으로 축전기라고도 한다. 콘덴서는 전하를 충전할 수 있는 기능을 하며 직류는 흐르지 못하게 하지만 교류는 통하게 하며 용량이 클수록, 그리고 주파수가 높을수록 잘 통하게 된다. 용량단위는 F(패럿)이지만 그 단위가 너무 커서 pF(피코패럿), uF(마이크로패럿)의 단위를 주로 쓴다. 자동차에서는 지연회로(타이머 회로)나 회로의 전기적인 노이즈를 방지 하는데 주로 사용한다.

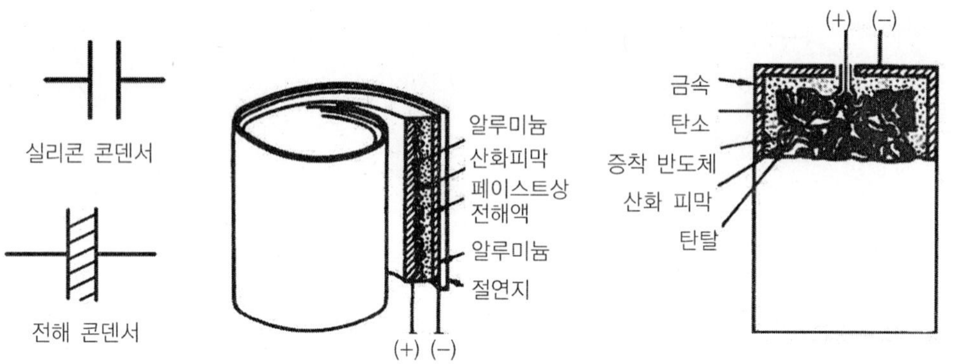

(a) 기호 (b) 알루미늄 박형 (c) 탄탈의 소결형

그림 16. 콘덴서

## [6] 트랜지스터(transistor)

트랜지스터는 PN형 다이오드의 N형 쪽에 P형을 덧붙인 PNP형과, P형 쪽에 N형을 덧붙인 NPN형이 있으며, 3개의 단자 부분에는 리드선이 붙어 있다. 중앙부분을 베이스(B : base), 양쪽의 P형 또는 N형을 각각 이미터(E : emitter) 및 컬렉터(C : collector)라고 한다. 트랜지스터의 대표적인 작용으로는 스위칭작용, 증폭작용 및 발진작용이 있다.

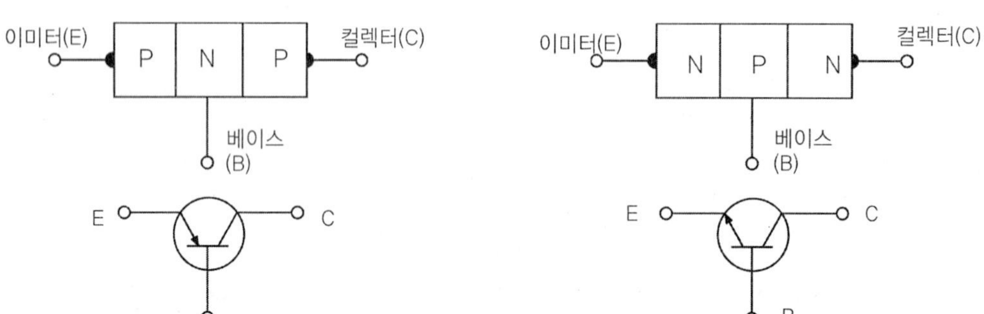

(a) PNP 트랜지스터 (b) NPN 트랜지스터

그림 17. 트랜지스터의 구조

## [7] 포토 트랜지스터(photo transistor)

이것은 PN접합부에 빛을 쪼이면 빛 에너지에 의해 발생한 전자와 홀이 외부로 흐른다. 입사광선에 의해 전자와 홀이 발생하면 역전류가 증가하고, 입사광선에 대응하는 출력 전류가 얻어지는데 이를 광전류라고 한다. 포토 트랜지스터에는 PN접합의 2극 소자형과 NPN의 3극 소자형이 있으며, 빛이 베이스 전류 대용으로 사용되므로 전극이 없고 빛을 받아서 컬렉터 전류를 조절한다.

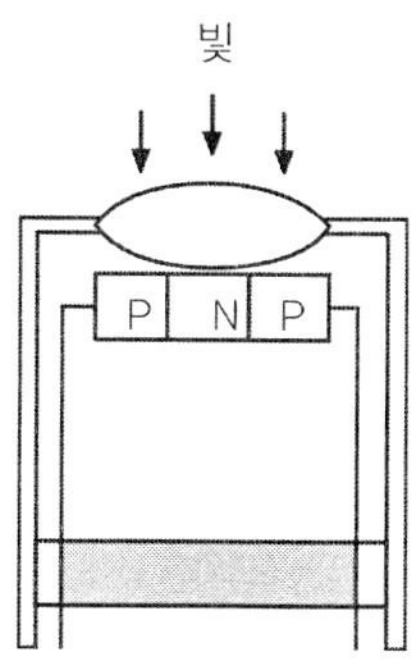


(a) 구조

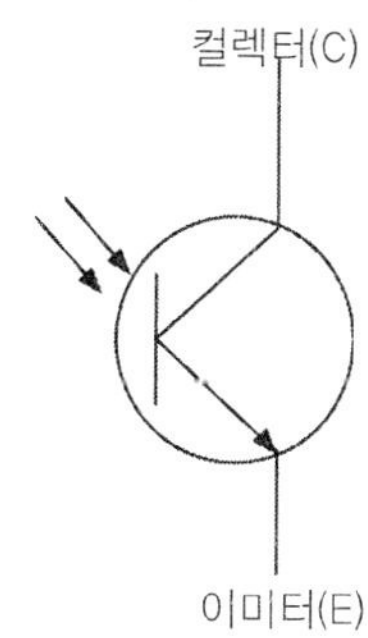


(b) 기호

**그림 18. 포토 트랜지스터의 구조**

### (1) 포토 트랜지스터의 특징

① 광 출력 전류가 매우 크다.

② 내구성과 신호 성능이 풍부하다.

③ 소형이고, 취급이 쉽다.

## [8] 서미스터(thermistor)

이것은 니켈, 구리, 망간, 아연, 마그네슘 등의 금속 산화물을 적당히 혼합하여 1,000℃ 이상에서 소결시켜 제작한 것이다. 온도가 상승하면 저항값이 감소하는 부특성(NTC) 서미스터와 온도가 상승하면 저항값도 증가하는 정특성(PTC) 서미스터가 있다. 일반적으로 서미스터라고 함은 부특성 서미스터를 의미하며, 용도는 전자회로의 온도 보상과 수온센서 등에서 사용된다.

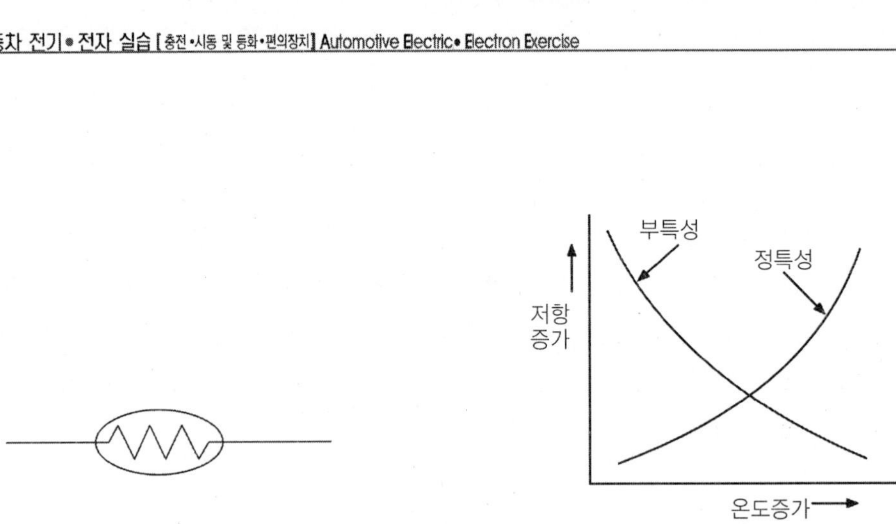


(a) 기호 (b) 특성

그림 19. 서미스터의 특성

[9] 컴퓨터의 입 · 출력장치

(1) 입력장치

이 장치는 각종 센서로부터 검출된 신호를 받아들이는 장치이며, 센서에서의 신호를 처리하여 컴퓨터에 전달한다.

(2) 출력장치

이 장치는 산술 및 논리 연산된 데이터를 액추에이터(인젝터, 공전조절 서보, 에어컨 릴레이 등)에 제어신호로 보내는 장치이다. 즉 컴퓨터의 전기신호로 액추에이터를 작동시키는 신호로 변화시킨다.

(3) A/D컨버터(analog to digital convertor)

이 장치는 아날로그신호를 중앙처리장치(CPU)에 의해서 디지털신호로 변환시키는 장치이다.

(4) 컴퓨터의 연산부분

중앙 처리장치 내에서 연산이 중심이 되는 가장 중요한 부분으로 컴퓨터의 연산은 출력이 되는 다른 것과 비교하여 결론을 내리는 방식이다. 즉 스위치의 ON, OFF을 0 또는 1로 나타내는 2진법과 0~9까지의 수치로 나타내는 10진법으로 계산한다.

## [10] 논리회로

### (1) OR회로(논리화회로)

① 2개의 A, B스위치를 병렬로 접속한 회로이다.
② 입력 A가 1이고 입력 B가 0이면 출력도 1이 된다.
③ 입력 A가 0이고 입력 B가 1이면 출력도 1이 된다.
④ 입력 A와 B가 모두 1이면 출력도 1이 된다.
⑤ 입력 A와 B가 모두 0이면 출력도 0이 된다.

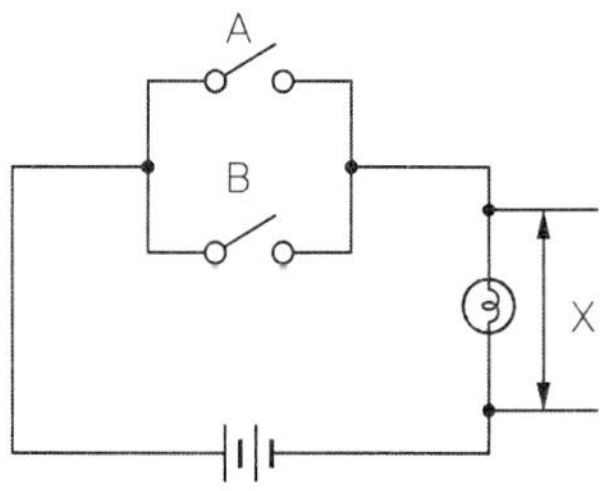


(a) 논리회로

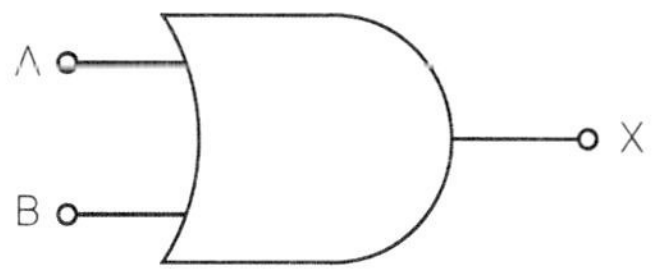


(b) 논리기호

| A | B | X |
|---|---|---|
| 0 | 0 | 0 |
| 0 | 1 | 1 |
| 1 | 0 | 1 |
| 1 | 1 | 1 |

(c) 진리표

그림 20. OR회로

### (2) AND회로(논리적회로)

① 2개의 스위치 A, B를 직렬로 접속한 회로이다.
② 입력 A와 B가 모두 1이면 출력도 1이 된다.
③ 입력 A가 1이고 입력 B가 0이면 출력은 0이 된다.
④ 입력 A가 0이고 입력 B가 1이면 출력은 0이 된다.
⑤ 입력 A와 B가 모두 0이면 출력도 0이 된다.

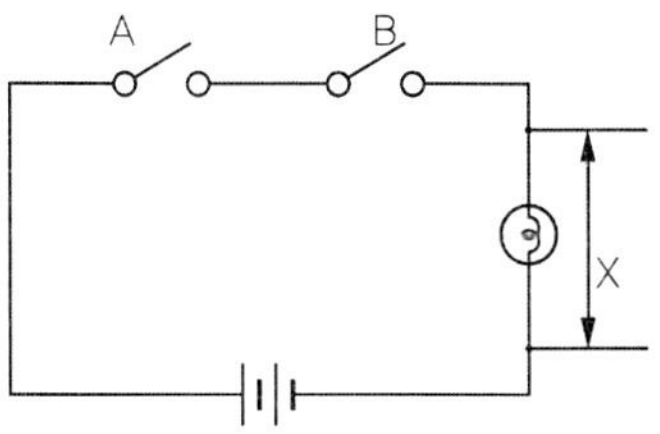


(a) 논리회로

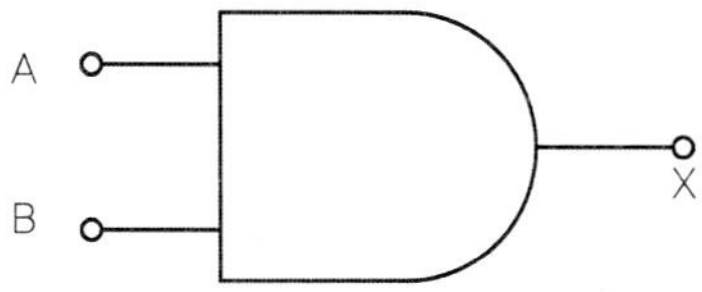


(b) 논리기호

| A | B | X |
|---|---|---|
| 0 | 0 | 0 |
| 0 | 1 | 0 |
| 1 | 0 | 0 |
| 1 | 1 | 1 |

(c) 진리표

그림 21. AND회로

### (3) NOT회로(부정회로)

① NOT 회로는 인버터(inverter)라고도 부른다.

② 입력이 1이면 출력은 0이 된다.

③ 입력이 0이면 출력은 1이 된다.

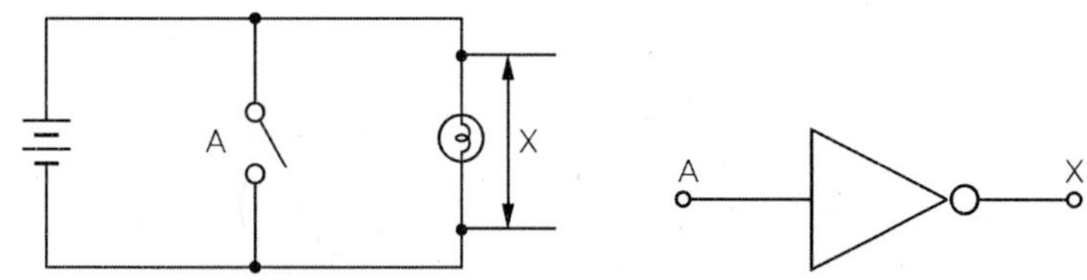


| A | X |
|---|---|
| 0 | 1 |
| 1 | 0 |

(a) 논리회로 (b) 논리기호 (c) 진리표

그림 22. NOT회로

### (4) NOR회로(부정 논리화회로)

① OR회로 뒤에 NOT회로를 접속한 것이다.

② 입력 A가 1이고 입력 B가 0이면 출력은 0이 된다.

③ 입력 A가 0이고 입력 B가 1이면 출력은 0이 된다.

④ 입력 A와 B가 모두 1이면 출력은 0이 된다.

⑤ 입력 A와 B가 모두 0이면 출력은 1이 된다.

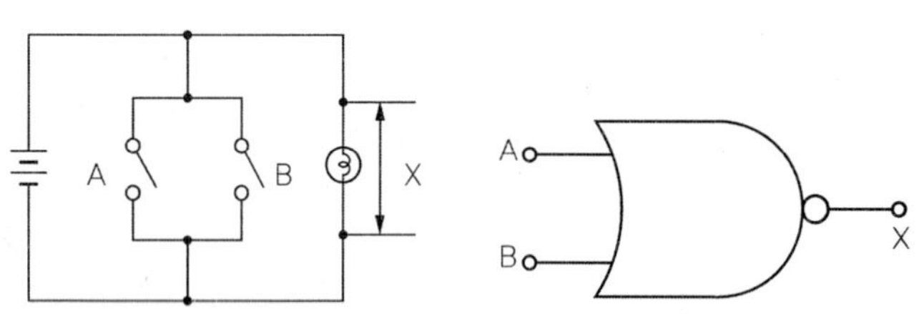


| A | B | X |
|---|---|---|
| 0 | 0 | 1 |
| 0 | 1 | 0 |
| 1 | 0 | 0 |
| 1 | 1 | 0 |

(a) 논리회로 (b) 논리기호 (c) 진리표

그림 23. NOR회로

### (5) NAND회로(부정 논리적회로)

① AND회로 뒤에 NOT회로를 접속한 것이다.

② 입력 A가 1이고 입력 B가 0이면 출력도 1이 된다.

③ 입력 A가 0이고 입력 B가 1이면 출력도 1이 된다.

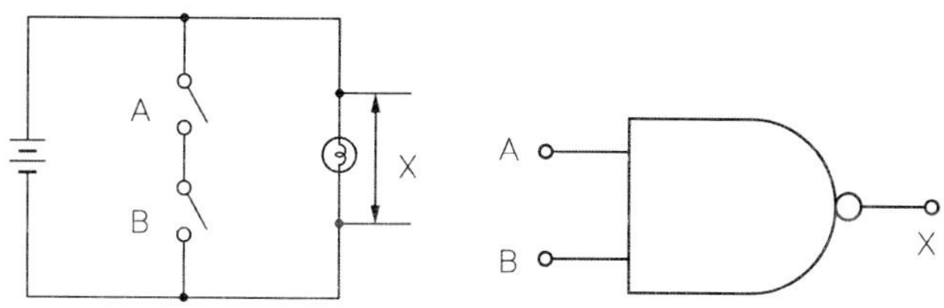


| A | B | X |
|---|---|---|
| 0 | 0 | 1 |
| 0 | 1 | 1 |
| 1 | 0 | 1 |
| 1 | 1 | 0 |

(a) 논리회로 (b) 논리기호 (c) 진리표

그림 24. NAND회로

④ 입력 A와 B가 모두 0이면 출력은 1이 된다.

⑤ 입력 A와 B가 모두 1이면 출력은 0이 된다.

## 1.3. 커넥터 및 와이어링 하네스

### 1.3.1. 커넥터 종류 및 커넥터 핀 넘버링

#### [1] 커넥터의 종류

커넥터는 크게 암 커넥터와 수 커넥터로 구분할 수 있으며 수 커넥터는 커넥터 내부에 핀이 돌출되어 있으며 암 커넥터는 수 커넥터의 핀이 꽂혀질 수 있도록 구조가 되어 있다.

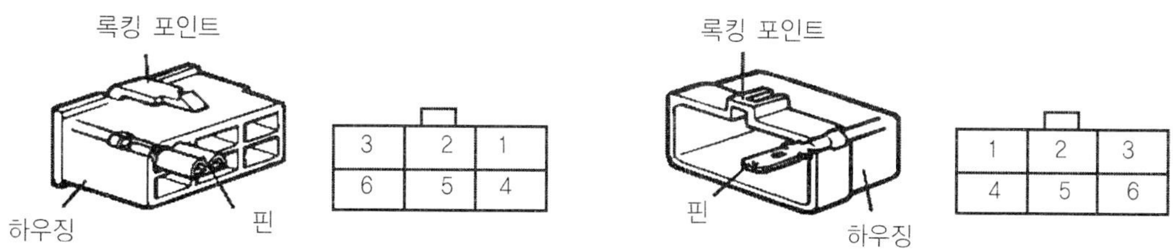


(a) 암 커넥터 (b) 수 커넥터

그림 25. 커넥터의 종류

#### [2] 넘버링

(1) 암 커넥터

암 커넥터는 오른쪽 상단이 1번으로 되어 있고 그림과 같이 번호가 붙여지고 왼쪽 하단이 마지막 번호가 된다.

(a) 암 커넥터 (b) 수 커넥터

그림 26. 커넥터의 넘버링

(2) 수 커넥터

수 커넥터는 왼쪽 상단이 1번으로 되어 있고 그림과 같이 번호가 붙여져서 오른쪽 하단이 마지막 번호이다.

### 1.3.2. 와이어링 하네스(wiring harness)

자동차의 WIRE 배선을 SET화 한 것을 WIRING HARNESS라 한다. 와이어링 하네스의 역할은 자동차에서 각각의 전기장치에 동력 및 신호를 전달하는 역할을 한다.

[1] 와이어링 종류

(1) 메인 와이어링 하네스

실내 C/PAD에 장착되며 실내 및 트렁크까지의 전원공급 및 오디오 클러스터, 각종 UNIT류의 작동 지원을 한다.

(2) 프론트 와이어링 하네스

엔진룸 전방에 위치하며 차량의 모든 전원 공급 및 램프류나 차량 냉각성능 작동 지원을 한다.

(3) 플로워 L/H 와이어링 하네스

실내 운전석 카페트 밑에 배선되며 트렁크 및 리어 도어 측에 장착되는 전장품을 동작 지원한다.

(4) 플로워 R/H 와이어링 하네스

실내 조수석 카페트 밑에 배선되며 트렁크 및 리어 도어 측에 장착되는 전장품을 동작 지원한다.

(5) 컨트롤 와이어링 하네스

엔진룸 중 엔진 및 TM에 배선되며 엔진 가동과 관련된 각종센서 및 ECU/TCU측을 동작 지원한다.

(6) 에어백 와이어링 하네스

실내 및 엔진룸에 장착된 에어백 관련센서 및 UNIT위 동작 지원을 한다. 노란색으로 MARKING(SAFETY 부품)되어 있다.

(7) 루프 와이어링 하네스

ROOF에 배선되며 SUNROOF 및 각종 실내 LP 동작 지원을 한다.

(8) 트렁크 리드 와이어링 하네스

TRUNK OPEN관련 차체에 배선되며 TAIL/STOP/RR FOG LP 등의 동작지원을 한다.

(9) 도이 와이이링 하내스

차량 도어에 장착되며 P/WDW, DR LOCK, O/S MIRROR 등과 같은 전장품의 동작 지원을 한다.

[2] 와이어링 구성

(1) 도체

도체는 순도 99.9% 이상의 전기용 황 인동선을 가공한 전기용 연동선이나 주석도금 연동선을 주로 사용한다.

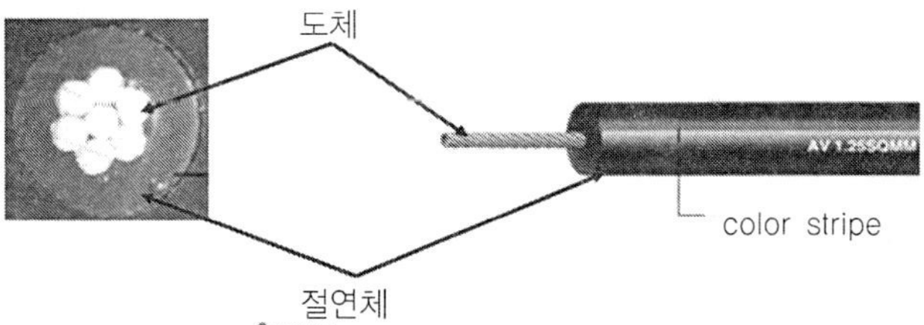


그림 27. 와이어링 구성

(2) 절연체

사용 환경 및 특성에 맞는 재질을 도체 위에 동심원상으로 피복한다.

(3) 와이어링 칼라

전선은 조립 및 식별을 용이하게 하기 위해 절연체에 BASE COLOR와 SUB COLOR가 표시되며, 표시는 BASE COLOR를 앞에 SUB COLOR를 뒤에 표시한다.

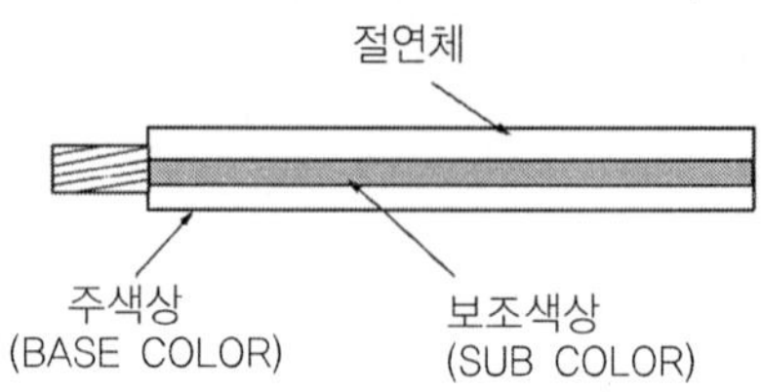


그림 28. 와이어링 칼라

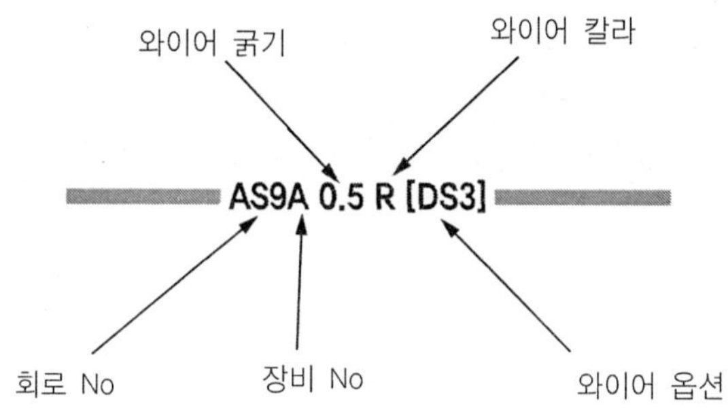


그림 29. 와이어링 표시

표 3. 칼라 및 약어

| 약어 | B | Br | G | Gr | L | O | P | R | W | Y |
|---|---|---|---|---|---|---|---|---|---|---|
| 칼라 | BLACK | BRAWN | GREEN | GRAY | BLUE | ORANGE | PINK | RED | WHITE | YELLOW |

(4) 특수 와이어링

① 차폐전선(쉴드와이어) : 센서 및 비디오 신호등의 미세신호 NOISE 차폐용에 사용한다.

② TWIST 전선 : 스피커 신호등의 "+", "−" 신호 NOISE 차폐용에 사용한다.

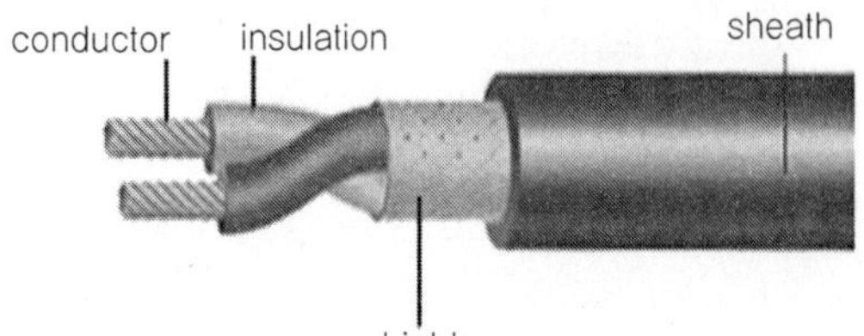


그림 30. 차폐전선

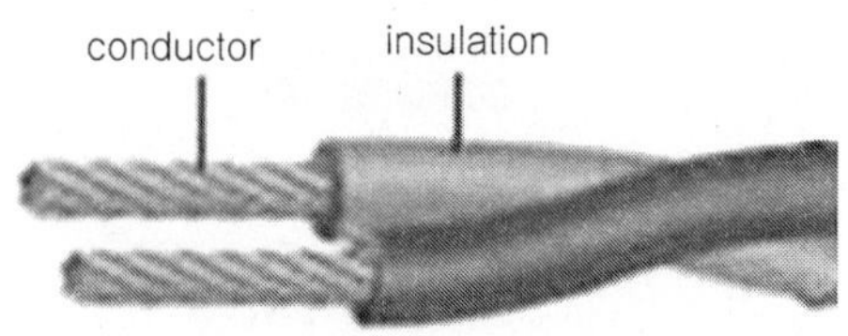


그림 31. TWIST전선

## 1.4. 전기회로도 기호

### 1.4.1. 구성부품

| 기 호 | 내 용 | 기 호 | 내 용 |
|---|---|---|---|
|  | 전체 해당 구성부품 | 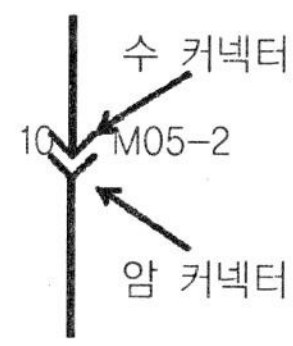 | 커넥터 이름(M05-2) |
|  | 부분 구성부품 | | 단자의 핀 번호(10) |
|  정지등 스위치 | 구성부품의 명칭을 우측 상단에 나타낸다. | 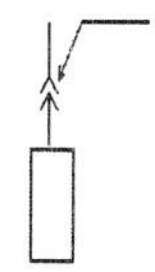 | 커넥터가 구성부품과 배선으로 연결되었다. |
|  | 구성부품에 커넥터가 붙여있다. |  | 구성부품 자체의 스그류 단자를 의미한다. |

[1] 다이오드

[2] 퓨즈 및 퓨즈블 링크

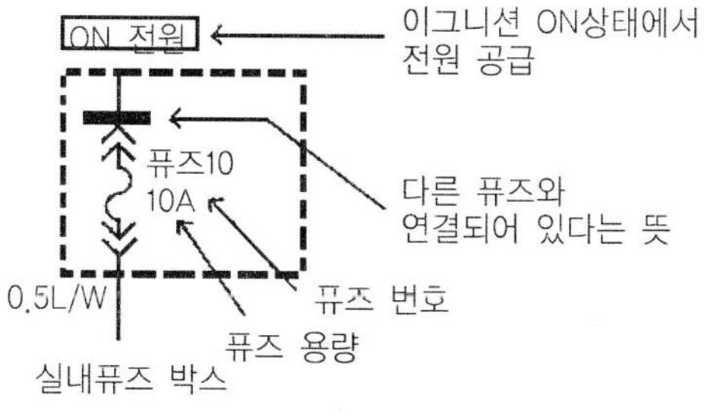


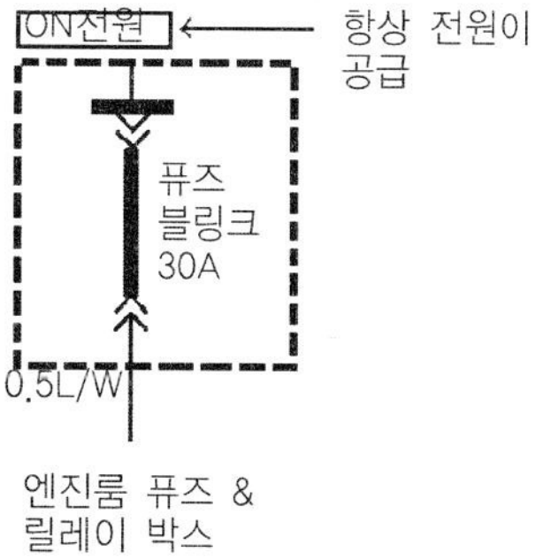

## [3] 와이어

| 기 호 | 내 용 | 기 호 | 내 용 |
|---|---|---|---|
| 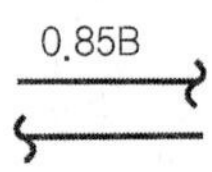  | 물결무늬 선은 끊어져 있지만 이전 또는 다음 페이지에 연결되어 계속된다. | 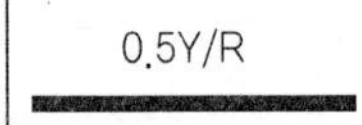  | 배선칼라(Y/R), 배선 굵기(0.5)를 의미한다. |
| 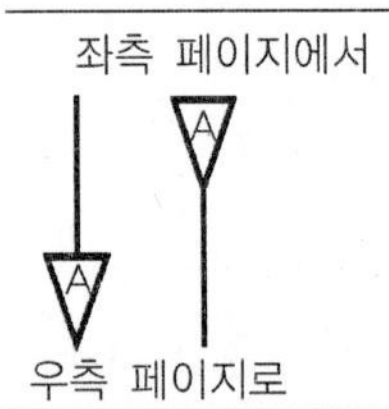  | 같은 문자를 가진 배선에 연결한다. | 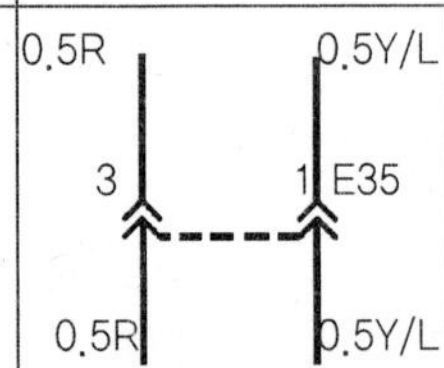  | 같은 커넥터(E35)에 1번 핀과 3번 핀이 접속된다. |
| 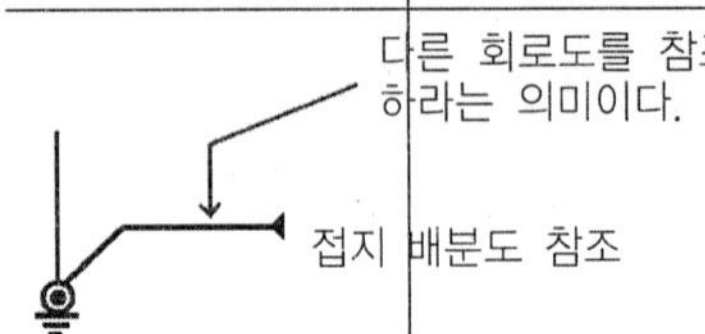  | |   | 차종이 다른 경우에 구분하기 위해서 사용한다. |
|   | 화살표가 지시하는 회로를 참조한다. | 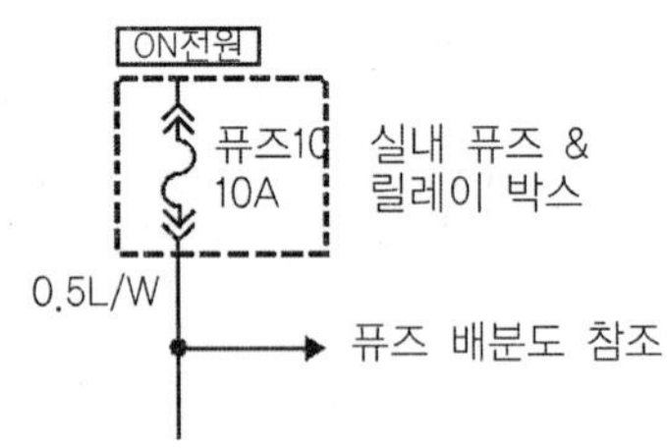  | |

## [4] 조인트

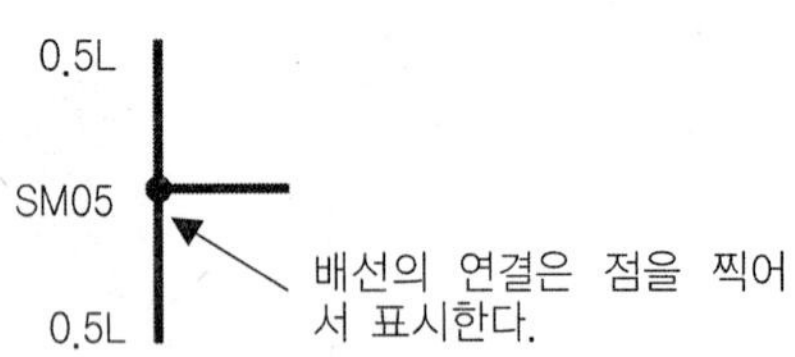


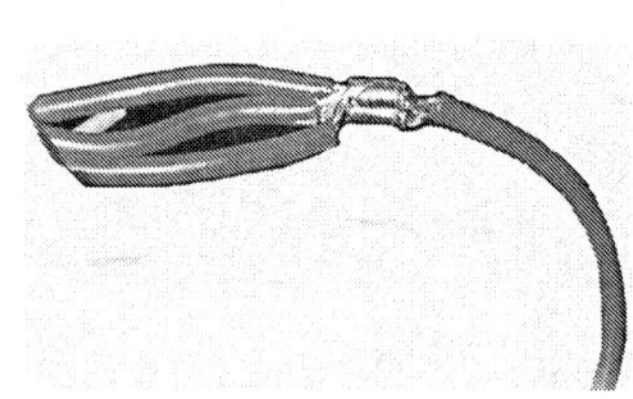

## [5] 접지 G

| 기 호 | 내 용 | 기 호 | 내 용 |
|---|---|---|---|
|   | 차체에 접지됨<br>위치는 G06번이다. | 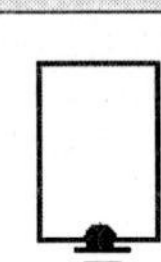 | 부품이 차체에 접지되어 있다. |

## [6] 실드 와이어

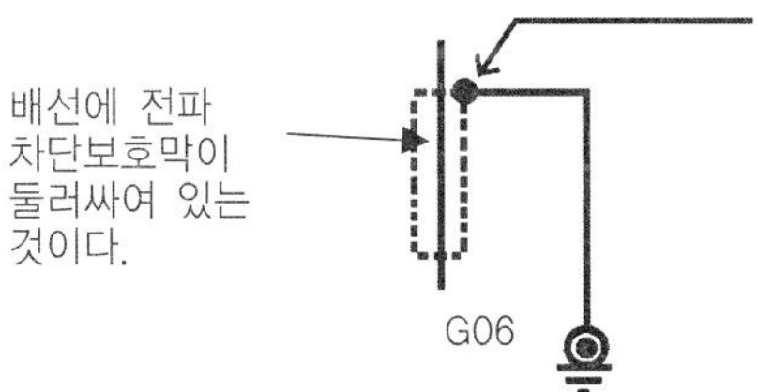

## [7] 스위치

두 개의 스위치가 동시에 작동한다.

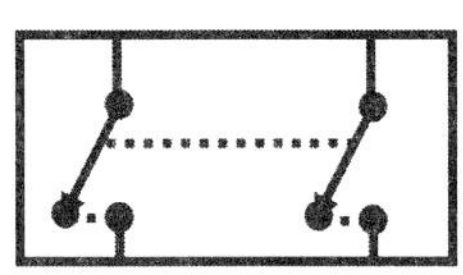

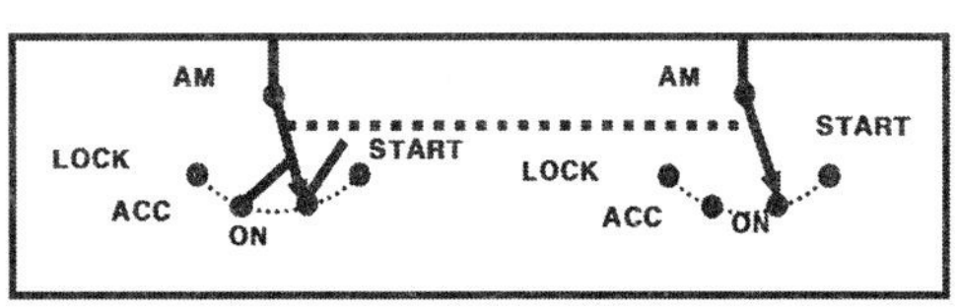


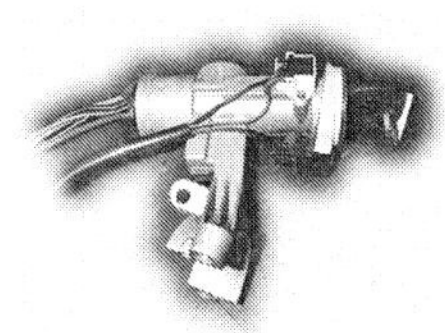

## [8] 릴레이

코일에 전류가 흐르면 스위치는 A에 붙는다.

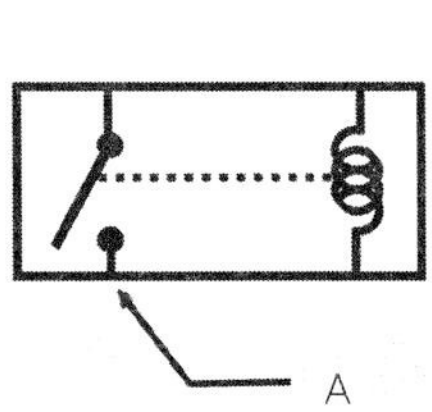

## [9] 조인트 커넥터

와이어가 커넥터 내부에서 연결된다.

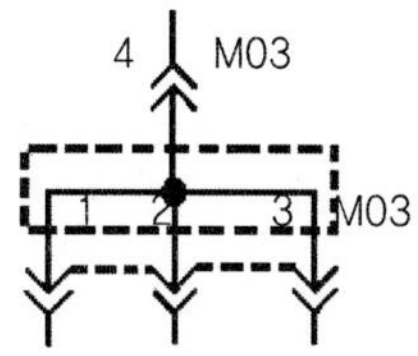

[10] 경고등

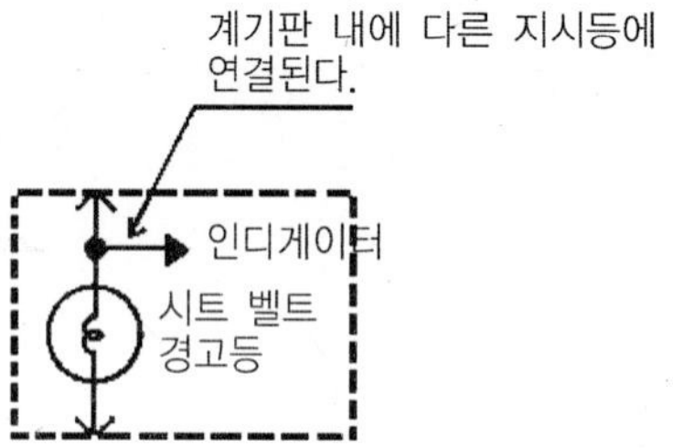


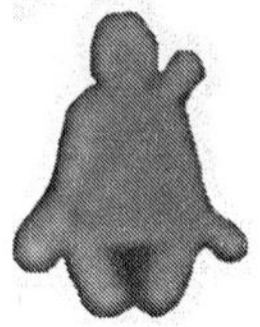

1.4.2. 커넥터의 식별

[1] 부품과 와이어의 연결

커넥터 식별기호는 다음과 같이 표시한다.

C 10 −1

| | |
|---|---|
| C | 컨트롤 하니스 심별 |
| 10 | 메인 커넥터 일련번호 |
| −1 | 보조 커넥터 일련번호 |

[2] 와이어 간의 연결

와이어와 와이어의 연결 커넥터는 아래의 심벌로 나타낸다.

M R 01

| | |
|---|---|
| M | 메인 와이어 하니스 심벌 |
| R | 리어 와이어 하니스 심벌 |
| 01 | 커넥터 일련번호 |

### [3] 정션박스와의 연결

정션박스 커넥터는 아래의 심벌과 같이 된다.

I/P -A

I/P 실내 정션박스를 나타내는 약어
-A 실내 정션박스 내의 커넥터 명칭

J M 01

J 정션박스를 나타내는 약어
M 메인 와이어 하니스 심벌
01 커넥터 일련번호

## 1.5. 회로의 구성 및 종류

### 1.5.1. 회로의 개요

전기회로란 전류가 흐를 수 있도록 전지, 도선, 스위치, 부하 등을 연결해 놓은 전기적 통로를 말한다. 따라서 전기회로는 전류의 순환회로를 의미하며 단순히 회로라고도 한다. 이러한 전기회로를 기호로 나타낸 것을 전기회로도이다.

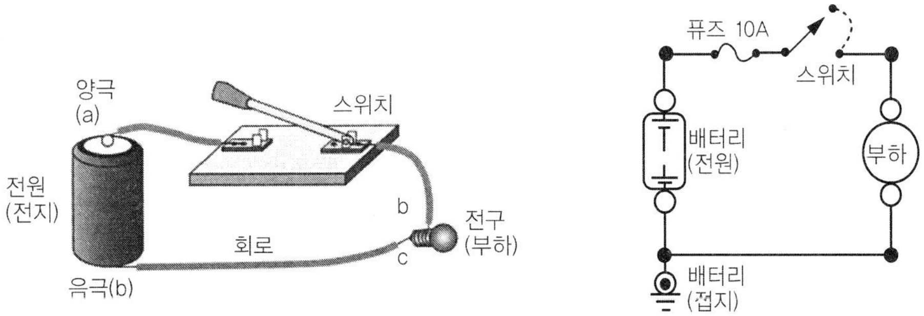


(a) 회로 (b) 회로도

그림 32. 전기회로 및 전기회로도

### 1.5.2. 회로의 구성

전기회로의 구성은 크게 전원, 제어, 부하부분으로 구분할 수 있다. 전원은 회로가 작동될 수 있는 에너지를 공급을 하고 제어는 필요에 따라 부하를 ON/OFF하는 기능을 수행한다. 또 회로에서 전류의 공급에 의해 어떤 일을 수행하는 부품을 전기부하라 하는데 이렇게 일을 수행하는 부분을 작동부분이라 한다. 이 외에도 전기회로는 회로를 보호하기 위한 퓨즈와 각 구성품을 연결하는 배선으로 구성된다.

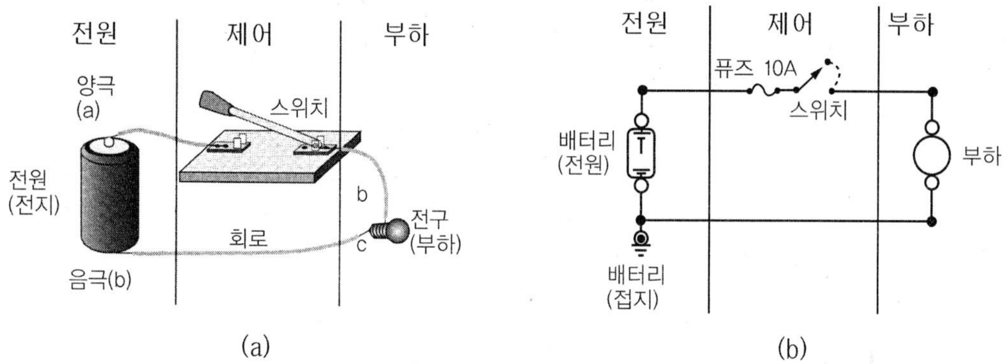


그림 33. 전기회로의 구성

### [1] 부하

전기회로에서 부하란 넓은 의미에서 전류의 흐름을 방해하는 모든 요소를 말한다. 그러나 보편적으로는 전류가 흐를 때 어떤 일을 수행하는 각종 전기부품을 말한다.

표 4. 자동차에서 사용되는 부하

| 램프류 | 모터류 | 전열기 | 기타 |
|---|---|---|---|
| 싱글전구<br>더블전구<br>헤드램프<br>미등<br>계기판 전구<br>LED | 와이퍼 모터<br>도어 액추에이터<br>스타트모터<br>파워 윈도우 모터 | 시거라이터<br>열선<br>시트히터 | 사이렌<br>솔레노이드<br>릴레이<br>시계<br>전자제어 유닛<br>배선의 접촉저항 |

### 1.5.3. 회로의 종류

회로는 직렬회로, 병렬회로, 직·병렬회로가 있으며 자동차의 대부분 회로는 직·병렬회로로 구성되어 있다.

직렬회로는 전류가 흐르는 길이 하나의 통로로만 이루어져 있는 회로이다. 이 회로는 모든 전기기구를 한꺼번에 통제할 수 있다는 장점을 가지고 있으나 각 부하에 작용되는 전압이 분배되므로 한 곳이 끊어지면 모두 작동하지 않는다는 단점을 가지고 있다.

병렬회로는 전류가 흐르는 길이 여러 통로로 나누어졌다가 다시 하나로 모이는 회로이다. 이 회로는 각 전기기구를 한 회로 상에서 따로 통제할 수 있다는 장점을 가지고 있으나 전선이 많이 들고, 회로는 검사가 복잡하다는 단점을 가지고 있다. 직·병렬회로는 직렬회로와 병렬회로를 합한 것으로 자동차의 대부분은 직·병렬회로로 구성되어 있다.

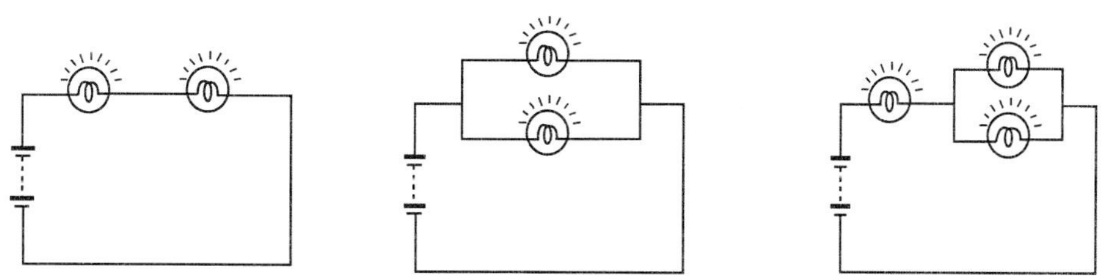

(a) 직렬회로 (b) 병렬회로 (c) 직·병렬회로

그림 34. 회로의 종류

## 1.6. 회로에 사용되는 기호

전기회로도는 전기회로에 사용되는 각종 부품을 기호로 표현한다.

➡표 5.

| 심 벌 | 부품명 | 심 벌 | 부품명 |
|---|---|---|---|
| 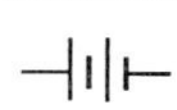 | 배터리 | 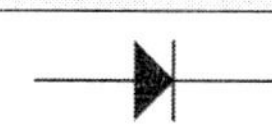 | 다이오드 |
| 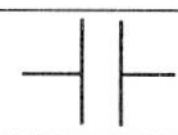 | 콘덴서 |  | 제너다이오드 |
| 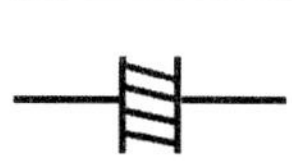 | 전해 콘덴서 |  | 발광 다이오드 |
| 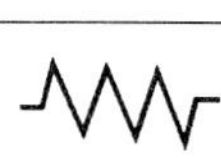 | 저항 |  | NPN TR |
| 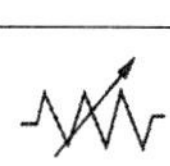 | 가변저항 |  | PNP TR |

| 심 벌 | 부품명 | 심 벌 | 부품명 |
|---|---|---|---|
| 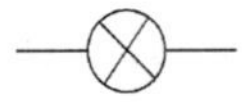 | 전구 | 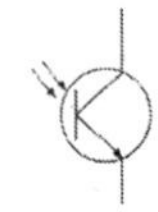 | 포토트랜지스터 |
| 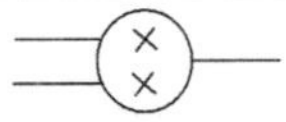 | 더블 전구 | 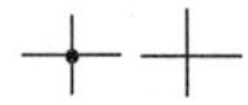 | 접속, 비접속 |
|  | 코일 | 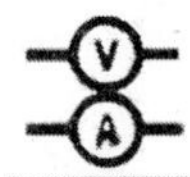 | 전압계, 전류계 |
|  | 스위치 |  | 사이리스터 |
| 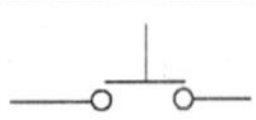 | NO 스위치<br>(노멀 열림스위치) | 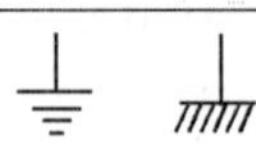 | 어스, 접지 |
|  | NC 스위치<br>(노멀 닫힘스위치) |  | 퓨즈 |
| 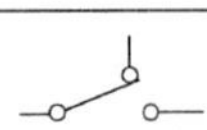 | 이중 스위치 |  | 트랜스 |
| 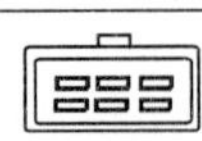 | 소켓, 커넥터 | 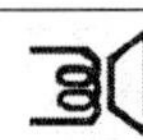 | 스피커 |
| 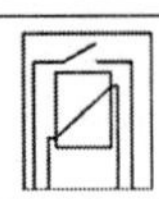 | 릴레이 | 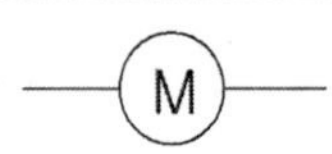 | 전동기 |

## 2. 전기 · 전자회로 정비

**학습목표**

① 전기 · 전자회로 정비 전 정비지침서를 숙지하여 실습순서를 정하고 공구 및 실습 기기와 재료 등을 충분히 준비한다.
② 실습장 및 주위를 깨끗이 정리정돈 하고 유류 등의 인화성 물질은 안전하게 별도로 보관하며 소화기를 비치하여 화재사고에 대비한다.
③ 전기 · 전자회로 정비 시작 전 안전교육을 실시한다.
④ 복잡한 부분을 분해할 경우에는 조립작업을 쉽게 하기 위하여 기능상이나 외관상 악영향이 없는 부분에 각인(刻印) 또는 조립 표시등을 하여 둔다.
⑤ 부품을 분해하면서 조립되었던 상태 · 변형 · 오작동부분 및 손상 등을 점검한다.
⑥ 분해한 부품은 순서대로 잘 정리하여야 하며 또 교환하여야 하는 부품과 다시 사용할 부품을 구분하여 정리하고 다시 사용할 부품은 충분히 청소 및 세척을 한다.
⑦ 정비시 부품을 떨어지지 않도록 하며 작업장 바닥에 이물질이 있으면 즉시 닦아낸다.
⑧ (+), (-)극성에 주의하여 극성을 역으로 연결하지 않도록 한다.
⑨ 배터리단자 연결 시 불꽃이 발생하지 않도록 한다.

⑩ 반도체에 과다한 전류가 인가되지 않도록 한다.
⑪ 실습 종료 후 실습장 주위의 정리정돈을 깨끗이 한다.

**필요한 장비**

| 공구 및 측정기기 | | 실습 재료 | 기 타 |
|---|---|---|---|
| * 일반 공구세트<br>* 특수공구<br>* 작업등<br>* 에어공구<br>* 전동공구<br>* 토크렌치<br>* 납땜인두 | * 전류계<br>* 전압계<br>* 종합진단기<br>* 오실로스코프 | * 퓨즈<br>* 하네스(배선, 커넥터)<br>* 축전지<br>* 릴레이<br>* 걸레<br>* 액추에이터<br>* 가솔린 또는 디젤 차량 | 정비지침서 |

## 2.1. 커넥터 점검절차

### 2.1.1. 커넥터 취급방법

① 커넥터를 분리할 때 커넥터를 당겨서 분리하도록 하고, 배선 하니스를 당기지 않도록 한다.
② 로크(lock)가 부착된 커넥터를 분리할 때 로크 레버를 누르거나 당긴다.

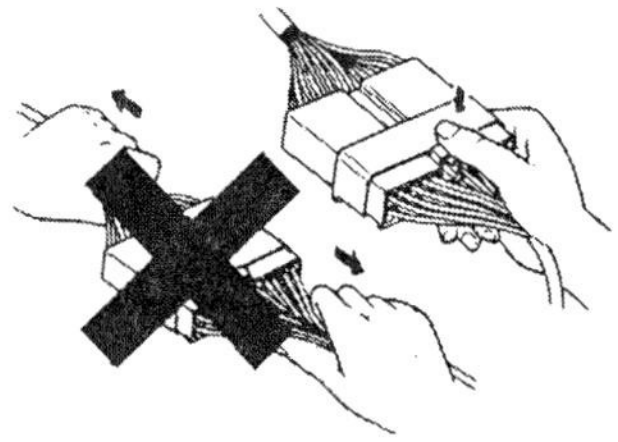

그림 35. 커넥터 분리방법

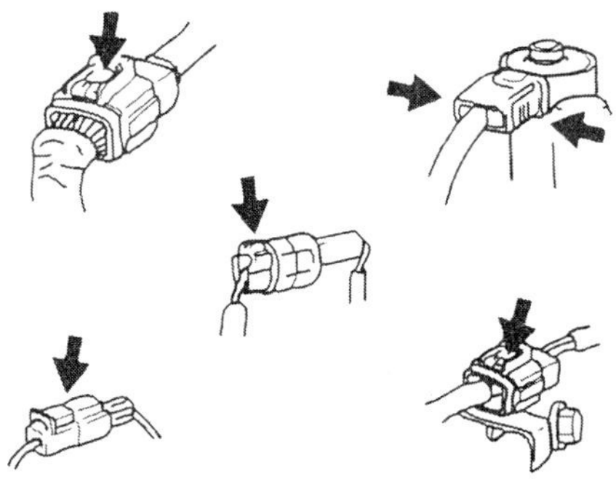

그림 36. 로크가 부착된 커넥터 분리방법

③ 커넥터를 연결할 때에는 장착하는 소리( "딸깍" )가 들리는지 확인한다.
④ 통전상태 점검이나 전압을 측정할 때에는 항상 테스터 프로브를 배선 하니스쪽에 끼우도록 한다.
⑤ 방수처리가 된 커넥터의 경우에는 배선 하니스쪽이 아닌 커넥터단자 쪽을 이용한다.

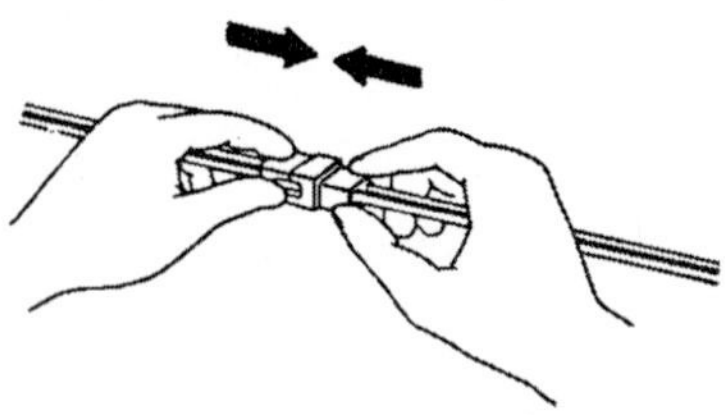

그림 37. 커넥터 연결방법

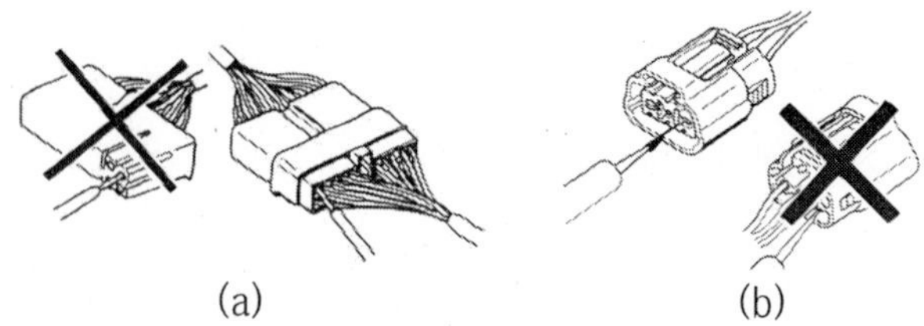


그림 38. 테스터 프로브 삽입방향

### 2.1.2. 커넥터 점검 포인트

① 커넥터가 연결되어 있을 때 : 커넥터 연결상태 및 잠김(lock) 상태

② 커넥터가 분리되어 있을 때 : 배선 하니스를 가볍게 당겨서 단자의 유실, 주름 또는 내부 와이어 손상에 대해 점검한다. 그리고 녹 발생 여부, 오염, 변형 및 구부러짐 등을 확인한다.

③ 단자 체결상태 : 암 단자(凹)와 수 단자(凸)사이의 체결상태를 점검한다.

④ 각 배선을 적당한 힘으로 당겨서 연결상태를 점검하다.

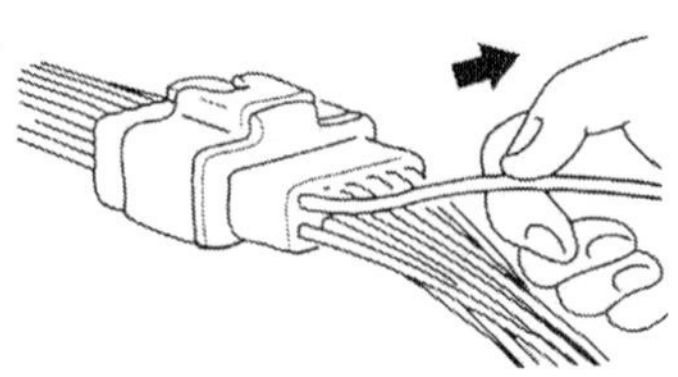

그림 39. 배선연결 상태 점검방법

### 2.1.3. 커넥터 단자수리

① 커넥터 단자 연결부분을 에어건(air gun)이나 헝겊으로 세척한다.

② 커넥터사이의 체결력이 부족하면 암 단자(凹)를 수리 또는 교환한다.

## 2.2. 배선 하니스 점검순서

① 배선 하니스를 점검하기 전에 배선 하니스의 설치 위치를 확인하여 다시 설치하거나 교환할 때 활용한다.

② 꼬임, 늘어짐, 느슨해짐에 대해 점검한다.

③ 배선 하니스의 온도가 비정상적으로 높지는 않은지 점검한다.

④ 회전운동, 왕복운동 또는 진동을 유발하는 부분이 배선 하니스와 간섭하지는 않는지 점검한다.

⑤ 배선 하니스와 단품의 연결상태를 확인한다.

⑥ 배선 하니스의 피복상태를 점검한다.

## 2.2.1. 단선회로

### [1] 단선회로 점검방법

단선회로 발생부분은 통전 점검방법이나 전압 점검방법으로 고장부위를 찾을 수 있다.

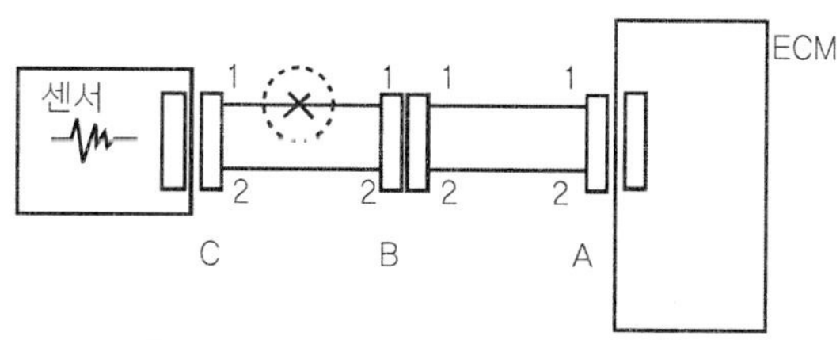


그림 40. 단선회로 점검방법

### [2] 통전 점검방법

① 저항 기준값 : 1Ω 이하이면 정상 회로, 1MΩ 이상이면 단선회로이다.

커넥터 A와 커넥터 C를 분리하고, 커넥터 A와 C사이의 저항을 측정한다. 라인 1의 저항 측정값이 1MΩ 이상이고, 라인 2의 저항 측정값이 1Ω 이하라면 라인 1은 단선회로이다(라인 2는 정상). 정확한 단선부위를 찾기 위해서 라인 1의 보조라인을 점검한다.

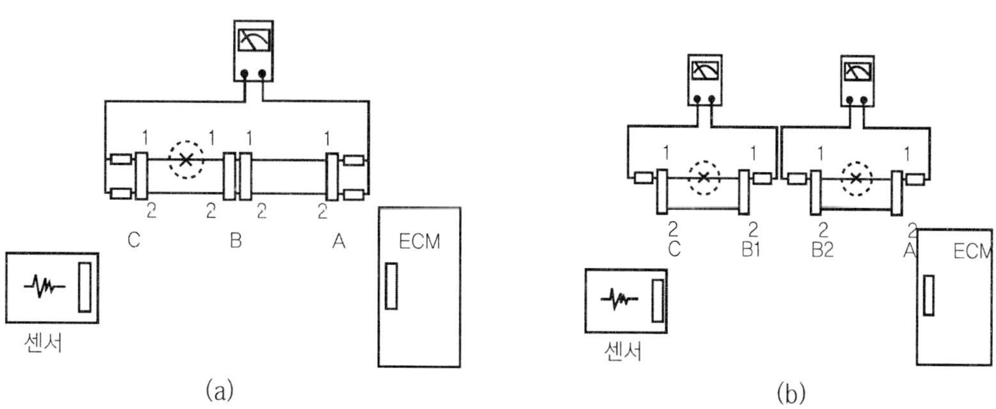


그림 41. 통전 점검방법

커넥터 B를 분리하고, 커넥터 C와 B1, 커넥터 B2와 A사이의 저항을 측정한다. 커넥터 C와 B1사이의 저항 측정값이 1MΩ 이상이고, 커넥터 B2와 A사이의 저항 측정값이 1Ω 이하라면 커넥터 C의 1번 단자와 커넥터 B1의 1번 단자사이가 단선회로이다.

[3] 전압 점검방법

모든 커넥터가 연결된 상태에서 각 커넥터 A, B, C의 1번 단자와 접지사이의 전압을 측정한다. 그림에서 전압 측정값이 각각 5V, 5V, 0V라면 C와 B사이의 회로가 단선되었다.

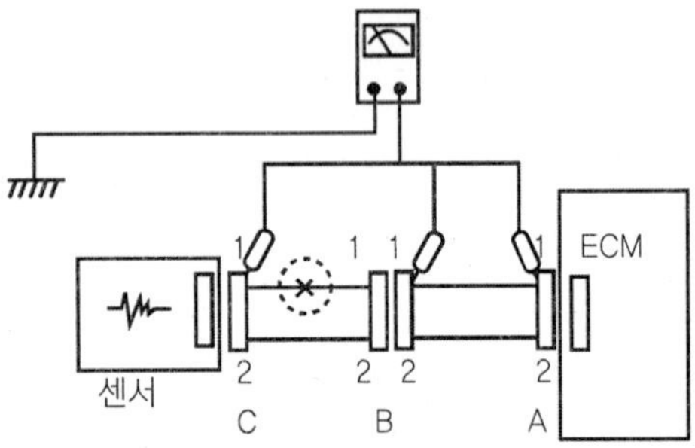


그림 42. 전압 점검방법

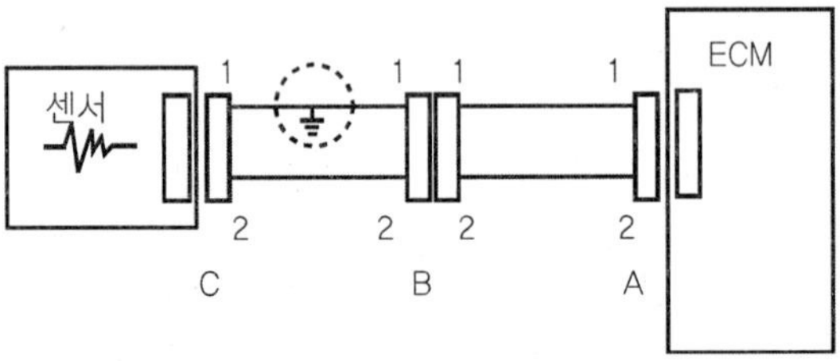


그림 43. 단락회로 점검방법

## 2.2.2. 단락회로

[1] 단락(접지)회로 점검방법

단락(접지)회로 발생부분은 접지와 통전 점검방법으로 고장부위를 찾을 수 있다.

[2] 접지와의 통전 점검방법

① 저항 기준값 : 1Ω 이하이면 단락(접지)회로, 1MΩ 이상이면 정상회로이다.

커넥터 A와 커넥터 C를 분리하고, 커넥터 A와 접지사이의 저항을 측정한다.

라인 1의 저항 측정값이 1Ω 이하이고, 라인 2의 저항 측정값이 1MΩ 이상이면 라인 1이 단락된 회로이다(라인 2는 정상). 정확한 단락부위를 찾기 위해서 라인 1의 보조라인을 점검한다. 커넥터 B를 분리하고, 커넥터 A와 접지, 커넥터 B1과 접지사이의 저항을 측정한다. 커넥터 B1과 접지사이의 저항 측정값이 1Ω 이하이고, 커넥터 A와 접지사이의 저항 측정값이 1MΩ 이상이라면 커넥터 B1의 1번 단자와 커넥터 C의 1번 단자사이가 단락(접지)회로이다.

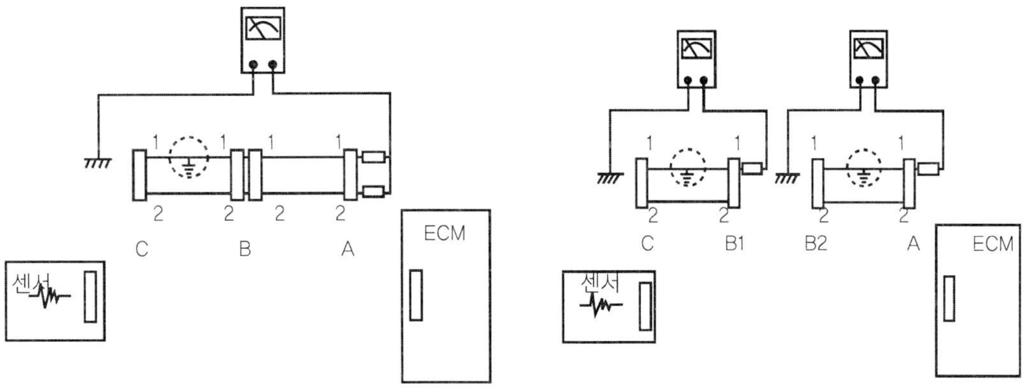


(a) (b)

그림 44. 접지와의 통전 점검방법

## 2.3. 회로시험기 사용법

### 2.3.1. 디지털 멀티테스터

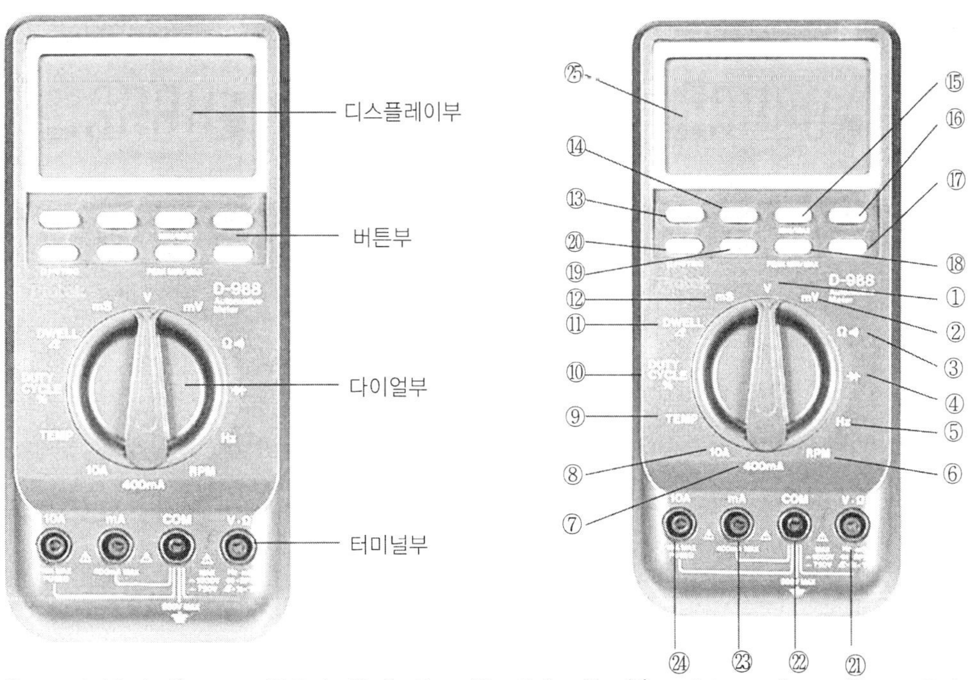


① V : 전압측정 ② mV : 전압측정 ③ Ω •)) : 저항도통체크 ④ ─▶├─ 다이오드 테스트 ⑤ Hz : 주파수 측정 ⑥ RPM : 엔진회전수 측정 ⑦ 400mA : 전류측정 ⑧ 10A : 전류측정 ⑨ 온도측정 ⑩ DUTY CYCLE(%) 측정 ⑪ DWELL각 측정 ⑫ 펄스 측정 ⑬ 파워버튼 ⑭ 레인지 버튼 ⑮ 에버리지 버튼 ⑯ 홀드버튼 ⑰ 백라이트 버튼 ⑱ 온도(℃/℉) 선택버튼 ⑲ ΔREL(레러티브)버튼 ⑳ DC/AC 선택버튼 ㉑ V, Ω터미널(+) ㉒ 콤(COM) 터미널 ㉓ mA 터미널 ㉔ 10A 터미널 ㉕ LCD 화면

(a) 외관(ADM 406) (b) 각부명칭

그림 45. 디지털테스터 외관 및 명칭

[1] 버튼부의 기능과 작동요령

① 레인지(range)버튼 : 자동 수동 모드 설정

② 파워(power)버튼 : 전원 스위치

③ 직류, 교류(DC, AC)버튼 : 직류, 교류 및 (+), (−)극성 선택

④ 상대측정(⊿REL)버튼 : 기준값과 상대 측정값과의 차이

⑤ 에버리지(AVG)버튼 : 최소 최대 평균값의 변화 순간 측정

⑥ 홀드(hold)버튼 : 측정값 상태 유지

⑦ 백라이트(light)버튼 : LCD 자판 조명

⑧ 온도(℃/℉)버튼 : 섭씨, 화씨 온도변환 및 펄스폭 측정

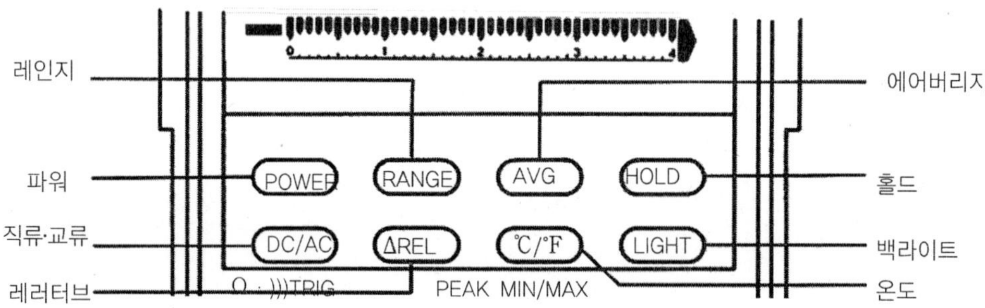


그림 46. 버튼부 상세도

(1) 파워(power) 버튼

로크 버튼스위치로서 누르면 전원이 ON, 다시 누르면 OFF가 된다. AUTO OFF(자동 꺼짐) 상태에서는 적은 전류로 건전지의 소모가 있으므로 장시간 보존시 파워버튼(전원 스위치)를 OFF하여야 한다.

(2) 레인지 버튼

이 버튼은 자동 레인지를 취소하고 원하는 레인지를 수동 설정할 때 사용된다.

① 파워 버튼이 ON되면 자동적으로 오토 레인지가 설정된다.

② 이 버튼을 일단 누르면 그 모드가 자동(AUTO)으로부터 수동(MANUAL)으로 전환되며 현재 레인지로 정해진다.

③ 버튼을 누를 때마다 상위 레인지로 단계별 전환되고 최상위 레인지에 도달하면 최저 레인지에서 단계별로 상위 레인지로 전환된다.

④ 드웰각 측정에서는 실린더 수, RPM 측정에서는 사이클 수를 확인해야한다.
⑤ 만일 어떤 고정된 범위에서 큰 입력신호가 들어가면 그 디스플레이는 오버(over)로 나타나는데 이때 레인지를 높여서 한다.
⑥ 수동을 자동으로 바꾸려면 1초 이상 스위치를 눌러 주어야 한다.
⑦ 이 버튼이 눌려 있는 동안에 파워가 ON으로 된다면 주파수, 드웰각, 듀티 사이클 %, 펄스 폭, RPM이 초당 5번의 빠른 변화로 디스플레이 된다.

### (3) 에버리지(AVG)버튼

① 이 버튼을 누를 때마다 아래에 열거된 순서대로 선택된다.

* * → 기록(REC)→ 최소(MIN)값→ 최대(MAX)값→ 평균(AVG)값→ * *

② 기록(REC) 표시가 ON되어 있는 동안에는 변화하는 MIN/MAX/AVG값이 순간적으로 안정되게 측정하는 것이 가능하다. 단, 이 모드는 1초 이상동안 눌러야만 취소된다.
③ PEAK MIN, MAX(℃/°F) 버튼을 눌러서 1mS에서의 PEAK MIN/MAX값을 측정할 수 있다.

### (4) 홀드(hold)버튼

① 홀드 또는 홀드 취소는 이 버튼을 누를 때마다 작동된다.
② 단, 홀드 모드에서도 도통체크와 오버레인지가 될 때는 부저가 울린다.

### (5) 백라이트(light)버튼

① 이 버튼을 누르면 LCD 조명은 ON이 되며 다시 누르면 OFF가 된다.
② 이 불빛은 자동적으로 꺼지게 된다. 즉, 다른 스위치나 버튼을 작동하지 않는 상태에서 약 134초 후에 자동으로 꺼진다.

### (6) 온도(℃/°F)버튼

온도 측정을 하려면 이 버튼을 누름으로써 섭씨(℃), 화씨(°F)가 선택된다.

(7) 상대측정(⊿REL)버튼

① 이 버튼을 누르면 상대측정을 할 수 있다.

② 이 모드일 때 바로 앞에 디스플레이 된 값은 기준값과 비교가 되어 그 차이 값이 디스플레이 된다.

③ 다시 누르면 상대 측정(ΔREL) 모드가 취소된다.

④ 레인지 초과됐을 때의 바 그래프 디스플레이는 차이값이 아닌 원래의 측정값으로 표시된다.

⑤ ΔREL 버튼은 낮은 저항 측정을 할 때에는 제로(0) 오프셋이 되어 절대오차를 제거함으로써 정확한 측정을 가능하게 한다.

(8) 직류, 교류버튼

① DC/AC 기능을 선택할 때마다 버튼을 누른다.

② 이 모드 선택에 따라 트리거(TRIG) (+), (-)극성선택을 할 수 있고, 저항-부저기능도 선택하게 된다.

[2] 터미널의 기능 및 프로브 연결방법

① 볼트, 옴(V, Ω)단자 : (+)입력 터미널(전류측정 제외)

② 공통(COM)단자 : 접지, 그라운드 연결 입력 터미널

③ 밀리암페어(mA)단자 : 최대 400mA까지의 전류측정 입력 터미널

④ 암페어(10A)단자 : 최대 10A까지의 전류측정 입력 터미널

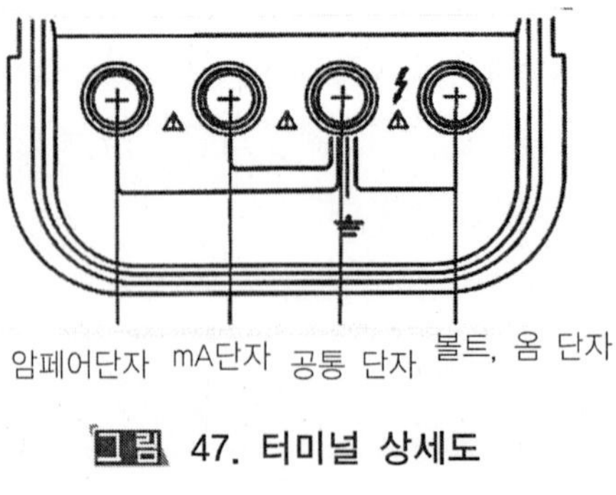


그림 47. 터미널 상세도

[3] 디스플레이부의 기능 및 코드 해독요령

(1) 디스플레이(LCD) 화면

파워 버튼이 ON되면 읽을 수 있는 모든 항목이 영상 형태로 동시에 나타난다. 측정 데이터와 더불어 바 그래프를 나타낸다. 그리고 단위 또는 디스플레이 되는 내용이 한 화면상에 나타난다.

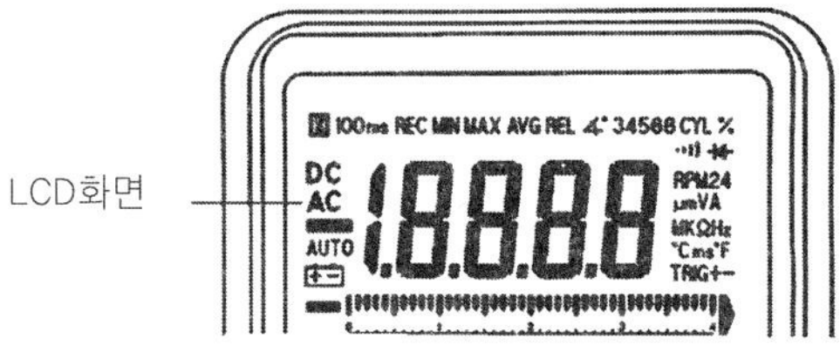


그림 48. 디스플레이부 상세도

(2) 디스플레이 표지, 기호 및 단위 설명

디스플레이 상부부터 시계방향으로

- H : 데이터 홀드
- 100ms : 1~100ms, PEAK MIN/MAX
- REC : 기록
- MIN : 최소값
- MAX : 최대값
- AVG : 평균값
- REL : 상대 측정값
- ∡° : 드웰각 측정단위(3, 4, 5, 6, 8실린더)
- % : 듀티사이클 측정단위
- •)) : 도통 체크
- ─▶├─ : 다이오드 테스트
- RPM 2, 4 : 엔진 회전수, 2. 4행정 모드
- μmVA : 전압 측정단위(mV, V), 전류 측정단위(μA, mA, A)
- MKΩHz : 저항 측정단위(MΩ, KΩ), 주파수 측정단위(MHz, kHz)
- ℃ ms ℉ : 온도와 펄스폭 측정단위
- TRIG (+), (−) : 펄스 트리거 극성

- ▰▰▰▰: 바 그래프, 초당 20회 응답(1세그먼트= 100단위)
- [+−]: 배터리 소모표지
- AUTO : 자동 레인지 전환모드
- - : DC모드의 (-)표시
- AC : AC모드(AC 전압과 전류)
- DC : DC모드(DC 전압과 전류)

[4] 다이얼부의 기능과 작동요령

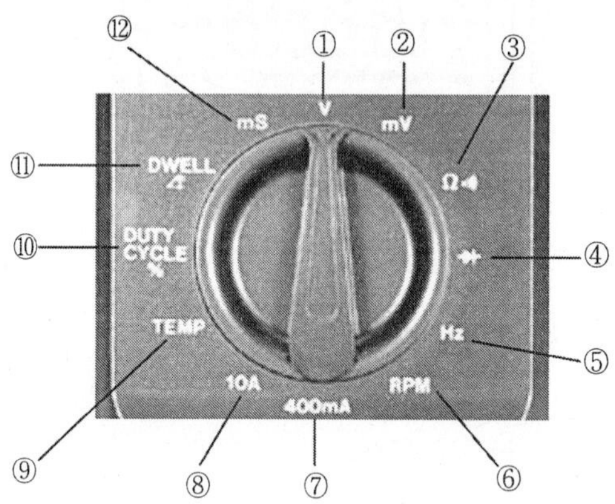


① 볼트(V) : 전압측정　　② 밀리볼트(mV) : 전압측정
③ 옴(Ω)•))) : 저항도통 체크　　④ 다이오드(─▶├─) : 다이오드 테스트
⑤ 주파수(Hz) : 주파수 측정　　⑥ 회전수(RPM) : 엔진회전수 측정
⑦ 미리암페어(400mA) : 전류측정　　⑧ 암페어(10A) : 전류측정
⑨ 온도(TEMP) : 온도측정　　⑩ 듀티 사이클(DUTY CYCLE %) : 듀티 사이클 측정
⑪ 드웰(DWELL)각 : CAM 각도 측정　　⑫ 밀리세컨드(mS) : 연료 분사시간 측정

그림 49. 다이얼부 상세도

(1) 전압(V)의 측정

① 다이얼(selector dial)을 V모드에 맞추고 DC/AC 버튼(20)을 누른다(자동 측정상태). 필요하다면 레인지 버튼(14)을 눌러 수동측정상태로 만든다.
② 빨간 테스트선은 VΩ(21)에 연결하고, 검정 테스트선은 COM(22)에 연결한다.
③ 프로브를 측정할 부위에 연결해서 디스플레이 값을 읽는다.
④ 주의사항 : 초과 레인지 경고는 1000V 레인지에서는 나타나지 않는다.
　㉮ 개방회로에서 테스트선이 연결되지 않으면 0표시가 나타난다.

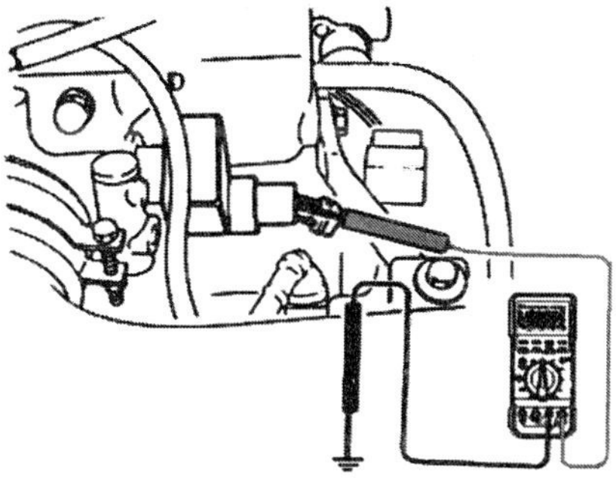

그림 50. 스로틀 포지션 센서(TPS) 전압측정 예

㉯ 프로브와 회로사이의 접촉 부위가 깨끗한가를 확인한다. 먼지나 이물질 등이 측정에 상당한 영향을 줄 수 있나.

⑤ 일반적으로 V모드에서는 자동차 배터리 전압, 각 회로의 전압 및 센서의 입력, 출력전압 등 여러 부분을 체크할 수 있다.

### (2) 미세한 선압(밀리볼트, mV)의 측성

① 다이얼을 mV모드에 놓는다.

② 빨간 테스트선은 V.Ω(21)에 연결하고, 검정 테스트선은 COM(22)에 연결한다.

③ 프로브를 측정할 부위에 연결해서 디스플레이 값을 읽는다.

### (3) 저항(Ω), •)))측정과 컨덕턴스의 점검

① 다이얼을 Ω, •)))에 맞추어 놓고 필요한 버튼을 지정한다.

② 빨간 테스트선은 V.Ω(21)에 연결하고, 검정 테스트선은 COM(22)에 연결한다.

③ 프로브를 점검하고자 하는 포인트에 연결한다.

④ 저항측정에 대해서는 테스트선을 측정되어야 할 부위에 꽂고 그것이 안정되면 디스플레이 값을 읽는다.

⑤ 4MΩ, 40MΩ 입력 임피던스는 아주 높고 쉽게 노이즈 방해를 받는다. 그래서 가능한 한 짧은 연결선(리드 와이어)을 만들거나 점검 포인트를 입력 잭에 직접 연결해야 한다.

⑥ 도통 측정을 할 때 부저소리가 울린다.

⑦ 낮은 저항 범위에서 REL키가 0세팅을 만들 수 있다. 특히, 이 모드에서는 각 회로의 단선, 단락, 접속저항, 케이블 저항 등 전기회로에서 나타나는 여러 가지 문제점을 알아내는 데 편리하게 사용된다.

### (4) 다이오드(—▶|—)의 점검

① 다이얼을 —▶|—에 맞추어 놓는다.

② 빨간 테스트선은 V.Ω(21)터미널에 연결하여 애노드쪽에 적용되고, 검정 테스트선은 COM(22)터미널과 연결되어 순방향(포워드) 전압측정을 위해서 역방향(캐소드)쪽에 적용된다.

③ 빨간 프로브를 다이오드 (+)에 연결하고 검정 프로브를 다이오드 (−)에 연결한다. 일반적으로 자동차의 AC발전기 내부 다이오드 및 각 부 다이오드의 점검에 사용된다.

④ 다이오드의 전압은 0.400에서 0.900으로 나타나며 손상 또는 쇼트 되었을 경우에는 0.000으로 나타나고 개방회로로 되었으면 3.100~3.500을 보여준다. 다이오드를 역방향으로 점검할 때 다이오드가 정상이면 약 2.500~3.500의 값이 나타나며 다이오드가 손상되었으면 6.000이나 다른 값으로 나타난다.

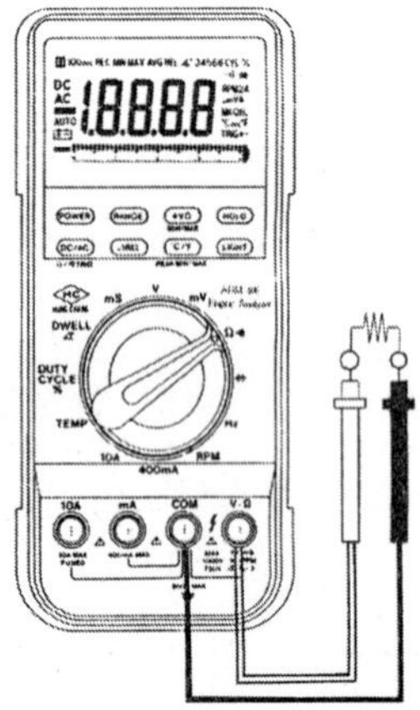

그림 51. 저항측정

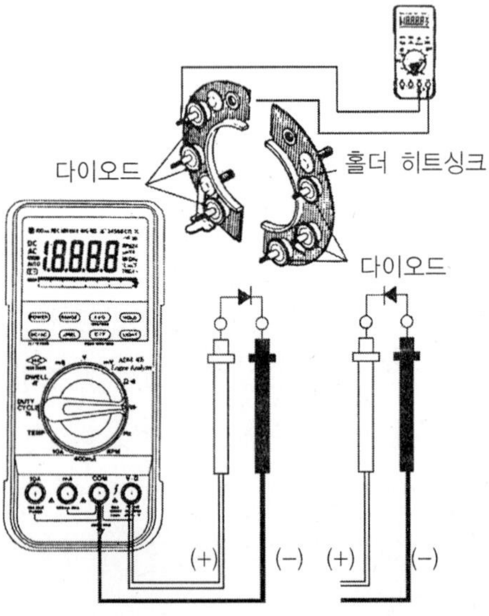


(a) 순방향 (b) 역방향

그림 52. 다이오드측정

⑤ 다이오드 체크를 하려고 준비가 되었으면 약 3.00V가 디스플레이 된다.

## (5) 주파수(Hz)의 측정

① 다이얼을 Hz(5)에 맞춘다.

② 빨간 테스트선은 V.Ω(21)터미널에 연결하고, 검정 테스트선은 COM(22)터미널에 연결한다.

③ 검정 테스트선이 그라운드(어스)선에 접촉하고, 빨간 테스트선을 M/C 솔레노이드 검정선(주파수 출력선)에 연결한다.

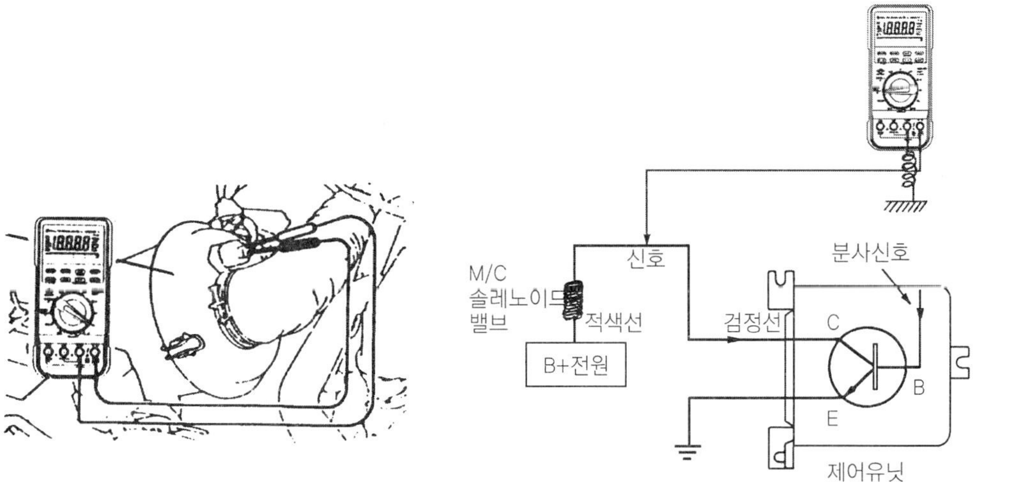


(a) (b)

그림 53. AFS 주파수 측정

## (6) 전류(10A 이하)의 측정

① 다이얼을 10A(8)에 세팅을 한다.

② 버튼(20)을 눌러 측정할 AC나 DC로 선정한다.

③ 빨간 테스트선은 10A 터미널에 연결하고 검정 테스트선은 COM 터미널에 연결한다.

④ 측정 출력단자를 분리해서 양단에(빨간) 10A 테스트선과 COM 테스트선을 연결한다. 이 때 나오는 값이 측정전류이다.

⑤ 배터리 (+), (-)단자에 직접 연결하거나 측정전류가 10A 이상이면 기기가 파손된다.

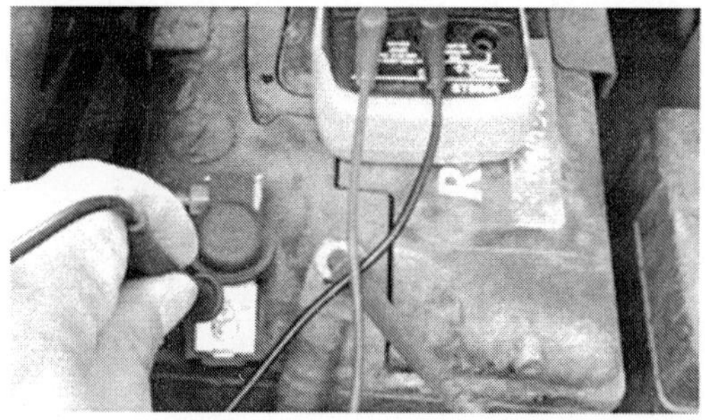

그림 54. 미소 전류측정

(7) 미소전류(400mA 이하)의 측정

① 다이얼을 400mA(7)에 맞추어 놓는다.

② 버튼 (20)을 눌러 적절한 AC나 DC로 선정한다.

③ 빨간 테스트선은 배터리에서 분리한 차량의 (-)단자에 접속하고 검정 테스트선은 배터리 (-)단자에 연결한다.

④ 400mA(7)를 측정하려면 빨간 테스트선은 mA(23)터미널에 연결하고, 검정 테스트선은 COM(22)터미널에 연결한다.

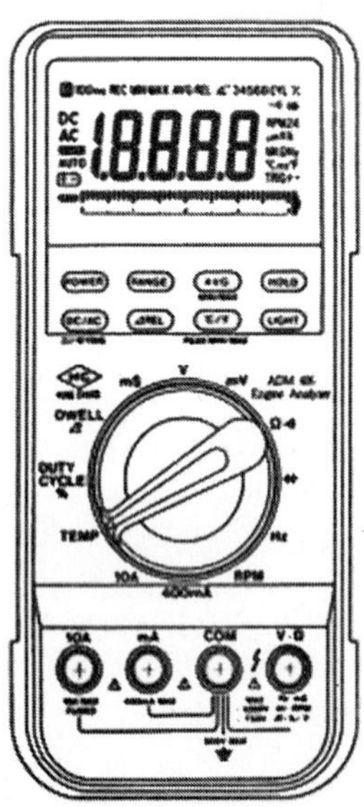


선택버튼을 누르시오. ℃ 또는 °F

그림 55. 온도측정

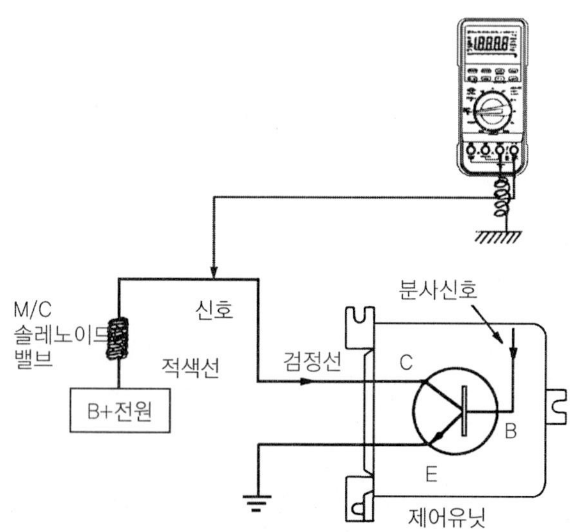


그림 56. 솔레노이드밸브 듀티비 측정

### (8) 듀티 사이클의 측정

ECU에 의해 듀티 제어되는 각종 솔레노이드밸브 측정에 사용된다.

① 다이얼 DUTY CYCLE %(10) 위치에 맞춘다.

② 빨간 테스트선을 V.Ω(21)터미널에 연결하고, 검정 테스트선을 COM(22)터미널에 연결한다.

③ 검정 악어 클립을 그라운드 또는 배터리 (-)터미널에 연결하고 빨간 테스트선은 M/C(mixture control) 솔레노이드의 검정선에 찌른다.

④ 엔진을 스타트하면 듀티 사이클 값이 나타난다.

⑤ 정상적인 공회전 속도가 듀티 사이클 값보다 낮게 나타나는가를 보아 진공상태가 누설되는가를 점검하고 특정 듀티 값보다 높게 나타나면 고압에 의한 전기부하, 엔진의 기계적인 문제 또는 공회전상태에서의 공기조절 모터가 고착되었는가를 점검하여야 한다.

⑥ 듀티 사이클은 정방파형의 특징을 갖는다. 낮은 듀티 사이클은 전기의 흐름이 빈약하다는 것을 말한다. 일반적으로 45~55%면 정상이다(정확한 값은 50%이다).

### (9) 미소시간(ms)의 측정

연료 인젝터 등의 분사시간을 측정하는데 쓰인다.

① 다이얼을 mS(12)에 맞춘다.

② 빨간 테스트선을 V.Ω(21)터미널과 측정하고자 하는 커넥터에 연결하고, 검정 테스트선은 COM(22)터미널과 접지시킨다.

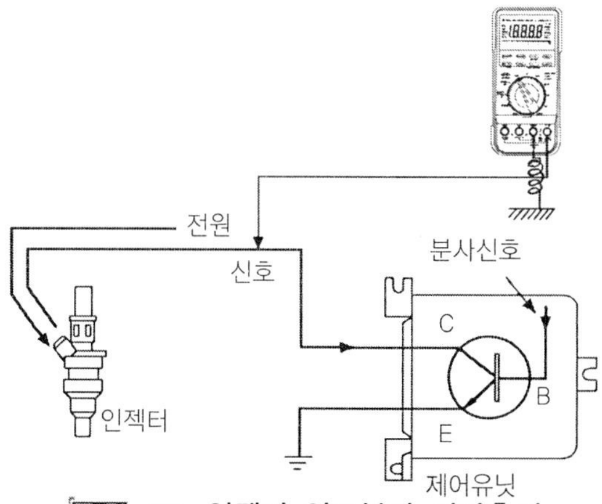


그림 57. 인젝터 연료분사 시간측정

③ 시동을 걸면 밀리세컨드 값이 나타난다.

④ 인젝터 분사시간 측정시 현대 차종의 경우 2.2~2.9mS이며, 대우 차종은 공회전시 0.8~3.0mS가 기준값이다.

## 2.3.2. 아날로그 멀티테스터

### [1] 아날로그 멀티테스터의 외관 및 명칭

멀티미터는 전압, 전류, 전기저항, TR, 배선 단선 유무 등 여러 가지의 측정 기능을 결합한 전자 계측기이다. 멀티미터는 기본적인 결점을 찾기 위하여 손으로 쓰는 유용한 장치이자 분야 업무작업 혹은 매우 높은 정확도로 측정할 수 있는 벤치 기구이다. 항상 측정하고자 하는 전압보다 높게 선택스위치를 선정하여야 한다.

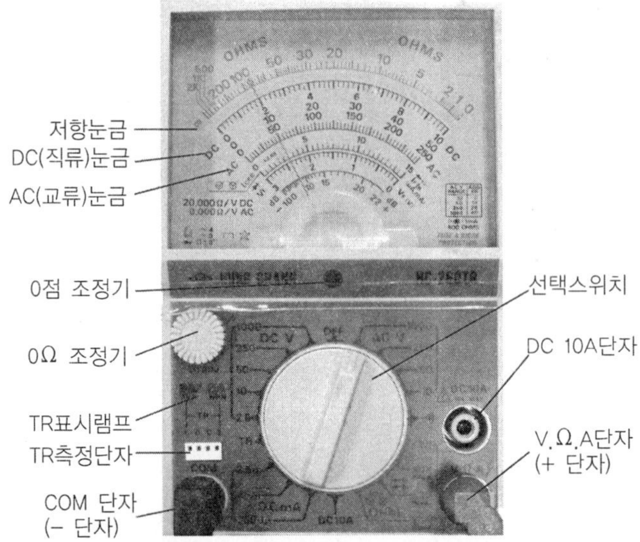


그림 58. 아날로그의 각부 명칭

### [2] 아날로그 멀티테스터의 각부 기능

### (1) 0점 조정기

지침의 눈금을 "0" 의 눈금으로 조정할 때 사용한다. 사용 전 지침이 "0" 이 아닌 곳에 있을 때는 "0" 으로 맞춘 후 사용해야 한다.

### (2) 0Ω 조정기

정밀한 저항값을 측정하기 위해서 두 리드선을 맞대고 바늘이 0Ω의 눈금으로 조정 후 저항을 측정한다. 만약 0Ω으로 조절이 되지 않을 때는 건전지를 교체해야 한다.

### (3) 선택스위치

DC V, DC A, AC V, Ω, TR 등 측정하고자 하는 범위에 놓고 측정한다.

### (4) COM

공통 단자이다. 흑색단자를 연결해야 한다. 흑색은 (-), 적색은 (V, Ω, A)에 연결한다. 디지털테스터기일 경우는 흑색과 적색을 바꾸어서 직류 압을 측정했을 때는 (-)값으로 표시되지만, 아날로그의 경우는 지침이 0방향으로 내려가 0점이 틀려질 수 있다. 이 점을 유의해야 한다. 교류전압은 흑색, 적색 구분 없이 사용해도 무방하나 될 수 있으면 리드선은 색에 맞게 꼽아서 사용하도록 한다.

### (5) 리드선

흑색(-)과 적색(+)으로 구성되어 있고 측정하고자 하는 곳에 접촉하는 역할을 한다.

## [3] 아날로그 멀티테스터의 사용법

### (1) 저항값 측정법

① COM과 V·Ω·A 단자에 연결 후 측정한다. 측정배수는 ×1, ×10, ×1K, ×10K

② 선택스위치를 OHM 레인지에 설정한다.

③ 테스터봉을 적색봉과 흑색봉을 서로 쇼트 시킨 상태에서 0점 조정기를 돌려 0점을 조절한다. 이것을 안마추면 차후 저항 측정시 저항값 오차가 발생한다.

④ 그림 59는 160옴 저항을 제어본 것임(R ×10레인지)보이는 바늘 눈금에 10배를 한다. 만약, ×1K 레인지면 보이는 바늘눈금에 1,000배 또는 KΩ으로 읽으면 된다.

(a) 레인지 설정 후 0점 조정

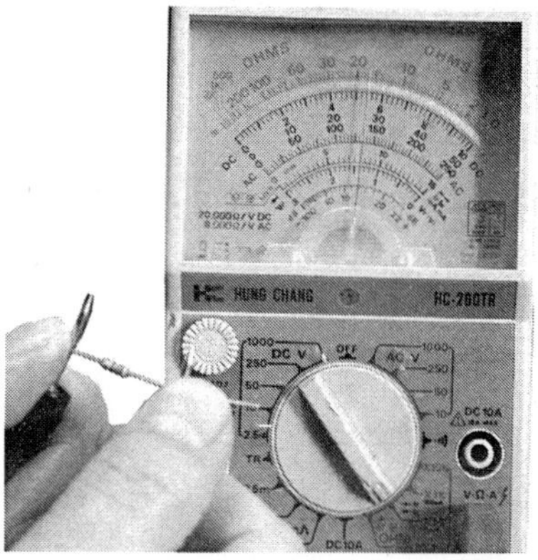

(b) 저항측정

그림 59. 저항 측정방법

## (2) 교류 전압측정

COM과 V·Ω·A 단자에 연결 후 측정한다. 테스트 대상 장치 또는 회로에 테스트 선을 연결한다. 측정범위는 ~1000AC V까지이다. 측정배수는 10, 50, 250, 1000이다. 측정 교류 전압을 알 수 없을 때는 최고 높은 측정치인 AC V 1000에 맞추어놓는다. 그림 60(b)은 측정 레인지가 1000에 설정되어 있고, 지침이 2를 가리키므로 200V이다. 이렇게는 상세하게 알 수 없기 때문에 좀더 정확히 몇 V인지를 알아보기 위해 그림 60(c)처럼 250에 놓고 숫자가 있는 범위를 읽는다. 약 225V이다. 만약 AC 50, 10V에 놓고 측정하면 눈금이 넘어가서 측정 자체가 안된다.

(a)

(b) 선택스위치 1000에 설정시

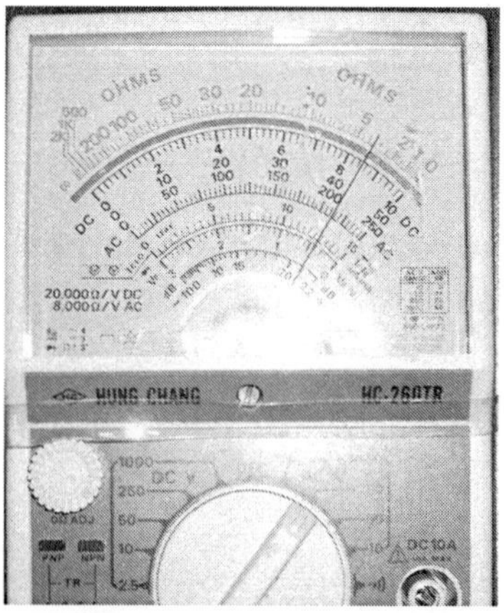

(c) 선택스위치 250에 설정시

그림 60. 교류 전압측정

### (3) 직류 전압측정

COM과 V·Ω·A 단자에 연결 후 측정한다. 테스터기의 측정범위는 ~1000 DC V까지이다. 측정배수는 2.5, 10, 50, 250, 1000이다. 측정방법과 눈금 읽는 방법은 AC V와 똑같다. 아날로그의 경우 (+), (-)단자를 바꾸어서 측정할 경우 0 이하의 값으로 지침이 더 떨어질 수 있으니 단자 극성에 주의해야 한다.

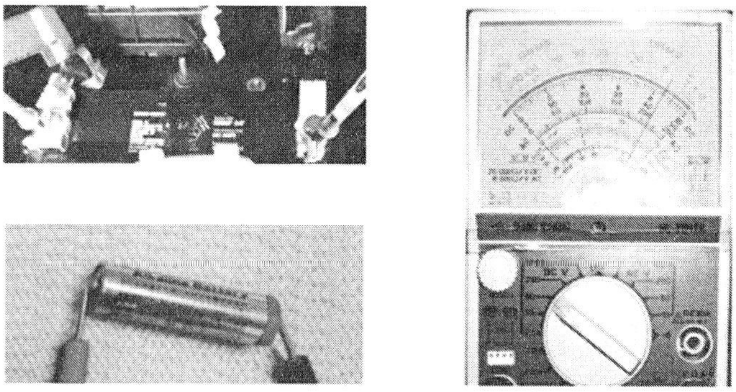

그림 61. 직류 전압측정

### (4) 다이오드 측정법

① 레인지를 돌려 OHM ×1 자리에 설정한다.

② 다이오드 +측에 적색봉 반대편에 흑색봉을 접속시킨다. 역방향 측정법으로 바늘이 움직이지 않는다.

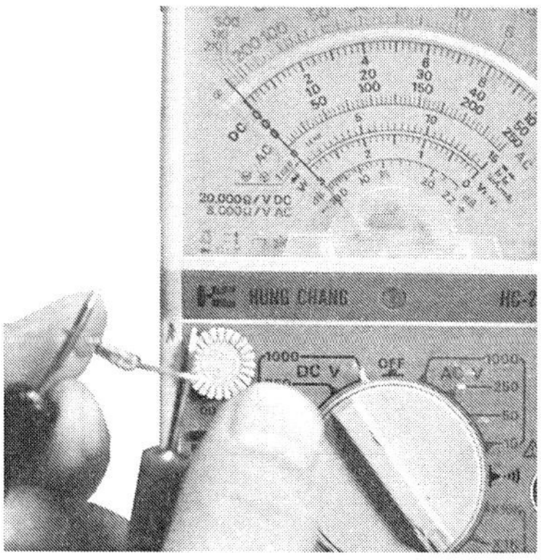

(a) 역방향 측정시

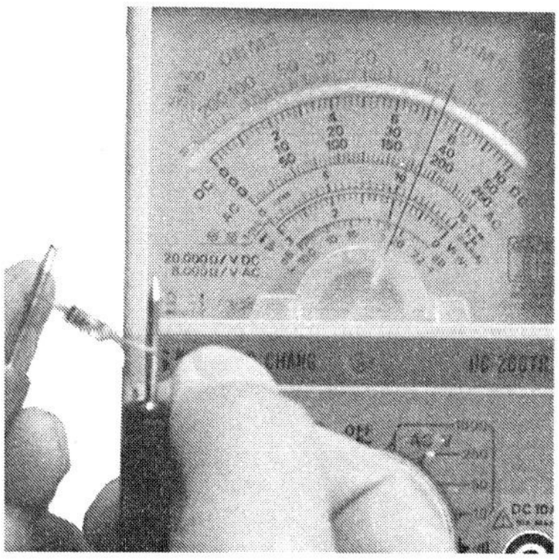

(b)순방향 측정시

그림 62. 다이오드 점검

③ 다이오드 +측에 흑색봉 반대편에 적색봉을 접속시킨다. 순방향 측정법으로 바늘이 움직인다(테스트기 구조상 저항에 위치시 적색단자에는 (-)전기가 흑색단자에는 (+)전기가 흐른다).

### (5) 직류 전류측정

COM과 V·Ω·A 단자에 연결 후 측정(작은 전류), COM과 10A 단자에 연결 후 측정하고자 하는 회로(부하)를 끊고 테스터기를 직렬로 연결한다. 그림 63은 DC 10A에 맞추었으므로 측정값은 3.85A이다.

만약 DC 2.5m~DC 250m에 설정하고 측정값이 설정치수 보다 높으면 수치가 넘어가서 측정이 불가능하다. COM과 V·Ω·A 단자에 연결 후 10A 단자에 설정 후 측정 하면 수치가 움직이지 않아 측정 불가능하며 너무 높은 A를 측정하면 테스터기 회로가 손상이 온다. 그래서 테스터기는 최대 DC 10A까지 측정 가능하므로 10A 이하 범위를 잘 판단해서 사용해야 한다.

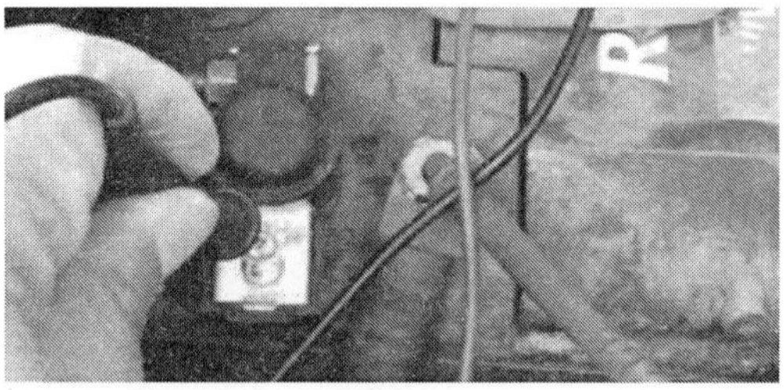

(a)

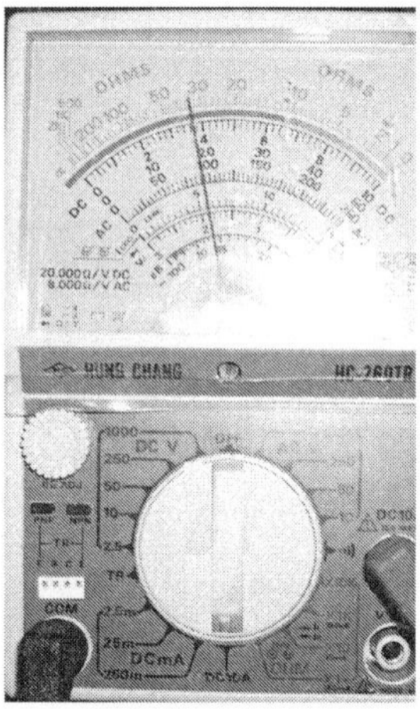


(b)

그림 63. 직류 전류측정

### (6) 통전시험(배선시험)

COM과 V·Ω·A 단자에 연결 후 측정한다. 정확한 저항값은 필요하지 않고, 회로의 단선유무 및 전자부품의 불량 검사시 소리로 유용하게 사용되어 진다.

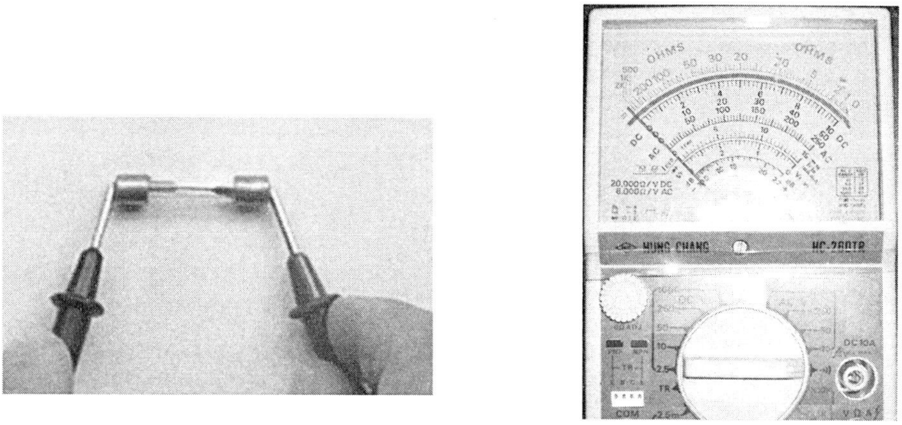

(a) (b)

그림 64. 통전시험

### (7) TR시험

TR시험은 PNP형인지 NPN형인지 선택한 후 끼어보면 E, B, C가 측정이 되어 해당 램프에 불이 들어오거나 고장시에는 불이 두 곳 다 들어오지 않는다.

## 2.3.3. 테스트램프 사용법

테스트램프는 현장에서 주로 사용하고 있으며 단선측정, 접지검사 등을 별도의 장비 없이 일괄적으로 측정할 수 있다. 테스트램프에는 일반형식과 LED형식이 있다.

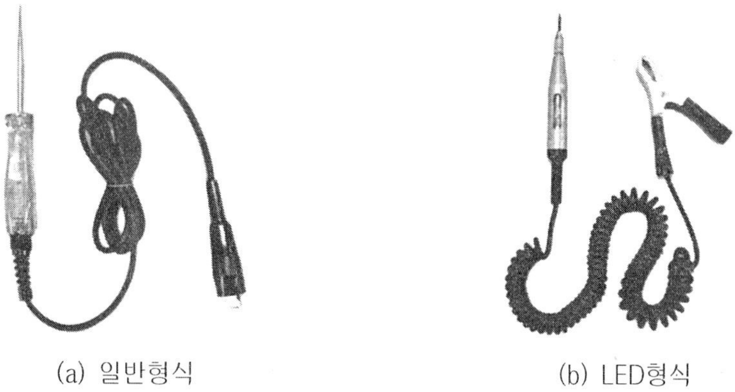

(a) 일반형식 (b) LED형식

그림 65. 테스트램프

[1] 테스트램프 사용법

① 먼저 배터리 연결단자(+ 또는 –)에 연결한다.

② 연결단자가 (–)일 경우 점검하려고 하는 신호선에 검침봉을 접촉시 점등이 될 경우 (+)의 단자에 출력이 됨을 의미하고, 연결단자가 (+)일 경우 점검하려고 하는 신호선에 검침봉을 접촉시 점등이 될 경우 (–)의 단자에 출력이 됨을 의미한다.

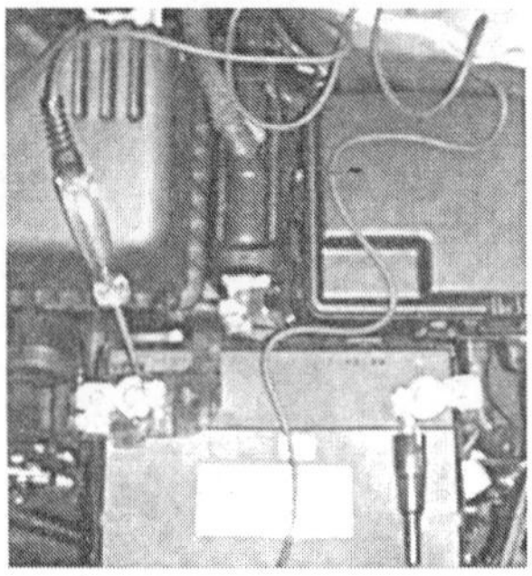
(a) 일반형식

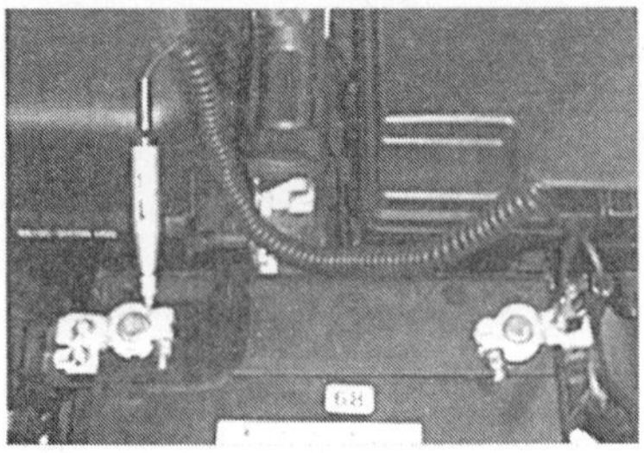
(b) LED형식

그림 66. 테스트램프

[2] 일반 전구형식 테스트램프

일반 전구형식 테스트램프는 일반적으로 많이 사용하는 테스트램프이며 전구의 밝기에 따라 차이가 있지만 보통 12V/24W 전구를 사용하며 이때 회로에 흐르는 전류는 약 2A 소모된다. 이렇게 회로에 소모되는 전류가 2A 정도 흐를 경우 일반회로의 경우에는 문제가 없으나 반도체를 사용하는 회로(특히 전자회로, 컴퓨터)에는 흐르는 전류에 의해 반도체가 파손될 수 있으므로 반도체 관련 회로 점검시 각별히 주의해야 한다.

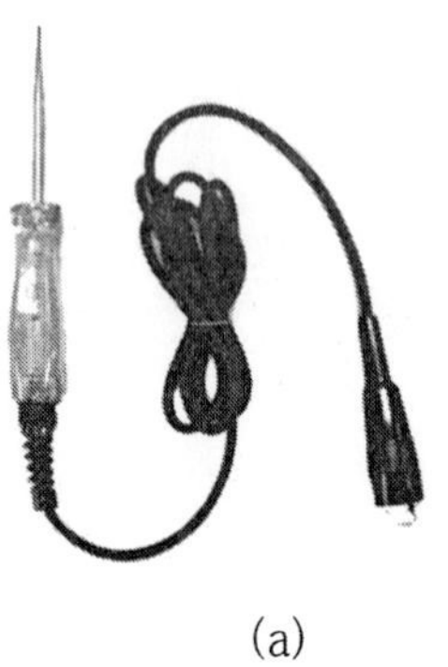
(a)

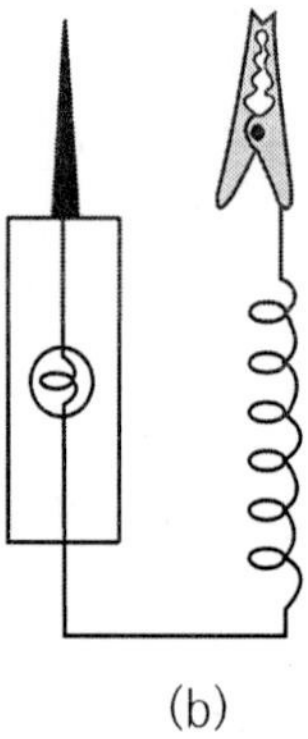
(b)

그림 67. 일반 전구형식 테스트램프

### [3] LED형식 테스트램프

LED형식 테스트램프는 회로의 극성에 따라 LED램프의 점등색이 다르게 점등 되므로서 회로의 극성을 아는데 도움이 되고 회로에 소모되는 전류가 mA 정도로 작은 전류가 흐르므로 테스터기에 의한 회로에 영향을 적게 주게 된다. 이러한 테스트램프는 정비시 유용하게 사용되는데 서로 고유의 특성이 있으므로 정비시 선별하여 사용하여야 한다.

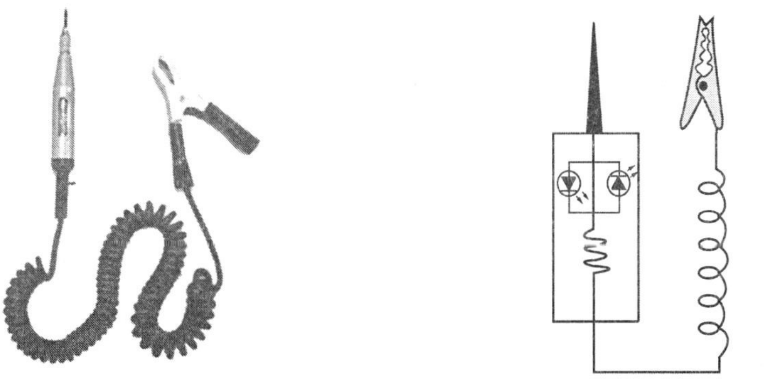

(a) (b)

그림 68. LED형식 테스트램프

## 2.3.4. 오실로스코프 사용방법

오실로스코프는 단위시간에 발생하는 전기적 현상들을 눈으로 볼 수 있게 해 주는 계기라 할 수 있다.

오실로스코프 화면의 구성은 수직축(Y축)은 전압의 변화, 수평축(X축)은 시간변화를 나타내며 디지털 오실로스코프의 경우 기종에 따라 차이는 있지만 듀티, 주파수, 커서 A, 커서 B, 최대값, 최소값 및 커서와 커서사이의 평균값을 볼 수 있다.

디지털 오실로스코프의 측정 프로브의 경우 기종에 따라 차이는 있지만 하나의 배선이 하나의 채널사용시 사용하는 프로브이고, 프로브 끝단에 파형을 측정할 수 있도록 연결 집게와 탐침봉으로 구성되어 있다. 디지털 오실로스코프의 측정 프로브의 연결은 그림 71과 같다.

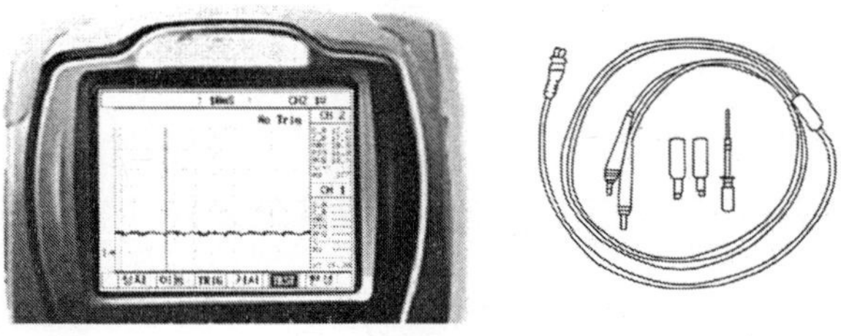

(a) 휴대용

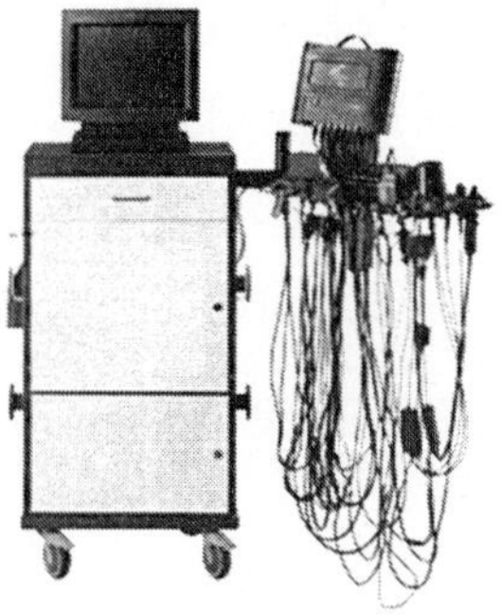

(b) 장비형

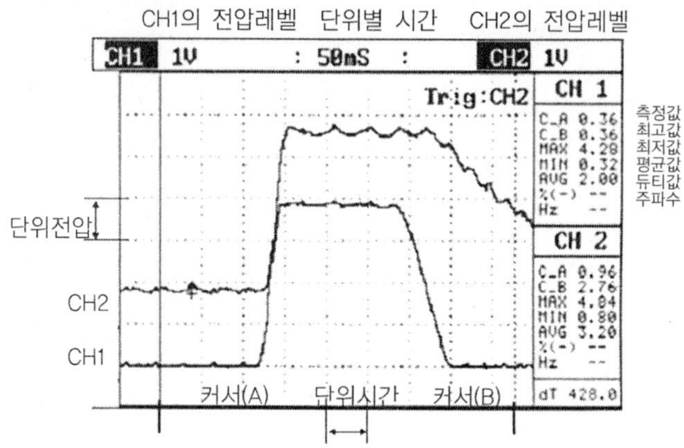


(c) 설청창

**그림 69. 오실로스코프의 종류 및 설정창**

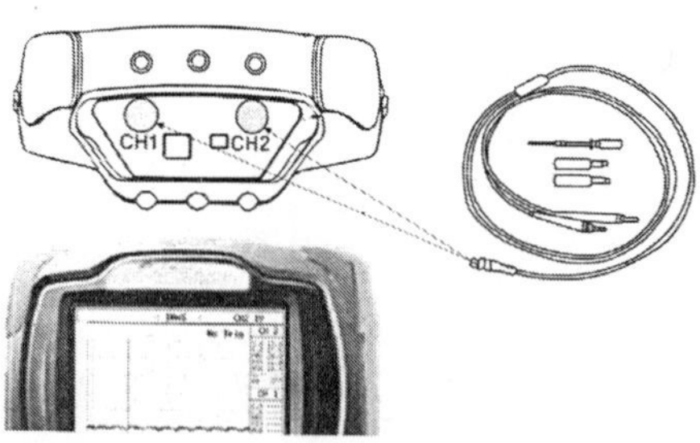


**그림 70. 프로브의 연결**

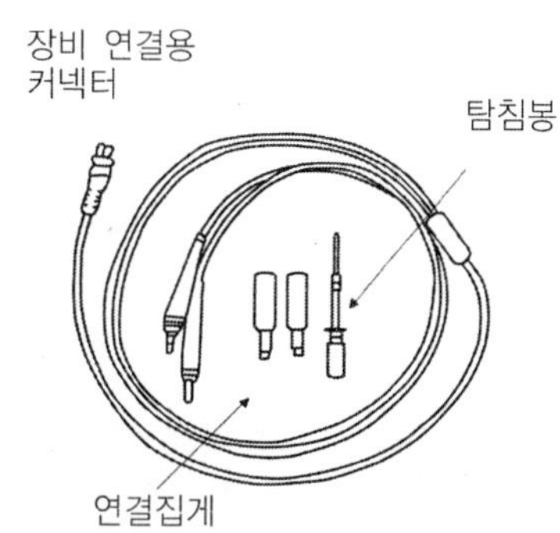


**그림 71. 연결 프로브**

[1] 디지털 오실로스코프의 환경설정

오실로스코프 환경설정을 하려면 오실로스코프의 기종에 따라 선택 채널의 형상과 선택방법은 차이가 있고 사용방법이 틀리므로 자세한 설정방법은 장비의 사용설명서를 참고하여야 한다.

일반적인 환경설정을 하려면 채널별로 아래와 같은 설정을 할 수 있으며 측정하고자 하는 부위의 출력파형 형상을 고려하여 측정레벨을 변경시킬 수 있다.

### (1) 전압단위와 시간단위의 설정

전압단위와 시간단위의 설정의 경우 장비마다 사용방법이 틀리고 장비의 특성에 따라 틀리므로 자세한 설정방법은 장비의 사용설명서를 참고한다.

#### 1) CH1 1V

CH1의 밝은색 활성화는 CH1이 현재 사용되고 있음을 나타낸다. 우측에 표시된 1V 표시는 화면에 표시된 눈금 1개의 높이가 1V의 크기를 의미한다.

※CH1 파형의 높이가 눈금 4개 정도의 높이를 차지하고 있으며 약 4V의 크기이다.

#### 2) 50mS

현재 화면의 시간단위를 나타내며 CH1, CH2에 동시에 적용된다. 전압과 유사하게 수평눈금 1칸에 해당하는 시간이 50mS 임을 의미한다.

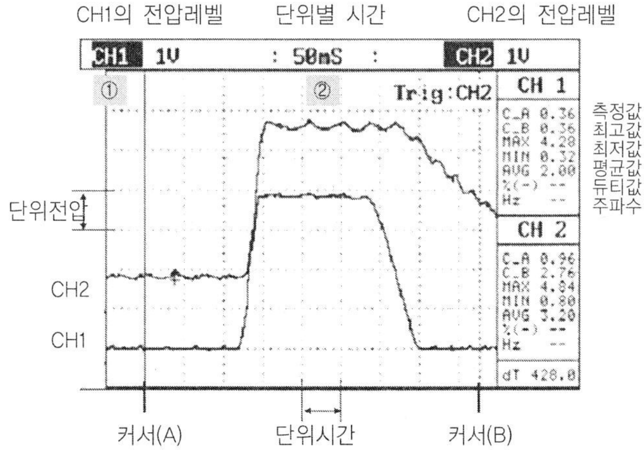


**그림 72. 전압단위와 시간단위의 설정**

### (2) AC(alternate current)/DC(direct current)변환

자동차에서는 직류성분과 교류성분이 존재하는데 이에 따라 파형을 직류(DC)와 교류(AC)를 구분하여 측정할 수 있도록 변환해 주어야 하며, 교류(AC)측정시에는 전원 레벨을 0으로 다운시킨 후 파형을 확대하여 표시하게 된다.

교류의 측정은 발전기의 전원 중 발전기 다이오드 출력 전압측정시에 주로 사용한다.

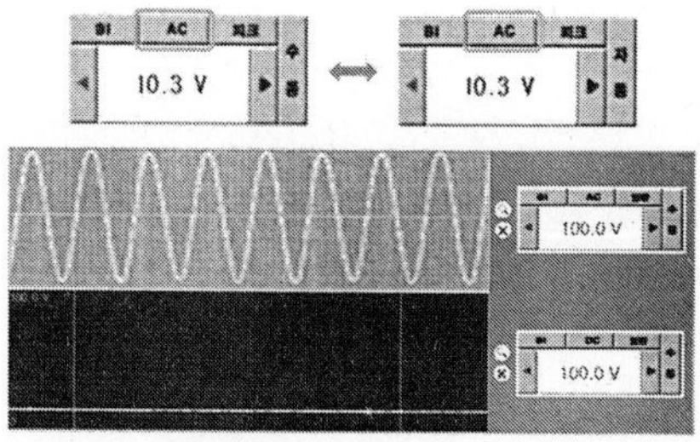


그림 73. AC/DC변환

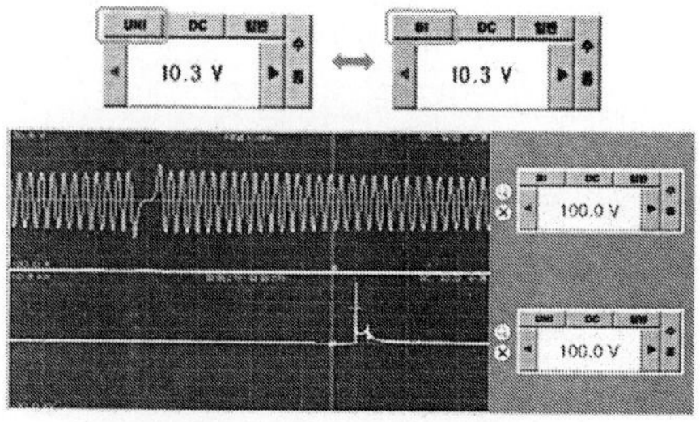


그림 74. BI/UNI 변환

(3) BI(bipolar)/UNI(unipolar)변환

BI는 0레벨을 기준으로 측정화면이 (+), (-)영역으로 출력되도록 하며 UNI는 0의 레벨을 기준으로 (+)영역만 출력되도록 한다. BI는 인덕티브방식 크랭크각센서 및 ABS 휠 스피드센서, 자동변속기 펄스 제너레이터 A/B, 점화 2차 파형 등의 신호를 측정할 때 활용하며 UNI는 대부분의 센서 파형이나 액추에이터 파형, 전원 등을 측정할 때 이용한다.

(4) 일반/피크 변환

일반모드는 현재 설정되어 있는 샘플링 속도(time/div)에 따라 화면에 표시하기 위한 최소한의 데이터를 그리는 모드를 말하며, 피크모드의 경우는 서지전압과 같은 순간적인 최고 전압을 정확하게 측정할 때 사용한다. 일반모드의 경우 채널별 환경설정은 독립적으로 조정가능하며 해당 부품의 파형이 어떠한 형상으로 출력되는지 대략 알고 있어야만 환경설정 하기가 용이하고 분석도 쉽게할 수 있다. 피크(최고점)모드의 경우 인젝터, 점화코일, 각종 솔레노이드밸브 등 코일로 구성된 부품의 파형측정시에는 반드시 피크모드로 설정해야만 서지전압을 정확하게 측정할 수 있다.

(5) 수동, 자동변환

수동모드는 선택한 채널의 전압이나 전류의 최고 레벨을 수동으로 변경할 수 있는 모드로서 사용자가 파형을 정밀하게 확대하거나 축소하여 확인하고자 할 때의 임의적으로 레벨을 변경하여 측정할 때 사용하며 자동모드는 오실로스코프에 입력되는 파형신호의 레벨이 얼마인지 잘 모를 때 자동으로 설정해 놓고 파형을 측정하면 입력되는 파형은 레벨을 자동으로 맞추어 UNI로 출력된다.

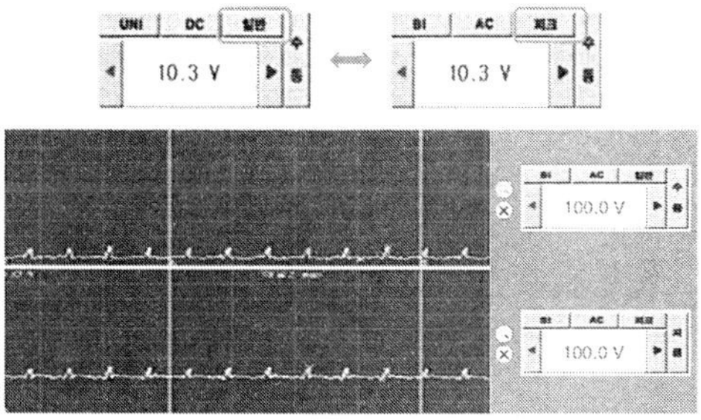


그림 75. 일반/피크 변환

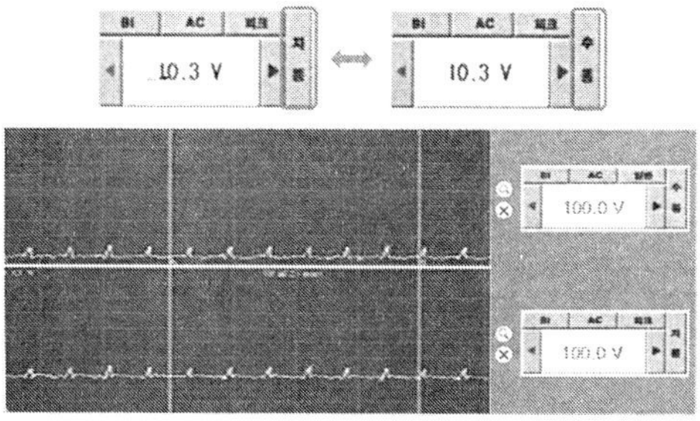


그림 76. 수동, 자동변환

## 2.4. 전기회로 분석요령

회로의 분석은 먼저 고장 발생된 회로에 대한 고장 내용을 제일 먼저 파악하는 것이 중요할 것이다. 그런 다음 분식의 질차를 밟아 수리하는 과정을 수행하게 된다. 이때 수리회로에 대한 기본적인 항목을 파악한 후 분석절차를 밟아 가면 될 것이다.

회로는 항상 전원회로와 제어회로 그리고 부하회로를 구성되게 되어 있으므로 이러한 구성에 의해 다음과 같은 질문을 할 수 있다.

① 회로가 가지고 있는 목적은 무엇인가 ?

② 회로(시스템)의 기능은 무엇인가 ?

③ 기능을 수행하기 위해 무엇을 작동하여야 하는가 ?

④ 회로가 작동하면 전류 흐름은 어떻게 되는가 ?

이런 질문을 통해 회로에서 먼저 생각해야 할 부분은 회로의 목적, 기능, 작동, 작동에 따른 전류의 흐름에 대한 구분을 하고 이에 따른 분석을 시작하면 될 것이다.

### 2.4.1. 직렬회로의 분석

#### [1] 배터리 전원 중심적 해석

그림과 같이 직렬회로에서 회로의 작동을 해석하는 배터리 전원 중심적 해석을 보면 ① 스위치가 OFF일 때 (+)전원은 배터리 → 램프 → 스위치까지 전원이 와있는 상태에서 ② 스위치가 ON되면 (+)전원이 스위치 → 접지 순으로 흘러 램프가 점등된다.

이러한 방식의 해석이 일반적으로 해온 회로에서의 전류 흐름의 해석방식이고, 보편적인 방식이다. 이렇게 회로 해석을 할 경우 한가지 고려해야 할 부분은 마이너스 전원의 해석에 있어 어려운 점이 발생할 수 있다는 점에서 정비시 고려해야 할 부분이다.

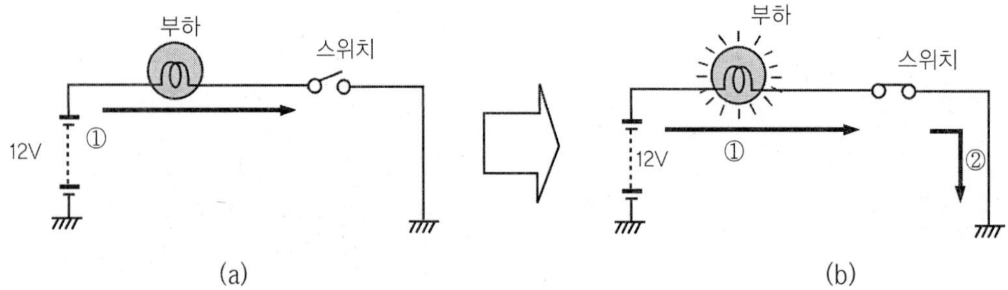


[그림 78] 배터리 전원 중심적 해석

[2] 스위치 중심적 해석

직렬회로에서 회로의 작동을 해석하는 과정에서 스위치 중심적 해석을 보면 ① 스위치가 OFF일 때 (+)전원은 배터리 → 램프 → 스위치까지 전원이 가있는 상태에서 ② 스위치가 ON되면 (+)전원은 스위치의 어스 전원과 만나고 전위차에 의해 → 접지 순으로 흘러 램프가 점등된다.

스위치 중심적 해석을 할 경우 한가지 고려해야 할 부분은 스위치에서의 전원의 해석에 있어 (+)전원과 (-)전원이 만나게 되어 전류의 흐름으로 이어지게 된다는 부분에 있어 순간적인 쇼트의 발생으로 이어지게 되고 이러한 원인에 의해 접점의 소손이 되는 부분의 해석이 가능하게 된다. 이 점에서도 정비시 고려해야 할 부분이다.

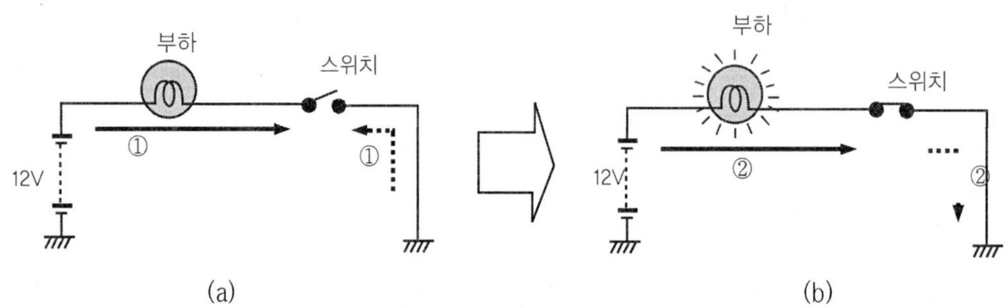


[그림 78. 스위치 중심적 해석

[3] 부하 중심적 해석

그림과 같이 직렬회로에서 회로의 작동을 해석하는 과정에서 부하 중심적 해석을 보면 ① 스위치가 OFF일 때 (+)전원은 배터리 → 램프 → 스위치까지 전원이 가 있는 상태에서 ② 스위치가 ON되면 (-)전원이 부하로 오게 되고 부하에서 (+)전원과 (-)전원이 맞나 램프가 점등된다.

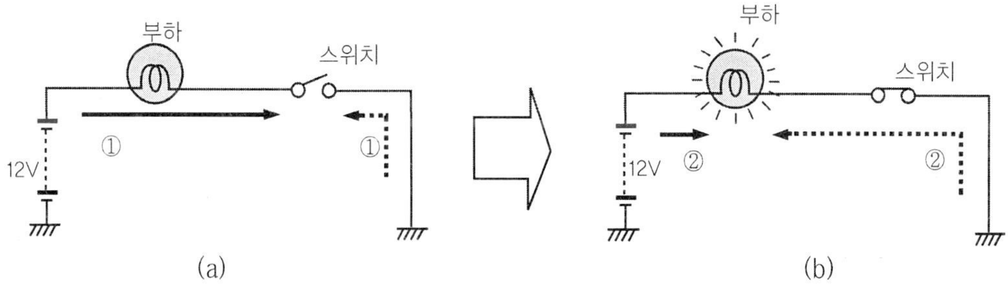


그림 79. 부하 중심적 해석

부하 중심적 해석할 경우 고려해야 할 부분은 부하에서의 전원의 해석에 있어 (+)전원과 (-)전원이 만나게 되어 전류의 흐름으로 부하의 작동으로 이어지므로 부하의 작동을 해석하는데 에는 용이하나 회로에 있어 여러 개의 부하의 연결이 되어 있을 경우 각각의 부하를 확인해 봐야 한다는 점에서 볼 때 점검방법이 번거로울 수 있다. 이 점에서도 정비시 고려해야 할 사항이다.

## 2.4.2. 직렬회로 분석과 진단

### [1] 스위치 ON시 램프가 점등되지 않는 경우의 점검

#### (1) 전압계를 이용한 방법

아래와 같이 각 지점의 전압을 측정하면 각 지점의 전압은 접지를 기준으로 몇 V인가? 회로에 대한 완벽한 분석 후 전압을 측정하면 고장부위를 알 수 있는데 위 회로에서 커넥터의 단선이 있다면 스위치 ON시 위 표처럼 커넥터 이전은 12V, 이후는 0V가 측정된다. 그러나 정상인 회로라면 램프이전은 12V, 이후는 0V가 측정된다.

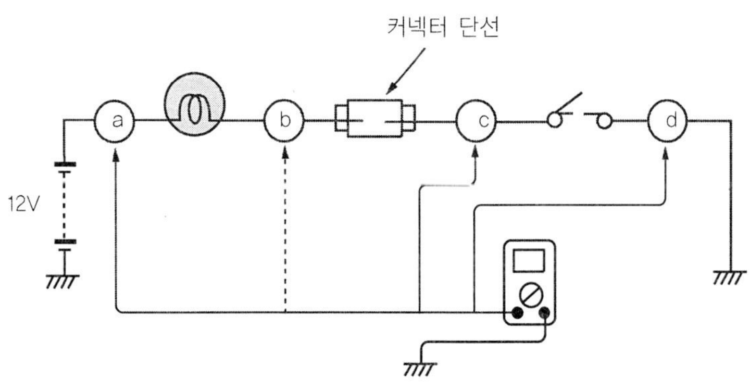


그림 80. 전압계를 이용한 진단

**➡표** 6.

| 조 건 | | a | b | c | d |
|---|---|---|---|---|---|
| 회로정상시 | 스위치가 OFF | 12V | 12V | 12V | 0V |
| | 스위치가 ON | 12V | 0V | 0V | 0V |
| 회로단선시 | 스위치가 OFF | 12V | 12V | 0V | 0V |
| | 스위치가 ON | 12V | 12V | 0V | 0V |

## (2) 테스트램프를 이용한 방법

아래 회로에서 스위치 ON시 테스트램프를 이용하여 각 지점을 점검하면 어떻게 될까?

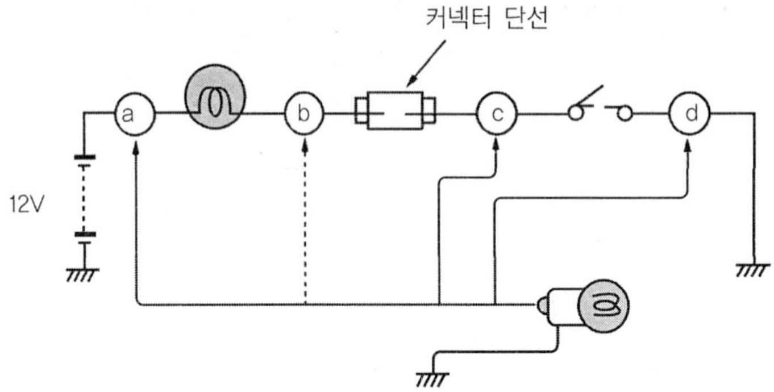


그림 81. 테스트램프를 이용한 진단

**➡표** 7.

| 조 건 | | a | b | c | d |
|---|---|---|---|---|---|
| 회로정상시 | 스위치가 ON | 점등 | 소등 | 소등 | 소등 |
| 회로단선시 | 스위치가 ON | 점등 | 점등 | 소등 | 소등 |

위와 같이 점검하면 스위치 ON시 b점이 점등된다면 이는 b점과 c점사이의 단선을 의미한다. 일반 테스트램프를 이용하여 단선을 점검시에는 회로에 비교적 전류가 많이 흐르는 회로에서 유리하다. 만약 미세한 전류가 흐르는 회로의 경우 일반 테스트램프로 점검하면 램프가 점등되지 않으므로 단선 유무를 점검할 수 없다. 따라서 미세한 전류가 흐르는 회로의 단선 유무 점검시에는 LED 테스트램프를 이용한다.

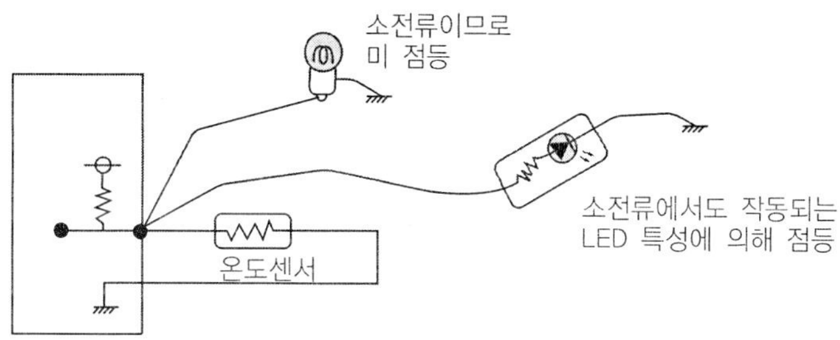


그림 82. 테스트램프 사용시 주의사항

(3) 전압강하를 이용한 방법

스위치 ON시 램프가 희미하게 점등된다는 것은 램프 단품 불량을 제외한다면 회로의 어딘가에 저항(접촉저항)이 존재한다는 뜻이다. 따라서 이때는 저항계보다 전압계를 이용하여 전압 강하량을 측정하면 쉽게 고장부위를 찾을 수 있다.

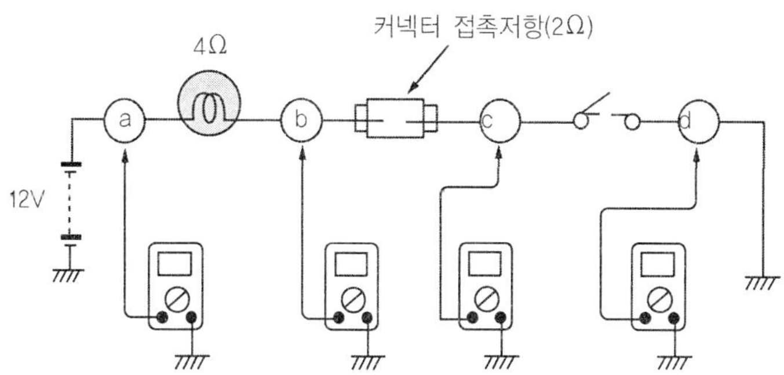


그림 83. 전압강하를 이용한 진단

➡표 8.

| 조 건 | | a | b | c | d |
|---|---|---|---|---|---|
| 저항 무 | 스위치가 ON | 12V | 0V | 0V | 0V |
| 저항 유 | | 12V | 4V | 0V | 0V |

위 회로에서 스위치 ON시 멀티미터 전압계를 이용하여 각 지점을 점검하면 어떻게 될까 ? 회로에 위와 같은 커넥터에 저항이 존재할 때 옴의 법칙으로 계산해 보면 b점은 4V이다. 이는 램프 후단에 존재하는 2Ω의 저항에 의한 것으로 램프가 흐리게 점등되는 요인이다.

### 2.4.3. 병렬회로 분석과 진단

스위치가 ON되면 배터리 (+)로부터 나온 전류는 분기점에서 램프 1과 2로 분류 → 합치는 지점에서 다시 합침 → 스위치 → 접지 순으로 흐른다. 따라서 두 램프 모두 점등된다.

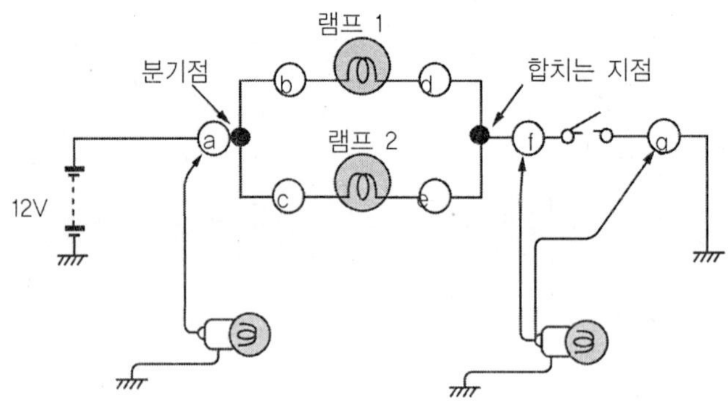


그림 84. 병렬회로 진단

[1] 스위치 ON시 램프가 모두 점등하지 않는 경우 테스트램프를 이용하여 점검

이 경우는 회로분석만으로도 점검이 가능한데 2개의 램프 모두 점등되지 않는다면 먼저 램프 모두 불량, a구간 단선, f구간에서 접지까지 단선을 예상할 수 있다. 이때 고장부위의 점검은 테스트램프 및 전압계를 이용하여 간단하게 점검가능한데 직렬회로 점검에서 모두 설명하였으므로 여기서는 그림 85처럼 테스트램프를 이용하여 고장부위를 진단해 본다.

### 2.4.4. 릴레이 적용 회로분석과 진단

릴레이의 사용은 트랜지스터와 같이 소전류로 대전류를 제어하기 위해서 사용되며 릴레이를 사용하지 않고 회로를 구성하여 스위치 ON/OFF시 부하의 소모전류에 의해 스위치부에 접촉시 아크방전이 발생되어 부품의 수명에 지장을 주게 된다.

이러한 이유로 자동차에서는 릴레이를 많이 시용하게 되었으며 릴레이의 설치 수가 늘어남으로 릴레이를 효율적으로 관리하기 위해 각종 릴레이를 한곳으로 모아서 설계하게 된다. 이렇게 한곳에 릴레이가 모여 있게 됨으로서 회로의 진단에 있어 릴레이를 많이 활용하게 된다. 회로의 진단에 있어 릴레이에서 해당회로의 진단이 가능하게 되는데 이는 릴레이가 제어의 특성인 입력과 출력의 관계를 가지므로 가능하게 된다.

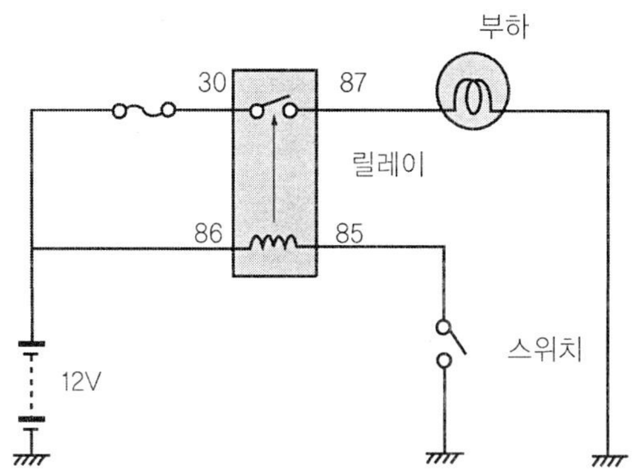


| 단자 | 30 | 85 | 86 | 87 |
|---|---|---|---|---|
| 기능 | 상시전원 | 코일제어 | 코일전원 | 부하전원 |

그림 85. 릴레이를 이용한 회로

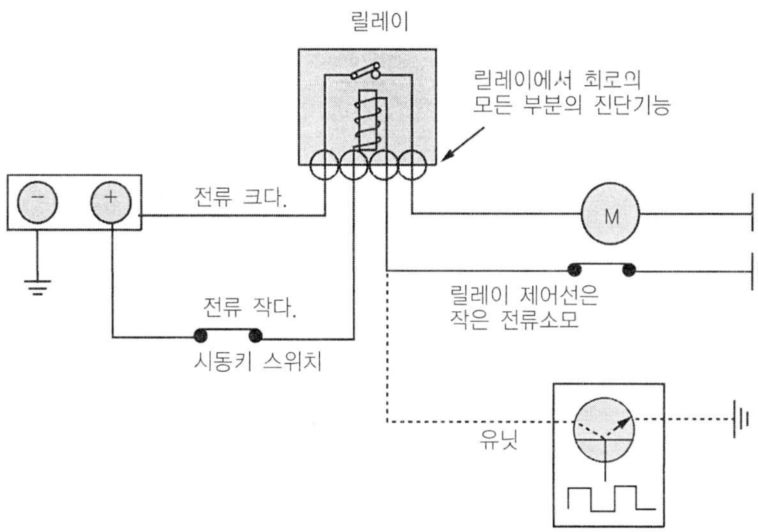


그림 86. 릴레이에서 회로진단

다시 말해 어떠한 회로의 고장진단을 할 경우 릴레이에서 진단의 절차를 밟아갈 경우 고장부위의 방향을 찾은 수 있고 고장점검의 범위를 줄일 수 있으므로 고장진단시 효율적인 진단을 할 수 있다.

## 2.5. 릴레이의 단품점검

### 2.5.1. 릴레이 작동원리 이해

[1] 릴레이의 종류

① 3-pin 릴레이
② 4-pin 릴레이
③ 5-pin 릴레이

[2] 릴레이의 작용

직접 스위치를 사용하면 스파크에 의한 접점 손상이 발생하여 스위치의 수명이 단축되고, 스위치(다기능스위치)를 교체해야 하는 비용의 증가와 교환의 어려움이 따른다. 하지만 릴레이를 사용하면 전자석 코일의 저항 작용에 의해 작은 전류가 흐르게 되어 접점 손상이 적고, 릴레이 내부의 접점손상이 발생할 경우에는 교환이 용이하고, 비용도 적게 된다.

[3] 릴레이의 작동원리

(1) 3-pin 릴레이

① 1번과 3번사이에 전류가 흐르게 되면 전자석 작용이 생긴다(연결할 때 "딸깍" 하는 소리가 들린다).
② 릴레이 내부의 두 접점이 붙는다.
③ 릴레이의 1번과 2번이 연결된다.

(2) 4-pin 릴레이

① 2번 단자와 4번 단자 사이에 전류가 흐르면 전자석 작용이 발생한다.
② 1번 단자와 3번 단자가 연결된다.

### 2.5.2. 릴레이 작동실습

[1] 3-pin 릴레이

① 3-pin 릴레이 1번 단자에 축전지 (+)단자를 연결하고, 3번 단자에 축전지 (-)단자를 연결한다.

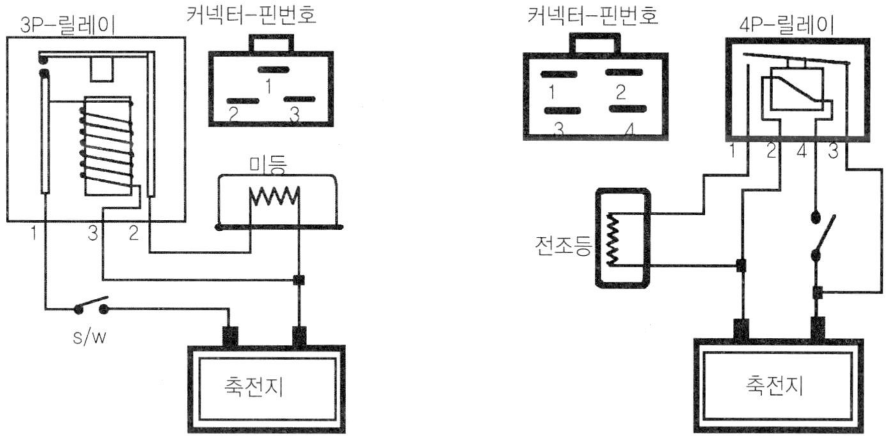


(a) 3-Pin (b) 4-Pin

그림 87. 릴레이를 이용한 회로

② 릴레이의 1번 단자와 2번 단자사이에 저항을 측정하였을 때 저항값이 0Ω이 나오면 정상이다.

[2] 4-pin 릴레이

① 4-pin 릴레이 2번 단자에 축전지 (+)단자를 연결하고, 4번 단자에 축전지 (-)단자를 연결한다.

② 릴레이의 1번 단자와 3번 단자사이에 저항을 측정하였을 때 저항값이 0Ω이 나오면 정상이다.

[3] 회로시험

3-pin 릴레이와 4-pin 릴레이에 전구를 설치하고 스위치를 닫았을 때, 전구에 불이 들어오면 정상이다.

## 2.5.3. 점화스위치 회로 이해

[1] 점화스위치의 역할

(1) B단자-ACC(액세서리)단자 간의 연결

1단 스위치 작용은 시동이 걸리지 않은 상태에서 차량의 라디오, 시가라이터, 실내등에 전원을 공급한다.

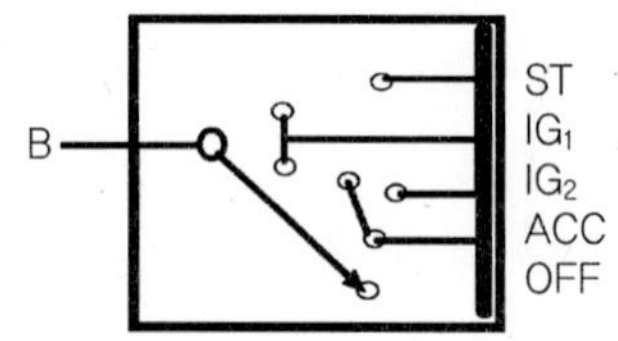


그림 88. 점화스위치 회로

(2) B단자 - IG1단자 - IG2단자사이 연결

2단 스위치작용(점화스위치 ON상태)은 key-on 상태라고 말하며, 차량의 모든 전기장치에 전원을 공급한다.

(3) B 단자 - IG1단자 - ST단자사이 연결

점화스위치 작용은 시동할 때에는 기동전동기의 원활한 시동을 위하여 시동에 필요한 전기장치(연료펌프, 인젝터 등)를 제외하고는 모든 전기장치를 차단한다.

### 2.5.4. 컨트롤 릴레이 회로 이해

[1] 컨트롤 릴레이의 역할

인젝터와 연료펌프를 작동시키기 위한 릴레이 작용.

① 점화스위치를 IG단자에 연결하면(8번 단자 - 4번 단자) 전자석 작용에 의해 7번 단자와 3번 단자가 연결되어 인젝터가 작동하게 된다.

② 점화스위치를 ST단자에 연결하면(6번 단자 - 4번 단자) 전자석 작용에 의해 7번 단자와 1번 단자가 연결되어 연료펌프가 작동하게 된다.

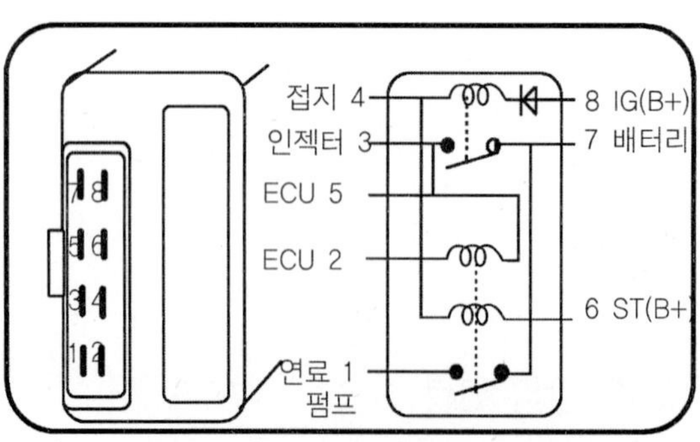


그림 89. 컨트롤 릴레이 회로

## 고장진단

[1] 3-Pin 릴레이를 측정하고 판정을 하시오.

<table>
<tr><td colspan="2">자동차 번호 :</td><td>비번호</td><td></td><td>지도교수<br>확 인</td><td></td></tr>
<tr><td colspan="2">항 목</td><td>측정값</td><td colspan="2">판정(□에 "✔" 표)</td><td>득 점</td></tr>
<tr><td colspan="2">1번-3번 단자 사이 코일저항</td><td></td><td colspan="2">□ 양호<br>□ 불량</td><td></td></tr>
<tr><td rowspan="2">1번-3번 단자 사이 축전지를 연결할 때</td><td>연결음 유·무</td><td>□ 유<br>□ 무</td><td colspan="2">□ 양호<br>□ 불량</td><td></td></tr>
<tr><td>1번-2번 단자간 도통 시험(저항)</td><td></td><td colspan="2">□ 양호<br>□ 불량</td><td></td></tr>
<tr><td rowspan="2">회로를 연결할 때</td><td>전구의 점등 유·무</td><td>□ 유<br>□ 무</td><td colspan="2">□ 양호<br>□ 불량</td><td></td></tr>
<tr><td>전구에 흐르는 전류</td><td></td><td colspan="2">□ 양호<br>□ 불량</td><td></td></tr>
<tr><td colspan="2">불량 판정일 때 불량 원인</td><td colspan="3"></td><td></td></tr>
</table>

[2] 4-pin 릴레이를 측정하고 판정을 하시오.

<table>
<tr><td colspan="2">자동차 번호 :</td><td>비번호</td><td></td><td>지도교수<br>확 인</td><td></td></tr>
<tr><td colspan="2">항 목</td><td>측정값</td><td colspan="2">판정(□에 "✔" 표)</td><td>득 점</td></tr>
<tr><td colspan="2">2번-4번 단자간 코일의 저항</td><td></td><td colspan="2">□ 양호<br>□ 불량</td><td></td></tr>
<tr><td rowspan="2">2번-4번 단자간 축전지를 연결할 때</td><td>연결음 유·무</td><td>□ 유<br>□ 무</td><td colspan="2">□ 양호<br>□ 불량</td><td></td></tr>
<tr><td>1번-2번 단자간 도통 시험(저항)</td><td></td><td colspan="2">□ 양호<br>□ 불량</td><td></td></tr>
<tr><td rowspan="2">회로를 연결할 때</td><td>전구의 점등 유·무</td><td>□ 유<br>□ 무</td><td colspan="2">□ 양호<br>□ 불량</td><td></td></tr>
<tr><td>선구에 흐르는 선뉴</td><td></td><td colspan="2">□ 양호<br>□ 불량</td><td></td></tr>
<tr><td colspan="2">불량 판정일 때 불량 원인</td><td colspan="3"></td><td></td></tr>
</table>

[3] 컨트롤 릴레이를 측정하고 판정을 하시오.

| 자동차 번호 : | | 비번호 | | 지도교수 확 인 | |
|---|---|---|---|---|---|
| 항 목 | | 측정값 | 판정(□에 "✔" 표) | | 득 점 |
| 8번-4번 단자사이 코일의 저항 | | | □ 양호<br>□ 불량 | | |
| 6번-4번 단자사이 코일의 저항 | | | □ 양호<br>□ 불량 | | |
| 8번-4번 단자 사이에 축전지를 연결할 때 | 7번-3번 단자간 연결은 유무 | □ 유<br>□ 무 | □ 양호<br>□ 불량 | | |
| | 1번-7번 단자간 도통시험(저항) | | □ 양호<br>□ 불량 | | |
| 6번-4번 단자 사이에 축전지를 연결할 때 | 연결음 유·무 | □ 유<br>□ 무 | □ 양호<br>□ 불량 | | |
| 불량 판정일 때 불량 원인 | | | | | |

[4] 저항계를 이용하여 정류 다이오드를 점검하여 이상 유무를 판단하시오(저항계의 배율은 순방향 측정시 R×10, 역방향 측정시 R×10kΩ에 놓고 측정한다).

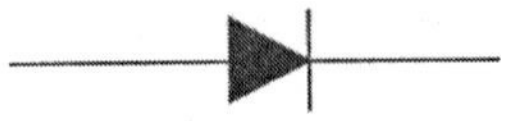

| 자동차 번호 : | | | 비번호 | | 지도교수 확 인 |
|---|---|---|---|---|---|
| 측정 항목 | ① 측정(또는 점검) | | ② 판정 및 정비(또는 조치)사항 | | 득점 |
| | 측정값 | 규정(정비한계)값 | 판정(□에 "✔" 표) | 정비 및 조치할 사항 | |
| 순방향 | | | □ 양호<br>□ 불량 | | |
| 역방향 | | | | | |

[5] 다음 [그림]과 같이 NPN, PNP 트랜지스터를 점검하여 이상 유무를 판단하시오(저항계의 배율은 순방향 측정시 R×10, 역방향 측정시 R×10kΩ에 놓고 측정한다).

2SC 1741 AS

[SA(고주파) SB(저주파) : PNP, SC(고주파) SD(저주파) : NPN]

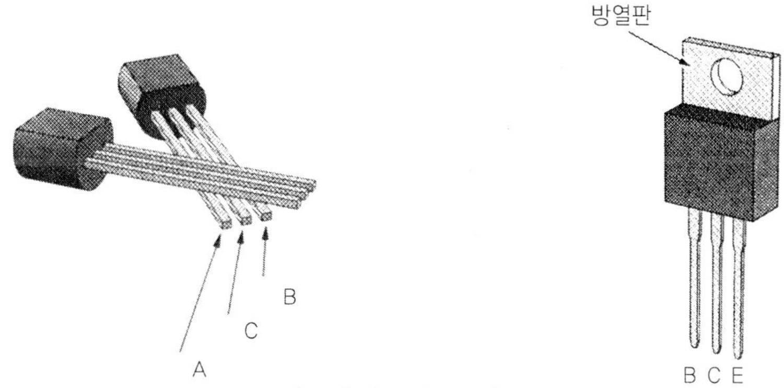


[트랜지스터 외관]

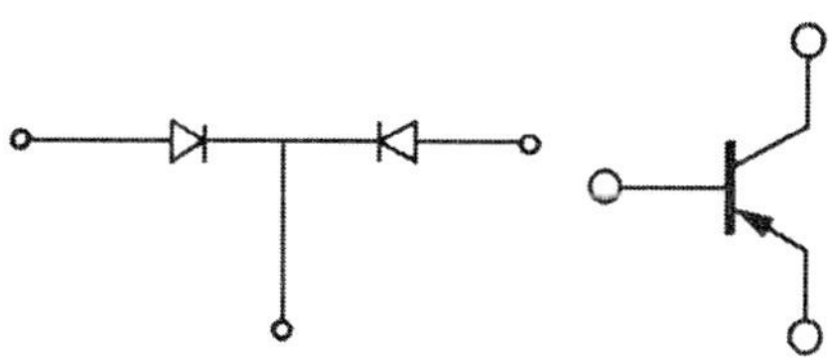

[PNP 트랜지스터]

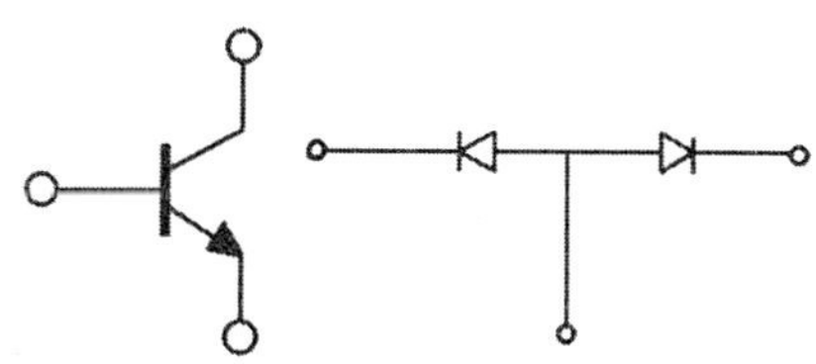

[NPN 트랜지스터]

<table>
<tr><td colspan="4">자동차 번호 :</td><td>비번호</td><td></td><td>지도교수<br>확　　인</td><td></td></tr>
<tr><td colspan="2" rowspan="2">측정 항목</td><td colspan="2">① 측정(또는 점검)</td><td colspan="3">② 판정 및 정비(또는 조치)사항</td><td rowspan="2">득점</td></tr>
<tr><td>측정값</td><td>규정(정비한계)값</td><td>판정(□에 “✔” 표)</td><td colspan="2">정비 및 조치할 사항</td></tr>
<tr><td rowspan="2">E-B간<br>저항</td><td>순방향</td><td></td><td></td><td rowspan="4">□ 양호<br>□ 불량</td><td colspan="2" rowspan="4"></td><td rowspan="4"></td></tr>
<tr><td>역방향</td><td></td><td></td></tr>
<tr><td rowspan="2">B-C간<br>저항</td><td>순방향</td><td></td><td></td></tr>
<tr><td>역방향</td><td></td><td></td></tr>
</table>

[6] 다음 회로를 구성하고 A, B지점의 전류를 측정하고, Tr의 동작원리를 기록하고 판정 및 정비(또는 조치)사항을 기록하시오.

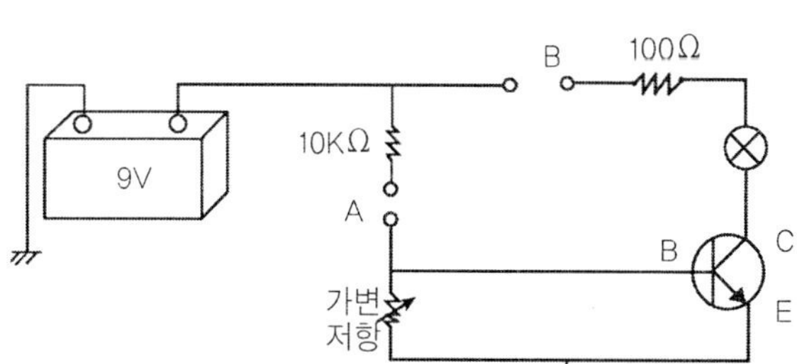


[트랜지스터 회로]

| 자동차 번호 : | | | 비번호 | | 지도교수 확 인 | |
|---|---|---|---|---|---|---|
| 측정 항목 | ① 측정(또는 점검) | | ② 판정 및 정비(또는 조치)사항 | | | 득 점 |
| | 측정값 | 동작원리 | 판정(□에 "✔" 표) | 정비 및 조치할 사항 | | |
| A지점 전류 | | | □ 양호<br>□ 불량 | | | |
| B지점 전류 | | | | | | |

[8] 다음 회로를 구성하고 A, B지점의 전류를 측정하여 다링톤 Tr의 동작원리를 기록하고 판정 및 정비(또는 조치)사항을 기록하시오.

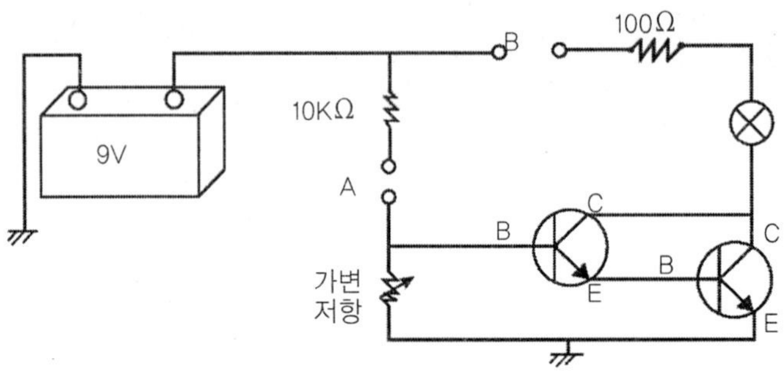


[다링톤 트랜지스터 회로]

| 자동차 번호 : | | | 비번호 | | 지도교수 확 인 | |
|---|---|---|---|---|---|---|
| 측정 항목 | ① 측정(또는 점검) | | ② 판정 및 정비(또는 조치)사항 | | | 득 점 |
| | 측정값 | 동작원리 | 판정(□에 "✔" 표) | 정비 및 조치할 사항 | | |
| A지점 전류 | | | □ 양호<br>□ 불량 | | | |
| B지점 전류 | | | | | | |

[9] 다음 회로를 구성하여 가변저항을 변화시키면서 제너다이오드의 순방향 및 역방향 특성을 측정하고 판정 및 정비(또는 조치)사항을 기록하시오.

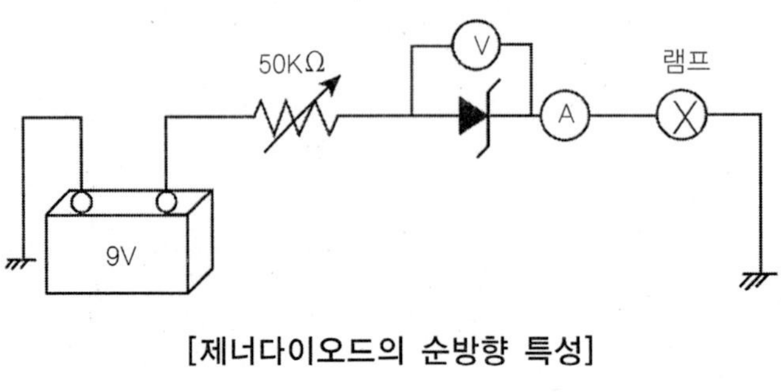


[제너다이오드의 순방향 특성]

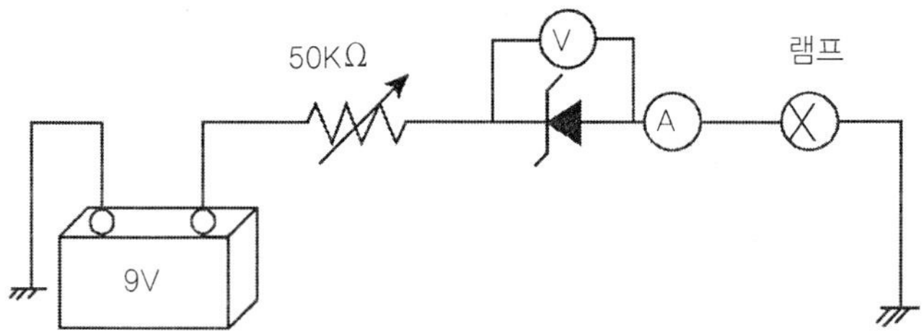


[제너다이오드의 역방향 특성]

| 자동차 번호 : | | | 비번호 | | 지도교수 확인 | |
|---|---|---|---|---|---|---|
| 측정 항목 | ① 측정(또는 점검) | | ② 판정 및 정비(또는 조치)사항 | | | 득 점 |
| | 측정값 | 규정(정비한계)값 | 판정(□에 "✔" 표) | 정비 및 조치할 사항 | | |
| 순방향 | | | □ 양호<br>□ 물량 | | | |
| 역방향 | | | | | | |

[10] 다음 회로를 구성하여 수조를 가열하면서 온도변화에 따른 A에서 전류를 측정하고 판정 및 정비(또는 조치)사항을 기록하시오.

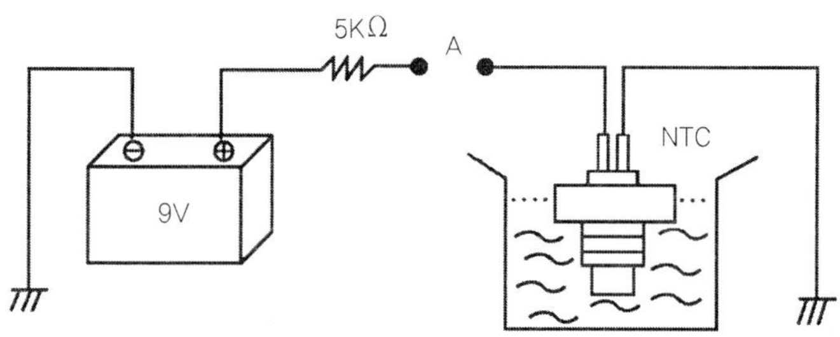


[NTC서미스터회로에서 전류측정]

| 자동차 번호 : | | | 비번호 | | 지도교수 확인 | |
|---|---|---|---|---|---|---|
| 측정 항목 | ① 측정(또는 점검) | | ② 판정 및 정비(또는 조치)사항 | | | 득 점 |
| | 측정값 | 규정(정비한계)값 | 판정(□에 "✔" 표) | 정비 및 조치할 사항 | | |
| 20℃ | | | □ 양호<br>□ 불량 | | | |
| 40℃ | | | | | | |
| 60℃ | | | | | | |
| 80℃ | | | | | | |
| 100℃ | | | | | | |